普通高等院校土木专业“十四五”规划精品教材

城市交通与道路规划

Urban Transportation and Road Planning

（第二版）

丛书审定委员会

王思敬　彭少民　石永久　白国良

李　杰　姜忻良　吴瑞麟　张智慧

本书主审　杨晓光

本书主编　李朝阳

本书副主编　袁胜强　王　正

华中科技大学出版社

中国·武汉

内 容 提 要

本书主要介绍城市交通与城市道路规划设计的基本理论与实用方法。全书内容共分 16 章，即绪论、城市交通基本知识、城市交通发展战略、城市交通调查与分析、城市交通需求预测、城市对外交通、城市道路网、城市道路线形、城市道路横断面、城市道路交叉口、城市慢行交通、城市公共交通、城市货运交通、城市道路公用设施、城市建设项目交通影响评价、城市交通管理。

本书的内容从宏观层面涵盖了城市交通系统，从中观、微观层面涵盖了城市交通设施规划设计的内容。作为教材使用时，教师可根据学时安排选择重点进行讲授。

本书可作为交通运输、土木工程、城乡规划、交通工程、道路工程、建筑学及其他相关专业的教材及教学参考书，也可供上述专业的工程技术人员、管理人员在工作中参考。

图书在版编目(CIP)数据

城市交通与道路规划/李朝阳主编. —2 版. —武汉：华中科技大学出版社，2020. 9 (2023. 8 重印)
ISBN 978-7-5680-6649-5

Ⅰ. ①城… Ⅱ. ①李… Ⅲ. ①城市交通-城市道路-交通规划 Ⅳ. ①TU984. 191

中国版本图书馆 CIP 数据核字(2020)第 180728 号

城市交通与道路规划(第二版) 李朝阳 主编
Chengshi Jiaotong yu Daolu Guihua(Di-er Ban)

策划编辑：周永华
责任编辑：周永华 陈 忠
封面设计：原色设计
责任校对：周怡露
责任监印：朱 玢
出版发行：华中科技大学出版社(中国・武汉) 电话：(027)81321913
武汉市东湖新技术开发区华工科技园 邮编：430223
录 排：华中科技大学惠友文印中心
印 刷：武汉科源印刷设计有限公司
开 本：850mm×1060mm 1/16
印 张：30
字 数：780 千字
版 次：2023 年 8 月第 2 版第 4 次印刷
定 价：88.00 元

普通高等院校土木专业“十四五”规划精品教材

总　　序

教育可理解为教书与育人。所谓教书，不外乎是教给学生科学知识、技术方法和运作技能等，教学生以安身之本。所谓育人，则要教给学生做人的道理，提升学生的人文素质和科学精神，教学生以立命之本。我们教育工作者应该从中华民族振兴的历史使命出发，来从事教书与育人工作。作为教育本源之一的教材，必然要承载教书和育人的双重责任，体现两者的高度结合。

中国经济建设高速持续发展，国家对各类建筑人才需求日增，对高校土建类高素质人才培养提出了新的要求，从而对土建类教材建设也提出了新的要求。这套教材正是为了适应当今时代对高层次建设人才培养的需求而编写的。

一部好的教材应该把人文素质和科学精神的培养放在重要位置。教材中不仅要从内容上体现人文素质教育和科学精神教育，而且还要从科学严谨性、法规权威性、工程技术创新性来启发和促进学生科学世界观的形成。简而言之，这套教材有以下特点。

一方面，从指导思想来讲，这套教材注意到“六个面向”，即面向社会需求、面向建筑实践、面向人才市场、面向教学改革、面向学生现状、面向新兴技术。

二方面，教材编写体系有所创新。结合具有土建类学科特色的教学理论、教学方法和教学模式，这套教材进行了许多新的教学方式的探索，如引入案例式教学、研讨式教学等。

三方面，这套教材适应现在教学改革发展的要求，提倡“宽口径、少学时”的人才培养模式。在教学体系、教材编写内容和数量等方面也做了相应改变，而且教学起点也可随着学生水平做相应调整。同时，在这套教材编写中，特别重视人才的能力培养和基本技能培养，适应土建专业特别强调实践性的要求。

我们希望这套教材能有助于培养适应社会发展需要的、素质全面的新型工程建设人才。我们也相信这套教材能达到这个目标，从形式到内容都成为精品，为教师和学生，以及专业人士所喜爱。

中国工程院院士　王思敬

第二版前言

交通运输系统是国民经济发展的动脉。城市交通是实现人民对美好生活向往的重要支撑。构建安全、便捷、高效、绿色、经济的现代化综合交通体系，打造一流设施、一流技术、一流管理、一流服务，建成人民满意、保障有力、世界前列的交通强国是到 21 世纪中叶我国交通运输行业努力的方向与目标。

随着我国社会经济发展和综合国力提高，我国城市的道路交通、轨道交通、高铁火车站、长途汽车站等交通设施的硬件水平达到世界一流。我国的高速铁路、高速公路、轨道交通通车总里程及港口吞吐量位居世界第一，民航旅客吞吐量位居世界第二。我国交通运输和城市交通的发展思路已由追求速度规模向更加注重质量效益转变，由各种交通方式相对独立发展向更加注重一体化融合发展转变，由依靠传统要素驱动向更加注重创新驱动转变。因此，改变交通发展观，树立正确的规划设计观，打造一体化交通体系，已成为谋求城市交通转型发展、创新发展、永续发展的前提条件。

本书以应对城市交通发展短板、寻求发展契机为出发点，围绕交通强国建设需求，注重本领域新理念与新技术的阐述，在讲述基本概念、基本知识的同时，重点介绍城市综合交通规划设计的实战方法，力求实现理论学习与工程应用的有机结合。

本书共分 16 章，由上海交通大学李朝阳主编，同济大学杨晓光教授主审。本书的主编单位是上海市政工程设计研究总院(集团)有限公司和上海交通大学、上海海事大学。参加编写的人员有上海市政工程设计研究总院(集团)有限公司袁胜强(副主编)、张伟略；上海海事大学王正(副主编)；上海交通大学倪安宁、高林杰、尹静波、张毅。其中，第 1 章、第 3 章、第 5 章、第 11 章、第 13 章由王正、李朝阳修编，第 2 章、第 7 章由倪安宁、李朝阳修编，第 4 章由高林杰修编，第 6 章由袁胜强、尹静波、李朝阳修编，第 8 章、第 9 章、第 10 章、第 14 章由袁胜强、李朝阳、张伟略修编，第 12 章由高林杰、李朝阳修编，第 15 章由张毅修编，第 16 章由尹静波修编。

本书在编写中，得到主审杨晓光教授、华中科技大学出版社周永华老师的大力支持、热心指导和具体帮助，在此表示衷心感谢。本书参阅了大量国内外文献资料，未能一一列出，借此向这些文献资料的原作者表示衷心感谢。研究生陈园佳为本书插图绘制做了大量工作，在此表示衷心感谢。

由于作者水平有限，书中不当之处在所难免，恳请读者批评指正。

作　者

2020 年 5 月

第一版前言

城市交通是城市的命脉。建设一流的城市交通系统是促进城市经济和社会可持续发展的基本条件，是增强城市综合竞争力的重要因素，也是提高广大人民生活质量的迫切需要。

随着我国社会经济发展和城镇化进程加快，人民生活水平提高，人民对城市交通的质和量的要求提高，城市交通系统由传统的道路交通拓展至城市综合交通，城市交通工具、城市交通设施种类日趋复杂。为应对日益庞大的私家车洪流，我国城市纷纷启动快速路、大立交、大马路建设，但城市交通堵塞状况日益严峻，“人本位家园”离我们越来越远。此外，交通能耗威胁国家安全、交通事故威胁人民生命、交通污染危害人民健康。因此，改变交通发展观，树立正确的规划设计观，成为谋求城市交通和谐发展的前提条件。

本书以应对城市交通发展危机、发展挑战为出发点，在结合我国城市交通规划建设的实际情况的基础上，注重本领域新观念与新理论的阐述，在叙述基本概念、基本知识的同时，重点介绍城市综合交通规划设计的实战方法，力求实现理论学习与工程应用的有机结合。

本书共分 16 章，由上海交通大学李朝阳主编，同济大学杨晓光教授主审。参加编写的人员有上海海事大学王正；上海市城乡建设和交通委员会科学技术委员会委员吴恩；上海交通大学陈广艺、张毅、李俊果；内蒙古科技大学池秀静；大连理工大学蔡军。其中，第 1 章由李朝阳编写，第 2 章由李朝阳、蔡军、陈广艺编写，第 3 章由李朝阳、张毅编写，第 4 章由李朝阳、张毅编写，第 5 章由李朝阳、王正、张毅编写，第 6 章由李朝阳、蔡军、陈广艺编写，第 7 章由李朝阳、蔡军、陈广艺编写，第 8 章由池秀静编写，第 9 章由李朝阳、陈广艺、李俊果编写，第 10 章由李朝阳、张毅编写，第 11 章由蔡军、张毅编写，第 12 章由李朝阳、王正、李俊果编写，第 13 章由李朝阳、王正、李俊果编写，第 14 章由池秀静编写，第 15 章由吴恩、张毅、李朝阳编写，第 16 章由李朝阳、王正、张毅编写。

本书在编写中，得到主审杨晓光教授、华中科技大学多位编审的大力支持、热心指导和具体帮助，在此表示衷心感谢。本书参阅了大量国内外文献资料，未能一一列出，借此向这些文献资料的原作者表示衷心感谢。研究生张玉洁、王雯珏为本书插图绘制做了大量工作，在此表示衷心感谢。

由于作者水平有限，书中不当之处在所难免，恳请读者批评指正。

作　者

2008 年 3 月

目　录

第1章　绪　　论

1.1　城市交通的基本概念

1.1.1　交通

交通词义的发展与经济社会模式相关。在农业社会早期，虽然交通系统已有一定发展，但其主要是为军事与政治服务的邮驿系统，交通并没有从物质生产部门中独立出来，人们对于交通的认识仅限于其社会功能与意义。在农业社会中后期，随着经济发展加快，原材料运输、劳动力组织及产品流通愈显重要，交通独立性增强，交通的经济意义逐渐显现。至工业社会时期，新式交通工具出现，交通发生了革命性变化，交通的经济功能成为一个重要内容。

广义的交通(communication)是各种运输和邮电通信的总称，即人和物的转运输送，语言、文字、符号、图像的传递播送。

交通主要研究客、货运的"流"(flow)以及人流和车流的安全与畅通。在我国，公安交警部门主要负责人和车的流动与停放的安全、有序和畅通；而城建、市政、交通等多个部门共同负责为人和车服务的道路、交通和换乘设施的规划、建设和管理。

1.1.2　运输

运输活动是人类生产生活的一部分。古代先民的原始运输不依赖任何交通设施，运输效率低，人们的经济活动受到空间和时间的限制，即运输决定了市场大小。人类经济史实际上是通过不断技术创新，完善交通基础设施建设，从而降低运输成本，扩大人们经济活动空间的历史。

运输(transportation)是使用各种载运工具(如火车、汽车、船舶和飞机等)，使运输对象(货物或乘客)实现地理位置上(空间)的位移。即在规定的时限内，利用相关设施，按照某种价格，使用某种交通工具，通过运营组织，将乘客和货物运送到指定目的地。运输主要由交通部门管理。

运输主要研究客运、货运的"源"(起点与讫点)，运输方式，运营组织和运输价格，包括由交通部门管辖的市际客、货运输和由多个部门管辖的市内客运与市内货运。

1.1.3　道路

道路是伴随交通而产生的。《释名》中讲道："道，蹈也；路，露也。"即道路是人们踩光了地上的野草，露出了土面而形成的。可见路是人走出来的。道路的形成一开始就同一定的交通活动紧密联系在一起。

道路(road)是通行机动车(汽车、拖拉机、摩托车等)、非机动车(兽力车、人力车、自行车等)和行人的各种带状工程构筑物的统称。由路基、路面、桥梁、涵洞和各种排水与防护设施等组成。

道路按其使用特点分为公路、厂矿道路、林区道路及乡村道路等。公路是指连接城市、乡村，主要供汽车行驶的具备一定技术条件和设施的道路。厂矿道路是主要供工厂、矿山运输车辆通行的道路。林区道路是指建在林区，主要供各种林业运输工具通行的道路。乡村道路建在乡村、农场，主要供行人及各种农业运输工具通行。

1.1.4 城市

随着以农业与畜牧业分工为标志的第一次劳动大分工，逐渐产生了固定的居民点，即农村。随着商业与手工业从农业中分离，即第二次劳动大分工，逐渐产生了城市。可见，城市是以非农产业和非农业人口聚集为主要特征的居民点，包括按国家行政建制设立的市、镇。值得注意的是，城市规划、建设与管理的本源是为人和生物的生活服务。为人服务即以人为本；为生物(动物及植物)服务即人地和谐、生态文明。这也是现代城市交通的努力方向。

我国城市规模划分标准以城区常住人口为统计口径，将城市划分为小城市、中等城市、大城市、特大城市、超大城市五类，Ⅰ型小城市、Ⅱ型小城市、中等城市、Ⅰ型大城市、Ⅱ型大城市、特大城市、超大城市七档。城区常住人口 50 万以下的城市为小城市，其中 20 万以上 50 万以下的城市为Ⅰ型小城市，20 万以下的城市为Ⅱ型小城市；城区常住人口 50 万以上 100 万以下的城市为中等城市；城区常住人口 100 万以上 500 万以下的城市为大城市，其中 300 万以上 500 万以下的城市为Ⅰ型大城市，100 万以上 300 万以下的城市为Ⅱ型大城市；城区常住人口 500 万以上 1000 万以下的城市为特大城市；城区常住人口 1000 万以上的城市为超大城市。

1.1.5 交通运输

交通运输是衔接生产和消费的一个重要环节，是保证人们在政治、经济、文化、军事等方面联系交往的手段，在现代社会的各个方面都起着重要的作用。交通运输业属于第三产业的流通部门。交通运输业的产品是旅客和货物的位移，并以运输的旅客人数(客运量)、货物吨数(货运量)、人公里数(客运周转量)、吨公里数(货运周转量)为计算单位。

交通为运输提供了不同方向的可能性，从而实现载运工具的主动通行，充分体现了交错相通的含义；运输则是通过自身组织，实现客货等对象的被动位移，从而达到运输目的的具体服务。

交通运输学是一门古老的学科。它是随着交通运输业的发展、交通运输技术的不断更新而逐步发展起来的，以交通运输业为研究对象，与多种学科相结合。经过发展变迁，中国的交通学科主要形成了两种学科设置：一是原教育部和交通部所属高校，即主要从事道路交通研究的高校，如东南大学、同济大学、长安大学等，其学科侧重于“交通”二字；二是原属铁道部的高校，即主要从事轨道交通研究的高校，如北京交通大学、西南交通大学、原长沙铁道学院(现中南大学)等，其学科侧重于“运输”二字。

1.1.6 城市交通

广义的城市交通(urban transportation)包括城市对外交通与城市内部交通。

狭义的城市交通包括市内客、货运交通(transport)，主要是城市道路上的交通(traffic)，有些城市还有轨道交通和水运交通。狭义的城市交通也称为城市各种用地之间人和物的流动，这些流动都是以一定的城市用地为出发点，以一定的城市用地为终点，经过一定的城市用地而进行的。本书的研究对象为广义的城市交通。

城市交通是一个独具特色，组织庞大、复杂、严密而又精细，并由多种类型交通组合而成的交通系统。就其运输方式来说，有道路、铁路、水路、航空、管道运输、电梯与传送带等；就其空间分布来说，有城市对外交通和城市内部交通；就其运行组织形式来说，有公共交通与个体交通；就其运输对象来说，有客运交通与货运交通。

公共交通由常规公共交通、快速轨道交通和准公共交通三部分组成，个体交通则由个体机动交通、非机动车交通和步行交通三部分组成，详见图 1-1。

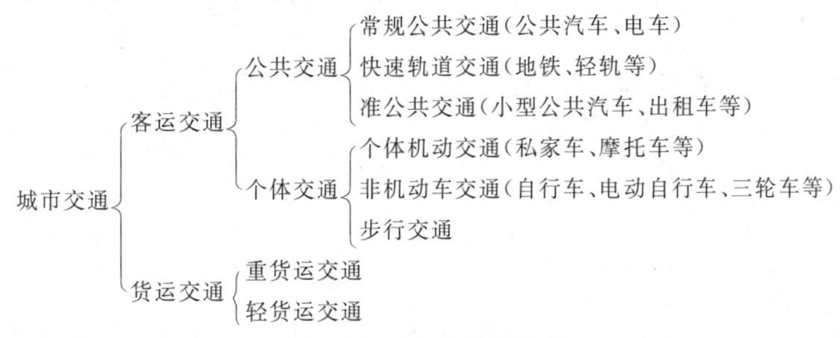

图 1-1 城市交通的分类

城市对外交通泛指城市与其他城市间的交通，及城市地域范围内的城区与周围城镇、乡村间的交通（图 1-2）。其主要交通形式有航空、铁路、公路、水运等。城市中常设有相应的设施，如机场、铁路线路及站场、长途汽车站场、港口码头及其引入城市的线路。城市对外交通与城市交通具有相互联系、相互转换的关系。

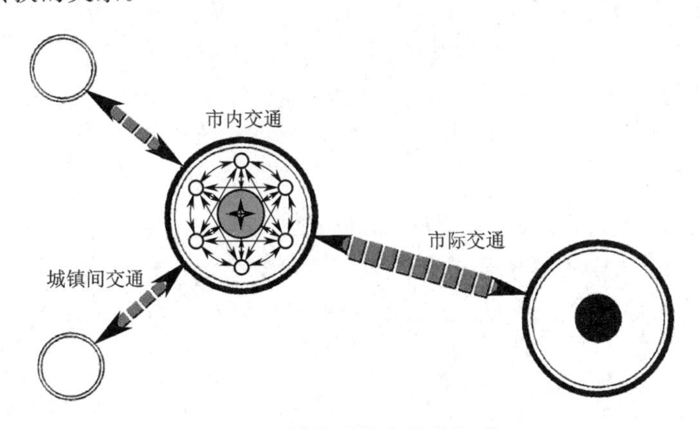

图 1-2 城市对外交通的构成

1.1.7 城市道路

城市道路是指在城市范围内，供车辆及行人通行的具备一定技术条件和设施的道路。城市道路是城市中担负城市交通的主要设施，是行人和车辆往来的专用地。在交通高度发达的城市，城市道路还包括高架路、人行过街天桥或地道和大型道路立交等设施。城市道路用地包括道路、交通广场、停车场以及加油站等设施的用地。

城市道路联系城市的各个组成部分（城市中心、城市的各种用地、对外交通设施），既是城市生产、生活的动脉,又是组织城市布局结构的骨架,同时还是安排绿化、排水及城市市政设施(地上、地下管线)的主要空间。

城市道路空间是城市基本空间环境的主要构成要素。城市道路空间的组织直接影响城市的空间形态和城市景观。城市道路既是城市街道景观的重要组成部分,又在一定程度上成为表现城市面貌和建筑风格的媒介。

城市道路要完成组织城市街道景观和引导人们体会各种不同城市景观的任务,就必须在选线、空间组织及细部设计上与建筑、绿化等设计互相协调配合,不但要力求实现技术上、使用上的高质量,还要力求创造美好的城市景观。

1.2 我国城市交通发展历程

1.2.1 城市交通设施供应

1. 城市道路

中华人民共和国成立以来,我国城市道路交通建设有了很大的发展。回顾城市道路设施的发展,大致可以分为四个阶段。

(1) 中华人民共和国成立初期

中华人民共和国成立初期对城市进行了新的建设和改造,原有破烂不堪的道路得到了整治,城市开始建立较为合理的道路骨架系统,适应了我国当时的工业化改造进程。为配合重点工程项目的建设,在一些重点城市进行了大规模的基础设施建设,道路条件明显改善。至 1957 年年底,全国城市道路长度和面积分别比 1949 年增加 64%和 71%。这一时期,自行车作为城市居民的代步工具得到了迅速发展。而同期汽车增长比较缓慢,道路容量大于交通量,因而城市交通比较畅通,车速稳定。

(2)"文革"期间

城市道路的建设资金投入减少,道路建设发展缓慢。从 1966 年至 1976 年,道路面积年均增长率仅为 2%。而同期城市机动车保有量的年均增长率为 6%~10%,不少大城市的交通开始出现拥挤现象。这一时期还实行鼓励自行车交通出行的财政补贴政策,自行车作为城市居民的代步工具得到了迅速发展。

(3) 20 世纪 80 年代至 90 年代中期

改革开放后,我国城镇化进程加快,城市建设步伐启动。在改革开放初期,受计划经济体制影响,许多城市处于集聚经济实力阶段,道路建设处于新一轮快速增长的起步阶段。1993 年的统计数据表明:城市道路长度、城市道路面积、人均道路面积分别比 1978 年增加 2.9 倍、4.5 倍、0.26 倍,年均增长率分别为 9.5%、12.1%、1.6%。1978 年至 1986 年新建城市道路设施总量超过了 1949 年至 1978 年建设的道路总和。1978 年至 1995 年,我国城市化水平约为改革开放前的 3 倍,成为新一轮城市道路建设的推动力,而城市交通的发展也为城市经济乃至国民经济的发展注入了活力。然而,由于城市基础设施建设投资不足,造成严重的供需失调,各大中城市普遍产生交通问题。

(4) 20 世纪 90 年代中期以后

伴随我国市场经济体制的逐步建立，城镇化进程进一步加快，城市建设各项事业迅猛发展，城市经济实力大幅提高。20 世纪 90 年代后期，国家制定了通过交通基础设施建设拉动经济增长的政策。许多城市开始建设骨架道路网络，不少大城市开始建设环路、大型立交、高架道路、轨道交通。在此阶段，我国道路建设事业飞速发展。1994 年至 2004 年，城市道路长度、城市道路面积、人均道路面积分别增加 1 倍、1.6 倍、1.7 倍，年均增长率分别为 7.2%、9.9%、10.4%。在快速城镇化的背景下，人均道路面积快速增长，表明城市道路建设达到了历史最高水平。由于交通需求同样增长迅猛，交通基础设施的建设仅仅局部、短时间地改善了城市交通。这一时期，城市交通拥堵问题日益严重，主流交通政策力图通过不断加大交通供给满足快速增长的交通需求，拥堵—修路—再次拥堵—再修路的循环使整个城市陷入了“水多了加面，面多了加水”的被动局面。

2. 轨道交通

轨道交通是一种利用轨道列车进行人员运输的方式，包括地铁、轻轨和磁悬浮列车等。轨道交通具有载客量大、运送效率高、能源消耗低、相对污染小、运输成本低和人均占用道路面积小等优点，是解决大城市交通拥挤问题的最佳方式之一。

中华人民共和国成立以来，城市轨道交通建设有了很大的发展。回顾发展历程，大致可以分为四个阶段。

(1) 服务战备阶段

我国最初建设地铁是出于战备的需要。从当时的交通状况看，建设地铁是一件相当“奢侈”的事情。

1965 年 7 月 1 日，北京地下铁道一期工程举行开工典礼，我国地铁建设迈出了令国人振奋的一步。一期工程是北京地下铁道东西走向的干线，全长 30.5 km，其中运营线路全长 23.6 km。1969 年 10 月基本建成通车，1971 年 1 月 15 日开始试运营，1981 年正式投入运营。1971 年 3 月，北京地铁二期工程开工。二期工程是北京地下铁道环线的东、北、西环，线路全长 16.1 km。1981 年 12 月基本建成，1984 年 9 月 19 日开始试运营。

天津是继北京之后，我国内地第二个拥有地铁的城市。始建于 1970 年 4 月 7 日的天津地铁，也称为 7047 工程，是结合墙子河改造工程修建的战备通道，属天津市人防工程的一部分。天津首条地铁 1984 年正式运营通车，总长只有 7.4 km。

(2) 开始建设阶段(20 世纪 80 年代末至 20 世纪 90 年代中期)

以上海地铁一号线(21 km)、北京地铁复八线(13.6 km)、北京地铁一号线改造、广州地铁一号线(18.5 km)建设为标志，我国真正以交通为目的的地铁项目开始建设。

(3) 调整整顿阶段(1995—1998 年)

由于出现地铁建设的盲目性，且工程造价高(每千米大约 1 亿美元)，大量引进设备等问题，1995 年国务院办公厅 60 号文件通知，除上海地铁二号线外，所有地铁项目一律暂停审批，并要求做好发展规划和国产化工作。接下来近 3 年的时间里国家没有审批城市轨道交通项目。从 1997 年底开始，原国家计委研究城市轨道设备国产化实施方案，提出深圳地铁一号线(19.5 km)、上海地铁明珠线(24.5 km)、广州地铁二号线(23 km)作为国产化依托项目，于 1998 年批复这 3 个项目立项，轨道交通项目又开始启动。

(4) 蓬勃发展阶段(1999 年以后)

一是随着国家积极财政政策的实施,国家从建设资金上给予有力支持;二是通过技术引进,国际先进制造企业同国内企业合作,实现了城市轨道交通车辆、设备本地化,使城市轨道交通建设造价大大降低。国家先后批准了深圳、上海、广州、重庆、武汉、南京、杭州、成都、哈尔滨等多个城市开展轨道交通项目建设,并投入 40 亿元国债资金予以支持,我国轨道交通建设进入高速发展期。

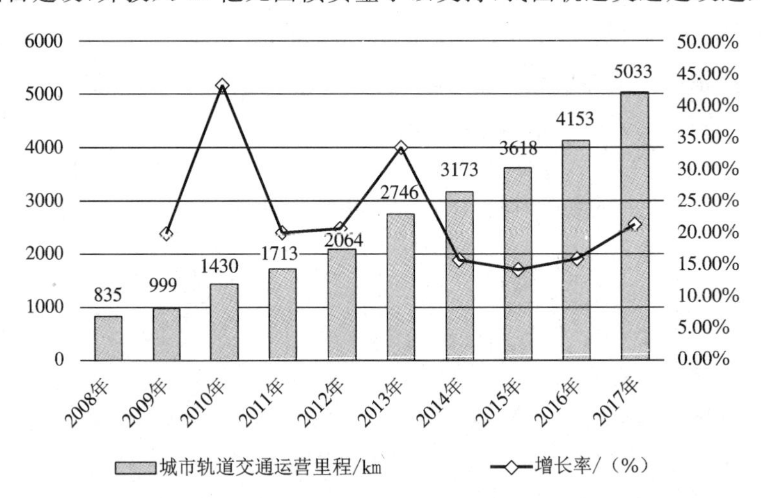

图 1-3 2008—2017 年我国城市轨道交通运营里程发展趋势

近年来,我国政府加大基础设施建设力度,三线、四线城市也纷纷开始筹建轨道交通,中国已成为世界上城市轨道交通发展最快的国家(图 1-3)。截至 2017 年年末,我国内地共计 34 个城市开通轨道交通并投入运营,开通城市轨道交通线路 165 条,运营线路总长度达到 5033 km。其中,地铁 3884 km,占比 77.2%;其他制式城市轨道交通运营线路长度约 1149 km,占比 22.8%。

随着我国城市轨道交通的快速发展,轨道交通投资额也逐年快速提高。2008 年,我国城市轨道交通完成投资金额 1144 亿元,至 2017 年增长到 4739 亿元,复合年均增长率达 17.11%。另外,截至 2017 年年末我国城市轨道交通在建线路长度 6246 km,在建项目可行性研究批复投资额累计 38756 亿元。

1.2.2 城市交通需求

1. 小汽车

20 世纪 90 年代中期,随着国家汽车产业政策的颁布,“轿车进入家庭”被确定为国家扶持汽车工业发展的战略安排,国产汽车的生产开始转向小汽车,小汽车的销售价格大幅度下降。近年来,小汽车保有量逐年增加,且增长速度越来越快。尽管国家鼓励私家车的发展,但我国一些城市对私家车发展持审慎态度,如对私家车收取高额牌照费。目前,我国城市私家车已普及,交通拥堵已由大城市拓展至中小城市,甚至乡镇。

2. 自行车

我国自行车保有量约为 4.5 亿辆,每百人 60 辆左右,全国城镇平均每户约有 1.5 辆自行车。我国城市自行车保有量经历了快速增长期后已达到饱和。

目前,自行车拥有率不再随着居民经济收入的增加而显著提高,而主要转向样式的需求的多样化和更新换代。伴随我国城市居民对出行质量要求的提高，许多城市的非机动车经历着自行车→助动车→电动自行车的演变过程。但各城市对电动自行车的发展政策尚不明朗。

1.2.3 城市交通问题演变

中华人民共和国成立以来，特别是改革开放以来，我国城市交通供需关系不断发生变化。回顾我国城市交通的发展历程，它实则经历了交通问题孕育、生成、发展、高涨这样一个逐渐累积的过程。

1. 孕育期

这主要是指中华人民共和国成立初期与“文革”期间。那时的交通主要是市际的交通，人们几乎对城市交通没有概念。中华人民共和国成立初期，道路设施供应速度快于汽车增长速度，道路容量大于交通量，城市交通比较畅通，车速稳定。“文革”期间，城市道路建设速度大大低于城市机动车保有量年平均6%～10%的增长率，不少大城市开始出现交通拥挤现象。

2. 生成期

20世纪80年代初期，随着改革开放的启动，交通需求剧增和交通设施供应水平低下的矛盾日渐突出，从而揭开了我国城市交通紧张的序幕。到20世纪80年代中期，这时的城市交通与80年代以前相比并无多大区别，依然是公共汽车、自行车和步行，只是自行车的数量迅速增加，成为城市交通出行的主要交通工具，一度公交“乘车难”程度达到了高峰。因此，从理论上讲，这一阶段可视为我国城市交通问题的生成期。这时的人们终于意识到，城市交通问题不再是一个遥远而模糊的概念，而是与每个人息息相关的切身现实。各大城市纷纷出台加强公共交通建设的政策法令，城市规划管理机构开始设立，城市交通管理日渐得到重视。

3. 发展期

20世纪80年代后期到90年代初，机动车增长主要是出租车、小汽车和摩托车的大幅度增加。尽管城市政府开始进行大规模的道路投资，但因城市车辆增长速度大大快于道路建设速度，交通拥挤开始在大城市普遍出现，人们开始意识到公共交通的重要性，城市交通投资和城市交通规划逐步受到重视。

4. 高涨期

20世纪90年代中期以后，机动车增长主要是私家车的迅猛增长，轿车消费的势头之猛令人吃惊。城市车流更加集中，走不动、停不下，矛盾极其尖锐。如北京市，花费大量人力、物力建成了几条快速环路和一百多座立交，但交通问题并没有得到根本解决。

针对快速发展的小汽车，出于拉动经济发展的目的，大部分城市没有采取严格的限制措施，基本政策导向是鼓励拥有。国家有针对性地取消了各地对小排量汽车的限制措施，并通过了汽车购买税收优惠等措施。这些政策没有考虑到国内机动车高拥有、高使用的特点，忽视了国内城市进入机动化的前提条件和面临的具体实际，即城镇化和机动化在短时间内的集中发生以及两化的相互强化作用。

伴随私家车的快速增多，如果在道路、交通管理方面没有突破性的应对办法，所有大城市交通都会遇到瘫痪的麻烦，并且这种交通日益紧张的趋势到2030年将达到顶峰。因此，从目前到2030年，将是我国城市交通问题的高涨期和城市交通危机的爆发期。

1.2.4 城市交通发展的危机

改革开放以来,我国城市交通发展关注的重点是道路交通,期望通过道路设施,尤其是高速公路、快速路、主干路的建设,来平衡道路交通供需关系。按照马斯洛关于需求的层次理论,人的需求由低到高分为生理、安全、友爱、尊重、自我实现五个层次,但目前,城市交通发展面临的问题与挑战却涉及国家安全、人民生命和人民健康。应当指出,交通公害和交通事故是比交通堵塞更严重的社会问题。人们常说车祸猛于虎,因为车祸看得见、摸得着,容易引起震动。交通污染是无形的,影响短时间看不出来,容易被人忽视,居民的健康在无形中受到侵害。下列危机是城市交通发展首先需要考虑的问题。

1. 交通能耗威胁国家安全

从1993年开始,由于自产的石油不够用,中国已成为石油净进口国。我国于1996年便成为继美国、日本之后的第三大石油进口国,又于2003年成为仅次于美国的第二大石油进口国。能源问题直接威胁到国家安全,关系到社会经济的健康发展。

2. 交通事故威胁人民生命

与世界发达国家相比,我国每万辆机动车的年交通事故死亡人数是发达国家的许多倍。目前,全国平均每5~6分钟就有1人因交通事故而死亡,每天有240~290人因交通事故而死亡。2006年,全国因为火灾死亡1517人,因交通事故而死亡的人数是火灾的59倍。2007年,上海平均每天至少有3人因交通事故死亡,10人因交通事故受伤,因为交通事故死亡的人数是火灾的23.4倍。遗憾的是,火灾事件屡见报端,但是道路交通事故并未引起新闻媒体的关注。

目前,交通死亡事故正向大学校园、居住小区等传统安宁区域蔓延,老人、儿童、大学生等特殊群体的交通安全值得关注。国内大学校园内发生交通事故致死或伤害事故的案例也屡见于媒体报道。

3. 交通污染危害人民身心健康

在我国,机动车尾气已逐渐成为城市的第一大污染源。我国大城市60%的一氧化碳、50%的氮氧化物、30%的碳氢化合物污染来源于机动车的尾气排放,其中北京、上海、广州等大城市的一氧化碳和氮氧化物排放量已约占城市排放总量的80%。汽车尾气危害人体健康,对行人及道路两旁居住或工作的人所造成的危害尤为巨大。

我国是世界三大酸雨区之一。汽车尾气排放的氮氧化物、二氧化硫对酸雨的贡献正在逐年上升。以上海为例,不仅中心城区空气中主要污染物的浓度很难明显降低,而且酸雨情况更加严重,酸雨降雨频率逐年提高。

交通噪声对城市声环境污染的"贡献率"占80%。噪声不仅会影响听力与语言交流,干扰休息和睡眠,而且还对人的心血管系统、神经系统、内分泌系统产生不利影响,所以有人称噪声为"致命的慢性毒药"。

交通振动主要是由于大货车、火车运行而使地面发生的振动,对人体的危害是降低舒适性、增加疲劳感、降低工作效率、影响健康和身体素质等。

全国省会城市近三分之一的路段噪声超标,城市交通干线的噪声超标情况较严重。近年来,随着私家车和货运周转量的不断增加,尽管我国各城市采取了市区禁鸣等严格的噪声治理措施,但是交通量增长导致的新增噪声抵消了治理效果，城市主要道路两侧的噪声污染在不断加剧，很难取得非常明显的治理效果。

4. 交通堵塞影响城市运转效率

近年来，我国城镇化速度加快，给城市交通带来巨大影响，主要包括以下几点。

①城镇化导致大量农村人口进入城市，使用交通设施的人口基数大大增加。

②城镇化导致城市社会经济繁荣，交通设施硬件条件改善，居民社会交往和弹性出行次数增多，进而导致居民的日均出行次数，即出行强度不断增加。

③城镇化导致城市范围扩大，居民上班、上学、生活出行的距离变长。

伴随社会经济迅猛发展，人民生活水平大幅提高，居民对出行质量要求越来越高，私家车迅速普及。在城镇化和机动化的双重作用下，交通堵塞成为我国城市的顽疾，尤以特大城市为甚。

1.3 现代城市交通发展趋势

现代城市的特征是高效益和高效率。效益包括经济效益、社会效益、环境效益。效率则主要是指城市的运转效率，其重要组成之一就是城市交通的运转效率。

现代城市交通的灵魂是速度。速度改变了人们的时间与空间观念。现代城市交通的发展是围绕着实现高效益和高效率而努力的，发展趋势如下。

1. 交通工具的高速化、大型化、远程化、复杂化

目前，高速铁路车速已达350 km/h，正在试验的磁悬浮列车车速将达500 km/h。汽车运输也向高速(80～120 km/h)、重型(8t以上)、专用化方向发展，同时平均运距不断增长(200～400 km)。海轮大型化、装卸机械化、码头专业化。河运推行顶推运输船队，运量也达万吨以上。空运飞机已达超音速，商务载重量达数十吨，能容纳500个客座，可远程不着陆飞行。

2. 居民出行方式的复杂化与机动化

电动自行车、轨道交通等交通方式在一些城市出现，交通方式种类趋于多样化，各种方式相互竞争，交通流构成趋向混杂化。

小汽车逐步进入居民家庭，成为居民重要的交通工具。若对小汽车使用不进行合理的引导，城市交通堵塞将日趋严重。

3. 城市内外交通的一体化

为了加强交通运输的连贯性，减少内外交通的中转，提高门—门运输的便捷程度，城市内外交通的界限将逐步消除。如铁路交通运输，有些城市已将国有铁路、市郊铁路与市区轻轨、地铁等线路连通；不少城市的高速公路已与市区的快速路网衔接；水运方面，运河也已引入城市港区，成为港区的组成部分。

4. 快慢交通、客货交通的分离与分流

要提高城市交通的效率，需减少交通对城市生活的干扰，创造更宜人的城市环境。现代城市趋向于按不同功能要求组织城市的各类交通，客运交通与货运交通分离或分流，并使人流、非机动车流、机动车流等互不干扰，形成各自独立的系统。

5. 规划价值观与交通建设模式的变革

近年来，我国一直在强调城市发展新理念，即创新、协调、绿色、开放、共享。与此同时，我国城市建设也进入新模式:由增加城市空间、增加道路交通设施,到有序建设、适度开发、高效运行、和谐宜居。城市发展已进入精细化管理、精细化治理新阶段。在这个阶段,综合交通系统形成并得到优化完善,绿色交通和集约化公共交通发展在城市交通发展中起着决定性作用。

6. 交通建设从偿还历史欠账,到引导城市发展

从1980年到现在,我国城市建设方针、城市发展驱动力、交通特征、交通发展策略等都有很大变化,简单来说就是从增量到存量的变化。我国城市交通建设在改革开放40余年中,经历了从偿还历史欠账到引导城市发展的过程。以上海为例,1978—1991年,乘车难、出行难,城市不堪重负,艰难转型,主要是解决基本需求问题;1991—2000年,解决基本问题后,整个城市向外发展,城市空间拓展,谋划交通骨架;2000—2010年,交通设施建成,形成新骨架,支撑城市快速发展,举办上海世博会,提升城市整体品质;2010—2020年,城市建设用地管理发生改变,城市现有人口增长趋势放缓,针对各种变化提出管为本、重体系、补短板的要求,即采用管理手段更好地提升城市整体质量。

7. 路权的再配置

今后一段时间内,城市交通系统完善的主要趋势是进行路权再配置,把道路资源分给更多人。基本原则是完善道路网络功能,以公交优先、慢行改善为原则重新分配道路空间资源,以提升管理效能、优化交通结构为主,以增加设施供应规模为辅;要求慢行设施总量只增不减,全面构建公交专用道系统;优化路网结构,完善进出中心城区的通道,拓展主要客运走廊交通容量。

8. 城市交通规划的理念更新

从现在开始到未来,城市交通发展理念变化呈现四个基本特点。

①发展目标调整。更加关注环境与公平,以低碳目标倒逼交通转型;关注社会效益,优先发展公共交通,复兴步行与自行车。

②发展路径调整。强调智慧增长、睿智增长,围绕公交走廊带进行城市更新与空间拓展;推动公共服务本地化。

③发展模式调整。要满足速度和容量的差异化服务需求。

④发展需求控制。强调理性供给、需求受控,通过城市交通的运行管理达成供需基本平衡,重点是车辆拥有与使用的综合管理,而不是机动车通行空间的不断扩容。

9. 新技术对道路规划设计的影响

智能、互联、协同等一系列新的交通服务、城市交通管理技术,对整个城市道路交通带来很大影响,主要有以下四点。

①立体交通将会成为发展趋势。未来交通规划需要对地上、地下空间进行周到的竖向设计,对轨道等基础设施留有充分空间。绿色交通,行人与公交优先;低碳交通,极低排放车辆优先;立体交通,核心区人车分离;智慧交通,未来的交通出行逐渐转变为全息可定制交通。

②交通运行管理将由路段管理向车道管理变化。道路管理设施和技术大规模更新;基础设施的网联化、智能化发展必须与车辆自动驾驶技术研发和应用推广保持一致;未来交通规划须在路面留有可变空间,考虑车道可变范围内的最小公约数。

③车辆自动驾驶技术将推动道路通行能力大幅提升。自动驾驶技术从应用于专用车道到逐渐全面应用,会使既有道路通行能力大幅度提升。车辆驾驶技术和车辆之间自动协调技术的发

展，会提升道路通行能力，节省停车空间。车辆自动驾驶技术使传统客运服务效率大幅提升，但新的客运服务与组织模式也会对交通设施的使用及管理带来挑战。

④5G、网联化发展给交通管理提供了新手段。全息投影与导航可能会使将来在路口不仅有红绿灯，还有3D投影信号灯系统，为"红灯停、绿灯行"带来更多的手段。5G、网联化，使数据采集与发布更加实时、高效、便捷，支撑交通管理提供更加精准、智能的服务。

1.4 本书的研究内容

城市交通系统担负着城市交通运输的任务，反映城市建设水平和城市风貌，是城市空间布局的骨架，是城市各项活动的必要载体。

传统城市交通的研究对象为人、车、路、环境之间的关系。随着我国现代城市交通的发展，城市交通的综合性和复杂性不断提高，城市交通系统的内涵不断丰富。现代城市交通系统的研究对象为用地、用户（人和货物）、交通工具、交通设施、交通信息与控制系统、交通环境、交通政策等方面的相互关系。因此，城市交通系统也就是由这几大部分组成的。这几大部分只有分工协作、高效衔接、一体化发展，才能实现现代城市交通的发展目标。

城市用地是城市交通产生和吸引的源，不同性质用地的交通生成指标不同。

城市交通的用户是人和货物，也是城市交通的服务对象。

交通工具，如汽车、自行车、摩托车、轨道车辆、火车、船舶、飞机等，用以装载所运送的乘客和货物。

交通设施包括综合交通网络和交通枢纽两大类。其中，综合交通网络，如有形的城市道路、轨道交通线网、公共交通线网、公路网、铁路网、河道网或无形的航路等，作为城市交通运输的通道，供交通工具由起点驶行到终点。交通枢纽，如同类交通方式的转换点（轨道与轨道换乘点、道路交叉口等）、不同交通方式的换乘点（公交站点、火车站、汽车站、机场、港口等），作为城市交通的起点、中转点或终点，用于供乘客和货物从交通工具上下和装卸，或者控制交通工具的停与行。

交通信息与控制系统是为保证交通工具在交通设施上安全、有效率地运行而制定的规则及设置的各种监视、控制、管理装置和设施，如各种信号、标志、通信、诱导、导（助）航（行）以及规则等。

交通环境是城市交通节能减排的保护对象，也是反映城市交通现代化的首要指标。

交通政策既是城市交通发展的行动纲领，也是城市交通发展的神经中枢，又是现代城市交通发展目标实现的保证。

本书的研究对象是现代城市交通系统，不仅包括传统意义上的道路交通，也包括符合可持续发展理念的轨道交通、慢行交通、公共交通等。在内容安排上，从城市层面、城市综合交通层面，论述应对交通发展危机、迎接交通挑战的概念、理念、技术与方法。

本书共分16章，内容安排本着由简单到复杂、由外到内、由设施到运行的原则，循序渐进。

第1章重点阐述了城市交通的基本概念以及本书的研究对象与内容。第2章讲授了行人、车辆、交通流、路面、交通规划等城市交通基本知识。第3章在介绍国内外城市交通发展经验和总结我国城市交通发展战略实践的基础上，阐述了城市交通的发展目标以及城市交通战略规划的相关内容。第4章、第5章主要介绍了采集分析交通数据、指导交通规划方案设计和评价交通规划方案的定量分析方法。第6章至第10章分别阐述了城市对外交通、城市道路网、城市道路线形、城市道路横断面、城市道路交叉口的规划设计方法。第11章至第14章分别阐述了城市慢行交通、城市公共交通、城市货运交通、城市道路公用设施的规划设计方法。第15章从交通与土地协调发展的微观层面,阐述了城市建设项目交通影响分析的相关概念,以及交通影响分析报告的编制方法。第16章介绍了交通管理规划的工作内容,以及交通系统管理、交通需求管理、智能交通系统的基本知识。

第 2 章　城市交通基本知识

2.1　行人

2.1.1　步行交通基本参数

步行是以步行者自身体力为动力的出行方式。行人一般只能做近距离和低速行走。步行交通与人们的日常生活密不可分，在短距离范围内能够直接到达工作、交往、娱乐等各种目的地。对于长距离出行，无论采用何种交通工具，一般也需要依赖步行进行两端交通衔接。因此，了解步行的基本特征是非常重要和必要的。步行交通的基本参数主要包括行人静态空间、步频、步幅、步速等。

1. 行人静态空间

行人静态空间主要是指行人身体在静止状态下所占用的空间范围。身体前后胸方向的厚度和两肩的宽度是人行空间和有关设施设计中所依据的基本尺寸。一般设计中常以男性椭圆为标准，将成年男子身体所占投影面积模拟成一个短轴为 0.46 m、长轴为 0.61 m 的身体椭圆，面积为 0.21 m^2，将其视为静止状态下行人需要占据的最小空间。当行人携带行李物品时，其所占用的空间相应增大。表 2-1、图 2-1 展示了不同情况下的行人占用的道路宽度。

表 2-1　不同行人状况占用道路宽度(m)

单身不携带物品	单手携轻物	双手携轻物	背负重物	背负重物与手提物品	成年人携儿童	肩挑两重物
0.6～0.7	0.7～0.8	0.75～0.85	0.8～0.9	0.85～1.0	0.9～1.0	1.0～1.8

2. 步频

步频是指行人在单位时间内行走时跨步的次数(或双脚先后依次着地次数)，常用单位为步数/min。行人每分钟行走步数为 80～150 次，常用值为 120 次。

3. 步幅

步幅又称步长，是指行人行走时每跨出一步的长度，单位为 cm 或 m。男性步幅比女性步幅稍大，而步幅大小与步行速度快慢几乎无关。我国男性步幅平均值为 66.6 cm，女性步幅平均值为 60.6 cm，两者平均步幅为 63.6 cm。

4. 步速

步速为行人在单位时间内所行进的距离，一般采用 m/s、m/min 或 km/h 表示。步速不但有男女老少之别(表 2-2)，而且与步行道路特性相关。如行人在过街横道上的步速快于在一般平路上的步速，在平路上的步速又快于在上坡路上的步速等。设计时一般采用 1～1.2 m/s 的步速。

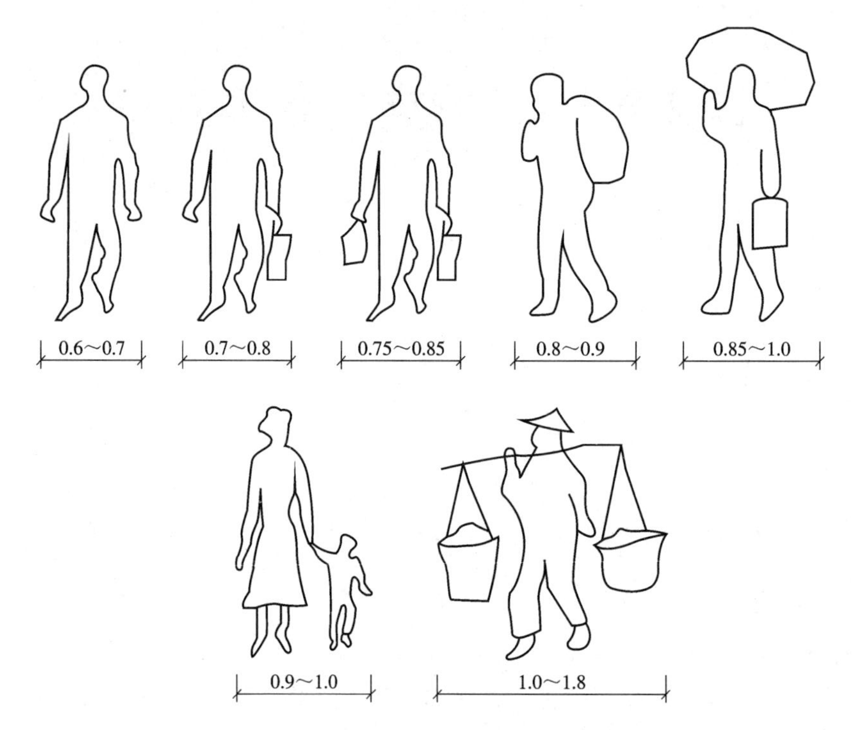

图 2-1 行人占用道路宽度示意(m)

表 2-2 不同国家行人步行速度观测统计

中国		日本		德国	
类别	步速/(m/s)	类别	步速/(m/s)	类别	步速/(m/s)
老年男子	1.10	老人	1.14	>55 岁男子	1.50
老年女子	1.01	成年男子	1.49	>51 岁女子	1.30
成年男子	1.28	成年女子	1.30	40～50 岁男子	1.60
成年女子	1.20	青年男子	1.58	<40 岁男子	1.70
青年男子	1.32	青年女子	1.42	<50 岁女子	1.40
青年女子	1.21	高中学生	1.58	青年男女	1.80
		初中学生	1.49	带儿童的女子	0.70
		小学生	1.32	6～10 岁儿童	1.10
		平均	1.44	平均(除儿童)	1.50

注:据对中国商业区行人步行速度的观测统计,平均值为 1.15 m/s。

2.1.2 行人动态空间需求

行人的动态空间可分为步幅区域、放置(双脚)区域、感应区域、行人视觉区域以及避让与反应区域等。步行者所选择的个人空间,通常与其“领域”感、地位、文化、教育、民族习惯等因素有关。

实际观测表明:空身行人在人行道或广场上活动时有一个活动圈(图 2-2)。不同直径的活动圈对行人活动的影响不同。行人活动圈的大小影响行人的步行速度。当人流密度逐渐增加时,行人活动圈逐渐缩小,行人的自由度、步行速度随之降低。合理的行人密度是确定步行空间面积的主要依据,一般选取 1.4～3.7 m^2/人的空间值用于确定服务水平的界限。

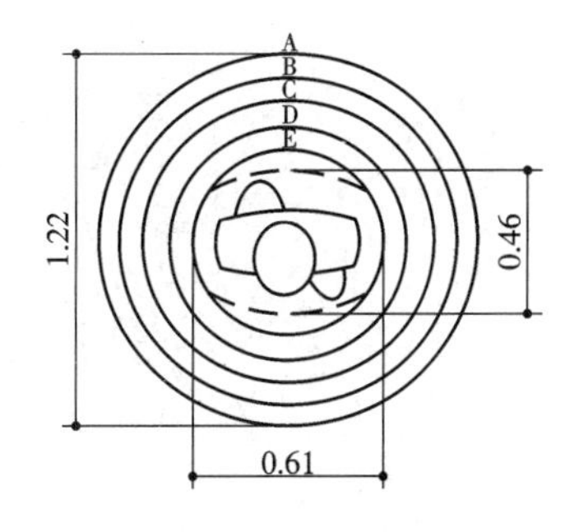

图 2-2　行人占用空间示意(m)

2.2　车辆

2.2.1　车辆的分类

行驶在城市交通网络上的交通工具种类很多,分类标准、方法也多种多样。本书重点介绍城市交通规划中涉及较多的城市道路上行驶的机动车、非机动车,以及快速步入我们生活的轨道交通车辆。

1. 机动车

各种牌号、型号的载客或载货的车辆可归纳为几种设计车辆,以便根据设计车辆的外廓尺寸、载重量、运行特性等特征进行道路设计。

机动车种类繁多,城市道路上行驶的机动车设计车辆通常分为三类。

①小客车:城市道路上的小型汽车包括小客车、三轮摩托车、轻型越野车及 3 t 以下的货运汽车,在这些车辆中,以小客车为设计车辆。

②大型车:城市道路上的普通汽车,包括单节式公共汽车、无轨电车与载重汽车,不包括拖车、半拖挂车。

③铰接车:包括铰接式公共汽车、电车、拖车和半拖挂式载重汽车等。

依据工程需要,不同设计规范中的机动车设计车辆分类标准是不一样的。例如,《车库建筑设计规范》(JGJ 100—2015)把设计车辆分为微型车、小型车、轻型车、中型车、大型车。其中,微型车包括微型客货车、机动三轮车。

2. 非机动车

非机动车包括自行车、电动自行车、三轮车、板车、残疾人专用车、助动车和兽力车等。我国城市道路上的非机动车设计车辆为自行车和三轮车。

电动自行车是以车载蓄电池作为辅助能源,具有脚踏骑行能力,能实现电助动或(和)电驱动功能的两轮自行车。电动自行车与自行车的外形差别较大(图 2-3),但与摩托车的外形差别较小。在实践中,摩托车在机动车道行驶,电动自行车在非机动车道行驶,由此来区分二者。

3. 轨道交通车辆

近年来,轨道交通在我国城市快速发展,其中地铁与轻轨是发展最广泛的轨道交通形式。相比于在道路上行驶的车辆,地铁与轻轨具有运量大、快捷、准时、低污染等特点,对缓解城市交通拥挤、提高居民出行效率、促进城市永续发展具有非常重要的作用。

随着科技进步,轨道交通车辆的种类在增加,如高速铁路与城际铁路的动车组车辆、磁悬浮交通车辆等。本书重点介绍地铁和动车组的车辆。如图 2-4 所示,左为地铁车辆,右为动车组车辆。

图 2-3 自行车与电动自行车

图 2-4 地铁与动车组车辆

2.2.2 车辆的主要技术参数

1. 机动车

机动车的主要技术参数包括尺寸参数、质量参数和性能参数。

(1) 尺寸参数

机动车设计车辆的长、宽、高等尺寸是停车场(库)设计的依据,也是道路设计中为车辆行驶预留相应空间的依据。汽车的主要尺寸有外廓尺寸、轴距、轮距、前悬、后悬等(图 2-5)。

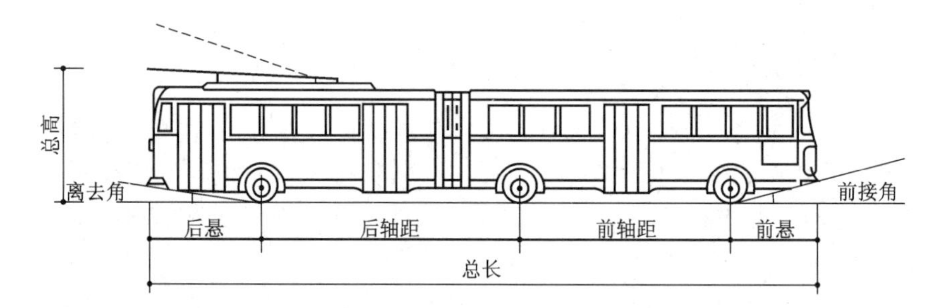

图 2-5 铰接无轨电车外廓各部分的名称

外廓尺寸是车辆外廓的长、宽、高尺寸,它影响道路建设的净空和车内容量。总长是指车辆前保险杠至后保险杠的距离;总宽是指车厢宽度(不包括后视镜);总高是指车厢顶或装载顶至地面的高度。

轴距是车辆前、后轮轴之间的距离，它对车辆的整备质量、总长、最小转弯直径、纵向通过半径以及车辆的轴荷分配、制动性、操纵稳定性等都有影响。

轮距为车辆横向两轮间的距离，它能使车内宽度、车辆最小转弯半径等发生变化。

前悬、后悬分别是车辆前、后轴中心到车辆最前端和最后端之间的距离，它们对车辆的通过性、撞车的安全性、驾驶员的视野等起着决定性作用。

我国城市道路上的机动车设计车辆的外廓尺寸参见表 2-3、图 2-6。

表 2-3　我国城市道路上的机动车设计车辆外廓尺寸(m)

车辆类型	项目					
	总长	总宽	总高	前悬	轴距	后悬
小客车	6.0	1.8	2.0	0.8	3.8	1.4
大型车	12.0	2.5	4.0	1.5	6.5	4.0
铰接车	18.0	2.5	4.0	1.7	5.8+6.7	3.8

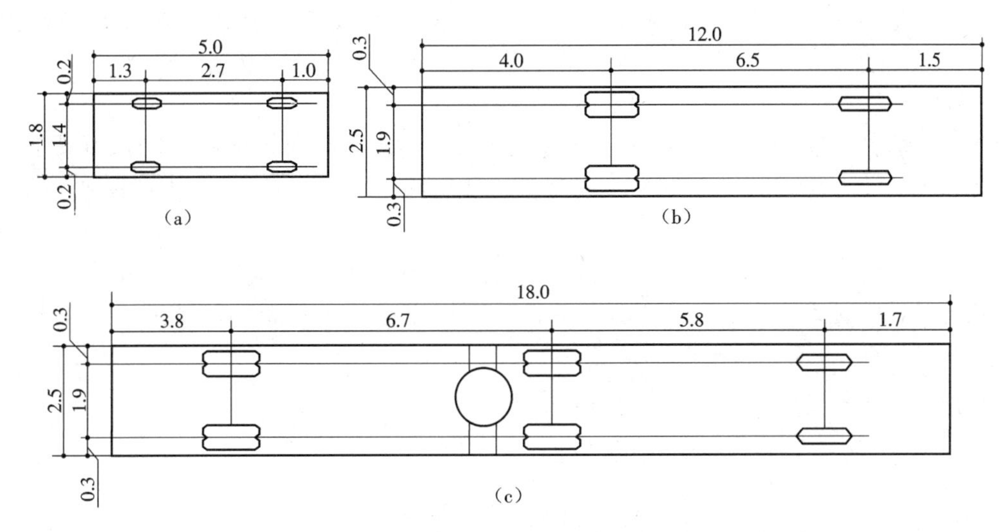

图 2-6　机动车设计车辆外廓尺寸(m)

我国公路的机动车设计车辆外廓尺寸见表 2-4。可见我国公路与城市道路的设计车辆外廓尺寸不同。

表 2-4　我国公路的机动车设计车辆外廓尺寸(m)

车辆类型	总长	总宽	总高	前悬	轴距	后悬
小客车	6	1.8	2	0.8	3.8	1.4
大型客车	13.7	2.55	4	2.6	6.5+1.5	3.1
铰接客车	18	2.5	4	1.7	5.8+6.7	3.8
载重汽车	12	2.5	4	1.5	6.5	4
铰接列车	18.1	2.55	4	1.5	3.3+11	2.3

注：铰接列车的轴距为(3.3+11)m，3.3 m 为第一轴至铰接点的距离，11 m 为铰接点至最后轴的距离。

(2) 质量参数

汽车的质量参数包括汽车的整车装备质量、载客量或装载质量、自身质量利用系数和轴荷分配。

①整车装备质量。

整车装备质量即车辆的自重,通常又称空车重量,是指车上带有全部装备(包括随车工具、备胎等),加满燃料、水,但没有装货和载人时的整车质量。它对汽车的成本和使用经济性均有影响。

②载客量或装载质量。

载客量是指客车的座位数;装载质量是指汽车在硬质良好路面上行驶时所允许的额定装载量。载客量或装载质量影响道路的运营效益,也与行车安全有着密切的关系。

③自身质量利用系数。

自身质量利用系数是指汽车装载质量与整车装备质量的比值。该系数反映了汽车的设计水平和工艺水平,它的值越大,说明汽车的结构和制造工艺越先进。

④轴荷分配。

轴荷分配是指汽车在空载或满载静止状态下,各车轴对支承平面的垂直载荷,也可以用占空载或满载总质量的百分比来表示。轴荷分配对轮胎寿命和汽车的使用性能有影响。

(3) 性能参数

汽车的性能参数包括动力性、燃油经济性、最小转弯半径、通过性、操纵稳定性、制动性和舒适性等。除汽车的动力性、制动性与驾驶员的驾车特性息息相关外,其他参数更多的是受汽车设计和制造的控制。

汽车的最小转弯半径是指汽车前外轮中心的转弯半径,它由汽车本身的构造及性能决定。

铰接车前轮转向角 α 多为 5°～35°,从图 2-7 中可知,前轮中心回转半径 $R_1=L/\sin\alpha$;中轮中心回转半径 $R_2=L/\tan\alpha$,可以得出以下等式:

后轮中心回转半径 $$R_3=\sqrt{R_2^2+c^2-M^2} \tag{2.2.1}$$

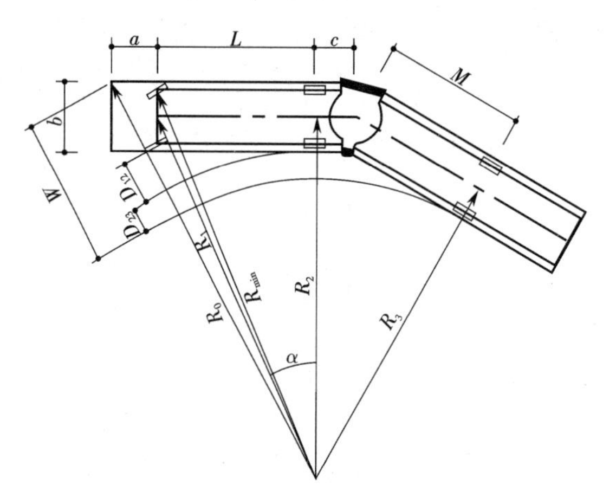

图 2-7 铰接车的转弯半径

最小转弯半径 $$R_{\min}=\sqrt{\left(R_2+\frac{b}{2}\right)^2+L^2} \tag{2.2.2}$$

车辆前端外侧回转半径　$R_0=\sqrt{(a+L)^2+\left(R_2+\frac{b}{2}\right)^2}$　(2.2.3)

车身通过宽度　$W=R_0-\left(R_3-\frac{b}{2}\right)$　(2.2.4)

前中轮内侧偏移值　$D_{12}=R_1-R_2$　(2.2.5)

中后轮内侧偏移值　$D_{23}=R_2-R_3$　(2.2.6)

内侧总偏移值　$D_1=D_{12}+D_{23}=R_1-R_3$　(2.2.7)

如图2-7和上述公式所示，汽车在弯道上低速行驶时，它的前后轮及车体前后凸出部分的回转轨迹将随着转弯半径的变化而变化。为保证车辆在弯道上低速行驶时不致碰撞其他物体，道路的宽度应按上述计算要求加宽至W。对其他不同类型的汽车也可同理类推。以上计算所得数值可以作为停车场(库)、回车场地和公交车终点站通道设计的依据。

2. 非机动车

我国生产的自行车品种、牌号及型号较多，宜采用28型自行车为设计标准车。三轮车包括客运三轮车、货运三轮车两种。兽力车在北方郊区道路上尚有使用，正逐渐被淘汰。

非机动车的外廓尺寸亦为车辆的长、宽、高尺寸。

(1) 总长

自行车的总长为前轮前缘至后轮后缘的距离；三轮车的总长为前缘至车厢后缘的距离；板车、兽力车的总长均为车把前端至车厢后缘的距离。

(2) 总宽

自行车的总宽为车把宽度，其余车种的总宽均为车厢宽度。

(3) 总高

自行车的总高为骑车人骑在车上时，头顶至地面的高度，其余车种的总高均为车顶至地面的高度。

我国城市道路设施设计时，非机动车设计车辆的外廓尺寸和自行车的车型尺寸详见表2-5、表2-6。

表2-5　非机动车设计车辆的外廓尺寸(m)

设计车型	总长	总宽	总高
自行车	1.93	0.60	2.25
三轮车	3.40	1.25	2.25

注：自行车的总高为骑车人骑在车上时，头顶至地面的高度；三轮车的总高为载物顶至地面的高度。

表2-6　自行车的车型尺寸(m)

类型	长	宽	高
28型	1.93	0.52～0.60	1.15
26型	1.82		1.00
24型	1.47		1.00

3. 电动自行车

《电动自行车安全技术规范》(GB 17761—2018)规定，电动自行车应符合如下要求：①具有脚

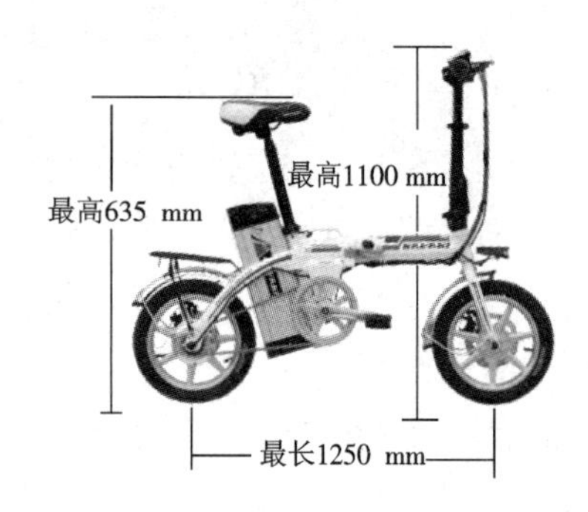

图 2-8 电动自行车的尺寸

踏骑行能力;②具有电驱动或(和)电助动功能;③电驱动行驶时,最高设计车速不超过 25 km/h,电助动行驶时,车速超过 25 km/h,电动机不得提供动力输出;④装配完整的电动自行车的整车质量小于或等于 55 kg;⑤蓄电池标称电压小于或等于 48 V;⑥电动机额定连续输出功率小于或等于 400 W。

电动自行车的尺寸如图 2-8 所示,限值应当符合下列要求:①整车高度小于或等于 1100 mm;②车体宽度(除车把、脚蹬部分外)小于或等于 450 mm;③前、后轮中心距小于或等于 1250 mm;④鞍座高度小于或等于 635 mm;⑤鞍座长度小于或等于 350 mm;⑥后轮上方的衣架平坦部分最大宽度小于或等于 175 mm。

4. 地铁车辆

地铁车辆各类车型的外廓尺寸见表 2-7。

表 2-7 地铁车辆各类车型的外廓尺寸(m)

项目名称		A 型车	B 型车	C 型车		
		四轴车	四轴车	四轴车	六轴车	八轴车
车辆基本长度		22.1	19.0	18.9	22.3	29.5
车辆基本宽度		3.0	2.8	2.6		
车辆高度	受流器车(加空调/无空调)	3.8/3.6	3.8/3.6	3.7/3.25		
	受电弓车(落弓高度)	3.81	3.81	3.7		
	受电弓工作高度	3.9～5.6				

注:C 型车未包括低底板车。

地铁行驶于轨道上,直线地段的轨距(指两股钢轨头部内侧顶部下 16 mm 处之间的距离)采用 1435 mm,半径小于或等于 200 mm 的曲线地段的轨距,应按表 2-8 规定的数值加宽。

表 2-8 曲线轨距加宽值

曲线半径/m	加宽值/mm		轨距/mm	
	A 型车	B 型车	A 型车	B 型车
$150<R\leqslant200$	10	5	1445	1440
$150<R\leqslant200$	15	10	1450	1445

5. 动车组车辆

动车组 1 个编组为 8 辆车,2 个编组为 16 辆车。对于不同型号的动车组,在编组中,动车(M)与拖车(T)的数量是不同的,头车长度也不同。

以 CRH2 型动车组为例,1 个编组为 4 辆动车、4 辆拖车。动车组首尾车辆设有司机室,可双向驾驶。车辆动力配置为 4M+4T。1 个编组总长 201.4 m,其中头车长度 25.7 m,中间车长度 25 m,车体宽度 3.38 m,车体高度 3.7 m。在 4 号、6 号车顶设受电弓及附属装置。动车组正常运行时，采用单弓受流，另一台备用，处于折叠状态。

以 CRH5 型动车组为例，1 个编组为 5 辆动车、3 辆拖车。动车组首尾车辆设有司机室，可双向驾驶。车辆动力配置为(3M＋1T)＋(2M＋2T)。一个编组总长 211.5 m，其中头车长度 27.6 m，中间车长度 25 m，车体宽度 3.2 m，车体高度 3.73 m，车辆高度 4.27 m。

2.2.3　净高与限界

为了保证交通的畅通，避免发生安全事故，要求交通设施为人和交通工具(机动车、非机动车、轨道交通车辆、轮船等)的通行提供一定的限制性空间，即在一定宽度和一定高度范围内不得有任何障碍物的空间限界，简称建筑限界。建筑限界的高度称为最小净高。

1. 城市道路

城市道路的最小净高见表 2-9。城市中通行特殊车辆的道路最小净高应满足特殊车辆通行的要求。道路设计中应做好与公路以及不同净高要求的道路间的衔接过渡，同时应设置必要的指示、诱导标志及防撞设施。

表 2-9　城市道路的最小净高(m)

道 路 种 类	行驶车辆种类	最 小 净 高
机动车道	各种机动车	4.5
	小客车	3.5
非机动车道	自行车、三轮车	2.5
人行道	行人	2.5

2. 公路

一条公路应采用同一净高。高速公路、一级公路、二级公路的净高应为 5 m；三级公路、四级公路的净高应为 4.5 m；检修道、人行道与车行道分开设置时，其净高应为 2.5 m。

3. 铁路

高度限界：电力机车为 6.5 m，蒸汽机车和内燃机车为 5.5 m。宽度限界：4.88 m。详见第 6 章。

4. 水运

桥下通航净空限界主要取决于航道等级，并依此决定桥面的高程(表 2-10)。

表 2-10　航道等级及净空限界

<table>
<tr><td colspan="3">航道等级</td><td>一</td><td>二</td><td>三</td><td>四</td><td>五</td><td>六</td></tr>
<tr><td colspan="3">通航船只吨位/t</td><td>3000</td><td>2000</td><td>1000</td><td>500</td><td>300</td><td>50～100</td></tr>
<tr><td rowspan="3">桥梁净空尺度/m</td><td rowspan="2">净跨</td><td>天然及渠化河流</td><td>70</td><td>70</td><td>60</td><td>44</td><td>32～38.5
(40)</td><td>20
(28～30)</td></tr>
<tr><td>人工运河</td><td>50</td><td>50</td><td>40</td><td>28～30</td><td>25
(28)</td><td>13
(25)</td></tr>
<tr><td colspan="2">净高</td><td>12.5</td><td>11</td><td>10</td><td>7～8</td><td>4.5～5.5</td><td>3.5～4.5</td></tr>
</table>

2.2.4 机动车辆动力特征

1. 基本动力特征

汽车由发动机、底盘、车身和电气设备四部分组成。发动机是汽车的动力装置，底盘包括传动系、行驶系、转向系和制动系四部分，是汽车的主体。汽车动力的传递是由传动系来完成的。传动系将发动机曲轴上产生的扭矩传递给驱动轮，再通过车轮与地面的作用产生牵引力，以克服各种行驶阻力，推动汽车行驶。汽车构造示意见图 2-9。

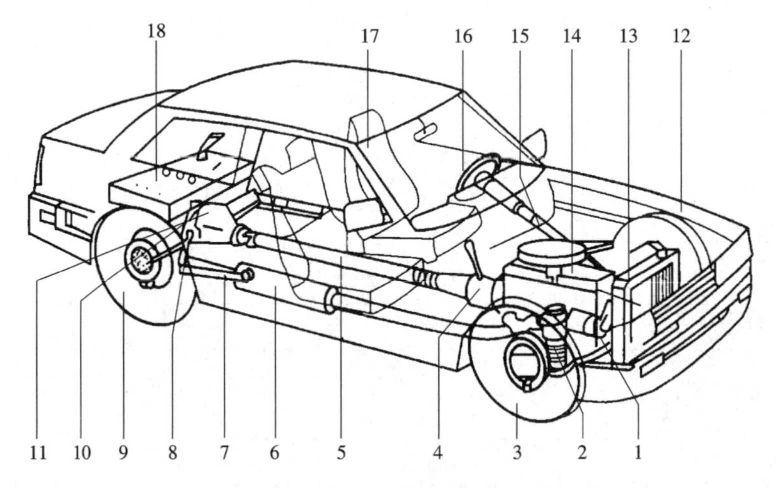

图 2-9 汽车构造示意

1—前桥；2—前悬挂；3—前车轮；4—变速器；5—传动轴；6—消声器；7—后悬挂(钢板弹簧)；8—减震器；9—后轮；10—制动器；11—后桥；12—车身；13—散热器；14—发动机；15—转向器；16—转向盘；17—座椅；18—燃油箱

汽车运动时的行驶阻力包括滚动阻力、空气阻力、坡度阻力和惯性阻力。

(1) 滚动阻力(P_f)

滚动阻力指车轮在路面上滚动时所产生的阻力。它是由路面与轮胎变形而引起的，与路面种类、状态、车速、轮胎结构及充气压力有关。滚动阻力 P_f 永远为正值，即在汽车行驶的任何情况下都存在。各种路面的行车滚动阻力系数见表 2-11。

表 2-11 各种路面的行车滚动阻力系数

路 面 类 型	滚动阻力系数
良好的沥青或水泥混凝土路面	0.010～0.018
一般的沥青或水泥混凝土路面	0.018～0.02
碎石路面	0.020～0.025
良好的卵石路面	0.025～0.03
坑洼的卵石路面	0.035～0.05
干燥的压实土路	0.025～0.035
雨后的压实土路	0.050～0.150
泥泞土路(雨季或解冻期)	0.100～0.250

续表

路面类型	滚动阻力系数
干砂路面	0.100～0.300
湿砂路面	0.060～0.150
结冰路面	0.015～0.030
压实的雪道	0.030～0.050

(2) 空气阻力(P_w)

空气阻力指汽车在行驶中迎风面空气受阻所引起的阻力。它与汽车迎风的压力、形状、大小及汽车后面因空气稀薄产生的吸力、汽车表面与空气的摩阻等有关。空气阻力 P_w 永远为正值。

(3) 坡度阻力(P_i)

坡度阻力指汽车爬坡时作用于汽车上的阻力。坡度阻力 P_i,上坡时为正值,平坡为零,下坡为负值。

(4) 惯性阻力(P_j)

汽车变速行驶时,需要克服其变速运动所产生的惯性力和惯性力矩,即惯性阻力。惯性阻力 P_j,加速时为正值,匀速时为零,减速时为负值。

为使汽车运动,汽车的牵引力必须与运动时所遇到的各项阻力之和平衡,这是汽车行驶的必要条件(驱动条件),即:

$$P_t = P_f + P_w + P_i + P_j \tag{2.2.8}$$

上式称为牵引力平衡方程。若牵引力等于各项阻力之和,汽车匀速行驶。牵引力大于各项阻力之和,汽车将加速行驶;随着车速的增加,阻力亦随之增加,最后重新达到平衡,车辆将转入匀速行驶。当牵引力小于各项阻力之和,则车辆将无法起步或减速行驶,以致停车。

根据汽车行驶理论,将各项阻力的计算式(从略)代入上式可得:

$$\frac{P_t - P_w}{G} = \varphi + \frac{\delta \mathrm{d}v}{g\,\mathrm{d}t} \tag{2.2.9}$$

式中,P_t——汽车的牵引力;

P_w——空气阻力;

G——汽车总重量;

φ——道路阻力系数,其值为滚动阻力系数与道路坡度的代数和;

δ——旋转物体的影响系数,与汽车车型和变速箱传动比有关;

$\frac{\mathrm{d}v}{g\,\mathrm{d}t}$——相对于重力加速度的汽车加速度。

式(2.2.9)的等号左侧表示汽车单位重量牵引力的储备,等号右侧表示汽车的动力性能,这个数值称为汽车的动力因数,以 D 来表示。动力因数代表汽车单位重量的有效牵引力,是能够克服道路阻力和惯性阻力的能力。

汽车的牵引质量可以用汽车动力特性图表示,它也是汽车行驶在道路上的牵引力计算基础。因为牵引力 P_t 的大小与汽车行驶时所用的排挡有关,空气阻力 P_w 与车速有关,故可绘制出排挡不同时,动力因数和车速之间的关系曲线图形。各种不同类型汽车有不同的动力特性,图 2-10 为我国解放牌 CA-10B 型载重汽车动力特性图。

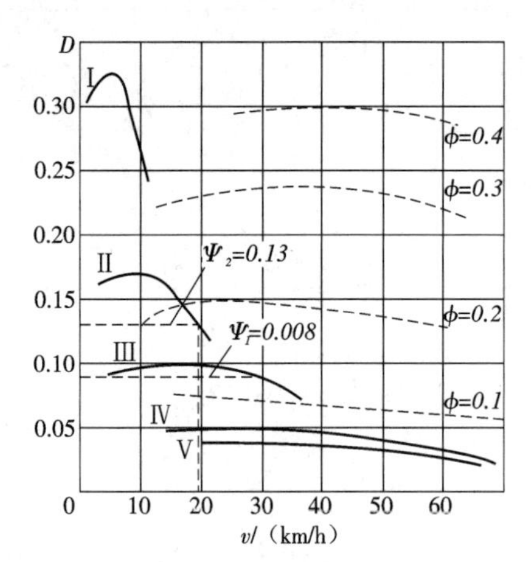

图 2-10 解放牌 CA-10B 型载重汽车动力特性图

由上面的分析可知,汽车行驶的第一个必要条件:汽车在道路上行驶,必须有足够的牵引力来克服各项行驶阻力。即汽车的牵引力必须大于或等于汽车的行驶阻力。汽车行驶的第二个必要条件:牵引力必须小于或等于轮胎与路面间的最大摩擦力(即附着力)。这样车轮才不会打滑空转,这是汽车行驶的充分条件(亦称附着条件),即:

$$P_t \leqslant Z\phi \tag{2.2.10}$$

式中,Z——作用在所有驱动轮上的荷载;

ϕ——附着系数。

附着系数 ϕ 主要与路面的粗糙程度和潮湿泥泞程度、轮胎花纹和轮胎气压、车速、荷载等因素有关。汽车在不同路面上的附着系数 ϕ 值详见表 2-12。

表 2-12 汽车在不同路面上的附着系数 ϕ 值

路面类型	路面状况			
	干燥	潮湿	泥泞	冰滑
水泥混凝土路面	0.7	0.5	—	—
沥青混凝土路面	0.6	0.4	—	—
沥青表面处置路面	0.4	0.2	—	—
中级及低级路面	0.5	0.3	0.2	0.1

受附着力限制的动力因数为:

$$D_\phi = \frac{Z\phi - P_w}{G} \tag{2.2.11}$$

D_ϕ 值受附着系数 ϕ 大小的影响,ϕ 大则 D_ϕ 大,ϕ 小则 D_ϕ 小。所绘出的 D_ϕ 曲线如图 2-10 中虚线所示。即只有在 D_ϕ 曲线以下的动力特性部分,才是汽车的可能运动区($D<D_\phi$);曲线以上部分则表示滑磨(非工作)区。从中可见,如将车辆任意改装为拖挂车,超载使 G 增加,会使 D 下降,在动力因数曲线上,使 v 变小。

2. 汽车的动力性指标

汽车的动力性通常用三个方面的指标来评定,即汽车的最高车速 v_{max}、汽车的加速时间 t、汽车的最大爬坡度 i_{max}。

(1) 最高车速

最高车速 v_{max}(km/h)是指在水平、良好的水泥混凝土或沥青路面上,汽车能达到的最高行驶速度。

(2) 加速时间

加速时间 t(s)有原地起步加速时间和超车加速时间之分。原地起步加速时间是指汽车由第 I 挡起步,以最大的加速强度逐步换至高挡后达到某一预定的距离或车速所需要的时间。常用至

100 km/h 的速度或用至 400 m 的秒数表明汽车原地起步的加速能力。超车加速时间尚无统一规定，常用高挡或次高挡由 30 km/h 或 40 km/h 全力加速至某一高速度所需时间表示。

小客车在水平路段上的加速度通常为 1.39～1.81 m/s^2，一直加速到 65 km/h，速度再高，加速度就会减小。重型货车在水平路段上的加速度不大于 0.83 m/s^2。车辆在正常运行中的减速度比加速度大。当速度小于 25 km/h 时，减速度大于 2.22 m/s^2。

(3) 汽车爬坡能力

汽车爬坡能力用汽车满载时以Ⅰ挡在良好路面上的最大爬坡度 i_{max}(%)表示。小客车的最高车速大，加速时间短，又在较好的平坦路面上行驶，所以一般不强调它的爬坡能力。货车经常要在各种路面上行驶，所以要求具有足够的爬坡能力，一般 i_{max} 为 30%(16.5°)左右。

为了维持道路上各种车辆形成的车流畅通，有的国家规定在常遇到的坡道上，汽车必须保证一定的速度，以此表明汽车的爬坡能力。如要求单车在 3%的坡道上能以 60 km/h 的速度行驶。排队汽车在 2%的坡道上能以 50 km/h 的速度行驶。汽车在陡坡路段上行驶，用来克服升坡阻力的牵引力消耗增加，必然导致车速降低。因此，需要对道路的坡度和坡长加以限制。

汽车的爬坡能力也是确定道路纵坡大小的一个重要因素。由于各种车辆的构造、性能、功率不同，其爬坡能力也不同。国产解放牌载重汽车各排挡的爬坡能力见表 2-13。

表 2-13 国产解放牌载重汽车各排挡的爬坡能力

排 挡	该挡最大爬坡值/(%)	上坡时最大车速/(km/h)	该挡最大车速/(km/h)
Ⅰ	25	5～6	10
Ⅱ	14	8～9	20
Ⅲ	7	15	35
Ⅳ	3	30	67
Ⅴ	1.86	70	75

注：表中数值指在沥青路面上行驶的情况。

3. 汽车安全性

汽车安全性是指汽车以最小的交通事故发生概率和最少的公害适应使用条件的能力。汽车安全性是汽车的主要性能之一，因为它直接影响到人的生命安全与健康，以及汽车和运输货物的完好。

美国汽车安全标准 FMVSS 把汽车安全性分为三个方面，即主动安全性、被动安全性和发生事故后的安全性。主动安全性又称积极安全性，是指能够避免发生交通事故的所有方面；被动安全性又称消极安全性，是指能够将可能发生的交通事故造成的伤亡减小的所有方面；发生事故后的安全性是事故发生后的防火灾等方面的性能。因此，汽车安全性是汽车一系列结构性能的综合，主要包括：制动性、稳定性、驾驶员座位的视野性、驾驶操作性、发生碰撞时的安全性、对行人及其他车辆的保护措施、防火安全性以及防公害的安全性。

(1) 制动性

汽车制动性是汽车强制降低行驶速度和停车的能力。汽车制动性的评价指标包括制动效能、制动效能的稳定性、制动时汽车方向的稳定性。

①制动效能。

制动效能是汽车制动性最基本的评价指标。通常用制动距离、制动时间、制动时的减速度来评价汽车的制动效能。制动距离是指汽车在平坦、干燥、良好的路面上以一定的初速度制动到汽车停止时驶过的距离。国内外汽车运行安全法规普遍采用制动距离检验汽车制动效能。制动距离可用下式计算:

$$L = \frac{v^2}{254(\phi \pm i)} \tag{2.2.12}$$

式中,v——汽车制动开始时的速度(km/h);

i——道路纵坡度(%),上坡为正,下坡为负;

ϕ——轮胎与路面间的附着系数。

驾驶员从发现障碍物采取措施到制动器生效,需要一段时间。这段时间统称反应时间,其长短因人而异。在确定安全停车距离时反应时间可取1.5~2.0 s。安全停车距离应包括制动距离和在反应时间内汽车行驶的距离。

②制动效能的稳定性。

制动效能的稳定性是指制动效能不因制动器摩擦条件改变而恶化的性能,包括热稳定性和水稳定性。热稳定性(抗热衰退性)是指因连续制动(如下长坡)使制动器温度升高后保持冷态制动效能的能力。它主要由制动器容量、结构和摩擦衬片的材质决定。水稳定性是指不因制动器浸水而使制动效能衰退的性能。

③制动时汽车方向的稳定性。

制动时汽车方向的稳定性是指汽车制动时保持按给定轨迹行驶的能力。汽车各车轮上的制动力大小不均匀、比例不当,将导致制动跑偏、侧滑,使汽车失去控制。制动法规要求汽车制动时,车体任何部位不许超出3.7 m宽的车道。

(2) 稳定性

稳定性是指汽车根据驾驶员的意愿按照规定的方向行驶,且不产生侧滑或倾翻的能力。影响汽车稳定性的主要因素有轴距和轮距、重心、汽车通过质心垂线的转动惯量、轮胎特性、转向系的结构与性能以及车身的空气动力学性能。

(3) 驾驶员座位的视野性

驾驶员座位的视野性包括直接视野、间接视野、恶劣天气的视野保持及夜间视野。

(4) 驾驶操作性

驾驶操作性是指汽车驾驶操作的方便程度,包括驾驶员与操纵杆件、踏板、仪表的位置关系,采取驾驶操作动作以及行驶中其他辅助动作的方便程度等。

(5) 发生碰撞时的安全性

随着汽车行驶速度的提高,汽车碰撞事故的后果也越来越严重,如何使碰撞后果减轻到最低程度受到普遍重视。为减小汽车碰撞时的乘员受伤害程度,采取的乘员保护措施包括:①车内设计防碰撞结构,包括采用软饰化仪表盘、软化内饰、尽量避免凸出物、采用吸能式转向盘、动态安全系统、防止冲击措施、安全门锁等;②采用乘员约束方式,有安全带、气囊、头枕等;③设计碰撞保护的外部结构,主要包括前吸能式保险杠、后吸能式保险杠、前防护格栅、前围、车门加强梁、前柱、中柱、后柱、车顶纵梁、翻车保护杠、车架、承载车身,以及载货汽车的车厢保险架。

(6) 对行人及其他车辆的保护措施

汽车前部碰撞行人时，与行人最先接触的部位是保险杠和发动机罩前边缘。因此，确定合理的保险杠高度和外皮采用柔软的材料，可减轻对行人的伤害程度。发动机罩前边缘的形状应尽量圆滑，限制车辆外部凸出物(后视镜、门把手、脚踏板、翼子板、灯具等)可减轻对行人的伤害，对其他车辆具有保护作用。

汽车外部防护装置分侧下部防护装置和后下部防护装置两种。侧下部防护装置能有效地防止人、畜、自行车等卷入汽车后轮而造成伤害。后下部防护装置能有效地防止低矮车辆从后方嵌入而造成损害。

(7) 防火安全性

防止车辆发生火灾的主要结构措施：提高车身内饰件的耐火性能，装设防火壁分隔发动机，采用防止导线短路、供油系渗漏和排气管过热的结构措施，完善消防设施。

(8) 防公害的安全性

汽车公害指废气排放、噪声以及电磁波的干扰等。为了防止汽车有害排放物和噪声的危害，国内外都制定了严格的法规加以限制。

2.2.5　自行车动力特征

自行车行进时的动力是由人体发出的，行驶时间越长，人的体能下降越快，车速就越慢。成年男子付出的功率约为 0.22 kW，持续蹬车 30 min 之后，只能付出 0.15 kW 的功率；成年女子可能付出的平均功率约为男子的 70%。所以自行车不宜作为远程交通工具。

道路的坡度对自行车的速度有着一定的影响。据观测，纵坡在 1%以下时，对自行车速度的影响很小，速度在 5～25 km/h，坡度可以忽略不计；当纵坡达 2%时，车速可能降到 7～10 km/h；如纵坡达到 3%，车速可能降到 5～7 km/h，此时的速度与快速行走的速度相近。根据一个人做功的特点来分析，骑车上坡所消耗的功率和其持续时间有关。如果上坡所需的功率越大，则其持续时间应越短；反之，上坡坡度平缓，其持续时间也可长一些。

按照不同年龄和性别的人及骑车载重与否的情况，可以绘出爬坡难易程度与所消耗的功率(P)和时间(t)的关系曲线。图 2-11 是根据青岛、唐山、北京、天津、上海、石家庄等城市自行车爬坡的资料，按其爬坡难易程度，画出的公认比较省力的 P-t 曲线，作为推荐曲线。这条推荐曲线又可按不同的骑车速度换算成坡度(i)与坡长(L)的关系曲线。因此，非机动车道的纵坡和坡长应有所限制。

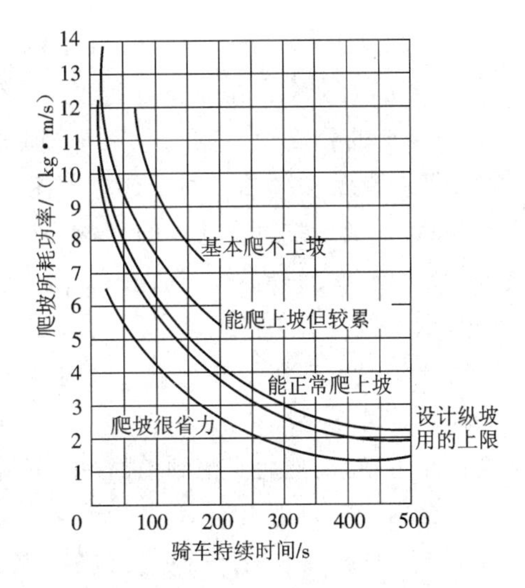

图 2-11　自行车爬坡消耗功率与时间的关系

2.2.6　电动自行车动力特征

电动自行车具有灵活、方便、经济耐用等优点，但由于电动自行车的结构简单，而且骑行者没有防护设施，电动自行车在安全性、舒适性、稳定性方面比较差。电动自行车只有两点接触地面,且接触面积小;运行时重心高、处于动态平衡中,骑车人一旦失去平衡就会摔倒,容易引发交通事故;不运行则不稳。电动自行车若受到横向力会发生转向或倾覆。运行中的电动自行车转向灵活、反应敏捷,而且骑行速度、方向常常突然发生变化;电动自行车在骑行中没有固定的行驶轨迹,常超车、让车或加速,偏离原行车道,甚至有时突然偏离或冲出原骑行车道线。对骑车人而言,骑行电动自行车的过程实际上是一种不断保持平衡的过程。这个过程不仅是一种生理运动,而且充满着心理活动:一方面要确保能到达目的地;另一方面还要避免风险。

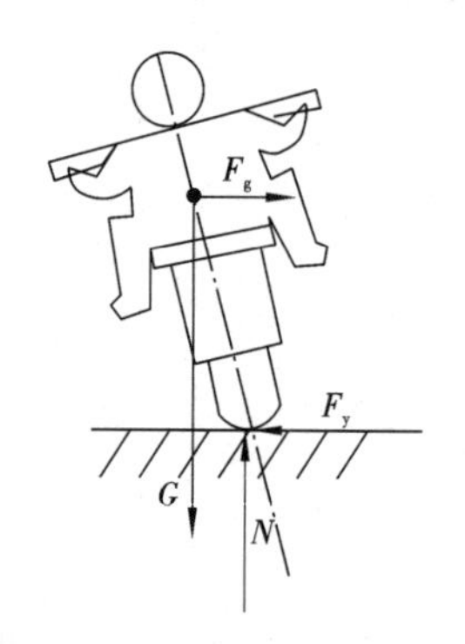

图 2-12 电动自行车转向力学原理示意

电动自行车具有摇摆性,自身的平衡稳定性不佳。在骑行过程中,电动自行车并不是沿着一条直线前进,而是围绕着前进轴线左右摇摆,即不停地进行转向运动。电动自行车转向运动的原理和四轮车辆有本质差别,它靠人和车一起倾斜实现(图 2-12)。

如图 2-12 所示,电动自行车向内侧斜角 θ,离心力 F_g 对轮胎着地点的力矩企图使车向外侧翻倒,重力 G 对着地点的力矩企图使车向内侧翻倒,两者平衡时,重力 G 和离心力 F_g 的合力正好通过着地点,即合力矩等于零。向内侧倾斜角 θ 随车速的增大和行驶轨迹曲率半径的减小而增大。当车速很低时,θ 角很小,也可以通过人体向内侧移动而保持车体竖直。随着车速的增大,车体倾斜越来越明显。这样一来,车和车之间的安全距离变大,与同车道行驶车辆接触的机会增大,安全性降低。

2.3 交通流

2.3.1 分类与参数

在交通设施上通行的车辆和行人都具有气体和液体般的流动特点,如具有流量、速度和密度等性质。因此,通常将在交通设施上通行的车流和人流统称为交通流。

1. 交通流的分类

交通流按交通主体的不同可分为车流、人流以及混合交通流;按交通流输送的对象可分为客流和货流;按交通设施对交通流的影响分为连续流和间断流;按交通流的交汇流向可分为交叉流、合流流、分流流和交织流;按交通流内部的运行条件及其对驾驶员和乘客产生的感受可分为自由流、稳定流、不稳定流和强制流。

连续流一般出现在无平面交叉口的城市道路上。在快速路上,车辆可以不间断地连续行驶,它在道路上的分布是随机的、离散的。在车流密度不大时,后面的车要超越前面比它慢的车,可以自由变换车道超车,然后交汇到前面的车流中去。到了立体交叉口,或路侧可供出入的匝道口,也很容易分流、合流,自由出入。

间断流一般出现在有平面交叉口的城市道路上。在主干路上,若纵横两个方向行驶的车辆都较快又多,这时就要用信号灯管理交通,借着红绿灯的不同相位,让纵横两个方向的车流在时空上错开通过。这时道路网上各个流向的车流就被切成一段一段的，间断式地向前行驶。

2. 交通流参数

行驶在道路上的各种车辆，由于出行目的不同、车型不同、行驶路线各异，其运行状态随道路条件、交通环境和驾驶员特点而有不同变化。尽管这种变化非常复杂，但通过大量观测分析，各种交通流的运行状态具有一定特征性倾向。交通流运行状态的定性、定量特征即为交通流特性。用以描述和反映交通流特性的一些物理量称为交通流参数。

通常用以描述交通流特性的有三大参数：交通量（流量）、速度和密度。饱和度等于交通量除以通行能力，通过通行能力可测算道路饱和度，进而可评价服务水平。

(1) 交通量、速度与密度

交通量(Q)是指单位时间内通过道路某一地点或某一断面的车辆数量或行人数量，前者称车流量，后者称人流量。交通量按车辆类型可分为机动车交通量和非机动车交通量。交通量是一个随机数，随时间、地点而变，但其变化的现象在时空分布上具有很明显的特征。研究或观察交通量的变化规律，对于进行交通规划、交通管理、交通设施的规划、设计方案比较和经济分析，以及交通控制与安全，均具有重要意义。

速度(v)是指车辆或行人在单位时间内行驶或通过的距离。

密度(K)是指在某一瞬时内一条车道单位道路面积上或单位长度上分布的车辆或行人数量。

(2) 道路通行能力

道路通行能力(C)是指在正常的气候和交通条件下，道路上某一路段或交叉口单位时间内通过某一断面的最大车辆数或行人数，以 veh/h、p/h 或 veh/d 表示。车辆中有混合交通时，则采用等效通行能力的当量汽车单位(pcu/h 或 pcu/d)表示。

道路通行能力与交通量概念不同，交通量是指某时段内实际通过的车辆或行人数。一般交通量小于道路的通行能力。在交通量比通行能力小得多的情况下，驾驶员可以自由行驶，可以变更车速、转移车道，还可以超车；在交通量等于或接近于道路通行能力的情况下，车辆行驶的自由度明显降低，一般只能以同一速度列队循序行进；在交通量稍微超过通行能力的情况下，车辆会出现拥挤甚至堵塞。因此，道路通行能力是一定条件下通过车辆的极限值，在不同的道路条件和交通条件下，有不同的通行能力。通常在交通拥挤的路段上，应力求改善道路或交通条件，提高通行能力。

城市道路的通行能力可分为理论通行能力（基本通行能力）、可能通行能力和设计通行能力。

①理论通行能力。

理论通行能力是指道路组成部分在道路、交通、控制和气候环境均处于理想条件下时，该组成部分一条车道或一车行道的均匀段上，或某一横断面上，单位时间内通过的车辆或行人的最大数量，也称基本通行能力。

②可能通行能力。

可能通行能力是指一条已知道路的组成部分在实际或预测的道路、交通、控制和气候环境条件下，该组成部分一条车道或一车行道对上述诸条件有代表性的均匀段或某一横断面上，不论服务水平如何，单位时间内所能通过的车辆或行人的最大数量。

③设计通行能力。

设计通行能力是指一设计中的道路的组成部分在预测的道路、交通、控制和气候环境条件下，该组成部分一条车道或一车行道对上述诸条件有代表性的均匀段或某一横断面上，在所选用的设计服务水平下，单位时间内能通过的车辆或行人的最大数量。

我国《城市道路工程设计规范》(CJJ 37—2012)(2016 年版)规定，快速路基本路段一条车道的基本通行能力和设计通行能力可采用表 2-14 的数值。其他等级道路路段一条车道的基本通行能力和设计通行能力应符合表 2-15 的规定。不受平面交叉口影响的一条自行车道的路段设计通行能力，当有机非分隔设施时，应取 1600～1800 veh/h；当无分隔时，应取 1400～1600 veh/h。受平面交叉口影响的一条自行车道的路段设计通行能力，当有机非分隔设施时，应取 1000～1200 veh/h；当无分隔时，应取 800～1000 veh/h。信号交叉口进口道一条自行车道的设计通行能力可取 800～1000 veh/h。人行设施的基本通行能力和设计通行能力应符合表 2-16 的规定。行人较多的重要区域的设计通行能力宜采用低值，非重要区域宜采用高值。

表 2-14　快速路基本路段一条车道的基本通行能力和设计通行能力

设计速度/(km/h)	100	80	60
基本通行能力/(pcu/h)	2200	2100	1800
设计通行能力/(pcu/h)	2000	1750	1400

表 2-15　其他等级道路路段一条车道的基本通行能力和设计通行能力

设计速度/(km/h)	60	50	40	30	20
基本通行能力/(pcu/h/车道)	1800	1700	1650	1600	1400
设计通行能力/(pcu/h/车道)	1400	1350	1300	1300	1100

表 2-16　人行设施的基本通行能力和设计通行能力

行人设施类型	基本通行能力	设计通行能力
人行道/[人/(h·m)]	2400	1800～2100
人行横道/[人/(h·m)]	2700	2000～2400
人行天桥/[人/(h·m)]	2400	1800～2000
人行地道[人/(h·m)]	2400	1440～1640
车站码头的人行天桥、人行地道/[人/(h·m)]	1850	1400

通行能力按研究对象不同可分为路段通行能力、交叉口通行能力。在研究中，路段设计通行能力存在两种情况：不受交叉口影响的机动车道设计通行能力、受平面交叉口影响的机动车道设计通行能力。另外，人行道和自行车道的通行能力也是道路设计的重要依据之一。

(3) 服务水平

饱和度为交通量与通行能力的比值，它是衡量道路服务水平的重要指标。服务水平是交通流中车辆运行以及驾驶员和乘客或行人感受的质量量度，亦即道路在某种交通条件下所提供运行服务的质量水平。服务水平一般由下列要素反映：速度、行程时间、驾驶自由度、交通间断、舒适度、方便性及安全性等。道路上的运行速度和饱和度综合反映了道路的服务质量，可用以区别道路上出现的各种不同的车流状态。

在设计车速确定的前提下，服务水平的高低主要与路段上的交通量大小有关。在达到基本通行能力(或可能通行能力)之前，交通量越大，则交通流密度也越大，而车速越低，运行质量也越低，即服务水平也越低。达到基本通行能力(或可能通行能力)之后，交通量不可能再增加，而运行质量越低，交通量也越低，但是交通流密度仍越来越大，直至车速及交通量均下降至零为止。

2.3.2　行人交通流

1. 行人交通流速度、密度与流量的关系

行人交通流的速度表示每分钟行走的距离，速度是衡量服务水平的一个重要指标。行人占有空间值的倒数就是行人密度，表示每平方米的行人数量。随着行人密度增加，每人占有的空间减少，行人个人的机动性下降，速度随之下降。道路上行人的速度、密度与流量存在以下关系：

$$Q = K \cdot v \tag{2.3.1}$$

式中，Q——行人流量，即单位时间内单位人行道宽度内通过的行人数量[人/(min · m)]；

v——行人速度，即每分钟步行距离(m/min)；

K——行人密度，即单位面积行人数量(人/m^2)。

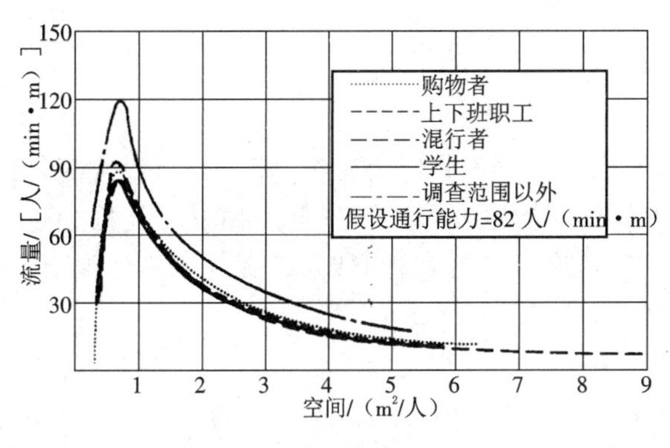

图 2-13　行人流量与行人空间的关系

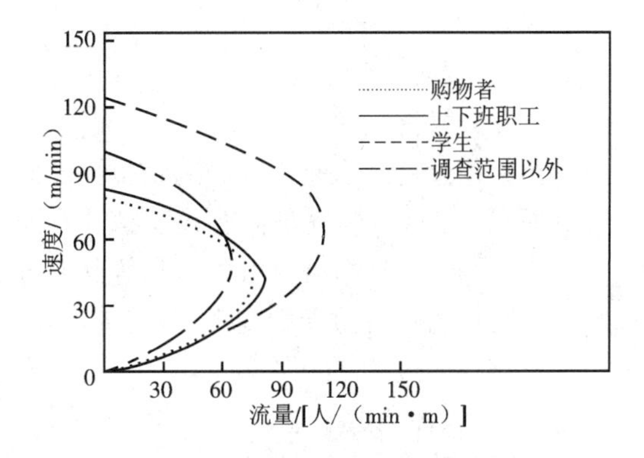

图 2-14　行人速度与流量的关系

图 2-13 表明行人最大通行能力在很小的范围内下降，即在人流密度达 1.3～2.2 人/m^2、行人占用空间在 0.46～0.8 m^2/人时的通行能力可达最大。图 2-14 表示行人速度与流量的关系，它表明当人行道上有少量行人时，空间较大，行人可选择较高的步行速度。当流量 Q 增加时，由于行人间隔较近，速度下降。当达到拥挤临界状态时，行走困难，流量和速度均下降。

2. 行人交通流特征

(1) 总体特征

①经济性。

经济性是指步行者在可以任意支配自身体力的情况下，不用借助其他手段，就能够顺利完成一定距离的出行，而经济上没有直接的付出。但出行距离过长时，选择步行方式的人数会减少。一般认为步行时间在 5 min 左右，距离为 400～500 m 较为正常。如果以步行作为主要的交通方式，则可以延长至 15 min 或 2 km。如果出行目的是休闲、锻炼或购物，则另当别论。

②独立性。

独立性是指步行者不借助其他交通工具,因而具有更高的自由度,可以自主决定路线、速度等。独立性同时决定了行人交通不可能像机动车那样整齐有序,而是在一定的宽度内以不规律的方式向前运动,这无形中增加了研究和管理的难度。

③可达性。

步行是人类最基本的移动方式,严格地说任何借助机械外力的交通出行都可能在出行的前后或中间存在与步行交通相转换的阶段。步行交通的自主灵活性,使步行者能够到达城市空间的任一部分。相较于其他交通方式,步行交通更能克服路径上的各类物理性限制,环境适应性强,可达性好。

④可持续性。

在城市各类交通方式中,步行交通的单位出行者占用道路空间最小。相对来讲,步行方式的空间容量大,道路有效面积的利用率高。步行交通具有零能耗、零污染的特性,不会对城市景观造成破坏,是城市绿色交通的重要组成部分。

⑤复杂性。

步行是人的自主行为,直接与步行者的生理、心理状况相关,与汽车等其他交通方式相比,呈现出一种非均质化状态。通常年龄、健康状况、生活习惯、出行目的、周围环境等,都是影响步行行为的因素。

(2) 行人过街交通特征

①行人过街概况。

行人横过街道有单人穿越和结群而过之分。单人穿越大体可归纳为三种情况:第一种情况是待机而过,行人等待汽车停驻或车流中出现足以过街的空隙时,再行过街;第二种情况是抢行过街,车流中本无可过街的间隙,过街人快步穿越;第三种情况是适时过街,行人走到人行横道端点,恰巧车流中出现可过街的间隙,过街人不需要等待,随即穿越。

根据行人过街步速的不同,可分为四种类型:第一种类型是以均匀步速前进;第二种类型是中途停驻;第三种类型是中途加快,多半是过中线后加快脚步;第四种类型是中途放慢,多半是过中线后放慢步速。

②街道转角处的行人过街等待状况。

街道转角处会出现相交的行人流、穿过街道的行人和等候信号灯的排队人群,由于这些地方的人流特别集中,所以常成为行人特别拥挤的地方。街道转角处人行交通超负荷运转,有时甚至需要延长行人过街的绿灯时间,或对转弯车辆造成延误,影响机动车的运行。在街道转角处,应考虑满足红灯期间行人站立等待的面积要求和另一个方向的行人在绿灯期间通行的面积要求,保证双向的行人顺畅过街。

等待过街时间的长短主要取决于汽车交通量、道路宽度、行人心理等因素。交通量大,可穿越间隙少,只有等到变换信号灯时才可过街,因此等待过街时间就长;反之,等待过街时间就短。街道宽,等待时间长;街道窄,等待时间短,但事故较多。女性较男性等待时间长;年长者较年轻者等待时间长;上下班时间等待时间短,非上下班时间等待时间长。

③行人过街设施的使用。

人行横道内的行人流的特征和人行道的特征基本相似。在高峰时段，过街行人往往缺乏耐心，先穿越一半路幅，在路中等候时机再过。在车流量较大的情况下，考虑行人安全和交通效率，在道路适当位置设置行人安全岛、人行横道十分重要。

行人喜欢走捷径，以人为本的交通设计必须考虑行人的合理需求。据调查，为走横道线而绕行20 m以上，超越了很多人的心理接受范围。所以要加强安全教育，采取必要的防范措施，使过街行人走横道线。

若行人沿人行横道过街和经天桥（或地道）过街的时间大致相同，约有80%的人愿意使用天桥和地道。若使用后者所需的时间大于直接过街，使用天桥或地道的人就大大减少，若超过一倍时间，则几乎无人使用天桥和地道。天桥和地道相比，使用天桥的人安全感较强。我国多数城市存在行人乱穿马路的现象，这并不仅是行人安全意识、守法意识淡薄的问题，还与交通设计中对人行交通考虑不足有着密切的关系。

（3）儿童交通特征

汽车交通的发展给儿童的生活带来很大影响，使他们的活动空间变小。儿童在道路和广场上玩耍等有可能与汽车交通发生冲突而造成事故。因此，家庭、学校应对儿童进行交通安全教育。

儿童的活动有其特点。6岁以下的儿童，活动半径很小，距住地不超过100 m。若对其看护不周到，导致其突然闯入城市道路，极有可能发生事故。幼儿园的儿童及小学低年级学生，思维简单、缺乏交通知识，有时冒险从汽车前后穿越，容易酿成事故。随着年龄增长，小学高年级学生及初中学生，活动范围增大，骑车上学，可能因骑车技术不熟练或速度过快而发生交通事故。

为了保护儿童，应从小就对儿童进行交通安全教育。在日本，小学一年级第一堂课就教育学生怎样过人行横道。在小学、幼儿园500 m范围内的道路上都设置了“学校区”的标志牌，以引起驾驶员的注意。

3. 步行交通服务水平

我国城市道路的人行道服务水平分级标准应满足表2-17的规定，设计时宜采用三级服务水平。

表2-17　人行道服务水平分级标准

指标 \ 服务水平	一级	二级	三级	四级
人均占用面积/m^2	>2.0	1.2～2.0	0.5～1.2	<0.5
人均纵向间距/m	>2.5	1.8～2.5	1.4～1.8	<1.4
人均横向间距/m	>1.0	0.8～1.0	0.7～0.8	<0.7
步行速度/(m/s)	>1.1	1.0～1.1	0.8～1.0	<0.8
最大服务交通量/[人/(h·m)]	1580	2500	2940	3600

2.3.3　自行车交通流

1. 自行车交通流特征

自行车为人力驱动，其交通流特征与机动车具有较大的差异，具有摇摆性、成群性、单行性、灵活性等特点。

自行车转向灵活,反应敏捷,正常行驶时,横向摆动 0.4 m 宽,但在行进中常因超车、让车或加速而偏离原自行车道线,甚至有时突然偏离或冲出原自行车道线。

自行车交通流在路段上不严格保持有规则的纵向行列,而是成群行进,交叉口信号灯的控制是形成这种现象的原因之一。另外骑车人喜欢成群结队,这是同机动车交通流显著不同的一个特点。与成群性相反,有些骑车人不愿在陌生人群中骑行,也不愿紧紧尾随别人,往往冲到前面个人单行,或滞后一段单行。

由于自行车机动灵活,又易于转向、加速或减速,因而骑车速度和自行车流向具有突然变化的特征,还存在"你追我赶"现象。

自行车行驶时绝大多数车辆是互相错位的。左右两车靠得近时,前后两车的间距就大;左右两车离得远时,前后两车靠得就近,万一发生刹车,后车仍能插入前面的两车之间,还有左右摆动把手的余地而不致撞车。自行车车流密度与车速有密切关系。例如,自行车在平路段行驶时,车流密度正常;到了上坡段,车速变慢,车流变密,每车占用的活动面积变小;下坡时,车速加快,车流变稀,每车占用的活动面积变大,而这时所通过的自行车数并没有变化。又如,进入交叉口的自行车受到红灯阻拦,车流也会变密;离开交叉口后又会变稀。

2. 非机动车道服务水平

我国城市道路路段自行车服务水平分级标准应符合表 2-18 的规定,设计时宜采用三级服务水平。交叉口自行车服务水平分级标准应符合表 2-19 的规定,设计时宜采用三级服务水平。

表 2-18 路段自行车服务水平分级标准

服务水平 指标	一级	二级	三级	四级
人均占用面积/m²	>2.0	1.2～2.0	0.5～1.2	<0.5
人均纵向间距/m	>2.5	1.8～2.5	1.4～1.8	<1.4
最大服务交通量/[人/(h·m)]	1580	2500	2940	3600

表 2-19 交叉口自行车服务水平分级标准

服务水平 指标	一级	二级	三级	四级
停车延误时间/s	<40	40～60	60～90	>90
通过交叉口骑行速度/(km/h)	>13	13～9	9～6	6～4
交通量负荷系数	<0.7	0.7～0.8	0.8～0.9	>0.90
路口停车率/(%)	<30	30～40	40～50	>50
占用道路面积/m²	8～6	6～4	4～2	<2

2.3.4 机动车交通流

1. 车流量

统计车流量所得的结果是混合交通量。为计算交通量,应将各车种在一定的道路条件下的时间和空间占有率进行换算，从而得出各种车辆间的换算系数。将各种车辆换算为单一车种，称为当量交通量(pcu/单位时间)。国内多以小客车为标准换算车辆。我国城市道路的当量小客车换算系数见表 2-20，公路的当量小客车换算系数见表 2-21。

表 2-20　城市道路的当量小客车换算系数

车辆类型	小型车	中型车	大型客车	大型货车	铰接车
换算系数	1.0	1.5	2.0	2.5	3.0

表 2-21　公路的当量小客车换算系统

汽 车 类 型	换 算 系 数	说　　明
小客车	1.0	小于等于 19 座的客车和载重量 2 t 的货车
中型车	1.5	大于 19 座的客车和载重量大于 2 t、小于等于 7 t 的货车
大型车	2.5	载重量大于 7 t、小于等于 20 t 的货车
汽车列车	4.0	载重量大于 20 t 的货车

对于调查得到的非机动车交通量应换算为当量自行车(veh/单位时间)。各种非机动车数换算成当量自行车数的换算系数：自行车为 1、三轮车为 3、板车为 5、电动自行车为 3～5。

由于交通量时刻在变化，对不同计量的时间，有不同的表达方式，一般取某一时间段内的平均交通量(pcu/单位时间)作为该时间段的代表交通量。

$$\text{平均交通量} = \frac{1}{n}\sum_{i=1}^{n} Q_i \tag{2.3.2}$$

式中，Q_i——各规定时间段(分钟、小时、日)内交通量的总和；

n——统计时间内(小时、日、年)的规定时间段的个数。

交通量根据统计时间段类型的不同，可分为平均日交通量、小时交通量和时段交通量(不足1 h 的统计时间)。

(1) 平均日交通量

平均日交通量依其统计时间的不同又可分为年平均日交通量、月平均日交通量和周平均日交通量。年平均日交通量(pcu/d)在城市道路设计中是一项极其重要的控制性指标，用作道路交通设施规划、设计、管理等的依据，是确定车行道宽度、人行道宽度和道路横断面的主要依据。

$$\text{年平均日交通量} = \frac{1}{365}\sum_{i=1}^{365} Q_i \tag{2.3.3}$$

(2) 小时交通量

将观测统计交通量的时间间隔缩短，能更加具体地反映观测断面的交通量变化情况。因此，常用到以下概念：小时交通量、高峰小时交通量、设计交通量。

小时交通量是指 1 h 内通过观测点的车辆数。

高峰小时交通量是指 1 天内的车流高峰期间连续 60 min 的最大交通量。城市道路上的交通量有明显的高峰现象，在 1 天中，工作上下班前后有早高峰和晚高峰，通常以早高峰为最大，时间最集中；晚高峰次之，但持续时间长；中午的峰值较小。

根据国内一些城市的交通调查，高峰小时中最大连续 15 min 的交通量约占高峰小时交通量的

1/3。一天中高峰小时的交通量约占全天交通量的 1/6。其具体数值应通过交通调查得到。

设计交通量是指作为道路规划和设计依据的交通量,一般取一年的第 30 位小时交通量作为设计交通量。即将一年中 8760 h 的交通量按大小次序排列,设计小时交通量的位置一般采用第 30 位小时或根据当地调查结果控制在第 20～40 位小时。

公路设计小时交通量是确定公路等级、评价公路运行状态和服务水平的重要参数。设计小时交通量越小,公路的建设规模就越小,建设费用也就越低。但是,不恰当地降低设计小时交通量会使公路的交通条件恶化、交通阻塞和交通事故增多,公路的综合经济效益降低。

(3) 时段交通量(流率)

将不足 1 h 的时间间隔内观测到的交通量换算为 1 h 的交通量称为当量小时流率(pcu/h),或简称流率。计算式为:

$$\text{流率} = n\text{分钟内观测到的车辆数} \times \frac{60}{n} \tag{2.3.4}$$

式中,n——观测时间,一般取 5 min 或 15 min。

2. 行车速度

行车速度泛指各种车辆的速度,是单位时间(t)内行驶的距离(S)。按 S 和 t 的取值不同,可定义为各种不同的车速。

(1) 地点车速

地点车速是指车辆通过某一地点时的瞬时车速,用作道路设计、交通管制规划资料。

(2) 行驶车速

行驶车速是指车辆驶过某一区间距离与所需时间(不包括停车时间)之比,用于评价该路段的线形顺适性和通行能力分析,也可用于进行道路使用者的成本效益分析。

(3) 行程车速

行程车速又称区间车速,是指车辆行驶路程与通过该路程所需的总时间(包括停车时间)之比。行程车速是一项综合性指标,用以评价道路的通畅程度、估计行车延误情况。要提高运输效率,归根结底是要提高车辆的行程车速。

(4) 运行车速

运行车速是指中等技术水平的驾驶员在良好的气候条件、实际道路状况和交通条件下所能保持的安全车速,用于评价道路通行能力和车辆运行状况。

(5) 临界车速

临界车速是指道路达到理论通行能力时的车速,对于选择道路等级具有重要作用。

(6) 计算行车速度

道路几何设计所依据的车速,称为计算行车速度,也称设计速度。它是指在气候良好、交通密度低的条件下,一般驾驶员在路段上能保持安全、舒适行驶的最大速度。计算行车速度既是道路规划设计中的一项重要控制指标,又是车辆运营效率的一项主要评价指标,对于运输经济、安全、迅捷、舒适具有重要意义。

我国城市道路设计速度规定见表 2-22。快速路和主干路的辅路设计速度宜为主路的 0.4～0.6 倍。在立体交叉范围内,主路设计速度应与路段一致,匝道及集散车道设计速度宜为主路的0.4～0.7 倍。平面交叉口内的设计速度宜为路段的 0.5～0.7 倍。当旧路改建有特殊困难,如商业街、文化街等，经技术经济比较认为合理时，可适当降低计算行车速度，但应考虑夜间行车安全。

表 2-22　各类城市道路设计速度

道路等级	快速路			主干路			次干路			支路		
设计速度/(km/h)	100	80	60	60	50	40	50	40	30	40	30	20

我国各级公路设计速度应符合表 2-23 的规定。设计速度的选用应根据公路的功能与技术等级，结合地形、工程经济、预期的运行速度和沿线土地利用性质等因素综合论证确定。

表 2-23　各级公路设计速度

公路等级	高速公路	一级公路	二级公路	三级公路	四级公路
设计速度/(km/h)	120、100、80	100、80、60	80、60	40、30	30、20

注：①高速公路设计速度不宜低于 100 km/h，受地形、地质等条件限制时，可以选用 80 km/h。

②作为干线的一级公路，设计速度宜采用 100 km/h；受地形、地质等条件限制时，可采用 80 km/h。用于集散的一级公路，设计速度宜采用 80 km/h；受地形、地质等条件限制时，可采用 60 km/h。

③高速公路和作为干线的一级公路的特殊困难局部路段，且因新建工程可能诱发工程地质病害时，经论证，该局部路段的设计速度可采用 60 km/h，但长度不宜大于 15 km，或仅限于相邻两互通式立体交叉之间的路段。

④作为干线的二级公路，设计速度宜采用 80 km/h；受地形、地质等条件限制时，可采用 60 km/h。用于集散的二级公路，设计速度宜采用 60 km/h；受地形、地质等条件限制时，可采用 40 km/h。

⑤三级公路设计速度宜采用 40 km/h；受地形、地质等条件限制时，可采用 30 km/h。

⑥四级公路设计速度宜采用 30 km/h；受地形、地质等条件限制时，可采用 20 km/h。

车辆在行驶时如果经常变换排挡、改变车速，将增加燃料和时间的额外消耗，导致机件和轮胎的磨损加剧，驾驶员也会倍感疲劳。因此，同一条道路的计算行车速度应尽量一致，以使车辆行驶状态稳定。在有不同设计车速的道路衔接处，应设过渡段。过渡段的最小长度应能满足行车速度变化的要求，其变更位置应选择在容易识别的地点，如道路交叉口、匝道、道路出入口等，并设置相应的交通标志。

(7) 交通条件对车速的影响

①交通量。

交通量越大，车流密度越大，则车速越低。当其他条件相同且不超过临界密度时，交通量与平均速度呈线性关系。

②交通组成。

具有混合交通的道路比汽车专用道路的平均车速低得多。将机动车与非机动车分隔行驶，车速增高，例如城市三幅路断面比单幅路断面车速高。

③交通管理。

加强交通管理，科学组织交通运行，使车辆各行其道，能显著提高平均速度。如渠化交通、路口实行信号控制、组织单行线交通，特别是立交、信号线控和区域面控，是减少交通阻塞、提高行程车速的有效措施。

3. 车流密度

车流密度是指在某一瞬时内一条车道的单位长度上分布的车辆数。它表示车辆分布的密集程度，其单位为 pcu/km，于是有：

$$K = \frac{N}{L} \tag{2.3.5}$$

式中，K——车流密度(pcu/km)；

N——单车道路段内的车辆数(pcu)；

L——路段长度(km)。

道路上的车头间隔也反映车流密度。车头间隔常用车头间距与车头时距两种方式表示。

(1) 车头间距

在同向行驶的车流中，前后相邻两辆车的车头之间的距离称为车头间距，用 h_s(m/pcu)表示，见图 2-15。

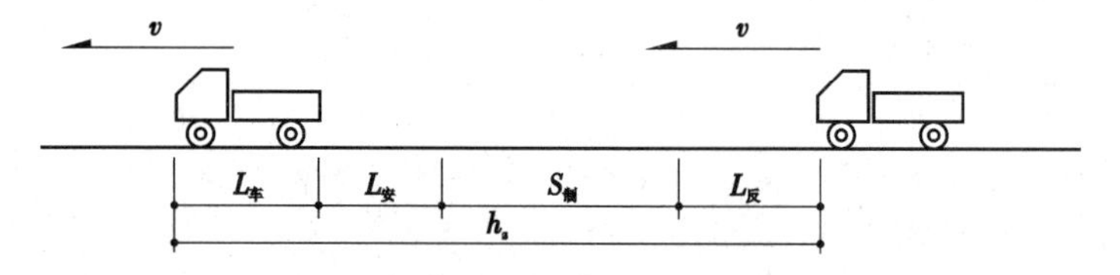

图 2-15 车头间距示意

车头间距的计算公式如下：

$$h_s = L_{车} + \frac{v}{3.6}t + S_{制} + L_{安} \tag{2.3.6}$$

式中，$L_{车}$——车身长度(m)；

v——行车速度(km/h)；

t——反应时间(s)，即驾驶人员发现前方问题后到采取措施的反应时间，一般取 1.2 s；

$S_{制}$——后车正常制动刹车与前车紧急刹车的制动距离之差(m)；

$L_{安}$——安全距离(m)，车辆距前车的最小距离，一般取 5 m。

其中 $S_{制}$ 的计算公式如下：

$$S_{制} = \frac{K_2 - K_1}{2g(\phi + f \pm i)} \times \left(\frac{v}{3.6}\right)^2 \tag{2.3.7}$$

式中，K_1——前车刹车安全系数；

K_2——后车刹车安全系数；

ϕ——附着系数，一般取 0.3；

f——滚动阻力系数，可取 0.02；

i——道路坡度，上坡取正值，下坡取负值。

制动距离的大小与制动效率和行车速度有关，制动力与轮胎和道路表面之间的道路阻力系数、路面的附着系数有关。在不同季节、不同气候条件、不同粗糙程度的路面上行车时，路面的附着系数不同，可从相应规范中查取。

观测路段上所有车辆的车头间距平均值，称为平均车头间距，用 $\overline{h}_s$(m/pcu)表示。平均车头间距 $\overline{h}_s$(m/pcu)与车流密度 K(pcu/km)之间的关系为：

$$\overline{h}_s = 1000/K \tag{2.3.8}$$

(2) 车头时距

在同向行驶的车流中，前后相邻两辆车驶过道路某一断面的时间间隔称为车头时距($\overline{h}_t$)。车头时距可通过车头间距 h_s 除以行车速度 v 求得。观测道路上所有车辆的车头时距的平均值为平均车头时距，用 $\overline{h}_t$(s/pcu)表示。

平均车头时距 $\overline{h}_t$(s/pcu)与交通量之间的关系为：

$$\overline{h}_t = 3600/Q \tag{2.3.9}$$

车头时距、车头间距与行车速度的关系为：

$$\overline{h}_s = \frac{v}{3.6}h_t \tag{2.3.10}$$

(3) 车流量、行车速度和车流密度之间的关系

在一条车道上，车流量、行车速度、车流密度存在以下关系：

$$Q = Kv \tag{2.3.11}$$

式中，Q——平均车流量(pcu/h)；

v——平均车速(km/h)；

K——平均车流密度(pcu/km)。

1963年，美国学者格林希尔茨(B. D. Greenshields)提出了速度-密度线性关系模型，从而可推导出速度、密度与流量的关系如下：

$$Q = K_j\left(v - \frac{v^2}{v_f}\right) \tag{2.3.12}$$

式中，v_f——畅行速度；

K_j——阻塞密度。

上式为一元二次方程，可用一条抛物线表示(图2-16)。图中斜率为车流密度 K。速度-密度-流量曲线形状与实测结果十分相似。开始时车流密度小，通过的车流量也很小；车流量随着车流密度的提高而增加，车速稍有下降，车流为自由流；随着车流密度增加，车流量进一步增大，车流在道路上处于稳定流状态；当车流密度再提高时，同向车流在车道上连续行驶时，车和车之间存在着相互影响，当车流密度增加到一定程度时，车速就出现不稳定状态，这些车辆同样在道路上行驶时，时快时慢，但这时通过的车流量最多；当车流密度继续增大时，车速和车流量随之降低，车流进入强制流状态，后车的行动还受到前车的制约，并且受制约的状况向后传递，后车动作要比前车的动作延迟一段时间；当车流密度很大时，车辆间的空当已经很小，若驾驶稍有不慎，就会发生车辆追尾事故；当密度继续增大到阻塞密度 K 时，速度趋近于零，交通流量也趋近于零，此时道路上的车流被完全阻塞。

4. 服务水平

服务水平是道路提供给司机的车流通行条件，用以区别不同的车流状态。美国等国家把服务水平分为六级(表2-24)。A级服务水平代表服务水平最佳，而F级最差。在图2-17中，C 为道路通行能力，v_f 为畅行速度。

A级：自由状态的车流。行驶通畅，车速基本不受限制，路上没有或少有延误，车速高，流量小，车流密度低。

B级：稳定状态的车流。车速开始受到交通条件的限制，但驾驶员还可以自由选择合理的车速

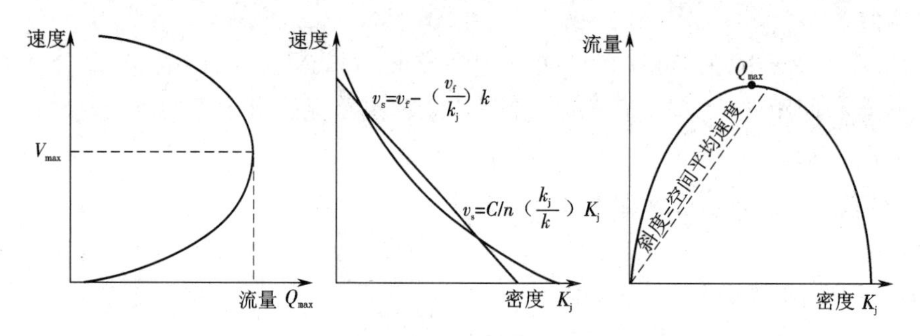

图 2-16　速度、密度与流量的关系

和行驶车道。这一级的低限(最低车速、最大流量)常作为郊区公路设计的服务流量标准。

C 级:稳定状态的车流。多数驾驶员在车速、交换车道或超车方面的选择自由受到限制,但仍可以达到相当满意的运行车速。这一级常作为城市道路设计的服务流量标准。

D 级:车流趋向于不稳定。流量稍有变动或车流偶尔受阻,运行车速已有相当水平的下降。驾驶员操纵的自由、舒适和方便性受到很大制约。这一级的服务水平短时间内尚可忍受。

E 级:不稳定状态的车流,车辆时停时开,车速很少超过 50 km/h,流量接近或达到道路通行能力。

F 级:阻滞状态的车流。车流流动已属勉强,车速低,流量小于道路通行能力,出现车辆排队现象以至于完全阻塞。

表 2-24　路段服务水平等级表

服务水平	A	B	C	D	E	F
交通饱和度	≤0.27	0.27～0.57	0.57～0.70	0.70～0.85	0.85～1.00	>1.00

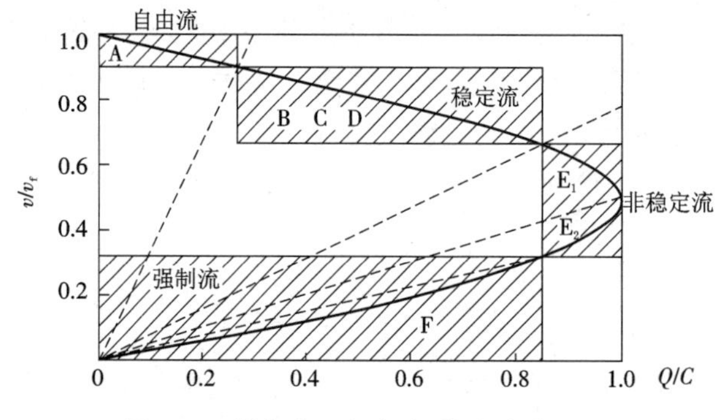

图 2-17　服务水平与车速、饱和度关系图

我国《城市道路工程设计规范》(JJ 37—2012)(2016 年版)规定,快速路基本路段服务水平分级指标宜符合表 2-25 的规定,新建道路应按三级服务水平设计。信号交叉口服务水平分级应符合表 2-26 的规定,新建道路应按三级服务水平设计。

表 2-25　快速路基本路段服务水平分级

设计速度 /(km/h)	服务水平等级		密度 /(pcu/km)	平均速度 /(km/h)	饱和度 V/C	最大服务交通量 /(pcu/h)
100	一级(自由流)		≤10	≥88	0.40	880
	二级(稳定流上段)		≤20	≥76	0.69	1520
	三级(稳定流)		≤32	≥62	0.91	2000
	四级	饱和流	≤42	≥53	接近 1.00	2200
		强制流	＞42	＜53	不稳定状态	—
80	一级(自由流)		≤10	≥72	0.34	720
	二级(稳定流上段)		≤20	≥64	0.61	1280
	三级(稳定流)		≤32	≥55	0.83	1750
	四级	饱和流	≥50	≥40	接近 1.00	2100
		强制流	＜50	＜40	不稳定状态	—
60	一级(自由流)		≤10	≥55	0.30	590
	二级(稳定流上段)		≤20	≥50	0.55	990
	三级(稳定流)		≤32	≥44	0.77	1400
	四级	饱和流	≤57	≥30	接近 1.00	1800
		强制流	＞57	＜30	不稳定状态	—

表 2-26　信号交叉口服务水平分级

指标 \ 服务水平	一级	二级	三级	四级
控制延误/(秒/辆)	＜30	30～50	50～60	＞60
交通负荷系数	＜0.6	0.6～0.8	0.8～0.9	＞0.9
排队长度/m	＜30	30～80	80～100	＞100

我国公路服务水平分为六级。

一级服务水平：交通流处于完全自由流状态。交通量小，速度高，行车密度小，驾驶员能自由地按照自己的意愿选择所需速度，行驶车辆不受或基本不受交通流中其他车辆的影响。在交通流内驾驶的自由度很大，为驾驶员、乘客或行人提供的舒适度和方便性非常优越。较小的交通事故或行车障碍的影响容易消除，在事故发生路段不会产生停滞排队现象，很快就能恢复到一级服务水平。

二级服务水平：交通流处于相对自由流的状态，驾驶员基本上可按照自己的意愿选择行驶速度，但是要注意到交通流内有其他使用者，驾驶人员身心舒适度很高。较小的交通事故或行车障碍的影响容易消除，事故发生路段的运行服务情况比一级差些。

三级服务水平：交通流状态处于稳定流的上半段，车辆间的相互影响变大，选择速度受到其他车辆的影响,变换车道时驾驶员要格外小心,较小的交通事故的影响仍能消除,但事故发生路段的服务质量大大降低,严重地阻塞后面,形成排队车流,驾驶员心情紧张。

四级服务水平:交通流处于稳定流范围下限,但是车辆运行明显地受到交通流内其他车辆的影响,速度和驾驶的自由度受到明显限制。交通量稍有增加就会导致服务水平的显著降低,驾驶员身心舒适度降低,即使较小的交通事故也难以消除其影响,会形成很长的排队车流。

五级服务水平:为拥堵流的上半段,处于交通流状态达到最大通行能力时的运行状态。对于交通流的任何干扰,例如车流从受阻车道驶入或车辆变换车道,都会在交通流中产生一个干扰波,交通流不能消除它,发生任何交通事故都会形成长长的排队车流,车流行驶灵活性极端受限,驾驶员身心舒适度很差。

六级服务水平:拥堵流的下半段,是通常意义上的强制流或阻塞流。在这一服务水平下,交通设施的交通需求超过其允许的通过量,车流排队行驶,队列中的车辆出现走走停停现象,运行状态极不稳定,可能在不同交通流状态间发生突变。

各级公路设计采用的服务水平见表2-27。

表2-27 各级公路设计采用的服务水平

公路等级	高速公路	一级公路	二级公路	三级公路	四级公路
服务水平	三级	三级	四级	四级	—

注:①一级公路用作集散公路时,设计服务水平可降低一级。

②长隧道及特长隧道路段、非机动车及行人密集路段、互通式立体交叉的分合流区段以及交织区段,设计服务水平可降低一级。

2.4 路面

路基和路面是供汽车行驶的主要道路工程结构物。路基是在地面上按路线的平面位置和纵坡要求开挖或堆填成一定断面形状的土质或石质结构物,它是道路这一线性建筑物的主体,又是路面的基础。路面是由各种不同的材料,按一定厚度和宽度分层铺筑在路基顶面上的结构物,以供汽车直接在其表面行驶。

路基和路面共同承受着行车和自然的作用,它们的质量直接影响到道路的使用品质。为了满足行车对道路提出的通畅、迅速、安全、舒适、经济等方面的要求,就必须保证路基和路面的强度、稳定性等性能达标。

2.4.1 路基与路面的基本要求

1. 路基的基本要求

路基是道路的基本结构物,它一方面要保证汽车行驶的通畅与安全,另一方面要支持路面承受行车荷载作用,因此对路基提出两项基本要求。

①路基结构物的整体必须具有足够的稳定性。在各种不利因素的作用下,如自然因素(地质、水文、气候等)和荷载(自重及行车荷载),不会产生破坏而导致交通阻塞和行车事故,这是保障行车的首要条件。

②直接位于路面下的那部分路基(有时称作土基),必须具有足够的强度、抗变形能力(刚度)和水稳定性。

2. 路面的基本要求

(1) 强度、刚度和稳定性

路面应有足够的强度和刚度,以承受行车荷载的作用,而不产生导致路面破坏的形变和磨损。同时,这种强度和刚度又应有足够的稳定性,在不利的自然因素(水、温度等)作用下,其变化幅度可减少到最低限度。

(2) 平整度

路面表面应平整,以减小车轮对路面的冲击力,保证行车的平稳、舒适和达到要求的速度,不致产生行车颠簸和震动、速度下降、运输成本提高以及路面破坏加剧。

(3) 抗滑性

路面表面要有一定的粗糙度,以免车轮与路面间的摩擦系数过小,而在气候条件不利(雨、雪天)时产生车轮打滑,迫使车速降低,燃料消耗增加,甚至在车辆转弯或制动时发生滑溜事故。

(4) 扬尘少

应使路面在汽车通行时飞尘较少,飞尘对行车视距、汽车零件、乘客舒适度以及环境卫生带来不良影响,也不利于沿线农作物的生长。

(5) 耐久性

路面要承受行车荷载和气候因素的多次重复作用,因此会逐渐出现疲劳破坏和塑性变形累积,路面材料还会因老化衰变而破坏,这些都会导致养护工作量增大、路面寿命缩短。所以,路面必须经久耐用,具有较高的抗疲劳、抗老化及抗变形累积的能力。

(6) 噪声低

当道路上有机动车辆行驶时,车辆发动机的轰鸣、排气、轮胎与路面摩擦及喇叭声等形成的噪声,使人感到厌烦,影响沿线人民的生产和生活。所以,路面应尽可能平整、无缝,以减小噪声。

此外,路面的颜色也应注意与交通要求、街道两侧建筑物的色调相协调。例如淡色的水泥混凝土路面,对光线的反射能力强,有利于夜间行车,而不利于白天的行车视线;黑色的沥青路面则相反,一般高速、快速交通干道为了便于驾驶人员识别,往往车行道采用淡色,两侧路缘带采用白色,中间分车带采用黑色或其他醒目色调。若车行道采用黑色路面,则路缘带宜用白色,分车带宜用淡色。

2.4.2　路面的组成

铺筑在路基顶面上的城市道路路面结构,一般由面层、基层、垫层等组成(图 2-18)。

(1) 面层

面层是直接承受车辆的荷载和自然因素的破坏作用,并把荷载向下扩散的结构层,需要采用高强、耐磨、整体性好、抗自然因素(日晒、老化、水蚀、冰冻)破坏能力强的材料铺筑,可在承重面层上设一层磨耗层。

(2) 基层

基层是路面的主要承重层,需要有一定的强度、刚度和稳定性,视需要可由若干层材料组成。

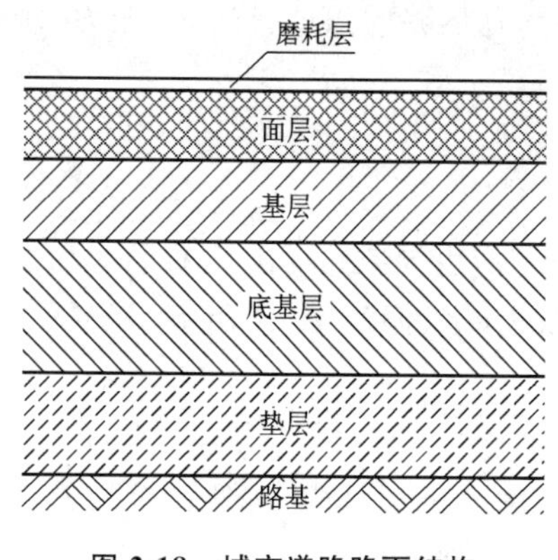

图 2-18　城市道路路面结构

(3) 垫层

为了改善路面的工作状况,常在路基和基层之间设置透水性强、稳定性好的垫层。其作用:一是在水文条件不好的情况下(地下水位高)提高路面的水稳定性;二是在北方地区提高路面的抗冻性,防止路面冻胀翻浆。

2.4.3　路面的分类

路面是用各种材料按不同配制方法和施工方法修筑而成的,在力学性质上也各有不同。根据不同的实用目的,可将路面作不同的分类。从可持续发展角度讲,路面是否一定要采用高级路面,是值得深思的问题。大量的道路铺装,割裂了大地与雨水的循环关系,形成了"城市沙漠"。

1. 按材料和施工方法分类

(1) 碎(砾)石类路面

碎(砾)石类路面是用碎(砾)石按嵌挤原理或最佳级配原理配料然后铺压而成的路面。

(2) 结合料稳定类路面

掺加各种结合料,使各种土、碎(砾)石混合料或工业废渣的工程性质改善,成为具有较高强度和稳定性的材料,用其铺压而成的路面称为结合料稳定类路面。

(3) 沥青类路面

在矿质材料中,以各种方式掺入沥青材料修筑而成的路面称为沥青类路面。

(4) 水泥混凝土类路面

将水泥与水合成水泥浆作为结合料,以碎(砾)石为骨料,以砂为填充料,经拌和、摊铺、振捣和养生而成的路面称为水泥混凝土类路面。通常用作面层,也可作基层。

(5) 块料类路面

用整齐、半整齐块石或预制水泥混凝土块铺砌,并用砂嵌缝后碾压而成的路面称为块料类路面,用作面层。

2. 路面等级的划分

通常可按面层的使用品质、材料组成和结构强度的不同,把路面分成以下四个等级。

(1) 高级路面

高级路面包括由水泥混凝土、沥青混凝土、整齐块石、条石、预制水泥混凝土连锁块等面层所组成的路面。这类路面的特点:结构强度高,使用寿命长,适应较大的交通量,平整无尘,能保证高速行车。它的养护费用少,运输成本低,但基建投资大,需要用质量高的材料来修筑。一般用于高速公路,一、二级公路及城市道路中的快速路、主干路和次干路。

(2) 次高级路面

次高级路面包括由热拌沥青碎石混合料、沥青贯入式、乳化沥青碎(砾)石混合料、沥青碎(砾)石表面处置和半整齐块石等面层所组成的路面。与高级路面相比,它的强度稍差,使用寿命略短,所适应的交通量也小一些,行车速度较低。它的造价虽较高级路面低,但要求定期维修的时间间隔也短，养护费用和运输成本也稍高。适合用于二、三级公路及城市道路中的次干路、支路和街坊道路。

(3) 中级路面

中级路面包括水结碎石、泥结碎石和级配碎(砾)石、不整齐石块等面层组成的路面。它的强度低、使用期限短、平整度差、易扬尘，仅能适应较小的交通量，行车速度也低。它需要经常维修或补充材料，才能延长使用期限。它的造价虽低，但养护工作量较大，运输成本较高，一般用于三、四级公路。

(4) 低级路面

低级路面包括用各种粒料或当地材料改善的土所筑成的路面，例如炉渣土、砾石土和砂砾土等。它的强度低，水稳定性和平整度都差，易扬尘，故只能保证低速行车，所适应的交通量也很小，在雨季常常不能通车。它的造价虽低，但要求经常养护修理，而且运输成本很高。一般用于四级公路。

2.4.4 广场、非机动车道及人行道铺装

1. 广场的铺装

(1) 广场内车道及场面的铺装

广场内的车道和场面要通行车辆，应铺设较好的铺装层，沥青铺装、水泥铺装及块料铺装均可采用。

①沥青铺装。

通常采用沥青混凝土、沥青碎石等沥青类面层铺装。对于汽车保养场等专用性停车场，因滴漏的机油易腐蚀沥青面层，故这类广场不宜采用沥青类面层铺装。

②水泥铺装。

水泥铺装主要指现浇水泥混凝土面层铺装。此种铺装为永久性结构，不怕机油腐蚀，适合用于各种广场、停车场的车道及场面铺装。

应结合广场形状进行水泥混凝土板块划分，良好的分块可起到一定的艺术效果。若用彩色混凝土，更能增加广场场面的图案色彩。在有纵横向交通的广场上，宜采用正方形板块，接缝宜布置成两个方向均能传递荷载的形式。当设传力杆时，一个方向的接缝采用普通传力杆，另一个方向的接缝采用滑动传力杆。由于混凝土面层不易翻修，故修筑时应一次埋设管线或预留地下管线安装空间。

③块料铺装。

块料铺装是指用水泥混凝土预制连锁块、条石、弹石、机砖、缸砖等块料铺筑面层的铺装。下设砂石类或水泥、石灰稳定类基层。这类铺装施工方便、工期短、翻修容易，便于日后埋设管线。

条石铺装经久耐用、抗腐蚀，一般铺筑在与古建筑配合的地坪或政治性广场上。弹石铺装是用六面大致相等的小方石铺砌，并可采取嵌花式铺砌，形式美观，通常在山区停车场、大坡度车道上采用。机砖、缸砖铺装一般为缺石料地区在交通量和车辆荷载不大的情况下采用。水泥混凝土连锁块的嵌锁性能较好，有一定的承载能力，所以能适应一定的交通量，适合用于各类广场、堆场。

块料铺装的铺砌形式有横向排列、人字形排列、斜向排列等。

(2) 广场人流活动场地

广场上人流活动的部分，主要以人群活动为主，偶尔停放小汽车，所以也应进行铺装，其铺装结构特性与人行道相近。面层一般可采用预制混凝土块、细粒式沥青混凝土，也可采用机砖和缸砖等；基层可采用石灰土、砂砾等。图 2-19 为广场的路面铺装范例。

图 2-19　广场的路面铺装范例

2. 人行道的铺装

城市道路设有供行人步行用的人行道。人行道的铺装应平整、抗滑、耐磨和美观，其厚度应满足施工最小厚度的要求。面层可采用细粒式沥青混凝土、沥青石屑、水泥混凝土、各种规格的预制混凝土方砖和预制混凝土连锁块等铺装；基层应有适当强度，并采用水稳定性好的材料构筑，如石灰土、砂砾等。彩色的预制混凝土连锁块能拼铺出各种彩色图案以美化市容。车辆出入口处的人行道铺装结构和厚度，应据车辆荷载情况而定。图 2-20 为人行道铺装范例。

图 2-20　人行道铺装范例

3. 非机动车道的铺装

非机动车道主要供自行车、客货三轮车、兽力车等行驶，由于荷载较轻，宜采用简单路面结构，尽量采用地方材料(尤其是基层)。面层一般可采用沥青混凝土、沥青碎石、沥青石屑等材料；基层可采用石灰稳定类、工业废渣类、天然砂砾等材料。

由于沿路两侧单位出入的机动车，有时需在非机动车道上顺向行驶一段距离再进入机动车道，所以在确定非机动车道的铺装时，应考虑少量机动车辆行驶的要求。

2.5 城市交通规划

交通规划(traffic/transportation planning)是确定交通目标与设计达到交通目标的策略和行动的过程。城市交通规划是指经过调查分析，预测未来的城市交通需求，制定城市交通发展战略、规划城市交通网络并加以实施的全过程。交通规划涉及社会、自然、经济、人们的习惯、国家有关政策及土地使用规划等多方面的因素，是一项十分复杂、综合性很强的研究工作。

2.5.1 规划前提

1. 规划年限

城市交通规划的年限一般同城市总体规划的年限一致。从城市交通规划的时间跨度来划分可以分为近期规划(基年后3～5年)、远期规划(基年后15～20年)和战略规划(基年后30～50年)。

一般而言，规划编制的起始年称为基年。若规划编制多年，则规划编制起始年的调查数据需要更新，此时城市交通调查数据的最新年份为基年。

对于城市交通的专项规划，如公共交通规划、停车规划等，规划年限一般应与城市交通规划年限一致。但对于轨道交通规划，应考虑未来30～50年的交通需求。

2. 设计年限

不同类别的交通设施，设计年限是不一致的，应以相关规范的要求为准。

例如，地铁的设计年限分为初期、近期和远期，初期按照建成通车后第3年的要求进行设计，近期按第10年的要求进行设计，远期按第25年的要求进行设计。地铁的主体结构工程的设计使用年限为100年。

再以公路为例，高速公路和具有干线功能的一级公路的设计交通量应按20年预测；具有集散功能的一级公路以及二、三级公路的设计交通量应按15年预测；四级公路可根据实际情况确定。设计交通量预测的起算年应为该项目可行性研究报告中的计划通车年。

3. 规划或设计范围

城市交通规划范围应与城市总体规划所确定的范围一致。规划范围一般应分为两个层次：第一个层次——重点规划范围，一般与城市总体规划范围一致；第二个层次——城市对外交通规划范围，一般与市(县、镇)域一致，超过了城市总体规划范围。

对于城市交通的专项规划(设计)，如某条道路红线规划、公共交通规划等，规划(设计)范围根据具体研究对象确定。

4. 规划依据

城市交通规划的依据一般包括三个方面：一为相关城市规划成果，包括城市总体规划、相关专业规划、上层次相关规划等；二为相关法律法规，如《中华人民共和国城乡规划法》《城市综合交通体系规划标准》(GB/T 51328—2018)、《城市道路工程设计规范》(CJJ 37—2012)(2016年版)等；三为相关文献资料，如规划城市(镇)的统计年鉴、城市年鉴等。

2.5.2 规划原则

城市交通系统是城市的大动脉和骨架。为了更好地适应城市的社会经济发展,促进城市发展目标的实现,城市交通规划和各类交通专项规划一般需要遵循以下原则。

1. 实事求是

针对城市的社会经济和城市交通实际,围绕城市发展目标,制定交通战略和规划方案,力求战略的实用性和方案的可操作性,将战略研究与设施规划并重。

2. 以人为本

交通发展战略和交通设施规划应重点考虑广大人民群众的利益,重点规划步行、自行车、常规公交、轨道交通等绿色交通。

3. 理念超前

引进先进规划理念和交通分析模型,吸取国内外城市交通发展的经验与教训。

4. 持续发展

按照规划城市的社会经济发展要求,确定交通设施规划标准,提出近期建设与远期规划方案,预留城市交通设施发展用地。

5. 优化整合

以相关规范为准绳,整合和深化既有相关规划成果,加强不同交通系统间的对接。

2.5.3 规划程序

城市交通规划的整个过程一般可分为五个阶段(图 2-21),这也是各类交通专项规划设计的程序。

第一阶段为交通调查阶段。完成现状交通调查、基础资料收集、现场踏勘等工作。

第二阶段为问题诊断阶段。主要完成现状综合交通系统的质量评价和问题诊断,以及现有道路、交通等规划方案的评价工作。

第三阶段为战略与远期规划阶段。主要工作是制定城市综合交通发展战略,并以战略为基础制定城市综合交通规划网络,完成战略测试与方案评价。

第四阶段为近期规划阶段。主要工作是依据交通发展战略和远期规划方案,针对现状交通问题,制定近期交通综合治理方案。

第五阶段为方案完善阶段。主要工作是汇报、修改、完善方案,制作规划成果。

2.5.4 规划内容

城市交通规划的工作内容一般由五大部分组成:①城市交通调查;②现状分析与问题诊断;③交通发展战略规划;④远期交通发展规划;⑤近期交通综合治理规划。

城市交通规划各部分内容的编制方法,详见本书相关章节。

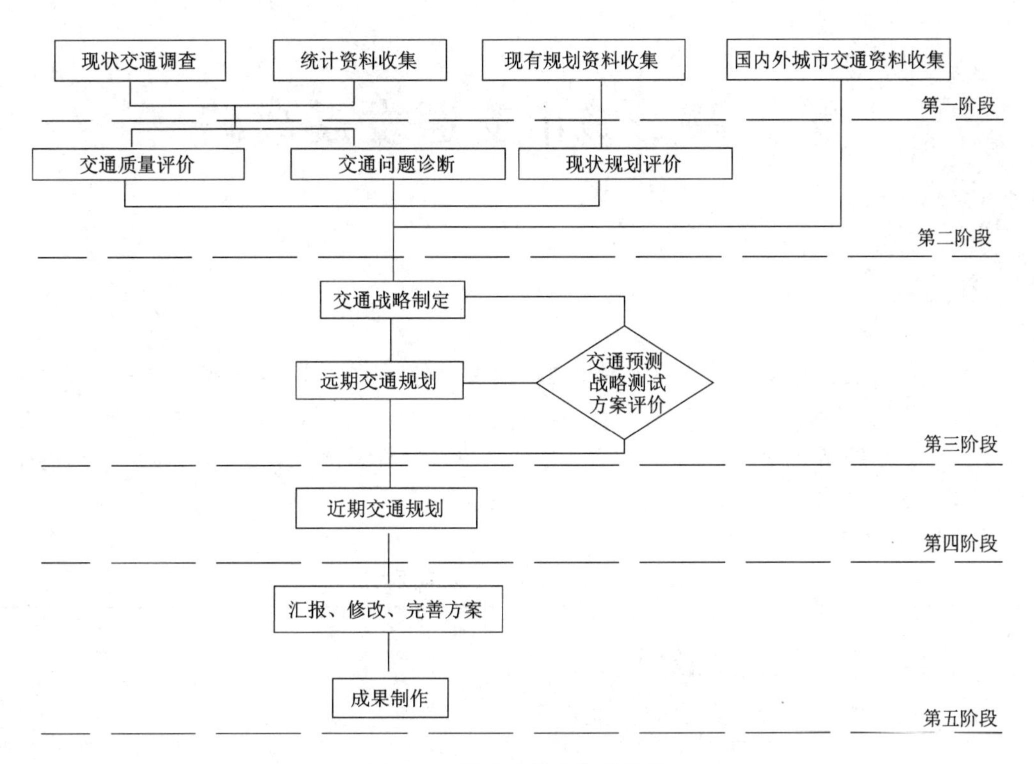

图 2-21　城市交通规划的阶段

第3章　城市交通发展战略

3.1　概述

城市交通发展战略既是政府推进城市交通事业发展的行动纲领，也是政府对广大市民的庄严承诺。城市交通发展战略将长远的城市交通发展政策和近期的城市交通行动计划进行充分整合，是通过政府的名义编制和颁布的指导城市交通发展的综合性政策文本。它对城市交通的系统规模、服务水准、方式结构、管理体制、投资与价格、交通环境等一系列重大问题进行宏观性、全局性、前瞻性的研判与决策(表3-1、图3-1)。

表3-1　城市交通发展战略的内涵

宏观政策	重要措施
制定基础	对城市交通发展历程和现状的总结分析； 对未来发展趋势的总体预测和判断
制定依据	总体依据：城市总体规划。 涉及经济、政治、文化、教育、气候和环境等方面，与城市所在区域、国家乃至国际社会的综合环境有着密切的联系
制定目的	综合考虑城市发展的社会经济、区域环境、政治环境等因素，根据城市的自身特点确定城市交通未来发展的重点和方向
主要工作	宏观把握城市交通发展的方向； 关注城市交通发展的大局； 制定科学合理的交通政策和规划措施
主要内容	核心内容：构筑一体化综合交通体系。 重点关注：城市交通发展方向、交通模式、交通政策以及对重大交通设施的总体部署等

3.1.1　作用

城市交通发展战略的作用是合理确定城市交通的发展方向，指导远期规划和近期建设。城市交通发展的方向包括发展态势、发展原则和发展目标三个方面的内容。

①发展态势：预测未来可能会出现的几种城市交通供需状况。

②发展原则：确定城市交通在各个时期内的发展重点和基本思路。

③发展目标：反映城市交通体系在各个阶段的运行水准和基本特征。

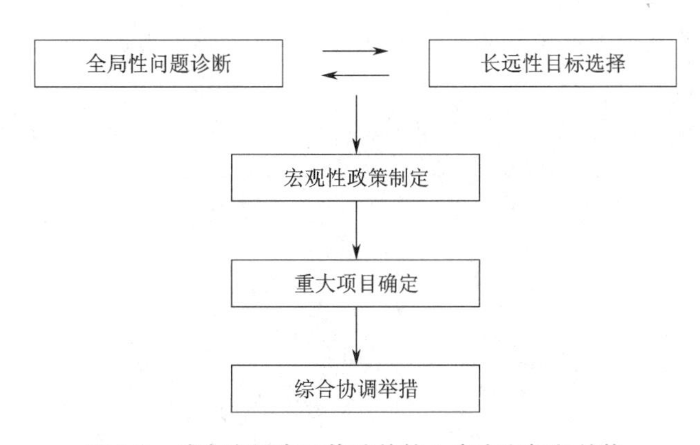

图 3-1　城市交通发展战略的核心内容和框架结构

3.1.2　特点

城市交通发展战略不同于城市综合交通规划、城市近期交通实施计划，其特点主要表现在如下几个方面。

（1）前瞻性和全局性

城市交通发展战略作为宏观层次的前位研究，应抓住影响全局的重大问题和关键环节，对城市发展和交通状况进行分析和评判，提出长远的发展目标和战略（图 3-2）。

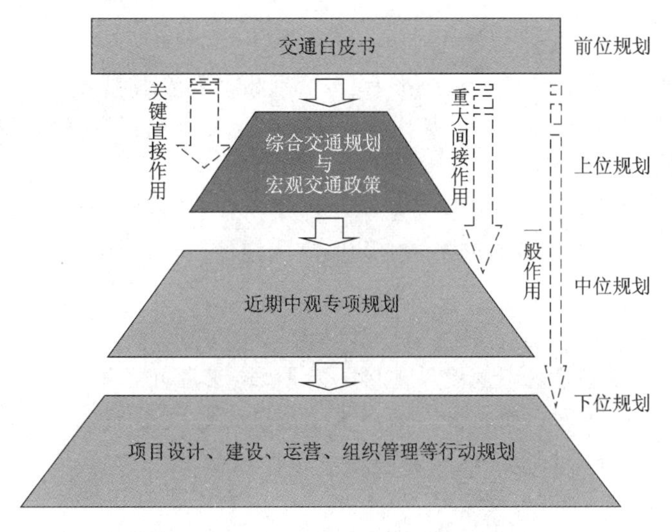

图 3-2　城市交通发展战略的重大作用

（2）权威性和指导性

城市交通发展战略所提出的发展目标和战略，对于下一层次的城市交通规划和城市交通政策的实施具有绝对权威性。城市交通发展战略指导下的发展政策和实施原则对道路交通、公共交通、停车设施等各类城市交通的专项规划和建设具有直接的指导意义。

（3）政策性和长远性

城市交通发展战略既要以国家和地方政府有关政策为依据，同时其本身就是一系列政策的集合。城市交通发展战略着眼于城市长远整体发展,规划期限通常为20～30年。

(4) 可持续性和弹性

可持续的交通发展战略要处理好土地使用、交通供给和需求管理三者之间的关系(图3-3)。

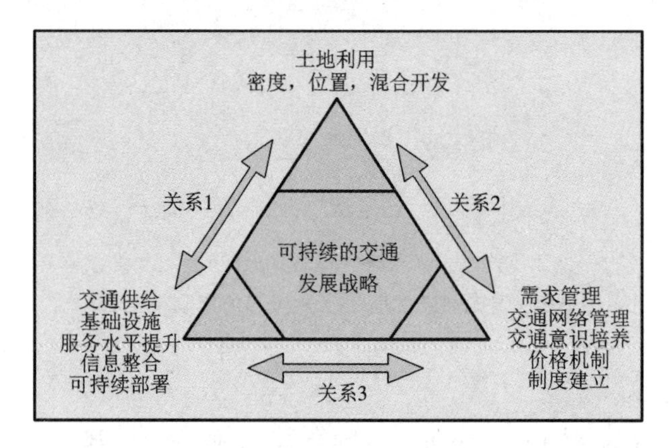

图3-3 可持续的城市交通发展战略

关系1:土地使用↔交通供给。

土地开发是交通量产生的源泉。因此,需要合理的交通设施供给规划,以满足多模式的交通需求;公共交通可为土地开发构建合适的空间架构,提供开发容积率保障,从而促进土地开发投资效益的发挥。

关系2:土地使用↔需求管理。

土地使用的空间规划可为减少交通生成、促进交通模式转变和培养可持续的出行行为提供潜在支持;需求管理可有效提高交通容量,从而为高密度的土地开发提供交通容量的保障。

关系3:交通供给↔需求管理。

交通供给与需求管理的联合作用为出行模式转变和有效地利用交通网络提供更多机会。战略规划预测的总需求、用地规划和设施布置必须留有一定的余地,保留一定的弹性。

3.1.3 意义

制定城市交通发展战略是城市规模发展到一定阶段,交通问题影响到城市发展进程时,政府的一项必然举措。欧美各国的大城市以交通白皮书或交通法案的形式制定了自己的交通发展战略;我国的上海、北京、苏州等城市也在交通问题日趋严重的形势下,先后编制和颁布了交通白皮书或交通发展纲要。

城市交通发展战略综合性强,覆盖了城市交通的方方面面,涉及道路、轨道、车辆、人流和货流等多个方面以及与交通有关的各项设施。城市交通管理的职能分散于政府的各个主管部门,如果各部门仅从系统自身发展的角度制定近期的工作计划,在实际工作中往往会遇到很多协调上的矛盾。制定城市交通发展战略能够综合各部门的意见和建议,充分体现各方诉求,达成共识。

城市交通发展战略具有明确的针对性,所解决的问题不仅是城市交通发展历程中当前面临的,更有许多重大问题是未来可能发生的。

3.2　国外城市交通发展的经验

3.2.1　城市交通政策演变

城市交通政策是在城市交通发展战略指导下，由政府部门制定的用以指导、约束和协调城市交通行为的总则。城市交通政策既要服从于城市的交通发展战略，又是一定政治、社会、经济、环境的产物。在不同的背景条件下，会产生不同的政策需求。城市交通政策的主要特征见表 3-2。

表 3-2　城市交通政策的主要特征

主要特征	具体表现
权威性	由政府部门制定，具有严肃性和指导性，体现出权威性
综合性	兼顾城市交通的各个方面，是综合各方面因素所制定的最优化决策
实践性	用以解决实际的交通问题并促进城市的运行，必须付诸行动，加以落实
理论性	经由科学严谨的论证，建立在扎实的理论基础之上，体现出先进的理念

西方发达国家的城市交通发展经历了马车时代、铁道时代、汽车时代、后小汽车时代四个发展阶段，城市交通政策也由单纯针对道路交通工程建设转变为涵盖交通系统管理、交通需求管理，最大限度地挖掘既有设施的潜力。

1. 美国

美国的交通模式以小汽车的相对自由发展为主，其交通发展和政策演变主要经历了六个阶段（表 3-3）。

表 3-3　美国交通发展和政策演变

发展阶段	发展特征
19 世纪末到 20 世纪初	公共汽车逐渐取代有轨电车，占据客运交通的主导地位
第二次世界大战以后	小汽车的迅猛增长导致了公共汽车的全面萧条，小汽车成为客运交通的主体
20 世纪 60 年代	政府颁布了公共交通法，引导大城市由小汽车交通向大容量快速轨道交通转化
20 世纪 80 年代	制定了环境保护法，要求发展公共交通代替小汽车出行； 交通需求管理得到重视，给予使用道路交通设施高效的用户优先权（HOV）；部分城市开辟了公交专用道，新建了轻轨，提出了面向公共交通的土地开发模式（TOD）
20 世纪 90 年代	在智能交通系统（ITS）方面的研究取得了较大的进步
21 世纪	大力推进智能交通系统的建设，积极发展城市公交专用道和大站快车，提出交通规划中的远期规划和近期实施规划并重

2. 西欧诸国

小汽车问世前,在西欧诸国有轨电车和自行车使用较普及。小汽车问世后,虽然市区交通骤增,但由于注重道路交通设施建设和管理并重,重视公共交通发展,西欧诸国形成了不同于美国的城市交通发展过程。

20世纪50年代初,人们热衷于拥有小汽车。西欧诸国的城市交通由自行车、摩托车向小汽车迅速转化,结果导致了严重的交通堵塞。法国曾提出"要使每个职工拥有一辆小汽车"的口号,结果导致了严重的交通堵塞。其后,法国政府开始制定优先发展公共交通的政策,并决定大量投资建设轨道交通系统。联邦德国在1963年对全国二十多个城市的有轨交通系统进行全面改造,并于20世纪70年代后开始大规模修建地铁。

3. 日本

日本明治维新以后,受西方文化的影响,迅速从轿子和步行时代进入火车和汽车时代,城市不断膨胀,市内客货运量和运距不断增加,远远超过了原来落后的城市道路和铁路的承受能力,造成交通拥堵、事故频发。面对严峻的局面,日本首先考虑规划建设轨道交通系统,再综合布置高速道路及其他交通方式,依靠交通干线把大城市及其影响地区组成为一种多中心的结构体系。

4. 苏联

苏联交通政策的演变过程与城市的发展和经济体制的改变相关,具有较强的可操作性,主要可归纳为五个发展阶段(表3-4)。

表3-4 苏联交通发展和政策演变

发展阶段	发展特征
20世纪50年代	客运交通以公共交通为主,货运交通以铁路交通为主,积极发展有轨、无轨电车,适当发展出租车,不发展私人汽车
20世纪60年代	经济体制发生变革,私人小汽车得到发展
20世纪70年代	市内交通紧张,提出大力发展城市公共交通,辅以出租车服务
20世纪80年代	城市公共交通加速发展,公共交通服务水平不断上升
苏联解体后	大城市公共交通仍然保持主导地位并维持低票价制度,轨道交通运转速度加快,小汽车开始普及发展

3.2.2 交通工具演变

交通工具演变的实质是交通方式的演变。国外交通工具的演变主要涉及自行车和小汽车这两部分内容。

1. 自行车

(1) 前自行车时代

前自行车时代主要指第二次世界大战以前,私人小汽车交通还未占据城市交通主导地位的时期。20世纪初,自行车迅速普及;20世纪30年代前后,自行车发展至鼎盛阶段,成为中小城市重要的客运交通工具;第二次世界大战前后,尤其是1960年以来,自行车交通被小汽车交通逐步取代。

(2) 后自行车时代

后自行车时代主要指出于节约能源、保护环境和交通安全等目的,对城市公共交通和小汽车交通重新进行定位,鼓励居民出行使用自行车的时代。20 世纪 70 年代早期世界石油危机后,自行车作为一种零污染、零能耗、廉价、可靠的交通工具,再次为人们所重视,数量迅速增加,进入后自行车时代。

2. 小汽车

(1) 初期阶段(拥有率 0~40 辆/千人)

这一阶段,各国均采取鼓励私人小汽车发展的政策,但小汽车的普及程度主要受到汽车产业的影响。由于这一阶段小汽车的绝对数量不大,原有城市道路系统基本能够适应小汽车的发展和交通流量的增长,小汽车对城市经济发展、城市总体布局和城市布局结构等影响不大。

(2) 中期阶段(拥有率 40~200 辆/千人)

这一阶段,西欧各国城市小汽车数量迅速增加,城市人口急剧膨胀,产业结构不断变化,而交通规划与管理水平却滞后于交通发展,导致城市交通问题日益严重,出现交通堵塞、混乱和拥挤的局面。人们开始认识到城市交通问题的严重性,采取一系列的措施进行整治。如何疏导城市交通、减轻城市中心区的交通压力也成为这一阶段人们关注的焦点。

(3) 普及阶段(20 世纪 70 年代中后期至今)

这一阶段,人们对城市交通与城市发展的内在联系有了更深刻的认识,开始从更高层次着手解决城市交通问题,如道路交通立体化、交通管理现代化、居住区郊区化等。在小汽车保有量保持增长的情况下,城市交通问题反而得到了有效缓解,但快速、安全、方便的交通体系的建立需要巨大的资金投入,一些西方发展中国家的城市交通问题并没有得到很好的解决。

3.3 城市交通发展战略的分类

归纳起来,国际上各城市的交通发展战略可以分为五种,即综合交通动态协同战略、公共交通持续优胜战略、机动交通畅达并重战略、交通发展先导战略和可持续城市移动性战略。

3.3.1 综合交通动态协同战略

1. 内涵

综合交通是指城市内部的公共交通、货运交通、道路交通、慢行交通以及城市对外交通等各类交通的总和。

综合交通动态协同战略以可持续为最高准则,全面整合各种城市交通系统,协调交通与经济社会、生态环境、城市空间等因素间的复杂关系,最大限度地发挥城市综合交通的整体效应。

2. 实施途径

综合交通动态协同战略的关键是实施四大宏观政策,从体制、机制、政策和运行上动态协调并整合规划、建设、运营、管理和服务各个环节,提高既有交通资源的使用效率(表 3-5)。

表 3-5 动态协同战略整合的四大宏观政策

宏观政策	重要措施
交通设施整合	平衡道路与轨道设施;协调静态、动态交通; 建设交通换乘枢纽;协调交通管理设施;整合交通信息系统
运行方式衔接	加强轨道与小汽车衔接;优化调整公共交通线网; 加强步行交通换乘衔接;整合公共交通票制;优惠公共交通票价
交通管理协调	推进交通规划工作;协调交通与土地规划; 统一交通管理体制;推进交通投资市场化;完善交通收费与价格
交通与社会、经济、环境协调	机动车尾气污染控制;交通噪声控制;交通设施与周边建筑协调

3. 典型代表——伦敦整体交通战略

(1) 城市概况

伦敦位于英国东南地区的泰晤士河畔,是英国首都,也是英国政治、经济、文化中心和交通枢纽。大伦敦(Greater London)由伦敦市(City of London)和其他 32 个行政区共同组成。根据 2016 年的人口普查数据,大伦敦人口超过 878 万。伦敦基本概况见表 3-6。

表 3-6 伦敦基本概况

类别		指标
大伦敦		1577 km^2
其中	内伦敦的中央伦敦(CBD)	27 km^2
	内伦敦的其他地区	294 km^2
	外伦敦	1256 km^2
人口(2016 年)		878 万
工作岗位(2016 年)		约 500 万
道路总长		13619 km
其中	汽车路	70 km
	城市干道	1754 km
	次要道路	11795 km
轨道交通长度		4075 km
其中	东南铁路网	3640 km
	伦敦地铁	408 km
	道格兰兹轻轨	27 km

(2) 交通特征

1997—1999 年,大伦敦居民每年的出行距离为 8690 km,其中小客车出行占 2/3。内伦敦居民中有 53%的人使用小汽车出行,而外伦敦则为 72%。1996—1999 年,大伦敦居民每周用于机动化交通的消费为 40 英镑,其中车票及其他出行费用为 16 英镑。

据1999年的调查，中央伦敦79%的居民上班出行采用公共交通，而外伦敦仅为19%。中央伦敦上班的平均出行时间为56 min。中央伦敦高峰与非高峰时段车速相近，约为16.3 km/h；外伦敦高峰时段平均车速约为29.3 km/h，非高峰时段约为37.4 km/h。

截至1999年，大伦敦有36%的家庭不拥有小汽车，19%的家庭拥有两辆及以上的小汽车。截至2000年，大伦敦约有680万个停车位，包括私人居住停车位、占路停车位、私人非居住停车位、路外公共停车位。在外伦敦，85%的停车位是私人居住停车位或仅在白天使用的占路停车位，而在中央伦敦这些停车位的数量仅占总停车位数量的一半。

2000年，公共汽车客运周转量达4400亿人公里，到达地铁站的平均时间为3.21 min。

(3) 交通战略

伦敦交通战略目标是将伦敦建设成为一个繁荣的城市、以人为本的城市、交通可达的城市、公平的城市和绿色城市，其具体含义如下。

①繁荣的城市(a prosperous city)：经济繁荣，财富共享。

②以人为本的城市(a city for people)：一个安全、适宜居住的城市，拥有有吸引力的街道，以使货物易达，人人都感觉到是安全的城市。

③交通可达的城市(an accessible city)：有快速、高效、舒适的交通方式，居民通过这种易达的、乘得起的交通方式来实现上下班、上学等各种出行目的。

④公平的城市(a fair city)：有容忍性，消除各种形式的种族歧视，建立和睦的邻里及社区。

⑤绿色城市(a green city)：有效利用自然资源及能量，尊重自然界及野生动植物。

(4) 战略措施

伦敦交通发展的十大战略措施如下。

①减少交通拥挤。

②克服地铁投资的滞后，以提高容量、减少拥挤、提高运营可靠性和发车频率。

③改善放射状的出行条件，提供穿越伦敦的公共汽车服务，包括增加公共汽车运能、改善可靠性及提高服务频率。

④更好地整合国家铁路与伦敦其他交通系统，以使通勤便利、减少拥挤、提高安全性，形成一个高效的覆盖全伦敦的轨道交通系统。

⑤通过连接一些重要的穿越伦敦的铁路来提高伦敦交通系统的整体容量，包括改善至国际机场的连接、改善内伦敦环状铁路连接，以及建立新的跨泰晤士河的东伦敦通道。

⑥改善小汽车使用者出行时间的可靠性，这将对以小汽车使用为主导的外伦敦有益，同时通过增加出行选择来减少对小汽车的依赖。

⑦支持地方性的交通措施，涉及改善至城镇中心及新发展地区的连接、制定步行及自行车计划、规划学生上学的安全线路、改善道路安全、重视路桥的良好养护、注重街道整体的和谐性。

⑧伦敦货物的配送及服务更加可靠、高效，同时减少对环境的负面影响。

⑨提高伦敦交通系统的可达性，使每个人(包括残疾人)能享受到在首都居住、工作及旅游参观的交通便利，以提高社会的包容性。

⑩提出新的整合措施以提供一体化的、简便和适应大众购买力的公共交通票价；改善重要的换乘点，提高所有出行方式之间换乘的安全性。保证出租车及私人租用车辆完全与伦敦交通系统

一体化;提供更好的出行信息及候车环境。

3.3.2 公共交通持续优胜战略

1. 内涵

公共交通持续优胜战略是根据城市布局特点与市民出行要求，在不同的地带和人群中，通过与其他交通方式的竞争，确保公共交通的乘客量与周转量在全部交通方式中达到高效合理的水平。

2. 实施途径

实现公共交通持续优胜战略的关键是实施公交优先政策。公交优先政策是从城市可持续发展的要求出发，按照交通设施资源分配和使用的公平、高效原则，在规划、投资、建设、运营和服务等各个环节，为公共交通发展提供优先条件(表 3-7)。

表 3-7 公交优先的五大宏观政策

宏观政策	重要措施	保障条件
优先建成轨道系统	科学规划轨道交通线网;通过多渠道的投融资保证建设资金; 建设轨道交通枢纽和 B+R(自行车换乘轨道交通停车场);确保站点与枢纽用地;实施地面公共交通与轨道交通一票制的票制	设施用地优先; 投资安排优先
推行快速公交系统	建设高档次快速公交，确保专用路权;信号优先控制; 选择大型化、优质化公交车辆;实现公交车站轨道化; 加快扩大公交专用道	路权分配优先
改善地面公交服务	调整、优化公交线网;确保各类公交用地; 确保公交通行的道路条件;改善和升级换代公交设备; 保证公交发展资金来源;争取稳定的财政补贴; 合理调整公交票价	设施用地优先; 财税扶持优先
提高出租车服务质量	加强出租车行业管理;实现出租车调度信息化	
整合公共交通体系	注重公交内部多方式协调;整合公交各管理部门	落实公交用地; 确保持续投入

3. 典型代表——香港公共交通主导战略

(1) 城市概况

香港位于中国南部沿海地区，是世界著名的金融中心和国际航运中心之一。香港历来重视综合交通规划编制工作，并通过三次综合交通规划编制，为政府制定每一阶段的交通政策和近期建设规划提供了依据。香港基本概况见表 3-8。

表 3-8 香港基本概况(2018 年)

类别		指标
土地面积		1081.8 km^2
人口		744.98 万
其中	港九中心城区	351.72 万
人口密度		6900 人/km^2
其中	港九中心城区	2.77 万人/km^2
从业人员		397.90 万
全职学生		114.16 万
道路系统		2123 km
其中	港九中心城区	920 km
道路网密度		1.96 km/km^2
其中	港九中心城区	7.25 km/km^2
地铁系统		230.9 km

(2) 交通特征

有 85%的香港居民在工作日内出行,机动化出行量约 1367.1 万人次/日(含自行车等出行量约 12.2 万人次/日),步行出行量约 755.6 万人次/日。居民出行总量约 2122.7 万人次/日,居民日均出行次数 2.83,有出行行为的居民日均出行次数为 3.39。

香港的公共交通占绝对主导,在小汽车与公共交通的出行量中,公共交通占 89%,其中上班与上学出行分别占 93%和 97%。香港的公共交通以地面公交为主,占 56%,其中包括学生巴士等特殊用途的公交车在内的公交车出行量占 72%。上班出行中,轨道交通占 30%,而私家车仅占 7%。75%的公共交通乘客到达公交车站的步行时间在 5 min 以内,平均步行时间为 4 min。90%的乘客在各种交通工具之间的转乘时间小于 5 min,不同交通方式之间的转乘时间平均为 3 min。

(3) 交通战略

香港通过三次综合交通规划研究,动态协调各种交通模式,优先发展轨道交通并扩展轨道网络,成功抑制了小汽车交通量的增长,适应了高密度的城市用地布局,保持城市的生机与活力。

在第三次整体运输研究的基础上,政府公布了长远交通策略,其中针对未来香港的持续发展制定了五项指导原则:妥善地融合运输与城市规划;更充分地运用铁路,让铁路成为客运系统的骨干;更完善地整合公共交通服务和设施;更广泛地运用新科技来管理交通;采取更环保的运输措施。

面对未来人口的增长以及居民出行的要求,土地开发与运输规划必须更紧密地结合,两者必须在规划的初期一并考虑,以求降低运输需求,从而减少对昂贵又影响环境的运输基础设施的依赖。具体的做法包括尽量沿着铁路沿线地区密集发展,方便这些地区的出行者步行到车站;增设各类步行设施,减少人车冲突,增进交通安全及减少空气污染;在规划新的土地使用时优先考虑步行、自行车等交通方式,以降低对汽车的依赖。

3.3.3 机动交通畅达并重战略

1. 内涵

机动交通畅达并重战略是体现畅通与易达并重的原则，充分运用交通规划、交通工程、智能交通、交通经济等多种理论与技术，确保尽可能多的机动车在可承受的服务状态中，实现机动车辆内人与物的空间移动。

2. 实施途径

实现机动交通畅达并重战略的关键是实施平衡交通供需政策(表 3-9)。平衡交通供需政策是从源头上对交通需求加以引导和控制，通过适当超前的交通设施建设，实施各类交通管理措施，保持不断增长的交通需求和有限的供应能力之间的平衡。

表 3-9 平衡供需的六大宏观政策

宏观政策	重要措施
建设快速路系统	建设高速公路网、环射状快速路网
完善道路网络功能结构	完善主次干路建设;加强集散道路的建设;优化路网节点功能
建设停车系统	适度扩大停车位总规模;高标准配建居住区停车位; 内外有别地配建商办类车位;超前建设公共停车场库; 路内车位昼夜灵活管理;停车收费区域差别化
推行交通需求管理	实施中心区拥挤收费;实施停车需求管理;实施车辆使用控制
推行交通系统管理	实施机非分流;实施人车分流;实施客货分流; 实现交通组织智能化;实现交通管理信息化
推行交通安全管理	加强交通法制教育;强化安全管理制度;加强交通污染控制

3. 典型代表——洛杉矶交通拥堵管理战略

(1) 城市概况

洛杉矶属于典型的弱中心、低密度、散状式、小汽车大都市(car-based metropolis)。

洛杉矶位于美国加利福尼亚州南部，市域面积 10571 km^2，其中城市化地区面积近 3700 km^2。至 2016 年，洛杉矶市域人口达到 1331 万，其中 90%集中在城市化地区，中心城区人口达到 397.6 万人。

洛杉矶市区拥有世界上规模最大的城市道路系统，城市道路总长 10240 km，高速公路总长 256 km。洛杉矶公共交通包括地铁(metro)、通勤铁路(metrolink)、快速公交及普通公交。

(2) 交通特征

①出行方式结构。

洛杉矶大都市的工作出行中公共交通占 7.7%，班车及小汽车合乘占 19.3%，其他非工作出行中公共交通方式仅为 2%～3%。洛杉矶中心城区出行中公共交通不到 10%，85%是客车，其中独自驾车出行者占 70%，反映了洛杉矶是一个典型的小汽车大都市。

洛杉矶中心城区居民通勤出行平均距离 23 km，通勤出行平均时间约为 30 min。洛杉矶中心城区居民平均出行时间约 30 min，75%的居民出行时间在 35 min 以下。

②道路运行。

洛杉矶早、晚高峰时段交通最为拥挤。早高峰时段有40%的干道交叉口服务水平为E级和F级，晚高峰时段则有一半的交叉口服务水平为E级和F级。

2016年，洛杉矶大都市注册机动车约878万辆，平均每个家庭拥有小汽车1.68辆，仅有9.2%的家庭无车。洛杉矶平均每3个人拥有2辆车，是世界上机动车拥有水平最高的大都市。

洛杉矶人均乘公共交通仅为0.13次/日，是世界上公交出行强度最低的大都市。

(3) 交通战略

①对道路运行系统实施交通管理。

考虑到建设成本、土地使用限制、环境影响等因素，洛杉矶通过实施高载客汽车专用道HOV(high occupancy vehicle)来提高道路运行效率，充分利用现有道路容量。小汽车合乘(carpool)的实施大大缓解了拥堵道路的交通状况，使这些道路得到更充分的利用。

此外，自1990年以来，洛杉矶对3948 km的道路实施了实时交通信号控制，大大节省了驾车者及公共交通乘客的出行时间，同时减轻了交通污染。

②扩展快速公交。

洛杉矶道路拥挤管理的目的是充分利用现有的公共汽车及轨道交通，将其作为小汽车交通出行的替代，从而减轻道路系统上的交通拥堵，提高整个地区的出行效率。洛杉矶向广大乘客提供了一个综合性的公共交通系统，包括如下各项。

a. 定线公共汽车：高峰时段有200辆公交车投入运营。

b. 通勤铁路(metrolink)：在洛杉矶市域范围内建设近210 km的线路。

c. 城市轨道(metro)：洛杉矶轨道交通建设起步较晚，已形成六条线，包括四条轻轨系统与两条地下铁路，服务93个车站，总长约178 km。它也与洛杉矶快速公交(metro transitway)(橘线、银线)及通勤铁路(metrolink)系统连接。

d. 地铁化快速公交(metro transitway)：洛杉矶于2000年6月引入快速公交，采用7项措施来减少出行时间，包括交通信号优先(给予公交车更高比例的绿灯时间)、增设低底板车辆以减少上下客时间、在主要路口实施隔离式的公交车站等。两条快速公交线路总长约62 km，节省了25%的出行时间，客流增加了近30%，其中33%为诱增客流。

实施交通管理计划后的公共交通系统对改善洛杉矶的交通发挥了重要作用。与1992年相比，2001年公共交通速度提高了19%，客流增长了33%。

③交通需求管理。

洛杉矶通过制定交通需求管理政策与计划来提高人们对大容量交通的使用率，包括小汽车合乘，提倡使用班车、公共交通、自行车出行，改善居住与就业平衡，实施灵活的上班时间及进行停车管理等。

④土地使用分析计划。

土地使用分析计划主要分析土地使用决策对市域范围内的区域性交通系统的影响，并对减少这些影响的成本进行评估。土地使用分析计划规定并指明了地方政府对新的土地开发所带来的交通影响应当承担的责任，并将其作为计划制定的一个部分。

土地使用分析计划是一个信息共享过程，它寻求改善公共部门、私人部门及普通公众之间关于新的土地开发带来的交通影响的信息交流。它将为环境影响报告提供持续的区域影响检测方法,同时帮助地方部门决定何时有必要采取比较合适的战略措施减少土地开发的交通影响。

3.3.4 交通发展先导战略

1. 内涵

交通发展先导战略坚持适度超前、优先发展城市交通基础设施,充分发挥交通建设对城市改造与拓展的引导和支持作用。

2. 实施途径

交通引导开发政策是为保持交通与土地使用之间的互动关系,以交通发展引导城市空间布局调整,在交通规划、交通投资、交通建设等各个环节实施引导城市开发的政策(表 3-10)。

表 3-10 交通引导开发的四大宏观政策

宏观政策	重要措施
集中发展轨道系统	建设轨道交通以有效吸引客流;以轨道交通引导空间发展; 提高轨道交通运营服务质量;实施票价、换乘等便利优惠措施
优先建成枢纽设施	优先确保交通枢纽用地;建设功能完善的综合交通枢纽; 集中开发,形成综合功能区
注重复合型走廊建设	建设高速公路通道、轨道交通通道、快速公交通道
确保持续的交通投入	建立完善的投资体系;保持长期、稳定的交通投资; 形成市场化、多元化投资渠道;优先确保交通设施用地

3. 典型代表——库里蒂巴快速公交先导战略

(1) 城市概况

库里蒂巴位于巴西南部,是巴拉那州(Parana)州的首府和大西洋西岸沿海城市之一。库里蒂巴城市面积 432 km^2,2013 年城市居住人口为 184 万。库里蒂巴是巴西国际商业与投资中心,也是巴拉那州的商业及教育中心。

库里蒂巴是巴西人均 GDP 最高的城市之一。库里蒂巴是巴西除首都巴西利亚之外人均小汽车保有量最高的城市,平均 2.6 人拥有 1 辆小汽车。然而,库里蒂巴的公共交通具有极大的吸引力,许多有小汽车的人纷纷改乘安全、快捷、便宜的公共汽车出行。库里蒂巴的公共汽车系统是巴西最密集、繁忙的交通系统,在繁忙的上下班时间,人们只需等 45 s 就可以乘上公共汽车。现在市内 75%的上班族都使用公共交通,这个比率在全世界所有的城市中是最高的。库里蒂巴成了巴西小汽车使用率最低的城市。与巴西其他城市相比,全市一年可节约 700 万加仑燃油,从而使城市空气更加清新。

(2) 交通战略

库里蒂巴是世界著名的用公共交通引导城市发展的城市,其交通发展先导战略体现在以公交专用道为中心轴线的“三元”道路系统规划设计理念和以快速公交(BRT)为核心的一体化公共交通系统设计上。该战略促成了城市轴向组团化的用地布局,优化城市空间密度,避免摊大饼式的发展,使其成为生态型的宜居城市,库里蒂巴也因此被誉为世界的“环保之都”。

(3) 规划措施

库里蒂巴采取了许多规划措施以提高效率,增加交通系统的容量,提高交通系统的寿命,充分利用基础设施。

①专用道:有一条7 m宽的车道专门用于快速线路的运营。快速线路位于中心区的轴线结构上,这些车道通过物理隔离防止其他车辆进入。共有五条总长约72 km的双车道公交专用道。

②快速线(red bus):第一条线路是南北轴线,使用载客110人的专门的公共汽车,在专用的车道上运行,无交通冲突,商业运营速度达20 km/h。快速线平均站距500 m,平均间隔4 km,可与其他线路进行换乘。

③驳运线(orange bus):使用传统公共汽车运营的短线路,将邻近地区与一体化交通系统的终点站连接起来。

④区际线(green bus):环线线路,连接外围地区,不需要穿越市中心区的双向线路。

⑤一体化与单一票价:1979年前,票价反映了每条独立线路的运营成本,长线路由于票价较高,对住在城市外围区的低收入市民是不利的。1979年后,实行的单一票价反映了整个系统的成本,短线弥补了长线,同时单一票价有利于实现不同运营公司间票价的一体化。

⑥网络与一体化枢纽:第一条区际线路实施后,不同公司线路的相互衔接与网络运营的概念得以强化。1980—1982年,沿公交专用道线路建成了15个一体化枢纽站,实现快速线、驳运线和区际线间的票价的整合。由于线路间的换乘数量大,枢纽站换乘系统压力较大,需要在同一区间内重新建设新的枢纽换乘点。

⑦单位公里运营报酬:1986年,运营公司的收入由原来的按乘客量计算转变为按每公里计算。市政府制定了详细的措施及审核制度,确定了运营公司的权利与义务、运营失误及处罚,以寻求提高服务质量、减少污染。

⑧管道型车站(tube station)及直达线路(direct lines,speedy line,silver bus):管道型车站通过抬高站台,增设雨棚,增加上车安全保障。实施这种车站后,上车时间减少了1/8,受到乘客的欢迎。1991年实施的直达线路连接枢纽站,平均站距3.2 km,商业运营速度32 km/h,大大节省了出行时间。管道车站的另一个优点是为残疾人和轮椅乘客提供了更大的便利,使其安全上下车的同时不影响车辆运行的正点率,无须专门提供与普通人隔离的设施。1992年的分析表明:直达公交线路中28%的乘客是从小汽车转移过来的,这意味着道路上的车辆将减少3万辆(约占当时47万辆车的6%)。

⑨双铰接公共汽车(路面地铁,bi-articulated bus,surface metro):这种公共交通容量大,每辆车能运送270人,在专用道上运行,通过管道车站上下车。枢纽站的高站台及在公交车站设置管道车站是双铰接公共汽车必要的运营条件。1992年12月开通了第一条线路,每天33辆车在由南向西的轴线上运送10万人次的客流,比原来普通车辆节省6%的运营成本。第二条线于1995年8月投入南北轴的运营,每天由66辆车运送24万乘客,现在日客流需求已达到27.5万,需要再增加9辆车。目前,运营间隔时间为2 min,模拟运营测试结果表明,间隔可以缩短为1 min,线路客运能力可提高1倍。

3.3.5 可持续城市移动性战略

1. 内涵

可持续城市移动性规划(sustainable urban mobility plan,SUMP)是一项由多学科团队共同编制、充分考虑人的出行和设施服务可达性的、倡导多种交通方式协调发展以满足城市及其周边地区居民和企业的交通需求的城市交通战略规划。

它的目的是确保交通可达性、提高安全性、减少空气和噪声污染、减少温室气体排放和能源消耗、提高人员和货物运输效率与效益、提高城市环境吸引力和质量。

2. 实施途径

相比于传统规划,可持续城市移动性规划有很大不同(表 3-11)。

表 3-11　可持续城市移动性规划和传统规划的区别

项　　目	传统交通规划	可持续城市移动性规划
规划关注点	交通(traffic)	人(people)的出行
规划目标	交通设施通行能力与交通流移动速度	可达性与生活品质,同时注重可持续性、经济活力、社会公平、公众健康和环境质量
规划思想	分交通方式的独立系统	不同交通方式协同发展,并向更清洁、更可持续的交通方式演变
规划编制	交通工程师编制的精英规划	有多学科背景的规划团队与相关利益团体(stakeholders)共同编制的透明、参与式规划
规划效果评估与调整	有限的效果评估	定期进行规划效果评估与监督,适时启动规划完善程序

为促进和指导欧洲各城市实施可持续城市移动性规划,欧盟委员会于 2009 年组织政策制定者、规划师和其他从业者、学者及其他利益相关者编制了《可持续城市移动性规划编制和实施指南》(*Guidelines for Developing and Implementing a SUMP*)(以下简称《指南》)。

《指南》详述了可持续城市移动性规划编制和实施的 4 个阶段、11 个步骤、32 项行动,并且详细阐述了每项行动的基本原理、行动目标、主要任务、所需的必要行动措施、时间协调及要检查的事项(表 3-12)。

表 3-12　可持续城市移动性规划编制和实施的过程

阶段	步　　骤	行　　动
规划准备	步骤一:评估 SUMP 编制潜力	给出并承诺可持续城市移动性规划的主要原则,并纳入后续的规划编制中;评估国家或区域层面相关的上位规划、法律等对编制 SUMP 的影响;评估自身条件,确定符合自身需要的 SUMP 编制程序;分析可用的人力和财力资源;给出 SUMP 编制工作基本时间表;界定主要利益相关者
	步骤二:界定 SUMP 编制流程和范围	打破自身行政边界与权责限制,合理确定 SUMP 的空间范围;寻求与土地使用、环境保护等相关政府部门的政策协调,采取协同规划手段;吸引公众和相关利益团体积极参与;制定详细的 SUMP 编制工作计划和管理安排
	步骤三:分析现状,勾勒发展前景	现状问题和机遇分析;交通与移动性发展前景勾勒

续表

阶段	步骤	行动
目标设定	步骤四：明确发展愿景	制定体现各方利益的交通与移动性发展愿景；与公众和利益相关者密切沟通，达成共识
	步骤五：制定优先规则，设立目标	制定体现目标愿景的优先发展导向；设定具体的、可度量的、可达到的、相关的、具有时效的目标体系，量化发展愿景
制定规划	步骤六：形成有效方案集	收集、商议可能的实施方案；借鉴其他经验；明确经费使用价值，确定最佳投资效益；构建协同的、综合方案集
	步骤七：明确各主体责任，分配资金预算	分配权责与配套资源，明确责任主体；制定详细的行动计划和费用预算方案
	步骤八：建立规划监测与评估机制	建立定期的规划监测与评估机制，以及向公众定期公开规划效果的机制
	步骤九：规划批准生效	审查规划的编制质量；批准规划，使规划具有法律效力；落实规划实施的责任主体，负责规划管理与更新工作
实施规划	步骤十：规划实施管理	按照规划目标、方案及行动计划，实施规划，加强规划实施的管理工作；吸引公众参与规划实施过程；评估规划目标的达成度
	步骤十一：经验与教训总结	结合规划目标的实现程度，定期更新规划；评估规划成效，总结成功与失败之处；分析面临的新挑战，为启动下一轮SUMP做准备

3. 典型代表——《2018版伦敦市长交通战略》

《2018版伦敦市长交通战略》(以下简称《战略》)秉承了“以人为本”的交通规划理念，倡导街道与空间活力的营造以及居民出行方式的绿色化转变，并给予了交通弱势群体极大的关注。其呈现的“公平、绿色、健康与活力”的发展思想，是伦敦市对过去城市空间布局和街道设计的深刻反思，体现了新时期交通规划思路的重大转变。

(1) 挑战

《战略》对伦敦交通的发展进行了回顾与反思，承认以小汽车为导向的城市规划和交通战略曾极大地促进了伦敦市经济发展，但也造成居民对小汽车的严重依赖，挤压了公共交通和慢行交通的发展空间。在人口持续增长及土地日益紧缺的今天，伦敦市交通问题已经凸显，如街道污染、安全隐患、公交拥挤、系统低效等。面对既有交通问题，如何应对伦敦人口的持续增长，已成为未来伦敦交通发展战略部署的基本立足点。

挑战一：街道出行活力与社交互动空间不足。伦敦居民对小汽车的过度依赖造成了大气环境的污染，提高了交通事故的风险，破坏了街道与空间的活力。

挑战二：公共交通体验未达居民预期，交通资源分配不均。虽然公交车是伦敦市现状运量最大的公共交通出行方式，但近年来其使用比例呈现出逐渐下降的趋势。《战略》将该现象归因于公共交通出行体验未达居民预期，并认为伦敦市公交出行的轻松感、愉悦感及行程时间可预测性都亟待提高。外伦敦区域公共交通资源严重匮乏，区域内的教育、培训及就业机会受限严重。此外，居民活动空间的区域性隔离,割裂了城市连贯性和整体性,造成了居民对小汽车出行的依赖。《战略》认为,通过公共交通系统与慢行交通系统在空间上的无间隙连接设计,打造兼具活力与效率的一体化出行体系,是解决伦敦市交通资源分配不均问题,实现公共交通系统对小汽车有效替代的关键所在,将有效提高交通欠发达区域的出行便捷性,促进经济的可持续发展。

挑战三:交通、居住和就业压力随人口增长持续增加。根据官方预测,2041 年伦敦市人口数量将上升至 1080 万人。为推动城市的可持续发展,伦敦市必须为新增人口创造就业机会并提供宜居、可负担的新建住宅。交通被认为是解锁新建住宅供给、创造就业机会的决定性影响因素。

(2) 愿景

《战略》计划通过降低城市居民对私家车的依赖,引导交通出行模式向更加健康、更有效率的绿色出行方式转变,最终将伦敦打造成一个街道有活力、交通有效率、空间有魅力的宜居城市,实现 2041 年城市绿色出行比例(步行、自行车和公共交通)达到 80%的目标。

《战略》从多个维度对伦敦市交通发展的战略目标进行分解,并设立阶段性目标逐步推进(表 3-13)。

表 3-13　伦敦市交通发展的战略目标分解

任务目标	指标	目标及实现时间节点
交通结构调整	出行分担率	小汽车分担率从 37%降到 20%(2041 年)
		绿色交通分担率达到 80%(2041 年)
健康道路打造	活力出行	每天至少 20 min(2041 年)
	交通事故伤亡	公交车交通事故零伤亡(2030 年)
		交通事故零伤亡(2041 年)
	中心城区交通量	降低早高峰货运量 10%(2026 年)
		降低总体交通量 10%～15%(2041 年)
	交通排放	新增出租车零排放(2018 年)
		新增租赁车零排放(2023 年)
		新增公交车零排放(2025 年)
		新增车辆零排放(2030 年)
		新增其他车辆零排放(2040 年)
		交通系统零排放(2050 年)
公共交通建设	铁路工程	启用 Crossrail 2(2030 年早期)
		持续推进伦敦城郊地铁建设
	公共交通系统	提高公交系统可达性,减少公交接驳时间(2041 年)
城市发展	居住	新增超 100 万套住房(2041 年)
	就业	创造 130 万个就业机会(2041 年)
	土地	实现土地高密度开发、混合利用

（3）策略

《战略》围绕“健康街道战略”理念，提出了伦敦市未来交通发展的三大核心策略手段，即健康街道与健康市民、优质公共交通体验、新住所和就业。

策略一：健康街道与健康市民。

《战略》认为，可达、包容的交通系统和健康宜人的街道设计是伦敦市“健康街道与健康市民”策略实现的基本要求，尤其强调街道活力、安全与绿色的塑造。

在活力方面，打造宜人慢行空间，实现居民至少20 min“活力出行”。城市街道与空间的设计，应兼顾活力与安全，让街道慢行环境更具吸引力，培养居民对慢行交通的依赖。伦敦将通过健康街道和空间的设计与落地，实现“每个市民每天至少20 min的活力出行”的任务目标。

在安全方面，营造安全交通体系，实现城市交通零死亡、零重伤。伦敦将通过交通安全体系的打造，提高居民出行的安全性。通过车辆限速、街道改善等手段，实现2041年交通系统零死亡、零重伤的战略目标（表3-14）。

表3-14 伦敦市交通安全体系

任务指标	指标内容
安全行驶速度	车辆限速
安全道路设计	所有交通设施道路安全改善，尤其关注交通繁忙路段、环状交叉路段
安全车辆	安全系数更高的车辆设计标准
安全行为	规范道路使用者的行为安全，尤其是以大型车辆为代表的机动车驾驶员
事故后处理	事故后的抢救迅速响应，完善事故追责体系，加强事故过程和原因分析

在绿色方面，建设城市绿色低碳交通体系，实现伦敦市交通系统零污染。《战略》围绕超低排放区（ultra low emission zone）建设，提出了一系列雄心勃勃的任务目标，并就不同的交通方式和时间节点，对任务目标进行了阶段性分解，计划于2050年实现伦敦市交通系统零排放的战略目标。

策略二：优质公共交通体验。

《战略》提出了公共交通服务品质提升的四大策略措施，以及包括车辆站点无阶梯式设计、公共交通系统零障碍搭乘改造在内的一系列精细化的品质提升方案。具体措施包括：①以安全性和价格可负担性为前提，以乘客服务水平提升为宗旨，打造便捷、易用的公共交通系统；②围绕公共交通的可及性与可达性，持续提升残疾人和老年人的出行体验，保障其自由、独立地享用公共交通服务；③持续推进公交车道路网络建设，形成便捷、可靠、可达性强的公交车道路网络；④持续提升铁路系统出行的可靠性、舒适性以及服务效率，并逐步扩大其行程覆盖范围。

策略三：新住所和就业。

2041年，伦敦市的人口数量和出行需求将分别增长22%和24%，达到1080万人口和日均3300万人次的出行量。面对持续增长的交通压力以及住房与工作需求，伦敦将坚持高密度利用、混合开发的城市规划理念，持续扩建公共交通系统，实现伦敦欠发达地区就业和居住供给能力的逐步提升。

市政府计划每年建设65000套可负担住房、创造共计130万的工作机会、建设与居住就业相匹配的交通系统,来消除人口增长对城市空间和交通系统造成的冲击和影响。其中交通系统的匹配性体现在:①居民愿意在街道空间驻足交流,自行车可自由穿梭与停放;②城市公共交通、建筑空间和公共场所更加实用和易用;③新建住房能容纳足量的居民,并与活力空间相邻或接壤;④慢行空间随处可见、物流畅通、绿色出行。

"匹配的交通系统"所重点打造的 Crossrail 2 将最早于 2030 年启用,可实现 20 万新建住房(超过 30%坐落于伦敦之外)的中心城区交通接入,并于早高峰期承载 27 万人进入伦敦市中心。

3.4 我国城市交通发展战略的实践

3.4.1 北京宣言简介

1995 年 11 月 8 日至 10 日,"中国城市交通发展战略国际研讨会"在北京召开,会议研究了缓解城市交通问题的途径和城市交通发展战略。与会的中外代表对中国城市所面临的交通问题达成了高度共识,并一致认为需要采取综合性对策,以寻求交通基础设施建设和交通运输管理政策的相互平衡。会议的总结性文件《北京宣言:中国城市交通发展战略》归纳了五项原则、四项标准和八项行动,为中国城市交通的发展指明了方向。

1. 五项原则

五项原则用于指导与中国社会经济发展相适应的城市交通规划、建设和运行策略(表 3-15)。

表 3-15 五项原则及其具体内容

类别	内容
原则一	交通的目的是实现人和物的移动,而不是车辆的移动
具体说明	根据各种交通方式运送人和货物的效率来分配道路空间的优先使用权,为公共交通、自行车和行人提供优先权
原则二	交通收费和价格应当反映全部社会成本
具体说明	社会成本包括交通行为对社会造成的全部费用与损失,尤其应包括: 环境污染导致的健康、医疗和生产效率的损失;交通拥挤导致的时间和费用的损失
原则三	交通体制改革应该在社会主义市场经济原则指导下进一步深化,以提高效率
具体说明	交通行业已经开始向市场经济转轨,但特别需要在以下方面加快转轨的进程: 竞争机制的引进;公共交通服务价格体系的完善; 公共交通企业的所有权、经营权进一步明晰和法规的建设;道路交通使用者付费原则的推广
原则四	政府的职能应该是指导交通的发展
具体说明	在保持中央政府实施宏观经济指导职能的同时,强化地方政府的职能。 政府的指导职能应当通过以下途径来完成: 建立稳定而透明的法律和法规体系;制定与推行相关的技术标准; 制定交通发展战略和规划;制定基础设施投资战略
原则五	应当鼓励私营部门参与提供交通运输服务

续表

类　　别	内　　容
具体说明	私营企业可以在如下交通服务领域中补充和替代现行的政府职能： 公共交通服务的供给和经营；停车设施的供给和经营； 基础设施规划和设计的咨询服务；工程的承包营建；大型基础设施项目融资

2. 四项标准

交通发展的政策和规划应当符合四项标准（表 3-16）。

表 3-16　四项标准及其具体内容

类　　别	主 要 内 容	具 体 内 容
标准一	经济的可行性	在以全部资源投入计算总成本的前提下，应当对经济回报最高的投资项目给予优先
标准二	财政的可承受性	应当在切实可行的投资和营运财务策略基础上，制定交通系统规划和项目计划
标准三	社会的可接受性	交通服务应当满足社会各个方面的需求，尤其是低收入居民和弱势群体的需求。应当尽量减少交通发展对社会的负面效应，尤其要避免交通建设造成的住房和其他工商业拆迁
标准四	环境的可持续性	应当实施减轻交通对市民健康和生活环境的不利影响、减少自然资源消耗的行动和对策

3. 八项行动

与上述五项原则和四项标准相适应，建议实施八项行动（不分先后）（表 3-17）。

表 3-17　八项行动及其具体内容

类别	主 要 内 容	具 体 内 容
行动一	改革城市交通运输行政管理体制	中央政府：考虑与城市交通有关的各中央政府部门的作用和它们与对应的城市政府部门的关系，以及立法的需要与内容
		地方政府： 交通的发展计划和管理职能由政府部门行使，市属交通企业承担商业职能； 建立促使交通政策与交通规划的编制和实施相协调的工作机构； 完善城市运输市场管理与法规体系，鼓励运输社会化，提高客货运输效率； 尽可能向私营企业开放交通运输市场
行动二	提高城市交通管理的地位	建立市政府高层次的城市交通管理机构
		统一城市各个部门的重叠职能，加强部门间协调，进行机构调整
		制定交通管理战略；建立道路功能等级体系； 把道路空间优先分配给公共交通和自行车；实施有关的各项行动计划
		制定改善道路安全的措施

续表

类别	主要内容	具体内容
行动三	制定减少机动车尾气和噪声污染的对策	中央政府： 制定减少和消除汽油含铅量的实施步骤；提高机动车尾气排放标准
		地方政府： 实施车辆监控和维护计划；研究使用更洁净的替代燃料； 减少新建交通基础设施的噪声和空气污染影响
行动四	制定控制交通需求的政策	建立城市中心区停车设施的发展、控制和价格对策
		评估在城市中心区控制机动车使用的各种对策的效果，包括总量控制、进入限制和道路使用收费等对策
		根据效率和效益，评价现行的摩托车和货车交通管制办法
		建立相应的交通收费与价格政策，以消除不必要的补贴，尽可能实现收支平衡，充分反映社会成本
行动五	制定发展大运量公共交通的战略	确定客运交通需求量大的交通走廊，根据以下因素评估和优先考虑： 成本和资金的可能性；环境影响；投资能力和技术水平
		推广适用的大容量公共交通的技术
		制定和实施公交专用道或专用路试验项目
		研究现有地铁的作用和效益
		加强大容量公共交通与其他交通方式之间的衔接
行动六	改革公共交通管理和经营	把政府的规划和管理职能与市属公共交通企业的商业职能相分离
		深化市属公共交通企业的改革，包括推广公交服务专营和租赁制度
		积极探索私营企业参与公共交通运营的途径
		强化政府在扩大私营企业的参与方面的管理职能
行动七	制定交通产业的财政战略	中央政府： 研究道路使用税费的设立、征收和分配，包括燃油、行驶、道路维护税费； 改进对私营企业投资的管理和法规框架
		地方政府： 建立符合实际的城市融资总体政策； 确定政府需要在哪些方面参与交通投资、运营和维护； 尽可能地实施通过向交通使用者收费来达到收支平衡的计划； 确定哪些投资可经信贷筹措，哪些应由日常收入支出； 确定哪些方面可以利用私人资金、外资取代或补充市政府交通预算

续表

类别	主要内容	具体内容
行动八	加强城市交通规划和人才培养	中央政府： 制定城市交通规划编制的技术程序和指导性文件； 扩大交通专业技术人员和管理人员的教育与培训机构
		地方政府： 将城市土地开发与交通发展相结合；将城市交通规划与土地使用规划相结合； 城市交通发展战略和规划的制定应充分反映中国城市土地使用和资源特征； 严格按照本宣言提出的四项标准评审所有的规划和政策； 充分利用国内外咨询专家来帮助城市有关交通机构提高专业能力

3.4.2　苏州——新苏州和谐交通体系

1. 编制背景

苏州市是长三角都市圈的地理中心城市和交通枢纽城市，也是国家级历史文化名城和世界级旅游城市。随着苏州市城镇化和机动化进程的加快，城市交通问题逐渐突出，城市内部与外部的发展需求都使城市交通倍受压力。目标明确、涵盖面广、可操作性强的《苏州市城市交通白皮书》(以下简称《白皮书》)既是政府推进城市交通发展的政策纲领，也是政府指导各部门工作的行动准则，同时还是政府对广大市民的郑重承诺。

《白皮书》在综合各部门意见和研究成果的基础上，引进国内外先进理念，提出了城市交通发展的战略、目标、政策和任务，用以指导苏州市城市交通的新发展。《白皮书》是一份集长远规划、近期计划、政策措施于一体的综合性文件。《白皮书》编制的基准年为 2007 年，近期为 2010 年，远期为 2020 年，其中行动计划主要指"十一五"期间实施的重大举措。

2. 城市交通发展目标

苏州市城市交通发展的总目标：建设一个满足苏州特大城市发展要求的、符合现代城市交通发展方向的"新苏州和谐交通体系"，以适应不断增长的交通需求，支撑城市发展目标的实现。"新苏州和谐交通体系"的内涵见图 3-4。"新苏州和谐交通体系"的特征、服务目标及具体任务见表 3-18。

表 3-18　"新苏州和谐交通体系"的特征、服务目标及具体任务

类别	主要内容	具体内容
特征	创新性	在延续苏州历史文化特色的基础上，倡导城市交通发展的理念、技术、体制和制度创新
	整合性	在交通规划、建设、运营、管理和服务全面整合的基础上，实现交通设施、交通体系、交通体制一体化
	集约性	鼓励高效率、低能耗、低污染的交通方式，节约城市土地资源，充分发挥既有交通设施潜力
	友好性	创造优质交通空间，倡导文明交通、法制交通、人文交通、绿色交通

续表

类别	主要内容	具体内容
服务目标	便捷	提供多种选择的交通服务,市民平等共享有限的交通资源
	通畅	通过技术创新提高城市交通规划、建设与管理水平,让出行成为享受
	高效	倡导交通一体化、交通集约化,鼓励绿色出行方式,最大限度地减少资源消耗和环境影响,提高运输效率,缩短市民出行时间
	安全	减少交通事故,保障市民出行安全
具体任务		建成结构合理、功能完善的城市客运交通系统
		建成与区域交通有机衔接、协调发展的城市对外交通系统
		建成功能明确、层次分明的城市道路交通系统
		建成现代化、高效率的交通综合管理系统

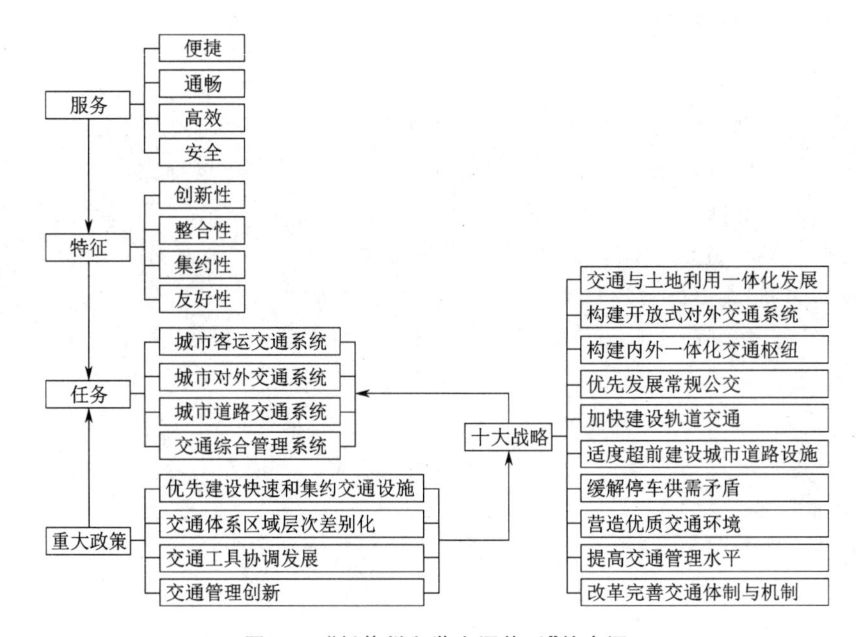

图 3-4 “新苏州和谐交通体系”的内涵

3. 四大基本城市交通政策

(1) 优先建设快速和集约交通设施

通过快速交通体系建设和综合交通体系均衡发展,全面促进苏州市融入上海都市圈和苏锡常都市圈。优先建设以高速公路、高速铁路为主的对外高速交通体系,优先建设以快速路和轨道交通为主的城市快速交通体系,尽快启动快速、大容量、低能耗的轨道交通设施建设。优先发展常规公交,在政策、体制、资金、建设、管理、经营、服务等各个环节,为常规公交发展提供优先条件。通过积极引导,树立公交在城市客运体系中的主体地位,减少市民的小汽车使用。

(2) 交通体系区域、层次差别化

针对长三角、市域、市区、中心城区、古城区不同层面的道路资源特点和交通发展要求,因地制宜地采用分区域、分层次的差别化政策(表3-19)。

表3-19　苏州市交通体系分区域、分层次差别化政策

区　　域	内　　容
长三角	打破地区、体制以及行业界限,使苏州交通全面融入长三角交通体系
市域	倡导节能环保的交通模式,强化区域中轴和通道建设,强化市域城镇内部网络化交流
市区	大力构筑多样化的交通系统,引导城市空间拓展,优化完善路网布局,更好地为旅游业服务
郊区	使小汽车得到适当使用
中心城区	以集约化交通为主,重点发展以轨道交通为骨干的多元化、多模式的公共交通体系
古城区	疏导穿越古城的交通,倡导公交优先,限制机动车停车泊位供应,限制小汽车使用

(3) 交通工具协调发展

建立符合城市社会空间结构特色、公共交通与个体交通(步行、自行车、小汽车等)一体化、多元化协调发展的城市客运交通体系,建成立体化、多样化的换乘系统。小汽车不是交通现代化标志,通过交通区域差别化政策合理引导小汽车使用,满足市民个性化出行的要求。自行车是绿色交通工具,充分发挥自行车在古城内和短距离出行中的优势,鼓励自行车使用,严格限制发展摩托车。

(4) 交通管理创新

大力发展交通系统管理,保障交通安全,缓解交通堵塞,充分发挥既有交通设施潜力。必须将交通需求管理作为解决城市交通问题的一项长期战略,以减少对交通基础设施和能源的需求,保障城市交通系统的运行效率和服务水平。树立保护环境、节约能源的观念,通过技术创新及法规建设减少机动车的单位排放量,减少机动化带来的污染及对能源的消耗。建立交通影响分析机制,保障城市交通与土地使用协调发展。加快交通信息系统、智能交通系统规划和建设,倡导交通管理创新。

4. 十大战略

(1) 交通与土地利用一体化发展

形成完善的城市功能分区,强化城市副中心功能,构筑多中心城市结构,减轻古城交通压力;整合城市空间结构,合理调整城市居住人口和工作岗位的分布,减少潮汐交通、无效交通和远距离交通,有效控制交通需求;通过轨道交通和城市骨架道路建设引导城市土地开发,调整轨道交通沿线土地使用。

(2) 构建开放式对外交通系统

加快建设国家高速铁路和城际铁路,加快镇南铁路建设;加快完善高等级公路网,建成区域通勤交通网络;加快骨干航道建设,完善机场、港口集疏运系统。

(3) 构建内外一体化交通枢纽

加快建设各类客货运枢纽,通过枢纽锚固城市用地结构,构筑完善的城市交通与对外交通衔接体系和城市交通的换乘体系。

(4) 优先发展常规公交

完善公交线网,保障公交车辆供给和公交场站用地,提高常规公交服务水平。

(5) 加快建设轨道交通

加快建设轨道交通一号线,力争开工建设轨道交通二号线。

(6) 适度超前建设城市道路设施

继续推进道路系统建设,完善路网布局,加密支路网络。

(7) 缓解停车供需矛盾

增加停车泊位供应,提高路内停车收费标准,建立信息化与智能化的停车运行管理系统,提高停车泊位使用效率。

(8) 营造优质交通环境

加强行人过街设施和机非分流系统建设,明确道路空间资源分配政策;加强汽车尾气、噪声污染整治。

(9) 提高交通管理水平

大力实施"科技兴交""建管并重"战略,加快开发和应用适应苏州市情的智能交通运输系统;加强交通系统信息化建设,提高交通设施使用效能。

(10) 改革完善交通体制与机制

健全交通行政管理体制,建立交通决策领导机构;开拓投融资渠道,保持投资力度,优化投资结构。

3.5 我国城市客运交通模式选择

3.5.1 模式选择

我国城市客运交通系统规划应以城市规模为依据,符合以下规定,带形城市可按其上一档规划人口规模城市确定。

①规划人口规模500万及以上的城市,应确立大运量城市轨道交通在城市公共交通系统中的主体地位,以中运量及多层次普通运量公交为基础,以个体机动化客运交通方式作为中长距离客运交通的补充。规划人口规模达到1000万及以上时,应构建快线、干线等多层次大运量城市轨道交通网络。

②规划人口规模300万~500万的城市,应确立大运量城市轨道交通在城市公共交通系统中的骨干地位,以中运量及多层次普通运量公交为主体,引导个体机动化客运交通方式的合理使用。

③规划人口规模100万~300万的城市,宜以大中运量公共交通为城市公共交通的骨干,以多层次普通运量公交为主体,引导个体机动化客运交通方式的合理使用。

④规划人口规模50万~100万的城市,客运交通体系宜以中运量公交为骨干,普通运量公交为基础,构建有竞争力的公共交通服务网络。

⑤规划人口规模50万以下的城市,客运交通体系应以步行和自行车交通为主体,普通运量公交为基础,鼓励以城市公共交通承担中长距离出行。

3.5.2 区位差异化

城市内不同土地使用强度地区的客运交通系统应根据交通特征进行差异化规划,并应符合以下规定。

①城市中心区应优先保障公共交通路权，加密城市公共交通网络和站点，并应优先保障城市公共交通枢纽用地；应构建独立、连续、高密度的步行网络，紧密衔接各类公共交通站点与周边建筑，以及在适合自行车骑行的地区构建安全、连续、高密度的非机动车网络；应严格控制机动车出行停车位规模，降低个体机动化交通出行需求和使用强度。

②城市其他地区的公共交通走廊应保障公共交通有优先路权；构建安全、连续的步行和非机动车网络；控制机动车出行停车位规模，调控高峰时段个体机动化通勤交通需求。

3.5.3　绿色交通发展

①高峰期城市公共交通全程出行时间宜控制在小客车出行时间的 1.5 倍以内。城市公共交通站点、客运枢纽应与步行、非机动车系统良好衔接。

②在交通拥堵常发地区，应优先保障城市公共交通、步行与非机动车交通路权，对小客车、摩托车等个体机动化出行需求进行管控。

③旅游城市应结合旅游交通特征，依托城市综合客运枢纽和城市公共交通枢纽等设置旅游交通集散中心，发展以城市公共交通、步行与自行车交通为主体的旅游交通系统。

第4章 城市交通调查与分析

城市交通调查与分析是进行城市交通系统问题诊断、规划、设计、建设、运营、管理的基础性工作，可以为建立交通需求预测模型、分析交通的供需平衡以及交通供需关系的发展趋势等提供基础数据。

4.1 城市交通调查

城市交通调查是利用客观手段，对交通系统需求与供给特性及有关的交通现象进行调查，并对调查资料进行分析和判断，从而了解和掌握交通状态及有关交通现象规律的工作过程。通过交通调查，可以准确分析评价规划区域交通现状，为交通规划提供全面、系统、真实、可靠的实际参考资料和基础数据，对交通规划涉及的经济、运输、交通量等做出准确可靠的预测，制定出合乎社会发展规律且与交通需求相适应的交通规划目标与方案，进而指导交通建设与发展。

4.1.1 概述

1. 城市交通调查的主要内容

研究项目的类型、对象及目标不同，则相应交通调查的内容和范围也不同。城市交通调查的对象主要为交通流现象与客货移动特征，也包括与之有关的内容，如国民经济、城乡规划、道路交通设施、交通环境等。归纳起来，城市交通调查的主要内容有三大项：基础资料、交通需求、交通设施和交通运营(表4-1)。

表4-1 城市交通调查的主要内容

类别	具体调查
基础资料	城乡规划和社会经济基础资料调查
交通需求	居民出行特征和出行意愿调查
	机动车出行特征调查
	城市货物源流调查
交通设施和交通运营	城市道路交通设施调查
	道路交通量调查
	城市出入口交通调查
	道路车速、行车延误调查
	停车调查
	行人交通调查
	城市公交调查
	城市交通管理调查
	城市交通环境调查

2. 城市交通调查的主要方法

一般而言,城市交通调查的范围应当与城市交通规划的范围一致。城市交通调查不仅收集道路交通量、道路车速等动态数据,也收集人口、经济等方面的统计数据。为了完成历史年份数据和现状数据的纵向比较,城市交通调查不仅收集基年的现状数据,同时也收集历年的相关历史数据;为完成同类城市的横向比较,城市交通调查还收集同类城市的相关调查数据。

城市交通调查方法的选取与调查对象、规划研究要求直接相关,一般有如下几种方法。

(1) 现场踏勘及观察调查

现场踏勘及观察调查是城市交通调查最基本的方法,用以描述各类城市交通的实际情况,适合用于城市道路交通量及车速调查、城市出入口交通量调查、城市公交调查、停车调查等。

(2) 抽样调查或问卷调查

针对不同的城市交通问题,以问卷形式对居民或机动车辆进行抽样,适合用于居民出行特征和出行意愿调查、机动车出行特征调查、城市出入口交通调查等。

(3) 访谈或座谈会

访谈或座谈会是与被调查者面对面地交流。该方法适合用于如下几种情况:一是对无文字记载也难以有记载的民俗民风、历史文化等的调查;二是针对尚未成文或对一些愿望或设想的调查,如城建领导意向调查。

(4) 文献资料的运用

文献资料的运用有助于掌握与城市交通发展相关的信息,所涉及的文献主要包括历年的统计资料(如统计年鉴)、城市(或县)志以及专项志(如城市规划志、城市建设志)、相关政府文件、现有的相关规划研究成果等。

3. 城市交通调查分析的新技术

随着城市交通信息化水平的提高,交通信息采集和挖掘在交通调查中的作用日益凸显。具备条件的城市可在充分利用信息化数据的基础上,对城市交通调查的调查项目及内容进行适当调整。常见的信息化数据利用技术包括如下各项。

①利用公交车 GPS 数据及 IC 卡刷卡数据对公交客流特征和乘客个体日活动链进行分析的技术。

②利用车辆 GPS 数据对行程车速和行程时间可靠性进行分析的技术。

③利用视频数据对道路机动车流量和 OD 进行分析的技术。

④利用手机信令数据、网约车数据等对居民出行特征和城市职住特征进行分析的技术。

⑤利用共享单车数据对慢行交通和换乘接驳行为进行分析的技术等。

4. 城市交通调查的步骤

城市交通调查一般分为调查准备、试点调查、实地调查、调查结果整理与数据录入四个阶段。

(1) 调查准备

①成立专门机构、统一协调调查。

城市交通调查具有社会性和广泛性的特点。大型综合性交通调查需要成立专门组织机构,并需通过新闻媒体进行舆论宣传。

②资料准备。

掌握调查区域内的居民点与人口分布、土地使用现状、行政组织情况(行政区、街道、派出所、社区和居委会)等。

③设计调查方案。

拟定调查区域,踏勘调查现场,划分交通小区,确定调查样本(如居民出行特征与出行意愿调查需确定抽样率,道路交通量调查需确定调查路段和道路交叉口),设计调查表格,制定实施计划等。

④培训调查人员。

选派具有较强责任心和较高文化素质的人员参加调查,并对调查结果层层把关。

(2) 试点调查

在全面铺开调查工作之前,通过小范围的试点调查获得经验教训,并完善调查方案。若某城市同类别调查已开展过多次,并积累了丰富的调查经验,试点调查阶段可取消。

(3) 实地调查

在规定的时间、空间范围内,全面实施城市交通调查。在实地调查工作中,为保证调查质量,应严格把关、及时抽查。

(4) 调查结果整理与数据录入

验收城市交通调查成果,对调查表的有效性进行核查,去掉无效的调查表。对于存在明显错误的调查样本,应及时进行补测。对于存在遗漏或有不合理项的调查表,可以根据统计分析需要和目的来对该表其他数据进行酌情取舍,以忠实于原始的调查目的。

原始调查表格验收通过后,设计专门的数据库文件,将编码后的调查数据录入计算机。

5. 总体注意事项

(1) 交通小区划分

在调查准备及试点调查阶段,应当将城市交通调查区域分成若干个交通区,并将每个交通区划分为若干个交通小区。划分交通小区的目的是全面了解交通源之间的各类交通流的时间、空间分布特征。交通小区划分将直接影响到交通调查、分析、预测的工作量及精度。划分交通小区一般应符合下列原则。

①交通小区由城市内部交通小区和城市对外交通出入口交通小区两部分组成。

a. 城市内部交通小区。

城市内部交通小区应在城市建成区的范围内进行划分。远期内部交通小区应在城市交通规划的范围内,以现状内部交通小区为基础,进一步增加。近期与远期必须采用统一的交通小区编码系统和小区划分,以保证交通分析口径的统一。

b. 城市对外交通出入口交通小区。

城市对外交通出入口交通小区应在与规划区域有较大交通联系的其他区域内划分,包括有较多过境交通经过的区域等。

②交通小区的大小应充分考虑调查区域的大小和规划目的。城市交通规划的交通小区较小,而区域交通规划的交通小区较大。一般中心区交通小区面积不超过 1 km^2,主城区为 1～3 km^2,近郊区为 3～5 km^2,远郊区视具体情况而定。中小城市交通小区面积可以适当缩小。

③交通小区边界一般沿河道、铁路、山体、城墙等自然与人文疆界设置，以方便交通调查、交通分析和交通预测。

④交通小区内的用地性质、交通特点应尽量一致，以便于把该区的交通分配到城市道路网、城市公交网、城市轨道网等网络上。

图 4-1 是某城市交通规划的城市内部交通小区划分图。

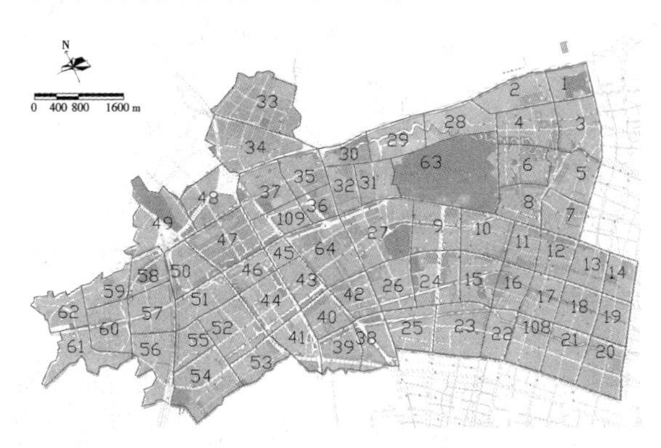

图 4-1　某城市交通规划的城市内部交通小区划分图

(2) 车辆分类

城市交通调查时需要调查车型分类，以便进行数据统计和分析(表 4-2)。

表 4-2　调查车型分类

序　　号	车 辆 类 型	说　　明
1	小客车	蓝色车牌，少于 8 座(含 8 座)的客车
2	出租车	出租营运车辆
3	公交车	公交营运车辆
4	大客车(非公交车)	黄色车牌的客车，8 座以上的客车
5	大货车	黄色车牌的货车
6	小货车	蓝色车牌的货车
7	其他车	特种车(工程车、油罐车、消防车等)、拖拉机等
8	摩托车	2 轮或 3 轮摩托车
9	电动自行车	靠蓄电池助力的自行车
10	自行车	
11	三轮车	

注：根据城市具体营运公交车型，可对公交车型进行细分。

(3) 时间单位

城市交通调查的时间单位必须采用 24 h 制。例如上午 9 点 12 分，填 9:12；下午 3 点 45 分，填 15:45。

4.1.2 社会经济和城乡规划基础资料调查

1. 城市社会经济基础资料调查

交通运输是为社会经济服务的，但社会经济活动又衍生交通需求。社会经济发展水平不同，城市私家车保有量、城市交通方式结构和居民对交通的舒适性、便捷性要求也不同。因此，建立城市交通与社会经济的关系，不仅需要现状及历史社会经济状况信息，而且需要未来的社会经济预测信息。

(1) 调查内容

城市社会经济调查的内容包括行政组织、人口、经济情况等(表 4-3)。

表 4-3 城市社会经济调查的内容

类　　别	具体调查内容
行政组织	行政区划、隶属关系、管辖范围、影响区域等
人口	城市人口总量、人口结构及分布、人口增长情况等
经济情况	国民收入、居民人均收入、各行业产值等
产业	产业结构、布局、资源等
客货运输	运输量、运输周转量、各运输方式比重等，场站设施布点以及对规划区域发展的影响
交通投资	交通投资逐年变化情况，建设资金筹集情况
交通工具	机动车和非机动车各类交通工具逐年变化情况
自然、人文情况	地形、地质、土壤、气候、水文以及名胜古迹等

(2) 调查方法

社会经济历史和现状资料，以及有关的规划、计划等，一般可从统计局、发改委、交通运输局、交巡警支队等政府部门获得。

2. 城市土地使用基础资料调查

土地使用与城市交通有密切的关系。不同性质的土地使用具有不同的交通特征。了解城市交通与土地使用的关系是进行交通需求预测的基础。城市交通调查、分析、预测的结果又可以反过来验证城市土地使用是否合理，为城市土地使用规划提供必要的依据。

城市土地使用调查内容见表 4-4。土地使用调查资料可从有关政府部门获得，如城市自然资源和规划局等。

表 4-4 城市土地使用调查内容

类　　别	具体调查内容
土地使用性质	各交通小区主要土地类别的用地面积
就业岗位数	全部交通小区或典型交通小区的就业岗位数
居住人口数	全部交通小区或典型交通小区的居住人口数
就学人数	全部交通小区或典型交通小区的就学人数
商品销售额	全部交通小区或典型交通小区的商品销售额

3. 城乡规划资料收集

城市交通规划、建设与管理具有一定的延续性，必须在已批准的相关规划的基础上开展城市交通规划编制工作。

城乡规划方面需收集的资料包括如下各项。

①城市总体规划。

②城镇体系规划。

③城市社会经济发展规划。

④轨道交通、公共交通、公路、铁路、水运、港口、航空等专项规划。

⑤城市交通管理规划。

⑥城市近期建设规划。

⑦既有的城市道路与交通规划等。

城乡规划资料可从城市的自然资源和规划局、交通运输局、交巡警支队等政府部门获得。编制城市交通规划必须仔细研读这些背景资料，以既有规划成果为基础，完善、深化、优化既有规划成果，并在此基础上进行创新。

4.1.3 居民出行特征和出行意愿调查

1. 调查目的与对象

居民出行特征和出行意愿调查的目的主要有以下几点。

①获得居民出行的时间、空间、方式、目的分布等特征数据。

②分析居民出行与年龄结构、职业结构、城市社会经济及土地使用发展的相互关系。

③掌握居民对现状城市交通的反映和交通需求发展态势。

④为城市交通政策和交通规划方案制定提供定量参考依据。

⑤为交通预测模型的建立提供技术参数。

居民出行特征和出行意愿调查的对象是6周岁以上常住人口和流动人口。常住人口指全年经常在家或在家居住6个月以上的人口。流动人口指非常住人口，包括寄居人口、暂住人口、旅客登记人口和在途人口，如外来务工人员。

居民出行特征和出行意愿调查以个人或户为单位进行登记。所谓家庭户是指具有血缘婚姻或收养关系，在一个住宅单元中居住，共同生活的人口。单身居住的也作为一个家庭户。

2. 基本概念

①起讫点调查：又称OD调查，OD取自英语单词origin（起点）和destination（讫点）的第一个字母。OD调查主要包括居民出行OD调查、机动车出行OD调查、货流OD调查。居民出行OD调查包含在居民出行特征和出行意愿调查中，机动车出行OD调查包含在机动车出行特征调查中。

②出行：人、货、车为达成某一目的从起点到讫点的全过程。出行作为交通行为的计量单位，一次出行必须具备三个条件，即完成一次有目的的活动、利用有路名的街道或道路、出行距离或时间必须达到一定标准。不同部门完成的交通调查对出行的定义往往不同，导致客流与车流出行特征调查数据缺乏可比性。一般情况下，建议出行距离或时间的标准是步行单程时间在5 min以上，或使用交通工具的出行距离超过500 m。

③起点：一次出行的出发地点，即O点。

④讫点：一次出行的结束地点，即D点。

⑤出行端点：出行起点、讫点的总称。

⑥境内出行：起讫点都在调查区范围之内的出行。

⑦过境出行：起讫点都在调查区范围之外的出行。

⑧出入境出行：起点或讫点在调查区范围之外的出行。

⑨区内出行：起讫点都在同一交通小区的出行。

⑩区间出行：起讫点分别位于不同交通小区的出行。

⑪交通小区形心：代表同一交通小区内所有出行端点的某一集中点，是交通小区交通源的中心，不一定是交通小区的几何中心。

⑫期望线：又称愿望线，为连接各交通小区形心的直线。期望线因其反映人们期望的最短出行距离而得名，与实际的出行距离无关，其宽度表示区间出行的次数。由期望线组成的期望线图，又称OD图(图4-2)。

⑬分隔核查线：为校核OD调查成果精度而在调查区内部按天然或人工障碍设定的调查线，可设一条或多条，它将调查区划分成几个部分，用以实测穿越该线的各条道路断面上的交通量(图4-3)。

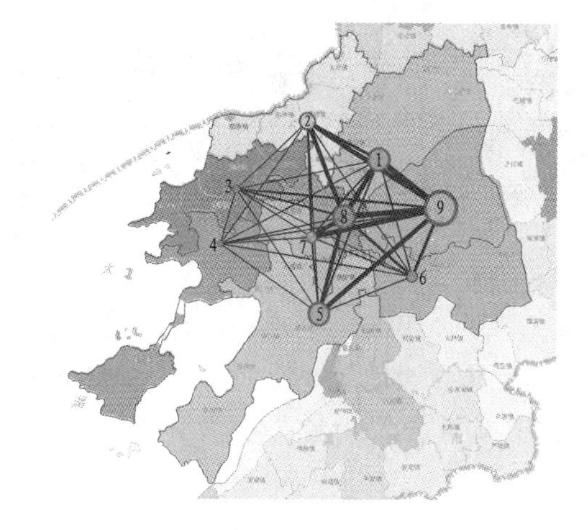

图4-2　期望线

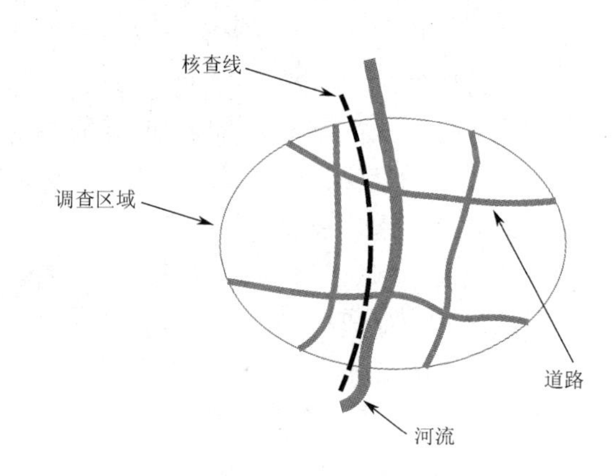

图4-3　核查线示意

⑭OD表：表示各交通小区之间出行量的表格。通常用矩形OD表格(表4-5)表示交通小区之间的出行量及出行方向；当出行量对称时，也可用三角形OD表格表示。

表4-5　矩形OD表格

讫点 j / 起点 i	1	2	3	…	n	$P_i = \sum_j t_{ij}$
1	t_{11}	t_{12}	t_{13}	…	t_{1n}	P_1
2	t_{21}	t_{22}	t_{23}	…	t_{2n}	P_2
3	t_{31}	t_{32}	t_{33}	…	t_{3n}	P_3

续表

讫点 j / 起点 i	1	2	3	…	n	$P_i=\sum_j t_{ij}$
…	…	…	…	…	…	…
n	t_{n1}	t_{n2}	t_{n3}	…	t_{nn}	P_n
$A_j=\sum_i t_{ij}$	A_1	A_2	A_3	…	A_n	$T=\sum p_i=\sum A_j$

⑮出行分布：又称 OD 分布，指调查区域内各交通小区之间的人、车出行次数。现状出行分布由 OD 调查得到。

⑯出行目的：指一次出行的主要目的，包括上班、上学、购物、生活、回程等多种目的。出行目的是统计出行次数的主要依据，各地在出行调查中根据规划和研究需求的不同定义了不同的出行目的，如要进行对比，需统一出行目的。

⑰出行方式：指一次出行利用的主要交通方式。一次出行中全部是步行的，其出行方式为步行。一次出行中既有步行，又利用了其他交通工具时，其出行方式指所用的交通工具。

⑱出发时间：也叫出行时辰，指一次出行的出发时刻。

3. 调查内容与方法

居民出行特征和出行意愿调查应搜集城市居民家庭的基本资料（如家庭人口、交通工具拥有等情况）、城市居民的基本资料（如年龄、性别、职业、收入、文化程度、有无驾照、居住地等情况）、城市居民每次出行的资料（如起点、终点、出行时间、出行距离、出行方式选择等）、城市居民的出行意愿资料（如使用各类交通工具的烦恼、步行烦恼、交通政策意愿等）。我国幅员辽阔，各城镇情况千变万化，各城市需根据实际情况，设计针对性的调查表格。为保证调查数据的可比性，若某城市开展过同类调查，在调查内容设计过程中需考虑延续性。表 4-6 为某城市居民出行特征与出行意愿调查表，该表由家庭基本情况调查、家庭成员出行特征调查、家庭成员出行意愿调查三部分组成。

表 4-6　某城市居民出行特征与出行意愿调查表

居委会名称：__________，户号：__________　　□□□□□

住址：__________路，靠近__________　　调查编号□□□□□

电话：

您好！我是××市城市社会经济调查队的访问员。我们正在进行一项旨在改善××市交通状况的交通规划研究。您家是从所在居委会随机挑选出来的，您的意见对我们来说非常重要。我想采访您家庭的常住成员及暂住人员（6 周岁以下儿童不调查），对您____月____日凌晨 2:00 至次日 2:00（24 h）的出行情况进行调查。我们将对您的调查情况严格保密，希望得到您的合作！非常感谢！

第一部分：家庭基本情况调查（户主填写）

一、家庭中本市户籍人口__________人，其中学龄前儿童__________人。　　□□

二、家庭中外来户籍人口__________人（学龄前儿童不计）。　　□□

来自：1. 外省市　2. 本省市及××市域以外　3. ××市域及调查区以外

三、家庭中使用的交通工具数量：

(1) 自行车________辆 (2) 助动车________辆 (3) 摩托车________辆 □□□

(4) 小汽车________辆 (5) 其他非机动车________辆 (6) 其他机动车________辆 □□□

居委会名称:________,户号:________成员号:________ □□□□□ □

第二部分:家庭成员出行特征调查(第________位家庭成员填写,学龄前儿童不填写)

一、年龄________岁;性别:1. 女 2. 男;是否本市常住人口:1. 是 2. 否 □□ □ □

二、职业:1. 工人 2. 农民(含林牧副业) 3. 职员 4. 商业服务人员 5. 学生 6. 军警 7. 企业主 8. 离退休人员 9. 其他 □

三、今年个人月平均收入________元。 □□□□

四、文化程度:

1. 小学及以下 2. 初中 3. 高中或中专 4. 大专 5. 本科 6. 研究生 □

五、是否有驾照:1. 是 2. 否 □

六、平日上班(上学)主要出行方式:

1. 公共汽车(含单位班车) 2. 自行车 3. 出租车 4. 摩托车(含搭乘) 5. 小汽车 6. 其他机动车(含搭乘) 7. 助动车 8. 其他非机动车 9. 其他 □

您从家到单位(学校)的单程时间________min,距离________km。 □□ □□

七、调查日出行者填写下表:

说明:(一) 出行目的:1. 上班 2. 上学 3. 购物 4. 生活出行 5. 文化娱乐 6. 业务 7. 务农 8. 回程

(二) 出行方式:1. 公共汽车(含单位班车) 2. 自行车 3. 出租车 4. 摩托车(含搭乘) 5. 小汽车 6. 其他机动车(含搭乘) 7. 助动车 8. 其他非机动车 9. 其他

(三) 停车状况:1. 单位内停车 2. 公共停车场 3. 无停车场地,车行道上停车 4. 无停车场地,人行道上停车 5. 无

首次出发时间	首次出发地点	出行目的	出行方式	到达时间	停车状况
	在________路________附近				
再一次出发时间	再一次出发地点	出行目的	出行方式	到达时间	停车状况
	在________路________附近				
	在________路________附近				
	在________路________附近				
	在________路________附近				
	在________路________附近				

最终到达地点:在 路 附近。

八、调查日未曾出行原因:

1. 不需要出行 2. 忙家务 3. 生病 4. 出差到外地 5. 其他(请说明)________ □

九、当日出行定义以外的出行次数________次 □□

十、您每周平均出××市的次数________次 □□

十一、出行日期:______年______月______日,星期______;天气______;调查员________;检查员________

居委会名称:________,户号:________成员号:________ □□□□□ □

第三部分:家庭成员出行意愿调查(第________位家庭成员填写,学龄前儿童不填写)

一、使用或不使用公共交通者都填写：

（一）经常使用公交（或单位车）者（每周使用3次或以上）填写：

• 您上班（上学）从家到车站________min，平均候车________min，换乘________次。　□□　□□　□

• 您乘用公交是因为（最多选两项）：

1. 公交方便　2. 安全　3. 票价便宜　4. 没有单位车、公车、自备车（含摩托车）接送　5. 不会或不愿骑自行车　6. 其他（请说明）__________　□□

• 您乘用公交遇到的最大麻烦是（最多选两项）：

1. 公交不方便　2. 公交车少，经常脱班　3. 运营服务时间短　4. 车厢拥挤　5. 道路交通拥挤　6. 票价较高　7. 其他（请说明）__________　□□

（二）偶尔使用或基本不使用公交（或单位车）者（每周使用3次以下）填写：

• 您乘用公交是因为（最多选两项）：

1. 公交方便　2. 安全　3. 票价便宜　4. 没有单位车、公车、自备车（含摩托车）接送　5. 不会或不愿骑自行车　6. 其他（请说明）__________　□□

• 您不乘用公交的原因是（最多选两项）：

1. 公交不方便　2. 公交车少，经常脱班　3. 运营服务时间短　4. 车厢拥挤　5. 道路交通拥挤　6. 不需要使用公交　7. 票价较高　8. 其他（请说明）__________　□□

（三）经常使用出租车者填写：

• 您乘用出租车是因为（最多选两项）：

1. 方便　2. 节省时间　3. 舒适　4. 安全　5. 价格可以承受　6. 比购买私家车划算　7. 其他（请说明）__________　□□

• 您不乘用公交的原因是（最多选两项）：

1. 公交不方便　2. 公交车少，经常脱班　3. 运营服务时间短　4. 车厢拥挤　5. 道路交通拥挤　6. 票价较高　7. 其他（请说明）__________　□□

二、使用私人交通者填写：

（一）经常骑自行车者填写：

• 您骑自行车是为了（最多选两项）：

1. 节省时间　2. 上班（上学）准时　3. 方便　4. 携带小孩和物品　5. 锻炼身体　6. 其他（请说明）__________　□□

• 您骑自行车遇到的最大麻烦是（最多选两项）：

1. 经常被盗　2. 气候影响　3. 停放难　4. 机动车干扰　5. 过马路危险　6. 其他（请说明）__________　□□

（二）经常骑摩托车（助动车）者填写：

• 您骑摩托车（助动车）是为了（最多选两项）：

1. 节省时间　2. 上班准时　3. 方便　4. 能跑远距离　5. 易于携带人和物品　6. 舒适　7. 其他（请说明）__________　□□

• 您骑摩托车（助动车）遇到的最大麻烦是（最多选两项）：

1. 被盗　2. 费用高　3. 停放难　4. 气候影响　5. 事故多　6. 自行车干扰　7. 其他（请说明）__________　□□

（三）您未来3年内是否打算购置私人交通工具：1. 是　2. 否　□

答“是”的，请问您想买：1. 自行车　2. 助动车　3. 摩托车　4. 小汽车　5. 其他　□

答“否”的，请问您已有：1. 自行车　2. 助动车　3. 摩托车　4. 小汽车

还是:5. 没需要　6. 其他(请说明)__________ □

(四) 您对××市发展摩托车的态度是:

1. 很赞成　2. 赞成　3. 适度发展　4. 控制　5. 严格控制 □

(五) 您对××市发展私人小汽车的态度是:

1. 很赞成　2. 赞成　3. 适度发展　4. 控制　5. 严格控制 □

(六) 若××市大力发展公交车,以取代助动车、摩托车,您的态度是:

1. 很赞成　2. 不表态　3. 反对 □

三、您步行遇到的最大烦恼是(最多选两项):

1. 过马路(交叉口)危险　2. 过马路绕行　3. 无人行道可走　4. 空气污染　5. 其他(请说明)__________

□□

居民出行特征与出行意愿调查可有多种方法进行选择。

①传统调查方法。传统调查方法包括家庭访问法、电话询问法、明信片调查法、工作出行调查法、职工询问法及月票调查法等。目前,国内一般采用家庭访问法,委托相关城市的城乡调查队完成。

②通过学生和居(村)委会调查。通过各交通小区的高中、初中和小学的学生带调查表回家让家长填写所有家庭成员的出行信息;通过各居(村)委会发放调查表给没有中小学生的家庭,填写家庭成员的出行信息。

③通过移动手机信令数据挖掘出行者的出行特征信息。通过手机信令数据与道路网的匹配,识别个体出行者每天的出行活动链。

④基于二维码的在线问卷调查。通过各种方式分发调查问卷的二维码,由受访者在线填写出行信息和出行意愿信息。

居民出行特征与出行意愿调查的抽样率一般取城市现状人口总数的1%～5%。如果以前该城市没有开展过同类调查,建议第一次调查采用较高的抽样率。如果有历史调查资料,可以采用较低的抽样率。

4. 调查注意事项

为了使居民们(被调查对象)配合做好居民出行特征与出行意愿调查工作,在家庭访问法中,入户调查员需注意以下几个问题。

①要讲究礼貌。

②要简明扼要地说明该项调查的目的和意义。

③要有认真负责精神,确保调查表填写正确、字迹清楚,不遗失。

④应提前两天通知被调查户将要进行家庭访问。

⑤询问时要有针对性地启发被调查对象回忆一天中的出行活动情况。如:对年老的可以询问他们早晨是否外出锻炼身体或者送小孩上幼儿园等;对妇女可以询问她们早晨是否去菜市场;对年轻人可以询问他们晚上是否外出逛街或者看电影;对中小学生可以询问他们是否去少年宫或者业余体校等。

⑥如遇到被调查户有人外出(如上班、走亲访友等),可根据外出人对本人个人基本情况及出行情况所做的书面记载及家庭其他人员的代述进行调查。若记载及代述不清,则须另约时间当面调查。

⑦在调查中遇到无法回答的问题，应及时和上一级工作组联系，研究解决办法，不要主观行事。

⑧应确保调查对象及本人的安全，负责对调查内容保密。

⑨为减小调查过后根据出行起讫点地址进行交通小区编码的工作量，调查前应在调查区的交通旅游图上绘制交通小区图，调查员根据起讫点地址直接填写交通小区编码。

⑩在填写以购物为目的的出行时，按一次出行计算，到达点（D 点）以最远点为准。

4.1.4　机动车出行特征调查

1. 调查目的与对象

机动车出行特征调查的目的是掌握各类机动车的出行次数、出行时间、停车时间、出行目的、出行空间分布等特征，揭示机动车交通需求与土地使用、经济活动的关系。

2. 调查内容与方法

机动车出行特征调查的内容，包括车辆的种类、起讫地点、行车时间、行车距离、载客载货情况等。调查的方法一般有发（收）表格法、路边询问法、登记车辆牌照法、车辆年检法、明信片调查法等。一般可以通过公安交警部门或公路管理部门对车辆进行大样本或全样本调查。表 4-7 为某城市机动车出行特征调查表。有条件的城市可结合电子警察卡口牌照识别数据统计机动车出行 OD。

表 4-7　某城市机动车出行特征调查表

调查日期：____年____月____日　星期____　调查员：__________　联系电话：__________

驾驶员姓名：__________　车牌号：__________　工作单位：____________________　联系电话：__________

一、您的车是（请打“√”）：

1. 摩托车　2. 小客车　3. 中客车　4. 大客车　5. 小货车　6. 中货车　7. 大货车

二、请按下表填写相关的内容：

发车时间	发车地点				到达时间	停车状况（填代码）
	路名及地名（如××路××商场）	编码（请勿填写）				
	首次发车地点：					
	再次发车地点：					
	……					
	……					
/	最终到达地点：				/	/

4.1.5　城市货物源流调查

1. 调查目的

城市货物源流调查的目的是为分析预测货物发生吸引（即各交通小区的货物运入、运出量）、分布（即各交通小区之间及各交通小区与外地之间的货物来往量）提供必要的基础数据。

2. 调查内容

城市货物源流调查的主要内容有以下三点。

①各单位的货物运入、运出量。

②调查日各交通小区之间及各交通小区与外地之间的货物来往量。

③各单位历年有关基础数据。

3. 调查方法

由于城市所辖的单位比较多,不可能全部调查,一般取年货物运输量达到一定水平(如超过100 t,视城市规模而定)的单位开展调查。

可由主管单位(部门)按系统(行业)发调查表到各所属单位及其分支机构,由各所属单位及其分支机构负责填写,填写完毕后收回;或由调查员深入各单位进行统计调查。调查表见表4-8、表4-9。

表 4-8 货源调查表

年度:__________

单位名称			单位性质			主管部门	
单位地址						电话	
占地面积		职工数		每年产值		联系人	
一年货运情况							
货物名称	运入量/t		主要货源地		运出量/t		主要到达地

表 4-9 货物出行调查表

地址:__________被调查单位:__________调查员:__________日期:__________天气:①晴;②阴;③雨

次序	出发时间	货物名称	车型			实载质量	车辆属性		起点(最近交叉口)	讫点(最近交叉口)
			小货车	中货车	大货车		自备	租用		

4.1.6 城市道路交通设施调查

1. 调查目的

城市道路交通设施调查的目的是摸清城市道路系统的供应情况。

2. 调查内容与方法

(1) 城市道路网总体状况调查

城市道路网总体状况调查的主要内容包括城市历年的道路网总长度、城市道路总面积、人均道路面积等指标(表4-10)。这些指标可以通过查阅相关城市的历年统计年鉴得到。

表4-10 某城市道路网总体指标统计表

年份	城市道路网总长度/km	城市道路总面积/($\times10^4$ m^2)	人均道路面积/(人/m^2)

(2) 城市道路设施状况调查

城市道路设施状况调查的内容包括具体道路等级、长度、宽度、面积、道路横断面形式、车道划分、机动车道条数、路面质量、干扰情况、交通管制情况、有无拓宽可能等(表4-11)。可以采用查阅电子影像图或电子地图的方法获得相关调查数据,并结合现场踏勘进一步核实地图读取数据。

表4-11 某城市道路设施状况调查表

调查员:__________日期:__________

序号	路名	起点	终点	长度/m	宽度/m	道路等级	横断面示意图	路况	交通管制情况	备注

注:①道路等级:1—快速路;2—主干路;3—次干路;4—支路。

②交通管制情况:1—单向交通;2—双行但机动车道数不一致;3—正常。

3. 调查注意事项

(1) 统计口径

①城市道路网总体状况调查。

该调查的统计口径是城市建成区内宽度大于等于3.5 m的道路,包括居住区内的道路。

②城市道路设施状况调查。

根据我国《城市用地分类与规划建设用地标准》(GB 50137—2011)要求,居住区内道路不属于城市道路。因此,建议城市道路设施状况调查的统计口径为宽度大于等于7 m或12 m的道路,由此计算道路网密度、道路等级结构、道路面积率等指标。

(2) 统计范围

城市道路网总体状况调查的统计范围是城市建成区。城市道路设施状况调查的统计范围是城市交通规划范围。

(3) 指标含义

城市道路网密度、城市道路面积率、快速路、主干路等的定义详见本书第7章。

4.1.7 道路交通量调查

1. 调查目的

道路交通量调查的主要目的是了解现状城市道路网的交通分布状况,包括对道路网、路段、交叉口、交通枢纽等的交通流量、流向调查。

道路交通量调查的用途主要有以下各项。

①评定已有道路的使用情况,通过经济论证确定道路建设计划。

②为道路几何设计和设置交叉口信号灯等交通管理设施提供依据。

③计算不同道路上的交通事故发生率,评价道路交通安全度。

④找出交通量增长规律,探求交通发展趋势,为城市交通规划和路网建设提供依据。

⑤掌握城市交通实态与变化规律。

⑥通过事前和事后的交通量调查,评价交通管理措施和道路设施建设的效果。

⑦为制定城市交通政策法规与科学理论研究提供基础数据。

2. 调查内容

交通量调查应包括机动车、非机动车、行人等各类交通的流量、流向调查,主要内容包括道路路段机动车流量调查、道路路段非机动车流量调查、道路交叉口机动车流量调查、道路交叉口非机动车流量调查、行人流量调查等。

最常进行的是道路路段和交叉口的交通量调查。该调查需分车型、分时段、分方向,选择调查范围内的典型路段和交叉口同时进行观测。

一般依据交通量调查目的、道路网交通量实际情况和交通量调查实施方案,来设计调查表格。表4-12、表4-13是常用道路路段交通量调查表,交叉口交通量调查表可参照路段调查表设计。考虑对实测数据的精度要求,一般选定15 min为1个时段,即每小时测量4个时段。当有特殊需要时可缩短为5 min。

表4-12　道路路段机动车交通量调查表

路段名称:__________　调查方向:__________　调查员:__________

调查日期:____年____月____日　星期____　调查时段:____:____—____:____　天气:①晴;②阴;③雨

时段/min	小客车	出租车	公交车	大客车(非公交)	大货车	小货车	摩托车	其他车
0～15								
15～30								
30～45								
45～60								

表4-13　道路路段非机动车交通量调查表

路段名称:__________　调查方向:__________　调查员:__________

调查日期:____年____月____日　星期____　调查时段:____:____—____:____　天气:①晴;②阴;③雨

时段/min	电动自行车	自行车	三轮车	其他
0～15				
15～30				
30～45				
45～60				

3. 调查方法

交通量调查是调查固定地点、固定时段内的车辆与行人数量。交通量调查的方法取决于所能获得的设备、调查经费、技术条件和调查目的等。交通量调查方法一般有人工观测法、浮动车法、机械计数法、仪器自动计测法和摄影法等。若采用人工观测法，填表时采用画“正”字方法，机动车一般 1 辆车记 1 画，非机动车一般 5 或 10 辆车记 1 画，每个时段一小计。有条件的城市可采用道路监控视频流量监测、地磁检测、红外检测、微波检测等先进的技术方法。

4.1.8　城市出入口交通调查

伴随我国城市社会经济快速发展，城镇之间的客流与货流交往活动日益频繁，过境交通流和城市出入境交通流在城市交通总量中的比例越来越高。

1. 调查目的

城市出入口是指位于城市调查区边界上的道路交通量调查点。城市出入口交通调查的目的是掌握城市出入口的交通流特征、过境交通量特征和起讫点分布特征，为城市道路交通预测模型建立和对外交通设施规划提供参考依据。

2. 调查内容

城市出入口交通调查的内容主要分为三个方面，即历年收费站流量统计资料的收集、出入口机动车交通量调查、出入口机动车问询调查。

3. 调查方法

城市出入口交通调查的调查点位置不一定要在调查区边界的出入口道路上，为保障问询方便和交通安全，调查地点一般在公路收费站附近。

（1）历年收费站流量统计资料的收集

一般可向调查城市的交通运输局、相关的高速公路公司等收集城市收费站的历年交通量统计资料。

（2）出入口机动车交通量调查

出入口机动车交通量调查应当分车型、分时段、分方向进行，调查内容与道路路段机动车交通量调查相同。该调查一般采用人工观测法，调查方法同路段交通量调查法。若城市道路和城市出入口的机动车交通量高峰时段不重叠，则需要调查城市出入口在两个时段的机动车交通量。

（3）出入口机动车问询调查

出入口机动车问询调查分入城（镇）问询调查和出城（镇）问询调查，主要是问询各类机动车从哪里来、到哪里去，以及货种装载情况。该调查一般需要公安交管部门或公路运政部门的国家公务员配合拦车问询。

4.1.9　道路车速、行车延误调查

1. 调查目的

道路车速调查的目的是掌握道路网的车速空间分布特征、车速分布规律及变化趋势，为甄别交通瓶颈与评价规划设计方案、道路服务水平等提供依据。行车延误调查的目的是确定产生延误的地点、类型和大小，评价道路上交通流的运行效率，在交通阻塞路段找出延误的原因，为制定道路交通设施的改善方案、减少延误提供依据。

2. 调查内容

道路车速调查的内容包括地点车速调查和区间车速调查。城市交通规划一般调查区间车速。

行车延误调查的内容包括路段或交叉口的行车延误。通过区间车速调查表格的合理设计,不仅可得出机动车的路段行程车速和行驶车速,同时可得出车辆在行驶过程中的延误特征。

3. 调查方法

车速调查的地点和时间应按照调查目的确定。车速调查应避开交通异常时间,如节假日及天气恶劣时。当调查区间车速时,一般需分早高峰、早平峰、晚平峰、晚高峰四个时段进行调查。

区间车速的调查需要实测车辆通过某一已知长度路段的时间,方法有牌照法、流动车法、跟车法。当用跟车法调查区间车速时,调查车辆一般需在同一路段往返多次。当编制城市交通规划需要了解整个道路网的车速分布时,跟车法是简便易行的常用方法。跟车法区间车速、行车延误调查表见表 4-14。

表 4-14 跟车法区间车速、行车延误调查表

日期:__________ 天气:①晴;②阴;③雨 行程编号:__________

路线:__________ 方向:__________ 行程开始时间:__________ 地点:__________

行程结束时间:__________ 地点:__________ 观测员:__________ 记录员:__________

控制点		停车或被迫缓行		
地点	时间	地点	延误(s)	原因

在道路车速调查前,用图纸测量路段全长和各交叉口间及特殊地点(如道路断面宽度变化点)间的长度,并在地图上做好标记。测试车辆一般采用小汽车。在测速时,测试车辆必须跟踪道路上的车队行驶。车上有两名调查员,一人观测沿线交通情况,并用秒表读出经过各交叉口或特殊地点的时间、沿线停车时间、停车原因,另一人记录。

跟车法的优点:①能够测量全程各路段间的行程车速、行驶车速、停车延误时间、延误原因,便于综合分析与车速有关的因素;②所需的观测人员少,劳动强度低,适合用于交通量大、交叉口多的城市道路。

跟车法的缺点:①测量次数受行程时间影响,次数不可能很多,有时还要受偶发因素的影响;②当道路交通量大时,测量数据能代表道路上的实际行车速度,但当交通量小时,测试车辆较难跟踪到有代表性的车辆,所测车速受到测试车辆性能和驾驶员开车习惯的影响。

4.1.10 停车调查

1. 调查目的

停车调查的目的是掌握停车设施的建设和使用状况,把握车辆停放特征,了解驾驶员停车意愿,为加强停车场管理、社会公共停车场的规划和配建停车指标的制定提供基础数据。

2. 调查内容

(1) 停车设施供应及使用情况调查

表 4-15 为某城市典型社区配建停车设施及使用基本情况调查表。

表 4-15　某城市典型社区配建停车设施及使用基本情况调查表

小区名称		小区地址		社区停车场是否有对外服务					
竣工年代		建筑面积	m^2	居民户数		居住人口		建筑幢数	
居民摩托车数		居民自行车数		居民电动车数		居民机动车数			
室内停车场类型	(1) 地下室 (2) 停车楼	建设泊位数		使用泊位数		每日停车次数 /(辆次/日)			
室外合法划线泊位数		室外不合法划线泊位数		高峰小时停车数					
停车场未完全使用原因	(1) 收费高；(2) 使用不方便；(3) 管理不到位；(4) 需求不足；(5) 其他								
停车场超负荷原因	(1) 没有配建停车设施；(2) 配建停车泊位数不足；(3) 部分停车场地挪作他用；(4) 全部配建停车场地挪作他用；(5) 其他								
解决停车泊位不够的方法	(1) 停在基地(建筑周边)内地面；(2) 停在小区通道；(3) 使用人行道占路咪表停车；(4) 使用车行道占路咪表停车；(5) 使用人行道占路人工收费停车；(6) 使用车行道占路人工收费停车；(7) 使用人行道占路免费停车；(8) 使用车行道占路免费停车；(9) 社会单位和个人自建对外经营服务的停车场；(10) 政府投资建设的社会停车场；(11) 其他								
采用上述措施停车问题是否解决	(1) 是； (2) 否	占道停车的高峰时刻数量		占道停车的高峰时间段					
非机动和摩托车场(库)	(1)地面；(2)地下车库；(3)停车楼	建设面积	m^2	使用面积	m^2	(1)够； (2)缺			
高峰时刻停自行车和摩托车数		每日停自行车和摩托车数/(辆次/日)							

该调查包括路内和路外停车场的位置、建筑设施规模及内部功能构成、从业人员(居民)数量、客流吸发特征、停车设施规模、每日与高峰的停车需求、主要停车问题等内容。对于配建停车设施,居住区和各类公建的停车问题、停车特征存在很大差异,应当分别设计调查表格。

(2) 机动车连续停放调查

采用记车牌照方法在停车场出入口记录每辆机动车到达与离去的时间。这种调查工作较细,数据精度高,特别适合公共建筑与专用停车场(库)的调查,缺点是数据整理工作量大。表 4-16 为机动车连续停放调查表。

表 4-16　机动车连续停放调查表

日期:________　星期:________　天气:①晴;②阴;③雨　调查区域代码:________

停车场位置:________　调查员:________

调查处入口:入口□　出口□　停车设施类型:路边停车□　停车场□

编号	车型	牌照号	进入/驶出时间(24 h 制)	编号	车型	牌照号	进入/驶出时间(24 h 制)
1			时　分—　时　分	4			时　分—　时　分
2			时　分—　时　分	5			时　分—　时　分

续表

编号	车型	牌照号	进入/驶出时间(24 h 制)	编号	车型	牌照号	进入/驶出时间(24 h 制)
3			时　分—　时　分	6			时　分—　时　分

注:(1) 车辆牌照只记后四位;

(2) 车型代号 a—摩托车;b—小客车;c—中客车;d—大客车;e—小货车;f—中货车;g—大货车;h—其他。

(3) 停车特征询问调查

采用抽样访问方法对停车人的停放目的、步行距离、停放时间、管理意见等进行征询问答。表 4-17为机动车停车问询调查表。

表 4-17　机动车停车问询调查表

调查日期:__________　天气:①晴;②阴;③雨　调查员:__________

停车设施名:______________________________

编号	询　问　栏
	1. 车牌:__________。车型:__________。 2. 车辆所在地:①市区;②外地。 3. 停放目的:①上班;②公务;③购物;④文化娱乐;⑤其他。 4. 从停放处到目的地步行距离:__________ m。 5. 预计停车时间:__________________ min。 6. 您期望从停车场处到目的地的距离是:__________ m。 7. 停车是否方便:①是;②否。

(4) 路内违章停车调查

调查典型时刻路内违章停车的数量和分布。

4.1.11　行人交通调查

1. 调查目的

行人交通调查的目的是掌握行人交通特性和变化规律,为交通设施的规划、设计和建设提供参考,为改善行人交通管理提供科学的依据。

2. 调查内容与方法

行人交通调查分路段和交叉口(过街)调查两种,主要调查过街行人步幅和速度、流量等。路段与交叉口的行人交通调查方法基本相同。下述内容为交叉口的行人交通调查方法,对于路段行人、利用人行天桥和人行地道过街的行人也可参照本方法调查。

(1) 过街行人步幅和速度调查

该调查在调查地点、时间、人员和设备配置上应符合表 4-18 的要求。

表 4-18　过街行人步幅和速度调查注意事项

注意事项	具体内容
地点	市中心中等拥挤和密集的商业区道路的交叉口人行横道

续表

注 意 事 项	具 体 内 容
时间	上午、下午有代表性的时间段，如上午 9:00—11:00，下午 14:00—16:00
人员	4 人 1 组，2 人记录，2 人观测和计时 如需要分向可以增加 1 个人，进行另一方向的行人的观测；或在同一人行横道设 2 个组，一组负责来向，另一组负责去向
配置	电子秒表 1 块，手动计数器 1 个，皮尺 2 卷，记录板

调查时随机选择各类行人（一般分成 4 类），观测其从一侧路缘石进入人行横道，直至到达另一侧路缘石离开人行横道所需要的时间。同时要记录其走向，信号灯相位（红灯或绿灯），过街时的情况（总时间，其中的实际行走时间和受阻时间），以及受阻时的状态（受哪一侧机动车或非机动车阻碍，受阻时间等）。同时要丈量人行横道的长度和宽度。过街行人步幅和速度调查表见表 4-19。此项调查最好与过街行人流量调查同时进行。

表 4-19　过街行人步幅和速度调查表

调查日期：__________　星期：__________　上午、下午　天气：①晴；②阴；③雨　调查地点：__________

人行横道长度：____ m　宽度：____ m　人行横道编号：__________　卡片编号：__________　调查员：__________

<table>
<tr><th rowspan="3">调查时段</th><th colspan="4">行人种类</th><th colspan="2">走向</th><th colspan="2">信号相位</th><th colspan="3">行人过街情况</th><th colspan="4">行人受阻状态</th><th rowspan="3">备注</th></tr>
<tr><th colspan="2">男</th><th colspan="2">女</th><th rowspan="2">__向</th><th rowspan="2">__向</th><th rowspan="2">绿灯</th><th rowspan="2">红灯</th><th rowspan="2">过街历时/s</th><th rowspan="2">走行时间/s</th><th rowspan="2">受阻时间/s</th><th rowspan="2">非机动车</th><th rowspan="2">机动车</th><th rowspan="2">机动车</th><th rowspan="2">非机动车</th></tr>
<tr><th>中青年</th><th>老年</th><th>中青年</th><th>老年</th></tr>
<tr><td></td><td></td><td></td><td></td><td></td><td></td><td></td><td></td><td></td><td></td><td></td><td></td><td></td><td></td><td></td><td></td><td></td></tr>
<tr><td></td><td></td><td></td><td></td><td></td><td></td><td></td><td></td><td></td><td></td><td></td><td></td><td></td><td></td><td></td><td></td><td></td></tr>
</table>

（2）过街行人流量调查

当专门调查行人流率时，应每 1 min 记录 1 次，并可由此记录算出单位行走宽度上行人流率。当调查行人流量时，可每 5 min 记录 1 次流量，并以 15 min 为单位来表征。调查时应同时丈量所观测人行道路段或断面的宽度，必要时可绘制平面示意图，图上标明影响行人流量或速度的障碍物。过街行人流量调查表见表 4-20。

表 4-20　过街行人流量调查表

调查日期：__________　星期：__________　上午、下午　天气：①晴；②阴；③雨　调查地点：__________

人行横道长度：____ m　宽度：____ m　人行横道编号：__________　卡片编号：__________　调查员：__________

时段	方向	流量/人	方向	流量/人	备注
本页合计					

4.1.12 城市公交调查

1. 调查目的

城市公交调查的目的是了解现状公交设施和客运需求情况，掌握公交为被调查城镇居民提供的乘车服务的状况和水平，进而确定公交线网上的乘客分布规律，确定各公交线路的乘客平均乘距及乘客平均乘行时间，确定公交车辆和出租车的满载率、车载量，用于建立居民出行量与车流量之间的换算关系。

2. 调查内容与方法

城市公交包括常规地面公共汽车(简称常规公交)、轨道交通(包括地铁、轻轨)、出租车、轮渡等多种形式。相关调查指标的定义详见第 12 章内容。

(1) 常规公交调查

城市常规公交调查主要内容包括公交运营指标调查、公交线网及线路调查、公交场站设施调查、公交运营特征调查等。公交运营指标调查主要调查城市历年常规公交的线路条数、线路长度、年客运量、运营车数、年运营里程、运营单位成本和利润等指标，详见表 4-21。

表 4-21 公交运营指标调查表

年份	线路条数/条	线路长度/km	年客运量/万人次	运营车辆数				年运营里程/(万车公里)	运营单位成本/(元/千车公里)	利润/万元
				单机	铰接	双层	中巴			

公交线网及线路调查主要调查各条公交线路的起讫点、站点、具体走向、配车数、发车频率和线路长度等。

公交场站设施调查的主要内容有各类公交场站的位置、面积、服务车种和车辆数(或线路)、服务半径等。

公交运营特征调查包括公交站点上下客人数调查和线路跟车调查，详见表 4-22、表 4-23。

表 4-22 公交站点上下客人数调查表

站点名称:__________ 调查日期:__________ 天气:①晴;②阴;③雨 调查人:__________

线路名称	到达时间	上客数	下客数	线路名称	到达时间	上客数	下客数

表 4-23　线路跟车调查表

公交线路：__________　行车方向（上行/下行）：__________

调查日期：__________　星期：__________　天气：①晴；②阴；③雨　调查人：__________

站名	序号	站点编码	到站时间	离站时间	上客数	下客数	受阻记录
	1						
	2						
	3						
	…						
	n						

公交站点上下客人数调查和线路跟车调查需要在外业完成。当调查公交站点上下客人数时，在每条公交线路的各停靠站设 3 名或 4 名观测员，记录各公交车辆在各停靠站的上客数及下客数。当进行线路跟车调查时，在每一辆被调查车辆内设 2 名或 3 名调查员（一般 1 个车门设 1 名调查员），调查该车在各停靠站的上下客人数、车内人数、开车时间等。其余调查资料可由被调查城市公交公司、交通运输局或客运管理处等单位提供。

公交客流调查也可采用信息化技术。现阶段常用的信息化技术是指通过建立公交 IC 卡与公交车辆 GPS 设备的对应关系，统计分析站点上（下）客量、路段客运量、换乘客运量和客流站间 OD 等。

(2) 轨道交通调查

城市轨道交通一般按其技术特性、运量、区域服务功能等分为地铁、轻轨及区域铁路等。对城市轨道交通的调查主要分为现状调查和规划调查。轨道交通现状调查的主要内容见表 4-24。轨道交通规划调查的内容可参照相关的公交调查内容和交通规划内容。

表 4-24　轨道交通现状调查表

<table>
<tr><td>车 辆 特 征</td><td colspan="2">列车编组数、车辆长度、车辆座位数</td></tr>
<tr><td rowspan="4">运营特征</td><td colspan="2">最大速度、运营速度</td></tr>
<tr><td colspan="2">高峰小时发车数、平峰小时发车数</td></tr>
<tr><td colspan="2">运量（人/时）</td></tr>
<tr><td rowspan="2">网络系统特征</td><td colspan="2">区域覆盖、网络形式、站间距</td></tr>
<tr><td colspan="2">与公交车衔接、与火车站衔接</td></tr>
<tr><td rowspan="5">设施特征</td><td colspan="2">车辆控制方式、供电方式、售票方式</td></tr>
<tr><td rowspan="4">车站</td><td>站台形式</td></tr>
<tr><td>车站分布</td></tr>
<tr><td>车站形式</td></tr>
<tr><td>车辆段、停车场</td></tr>
<tr><td>客流调查</td><td colspan="2"></td></tr>
</table>

轨道交通客流调查可采用信息化技术。现阶段常用的信息化技术包括进出站闸机客流信息

技术、公交IC卡客流信息技术、手机用户使用轨道车站基站信息技术等。

(3) 辅助公交系统调查

辅助公交是公共交通系统的补充,包括出租车和轮渡等交通方式。

出租车调查的主要内容包括出租车总量、驾驶人员数量、所有制形式、年或月客运量、平均运距、年行驶里程、实载率、交通事故情况等。出租车调查一般由出租车公司组织选中的当日营运司机填写调查表格,并负责调查表格的发放、检查和回收。在有条件的城市,车载GPS数据和计价器数据可作为出租车交通调查的重要补充。

轮渡调查的主要内容包括轮渡班次、票价、座位数、实载率、客运情况等。

4.1.13 城市交通管理调查

1. 调查目的

该调查的目的是客观评价城市交通管理水平,分析交通管理工作的成绩和薄弱环节,有针对性地开展工作,为城市交通规划、建设和管理的科学决策和系统解决城市交通问题提供参考和依据,进而引导城市交通管理实现科学化、现代化。

2. 调查内容

(1) 交通管理体制、政策与规划调查

了解城市政府有关部门和交通管理部门为促进形成良好的城市交通面貌而制定、颁布、执行的政策、法规和规划。

交通管理政策分为优先发展政策、限制发展政策、禁止发展政策和经济杠杆政策四类。

(2) 交通管理设施调查

调查内容包括城市道路交通管理设施投资,标线施划率,标线设置,行人过街设施设置率,路口渠化率,路口灯控率,路口与路段人行道灯控率,指路标志、让行标志、标线设置率,学校周边安全设施设置率等。

(3) 交通管理措施调查

调查内容包括建成区道路管控率、机动车登记率、规范化停车率、交通诱导、停车诱导、社会停车场利用率等。

(4) 交通安全宣传教育及队伍建设调查

调查内容包括交通法规和交通安全常识普及率、交通安全社区建设、群众对交通管理工作和城建监察管理工作满意率等。

(5) 交通管理现代化调查

调查内容包括交通指挥中心、路口与路段违章自动监测设备设置率,道路交通管理信息系统等。

(6) 交通秩序状况调查

调查内容包括主干路机动车、非机动车与行人的遵章率,主干路违章停车率,非交通占用道路率,让行标志、标线遵章率。

(7) 交通安全状况调查

调查内容包括万车事故率,万车死亡率,交通事故多发点、段整治率,交通事故逃逸案破案率,简易程序处理事故率。

4.2　现状特征分析

4.2.1　数理统计相关概念

1. 集中量数分析

集中量数分析指的是用一个典型的值来反映一组数据的一般水平，或者说反映这组数据向这个典型值集中的情况。最常见的有平均数、众数与中值。

(1) 平均数

平均数的定义是调查所得各数据之和除以调查所得数据的个数。如果是单值分组资料，计算平均数首先要将每一个变量值乘以所对应的频数，得出各组的数值之和，然后将各组的数值之和除以频数总和，这种平均方式有时也称为加权平均。

(2) 众数

众数是一组数据中出现次数最多的数值。众数可以用来概括地反映总体的一般水平或典型情况。

(3) 中值

中值是将调查数据按照大小排列，最中间位置的数值，即累积频率为 50%时的数值。

2. 频数和频率分析

频数分布是指一组数据中取不同值的个案的次数分布情况。频数分布一般以频数分布表的形式表达。在交通调查中，经常有调查的数据存在连续分布的情况，如居民出行时间、道路车速等，一般是按照若干个区间来进行统计的。

频率分布，即概率密度，是指一组数据中不同取值的频数相对于总数的比率分布情况，一般以百分比的形式来表达。

累积频率分布，即累积概率密度，是一组数据小于等于某一数值的频数相对于总数的比例分布情况，一般以百分比的形式来表达。

第 15%分位值，指在全部调查数据中，有 15%数据未达到的数值，即累积分布曲线中累积频率为 15%时相应的数值。当用于车速分析时，用以确定道路上的最低限制车速。

第 85%分位值，指在全部调查数据中，有 85%数据未达到的数值，即累积分布曲线中累积频率为 85%时相应的数值。当用于车速分析时，用以确定道路上的最高限制车速。

图 4-4 和图 4-5 是速度的频率分布和累积频率分布曲线示意。

3. 离散程度分析

与集中程度分析相反，离散程度分析是用来反映数据离散程度的。

(1) 极差

极差是一组数据中最大值与最小值之差。

(2) 方差

方差为一组数据对其平均数的偏差平方的算术平均数。

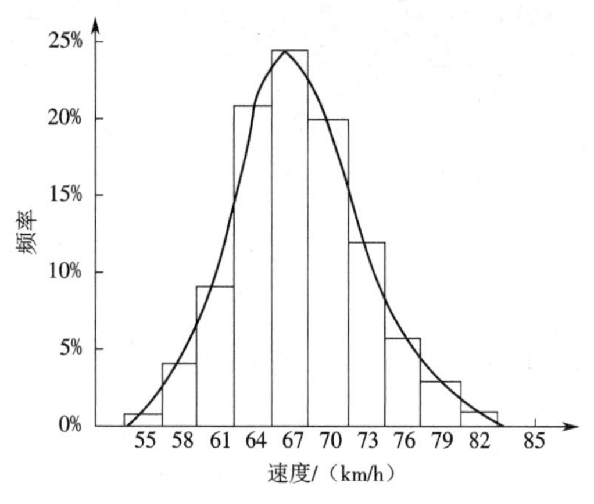

图 4-4 速度频率分布曲线示意

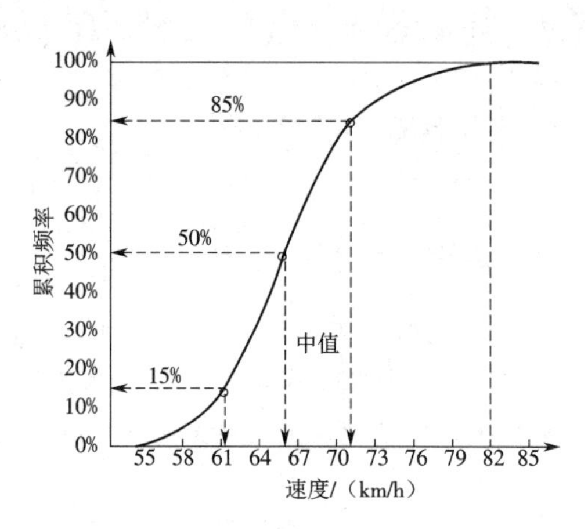

图 4-5 速度累积频率分布曲线示意

(3) 标准差

标准差为一组数据对其平均数的偏差平方的算术平均数的平方根,即方差的平方根。

(4) 离散系数(变异系数)

离散系数的定义是标准差与平均数的比值。离散系数(变异系数)是一种相对的表示离散程度的统计量。它能够使我们对两个不同总体中的同一离散数统计进行比较。

4. 回归分析

回归分析就是对相关关系进行函数处理。一元回归是城市交通规划经常采用的一种定量分析方法。

一元回归就是构造两要素之间的数学函数式(数学模型),以其中一个因素为控制因素(自变量),以另一个预测因素为因变量,这样便可进行试验、预测等。

4.2.2 调查数据整理与录入

1. 调查数据整理

在数据录入过程中,需对调查数据进行整理,剔除异常数据或掌握异常数据的情况。若某张调查表的调查数据严重不合理,则不予录入计算机。若某张调查表的个别调查数据不合理,则应先进行补测,而后录入计算机,以保证调查数据的可信度。在处理计算机数据时,需设立数据统计门槛,对异常数据进行剔除。

在通常认为变化幅度适度的一系列数据中,由于观测误差、判断误差或操作误差等原因,可能导致出现非常大或非常小的极端值,影响调查数据的统计特征。在异常数据的判定过程中有两个原则:一个原则是要符合居民生活常理,如居民一次出行的出发时间要早于到达时间、在城市内一次出行时间不可能大于 4 h 等;另一个原则是 4 倍标准差原则,即如果有 10 个以上的调查数据,若数据小于调查数据均值减 4 倍标准差,或者大于调查数据均值加 4 倍标准差,则可以把它看作异常数据加以剔除,而后重新计算调查数据的平均值和标准差。

2. 调查数据录入

在数据录入前,应对调查数据进行编码,并需制定明确的编码规则。应设计专用数据库来分别录入各类调查数据。在设计调查数据录入数据库时,应完整录入各种调查信息,尤其应注意数据关键字的规则设立，即每一调查居民、车辆、道路路段或交叉口应有专门的关键字，以便分类统计各种信息。

调查数据录入的数据库平台可为 Excel、Visual FoxPro、Access、MySQL 等软件。当录入相关调查数据后，可编制专用程序统计处理各种调查信息。

4.2.3 调查数据分析方法

交通调查数据常用的分析方法有定量分析、定性分析和空间模型分析三种方法。

1. 定量分析

定量分析，是指对调查所得到的数据加以审核和汇总，进行必要的整理和统计分析，从中揭示出系统的某些规律，为规划方案的制定提供必要的和有针对性的信息。

定量分析主要是分析调查数据的统计特征和回归模型。

调查数据的统计特征涉及如下因素：平均值，包括居民日均出行次数、居民平均出行时间等；众值，包括客流、车流高峰小时系数；数据分布特征，包括居民出行时间分布、车辆出行时间分布等；典型历史时段的数据年平均增长率特征，包括人口、各类车辆的年平均增长率等。

调查数据的回归模型包括人口、小汽车、自行车总量等随年份、经济指标等的回归模型。

2. 定性分析

城市交通规划常用的定性分析方法有两种，分别是因果分析法和比较法。这些方法常用于判断交通调查中的复杂问题。

对牵涉因素繁多的某个交通特征或问题，往往先尽可能排列出相关因素，发现主要因素，找出因果关系，以有助于全面考虑问题，提出解决问题的方法。例如，在分析城市私家车演变规律过程中，可发现私家车发展与居民收入水平、城市经济发展水平、城市交通政策等因素有很强的相关性。

在城市交通规划中，还常常会碰到一些难以定量分析但又必须量化的问题，对此常用比较法。例如分析调查城市的道路设施水平时可与同类城市进行横向比较。

因此，对于某个调查数据，不仅需进行历史年份的纵向比较，以掌握数据演变规律，而且需要进行横向比较，以掌握现状发展水平。在数据纵向比较过程中，应当注意数据调查的统计口径和调查范围大小；在数据横向比较过程中，应当注意不同城市社会经济背景的差异性。

3. 空间模型分析

城市交通规划中的各个物质因素都在空间上占据一定的位置，形成错综复杂的相互关系。除了用数学模型、文字说明来表达以外，还常用空间模型的方法来表达。常用的空间模型表达方法有两类，即实体模型与概念模型。

（1）实体模型

实体模型可以用图纸表达，例如用投影法画的高峰小时道路网交通量分布图、现状道路网图、高峰小时道路车速分布图。图 4-6 为某城市现状道路网及高峰小时机动车交通量分布图。一般在不同的规划层面都有规定的图纸比例要求，表达方法也有规范要求，以用于规划管理和实施。用透视法画的道路平面或立交透视图、鸟瞰图，主要用于效果表达。

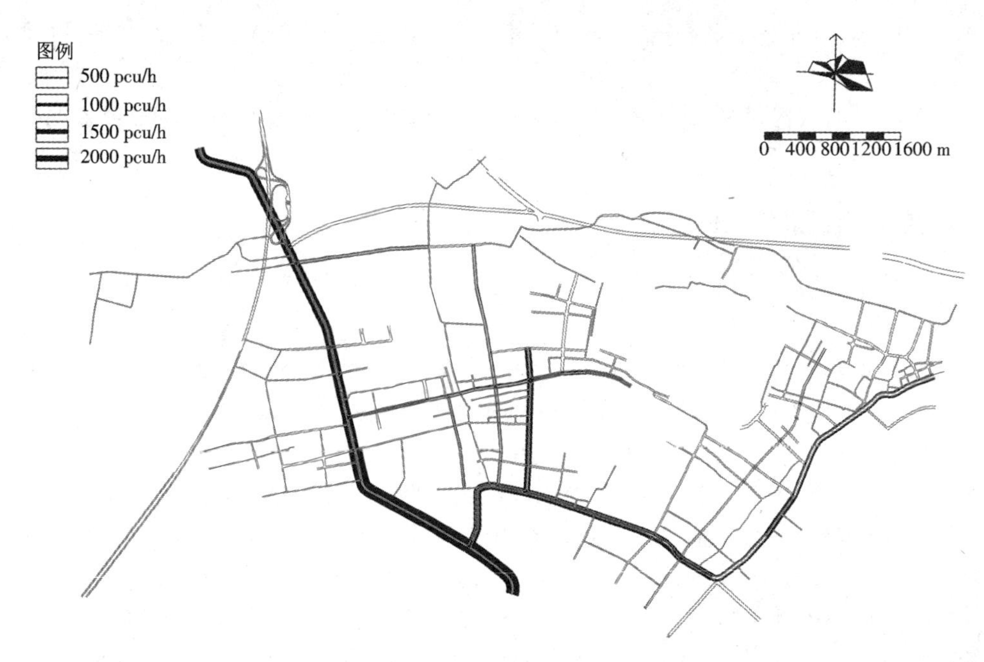

图 4-6 某城市现状道路网及高峰小时机动车交通量分布

(2) 概念模型

概念模型一般用图纸表达,主要用于分析和比较,常用的绘图方法有几何图形法、等值线法、方格网法、图表法。

①几何图形法:用不同色彩的圆形、环形、矩形、线条等几何图形在平面图上强调空间要素的特点与联系。常用于交通系统功能结构分析、交通小区吸发量分析等(图 4-7、图 4-8)。

②等值线法:根据某因素空间连续变化的情况,按一定的值差,将同值的相邻点用线条联系起来。常用于单一因素的空间变化分析,例如用于地形分析(等高线图)、交通规划的可达性分析和等时线分析、环境评价的大气污染分析和噪声分析等。

③方格网法:根据精度要求将研究区域划分为方格网,将每一方格网的被分析因素的值用规定的方法表示(如颜色、数字、线条等)。常用于环境、人口的空间分布分析等。此法可以多层叠加,常用于综合评价。

④图表法:在地形图(地图)上相应的位置用玫瑰图、直方图、折线图、饼图等表示各因素的值。常用于区域经济、社会、居民出行、车辆出行等多种因素的比较分析。图 4-9 为某城市 2020 年各组团城市人口预测图。

4.2.4 调查数据分析

在对城市交通系统现状进行调查的基础上,分析系统中各个组成部分的现状特征和演变规律,从而为现状问题诊断提供启示。

1. 土地使用、人口与经济

(1) 土地使用

主要分析城市区位、面积、土地使用特征、用地布局结构、城市空间拓展、城市建设用地构成等

图 4-7　某城市近期高峰小时客流吸发量预测图

特征。

(2) 人口

主要分析全市(县)域和市区的常住人口、暂住人口、非农人口的历史演变、空间分布和增长率特征。对于人口空间分布,不仅需分析人口在各行政区划内的分布特征,而且需分析人口在各交通小区的分布特征。对于人口增长需分析自然增长和机械增长特征。自然增长指人口再生产的变化量,即出生人数与死亡人数的净差值。机械增长指由于人口迁移所形成的变化量,即一定时期内,迁入城市的人口与迁出城市的人口的净差值。

(3) 经济

主要分析调查城市的经济发展历程,以及各发展阶段的经济发展特点。纵向上需分析国内生产总值、人均收入、产业结构等主要经济指标的历史演变特征和增长率特征;横向上需比较调查目标城市与相关城市的指标差异,了解目标城市经济在同类城市中的发展水平。

2. 对外交通

(1) 对外交通设施

分析公路、铁路、水运、港口、航空等各类对外交通线路(网络)设施和场站设施的规模、分布、等级结构、技术标准等特征。

(2) 客货运输

分析公路、铁路、水运、航空等各种城市对外交通方式的客运量、客运周转量、货运量、货运周转量等指标的历史演变特征,以及客货运输车辆和船只的总量、运力特征。

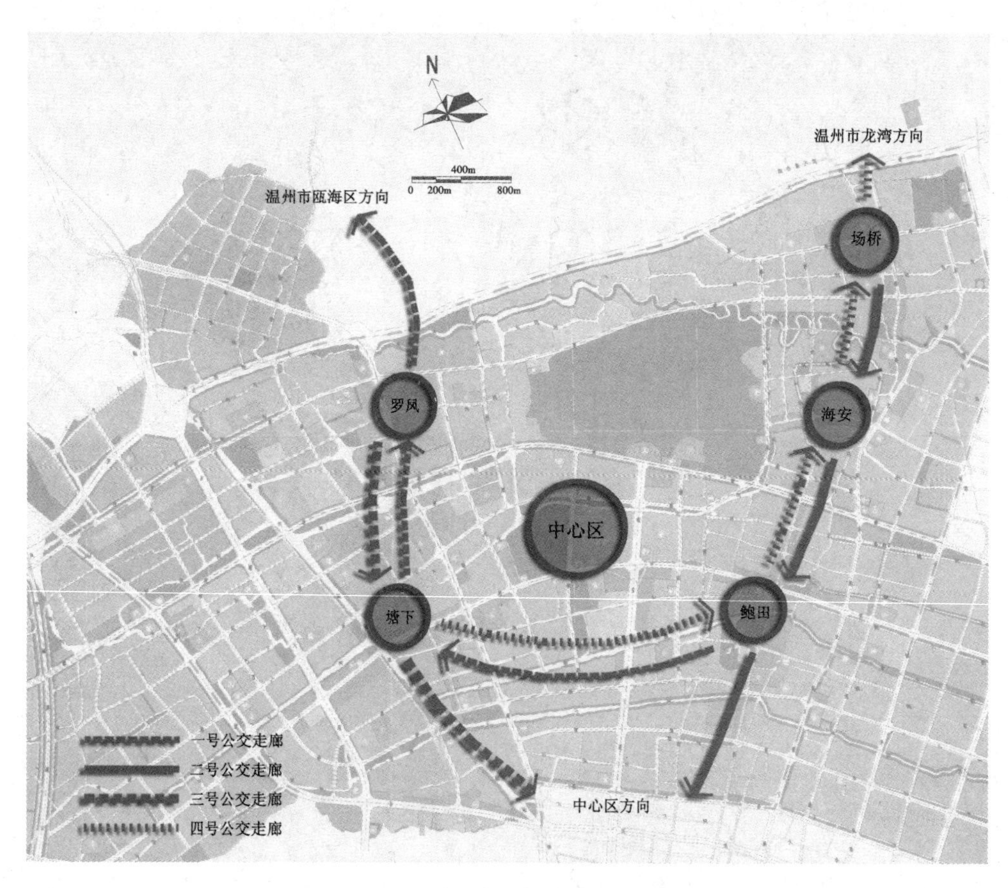

图 4-8 某城市公交走廊规划图

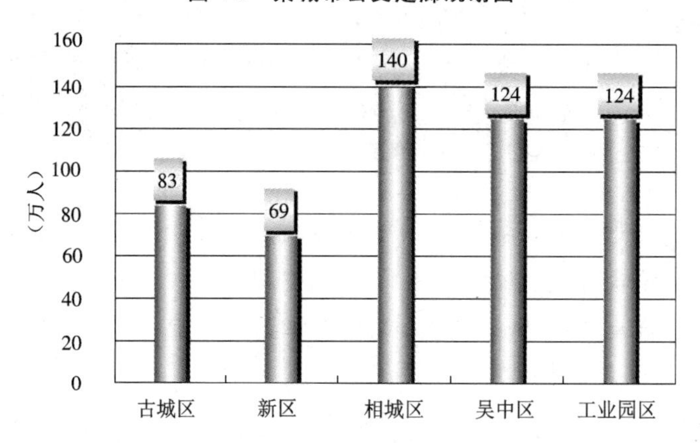

图 4-9 某城市 2020 年各组团城市人口预测图

(3) 城市对外道路出入口

分析各对外道路出入口的机动车高峰小时交通量、交通量的时间分布、历史演变特征,以及各出入口的通行车辆的车型构成、过境交通比例、进口车辆和出口车辆的来源与去向分布等特征。

(4) 国道、省道的交通量

分析典型国道、省道各交通量观测站的历年交通量演变特征。

3. 居民出行与意愿

若被调查城市进行过多轮居民出行特征与出行意愿调查，则不仅应分析本轮调查的相关指标特征，而且需分析这些指标的历史演变规律。

(1) 调查样本

分析调查样本的常住人口、流动人口的总户数与总人数、每户平均人数，分析居民的年龄、性别、收入、职业、文化程度等特征。

(2) 总量情况

分析调查样本总量的日均出行次数与日出行总量、出行目的构成、出行方式构成、平均出行时耗、出行时耗分布、出行时辰分布、各类交通工具千人拥有率、日未出行原因、公交非车内时间、公交换乘次数等内容。

(3) 出行特征交叉分析

各类出行特征与不同因素间的交叉分析种类很多，主要包括如下方面。

①分析不同年龄段、不同职业、不同收入水平的常住人口和流动人口的出行次数特征。

②分析不同年龄段、不同职业、不同收入、不同出行目的、不同出行时耗、不同出行距离、不同区位的常住人口和流动人口的出行方式特征。

③分析不同年龄段、不同职业、不同出行方式的常住人口和流动人口的出行目的特征。

④分析不同职业、不同出行目的、不同出行方式的常住人口和流动人口的出行时辰分布特征。

⑤分析不同职业、不同出行目的、不同出行方式、不同区位的常住人口和流动人口的平均出行时耗特征。

⑥分析不同年龄段、不同出行目的、不同出行方式的常住人口和流动人口的出行距离特征。

⑦分析不同出行目的、不同出行方式、高峰小时的常住人口和流动人口的出行空间分布特征。

(4) 居民出行意愿

居民出行意愿一般根据调查目的设计成选择题，而后对被调查对象所选的选项进行统计分析。

4. 交通工具与机动车出行

(1) 交通工具

分析历年机动车与非机动车保有量及其增长速度；分析小客车、私家车、摩托车、自行车等各类交通工具保有量及其增长率；分析机动车、私家车演变与经济指标的相互关系；分析机动化水平与所处阶段。

(2) 机动车出行

机动车出行主要分析机动车的日平均出行次数、出行时辰分布、平均出行时间、出行时耗分布和出行OD分布(表4-25)。分析样本为城市交通调查中的各类被调查车型。

表4-25 机动车出行特征分析的内容

分析类型	具体分析内容
日平均出行次数	机动车、客车、货车总体的日平均出行次数
	各类交通工具各自的日平均出行次数

续表

分析类型	具体分析内容
出行时辰分布	机动车、客车、货车总体的出行时辰分布和高峰小时出行系数
	各类机动车各自的出行时辰分布和高峰小时出行系数
平均出行时间	机动车、客车、货车总体的平均出行时间
	各类机动车各自的平均出行时间
出行时耗分布	机动车、客车、货车总体的平均出行时耗分布
	各类机动车各自的平均出行时耗分布
出行 OD 分布	各类机动车的出行 OD 分布

5. 道路交通量

当城市有历年道路交通量调查资料时,需要分析调查数据的历史演变特征。道路交通量分析的内容见表 4-26。

表 4-26　道路交通量分析的内容

分析类型	具体分析内容
交通量空间分布特征	道路网的机动车交通量空间分布特征
	道路网的非机动车交通量空间分布特征
交通量时间分布特征	调查时段小时交通量分布特征
	典型路段、交叉口的交通量时间分布特征
	交通量的高峰小时系数
	交通量的 16 h 系数、14 h 系数、12 h 系数 (16 h 系数为 16 h 平均交通量除以平均日交通量,其他小时系数计算方法同理)
高峰小时交通量特征	典型路段的高峰小时机动车交通量、非机动车交通量特征
	典型交叉口的高峰小时机动车交通量、非机动车交通量的流量与流向特征
	典型路段的方向不均匀系数
车型构成特征	道路网机动车流车型构成特征
	道路网非机动车流车型构成特征

6. 道路设施状况

①分析道路长度与面积、人均道路面积的历史演变特征。

②分析道路设施的历年建设规模和投资情况。

③分析道路网密度、道路面积率、道路网等级结构特征。

④分析道路网布局结构和演变特征。

⑤分析道路横断面分配特征。

⑥分析道路功能特征。

⑦分析道路交叉口特征。

⑧分析城市广场、停车场、加油站情况。

7. 城市公共交通

①分析常规公交的设施和运营特征。

②分析轨道交通的发展和运营特征。

③分析出租车的发展和运营特征。

8. 停车、交通管理

(1) 停车

分析停车设施的供应特征、收费标准等;分析机动车的停车时间分布、平均停车时间等特征。

(2) 交通管理

分析道路交通管理情况;分析历年重大交通事故次数、死亡人数、直接经济损失演变情况;分析一般交通事故次数、受伤人数、直接经济损失演变情况;分析事故多发地段及原因。

4.3　现状评价与问题诊断

4.3.1　服务质量评价

1. 道路车速

依据调查数据可以绘制早高峰、早平峰、晚平峰、晚高峰四个时段的道路网行程车速图,以评价道路网在不同时段的车速空间分布特征、平均车速特征。对比行程车速与行驶车速的差异,评价城市交通状况改善的潜力。图 4-10 为某城市早高峰小时道路行程车速情况。

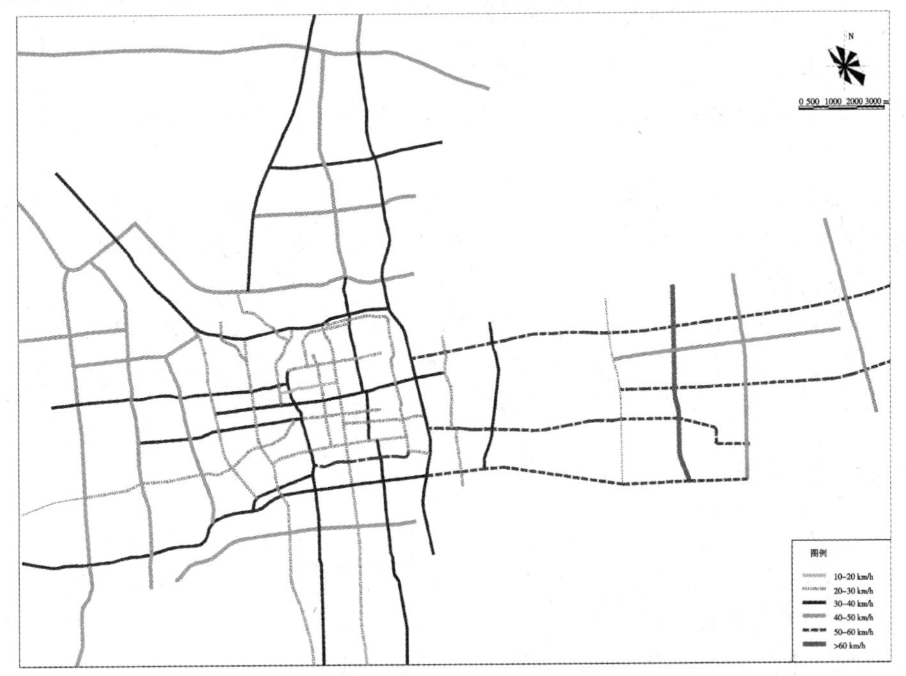

图 4-10　某城市早高峰小时道路行程车速情况

2. 道路与交叉口服务水平

依据相关饱和度可以绘制道路网服务水平图和道路交叉口服务水平图。图 4-11 反映了某城市早高峰小时道路服务水平情况。

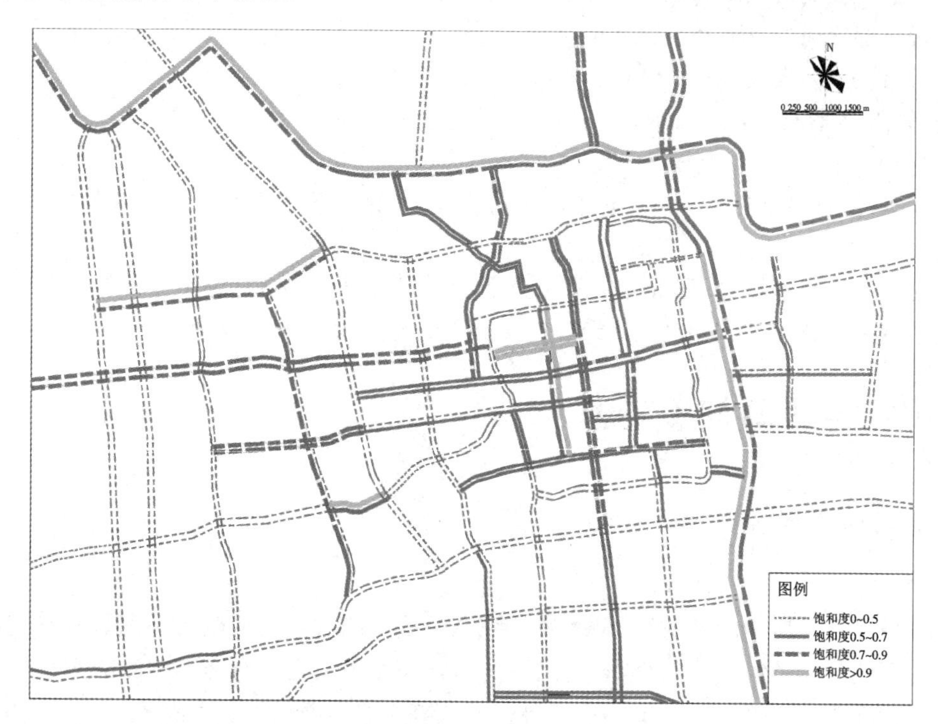

图 4-11　某城市早高峰小时道路服务水平情况

3. 公交与停车设施

评价高峰时段公交车辆、公交场站设施与停车设施饱和度与设施可达性。

4. 交通管理水平

城市道路交通管理评价指标体系(2012 年版)包括 6 个一级指标和 34 个二级指标,通过对这些指标得分值的综合评判,得出城市道路交通管理水平的得分值,进而确定交通管理水平等级。

5. 交通环境质量

评价交通噪声、振动、尾气污染是否逐年加重,以及环境质量情况。评价标准参见《中华人民共和国环境保护法》、《环境空气质量标准》(GB 3095—2012)、《声环境质量标准》(GB 3096—2008)等。

4.3.2　现状问题诊断

现状问题诊断,不仅需诊断城市交通系统存在的问题,而且需剖析产生问题的原因,并提出解决对策。

1. 城市土地使用与居民出行特征

城市交通需求来源于土地使用和居民的出行,分析现状土地使用和居民出行特征,找出其中对交通系统的不利影响。

一般可从以下几个方面进行考察。

①城市功能的集中程度，城市用地布局结构是否合理。

②城市建设用地构成是否合理。

③城市土地使用的性质与开发强度。

④大型公共建筑进行规划建设时是否进行了交通影响分析。

⑤居民出行方式结构是否合理。

⑥居民出行时段是否集中等。

2. 对外交通

①公路、铁路、航道运力能否满足需求。

②公路、铁路、水运、航空技术标准能否支撑城市快速发展。

③对外交通线路与场站设施布局结构及等级结构是否合理。

④对外交通与城市交通衔接是否合理。

⑤对外交通场站的集疏运设施是否合理。

⑥各对外交通方式间是否实现一体化发展。

⑦建设资金是否有保障。

⑧管理体制是否有问题等。

3. 城市道路设施

①城市道路基础设施建设速度及其是否适应交通需求增长速度。

②城市道路网络级配结构是否合理。

③城市路网形态是否合理。

④城市道路功能是否明确。

⑤道路通行能力是否与交通需求相匹配。

⑥城市道路横断面分配是否能适应近远期交通需求。

⑦是否存在河流、铁路等制约道路建设的因素。

⑧是否存在制约路网效率发挥的瓶颈路段与交叉口。

⑨城市出入口道路是否通畅。

⑩道路建设资金来源是否有保证。

⑪道路路况质量能否适应交通需求。

⑫人行道铺装情况及人行设施是否体现以人为本的理念、是否完善。

⑬非机动车交通设施是否完善、是否成系统。

⑭有无违章占路停车、经营情况等。

4. 交通流分布

①是否在少数道路、交叉口集中了主要的交通量。

②是否短时间内集中了大量交通量。

③是否存在过境交通穿越城市的情况。

④道路交通车型构成是否合理等。

5. 公共交通

①公交管理体制是否满足城市公交发展的要求。

②公交线路网和(或)轨道交通线网布局是否合理,是否存在公交薄弱区。

③公交运营车辆数和(或)轨道交通线路运力是否满足要求。

④是否有公交运营车辆优先通行措施。

⑤公交场站用地是否有保证。

⑥公交站点和(或)轨道交通站点覆盖率是否满足要求。

⑦公交车站设置和(或)轨道交通车站设置是否合理。

⑧公交建设发展资金是否有保障等。

6. 停车

①停车设施供给总量能否满足需求。

②停车设施布局是否合理。

③各类停车设施收费标准是否合理。

④停车位是否挪为他用,是否充分发挥作用。

⑤停车管理体制是否有问题。

⑥停车建设资金能否有保障。

⑦停车管理设施是否完善等。

7. 交通管理

①城市交通管理的现代化程度、交通管理基础设施建设情况。

②交通秩序、交通质量及交通安全状况。

③交通管理体制。

④交通管理规划开展情况。

⑤交通法制建设、宣传教育情况。

⑥市民交通安全意识、交巡警队伍的精神风貌和整体形象等。

8. 交通体制与机制

①交通行政管理体制是否滞后,有无一体化的决策机构。

②投融资与运营体制是否完善。

③交通投资结构是否合理。

第5章　城市交通需求预测

城市交通需求预测是城市交通规划的核心内容之一，是决定城市的交通网络规模、道路断面结构和交通枢纽规模等的重要依据。

城市交通需求预测是根据对历史和现状的社会经济、交通供应及交通特征资料的分析研究，推算未来年份的城市交通需求。传统交通需求预测的四阶段模式是指在居民出行OD调查的基础上，开展现状居民出行模拟和未来居民出行预测，其内容包括出行生成、出行分布、交通方式划分和交通分配。

在四阶段预测法中，通常还需要预测一些相关参数，如城市社会经济指标、各类交通工具保有量、运输量等。在此基础上，分析预测变量与相关参数的因果关系，并建立简单的数学函数模型来进行预测。

5.1　一般程序与预测内容

5.1.1　一般程序

城市交通需求预测的程序通常是按照以下七步进行的。

1. 确定预测范围和年限

确定预测范围和年限，即明确预测指标适用的空间范围，以及预测的时间范围。具体的预测年限包括基年、近期、远期和典型代表年份。交通预测的近期、远期年限和交通预测的空间范围一般需与城市规划或城市交通规划的年限和范围一致。但机动车保有量、客货运输量、客货运输周转量等指标的预测范围可能是全市或市区范围，与城市交通规划范围不一致，需要具体问题具体分析。并且，不同类别设计项目的预测年限是不一致的，参见第2章。

2. 明确预测目的

明确预测的主要目的，以确定被预测变量，同时理清通过预测可能解决的具体问题。

3. 调查、收集相关资料

通过调查、收集相关资料，筛选可能与被预测变量有关的相关参数，即解释变量。

4. 选择预测方法

明确被预测变量与解释变量之间的内在逻辑关系，并选择相应的预测方法。在某些情况下，一项重大政策的出台，可能对某项预测指标的发展产生重大影响。因此，交通预测不只是建立数学模型或数学公式的过程，更重要的是了解研究对象、深刻把握政策发展的过程。

5. 建立预测模型

建立预测模型应当遵循以下原则。

①确保以较低的费用建立效益较高的模型，以较好地反映客观实际。

②采用定性分析与定量计算相结合的方法。

③抓住矛盾的主要方面,否则预测模型可能无法反映被预测变量与相关因素的本构关系。

④复杂模型的预测结果不一定精度高,且模型越复杂,涉及的信息越多,资料收集的工作量越大。

6. 检验模型

通常采用历史数据检验模型的合理性和客观性,把预测结果和实际情况相比较,找出模型的不足,优化和完善预测模型。

7. 分析假定因素和条件

通过模型对某些假设进行计算,检验模型对有关参数的敏感性,以确定某些因素的变化对模型的影响程度。预测模型是对客观实际现象的简化和抽象,在建立模型时,还会存在一些由于难以考察或技术上存在困难而被省略、被简化的复杂环节,所以需要反复分析。

5.1.2 交通需求预测内容

城市交通规划中的交通需求预测包括以下三部分内容。

1. 城市人口和社会经济发展预测

城市人口和社会经济发展预测的内容包括对现状人口和土地使用状况的分析、研究,以及在此基础上进行的与城市交通需求预测密切相关的未来人口和土地使用情况的预测。有些指标可以从城市总体规划中获得,一般包括以下内容:城市人口和社会经济发展总量预测、人口和社会经济指标总量在各交通小区的分布预测。

2. 城市客运交通需求预测

城市客运交通需求预测的内容包括城市居民出行预测、城市流动人口出行预测、城市对外及过境客运交通预测三部分。

3. 城市货运交通需求预测

城市货运交通需求预测的内容包括市内货运交通需求预测和城市对外及过境货运交通需求预测两部分。

5.2 四阶段预测法

客运与货运交通需求预测每步的原理与方法基本一致。以下以城市客运交通需求预测来介绍四阶段预测法。

5.2.1 出行生成

出行生成预测是交通需求四阶段预测中的第一阶段,是交通需求分析工作中最基本的部分之一。出行生成预测的目标是求得研究对象地区的交通需求总量,即出行生成量,进而在总量的约束下,求出各个交通小区的发生与吸引交通量。

出行的发生、吸引与土地使用性质和设施规模有着密切的关系。通过建立交通小区居民出行发生量和吸引量与小区土地使用、社会经济特征等指标之间的定量关系,可以推算未来年份各交通小区的居民出行发生量、吸引量。

出行生成包括出行发生与出行吸引。前者主要由住户的社会经济特性决定，后者主要由土地使用形态决定。因此，需要分别预测出行发生量和出行吸引量，以求其精确，也利于进行下一阶段出行分布的工作。出行生成交通量通常作为总控制量，用来预测和校核各个交通小区的发生和吸引交通量。

出行生成预测的方法主要有回归分析法、原单位法、增长率法和总量分摊法。

1. 回归分析法

回归分析法是一种统计学方法，根据对因变量与一个或多个自变量的统计分析，建立因变量和自变量之间的相互关系。回归分析最简单的情况是一元回归分析，其一般式为：

$$Y = \alpha + \beta X \tag{5.2.1}$$

式中，Y——因变量；

X——自变量；

α、β——回归系数。

回归分析法是在分析交通小区出行发生量、吸引量与其影响因素相关关系的基础上，得出回归预测模型。影响交通发生量、吸引量的因素包括职业、收入、年龄等。因此，一般采用多元线性回归，此外还有一元回归、指数函数、对数函数及幂函数等。

$$Y = \alpha_0 + \alpha_1 X_1 + \alpha_2 X_2 + \cdots + \alpha_m X_m \tag{5.2.2}$$

式中，Y——因变量；

$X_1, X_2, \cdots, X_m$——自变量；

$\alpha_0, \alpha_1, \alpha_2, \cdots, \alpha_m$——回归系数；

m——自变量个数。

运用回归分析法预测出行发生量、吸引量时，应当注意以下两点。

①模型中各自变量应当是独立的、连续的，其变化应呈正态分布，且自变量和因变量呈函数关系。

②模型中各自变量的规划年预测值要容易求得，应该由别的可靠性较高的预测模型求得。

③评价交通网络的高峰小时服务水平通常以高峰小时的出行量为依据。而回归分析法一般预测的是全日的出行发生量、吸引量。将回归分析法的预测结果换算为高峰小时出行量，会产生一定误差，需要进行校核。

2. 原单位法

原单位法是通过计算发生原单位（吸引原单位）与对应的人口、面积等属性的乘积，预测发生（吸引）交通量。

$$O_i = bx_i \tag{5.2.3}$$

$$D_j = cx_j \tag{5.2.4}$$

式中，i，j——交通小区；

x——常住人口、白天出行人口、从业人口、土地使用类别与面积等属性变量；

b——某出行目的的单位出行发生次数[次/(日·人)]；

c——某出行目的的单位出行吸引次数[次/(日·人)]；

O_i——小区 i 的发生交通量；

D_j——小区 j 的吸引交通量。

运用原单位法预测出行发生量、吸引量时，应当注意以下两点。

①所有交通小区出行发生总量要等于出行吸引总量。

②当原则①不能满足时，一般以所有交通小区出行发生总量作为依据，对出行吸引总量乘以一个调整系数。这样可以确保出行吸引总量等于出行发生总量。

3. 增长率法

增长率法就是把各交通小区的现状发生量、吸引量乘以增长率，得到各小区未来年份的发生、吸引交通量。该方法的关键是确定增长率，一般认为各交通小区的交通量增长率等于各交通小区的交通需求相关指标(人口、人均车辆拥有率、土地开发规模等)的增长率。

$$T_i' = F_i \cdot T_i \tag{5.2.5}$$

$$F_i = r_i \cdot v_i \tag{5.2.6}$$

式中，T_i'——未来年份的交通小区交通发生(吸引)量；

T_i——现状的交通小区交通发生(吸引)量；

F_i——增长率；

r_i——相关指标 r 的增长率；

v_i——相关指标 v 的增长率。

增长率法的最大优点是可以处理用原单位法和回归分析法都很难解决的问题。它通过设定交通小区的增长率，反映因土地使用的变化引起的人们出行的变化。运用增长率法预测出行发生量、吸引量时，应当注意以下两点。

①增长率法简洁方便，但是一般情况下精度较低，且该方法计算的结果通常偏大。

②增长率法在规划中经常用于处理原单位法和函数法无法预测的一些区域。例如，由于缺乏完备的基础资料，规划对象外部区域的交通情况用原单位法或函数法都很难进行预测，而该区域的分析精度要求也较规划区域低。此时，可使用增长率法进行粗略预测。

4. 总量分摊法

在早高峰小时，以小区的出行人口作为交通产生点，以商业、行政办公等用地作为交通吸引点；而晚高峰小时则正相反。为简化起见，可以考虑以土地使用性质作为交通的产生点和吸引点。总量分摊法正是基于这一思路预测交通发生、吸引量的。

根据研究范围的人口预测以及居民出行特征参数，可计算各交通小区的高峰小时交通出行产生量。

$$O_i = P_i \cdot a_i \cdot C \cdot K \tag{5.2.7}$$

式中，i——交通小区；

O_i——小区 i 的发生交通量；

P_i——小区 i 的出行人口占总人口的比例；

a_i——居民日平均出行次数；

C——城市总人口；

K——高峰小时系数。

同时，根据土地使用规划，可推算出各交通小区的就业岗位比例，并在此基础上推算高峰时段各交通小区的交通吸引量。最后，根据交通出行的吸发量平衡原理，可计算出各小区的高峰交通吸引量。

总量分摊法的优点是较好地把握了高峰小时的出行特征，预测的高峰小时出行生成量较准确；缺点是预测全日的出行生成量可能有一定误差。

5.2.2 出行分布

出行分布预测是将由出行发生与吸引量预测获得的各小区的出行量(吸发量)转换成交通小区之间的空间 OD 量，即 OD 矩阵。

出行分布中最常用的一个基本概念是 OD 表，通常用一个二维矩阵表示(表 5-1)。

表 5-1 出行分布矩阵(OD 矩阵)

A \ P	1	2	…	n	小计
1	t_{12}	t_{12}	…	t_{1n}	P_1
2	t_{21}	t_{22}	…	t_{2n}	P_2
⋮	⋮	⋮	⋮	⋮	⋮
n	t_{n1}	q_{n2}	…	t_{nn}	P_n
小计	A_1	A_2	…	A_n	T

在出行分布中，只需将两组已知的出行端交通量相连，不必规定实际的出行路径，也可不先考虑出行方式，只在各交通小区形心之间形成一个 OD 交通量分布网络。图 5-1 为某城市的近期高峰小时客流 OD 预测图示例。

出行分布预测常见方法有重力模型法和增长率法，此外还有线性回归法、介入机会法等。这里重点介绍前两种方法。

1. 重力模型法

重力模型(gravity model)借鉴了牛顿万有引力定律来描述城市交通的出行行为，是国内外交通规划中使用最广泛的模型。重力模型法考虑了交通小区之间的交通分布受到地区间距离、运行时间、交通费用等所有交通阻抗的影响。其基本假设为：交通小区 i 到交通小区 j 的出行分布量与交通小区 i 的出行发生量、交通小区 j 的出行吸引量成正比，与交通小区 i 到交通小区 j 之间的交通阻抗成反比。

在用重力模型进行出行分布预测时，主要采用无约束重力模型、行程时间模型、美国公路局重力模型(BPR)和双约束重力模型等。

(1) 无约束重力模型

无约束重力模型的形式如下：

$$t_{ij} = k\frac{G_i^l A_j^m}{R_{ij}^n} \tag{5.2.8}$$

式中，G_i——交通小区 i 的发生交通量；

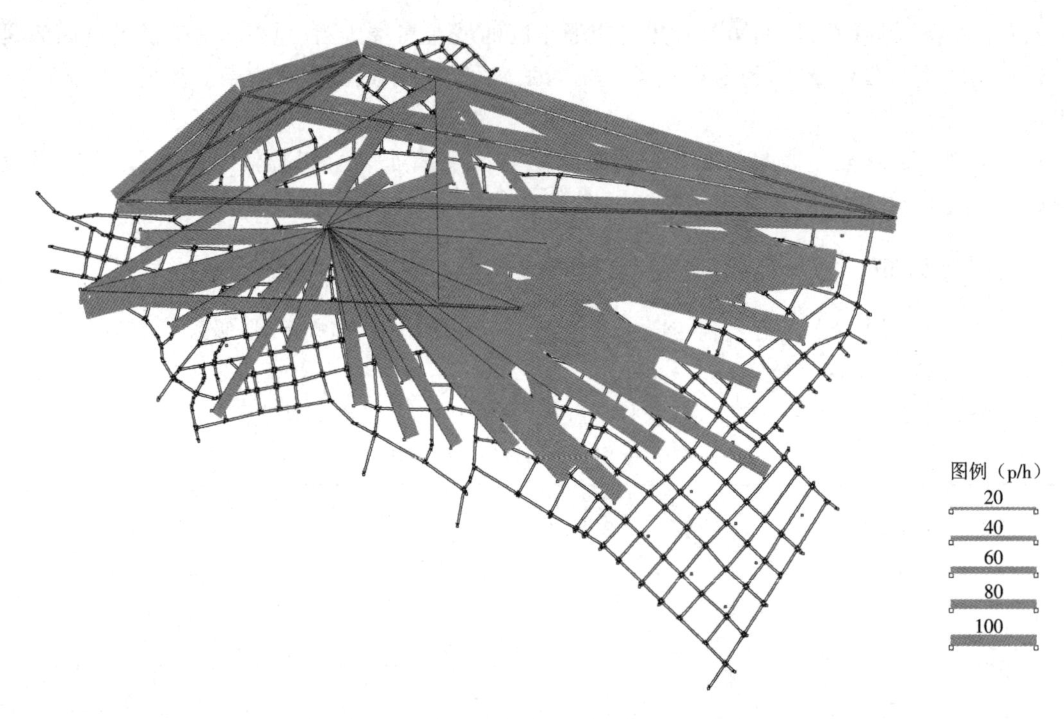

图 5-1 某城市的近期高峰小时客流 OD 预测图

A_j——交通小区 j 的吸引交通量；

R_{ij}——交通小区 i 与交通小区 j 之间的广义出行费用；

t_{ij}——交通小区 i 至交通小区 j 的交通量。

式(5.2.8)中的 l、m、n 和 k 是模型的参数，在已知现状交通分布(或部分交通分布)的情况下，可以用最小二乘法进行估算。对上式两边取对数，得到：

$$\log t_{ij} = \log k + l\log G_i + m\log A_j - n\log R_{ij} \tag{5.2.9}$$

式(5.2.9)是一个线性函数，可以采用多元线性回归分析对各参数进行标定。根据经验，系数 l、m 的取值一般为 0.5～1.0。

R_{ij}^n 是交通小区 i 与交通小区 j 之间的广义出行费用，也叫分布阻抗，而 n 是分布阻抗系数。一般情况下，广义出行费用考虑的因素包括：两小区之间的行程时间、两小区之间的距离、两小区之间出行时所需的费用(票价、收费道路的通行费、燃料费用等)。通常的处理方法是找出三者之间的转换关系，统一折算为经济单位进行计算。

假设计算得到的系数在未来年保持不变，在给定发生交通量、吸引交通量以及小区间的广义出行费用时，可以通过重力模型求解该地域任何预测时间的 OD 分布交通量。但是无约束重力模型本身不满足约束条件 $\sum_{j=1}^{n} t_{ij} = G_i$ 和 $\sum_{i=1}^{n} t_{ij} = A_j$，需要利用增长率法进行迭代运算，使得 t_{ij} 能够满足约束条件。

(2) 行程时间模型

行程时间模型又叫乌尔希斯模型。它是由 A. M. Voorhees 提出的修正重力模型。该模型如下：

$$t_{ij} = G_i \frac{A_j f(R_{ij})}{\sum_{j=1}^{n} A_j f(R_{ij})} \tag{5.2.10}$$

式中，$f(R_{ij})$——分布阻抗函数，其余符号同式(5.2.8)。

分布阻抗函数有 $f(R_{ij}) = R_{ij}^{-n}$、$f(R_{ij}) = \exp(-bR_{ij})$、$f(R_{ij}) = \alpha \cdot \exp(-bR_{ij}) \cdot R_{ij}^{-n}$ 三种形式，最为常用的是 $f(R_{ij})=R_{ij}^{-n}$。n 作为待定参数，一般根据现状 OD 调查资料，用试算法确定。

行程时间模型能满足约束条件 $\sum_{j=1}^{n} t_{ij} = G_i$，但不满足约束条件 $\sum_{i=1}^{n} t_{ij} = A_j$，它还需要根据吸引交通量进行迭代计算，对结果进行修正。

(3) 美国公路局重力模型

美国公路局重力模型的形式为：

$$t_{ij} = G_i \frac{A_j f(R_{ij}) K_{ij}}{\sum_{j=1}^{n} A_j f(R_{ij}) K_{ij}} \tag{5.2.11}$$

式中，K_{ij}——调整系数，其余符号同式(5.2.10)。

美国公路局重力模型在行程时间模型基础上引入了调整系数 K_{ij}，用于描述交通小区 i、j 间的交通联系状况，又称地域间的结合度。其确定方法是：先令 $K_{ij}=1$，此时式(5.2.10)与式(5.2.11)等同，根据已有的 OD 资料，用试算法确定 n，并计算 t_{ij}。通过比较计算所得到的 t_{ij} 与调查所得到的 t_{ij} 确定 K_{ij}。因此，美国公路局重力模型能满足现状分布后得到的 t_{ij} 与调查得到的 t_{ij} 相一致。

与行程时间模型一样，美国公路局重力模型能满足约束条件 $\sum_{j=1}^{n} t_{ij} = G_i$，但不满足约束条件 $\sum_{i=1}^{n} t_{ij} = A_j$，需要根据吸引交通量进行迭代计算修正。

(4) 双约束重力模型

双约束重力模型增加平衡系数 k_i、k_j，保证出行分布预测得到的 OD 矩阵满足约束条件。

$$T_{ij} = k_i k_j G_i A_j f(R_{ij}) \tag{5.2.12}$$

式中，$k_i = 1\Big/\sum_{j=1}^{n} k_j A_j \cdot f(R_{ij})$；$k_j = 1\Big/\sum_{i=1}^{n} k_i G_i \cdot f(R_{ij})$。

重力模型的优点是结构简单，适用范围较广，即使没有完整的现状 OD 表也能进行分布预测；缺点是对短距离出行的分布预测结果会偏大，尤其是区内出行。在城市交通规划中，远期交通分布预测可采用重力模型。

2. 增长率法

增长率法是在假定要预测的 OD 交通量的分布形式和现有的 OD 表的分布形式相同的基础上，根据各交通小区发生量、吸引量的增长率，通过现状 OD 表来直接推算未来 OD 表。用增长率法进行出行分布预测需要事先给定基年的 OD 矩阵。该 OD 矩阵的来源可以是对历史资料的补充及修正、基年抽样调查的结果或由某种数学方法计算得出。

对于城市近期交通改善规划，可以考虑采用增长率法。增长率法有平均增长率法、Detroit 法、Fratar 法、Furness 法等，差别在于增长函数构造的不同。

(1) 平均增长率法

平均增长率法假设交通小区 i、j 之间的 OD 交通量 t_{ij} 的增长系数是交通小区 i 出行发生量增长系数和交通小区 j 出行吸引量增长系数的平均值，分布模型为：

$$T_{ij}=t_{ij}\cdot\frac{1}{2}(E_i+F_j)=t_{ij}\cdot\frac{1}{2}\left(\frac{G_i}{g_i}+\frac{A_j}{a_j}\right)\quad(i,j=1,2,\cdots,n)\tag{5.2.13}$$

式中，E_i——交通小区 i 出行发生量增长系数；

F_j——交通小区 j 出行吸引量增长系数。

(2) Detroit 法

Detroit 模型的具体形式为：

$$T_{ij}=t_{ij}\cdot\frac{E_i\cdot F_j}{F}\tag{5.2.14}$$

式中，$F=\dfrac{\sum\limits_j A_j}{\sum\limits_j a_j}=\dfrac{\sum\limits_j A_j}{\sum\limits_j\sum\limits_i t_{ij}}$ 或 $F=\dfrac{\sum\limits_i G_i}{\sum\limits_i g_i}=\dfrac{\sum\limits_i G_i}{\sum\limits_i\sum\limits_j t_{ij}}$

(3) Fratar 法

Fratar 模型的具体形式为：

$$T_{ij}=t_{ij}\cdot E_i\cdot F_j[L_i+L_j]/2\tag{5.2.15}$$

式中，$L_i=\dfrac{\sum\limits_{j=1}^{n}t_{ij}}{\sum\limits_{j=1}^{n}t_{ij}\cdot F_j}$；$L_j=\dfrac{\sum\limits_{i=1}^{n}t_{ij}}{\sum\limits_{i=1}^{n}t_{ij}\cdot E_i}$。

平均增长率法是极为单纯的分析方法，计算也很简单。因此虽然要进行多次迭代，仍然被广泛地使用。但随着计算机的发展，逐渐被 Detroit 法和 Fratar 法所取代。

Detroit 法认为从交通小区 i 到交通小区 j 的交通量与交通小区 i 的发生量的增长率及交通小区 j 的交通吸引量占全域的相对增长率成比例地增加。

Fratar 法假设交通小区 i 到交通小区 j 的交通量增长率不仅与交通小区 i 的发生量增长率及交通小区 j 的吸引量增长率有关，还与整个规划区域的其他交通小区的增长率有关。收敛速度快，现在应用最广。

增长率法思路清晰、运算简便，但运用时应注意以下两点。

①增长率法基于两点基本假设：在预测年内城市交通运输系统没有明显的变化，且区间的出行与路网的改变相对独立。因此，该方法无法考虑未来交通格局变化可能带来的影响。

②增长率法适用于以下情况：区域增长较为均匀的城市，或趋于平衡发展的大城市中心区。

3. 出行分布预测模型的选择

(1) 居民出行及市内货运分布预测——重力模型。

(2) 流动人口出行分布预测——Fratar 模型。

(3) 对外及过境客(货)运交通分布预测——Fratar 模型或平均增长率模型。

(4) 区域交通分布预测——重力模型。

5.2.3 交通方式划分

出行方式也可理解为交通工具。目前，国内城市居民采用的出行方式有步行、自行车、电动自行车、常规公交车、轨道交通、出租车、摩托车、私家车等几类。其中，自行车与步行在个人出行中占有相当的比重，私家车的比重逐年上升。

所谓交通方式划分就是出行者出行时选择交通工具的比例。它以居民出行调查数据为基础，研究人们出行时的交通方式选择行为，建立模型，从而预测基础设施或交通服务水平等条件变化时交通方式间交通需求的变化。交通方式划分预测是指在进行了出行分布预测得到OD矩阵之后，确定不同出行方式在交通小区间OD量中所承担的比例。

1. 影响出行方式选择的因素

影响出行者对出行方式选择的因素有很多，其中直接影响因素主要有以下三个。

(1) 出行者特征

出行者特征包括：个人是否拥有小汽车或其他机动化交通工具、是否有驾驶执照及其职业、性别、年龄、收入、家庭构成和居住条件等。业务员、推销员汽车使用率高；20～40岁的人汽车利用率高；男性比女性汽车利用率高。

(2) 出行特征

出行特征涉及出行目的、出行时段、出行距离等指标。不同的出行目的导致产生不同的选择：如上下班强调快速，游览则期望舒适，购物一般喜欢步行，公务就以乘车居多，深夜出行一般不可能采用公共交通，某些时段在城市中的部分区域也会存在针对某种交通工具的限制等。城市规模对出行方式选择也有着重要的影响。

(3) 出行方式特征

出行方式特征涉及行程时间、交通费用、各种出行方式的车内时间、步行距离长短、候车、车速、载客量、机动性、准时程度、舒适度、安全性等指标。

(4) 地区特征

地区特征涉及城市规模、人口密度、地形地貌、气候因素等指标。城市规模越大，交通设施水平越高，公共交通的利用率越高；人口密度越高，公共交通的利用率越高；山川、河流多的城市，汽车、公共汽车利用率高；在雨天、雪天，公共交通方式利用率高。

2. 交通方式划分在交通需求预测中所处的阶段

交通方式划分在交通需求预测中所处的阶段有四种情况。如果以G、D、MS、A分别表示出行产生、出行分布、交通方式划分和交通分配四个阶段，则四种情况可用图5-2表示。

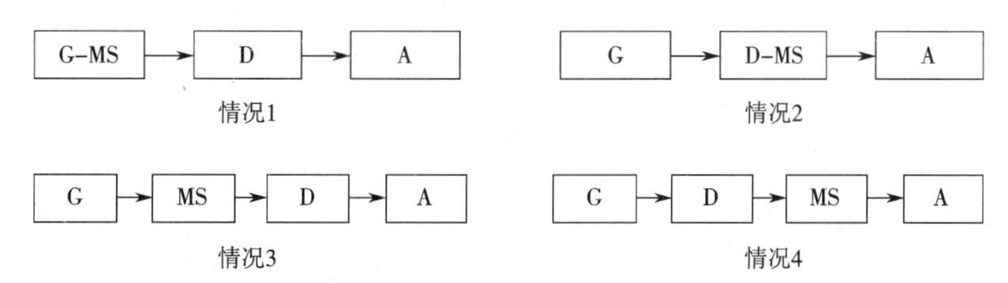

图5-2 交通方式划分在交通需求预测中所处的阶段

①情况一：一开始就按不同的出行方式统计各自的出行产生量。

②情况二：把交通方式划分作为出行分布程序的一部分，即两者同时进行，这种程序可以从出行分布的结果中对比不同出行方式的效果。

③情况三：交通方式划分在计算出行分布之前完成。

④情况四：最常用的方式，将行程费用、服务水平等作为出行方式划分的评价指标。本节介绍的出行方式划分模型正是基于这种情况。

交通方式划分预测方法主要包括转移曲线法、回归模型法、概率模型法等。

3. 转移曲线法

转移曲线是根据大量的调查统计资料绘制的各种出行方式的分担率与其影响因素之间的关系曲线。较为简单、直观的交通方式预测是用转移曲线诺模图。

日前，转移曲线法是国外广泛使用的交通方式分担预测方法，在国外交通方式较为单一、影响因素相对较少的情况下，该方法使用简单、方便，应用效果较好(图 5-3)。

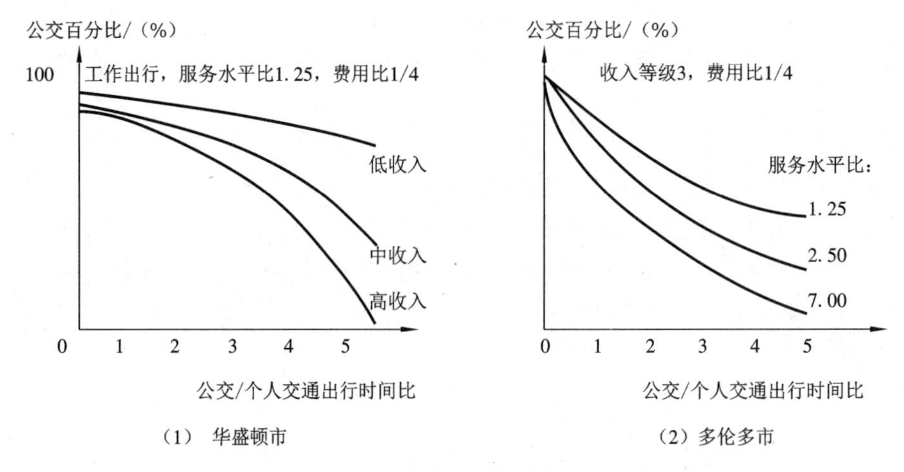

图 5-3 华盛顿市和多伦多市的公交与个体交通分担率转移曲线

在我国交通方式众多、影响因素复杂的情况下，绘制出全面反映各交通方式之间转移关系的转移曲线，其工作量十分巨大，且资料收集较为困难。同时，由于它是根据现状调查资料绘出的，只能反映相关因素变化相对较小的情况，即不能超过现状调查所反映的范围太大。这使得该方法的应用受到一定限制。

转移曲线法最大的优点是简单直观，易于操作。以下是一种以多元线性回归方程表示的转换曲线。

$$\hat{Q}_{ij(m)} / \sum_{m} \hat{Q}_{ij(m)} = \alpha + \beta_1 L_{oi} + \beta_2 L_{dj} + \beta_3 T_{ij} \tag{5.2.16}$$

式中，$\hat{Q}_{ij(m)}$——i 区到 j 区采用出行方式 m 的出行数；

L_{oi}——起点 i 区土地使用变量；

L_{dj}——终点 j 区土地使用变量；

T_{ij}——i 区与 j 区之间的交通阻抗；

α——回归常数；

$\beta_1,\cdots,\beta_3$——偏回归系数。

模型标定的方法是多元线性回归分析，根据最小二乘法来确定模型中的回归参数。

4. 回归模型法

回归模型是建立交通方式分担率与其相关因素间的回归方程，作为预测交通方式模型。交通方式的回归方法有时与交通生成的回归方法组合使用，直接得出各种交通方式的交通生成-回归组合模型：

$$G_{im} = \alpha_m + \beta_{1m}X_1 + \beta_{2m}X_2 + \cdots + \beta_{nm}X_n \tag{5.2.17}$$

式中，G_{im}——小区 i、出行方式 m 的出行产生量；

$X_1,\cdots,X_n$——相关因素，如人口、土地使用、生活水平指标等；

$\alpha_m,\beta_{1m},\cdots,\beta_{nm}$——回归系数，根据现状调查资料，用最小二乘法确定。

5. 概率模型法

概率模型是非集计分析模型中的一种比较实用的模型。

交通方式选择本质是一种离散的选择行为，即从各种交通方式中选择效用最大的一种。广泛应用的是多项 Logit 模型（MNL）。

$$P_i = \frac{\exp(U_i)}{\sum\limits_{j=1}^{n}\exp(U_i)},U_i = \sum_k \alpha_k x_{ik} \tag{5.2.18}$$

式中，P_i——第 i 种出行方式的分担率；

U_i——第 i 种出行方式的效用函数；

j——出行方式的种类数；

x_{ik}——第 i 种出行方式的第 k 个影响因素。

α_k——模型待定参数。

从模型的结构可以看出，$0 \leqslant P_i \leqslant 1, \sum P_i = 1$。

效用函数影响因素的选择、模型参数的标定，应该根据实际调查的结果综合分析确定。

6. 交通方式预测常用方法

各种交通方式预测方法都有其特点和适用范围，在我国交通方式结构复杂的情况下，对不同特点的不同种类交通方式可采用不同的预测方法。

根据各种交通方式的特点，交通方式可分为自由类、条件类和竞争类。三类交通方式有不同的影响因素和分担规律，因此采用不同的模型、方法对其进行预测。

（1）自由类交通方式及其预测方法

自由类交通方式主要是指步行交通，只要人们的身体条件许可，均可自由选择步行作为其出行方式。

步行交通的影响因素主要是出行目的、出行距离以及气候条件等。只要建立起步行与出行目的、出行距离这两个主要因素之间的关系，即可进行步行方式预测。

（2）条件类交通方式及其预测方法

条件类交通方式主要指单位小汽车、单位大客车、私人小汽车等交通方式，人们不能自由选择这类交通方式，只有特定的人员、特定的目的才可以选择这类交通方式，其基本条件是必须拥有相应的交通工具。

影响选择这类交通方式的外在因素主要是有关政策和社会、经济的发展水平；内在因素包括车辆拥有量、出行目的以及出行距离等。按照这类方式的影响因素,可以认为其出行占各种交通方式的总比例取决于其车辆的拥有量,而在一定的出行总比例下,各交通小区之间的分配比例则取决于交通小区之间的出行目的结构和出行距离。因此,对这类交通方式的预测可采用先预测车辆拥有量,再预测其出行总比例,最后预测各交通小区之间的出行比例的方法。

(3) 竞争类交通方式及其预测方法

竞争类交通方式包括自行车、出租车、公共汽车、轨道交通等,对它们的选择是通过比较其便利程度确定的。

影响选择这类交通方式的外在因素主要包括交通政策、地理环境等;内在因素则主要包括出行时间、交通费用、舒适程度、生活水平等。只要建立起方式选择与其内在因素之间的关系模型,通过考虑外在因素对内在因素的影响,即可对这类交通方式进行预测。

内在因素即构成其交通阻抗的因素。交通时间、交通费用等均可直接定量,生活水平可采用人均国民收入等指标,舒适程度、方便程度等可由专家评议或直接调查用户获得。同时,各项阻抗因素的确定应考虑从交通起点到终点的整个交通过程。

(4) 我国交通方式划分预测的趋势

目前,从国内城市交通预测的实践来看,在进行居民出行方式划分预测中,一个普遍的趋势是定性分析和定量分析相结合,在宏观上依据未来国家经济政策、交通政策及与相关城市比较对未来城市交通结构做出估计,然后在此基础上进行微观预测。

因为影响居民出行方式结构的因素很多,社会、经济、政策、城市布局、交通基础设施水平、地理环境及居民出行行为心理、生活水平等均从不同侧面影响居民出行方式结构,其演变规律很难用单一的数学模型或表达式来描述。尤其是在我国经济水平、居民物质生活水平还相对落后,居民出行中的非弹性出行占绝大部分,居民出行方式可选择余地不大的情况下,传统的、单纯的转移曲线法或概率模型法等难以适用。

(5) 交通方式划分预测的一般思路

交通方式划分预测的一般思路是宏观与微观相结合,宏观预测指导微观预测。首先,在宏观上考虑该城市现状居民出行方式结构及其内在原因,定性分析城市未来布局与规模变化趋势、交通系统建设发展趋势、居民出行方式选择决策趋势,并与可比的有关城市进行比较,初步估计规划年城市出行方式结构可能的取值。其次,在微观上,根据居民出行调查资料统计计算出不同距离下各方式的分担率。然后,考虑各方式特点、最佳服务距离、不同交通方式之间的竞争转移的可能性,以及居民出行选择时的行为心理等因素,对现状分担率进行修正,通过若干次试算,使城市总体交通结构分布值落在第一步所估计的可能取值范围之内。

5.2.4 交通分配

1. 基本概念

交通分配是指将之前预测的各区之间不同交通方式的OD交通量根据一定规则分配到具体的交通网络上去,进而求出交通网络中各路段的交通流量,并借此对城市交通网络的使用状况作出分析和评价。图5-4为某城市规划道路网远期高峰小时机动车流量分配图。

交通分配需考虑到以下几个因素。

①出行方式:出行者所采取的交通形式,如步行、公共交通、小汽车等。

②行程时间:某起讫点之间采用某一交通方式所需时间。行程时间直接影响着出行分布、出行方式划分和交通分配。在交通规划中进行交通量分配时,应力求使交通网上总行程时间最短。

③路段上的速度与流量之间的变化关系。

一般来说,两点之间有很多条道路,将 OD 交通量正确合理地分配到各条道路上是交通分配模型要解决的问题。

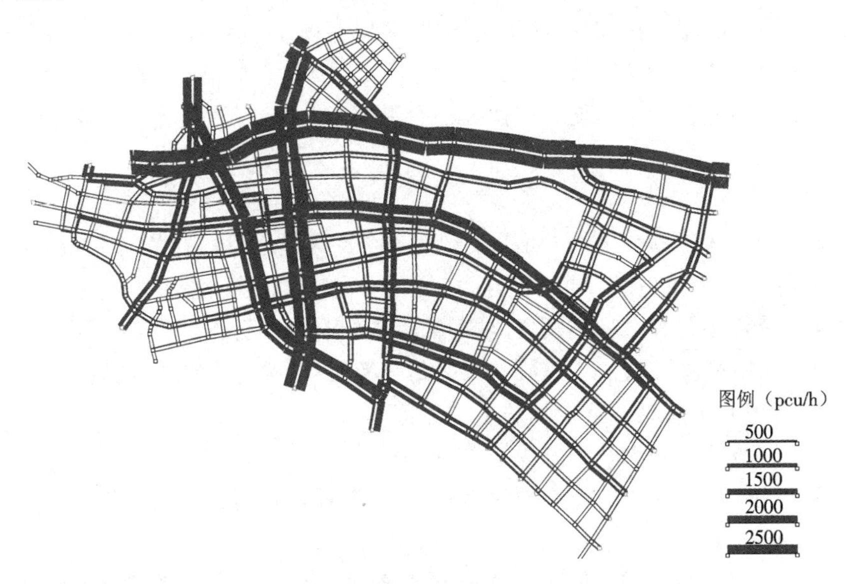

图 5-4　某城市规划道路网远期高峰小时机动车流量分配图(pcu/h)

2. 交通分配方法

(1) Wardrop 原理

①Wardrop 第一原理。

在考虑拥挤对行驶时间影响的网络中,当网络达到平衡状态时,每组 OD 的各条被利用的路径具有相等而且最小的费用时,所有使用者都不可能通过改变路径来减少费用。

②Wardrop 第二原理。

网络达到平衡状态时,在网络上所有车辆的总出行时间最小。此时,道路使用者不能调整路径来降低系统总出行时间。

(2) 平衡模型与非平衡模型

交通分配方法一般可以分为平衡和非平衡分配两大类,并采用 Wardrop 第一和第二原理作为划分依据。

①平衡模型。

如果交通分配模型满足 Wardrop 第一或第二原理,则该模型为平衡模型,否则为非平衡模型。满足 Wardrop 第一原理的称为使用者优化平衡模型,满足 Wardrop 第二原理的称为系统优化平衡模型。考虑到交通参与者并不能够获得完整的交通信息以及对出行费用的理解不同,在使用者优化平衡模型基础上还产生了随机使用者平衡模型。

平衡分配模型由于引入了许多理想化假设,并且模型结构复杂、约束条件较多,求解困难,其模型从提出到给出求解方法，经历了 20 年时间。因而，在实际运用中，随着商业化交通规划软件的发展，平衡分配模型才有所突破。

②非平衡模型。

如果交通分配模型不满足 Wardrop 第一或第二原理，则该模型为非平衡模型。

与平衡模型相比，非平衡模型具有结构简单、概念明确、计算简便等优点，因而被广泛运用。根据驾驶员的路径选择方式，非平衡模型可以分为单路径模型和多路径模型。单路径模型假设同一 OD 对中，所有驾驶员对路径的选择都是相同的；多路径模型则考虑了驾驶员路径选择的差异。

3. 交通分配模型

交通分配方法常用的有全有全无分配法(最短路径法)、容量限制-增量加载分配法、多路径概率分配法等数种。

(1) 全有全无分配法

全有全无分配法是从计算费用最少出发，通常以各区矩心之间的行程时间为基准。从某一区的矩心出发以最短路径(最少费用、时间)到达其他各区的矩心的一组路线称为最短通路，当所有的起讫点交通量在道路网上都通过最短通路，即完成了全有全无分配。

全有全无分配法中最关键的一步是寻找网络最短路径，主要使用线性规划法、距离矩阵法、动态规划法等，而最常用的是狄克斯特拉算法和福劳德算法。

全有全无分配法是最基础的分配方法之一，也是其他交通分配方法的基础。但是这种方法没有考虑路径的阻抗随着交通量的增加而增加，没有考虑路径的通行能力能否满足分配的交通量。

(2) 容量限制-增量加载分配法

容量限制-增量加载分配法是一种迭代的交通分配方法。它考虑了行程时间与交通负荷之间的关系，对交叉口、路段通行能力的限制也进行了一定的考虑，比较符合实际情况。

容量限制-增量加载分配法是在最短路径分配法基础上发展起来的。它将 OD 矩阵分解为 m 个，依次分配。例如，考虑将一个 $n \times n$ 的总矩阵分解为 4 个 $n \times n$ 的矩阵，矩阵中各元素值分别为总 OD 矩阵的 40%、30%、20%、10%。先分配 40% 的 OD 矩阵，根据分配的交通量对路网的阻抗进行重新修正，然后求出在现状交通负荷下的各 OD 对之间的最短路径，再把 30% 的 OD 矩阵分配到最短路径上。按此方法进行下一个 OD 矩阵分配，直到把全部 OD 矩阵都分配到路网上。

考虑交通分配中某条路径的时间阻抗分别由路段的行驶时间和交叉口的延误两部分构成，对于路段行驶时间的修正，可以根据行驶时间和路段交通量之间的关系，即路阻函数确定。而交叉口的延误与交通量之间的关系也可以通过相应的延误模型确定。

最常见的路阻函数是美国公路局函数，它的形式如下：

$$t = t_0 + [1 + \alpha(q/C)^{\beta}] \tag{5.2.19}$$

式中，t——交通量为 q 时两交叉口之间的路段行驶时间(s)；

t_0——两交叉口之间的路段自由行驶时间(s)；

q——路段上的交通量(pcu/h)；

C——路段的实际通行能力(pcu/h)；

α,β——模型待定参数，建议取值 $\alpha=0.15$，$\beta=4$。

该函数考虑了机动车流量对行程时间的影响，使用方便，在国外被广泛运用。对于我国的交通流现状，需要综合分析机动车构成、横向干扰、分隔形式、车道宽度等影响因素。

(3) 多路径概率分配法

在城市区域里，起讫点之间有许多条线路可通行，实际情况是出行者将布满这些路线。因为出行者不可能精确地判断哪条道路是费用最少的，不同出行者将有不同的选择。多路径概率分配法就企图模拟这种实际情况。

根据实际路线费用分布函数提出某条道路的运行费用，并假定出行者不知道所使用路线的实际费用。因此给出一个偏差值，调整出行者对这种道路运行费用判断的不精确性，尽可能将所有的出行均匀地分配到路网上。

一般而言，多路径概率分配法得出的结果比较精确，但计算过程较为费时。

各条出行路线被选用的概率可以采用 Logit 模型进行计算：

$$P_k(r,a,b) = \exp[-\theta \cdot t(k)/\bar{t}] / \sum_{i=1}^{m} \exp[-\theta \cdot t(i)/\bar{t}] \tag{5.2.20}$$

式中，$P_k(r,a,b)$——OD 量 $T(a,b)$在第 k 条出行路线上的分配率(%)；

$t(k)$——第 k 条出行路线上的广义交通阻抗；

$\bar{t}$——各条路线的平均交通阻抗；

θ——分配参数，它是度量出行者总体对路网熟悉程度的指标，一般取 3.00～3.50；

m——有效出行路线的条数。

在一个较大网络中，每一个 OD 对之间都可能有很多出行路线。因此，在分配前必须先确定每一个 OD 对之间的有效路段和有效路径。有效路段的路段终点比起点更靠近出行的终点，即沿该路段前进能比当前位置更加接近出行的目的地。有效路径则是由有效路段构成的连接起讫点之间的路线。在多路径分配过程中，只有有效路段才会被分配上交通量。

5.2.5 预测软件

采用四阶段法进行城市交通预测，需借助专用的交通规划软件来完成。国外软件有 Emme/4、TransCAD 等，国内软件有 Transtar-交运之星。以下简单介绍 Emme/4、TransCAD 两种软件。

1. Emme/4

Emme/4 由加拿大蒙特利尔大学的交通研究中心开发，后为 INRO 咨询公司继承，成为该公司的支柱产品之一。Emme/4 为用户提供了一套内容丰富、可进行多种选择的需求分析及网络分析与评价模型。Emme/4 可用于交通需求模型的开发、预测交通量的空间分布和流量分配、道路网规划方案的分析和评价、公交线路的客流分配等，在交通规划中的应用较为广泛。Emme/4 交通预测软件使用多模式平衡交通分配模型，该模型由下述四个部分组成：交通小区和道路网系统、模型时段、出行方式和流量-延误函数。

(1) 交通小区和道路网系统

①交通小区系统。

Emme/4 将研究范围划分为若干个交通小区，作为计算各小区的出行吸发量的基础。交通小区可分为两类：城市内部交通小区、城市对外交通出入口交通小区。

②道路网系统。

Emme/4 的道路网系统由节点(node)和路段(link)两个属性数据库组成。

a. 节点。

Emme/4 的节点有三大类:第一类为交通小区编码,第二类为真实交叉口节点编码,第三类为路段虚拟交叉口节点编码。如果道路线形曲折,那么应设第三类节点。如果规划路网只到干路一级,那么可以在干路路段中间布置一些第三类节点,相当于支路交叉口。

b. 路段。

Emme/4 的路段有两大类:一类为真实路段,另一类为虚拟路段。虚拟路段为各交通小区形心至第二类、第三类节点的路段,相当于通往城市道路的宅前路或支路。

(2) 模型时段

模型时段的选择直接关系到模型预测结果的优劣,通常依据以下原则。

①一般情况下,选取下列三个时段中的一个:早高峰、晚高峰或全天。

②交通预测时段一般选取早高峰和晚高峰的大值。这主要是由于高峰时段出行目的简单(出行目的是基于家的工作和学习出行),有利于简化和方便模型标定工作。

(3) 出行方式

Emme/4 交通模型可根据需求定义多种交通出行方式。一般交通规划通常定义四种出行方式,即小汽车、其他机动车、公交和其他出行方式。

①小汽车交通方式用于 Emme/4 路网中的小汽车出行。

②其他机动车方式用于 Emme/4 路网中的其他机动车出行。

③公交方式包括公共汽车,其线路只能定义在允许公交通行的路段上。

④其他出行方式主要发生在无公交方式进入的路段,主要涉及步行和自行车。

不同交通方式的平均载客数和车型大小不同,一般需折算成标准小汽车。表 5-2 为各种交通出行方式的客流转换车流参数。

表 5-2 各种交通方式的客流转换车流参数

交通方式	公共汽车	单位车	出租车	小汽车	其他机动车
载客数/(人/辆)	40	20	1.3	1.5	1.5

(4) 流量-延误函数(volume-delay)

流量-延误函数是一个用来计算车辆在路段上通行时间的数学表达式。它体现了在交通分配过程中路段交通拥挤对路段通行时间的影响。通常当路段上的交通量增加时,路段上的平均车速将会降低,车辆通过路段的时间也会有所增加。结合我国城市道路交通的实际情况,需要考虑机动车在路段和交叉口上的延误情况。

根据车速调查,路段上的机动车延误可用下列公式表达:

$$T_{ij} = F(Len, V_0, Vol, C, Lan, K) \tag{5.2.21}$$

式中,T_{ij}——从节点 i 到节点 j 的行驶时间(s);

Len——路段长度(km);

V_0——初始车速(km/h);

Vol——节点 i 到节点 j 路段上的机动车交通量;

C——车道通行能力;

Lan——路段单向机动车道条数;

K——调整系数。

机动车在交叉口的延误可用交叉口平均延误时间。

2. TransCAD

TransCAD 是由美国 Caliper 公司开发的一套强有力的交通规划和需求预测软件。该软件将地理信息系统与交通需求预测模型和方法进行了有机结合。TransCAD 所提供的交通规划工具包括四阶段模型、快速响应方法、基于出行链(tour-based)的模型、离散选择模型、货运模型和组合(simultaneous)模型。该软件能为各类交通规划方案提供详细的交通流量预测方法,可以结合 GIS 技术,用来制作和改制地图,建立和维护地理数据,或进行各种不同方式的空间分析,同时含有开放式的系统结构,支持局域网和广域网上的数据共享。

(1) 简介

TransCAD 将先进的地理信息系统技术与科学的交通规划和管理方法相结合,为交通规划提供了有效的定量决策支持工具。TransCAD 主要用于进行交通需求预测四阶段法中的交通分布和交通分配,软件包括以下几个基本功能。

①GIS 功能:Windows 操作系统之下功能强大的地理信息系统。

②模型扩展功能:扩展数据模型,提供显示和处理交通数据的基本工具。

③分析功能:汇集了极其丰富的交通分析功能。

④数据基础:各式各样、数量巨大的交通、地理、人口统计数据。

⑤程序扩展功能:可以生成宏、嵌入、服务器应用及其他用户程序。

(2) 主要特点

①矩阵。

TransCAD 内的 OD 矩阵用于存放行程和旅行时间,货运流、起点终点(OD)出行等交通运输基本数据。

②TransCAD 的地理分析工具。

由于 TransCAD 包括复杂的 GIS 功能,例如区域叠加、影响区处理、地图编码等,利用这些,可以建立影响带、划分区域、找出最短路径等。

③TransCAD 工具可制作高质量的输出地图,处理直观可视化的地图。

TransCAD 可以输出各种彩色专题图样式、全比例线段样式、地图符号;在地图处理时还可以显示出单行道、多条重合路线、期望线地图等。在数据可视化方面,可以输出饼图、直方图等显示数据趋势;输出带状分布图等显示沿路线变化的道路设施特性。

5.3 城市社会经济和机动车保有量预测

5.3.1 城市社会经济预测

1. 城市社会经济发展总量预测

城市社会经济发展总量预测的目的是了解各未来年份的城市社会经济发展指标,具体包括城市人口、劳动力资源及就业岗位数、在校学生数与就学岗位总数、车辆保有量、城市规模和布局指标等指标。

(1) 城市人口

城市人口包括城市常住人口和暂住人口。城市人口规模反映了人们在这块土地上从事社会经济活动的强度,是城市社会经济预测中最重要的基础性指标,也为分析其他社会经济发展指标提供条件。

(2) 劳动力资源及就业岗位数

上班活动是城市居民出行的一个主要部分,劳动力资源数、就业岗位数预测是上班出行预测的基础。劳动力资源是上班活动的发生源,就业岗位是上班出行的吸引源。

(3) 在校学生数与就学岗位总数

上学活动也是城市居民出行的一个主要部分,学生数、就学岗位数预测是上学出行预测的基础。学生居住地是上学活动的发生源,就学岗位是上学出行的吸引源。

(4) 车辆保有量

不同种类车辆保有量水平是一定社会经济发展水平和交通政策综合作用的结果。它反映了同一时期内城市交通发展的控制性政策,是交通结构预测的控制性指标。

(5) 城市规模和布局指标

城市规模和布局指标对整个城市客货运交通的发生、吸引、分布有着重大的影响,主要有城市各类用地面积、分布及使用情况等。

(6) 其他

如国民经济的发展速度、城市居民的收入及消费水平等,都是在进行社会经济发展预测时需要了解分析的因素。

2. 社会经济指标总量在各交通小区的分布预测

(1) 人口、劳动力资源总量及学生居住量分布预测

按照各交通小区的居住用地面积分布规模分摊总人口,即可得出各交通小区的居住人口数量。未来年份交通小区的劳动力资源和学生数分布可根据各交通小区的居住人口比例进行预测。

(2) 就业及就学岗位分布预测

就业岗位数在各交通小区的分布,需根据各交通小区内所包含的工业、商业、居住、科教文卫等各类用地的面积和就业岗位密度确定。就学岗位的分布根据各交通小区的学校用地面积和密度进行预测。在实际预测中,应特别考虑各交通小区的学校规模及未来的学校发展规划。

5.3.2 机动车保有量预测

1. 注意事项

在进行机动车保有量预测时,应当注意以下几点。

①机动车发展预测结果应当反映城市交通发展战略和城市交通发展政策。不同的城市交通发展战略,对应不同的机动车发展速度和发展模式,不能机械地采用某种数学函数进行预测。

②机动车发展应与城市社会经济发展水平相适应。当城市社会经济发展采用高、中、低不同方案时,城市机动车发展也应采取高、中、低不同的发展方案。

③采用不同的预测方法可能得出不同的预测结论。应按照预测结果的数量级将预测结果分

类，而后分析预测结果产生差异的原因，最后确定机动车发展的各种方案。为使城市交通规划方案具有弹性和留有余地，一般建议按照预测结果的高值来控制交通设施规划用地。

2. 预测方法

(1) 年均增长率法

年均增长率法的关键是确定机动车保有量的年均增长率，通常可以从定量和定性两个方面考虑。

①定量。

根据机动车保有量的历史数据，定量确定典型预测阶段的机动车年均增长率数据。

②定性。

根据城市交通发展政策、社会经济发展趋势、机动车历史演变规律等因素，定性确定典型预测阶段的机动车年均增长率。

年均增长率确定后，依据基年机动车保有量数据，可预测未来年份的机动车保有量。预测公式如下：

$$Q_{n1} = Q_0 \times (1+i_1)^n \text{（当 } n \text{ 为 } 1,2,\cdots,n_1 \text{ 时）} \tag{5.3.1}$$

$$Q_n = Q_{n1} \times (1+i_2)^{n-n_1} \text{（当 } n \text{ 为 } n_1+1,n_1+2,\cdots,n_2 \text{ 时）} \tag{5.3.2}$$

式中，Q_0——基年的机动车保有量；

i_1——未来 n_1 年的机动车年均增长率；

i_2——未来$(n_1+1)\sim n_2$ 年的机动车年均增长率。

运用年均增长率法预测机动车保有量时，应当注意以下两点。

①必须对研究城市有很深刻的理解，把握国家、省、市、县等各个层面的社会经济和交通发展政策。

②必要或条件许可时，可采取专家咨询的定性方法合理确定机动车发展速度。

(2) 弹性系数法

弹性系数法是根据变量之间年增长率变化关系估计未来发展的一种预测方法。我国城市机动车发展经验表明，机动车保有量增长与居民人均收入有密切关系。

机动车保有量的收入弹性系数，是指人均收入增加1个百分点，机动车保有量增长的百分点数，可用式(5.3.3)表示：

$$e = i_c / i_e \tag{5.3.3}$$

式中，e——机动车保有量的收入弹性系数；

i_c——机动车年增长率；

i_e——人均收入的同年份年增长率。

若预测出机动车保有量的收入弹性系数 e 和居民收入的年增长率 i_e，那么根据式(5.3.3)可以得出机动车保有量的年增长率 i_c，见式(5.3.4)：

$$i_c = e \times i_e \tag{5.3.4}$$

得出机动车保有量的年增长率后，可采用上述的年均增长率法预测未来年份的机动车保有量。

在一些典型研究中得到的收入弹性系数为1.02～1.95(表5-3)。这表明，收入增长1个百分点,将导致机动车保有量增长1.02%~1.95%。应当指出的是,这些系数是从不同国家或不同城市样本中得出来的,既涉及发达国家也涉及发展中国家,既涉及市场经济国家也涉及计划经济国家。这些系数的高度一致性(除1.95)表明:无论是贫穷国家还是富裕国家,从机动化角度看,仅仅是同一系列的不同样本而已。

表5-3 收入弹性系数

研究者	样本	收入弹性系数
Siberston(1970年)	38个市场经济国家(1965年,汽车)	1.14
	38个市场经济国家(1965年,机动车总量)	1.09
	46个国家,包括苏联及东欧国家(1965年,汽车)	1.21
Wheaton(1980年)	25个国家(20世纪70年代早期,汽车)	1.38
	25个国家(20世纪70年代早期,机动车总量)	1.19
	42个国家(20世纪70年代早期,汽车总量)	1.43
Kain(1983年)	23个欧共体国家(1958年)	1.95
	23个欧共体国家(1968年)	1.59
	98个非社会主义国家(1977年)	1.30
Kain and Liu(1994)	52个国家(1990年,客用小汽车)	1.58
	52个国家(1990年,商用车)	1.15
	52个国家(1990年,机动车总量)	1.44
	60个国家(1990年,客用小汽车)	1.02

值得提出的是,在机动车发展的不同阶段,对应的弹性系数是不同的。

①在机动车发展初期,居民购车愿望被长期压制。若长期压制的购车需求被放松,大量居民争先购买私家车,机动车大量发展,此时弹性系数应取大值。

②之后的阶段,机动车增长速度逐步放缓,弹性系数可取低值。

因此,在机动车大量发展的初期,政府必须进行合理引导,一方面使道路设施供应与交通需求发展相适应;另一方面控制新驾驶员增加的速度,保障交通安全。

居民收入增长的预测指标,可参照规划城市最新的社会经济发展规划和城市总体规划得到。

(3) 时间序列法

时间序列法是把城市历年的机动车保有量资料加以整理,进行线性或非线性回归标定,并认为今后若干年仍按照以前的发展趋势增加,以此推测今后若干年机动车保有量的估计值。在时间序列法机动车保有量的预测模型中,函数的变元为年份。该法模型简单,使用方便,是城市机动车保有量近期预测的首选方法。但由于它的理论基础是假定今后若干年城市机动车仍按以前发展趋势变化,但城市机动车的实际增长趋势是变化的,所以对于远期预测误差较大。

时间序列法预测模型标定采用的是一元回归分析法,即最小二乘法原理。若采用非线性模型,通过取对数、参数变换等手段使预测模型转变为一元线性模型。

图5-5中的折线为某市历史年份的机动车保有量演变曲线。以年份为自变量、机动车保有量为因变量可建立回归方程。根据回归方程可以预测未来年份机动车保有量。

$$Y = 824.09(X-1996)^2 + 38554(X-1996) + 7328.6 \quad R^2 = 0.97 \tag{5.3.5}$$

式中，Y——机动车保有量（辆）；

X——预测年份。

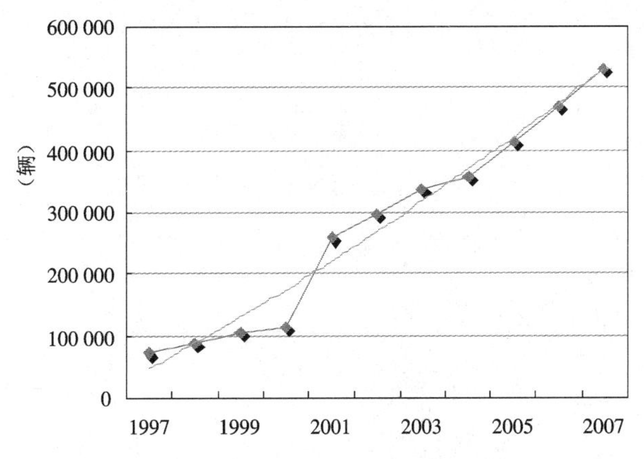

图 5-5 某城市机动车保有量的时间序列法模型精度情况

（4）相关系数法

相关系数法就是分别找出与城市机动车增长有关的因素，认为在一定时期内这种影响关系相对稳定，然后根据今后若干年内这些影响因素的发展情况预测来间接测算城市机动车保有量。在预测模型中，常选的相关因素为城市社会经济指标、居民收入水平及人口密度。该法用于城市机动车远期预测时准确度较高，但用于近期预测则显得较烦琐。

①Logist 模型法。

Logist 模型法是常用的一种相关系数法。该方法认为城市机动车保有量增长有个极限，并按照 S 形曲线增长。图 5-6 为某城市小客车保有量的 S 形曲线增长模型预测图。

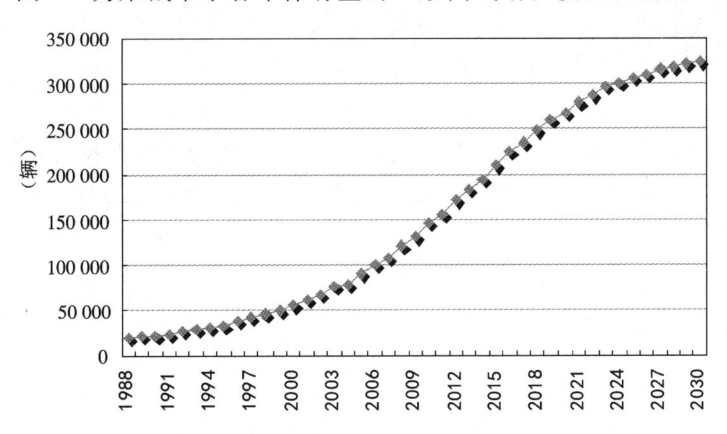

图 5-6 某城市小客车保有量的 S 形曲线增长模型预测图

机动车按照 S 形曲线增长共有 3 个发展阶段，即初期阶段、中期阶段、稳定阶段。

a. 初期阶段，城市机动车保有量以较低速度缓慢增长，经过较长时间才能使小汽车保有量达到 40 辆/千人。

b. 在中期阶段,机动车保有量增长速度加快,在15～20年的时间内,可以使城市小汽车保有量达到200辆/千人。

c. 稳定阶段,也就是小汽车发展进入后小汽车时代,机动车保有量增长速度又趋缓。

通过对比分析,确定机动车发展水平与国内生产总值及居民收入的相互关系。

小客车拥有率模型:

$$Y = \frac{L}{1 + \exp[\phi(X)]} \tag{5.3.6}$$

$$\phi(X) = b_1 + b_2 \ln(x_1) + b_3 \ln(x_2) \tag{5.3.7}$$

式中,Y——小客车拥有率(辆/千人);

L——小客车拥有率极限值;

x_1——人均国内生产总值(元);

x_2——职工年人均工资收入(元);

b_1, b_2, b_3——待定参数。

货车保有量模型:

$$Y = \frac{L}{1 + a\exp(bx)} \tag{5.3.8}$$

式中,Y——货车保有量;

x——第二产业产值(元);

a, b——待定参数。

Logist模型充分考虑了国内生产总值、居民收入和第二产业产值的发展变化,通过回归分析的方法确定模型参数,建立机动车发展与上述诸因素之间的相关关系。利用未来年份经济发展预测值确定机动车发展速度与水平,方法简单,易于计算。

②多元线性回归法。

多元线性回归法常将货车与客车分别计算。货车保有量一般与工业产值、主要工业品产量、商品零售总额等因素有关。由历史统计资料的相关分析可以得到货车保有量的经验公式:

$$W_1 = a_1 x_1 + a_2 x_2 + \cdots + a_n x_n + a_0 \tag{5.3.9}$$

再把未来年份的相关指标预测值代入公式,可得到未来年份的货车保有量。

客车保有量一般与城市人口、人均收入等因素有关。参照货车保有量的预测方法也可得出客车的预测模型和预测数据。

(5) 千人拥有率法

先预测未来典型年份的机动车千人拥有率,而后根据规划人口规模来预测城市的机动车总量。

第6章　城市对外交通

城市对外交通的主要形式有公路、铁路、水运、航空和管道五种方式，本章重点介绍前四种方式。当前，我国城市对外交通种类日趋复杂，快速交通网络种类增加，城市对外交通对城市的发展方向、用地布局、交通格局、环境景观等的影响越来越大。

6.1　铁路

铁路是城市对外交通的重要方式，与城市的生产、生活密切相关，在城市发展进程中起着重要的作用。铁路用地是城市用地的重要组成部分，但铁路运输设施又容易对城市造成干扰。如何合理布置铁路车站及线路，使铁路既能充分发挥运输效能，又不对城市发展造成负面影响，是城市交通规划的一项重要工作。

6.1.1　铁路线路的分类、分级

1. 分类

铁路线路一般可分为以下三类。

①干线：是组成全国铁路网的线路，具有全国性的意义，如京广、陇海等线。

②支线：一般是地方性质的，如胶济铁路上的张(店)博(山)线。

③专用线：是通向工矿企业、仓库、码头、机场等专用的铁路线。

铁路线路按其性质分为正线、站线、段管线、岔线及特别用途线等。正线是指连接车站并贯穿或直股伸入车站的线路。站线是指到发线、编组线、牵出线、货物线及站内指定用途的其他线路。段管线是指机务、车辆、工务、电务等段内的线路。岔线是指在区间或车站内接轨，通向路内外单位的专用线，并在该线内未设车站。特别用途线是指安全线和避难线等。

按照其用途分为高速铁路、城际铁路、客货共线铁路、重载铁路。

①高速铁路：设计速度250 km/h(含预留)及以上、运行动车组列车、初期运营速度不小于200 km/h的客运专线铁路。高速铁路主要服务于中长距离客流和通过本地区的长途客流，即大城市之间点到点的客流。

②城际铁路：专门服务于相邻城市间或城市群，设计速度200 km/h及以下的快速、便捷、高密度客运专线铁路。城际铁路主要服务于沿线各个城市、主要中心城镇之间的客流，以及城市组团、次中心城镇之间的客流，兼顾少量中长途跨线客流。

③客货共线铁路：旅客列车与货物列车共线运营、旅客列车设计速度200 km/h及以下的铁路。

④重载铁路：满足列车牵引质量8000 t及以上、轴重为27 t及以上、在至少50 km线路区段上年货运量大于4000万吨三项条件中两项的铁路。

世界上首条出现的高速铁路是日本的新干线，于1964年正式营运。行驶在东京-名古屋-京都-大阪的东海道新干线，营运速度超过200 km/h。我国京沪高速铁路的路段设计速度为350 km/h，具有高速度、高密度、高可靠性三大特点。其最小行车间隔可达3分钟，列车定员1600～1800人/列，理论上每小时最大输运能力为2×32000～2×36000人，能够实现大量、快速和高密度运输。

2. 分级

客货共线铁路的年客货运量为重车方向的货运量与由客车对数折算的货运量之和，1对/d旅客列车按1.0 Mt年货运量折算。客货共线铁路分为四级，其划分应符合下列规定。

①Ⅰ级铁路：铁路网中起骨干作用的铁路，或近期年客货运量大于或等于20 Mt。

②Ⅱ级铁路：铁路网中起联络、辅助作用的铁路，或近期年客货运量小于20 Mt且大于或等于10 Mt。

③Ⅲ级铁路：为某一地区或企业服务的铁路，近期年客货运量小于10 Mt且大于或等于5 Mt。

④Ⅳ级铁路：为某一地区或企业服务的铁路，近期年客货运量小于5 Mt。

路段旅客列车设计行车速度是指用于确定各设计路段内与行车速度有关的建筑物和设备标准的旅客列车设计行车速度，简称路段设计速度。Ⅰ级铁路的路段设计速度为160 km/h、140 km/h、120 km/h，Ⅱ级铁路的路段设计速度为120 km/h、100 km/h、80 km/h。

6.1.2 铁路线路的一般技术要求

1. 轨距

轨距是指一条线路两钢轨轨头内侧顶部下16 mm处之间的距离(图6-1)。线路按轨距的大小不同分为标准轨、窄轨、宽轨三类。为了运行便利，一个国家的铁路系统应采用统一的轨距。我国基本上采用标准轨距，标准轨距为1435 mm。临时性铁路有的采用窄轨，我国窄轨的轨距主要有1067 mm、1000 mm、762 mm和600 mm几种。国外有用宽轨的，轨距为1524 mm。

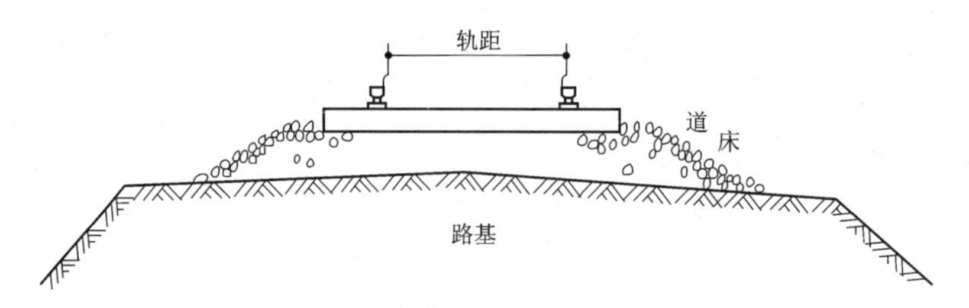

图6-1 铁路线路横断面

2. 限界

(1) 标准轨距铁路机车车辆限界

机车车辆限界是一个和线路中心线垂直的极限横断面轮廓。机车车辆停放在水平直线上，除电力机车升起的集电弓外，其他任何部分应容纳在限界轮廓之内，不得超越。

(2) 标准轨距铁路建筑限界

建筑限界是一个和线路中心线垂直的极限横断面轮廓。在此轮廓内，除机车车辆和与机车车辆有相互作用的设备外，其他设备或建筑物均不得侵入，见图6-2。

3. 路基与正线的用地宽度与高度

路基是支撑铁路路线的上部建筑(钢轨、轨枕和道床)的基础。因线路与地面标高差距,路基的横断面有路堤、半路堤等类型。路基面宽度与铁路的等级、断面的类型、土质、水文、气候等因素有关。一般单线铁路(黏土性土质的)路基面宽6～7 m,若系双线,则需要再加4 m。

在洪水等灾害情况下,铁路是国家的生命线系统和紧急救援系统的组成部分。铁路路基的最小高度至少应抵御百年一遇的洪水。

正线用地宽度一般可参考图6-3进行推算。在易遭受雪埋或砂埋的地带,铁路线路用地宽度应考虑栽种防护林的宽度或进一步固定沙丘所需要的用地宽度要求。

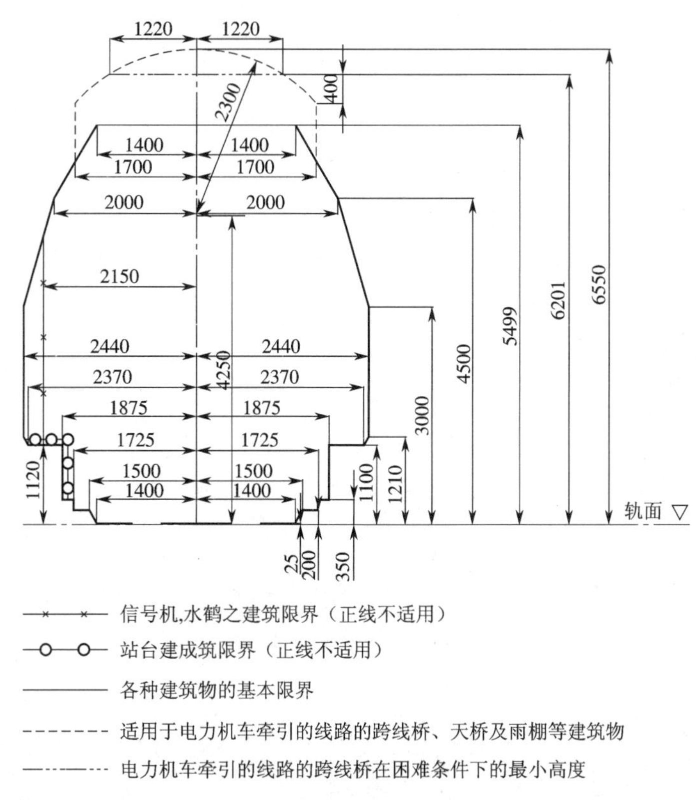

图6-2 全国铁路基本建筑限界

4. 线间距

线间距是指两条铁路中心线之间的距离。线间距一方面需满足建筑限界的要求,另一方面还需满足在两线间装设行车设备(如信号、照明等)的要求,以保证行车和工作人员的便利与安全。图6-4所示为一般区间直线地段线路间距的尺寸。站内线间距较大,一般到发线间距为5 m左右,具体距离还须根据不同站线的性质而定。

5. 线路技术标准

铁路线路平面是由直线和圆曲线(缓和曲线)构成的。线路纵断面是由平道、坡道与连接两相邻的坡道的竖曲线组成的。其主要技术标准包括平曲线半径、限制坡度、竖曲线半径等。

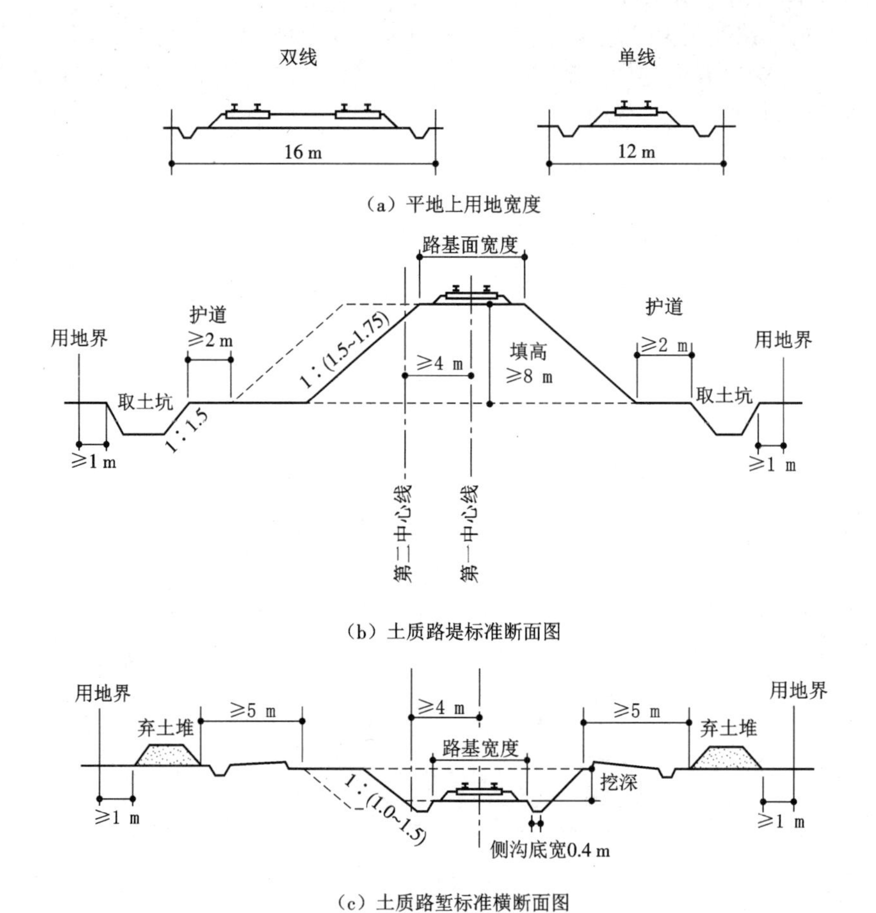

（a）平地上用地宽度

（b）土质路堤标准断面图

（c）土质路堑标准横断面图

图 6-3　区间正线用地宽度

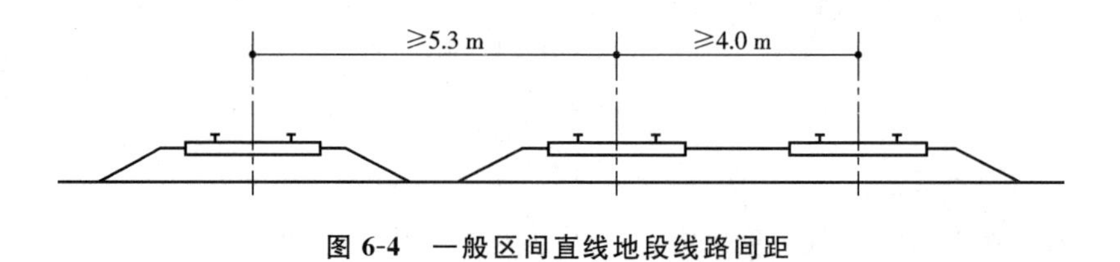

图 6-4　一般区间直线地段线路间距

(1) 平曲线半径

线路平面的圆曲线半径应结合工程条件、路段设计速度以及减少维修等因素，因地制宜确定。从有利于行车速度和平稳度来讲，平曲线半径越大越好，一般应按“由大到小”的原则，尽量采用较大的半径(一般在 1000 m 以上，最大值不应大于 12000 m)，只有在特别困难的条件下才允许采用最小平曲线半径。表 6-1～表 6-3 分别为高速铁路、城际铁路、其他铁路的最小平曲线半径要求。

表 6-1 高速铁路最小平曲线半径

设计速度/(km/h)			350	300	250
工程条件	有砟轨道	一般	7000	5000	3500
		困难	6000	4500	3000
	无砟轨道	一般	7000	5000	3200
		困难	5500	4000	2800

注:① 困难最小值应进行技术经济比选后采用;

② 车站两端减、加速地段的最小曲线半径应结合行车速度曲线合理选用。

表 6-2 城际铁路最小平曲线半径

设计速度/(km/h)		200	160	120
工程条件	一般	2200	1500	900
	困难	2000	1300	800

注:车站两端减、加速地段的最小曲线半径应根据公式计算确定。

表 6-3 客货共线铁路、重载铁路平面最小平曲线半径

路段设计速度/(km/h)		200	160	120	100	80
工程条件	一般	3500	2000	1200	800	600
	困难	2800	1600	800	600	500

注:车站两端减、加速地段,最小曲线半径应结合客车开行方案和工程条件,根据客、货列车行车速度和速差计算确定。

重载铁路平面最小曲线半径不应小于 800 m,困难条件下不应小于 600 m;特殊困难条件下,经技术经济比较确定。

(2) 限制坡度

设计线(或区段)的限制坡度应根据铁路等级、地形条件、牵引种类和运输要求比选确定,并应考虑与邻接铁路的牵引质量相协调。高速铁路、城际铁路的区间正线最大坡度应根据地形条件、设计速度、运输需求和工程投资比选确定。其最大坡度不宜大于 20‰,困难条件下不应大于 30‰。高速铁路正线宜设计为较长的坡段。其最小坡段长度一般条件下不应小于 900 m,且不宜连续使用;困难条件下不应小于 600 m,且不应连续使用。列车全部停站的车站两端坡段长度不应小于 400 m。城际铁路最小坡段长度一般条件下不应小于 400 m;困难条件下不应小于 200 m,且不宜连续使用。

我国的客货共线铁路、重载铁路限制坡度不应大于表 6-4 规定的数值。

表 6-4 客货共线铁路、重载铁路限制坡度最大值(‰)

铁路等级		Ⅰ级			Ⅱ级		
地形地别		平原	丘陵	山区	平原	丘陵	山区
牵引种类	电力	6.0	12.0	15.0	6.0	15.0	20.0
	内燃	6.0	9.0	12.0	6.0	9.0	15.0

重载铁路的限制坡度应根据地形条件、牵引种类、机车类型、前因质量和运输需求比选确定。

轻重车方向货流显著不平衡,远期也不致发生巨大变化,且分方向采用不同限制坡度有显著经济价值时,可分方向选择限制坡度。

6.1.3 铁路站场的布置与用地规模要求

1. 车站类型及其布置形式

铁路车站因其工作性质不同,可分为会让站、越行站、中间站、区段站、编组站、客运站、货运站、工业站、港湾站等。铁路车站布置的基本形式有横列式、纵列式及半纵列式。

(1) 会让站、越行站

会让站、越行站是指为满足区间通过能力,必要时可兼办少量旅客乘降的车站。在单线上称会让站,在双线上称越行站。会让站、越行站布置应采用横列式,在特别困难的条件下,可采用其他形式。

(2) 中间站

中间站是指办理列车通过、交会、越行和客货运业务的车站。中间站应采用横列式,在特别困难的条件下,单线铁路可采用其他形式。中间站的货场位置应结合主要货源、货流方向、环境保护、城市规划及地形、地质条件等选定。

(3) 区段站

区段站除了办理中间站的业务外,还要进行更换机车、乘务组以及机车的整备、修理、检查和车辆的修理等。区段站应采用横列式或纵列式,有充分依据时,可采用客、货纵列式或一级三场形式。图 6-5 为区段站布置形式。

(4) 编组站

编组站是指在枢纽内,办理大量货物列车解编作业的车站。编组站分为路网性编组站、区域性编组站和地方性编组站。路网性编组站应设计为大型编组站,区域性编组站宜设计为大、中型编组站,地方性编组站应设计为中、小型编组站。设计时应根据引入线路数量、作业量及其性质、工程条件和城市规划等要求,通过全面比较,选择合理的形式,并根据需要预留发展余地。

(5) 客运站

客运站是指主要办理客运业务的车站。客运站由站房、站前广场以及站场客运设备三部分组成。

客运站可布置为通过式、尽端式和混合式三种类型(图 6-6)。通过式客运站是指有两个方向的正线贯穿车站且到发线为贯通线的客运站。尽端式客运站是指设在正线终端的客运站。在通过式客运站的一侧设置部分尽端式线的客运站称为混合式客运站。

客运站宜采用通过式。以始发、终到列车为主的客运站,可采用通过式和混合式。全部办理始发、终到列车并位于正线终端的客运站也可采用尽端式。

终到列车多的客运站一般都应设置客车整备所,以供车辆洗刷、清扫、消毒、技术检查、装备、列车改编及转向、餐车供应、备用车停留等。

(6) 货运站

货运站是指主要办理货运业务的车站。货运站的布置形式可分为通过式和尽端式两种。通过式货运站可设于干线上成为中间站,也可设于其他线路上。尽端式货运站是在城市内为了运输

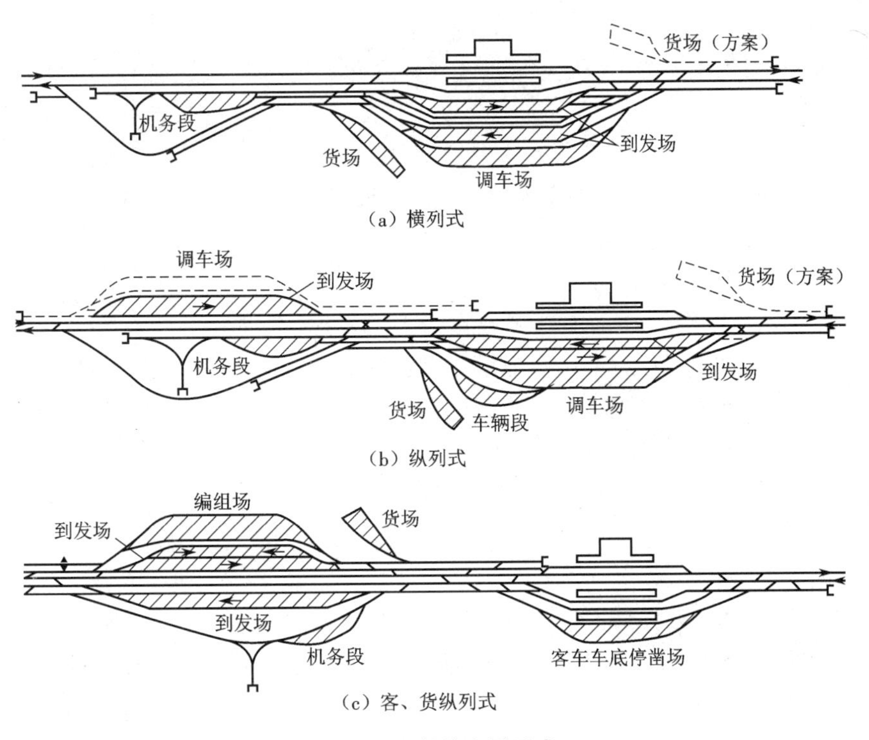

图 6-5　区段站布置形式

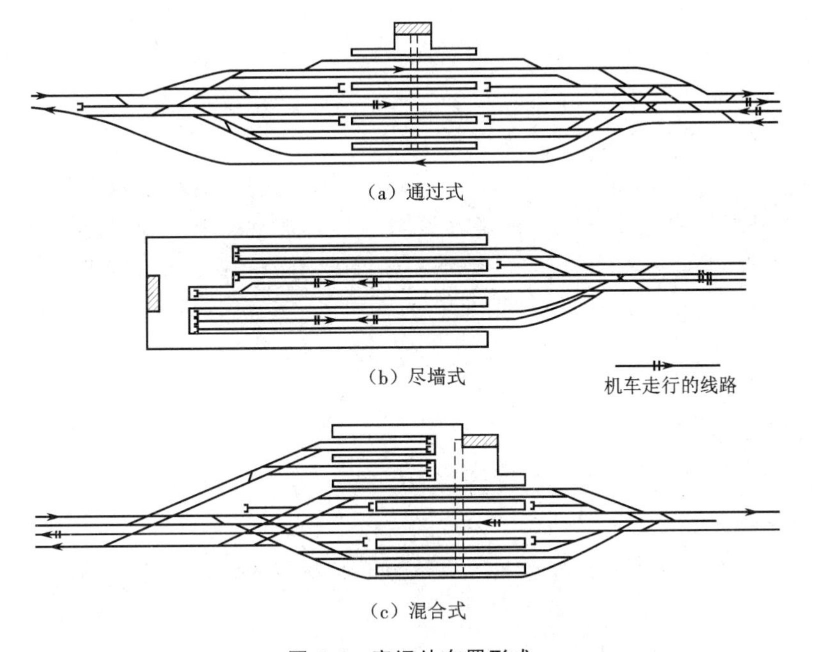

图 6-6　客运站布置形式

的需要，将车站伸入市区或工业区而设于线路的终端，但车场的布置形式可设计成贯通式。

(7) 工业站、港湾站

工业站、港湾站是指主要为厂、矿企业或港口外部运输服务的车站，前者称工业站，后者称港湾站。

有大量装卸作业的工矿企业、工业区或港口，根据需要可设置主要为其服务的铁路工业站或港湾站。服务于同一企业或工业区的工业站数量，应根据企业性质、生产规模、生产流程、企业或工业区布局、原材料来源、产品流向和企业或工业区所在位置与铁路的相互关系等因素确定。

(8) 口岸站

口岸站是在国家指定对外往来的门户地点设置的车站，是一种特殊的国际客货运输节点车站。口岸站应根据进出口客货运量，结合地形、地质、规划等进行总平面布置。口岸站布置应符合下列规定：①满足需求能力和快速通关要求；②按照一次规划、分期实施原则，预留进一步发展条件；③车站作业流线满足整列换装的要求；④换装功能区明晰；⑤减少进路交叉和作业干扰，避免不同轨距间作业的交叉；⑥缩短列车、机车的走行距离；⑦采用现代化技术装备；⑧具备发展为(国际)物流中心的条件。

(9) 集运站、疏运站

集运站、疏运站是指主要办理大宗货物装车和车列集结、分解作业的车站。集运站、疏运站的分布，应根据铁路技术政策、路网规划、货运布局、地区或企业规划等因素综合确定。一个地区的集运站、疏运站应集中设置。集运站、疏运站的选址应结合城市、厂(矿)区、港口规划，经铁路运输的货物流向及交接形式，设在接轨站、码头前沿、厂(矿)区附近或工业区内；当采用公路或传输皮带等倒运货物时，应经经济技术比选后选择站址。距矿区或货物消耗地较近，地形条件适宜时，宜与接轨站共站设置。

2. 站场的用地规模

站场的用地规模取决于客、货运量的大小以及站场布置的形式，并适当预留发展用地。站场用地的长度主要根据站线数量及有效长度确定。

站场的宽度根据各类车站的作业要求、站线数量、站屋、站台以及其他设备的多少确定。在城市规划中，对各类站场的用地规模应与铁路有关部门共同研究确定。目前，我国投入运营的动车组1个编组8节车厢，编组长度约200 m；两个编组长度约400 m。沪宁城际铁路的站台净长度450 m，总长度约470 m，每个站台宽度为12 m。

6.1.4 铁路在城市中的布置

1. 铁路设备的分类

第一类：直接与城市工业生产与居民生活有密切联系的铁路设备，如客运站、货运站、专用线。这类铁路设备与铁路建筑可根据其性质设在市区或市中心地区的边缘，或设在城市市区外围且与城市干路相连接的地区。为工业区和仓库区服务的工业站和地区站则应设在该有关地区附近，一般在城市外围。

第二类：与城市生产与生活没有直接关系的铁路设备，如编组站、机车车辆修理厂、机务段、消毒站、供直通列车通过用的迂回线、环线及其他线路、铁路仓库和其他的铁路设备等。这类铁路技术设备在满足铁路技术要求的前提下应尽可能不设在市区范围内，有些设备（如编组站）应能与城市保持一定的距离。

2. 铁路线路的布置

铁路线路的选线必须综合考虑铁路的技术标准、运输经济、城市布局、自然条件、农田水利、航道、国防等各方面的要求，因地制宜地制定具体方案。

（1）满足铁路线路的运营技术要求

铁路线路除了应按照级别满足其定线技术要求外，还应做到运行距离短、运输成本低、建筑里程少和工程造价省。

（2）减少铁路线路与城市的相互干扰

在城市规划方面，为合理地布置铁路线路，减少铁路对城市的干扰，一般应采取以下几方面措施。

①铁路线路应考虑城市规划的功能分区，布置在各分区的边缘，使其不妨碍各区内部的活动。当铁路在市区穿越时，可在铁路两侧地区内各配置独立完善的生活福利和文化设施，以尽量减少频繁跨越铁路的交通。

②通过城市的铁路线两侧应植树绿化，既可以保证行车的安全，还可以减少铁路对城市的噪声干扰、废气污染，改善城市小气候与城市面貌。

③妥善处理铁路线路与城市道路的矛盾。尽量减少铁路线路与城市道路的交叉，在进行城市规划与铁路选线时，要综合考虑铁路与城市道路网的关系，使它们密切配合。铁路与城市道路的交叉有平面交叉与立体交叉两种方式，从便利交通与保证安全的角度看，以立体交叉为好，但立交的建造费用较高。因此，当铁路与城市道路的交叉不可避免时，应合理地选择交叉形式。

④减少过境列车车流对城市的干扰。主要是对货物运输量的分流，一般采取保留原有的铁路正线而在穿越市区正线的外围（一般在市区边缘或远离市区）修建迂回线、联络线的办法，以便使与城市无关的直通货流经城市外侧通过。

⑤改造市区原有的铁路线路。对城市有严重干扰而又无法利用的铁路线路，必须根据具体情况进行适当的改造。如将对市区严重干扰的线路拆除、外迁或将通过线路、环线改造为尽端线路伸入市区等。

⑥将通过市中心区的铁路线路（包括客运站）建于地下或与城市轨道网相结合。这是一种完全避免干扰又方便使用的较理想的方式，也有利于备战，但工程艰巨，投资很大。

⑦跨越大江、大河的桥梁应考虑铁路、公路、轨道交通等多种交通方式的集成，一方面减少工程造价，另一方面复合通道，减小快速交通对城市的切割。

随着我国铁路事业发展，城市内部的铁路线路种类和数量越来越多。以苏州市为例，城际铁路和高速铁路建设前，境内仅有贯穿市域东西的沪宁铁路；但市域铁路在南北向和东西向规划了多个铁路通道，铁路网密度大大增加，苏州市铁路网规划图见图6-7。

3. 铁路客运站的布置

（1）铁路客运站的位置和数量

铁路客运站的服务对象是旅客。为方便旅客，位置要适中，靠近市中心。在中、小城市可以位于市区边缘，大城市则必须深入城市位于市中心区边缘。一般认为，铁路客运站距市中心的距离

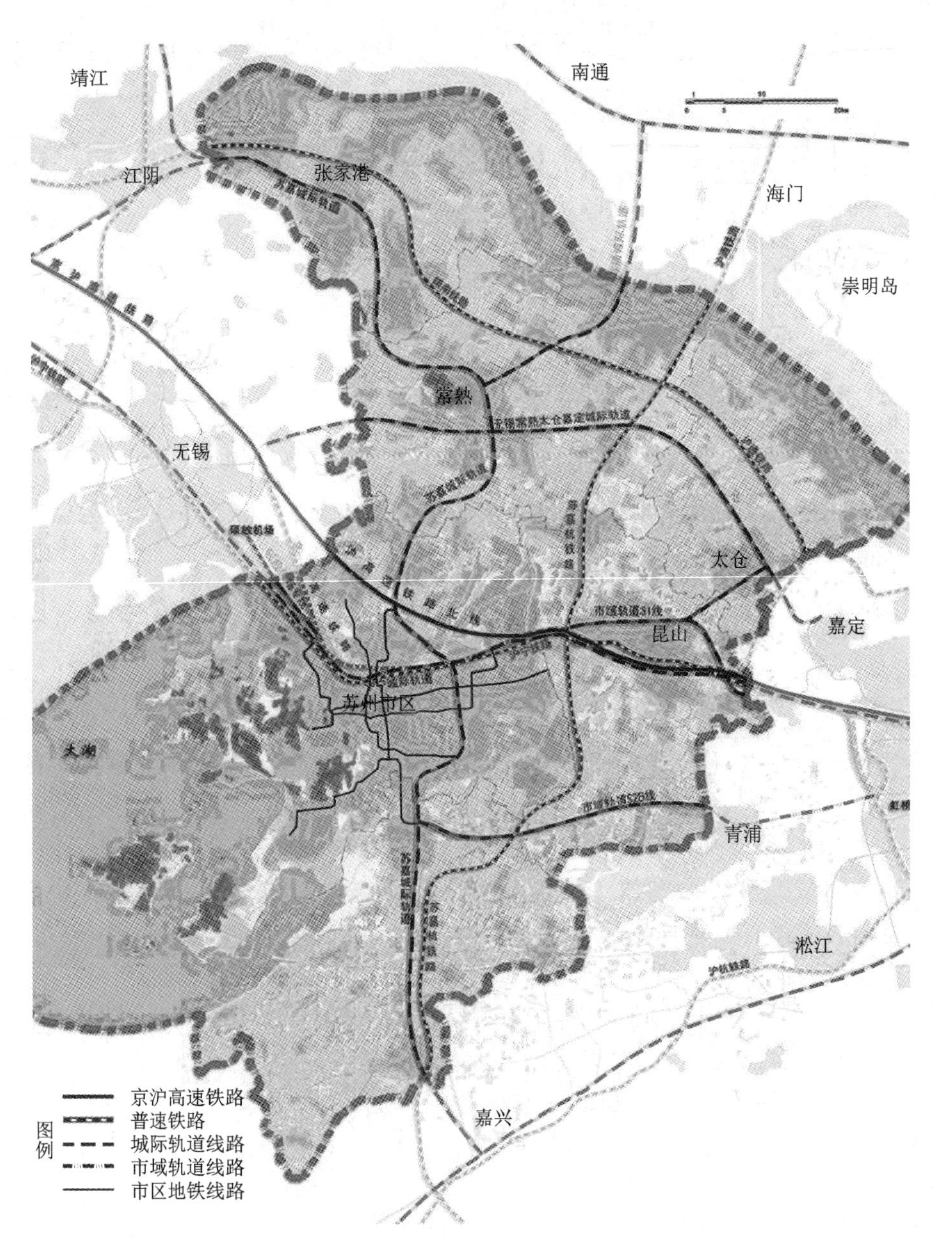

图 6-7　苏州市铁路网规划图

宜为 2～3 km,详见图 6-8。

对于传统意义的火车站,我国绝大多数城市只设一个铁路客运站,管理使用均比较方便。但对于大城市和特大城市,由于用地范围大、旅客多,如果只设一个铁路客运站,则容易导致旅客过于集中,对市内交通造成较大影响。另外,在受到自然地形(如山、河)等因素影响时,如果城市布局分散或呈狭长带形,只设一个铁路客运站也不便于整个城市的使用。因此,这些城市的铁路客运站宜分设两个或两个以上,或者以一个铁路客运站为主,再增加其他辅助车站(如中间站或货运站兼办客运),详见图 6-9。

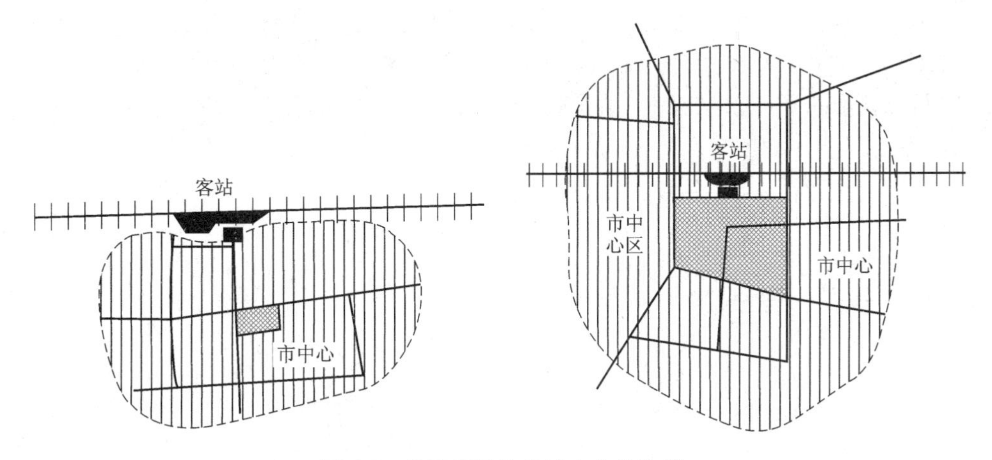

图 6-8　铁路客运站在城市中的位置

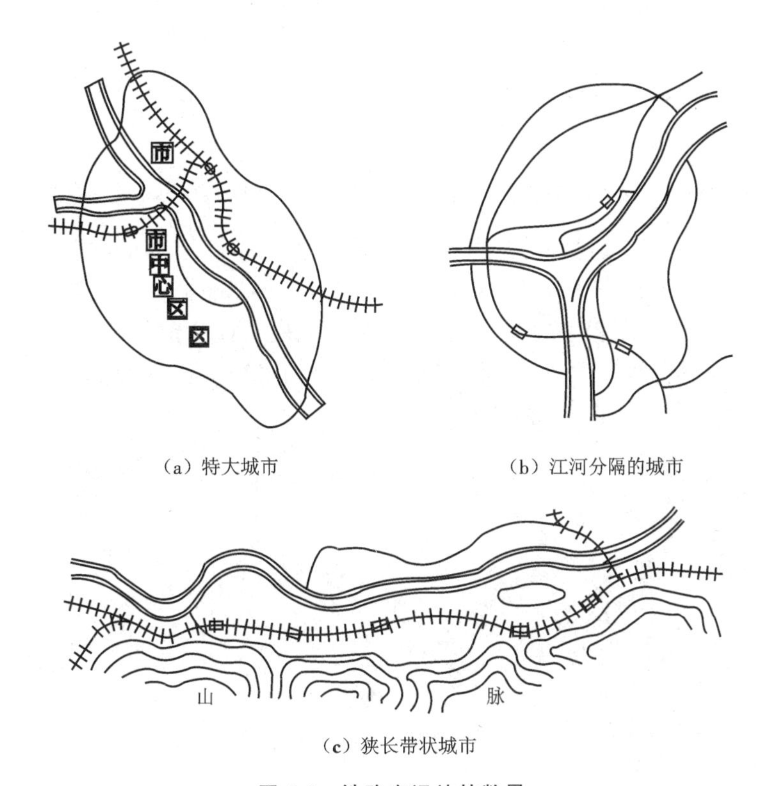

(a) 特大城市　(b) 江河分隔的城市

(c) 狭长带状城市

图 6-9　铁路客运站的数量

随着客运市场竞争加剧和人民生活水平提高，乘客对速度、舒适度等要求提高，我国铁路客货运业务发生较大变化。为适应客运快速化、公交化的要求，高速铁路、城际铁路开工建设或投入运营，既有铁路不断提速，铁路大大缩短了城市间的时间距离，铁路客运站在人民的心目中逐渐改变形象，铁路客运站越来越接近我们生活，成为一个城市重要的对外交通枢纽，成为带动城市经济增长的发动机。在建设城际铁路、高速铁路的地区，铁路客运站数量变化的最大特点是普通铁路的中间站、过境站升级，并且新建了铁路客运站。人民对铁路客运站的认识不再是“谈虎色变”，而且围绕铁路客运站进行高强度用地综合开发,铁路客运站建设走向了良性发展的轨道。在实践中,土地利用强度以车站及其毗邻用地为最高,即在车站周围形成峰值,从车站向外围递减,可将车站地区土地利用强度分为两个层次:以车站为圆心的 200 m 范围,高强度开发是主要特征;200 m 以外至 500 m 范围,适合中、低强度开发,见图 6-10、图 6-11。

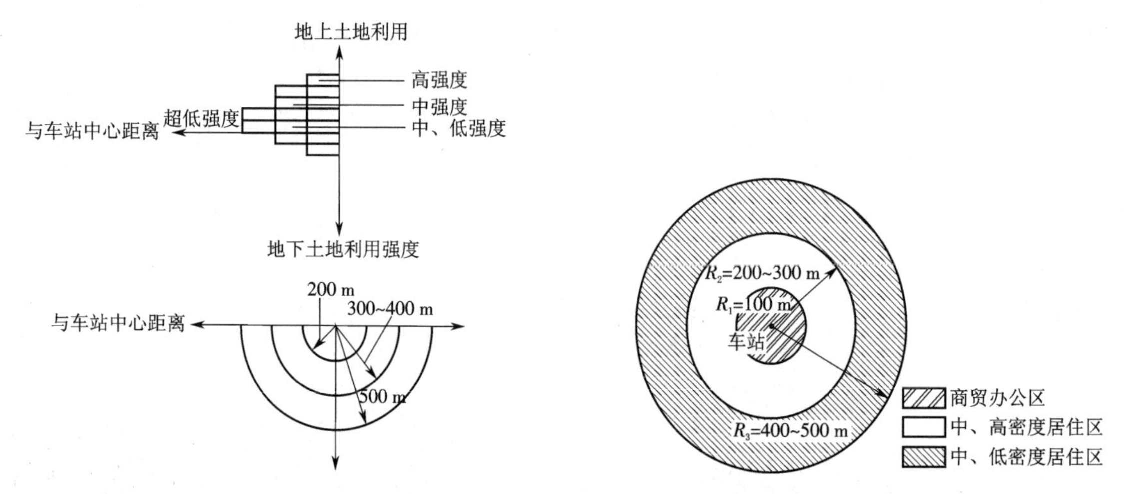

图 6-10 车站地区土地利用强度分布

图 6-11 车站地区用地功能分布

沪宁城际铁路起自上海,经昆山、苏州、无锡、常州、丹阳、镇江至南京,线路基本并行现有沪宁铁路北侧,正线全长 300 km,共设 31 个站点,设计速度 200～250 km/h,在江苏境内共设 25 个站点,其中 17 个车站作为一期工程率先建设,其他车站暂为规划或预留车站。而沪宁城际铁路投入运营前,现有沪宁铁路运行客车主要停上海、昆山、苏州、无锡、常州、丹阳、镇江、南京等几个大站。沪宁城际铁路沿线客运站示意详见图 6-12。

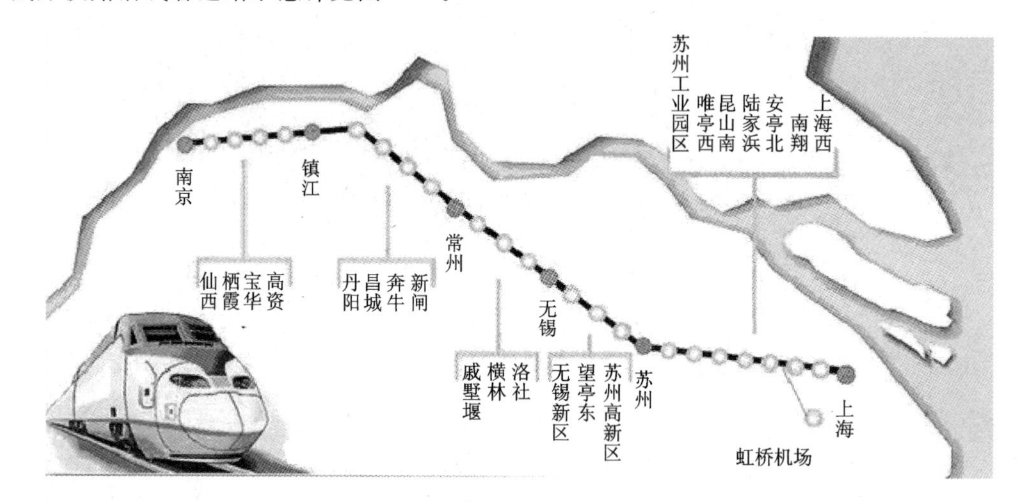

图 6-12 沪宁城际铁路沿线客运站示意

以苏州市区为例,高速铁路、城际铁路投入运营前,市区铁路客运站主要为苏州站;沪宁城际铁路投入运营后,市区有新区、苏州(火车站)、园区三个城际站,而京沪高速铁路投入运营后,市区增加高速铁路苏州北站(图6-13)。

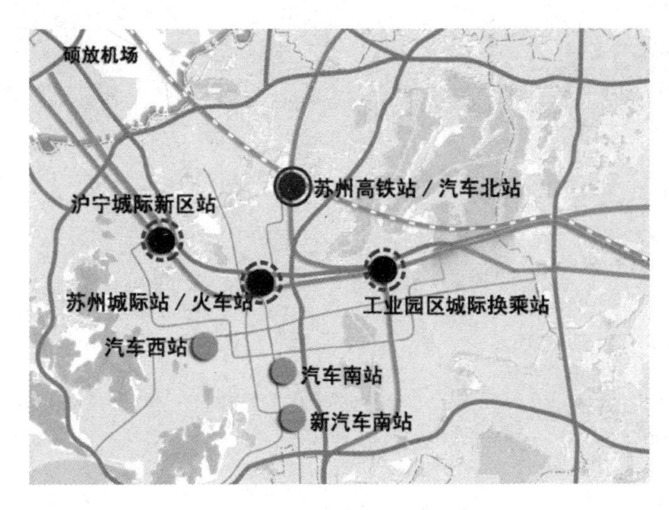

图6-13　苏州市区铁路客运站示意图

(2)铁路客运站与市内交通的关系

铁路客运站是对外交通与市内交通的衔接点。对旅客来说，到达旅行最终目的地还需要借助市内交通。铁路客运站必须与交通性干路和(或)轨道交通紧密衔接，直接通达市中心以及其他联运点(车站、码头等)。但是，也应避免交通性干路与车站站前广场的互相干扰。为了方便旅客、避免干扰，上海、北京等许多城市将轨道交通直接引进铁路客运站；国外一些城市将国有铁路、市郊铁路、轨道交通、公交枢纽、汽车站以及相关服务设施集中布置在一幢大楼里，构成交通综合体。详见图6-14、图6-15。

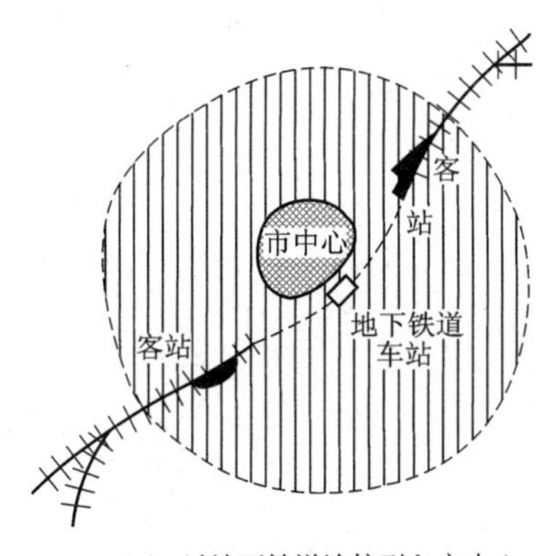

(a) 以地下铁道连接引入市中心

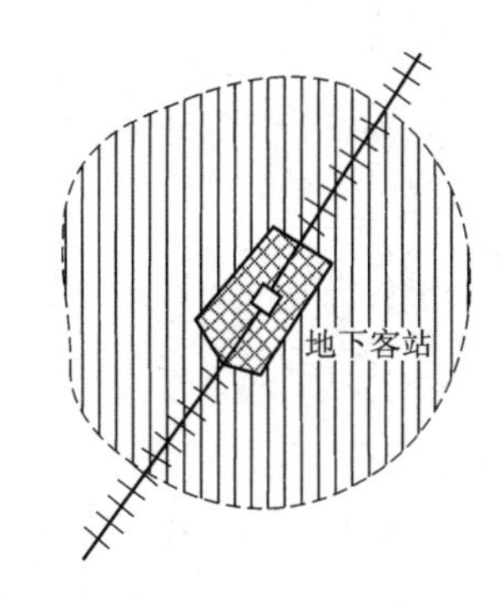

(b) 铁路直接伸入市中心地下设客运站

图6-14　铁路客运站与城市中心的联系

(3)提高铁路运输效能

在进行城市布局时，要考虑主要铁路干线的旅客列车到发与通过的便捷性。为了提高铁路客运站的通过能力，适应旅客量增长的需要，近年来兴建与改建的一些重点铁路客运站也都趋向于采用通过式车站。这样的铁路客运站不深入城市，在城市市区边缘切线通过，否则容易造成铁路干线对城市的分割而产生严重的干扰(图6-16)。对于大城市，因通过式铁路客运站深入市区而将

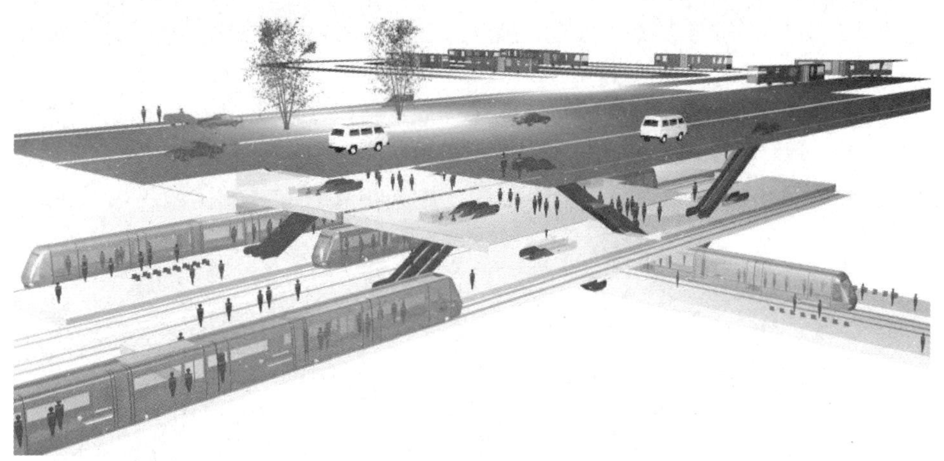

图 6-15　铁路客运站综合枢纽示意

市区分割时，应考虑铁路客运站面对两个方向，双向都可出入，如上海新客站。这种车站布置方式又称为跨线式，大连火车站、苏州火车站的改造也利用了这一方式，见图 6-17。

(4) 体现城市面貌

铁路客运站作为城市的大门，反映城市的面貌绝不是单纯依靠车站站屋本身所能达到的。它必须与铁路客运站周围的建筑与自然环境有机结合，形成既反映现代化建设，又体现地方文化特色的城市景观。近年来，我国不少城市新建、改建的一些铁路客运站在这方面取得了较好的效果。国外有些城市将铁路客运站与城市公共建筑的功能结合在一起，建成一座集交通、休闲、商务等服务于一体的综合性建筑，布置紧凑、使用便利，同时在建筑形式上也别具一格，成为出入城市的一个明显标志。

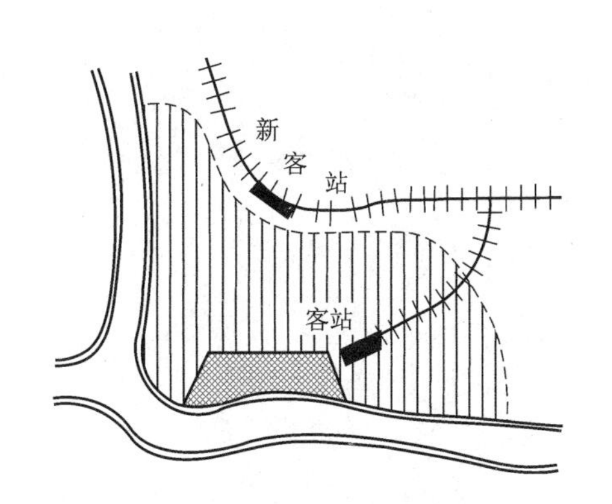

图6-16　布置于城市边缘的通过式客运站

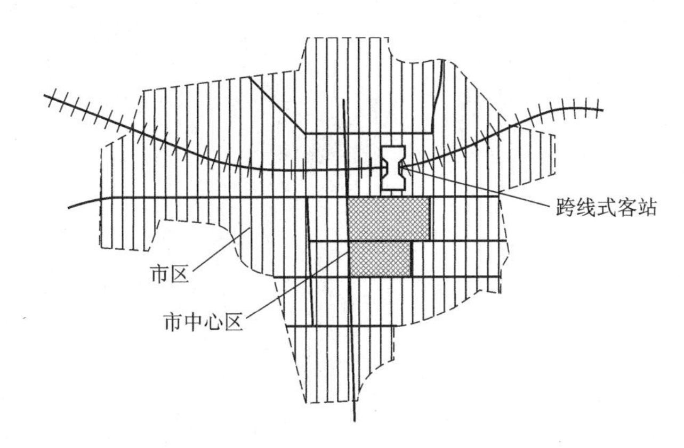

图6-17　跨线式客运站布置

4. 铁路货运站的布置

铁路货运站应按其性质分别设于其服务的地区内。以到发为主的综合性货运站(特别是零担货场),一般应深入市区,接近货源和消费地区;以某几种大宗货物为主的专业性货运站,应接近其供应的工业区、仓库区等大宗货物集散点;在市区外围为本市服务的中转货物装卸站则应设在郊区;接近编组站和水陆联运码头危险品(易爆、易燃、有毒)及有碍卫生(如牲畜货场)的货运站应设在市郊,并有一定的安全隔离地带,还应与其主要使用单位、贮存仓库在城市同一侧。

铁路货运站应与城市道路系统紧密配合,应有城市货运干路联系。铁路货运站的引入线应与城市干路平行,并尽量采用尽端式布置,以避免与城市交通的互相干扰。铁路货运站应与市内运输系统紧密配合,在其附近应有相应的市内交通运输站场、设备与停车场。铁路货运站与编组站之间应有便捷的联系,以缩短地方车流的运行里程,节省运费并加速车辆周转。

5. 铁路编组站的布置

(1) 避免干扰城市

铁路编组站占地大,极易对城市交通造成严重影响,昼夜不断地作业会产生较大的污染。考虑到城市与铁路运输的持续发展,必须将其安排在城市郊区。同时,也要防止编组站被大量专用线、大型货场甚至工业、仓库区包围,影响铁路正线的正常运营与编组站作业。此外,在选址时还要为其大量职工及家属的生活居住、公共设施、道路交通等作出安排。

(2) 方便集散列车

为保证主要车流方向有便捷的线路,并使折角车流最小,编组站一般应设在铁路干线汇合处,且位于主要车流方向短顺的干线上。在有些铁路枢纽城市,可能不只有一个编组站,应根据其车流性质与编组站的类型选择其在城市中的位置。主要为干线运输服务的路网性编组站大部分为中转车流,与城市的关系不大,应远离城市,设在主要干线车流顺直的地点。肩负干线与地方运输双重任务的区域性编组站,不仅要设在主要干线车流顺直的地点,而且要靠近城市车流产生的地点,如工业区、仓库区等。主要为地区服务的工业和港湾编组站,则应设在车辆集散的地点附近,不可远离城市。当铁路枢纽是路网的终端时,则应设在铁路干线引入方向的市郊。图6-18为铁路编组站在城市中的位置示意图。

(3) 节省造价、注重防灾、少占农田

密切结合地形、地质、水文等自然条件,以节省土方工程量,尽量少占农田,保证建筑物的基础

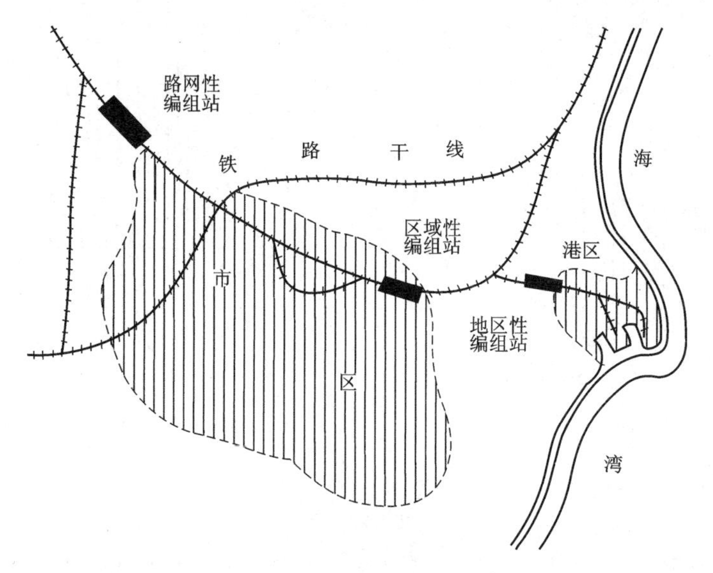

图 6-18 铁路编组站在城市中的位置示意图

稳固和防止洪水、内涝的侵害,并预留将来发展的可能。同时,充分利用已有设备,节省工程费用。

6.2 公路

公路是城市与其他城市及市域内乡镇联系的道路。为充分发挥公路交通运输在城市对外交通中的作用,在城市规划中,应结合城镇体系总体布局和区域规划,合理地确定公路的技术等级、选线、站场布局及用地规模等,正确处理公路与城市发展的关系。

6.2.1 概述

1. 公路的分类分级

(1) 公路分类

根据公路的性质和作用,及其在国家公路网中的地位,可分为国道(国家干线公路)、省道(省级干线公路)、县道(县级干线公路)、乡道(乡级公路)以及专用公路。一般将国道和省道称为干线,县道和乡道称为支线。

①国道:是指具有全国性政治、经济意义的主要干线公路,包括重要的国际公路、国防公路、连接首都与各省、自治区、直辖市首府的公路,连接各大经济中心、交通枢纽、商品生产基地和战略要地的公路。

②省道:是指具有全省(自治区、直辖市)政治、经济意义的主要干线公路,连接首府与省内各地市县、交通枢纽和重要生产基地的公路。

③县道:是指具有全县(县级市)政治、经济意义,连接县城和县内主要乡(镇)、主要商品生产和集散地的公路,以及不属于国道、省道的县际间公路。

④乡道:是指主要为乡(镇)村经济、文化、行政服务的公路,以及不属于县道以上公路的乡与乡之间及乡与外部联络的公路。

⑤专用公路：是指专供或主要供厂矿、林区、农场、油田、旅游区、军事要地等与外部联系的公路。

（2）公路分级

根据公路的使用任务、功能及适应的交通量水平可划分为五个等级：高速公路、一级公路、二级公路、三级公路和四级公路。

①高速公路：为专供汽车分向、分车道行驶并应全部控制出入的多车道公路。四车道高速公路一般能适应将各种汽车折合成小客车的远景设计年限年平均昼夜交通量15000～35000辆；六车道高速公路一般能适应将各种汽车折合成小客车的远景设计年限年平均昼夜交通量45000～80000辆；八车道高速公路一般能适应将各种汽车折合成小客车的远景设计年限年平均昼夜交通量60000～100000辆。

②一级公路：为供汽车分向、分车道行驶，并可根据需要控制出入的多车道公路。四车道一级公路应能适应将各种汽车折合成小客车的年平均日交通量15000～30000辆；六车道一级公路应能适应25000～55000辆。

③二级公路：为供汽车行驶的双车道公路。双车道二级公路应能适应将各种汽车折合成小客车的年平均日交通量5000～15000辆。

④三级公路：为供汽车行驶、非汽车交通混合行驶的双车道公路。双车道三级公路应能适应将各种汽车折合成小客车的年平均日交通量2000～6000辆。

⑤四级公路：供汽车行驶、非汽车交通混合行驶的双车道或单车道公路。双车道四级公路应能适应将各种汽车折合成小客车的年平均日交通量2000辆以下；单车道四级公路应能适应400辆以下。

高速公路为汽车专用路，是国家级和省级的干线公路；一、二级公路常用作联系高速公路和中等以上城市的干线公路；三级公路常用作联系县和城镇的集散公路；四级公路常用作沟通乡、村的地方公路。

公路等级的选用应根据公路功能、路网规划及交通量，并充分考虑项目所在地区的综合运输体系、远期发展等，经论证后确定，并应遵循以下原则。

①主要干线公路应选用高速公路。

②次要干线公路应选用二级及二级以上公路。

③主要集散公路宜选用一、二级公路。

④次要集散公路宜选用二、三级公路。

⑤支线公路宜选用三、四级公路。

另外，一条公路可分段选用不同的公路等级或同一公路等级不同设计速度、路基宽度，但不同公路等级、设计速度、路基宽度间的衔接应协调，过渡应顺适。

2. 公路设计的相关技术标准

（1）车道宽度

车道是指专为纵向排列、安全顺适地通行车辆为目的而设置的公路带状部分。所谓车道宽度，是为了交通上的安全和行车上的顺适，根据汽车大小、车速高低而确定的各种车辆行驶时所需的宽度。公路设计的车道宽度应符合表6-5的规定。

表 6-5　公路车道宽度

设计车速/(km/h)	120	100	80	60	40	30	20
车道宽度/m	3.75	3.75	3.75	3.50	3.50	3.25	3.00

注:①八车道及以上公路在内侧车道(内侧 1、2 车道)仅限小客车通行时,其车道宽度可采用 3.5 m;

②以通行中、小型客运车辆为主且设计速度为 80 km/h 及以上的公路,经论证车道宽度可采用 3.5 m。

高速公路、一级公路各路段的车道数根据预测的设计交通量、设计速度、服务水平等确定。当车道数为四车道以上时,应按双数、两侧对称增加。二级、三级公路应为双车道公路。二级公路混合交通量大,非汽车交通对汽车运行影响较大时,可划线分快、慢车道(慢车道可利用硬路肩及土路肩的宽度),但这种公路仍属双车道范畴。

(2) 路基横断面

高速公路、一级公路的路基标准横断面分为整体式和分离式两类。整体式路基的标准横断面应由车道、中间带(中央分隔带、左侧路缘带)、路肩(右侧硬路肩、土路肩)等部分组成。分离式路基的标准横断面应由车道、路肩(右侧硬路肩、左侧硬路肩、土路肩)等部分组成。二级公路路基的标准横断面应由车道、路肩(硬路肩、土路肩)等部分组成。三级公路、四级公路路基的标准横断面应由车道、路肩等部分组成。

公路路基横断面形式应根据公路功能、技术等级、交通量和地形等条件确定。各级公路一般路基横断面形式示例见图 6-19,并应符合下列规定。

①高速公路、一级公路应根据需要采用整体式或分离式路基横断面形式。

②双向十车道及以上车道数的高速公路可采用复合式横断面形式。

③二级公路、三级公路、四级公路应采用整体式路基横断面形式。

(3) 路基宽度

各级公路路基宽度为车道宽度与路肩宽度之和,当设中间带时,应计入这部分的宽度。

高速公路、一级公路整体式路基断面必须设置中间带,中间带由两条左侧路缘带和中央分隔带组成,左侧路缘带宽度不应小于表 6-6 的规定。

表 6-6　左侧路缘带宽度

设计速度/(km/h)		120	100	80	60
左侧路缘带宽度/m	一般值	0.75	0.75	0.5	0.5
	最小值	0.5	0.5	0.5	0.5

各级公路右侧路肩宽度应符合表 6-7 的规定,高速公路、一级公路应在右侧硬路肩宽度内设右侧路缘带,其宽度为 0.50 m。

表 6-7　右侧路肩宽度

公路等级		高速公路			一级公路(干线功能)	
设计速度(km/h)		120	100	80	100	80
右侧硬路肩宽度/m	一般值	3.00(2.50)	3.00(2.50)	3.00(2.50)	3.00(2.50)	3.00(2.50)
	最小值	1.50	1.50	1.50	1.50	1.50

续表

公路等级		高速公路			一级公路(干线功能)	
土路肩宽度/m	一般值	0.75	0.75	0.75	0.75	0.75
	最小值	0.75	0.75	0.75	0.75	0.75
公路等级		一级公路(集散功能)和二级公路		三级公路、四级公路		
设计速度/(km/h)		80	60	40	30	20
右侧硬路肩宽度/m	一般值	1.50	0.75	—	—	—
	最小值	0.75	0.25			
土路肩宽度/m	一般值	0.75	0.75	0.75	0.50	0.25(双车道) 0.50(单车道)
	最小值	0.50	0.50			

注:①正常情况下,应采用"一般值";在设爬坡车道、变速车道及超车道路段,受地形、地物等条件限制路段及多车道公路特大桥,可论证采用"最小值";

②高速公路和作为干线的一级公路以通行小客车为主时,右侧硬路肩宽度可采用括号内数值;

③高速公路局部设计速度采用60 km/h的路段,右侧硬路肩宽度不应小于1.5 m。

高速公路、一级公路的分离式路基,应设置左侧路肩,其宽度规定见表6-8。左侧硬路肩内含左侧路缘带,左侧路缘带宽度为0.50 m。高速公路整体式路基双向八车道及以上路段,宜设置左侧硬路肩,其宽度应不小于2.5 m。高速公路分离式路基单幅同向四车道及以上的路段,左侧硬路肩宽度不宜小于2.5 m。

表6-8　高速公路、一级公路分离式路基的左侧路肩宽度

设计速度/(km/h)	120	100	80	60
左侧硬路肩宽度/m	1.25	1.00	0.75	0.75
左侧土路肩宽度/m	0.75	0.75	0.75	0.50

高速公路和作为干线的一级公路的右侧硬路肩宽度小于2.50 m时,应设紧急停车带。紧急停车带宽度应不小于3.50 m,有效长度不应小于40 m,间距不宜大于500 m,并应在其前后设置不短于70 m的过渡段。高速公路、一级公路的特大桥、特长隧道,根据需要可设置紧急停车带,其间距不宜大于750 m。二级公路根据需要可设置紧急停车带,其间距宜按实际情况确定。

(4) 视距

高速公路、一级公路的停车视距应符合表6-9的规定,二、三、四级公路的停车视距、会车视距与超车视距应符合表6-10的规定。

表6-9　高速公路、一级公路停车视距

设计速度/(km/h)	120	100	80	60
停车视距/m	210	160	110	75

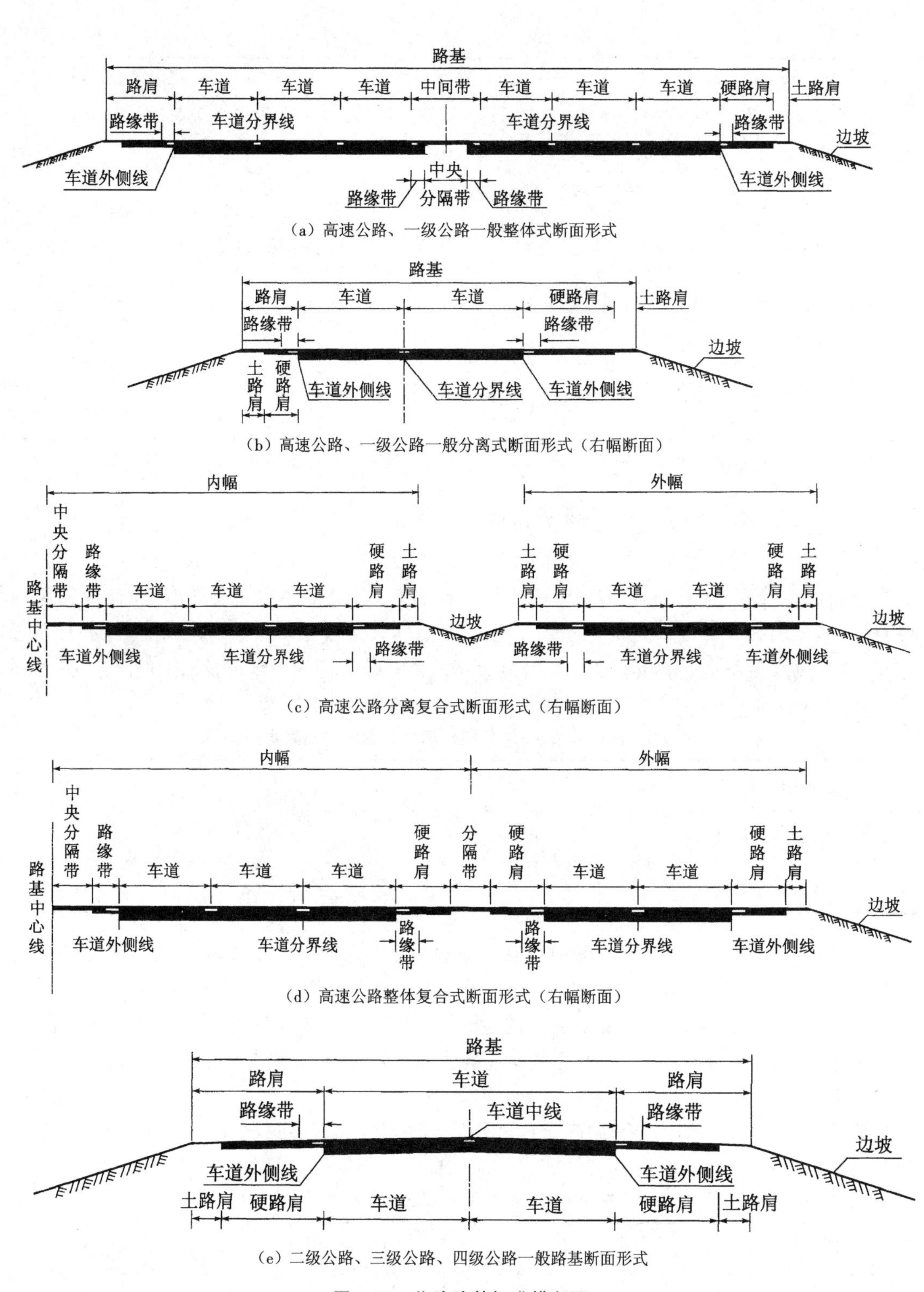

图 6-19　公路路基标准横断面

表 6-10　二、三、四级公路停车视距、会车视距与超车视距

设计车速/(km/h)		80	60	40	30	20
停车视距/m		110	75	40	30	20
会车视距/m		220	150	80	60	40
超车视距/m	一般值	550	350	200	150	100
	极限值	350	250	150	100	70

(5) 圆曲线最小半径

公路的圆曲线最小半径是以汽车在曲线部分能安全顺适地行驶所需要的条件而确定的。圆曲线最小半径的实质是汽车行驶在公路曲线部分时，所产生的离心力等横向力不超过轮胎与路面的摩阻力所允许的界限。圆曲线最小半径应符合表 6-11 的规定。

表 6-11　公路的圆曲线最小半径

设计速度/(km/h)		120	100	80	60	40	30	20
圆曲线最小半径一般值/m		1000	700	400	200	100	65	30
圆曲线最小半径(极限值)/m	$I_{max}=4\%$	810	500	300	150	65	40	20
	$I_{max}=6\%$	710	440	270	135	60	35	15
	$I_{max}=8\%$	650	400	250	125	60	30	15
	$I_{max}=10\%$	570	360	220	115	—	—	—
不设超高最小半径/m	路拱≤2.0%	5500	4000	2500	1500	600	350	150
	路拱>2.0%	7500	5250	3350	1900	800	450	200

(6) 最大纵坡

最大纵坡是公路纵断面设计的重要控制指标，直接影响到路线的长短、使用质量、运输成本和工程造价。公路最大纵坡应符合表 6-12 的规定。

表 6-12　公路最大纵坡

设计速度/(km/h)	120	100	80	60	40	30	20
最大纵坡/(%)	3	4	5	6	7	8	9

设计速度为 120 km/h、100 km/h、80 km/h 的高速公路受地形条件或其他特殊情况限制时，经技术经济论证，最大纵坡值可增加 1%。公路改建中，设计速度为 40 km/h、30 km/h、20 km/h 的利用原有公路的路段，经技术经济论证，最大纵坡值可增加 1%。四级公路位于海拔 2000 m 以上或积雪冰冻地区的路段，最大纵坡不应大于 8%。

(7) 路基设计洪水频率

公路，尤其是高等级公路，是国家在紧急情况下的生命线系统组成部分，路基设计洪水频率应符合表 6-13 的规定。

表 6-13 路基设计洪水频率

公路等级	高速公路	一级公路	二级公路	三级公路	四级公路
设计洪水频率	1/100	1/100	1/50	1/25	按具体情况确定

3. 公路用地

我国相关法律规定:县级以上地方人民政府应当确定公路两侧边沟(截水沟、坡脚护坡道,下同)外缘起不少于1米的公路用地。在大中型公路桥梁和渡口周围200米、公路隧道上方和洞口外100米范围内,以及在公路两侧一定距离内,不得挖砂、采石、取土、倾倒废弃物,不得进行爆破作业及其他危及公路、公路桥梁、公路隧道、公路渡口安全的活动。

4. 公路路线编号规则

公路路线编号由一位公路管理等级的字母代码和三位路线顺序号构成。公路路线编号区间:国道为G101至G199、G201至G299、G301至G399;省道为S101至S199、S201至S299、S301至S399;县、乡专用公路及其他公路为X/Y/Z/Q001至X/Y/Z/Q999。

国道按首都放射、北南纵线、东西横线分别顺序编号。以首都北京为中心的放射线由一位标识码1和两位路线顺序号构成;南北向的纵线由一位标识码2和两位路线顺序号构成;东西向横线由一位标识码3和两位路线顺序号构成。

省道在各省、自治区、直辖市界内按省会(首府)放射线、北南纵线、东西横线分别顺序编号。编号规则参照国道顺序编号,即以省会(首府)为中心的放射线由一位标识码1和两位路线顺序号构成;北南纵线由一位标识码2和两位路线顺序号构成;东西横线由一位标识码3和两位路线顺序号构成。

县、乡、专用公路及其他公路以各省、自治区、直辖市公路管理区域为基础分别顺序编制。

6.2.2 公路网在城镇体系中的布置

公路网是指一定区域内根据交通的需要,由各级公路组成的相互联络、交织成网状分布的公路系统。

1. 公路网络布置原则

公路网络布置应根据区域内城镇的分布和交通流量、流向,结合地形、地质、河流、综合运输布局、区域周围地区公路网状况等进行规划。公路网络布置应遵循以下原则。

①公路网的布局、主要线路的走向、公路的等级应和城镇的规模、等级、职能和空间结构形成的交通流量流向一致,使公路发挥最佳的运输效益。

②地形、地质、河流会影响到公路的造价,也会影响到公路的运输效益。应尽量选择地形、地质状况较好的线位,并尽量减少与河流,特别是与大江河的交叉。

③区域运输体系是由公路网、铁路网、航道网、航空网等各种运输方式组成的,各种运输方式之间应相互协调、相互配合,发挥各种运输方式的长处。同时,公路与铁路等在线路布置上也应尽量减少相互干扰,避免过多的交叉。

④公路网要与区域外部的公路网络衔接,使之能协调一致,避免出现断头路及设计车速的急剧变化。

⑤公路网布局规划应划分层次,由上而下进行,局部服从整体。省道网应以国道网为基础,地

方道路网应服从国道网、省道网的需要，三者协调，逐步完善。公路网规划分别按国家、省（自治区、直辖市）、地（市）、县行政区划，由各级交通主管部门负责组织编制。国道主干线、国道网规划由交通部负责组织编制。省道规划由各省（自治区、直辖市）交通厅（局）负责编制。县道规划由地（市）交通部门负责组织编制。乡道规划由县交通部门负责组织编制。部门专用公路规划（包括农场、牧场、林场、矿山、油田及国边防公路）由专用部门负责组织编制，纳入各省和全国公路网规划中。

2. 公路网络布局典型模式

城镇体系中的公路网络布局图式是以区域内产生交通量的城镇或独立大型工矿企业点为节点，节点间的公路为边线，由节点和表示边线基本走向的线条组成的图形。从功能上分析，公路网络布局图式一般由辐射公路、环形公路、绕行公路、并行公路及联络公路组成。

辐射公路是指在公路网中，自某一中心向外呈辐射状伸展的公路。环形公路是指在公路网中，围绕某一中心呈环状的公路。绕行公路是指为使行驶车辆避开城镇或交通障碍路段而修建的分流公路。并行公路是指在公路网中，与某条公路呈平行状伸展的公路，又称并行线。联络公路是指在公路网中，联系两条主要公路间的连线公路，又称联络线。

一般来说，在平原和微丘地区，路网模式中的三角形（星形）、棋盘形（方格形）和放射形（射线形）较为普遍；而重丘和山区，由于受到山脉和河川的限制，路网模式往往形成并列形、树杈形或条形。当区域内的主要运输点偏于区域边缘时，有可能产生扇形或树杈形；条形有可能在狭长地带的区域公路网中出现。各种模式往往又相互组合而形成混合型。

6.2.3 公路网在城市中的布置

在城市范围内的公路，有的是城市道路的组成部分，有的则是城市道路的延续。在进行城市规划时，应结合城市的总体布局合理地选定公路线路走向及站场的位置。

1. 公路与城市的连接

在进行城市规划时，公路与城市的关系有以下三种情况。

①以城市为目的地和出发地的到达、离开交通，要求线路直通市区，并与城市干路直接衔接。

②同城市关系不大的过境交通，或者是通过城市但可不进入市区，或者是上下少量客、装卸少量货作暂时停留（或过夜）的车辆，一般尽量由城市边缘绕行通过。

③联系市郊各区的交通一般采用环城干路解决，根据城市规模，可设立一至多条环线。

采用何种布置方式，要根据公路等级、城市性质和规模、过境及入境流量等因素来决定。公路与城市连接的基本方式见图6-20。

①将过境交通引至城市外围通过，避免进入市区产生干扰，将车站设在城市边缘的入口处，使入境的交通终止于此。这是一种改造旧有城镇道路与一般公路合用的常用方式。

②一般说来，公路的等级越高、经过的城镇规模越小，则通过该城镇的车流中入境车辆的比重越小。此类公路宜离开城区一定距离设置，采用入城道路取得与城镇的交通联系。

③大城市往往是公路终点，入境交通量较大。虽然长途汽车站可设于城市边缘，但其他车辆仍要进入城市。若城市规模较大，车站设于城市边缘会造成旅客不便。因此，采取城市部分交通干路与公路对外交通连接的方式。但应避免对城市交通密集地区的干扰，宜与城市交通密集地区

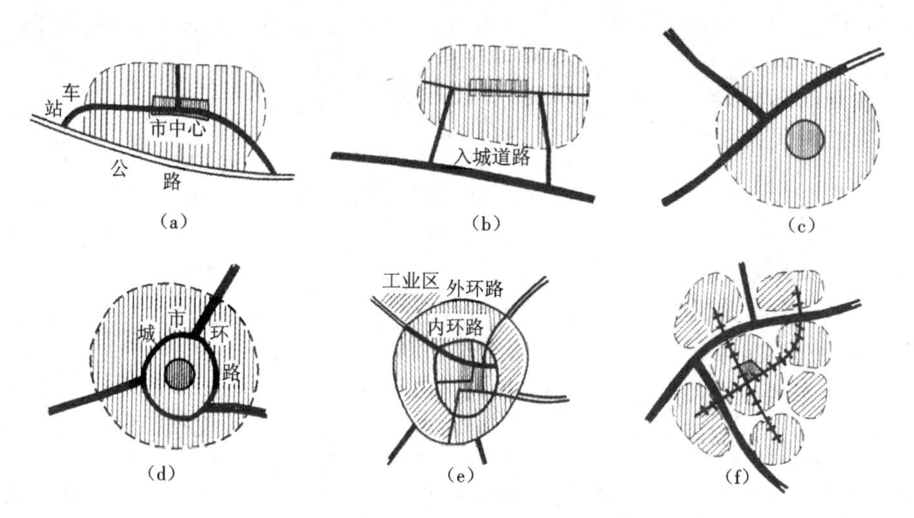

图 6-20　公路与城市连接的基本方式

相切而过,不宜深入区内。

④对于更大规模的城市,一般有城市环路环绕于城市中心区、市区外围。环路是交通性干路,公路的过境交通可利用它通过城市,而不必穿越市中心。

⑤以公路组成城市的外环道路,可兼作城市近郊工业区之间联系的交通性干路。为减少外环公路的交叉点,还可在外环内再设环路(类似上例的内环),通过较少的交叉点引入内环,再进入城市道路系统。

⑥公路与城市道路各自成系统,互不干扰。公路从城市功能分区之间通过,不与城市直接接触,在一定的入口处与城市道路连接。

2. 高速公路与城市的连接

高速公路与城市道路的衔接及其在城市范围内的布置,应遵循"近城不进城,进城不扰民"的原则。根据城市的性质和规模、行驶中车流与城市的关系,高速公路的定线布置可分为环形绕行式、切线绕行式、分离式和穿越式四种方式,见图 6-21。

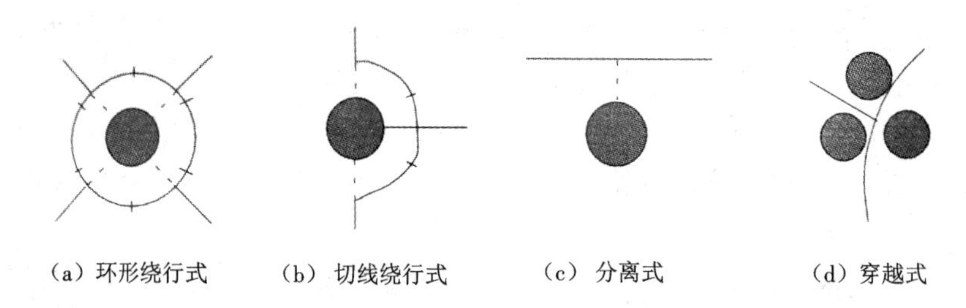

图 6-21　高速公路与城市衔接的方式

(1) 环形绕行式

该形式适用于主枢纽型的特大城市。当有多条高速公路进入城市时,采用环线可拦截、疏解过境交通,如上海、广州、济南等。

(2) 切线绕行式

当有两、三条高速公路进入城市时,采用该形式可减轻过境交通对城市的干扰,如无锡。

(3) 分离式

在高速公路上行驶的多数车流如果与城市无关，则最好远离城市布线，用联络线接入城市，如昆山、镇江。

(4) 穿越式

高速公路从城市组团间穿过，高速公路全封闭，采用高架、地下或高填土方式穿过城市，过境交通与城市交通基本无干扰，如常州、苏州。

此外，还应特别注意高速公路与其他道路和其他设施的关系，合理选择高速公路的出入口及专用连接线。高速公路上的出入口需要严格控制，两个出入口间距一般不小于 15 km。

6.2.4　公路汽车场站在城市中的布置

根据公路运输场站的使用功能，一般分为客运站、货运站、技术站、公路过境车辆服务站。在公路运输场站里，与城市布局联系较密切的是客运站和货运站。根据客货流量的大小和实际运营的需要，客、货运站可以分别设置，也可以合并共设。

1. 公路客运站

(1) 客运站级别划分

根据站点所处位置和特点可分为以下四类。

①枢纽站：可为两种及两种以上交通方式提供旅客运输服务，且旅客在站内能实现自由换乘的车站。

②口岸站：位于边境口岸城镇的车站。

③停靠站：为方便城市旅客乘车，在市(城)区设立的具有候车设施和停车位，用于长途客运班车停靠、上下旅客的车站。

④港湾站：道路旁具有候车标志、辅道和停车位的旅客上落点。

根据车站设施和设备配置情况、地理位置和设计年度平均日旅客发送量(以下简称日发量)等因素，车站可划分为五个级别车站、简易车站和招呼站(表 6-14、表 6-15)。

①一级车站。

设施和设备符合一级车站必备各项要求，且具备下列条件之一：日发量在 10000 人次以上的车站；省、自治区、直辖市及其所辖市、自治州(盟)人民政府和地区行政公署所在地，如无 10000 人次以上的车站，可选取日发量在 5000 人次以上具有代表性的一个车站；位于国家级旅游区或一类边境口岸，日发量在 3000 人次以上的车站。

②二级车站。

设施和设备符合二级车站必备各项要求，且具备下列条件之一：日发量在 5000 人次以上，不足 10000 人次的车站；县以上或相当于县人民政府所在地，如无 5000 人次以上的车站，可选取日发量在 3000 人次以上具有代表性的一个车站；位于省级旅游区或二类边境口岸，日发量在 2000 人次以上的车站。

③三级车站。

设施和设备符合三级车站必备各项要求，日发量在 2000 人次以上，不足 5000 人次的车站。

表 6-14　汽车客运站设施配置表

设施名称				一级站	二级站	三级站	四级站	五级站
场地设施			站前广场	●	●	★	★	★
			停车场	●	●	●	●	●
			发车位	●	●	●	●	★
建筑设施	站房	站务用房	候车厅(室)	●	●	●	●	●
			重点旅客候车室(区)	●	●	★	—	—
			售票厅	●	●	★	★	★
			行包托运厅(处)	●	●	★	—	—
			综合服务处	●	●	★	★	—
			站务员室	●	●	●	●	●
			驾乘休息室	●	●	●	●	●
			调度室	●	●	●	★	—
			治安室	●	●	★	—	—
			广播室	●	●	★	—	—
			医疗救护室	★	★	★	★	★
			无障碍通道	●	●	●	●	●
			残疾人服务设施	●	●	●	●	●
			饮水室	●	★	★	★	★
			盥洗室和旅客厕所	●	●	●	●	●
			智能化系统用房	●	★	★	—	—
		办公用房		●	●	●	★	—
	辅助用房	生产辅助用房	汽车安全检验台	●	●	●	●	●
			汽车尾气测试室	★	★	—	—	—
			车辆清洁、清洗台	●	●	★	—	—
			汽车维修车间	★	★	—	—	—
			材料间	★	★	—	—	—
			配电室	●	●	—	—	—
			锅炉房	★	★	—	—	—
			门卫、传达室	★	★	★	★	★
		生活辅助用房	司乘公寓	★	★	★	★	★
			餐厅	★	★	★	★	★
			商店	★	★	★	★	★

注:“●”——必备;“★”——视情况设置;“—”——不设。

表 6-15　汽车客运站设备配置表

设备名称		一级站	二级站	三级站	四级站	五级站
基本设备	旅客购票设备	●	●	★	★	★
	候车休息设备	●	●	●	●	●
	行包安全检查设备	●	★	★	—	—
	汽车尾气排放测试设备	★	★	—	—	—
	安全消防设备	●	●	●	●	●
	清洁清洗设备	●	●	★	—	—
	广播通信设备	●	●	★	—	—
	行包搬运与便民设备	●	●	★	—	—
	采暖或制冷设备	●	★	★	★	★
	宣传告示设备	●	●	●	★	★
智能系统设备	微机售票系统设备	●	●	★	★	★
	生产管理系统设备	●	★	★	—	—
	监控设备	●	★	★	—	—
	电子显示设备	●	●	★	—	—

注："●"——必备；"★"——视情况设置；"—"——不设。

④四级车站。

设施和设备符合四级车站必备各项要求，日发量在 300 人次以上，不足 2000 人次的车站。

⑤五级车站。

设施和设备符合五级车站必备各项要求，日发量在 300 人次以下的车站。

⑥简易车站。

达不到五级车站要求或以停车场为依托，具有集散旅客、停发客运班车功能的车站。

⑦招呼站。

达不到五级车站要求，具有明显的等候标志和候车设施的车站。

(2) 客运站规模

车站占地面积按每 100 人次日发量指标进行核定，且不低于表 6-16 所列指标的计算值。规模较小的四级车站和五级车站占地面积不应小于 2000 m^2。

表 6-16　公路客运站占地面积指标(m^2/百人次)

车站等级	一级车站	二级车站	三、四、五级车站
占地面积	360	400	500

车站规模指标包括设计年度平均日旅客发送量、旅客最高聚集人数、发车班次、发车位数等。其中，设计年度为车站建成投产使用后的第十年，旅客最高聚集人数为设计年度中旅客发送量偏

高期间内、每天最大同时在站人数的平均值。客运站的规模要适中。若规模过小,时隔不久,就将不适应城市发展要求。若规模过大,离城市中心太远,也会带来诸多问题。例如:客流车流高度集中,对城市交通造成很大影响;站务管理复杂,服务质量下降;非高峰时利用率很低;建设征地拆迁困难等。

在客运站建筑设计时,通常以设计年度日发量及旅客最高聚集人数为主要依据。当日发量超过 25000 人次时,宜按客流方向和城镇交通分区,分别设置汽车客运站,缓解汽车客运压力。

(3) 客运站在城市中的布置

公路客运站在城市中具有重要的作用,站址应纳入城市总体规划,合理布局,同时还应符合下列原则。

①便于旅客集散和换乘,尽可能地节省旅客出行时间和费用,减少在市内换乘次数。

②与公路、城市道路、城市公交系统和其他运输方式的站场衔接良好,确保车辆流向合理,出入方便。

③具备必要的工程、地质条件,方便与城市的公用工程网系(道路网、电力网、给排水网、排污网、通信网等)的连接。

④具备足够的场地,能满足车站建设需要,并有发展余地。

图 6-22 是苏州市区客运交通枢纽规划方案。苏州市汽车站布局主要有两种情况:①汽车站与高速铁路、城际铁路火车站有机整合;②汽车站依托快速路设置。

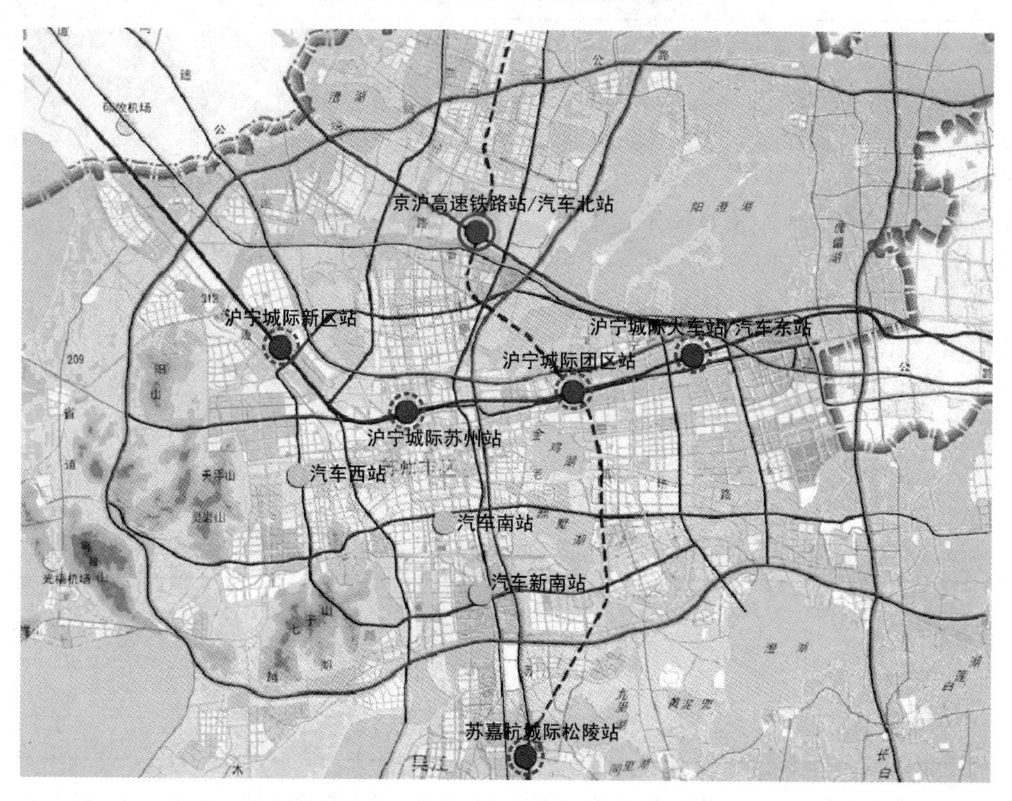

图 6-22 苏州市区客运交通枢纽规划方案

2. 公路货运站

(1) 公路货运站的分类

公路货运站可分为综合型公路货运站、运输型公路货运站、仓储型公路货运站、信息型公路货运站四类。

①综合型公路货运站。

体现运输和仓储等物流多环节服务的功能,同时符合以下要求:从事物流多环节服务业务,可以为客户提供运输、货运代理、仓储、配送、流通加工、包装、信息等多种服务,且具备一定规模;按照业务要求,自由或租用必要的装卸设备、仓储设施及设备;配置专门的机构和人员,建立完备的客户服务体系,能及时、有效地提供服务;具备网络化信息服务功能,应用信息系统可对服务全过程状态查询和监控。

②运输型公路货运站。

体现以运输服务为主的中转服务功能,同时符合以下要求:以从事道路货物运输业为主,包括公路干线运输和城市配送,并具备一定规模;可以提供门到站、站到门、站到站的运输服务;具有一定数量的装卸设备和一定规模的场站设施。

③仓储型公路货运站。

体现以道路运输为主的仓储服务功能,同时符合以下要求:以从事货物仓储业务为主,可以为客户提供货物储存、保管等服务,并具备一定规模;具有一定规模和数量的仓储设施及设备。

④信息型公路货运站。

信息型公路货运站具有如下特征:以从事货物信息服务业务为主,可以为客户提供货源信息、车辆运力信息、货流信息及配载信息等服务,并具备一定规模;具有网络化的信息平台,或为客户提供虚拟交易的信息平台;具有必要的货运信息交易场所和一定规模的停车场所;具备网络化信息服务功能,应用信息系统可对交易过程进行状态查询、监控。

(2) 公路货运站在城市中的布置

公路货运站的布置原则如下。

①货运站选址要符合城市或城镇总体布局规划,既要最大限度地满足货流和货主的需要,又应尽量减少车流噪声及废气对城市的干扰和影响,货运站用地应避免与学校、医院、住宅区过近。

②货运站应与公路网、城市道路网和综合运输网合理衔接。货运站一般应设在城市公路出入口及城市对外交通干线、铁路货运站、货运码头附近。以中转货物为主的货运站,既要靠近城市的工业区和仓库区,又要尽可能与铁路车站、水运码头有便捷的联系,以便组织联合运输。主要为城市生产、生活服务的货运站及专业零担站,宜布置在市中心区边缘。

③货运站应靠近较大货源集散点,并适应服务区域内的货运需求。

④货运站应尽量利用现有场站设施,并留有发展余地。

⑤货运站应具备良好的给排水、电力、道路、通信等条件。

依托公路的物流中心是现代物流中心的一种,是传统公路货运站在规模上扩大、功能上提升和管理上优化而形成的道路货运节点和枢纽,是现代物流体系中不可或缺的物流组织管理节点。它最大限度地优化从制造者到消费者之间的运输和运输流动信息的分配,将运输、仓储、装卸、加工、整理、配送、信息等方面有机结合，形成完整的供应链，为用户提供多功能、一体化的综合性服务。近年来，我国不少城市依托高速公路、国省道等建设了物流中心(园区)。

(3) 公路货运站的选址步骤

公路货运站的选址步骤如下。

①收集城镇、路网、国土等有关规划和运输的统计数据，以及气象、水文、地质等资料。

②确定公路货运站的服务范围和功能。

③测算公路货运站处理能力和占地面积。

④根据站址选择原则，提出若干货运站站址备选方案。

⑤对备选站址进行现场勘查。

⑥经方案比选优化，确定公路货运站站址。

3. 技术站

技术站主要包括停车场、保养场、汽修厂和加油站等。技术站或汽车保养修理厂的用地规模，取决于保养检修汽车的技术等级和汽车数量。职工生活区最好通过市场化安置，若远离市区无法安置，则按该站场的职工总数和有关用地指标进行计算。根据城市的具体情况也可以少设或不设置职工生活区。技术站一般用地要求较大，并且对居住区有一定干扰。因此，在特大城市和大城市中，一般将其设在市区外围公路线的附近。

在中小城市，因城市规模较小、车辆较少，在考虑公路站场布置时，可以将技术站、客运站和货运站合并组织在一起。

6.3 水运

水运主要包括内河运输和海洋运输两部分。内河运输是指使用船舶通过国内江湖河川等天然或人工水道，运送货物和旅客的一种运输方式。海洋运输是国际物流中最主要的运输方式。它是指使用船舶通过海上航道在不同国家和地区的港口之间运送货物的一种方式，国际贸易总运量中的 2/3 以上都是利用海上运输。因水运具有运费低廉、投资少等优点，对城市的交通运输、经济发展具有重要的作用。国内外多数经济发达的国际性、区域性城市均有水运运输条件。

港口是交通运输枢纽、水陆联运的咽喉，是水陆运输工具的衔接点和货物、旅客的集散地。在世界经济一体化发展的新形势下，港口正以水陆联运枢纽功能为主体，向兼有产业、商务、贸易的国际贸易综合运输中心和国际贸易的后勤基地发展。港口建设投资大、周期长、关联问题多，港口规划应是国家和地区国民经济发展规划的重要组成部分，做好不同阶段的港口发展规划和港口布置，是进行港口及对外交通系统建设的一项重要工作。

6.3.1 港口的类型和组成

1. 港口的分类

(1) 按功能和用途分类

①商港：是指以一般商船和货物运输为服务对象的港口，也称为贸易港。一般兼运各类货物，设有不同货种的作业区，如上海港、香港港、青岛港、大连港等。

②渔港:是指为渔船停泊、捕捞、渔获保鲜、冷藏加工、修补渔网、中转外调渔获和渔船获得生产、生活补给品的基地。渔获物易腐烂变质,一经卸船必须迅速处理,港内的冷藏、加工设施的设置使渔港具有生产、贸易和分运的功能。

③工业港:是指供大型企业输入原材料及输出成品而设置的港口,我国称为业主码头。通常是为沿海沿江的大企业所设,港区与厂区靠近。

④军港:是指为舰艇停泊并取得舰艇所需战术技术补给的港口。其港口选址、总图布置、陆域设施等与上述港口有较大的差别。

⑤旅游港:近年来作为海滨休憩活动的海上游艇数量不断增多,为游艇停泊和上岸保管而设计的港池、码头及陆域设施已成为一种形式的港口,常称为游艇基地。

(2) 按地理位置分类

①海港:港口位于有掩护的海湾内或位于开敞的海岸上。

②河口港:位于河流入海口或河流下游潮区界内的港口,可同时停泊海船和河船。由于河口港与腹地联系方便,有河流水路优越的集疏运条件,对风浪又有较好的掩护条件。因此,历史悠久的著名大港多属于河口港。

③河港:位于河流沿岸,多以内贸为主,停泊河船。我国武汉、重庆、安庆、九江等都是长江上的主要河港。湖南湘江的长沙港,江西赣江的南昌港,江苏的盐城港等都是较大的河港。

④运河港:位于运河上,如我国徐州港、扬州港等。

2. 港口的组成

现代港口生产作业是系统化生产。生产作业可归结为船舶航行作业、装卸作业、存储分运作业、集疏运作业、信息与商务五大门类。只有各系统相互协调、配合才能形成港口的综合生产能力。从设施组成上来看,港口一般由港口水域、港口水工建筑物和陆域设施组成。

(1) 港口水域

港口水域包括航道、锚地、船舶掉头水域和码头前水域。

航道是保证船舶沿着足够宽度、足够水深的路线进出港口的水域,大型船舶的航道宽度为80～300 m,小型船舶的为50～60 m。锚地指有天然掩护或人工掩护条件能抵御强风浪的水域,船舶可在此锚泊、等待靠泊码头或离开港口。如果港口缺乏深水码头泊位,也可在此进行船转船的水上装卸作业。船舶掉头水域是供船舶掉头用的水域面积,也称为回旋水域,一般需要直径为1.5～3倍船长的圆面积。码头前水域也称港池,是供船舶靠离码头和装卸货物用的毗邻码头的水域。图6-23为大连港平面布置,港界内各水域面积总和约346 km^2。

(2) 港口水工建筑物

港口水工建筑物一般包括防波堤、码头、修船和造船水工建筑物。进出港船舶的导航设施(航标、灯塔等)和港区护岸也属于港口水工建筑物的范围。

防波堤位于港口水域外围,用以抵御风浪、保证港内有平稳水面的水工建筑物。突出水面伸向水域与岸相连的称突堤。立于水中与岸不相连的称岛堤。码头是停靠船舶、上下旅客和装卸货物的场所。码头前沿线是水域和陆域交界的地域,是港口生产活动的中心。构成码头岸线的码头建筑物是一切港口不可缺少的建筑物。修船和造船水工建筑物有船台滑道型和船坞型两种。待修船舶通过船台滑道被拉曳到船台上,修好船体水下部分以后,沿相反方向下水,在修船码头进行

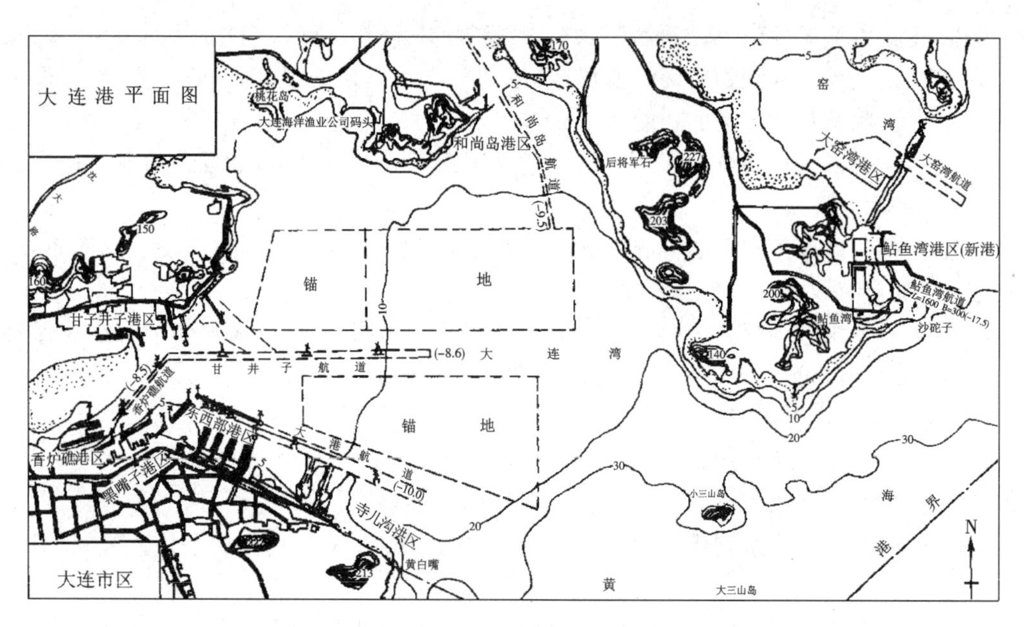

图 6-23 大连港平面布置

船体水上部分的修理和安装或更换船机设备。导航设施主要有灯塔,是船舶接近陆岸的主要标志。防波堤堤头、险礁以及指示锚地边界一般用灯桩。

(3) 陆域设施

陆域设施包括仓库、堆场、铁路、道路、装卸机械、运输机械及生产辅助设施、环保设施、计量检验设施、信息中心(EDI 服务中心)等。

生产辅助设施主要包括:给排水设施;供电系统;通信设施;辅助生产建筑,如流动机械库、机械修理厂、消防站、办公楼等。

6.3.2 港口水深与航道的技术要求

1. 港口水深

进港航道和码头前沿的水深,应能保证满载的船舶在最低水位时安全地航行和停泊。在港内和受浪影响较小的航道,对航道水深的一般要求通常为不小于船舶满载吃水深度的 1.1 倍。随着船舶迅速趋向大型化,港口建设相应也要求向现代化方向发展。近年来,由于海上石油和矿石运输迅速增长,运距增加,为了降低运输成本,油轮和散货轮尺寸和载重量都有大幅度的增加。现代化港口的水深,一般要求在 12 m 以上,停泊巨型油轮的深水港水深有的可达 30 m,见表 6-17。

表 6-17 不同吨位的船舶要求的水深

船舶吨位/万吨	1	4	5	10	20	30
吃水深度/m	9	12	13	16	19	24

2. 航道

船舶进出港,必须在规定的航道内航行。一是为了贯彻航行规则,减少事故;二是为了引导船舶沿着足够水深的路线行驶。航道可分为天然航道和人工航道。天然航道在低潮时水深已足够船舷航行需要，即无须人工开挖航道。为了满足船舶航行所需的深度和宽度等要求，需进行疏浚的航道称为人工航道。我国以通航的代表船型的尺度和吨位，把内河航道划分七级，见表 6-18。

表 6-18　内河航道等级

航道等级	驳船吨级/t	船型尺度 总长×型宽×设计吃水/m³	航道尺度					
			天然及渠化河流			限制性航道		弯曲半径/m
			水深/m	单线宽度/m	双线宽度/m	水深/m	宽度/m	
1	3000	75×16.2×3.5	3.5～4.0	120	245			1050
				100	190			810
				75	145			800
				70	130	5.5	130	680
2	2000	67.5×10.8×3.4	3.4～3.8	80	150			950
				75	145			740
		75×14×2.6	2.6～3.0	35	70	4	65	540
3	1000	67.5×10.8×2.0	2.0～2.4	80	150			730
				55	110			720
				45	90	3.2	86	500
				30	60	3.2	50	480
4	500	45×10.8×1.6	1.6～1.9	45	90			480
				40	80	2.5	80	340
				30	50	2.5	46	330
5	300	35×9.2×1.3	1.3～1.6	40	75			380
				35	70	2.0	75	270
				22	40	2.5	40	260
						2.0		
6	100	26×5.2×1.8	1.0～1.2			2.5	18～22	105
		32×7.0×1.0		25	45			130
		32×6.2×1.0		15	30	1.5	25	200
		30×6.4(7.5)×1.0		15	30	1.5	28	220
7	50	21×4.5×1.75	0.7～1.0			2.2	18	85
		23×5.4×0.8		10	20	1.2	20	90
		30×6.2×0.7		13	25	1.2	26	180

注：本标准不适用通海轮的航道、长江干流宜宾至海口段六级以上航道。

航道宽度是指航槽断面设计水深处两底边线之间的宽度。航道宽度一般由航迹带宽度、船舶间错船富裕间距、克服岸吸作用的船舶与航道侧壁间富裕间距三个部分组成。航道宽度以保证两个对开船队安全错船为原则,内河航道宽度指在船底处断面净宽,见图 6-24。

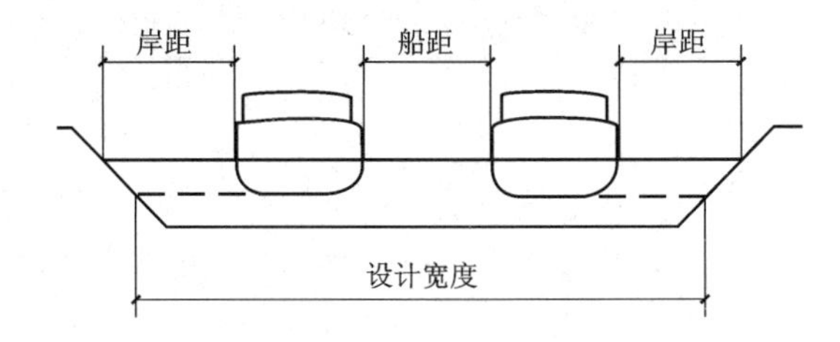

图 6-24 航道设计宽度

6.3.3 码头布置

码头布置应依据建设地点的自然条件,从有利于船舶作业和陆上货物集疏运、存储作业等营运条件出发,一般可分为顺岸式、突堤式、离岸式、挖入式,见图 6-25。

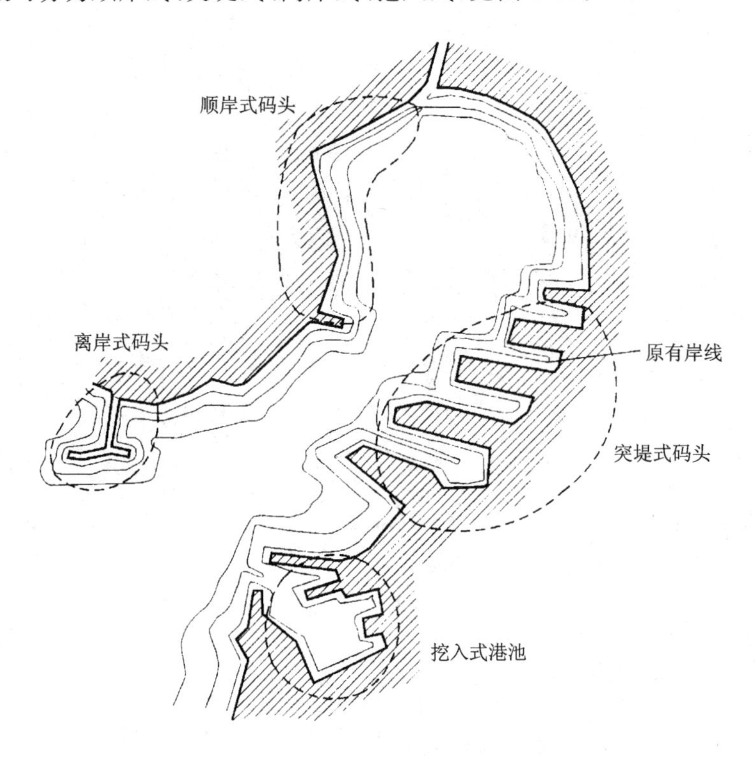

图 6-25 各类码头的布置形式

顺岸式码头是指码头前沿线与自然大陆岸线大致平行或成较小角度的布置形式,是最常见的布置形式。尤其适合于港口规模不大,可利用岸线较多,水域宽度有限制的港口,是河口港常见的布置形式。

突堤式码头是指码头前沿线与自然岸线成较大角度的形式。在天然海湾及人工掩护的水域中建设的港口,由于水域范围受到限制,采用突堤式布置,可建设的泊位数较多。

挖入式码头是指码头、港口水域是向岸的陆地内侧开挖而成的布置形式，在河港和河口港较为多见。挖入式布置广泛应用于欧美的海港、河口港和内河港。

离岸式码头是指码头布置在离岸较远的深水区，无防波堤或其他天然屏障的掩护，可以利用管道或皮带机等输送货物，联系装卸泊位与岸边库场。离岸式码头是现在大型原油码头和散货码头的一种主要形式。

6.3.4　港口陆域设施

1. 港口铁路

我国幅员辽阔，海港集中在东部地区，腹地纵深大。铁路是我国港口货物集疏运的主要方式。在港口规划设计中，合理配置港口铁路，对扩大港口的通过能力十分重要。

完整的港口铁路布置应由港口车站、分区车场及货物装卸线三部分组成（图 6-26）。由于运量、货种、接轨站与港区位置和管理方式等因素，港口铁路亦可以不设港口车站，其功能由接轨站承担。对货种单一、运量稳定、开行单元列车的专业化港口，列车不在港内进行解编作业，港口铁路只设空、重车场（即出发场、到达场）和装卸线。集装箱专列比较适宜在分区车场解编和集结。

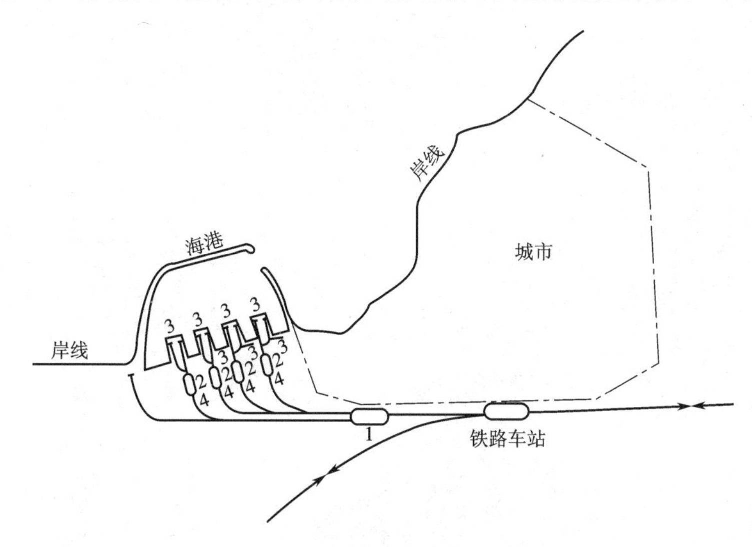

图 6-26　港口铁路的基本组成

1—港口车站；2—分区车场；3—码头库场装卸线；4—联络线

2. 港口道路

港口道路包括港外道路及港内道路两部分。

港外道路按港口公路货运量大小分为两类：① Ⅰ类：公路年货运量（双向）等于或大于 2.0 万吨的道路；② Ⅱ类：公路年货运量（双向）2.0 万吨以下的道路。

港内道路按其重要性分为以下三种：①主干道：全港（或港区）的主要道路，一般为连接港区主要出入口的道路；②次干道：港内码头、库场、生产辅助设施之间交通运输较繁忙的道路；③辅助道路：库场引道、消防道路以及车辆和行人均较少的道路。

港内道路系统尚应包括停车场、汽车装卸台位等设施。集装箱泊位的停车场需专门考虑。港外道路与港内道路的主要技术指标见表 6-19、表 6-20。

表 6-19　港外道路主要技术指标

指标名称		Ⅰ类港外道路	Ⅱ类港外道路
计算行车速度/(km/h)		80	60
路面宽度/m		2×7.5	7.0～9.0
路肩宽度/m		0.75～1.50	0.75～1.50
极限最小圆曲线半径/m		250	125
不设超高最小圆曲线半径/m		2500	1500
停车视距/m		110	75
会车视距/m		220	150
最大纵坡/(%)		5	6
极限最小竖曲线半径/m	凸形	3000	1400
	凹形	2000	1000

表 6-20　港内道路主要技术指标

指标名称		主干道	次干道	支道
计算行车速度/(km/h)		15	15	15
路面宽度/m	一般港区	9.0～15.0	7.0～9.0	3.5～4.5
	集装箱港区	15.0～30.0		3.5～4.5
最小圆曲线半径/m	行驶单辆汽车	15	15	15
	行驶拖挂车	20	20	20
交叉口路面内缘最小转弯半径/m	载重 4～8 t 单辆汽车	9	9	9
	载重 10～15 t 单辆汽车	12	12	12
	载重 4～8 t 单辆汽车带挂车	12	12	12
	集装箱拖挂车	15	15	15
	载重 40～60 t 平板挂车	18	18	18
停车视距/m		15	15	15
会车视距/m		30	30	30
交叉口停车视距/m		20	20	20
最大纵坡/(%)		5	5	5
最小竖曲线半径/m		100	100	100

3. 堆场和仓库

由于船舶和车辆两种载运工具的容量相差很大,故必须在码头后方设置缓冲区——仓库和堆场,以保证船舶和车辆都能快速周转。直接服务于船舶装卸作业需要的仓库和堆场,称作一线库场。干散货和集装箱一般采用露天堆场,而件杂货通常以设置仓库为主。

一线库场所需面积的大小,同泊位的年吞吐量、入库场货物的种类、货物的平均堆存期、单位面积的堆积量等因素有关。通常，一个万吨级泊位的库场面积不宜小于 10000 m^2，中级泊位的库场面积不宜小于 5000 m^2。库场的长度比泊位长度要短些，以便在相邻库场间留出运输通道。

在集疏运条件差、货物集散慢、批量多而杂、加大一线库场的容量受到限制的情况下，为了保证港口的吞吐能力，有必要设置二线库场。根据经验，泊位每延米码头线所需要的库场总面积至少应为 100 m^2，可以据此粗略地估计库场总面积需求值。该值与一线库场所采用的面积差值，即为二线库场所需的概略面积。集装箱码头需要宽广的堆场，一个集装箱泊位所需的堆场面积约为 4000 m^2。

6.3.5　港口在城市中的布置

港址是一个港口合理发展的基础，港址选择是一项重要而复杂的工作，直接影响港口各发展阶段的建设投资、建设速度、营运效益和船舶运行安全。要合理选择港址，必须对地区自然条件进行全面的勘测与分析，根据自然条件特点，结合港口性质、发展规模等，从各方面比较后确定。

1. 港址选择的基本要求

(1) 满足总体发展要求

①随着国际贸易的发展，部分或全部具有自由贸易区地位的港口是吸引跨国公司子公司(业务)进入港区、扩充转口贸易量、发展分运业务的催化剂，可为港口发展提供巨大的货流。在条件许可时，港址与自由贸易区(保税区)、出口加工区宜同步规划，一旦政策允许即可运作。一些港口对某些工业活动有天然的吸引作用，港址选择要考虑吸引工业区等的建立，促使港口更多地为城市和区域经济发展创造机会和条件。

②因地制宜处理港区与城市人口集中区的关系。港区与城市人口集中区分离的概念为：将港口移出老城区，形成新的港区和新的城区，寻求发展互不干扰的城市用地布局。与上述相反的概念为：采取必要的环境保护措施，妥善设置集疏运通道，视港口为城市有观赏特色的景观，在港区的一定范围内采用开阔式的布置，并取代城市部分功能。

③港址选择应综合考虑近期和长远的发展，至少要为港口提供 30 年的合理发展基础，随运量增加可在此基础上陆续安排建设项目。

④新港址应与原有港区相协调，并有利于原港区改造，使之适应新的需要。新港址应有利于发挥新老港区的综合功能。

(2) 满足航行与停泊要求

①进港航道水深和码头水深条件，需满足相应吨级船舶吃水的要求。一般港址天然水深很少能满足要求。因此，需弄清基岩埋深标高，以便于通过疏浚达到水深要求。一般而言，在岩石上开挖航道和港池是不可取的。近 20 年稳定增长的国际贸易海运量和对规模经济的追求，促进了船舶大型化，导致港口水深要求提高，使港址向能提供深水的下游和外海转移。

②开挖的航道和港池，维护性挖泥量不能太大。从营运经济条件考虑，可大致估算单吨吞吐量所分担的维护挖泥量，以便于进行费用比较。回淤问题在选址阶段就应着手研究，有利于对港址作出正确的评价。

③水域宽阔，足够布置船舶回旋、制动、港内航行、停泊作业和港池等水域。在大中型港口亦要有为布置地方小船、驳船、港作船和游艇等的水域，还要有适合的水域布置各种功能的锚地。水

域最好有一定的天然掩护,以减少人工防波堤的工程量,水流、流冰等不致过分影响船舶作业。

④水域地质条件好,承载力高,减少水工建筑物的投资。

(3) 岸线及陆域要求

①有足够的岸线布置不同的作业区,对危险品和污染严重的货种,要与其他区域保持足够的距离。

②综合港区岸线,传统的港区平均纵深一般不宜小于 700 m。随着船舶吨位的增大和装卸效率的提高,对大量岸上土地的需求愈来愈迫切,港区纵深将愈来愈大,否则会限制港口效率的发挥。

③有足够的布置分区车场及港口车站的面积和适宜的地形。分区车场占地长度一般为 600～750 m。由于铁路线路、站场限制坡度要求较严,分区车场线路宜在平道上,困难时坡度不得大于 1.5%。

④港外疏港道路能方便地与国家高速公路或干线公路衔接,不穿越或少穿越城市干路及城市生活性道路系统,而港城自身的货物运输又能方便地与城市道路相联系。

⑤在内河水网发达地区,港址可充分利用水运集疏运条件,包括可能开挖一定长度的运河使港区与水网相连。

⑥水、电接线方便,区外工程投资适度。

⑦尽量少占农田。

近年来,我国许多城市水运交通萎缩严重,其重要原因之一是港口规划与建设的滞后,造成岸线资源浪费、港口吞吐量受到制约以及水陆协作的不便。因此,必须重视水运在对外交通体系中的作用,合理规划港口,激发水运的优势。

2. 岸线分配

港区各作业区的布置,首先应满足生产要求,还要避免各作业区之间的相互干扰,与城市其他各项建设密切配合。岸线分配总的指导思想是“深水深用、浅水浅用、统一规划、各得其所”。其具体原则如下。

①尽可能使需用岸线的单位各自选择自然条件最适宜的岸线段,同时又符合城市总体规划的要求,以获得最佳的使用效益。

②岸线是城市的宝贵资源,应节约岸线的使用。在总平面布置时,尽量减少占用岸线长度。在填海造地时,争取增加岸线长度。

③岸线规划应理解为空间布局,包括岸线内外侧一定范围的水域与陆域,考虑到城市、港口的进一步发展,岸线分配时应留有余地。

④对岸线的开发、利用、改造,涉及城市的防汛、排碴、航运、水利、水产、农业排灌、河海动力平衡、泥沙运动、生态平衡等问题,应进行综合研究。

⑤注意各区段之间的功能关系。对有污染、易爆、易燃的工厂、仓库、码头的布置,要考虑不危及航道、锚地、城市水源、游览区、疗养区、海滨浴场等水域、陆域的安全和卫生要求。

⑥为城市居民服务的快慢件货运作业区和客运码头,要接近城市中心地区,并和市中心、铁路车站、汽车站有便捷的交通联系。

⑦为城市服务的货运作业区应布置在居住区的外围,接近城市仓库区,并与生产消费地点保

持最短的运输距离，以免增加不必要的往返运输和装卸作业。

⑧中转联运作业区应布置在市区范围外，与城市对外交通有良好的联系，便于与铁路接轨（进线），布置调车站场，并最大限度地减少对城市的干扰。

⑨煤、水泥、矿石、石灰等多尘和有气味的货物作业区，应布置在其他各类码头的下风向，并远离生活区。与客运码头，以及食盐、粮食、杂货等码头保持一定距离，以免对其产生污染干扰。

图 6-27 为长江上某河港，分为四个作业区。第 1 作业区承担地区杂货及建材、白云石的进出口任务，在该区上游靠近市区设有客运码头和轮渡码头；第 2 作业区主要承担水陆联运；第 3 作业区为煤炭出口；第 4 作业区为原油中转及成品油出口作业。

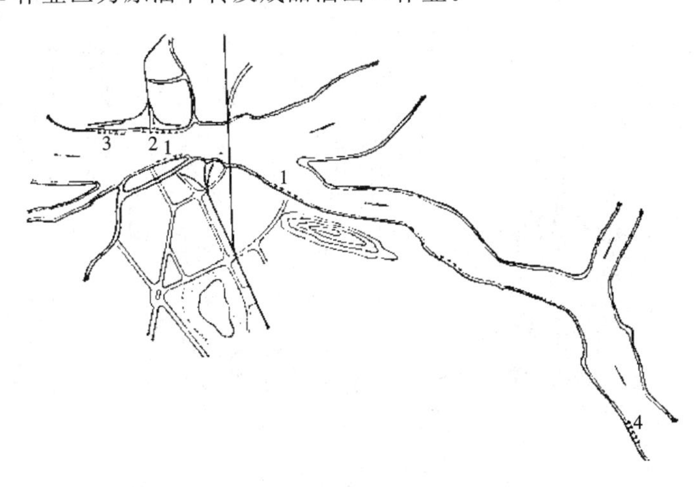

图 6-27　某河港分区

3. 港口与城市用地布局的关系

（1）港口与城市居住区的关系

有些城市位于河流一侧；有些城市河流从城市中蜿蜒而过，把城市用地分割成若干部分；也有些城市邻近天然湖面。城市应与自然水面相结合，给城市增添开阔壮观的景色。为了给居民创造良好的生活环境，港区应在生活居住区的下游下风。沿河两岸发展的城市，还应注意使沿河两边可欣赏城市景色，即留出一定范围的生活岸线。

（2）港口与工业用地的关系

沿江靠河的城市，较易解决水运交通和用水问题，给工业发展带来有利条件。城市的工业布点，应充分利用这些有利条件，把货运量大的工厂，如钢铁厂、水泥厂、炼油厂等，尽可能靠近通航河道设置，并规划好专用码头。以江河为水源的工厂、供城市生活用水的水厂，取水构筑物的位置应符合有关规定设置。港区污水的排放，应考虑环境保护要求，严禁将不符合排放标准的废水直接排入江、河、湖中。

某些必须设置在港口城市的工业，如造船厂，则须有一定水深的岸线及足够的水域和陆域面积，应合理安排船厂位置和港口作业区，以免相互干扰。

（3）水陆联运

港口是水陆联运的枢纽，大量旅客集散、车船换装和过驳作业都集中于此，是城市对外交通和城市道路网中重要的一环。在规划设计中，要妥善安排水陆联运和水水联运。

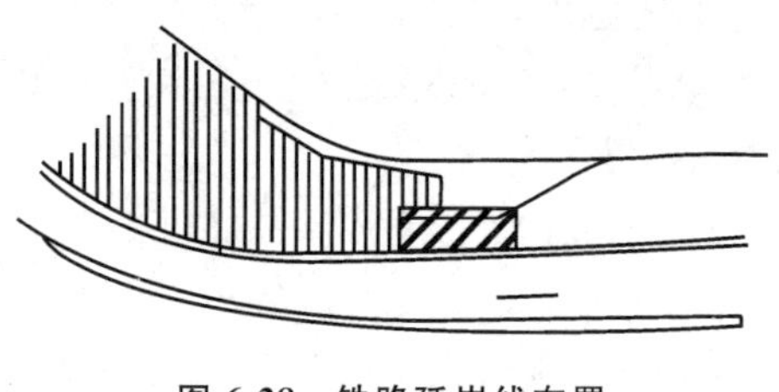

图 6-28 铁路延岸线布置

在水陆联运问题上，经常给城市布局带来的困难是通往港口的铁路专用线往往分割城市。铁路、港口、码头的布置直接关系到港区货物联运、装卸作业的速度，以及港口经营费用等。铁路专用线伸入港区的布置一般有三种形式：①沿岸线布置(图 6-28)，铁路专用线从城市外围插入港区；②绕过城市边缘延伸到港区(图 6-29)；③穿越城市(图 6-30)。前两种较好，后一种应尽量避免。

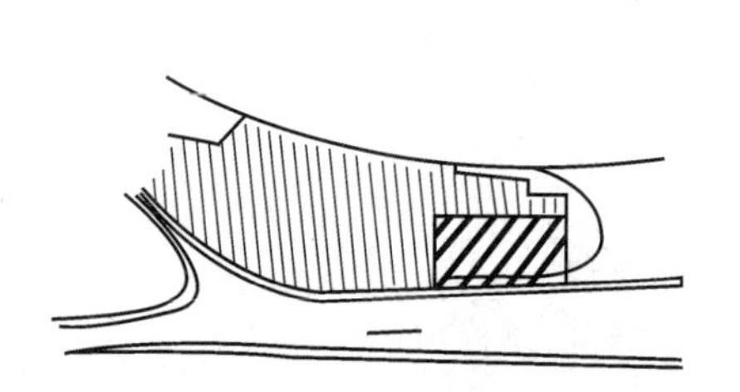

图 6-29 铁路绕过城市边缘延伸到港区

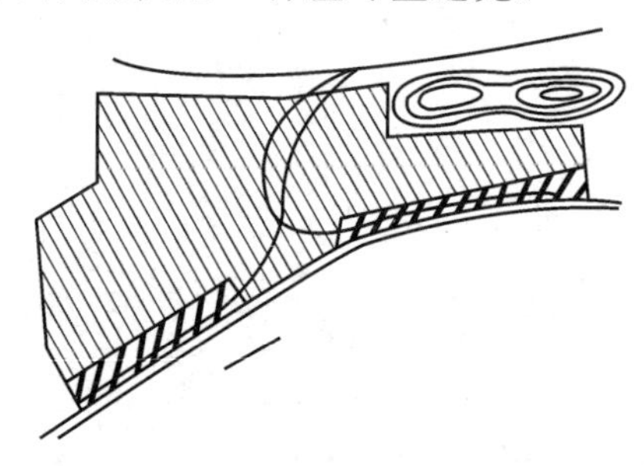

图 6-30 铁路穿越城市布置

当货物需通过道路转运时，港区道路出入口位置应符合城市道路网规划的要求，避免设置在城市生活性道路上。

沿河两岸和河网地区建设的城市，还应注意两岸的交通联系和驳岸规划(蓝线规划)。桥梁的位置、高度，过江隧道位置、出入口，轮渡、车渡等位置，除应与城市道路网相衔接外，还要与航道规划统筹考虑，使之既能满足航运的要求，又方便市内的交通联系。过江电缆等水下工程设施的位置也应统一规划，集中设置，以减少对水上交通的干扰。

6.4 航空

随着社会经济的发展，航空业在国民经济中所起的作用越来越大。航空交通的特点是快速、省时，并能到达地面交通难以到达的区域。但由于基础设施的修建费用较高，能源消耗大，运输成本高，所以适宜中长距离的旅客运输和时间价值高的小宗货物运输。

机场是指在陆地上或水面上划定的区域(包括各种建筑物、装置和设施)，其全部或部分可供飞机起飞、着陆和地面活动使用。机场是旅客、货物、邮件等在地面与空中之间的交换点，也是供飞机起降、停驻及进行其他航空作业的场所。可见，机场是城市航空运输环节中不可缺少的重要组成部分。

航空运输缩短了时间和空间距离，加强了相互交往与合作，对城市经济社会的发展带来了深远的影响。为了充分发挥航空运输在城市对外交通中的作用，在进行城市规划时主要应做好如下工作：①合理确定机场在城市中的布局；②解决城市与机场之间的交通联系；③确定机场地区的建筑(构筑)物的建筑限界。

6.4.1　机场的分类、分级及组成

1. 分类

机场有不同的分类方法。按自然条件不同，可分为陆上机场和水上机场。目前，我国的民用机场都是陆上机场。按使用性质不同，可分为军用机场、民用机场、专业机场和直升机场等。按在航空交通组织中的作用不同，可分为基地机场、中途机场和备降机场等。

民用机场可分为国际机场、国内干线机场和国内支线机场。国际机场是供国际航线用，设有海关、边防检查、卫生检疫、动植物检疫、商品检验等联检机构的机场。国内干线机场是指省会、自治区首府及重要旅游、开放城市的机场。国内支线机场又称地方航线机场，是指各省、自治区内所建的规模较小的机场。

2. 分级

机场的等级与机场各种设施的技术要求及运行飞机性能相关。机场等级按飞行区的等级划分，采用指标Ⅰ和指标Ⅱ进行分级。飞行区指标Ⅰ根据使用该机场飞行区跑道的各类飞机中最长的飞机基准飞行场地长度，分为1、2、3、4四个等级（表6-21）。

表6-21　飞行区指标Ⅰ

飞行区指标Ⅰ	飞机基准飞行场地长度/m
1	<800
2	800～1200
3	1200～1800
4	≥1800

飞机基准飞行场地长度是指该飞机以规定的最大起飞质量，在海平面、标准大气条件、无风和跑道纵坡为零条件下起飞所需的最小飞行场地长度。飞行区指标Ⅱ根据该机场飞行区的各类飞机中的最大翼展或最大主起落架外轮外侧边的间距，分为A、B、C、D、E、F六个等级，两者中取其较高要求的等级（表6-22）。

表6-22　飞行区指标Ⅱ

飞行区指标Ⅱ	翼展/m	主起落架外轮外侧边间距/m
A	<15	<4.5
B	15～24（不含）	4.5～6（不含）
C	24～36（不含）	6～9（不含）
D	36～52（不含）	9～14（不含）
E	52～65（不含）	9～14（不含）
F	65～80（不含）	14～16（不含）

不同等级的机场可满足不同类型的飞机起降，等级越高，可接受的飞机越大，如4C级机场可以接受B737、MD82型号的飞机。

3. 组成

机场系统的组成可简单地划分为供飞机活动的空侧部分及供旅客和货物转入或转出空侧的

陆侧部分,见图 6-31。

空侧包括航站区空域及飞行区两部分。飞行区是指供飞机起飞、着陆、滑行和停放使用的场地,包括跑道、跑道端安全区、滑行道、机坪及机场净空。

①跑道:是指机场飞行区内供飞机起飞和着陆使用的一块特定的长方形场地。

②跑道端安全区:是指对称于跑道中线延长线、与升降带端相接的一块特定地区,用来减少飞机在跑道端外过早接地或冲出跑道时的损坏。

③滑行道:是指飞行区中供飞机地面滑行使用的通道。

④机坪:是指飞行区内供飞机上下旅客、装卸货物或邮件、加油、停放或维修使用的特定的场地。

⑤机场净空:是指为保障飞机起降安全而规定的障碍物限制面以上的空间,用以限制机场及其周围地区障碍物的高度。

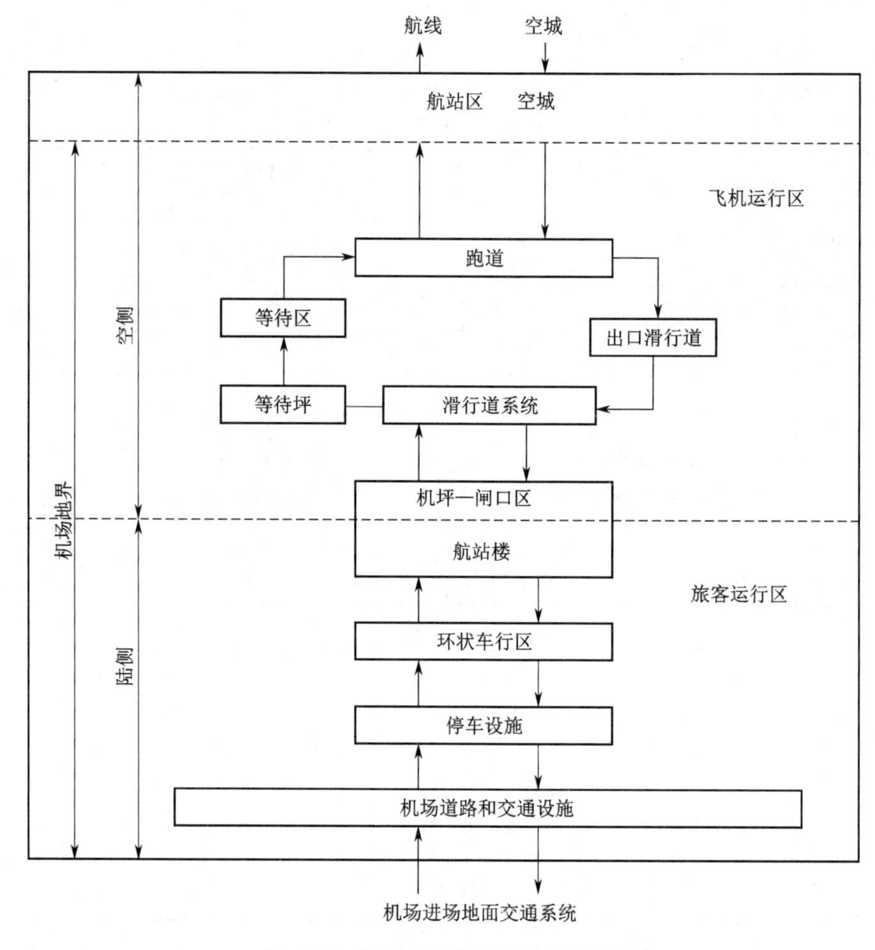

图 6-31 民用机场的基本功能关系

陆侧主要包括航站楼、出入机场的地面交通设施及各种附属设施。

①旅客航站楼:是指旅客和行李转换运输方式和办理换乘手续的场所。

②货运航站楼：是指货物转换运输方式和办理交付和承运手续的场所。

③出入机场交通设施：各种连接机场和市区的地面或地下的道路或轨道交通系统。

此外，还有各种附属设施：燃油、电力、食品供应设施，维修设施，安全（救援和消防）设施，商业和服务设施等。

6.4.2　机场净空

机场场址和跑道方位选择时，必须考虑净空要求，检查在规定的限制面上是否有障碍物存在。为保障航空器起降安全和机场安全运行，防止由于机场周围障碍物增多而使机场无法使用，规定了几种障碍物限制面，用以限制机场及其周围地区障碍物的高度。图 6-32 为机场净空的障碍物限制面示意。

1. 障碍物限制面

（1）进近面

进近面是跑道入口前的一个倾斜的平面或几个平面的组合。其起端位于跑道入口前规定距离处，起算标高为跑道入口中点的标高。按表 6-23 规定的进近面起端位置、起端宽度和两条侧边的散开率自跑道中线延长线向两侧散开，并以规定的各段坡度和长度向上、向外延伸，直到进近面的外端。进近面的起端与外端均垂直于跑道中线的延长线。

（2）过渡面

过渡面应以升降带两侧边缘和部分进近面边缘作为起端，按表 6-23 规定的过渡面坡度向上和向外倾斜，直至与内水平面相交。过渡面沿升降带两侧边缘底边上每一点的起算标高应等于跑道中线或其延长线上距该点最近一点的标高；沿进近面两侧的过渡面底边上的每一点的起算标高应为进近面上该点的标高。

（3）内水平面

内水平面的起算标高应为跑道两端入口中点的平均标高。以跑道两端入口中点为圆心，按表 6-23 规定的内水平面半径画出圆弧，再以与跑道中线平行的两条直线与圆弧相切成一个近似椭圆形，形成一个高出起算标高 45 m 的水平面。

（4）锥形面

锥形面的起端应从内水平面的周边开始，其起算标高应为内水平面的标高，以 1∶20 的坡度向上和向外倾斜，直到符合表 6-23 规定的锥形面外缘高度为止。

（5）内进近面

内进近面是紧靠跑道入口前的一块长方形。内进近面起端应与进近面的起端重合。按表 6-23 规定的内进近面的宽度、长度和坡度向上、向外延伸至内进近面的终端。

（6）内过渡面

内过渡面对助航设备、飞机和其他必须接近跑道的车辆等物体进行控制。除了易折装置的物体外不得凸出该控制面。内过渡面的底边应从内进近面的末端开始，沿内进近面侧边延伸到该面的起端，然后从该处沿升降带平行于跑道中线至复飞面的起端，再从该起端沿复飞面的侧边，按表 6-23规定的内过渡面的坡度向上和向外倾斜，直至与内水平面相交。

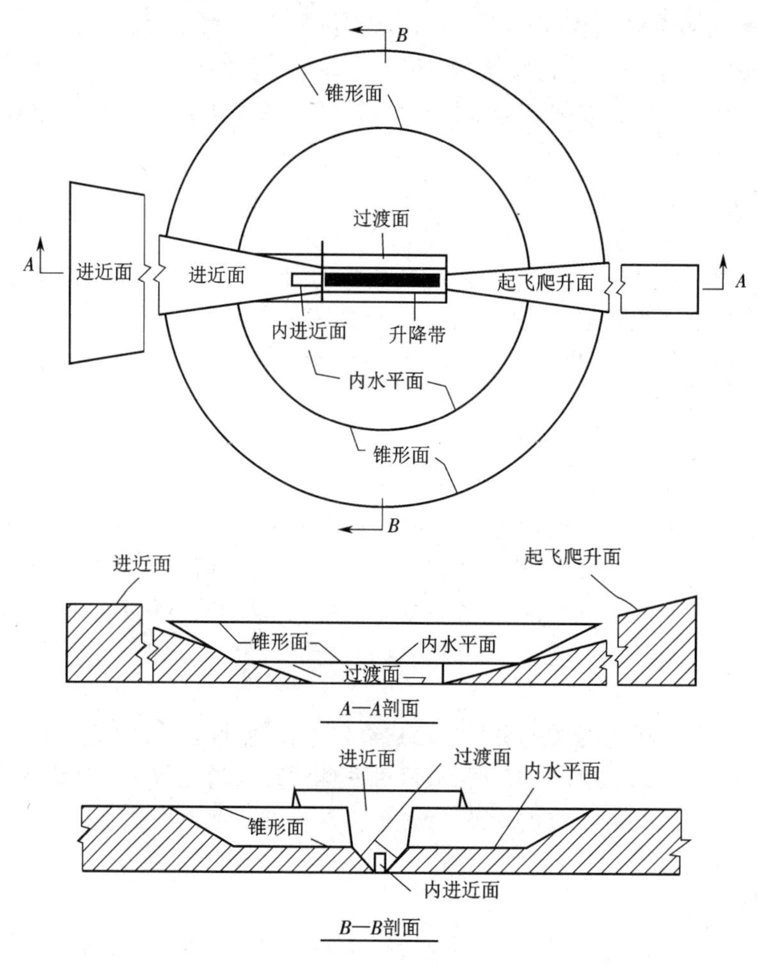

图 6-32　机场净空的障碍物限制面

(7) 复飞面

复飞面起端应位于跑道入口后按表 6-23 规定的复飞面距离处,并垂直于跑道中线,其起算标高为该起端跑道中线的标高。复飞面按规定的起端宽度、散开率向两侧散开,并以规定的坡度向上延伸,直至与内水平面相交。

表 6-23　进近跑道的障碍物限制面的尺寸[①]和坡度

	非仪表跑道				非精密进近跑道			精密进近跑道		
								Ⅰ类		Ⅱ或Ⅲ类
飞行区指标Ⅰ	1	2	3	4	1,2	3	4	1,2	3,4	3,4
锥形面										
坡度	5%	5%	5%	5%	5%	5%	5%	5%	5%	5%
高度/m	35	55	75	100	60	75	100	60	100	100
内水平面										

续表

		非仪表跑道				非精密进近跑道			精密进近跑道		
									Ⅰ类		Ⅱ或Ⅲ类
高度/m		45	45	45	45	45	45	45	45	45	45
半径/m		2000	2500	4000	4000	3500	4000	4000	3500	4000	4000
内进近面											
宽度/m		—	—	—	—	—	—	—	90	120[⑤]	120[⑤]
起端距跑道入口距离/m		—	—	—	—	—	—	—	60	60	60
长度/m		—	—	—	—	—	—	—	900	900	900
坡度		—	—	—	—	—	—	—	2.5%	2%	2%
进近面											
起端宽度/m		60	80	150	150	150	300	300	150	300	300
起端距跑道入口距离/m		30	60	60	60	60	60	60	60	60	60
两条侧边散开率		10%	10%	10%	10%	15%	15%	15%	15%	15%	15%
第一段	长度/m	1600	2500	3000	3000	2500	3000	3000	3000	3000	3000
	坡度	5%	4%	3.33%	2.50%	3.33%	2%	2%	2.5%	2%	2%
第二段	长度/m	—	—	—	—	—	3600[②]	3600[②]	12000	3600[②]	3600[②]
	坡度	—	—	—	—	—	2.5%	2.5%	3%	2.5%	2.5%
水平段	长度/m	—	—	—	—	—	8400[②]	8400[②]	—	8400[②]	8400[②]
总长度/m		—	—	—	—	—	15000	15000	15000	15000	15000
过渡面											
坡度		20%	20%	14.3%	14.3%	20%	14.3%	14.3%	14.3%	14.3%	14.3%
内过渡面											
坡度		—	—	—	—	—	—	—	40%	33.3%	33.3%
复飞面											
起端宽度/m		—	—	—	—	—	—	—	90	120[⑤]	120[⑤]
距跑道入口距离/m		—	—	—	—	—	—	—	③	1800[④]	1800[④]
散开率(每侧)		—	—	—	—	—	—	—	10%	10%	10%
坡度		—	—	—	—	—	—	—	4%	3.33%	3.33%

注：① 除有注明外，所有尺寸均为水平度量；

② 可变的长度；

③ 距升降带端的距离；

④ 或距跑道端距离，两者取其较小者；

⑤ 飞行区指标Ⅱ为 F 时，该宽度增加到 155 m。

2. 起飞爬升面

起飞爬升面起端应位于跑道端外规定距离处或净空道末端，其起端标高应等于跑道端至起飞爬升面起端之间的跑道中线延长线上的最高点标高,当设有净空道时,为净空道中线地面的最高点标高。起飞爬升面的起端宽度、末端宽度、两侧散开率、坡度及总长度等应符合表 6-24 中的规定值。

表 6-24 供起飞用的跑道的障碍物限制面的尺寸①和坡度

障碍物限制面及尺寸	飞行区指标 I		
	1	2	3 或 4
内边长度/m	60	80	180
距跑道端距离②/m	30	60	60
散开率(每侧)	10%	10%	12.5%
最终宽度/m	380	580	1200(或 1800③)
总长度/m	1600	2500	15000
坡度	1/20	1/25	1/50④

注:① 除另有规定者外,所有尺寸均为水平度量;

② 设有净空道时,如净空道的长度超出规定的距离,起飞爬升面从净空道端开始;

③ 在仪表气象条件和夜间目视气象条件下飞行,当拟用航道含有大于 15°的航向变动时,采用 1800 m;

④ 如当地条件与海平面标准大气条件相差很大时,宜适当减小坡度。如已存在物体没有达到 2%坡度的起飞爬升面,新物体应限制在保持原有的无障碍物面或保持一个坡度减小至 1.6%的限制面内。

3. 障碍物限制要求

跑道一端或两端同时作为飞机起飞和降落使用时,障碍物限制高度应按表 6-23 和表 6-24 中较严格的要求进行控制。内水平面、锥形面与进近面相重叠部分,障碍物限制高度应按较严格的要求进行控制。当一个机场有几条跑道时,应按表 6-23 和表 6-24 的规定分别确定每条跑道的障碍物限制范围,其相互重叠部分应按较严格的要求进行控制。

新建筑物或现有建筑物进行扩建的高度均应按表 6-23 和表 6-24 中对各障碍物限制面的规定严格控制,并考虑机场发展对障碍物更严格的限制要求。在机场净空范围内超过规定限制高度的现有物体应予拆除或搬迁,以下两种情况除外:①经过专门研究认为在航行上采取措施,该物体不致危及飞行安全,并经民航行业主管部门批准,该物体应按规定设置障碍灯和(或)标志;②该物体被另一现有不能搬迁的障碍物所遮蔽。

除了由于其功能需要必须设置在升降带上的易折物体外,所有固定物体不得超出内进近面、内过渡面或复飞面。在跑道用于飞机着陆期间,不得有运动的物体高出这些限制面。

障碍物限制面以外的机场地区,高出机场地面标高 150 m 或更高的物体应视为障碍物,除非经航行部门研究认为它们并不危及飞行安全。物体未高出进近面,但对目视或非目视助航设备有不良影响时应尽可能地予以拆除。任何物体,经航行部门研究认为对飞机活动地区上或内水平面和锥形面范围内的飞机的运行有危害时,应视为障碍物,尽可能将其移去。

6.4.3 机场在城市中的布置

机场选址是整个机场规划设计工作中极其重要的一环,关系到机场本身以及整个城市的经济、社会和环境效益。随着航空运输及城市经济社会的发展,机场给城市生活带来的一些问题也日益得到人们的关注，例如机场与城市的交通联系、机场的飞机起降、通信活动对城市的干扰等。正确选择机场在城市中的位置，合理构建机场与城市之间高效、便利的交通联系是机场规划的关键任务。

1. 机场的用地规模

机场的用地规模与其类型、级别以及服务设施的完善程度有关，如跑道数量、布局形式、航站楼及附属设施、经营体制和管理水平等。即使是同一类、同一级的航空港，其用地大小差别也很大，很难用统一的指标进行计算。最简单的机场可主要由一条跑道与一座小型航站楼组成，用地不过几十公顷。然而，大型的国际航空港，除了本身庞大的设施外，还有大量的为航空港服务或由于航空港设置而带来的相关功能，如旅游服务、职工生活、商业贸易、工业加工等，实际上形成了一个以航空交通为中心的航空港城，其用地可达上千公顷。

从世界主要航空港的用地规模和发展情况来看，普遍有着越来越大的发展趋势。一般情况下，每万人次客运量的机场用地约 1 hm^2。从航空港用地的组成来看，其主要部分还是飞行区，跑道、滑行道系统的数量、布置形式是确定用地规模的主要因素。国外一般将机场分为大、中、小三种规模，国外机场用地规模建议见表 6-25。

表 6-25　国外机场用地规模建议

机场规模	长度/m	宽度/m	面积/hm^2
大	7000	1000	700
中	5500	1000	550
小	4000	1000	400

结合我国国情和经济发展状况，国内大型枢纽机场的规划用地应在 2500 hm^2 左右，为未来发展留有足够的余地和灵活性。任何大型机场的建设都是百年大计，因此应在建设之初就为机场的发展预留足够的发展空间。

2. 机场的选址

机场位置的选择应能长期保证飞机安全、正点、高效运行，应符合以下要求。

(1) 净空要求

这是对机场位置最主要的要求。如果跑道净空要求得不到满足，不但不能保证飞机起飞、着陆的安全，而且难以保证运输任务的顺利完成。因此，在选择机场位置时，要尽量使跑道两端两侧的净空良好。从净空限制的角度来看，机场的选址应使跑道轴线方向尽量避免穿过城市市区，最好在城市侧面相切的位置。在这种情况下，跑道中心线与城市市区边缘的最小距离为 5～7 km；如果跑道轴线通过城市，则跑道靠近城市的一端与市区边缘的距离应在 15 km 以上。

(2) 相邻机场位置关系

在进行机场选址时，可用表 6-26 的飞机起降空域平面尺寸数据初步判别相邻两个机场的飞机起飞、着陆是否会互相干扰。对于供 c 类、d 类飞机使用的两个飞行量不大的机场，如果其起降空域不重叠，就可以初步认为两个机场的飞机起飞、着陆不会互相干扰。因此，若两机场的跑道平行而且不前后错开，则跑道间距可为 19 km。若其中有一个机场飞行量很大，则两空域之间要有 9 km的缓冲距离，两机场的跑道间距应增至 28 km。对于供 a 类、b 类飞机使用的两个飞行量不大的机场,其空域之间要有 4 km 的缓冲距离,以便于机场发展。因而,如果两机场跑道平行,则其间距为 19 km。详见图 6-33。

表 6-26 机场飞机起降空域平面尺寸(km)

飞机分类	空域总长度		空域总宽度	缓冲距离	
	跑道双向仪表进近	跑道单向仪表进近		交通量不大	交通量很大
a、b	37	27.5	15	4	13
c、d	56	47	19	0	9

注:①供 a 类和 b 类飞机使用的机场所需空域,仪表进近长 18.5 km,起飞长 9 km、跑道每侧宽 7.5 km;
②供 c 类和 d 类飞机使用的机场所需空域,仪表进近长 28 km,起飞长 19 km、跑道每侧宽 9.5 km。

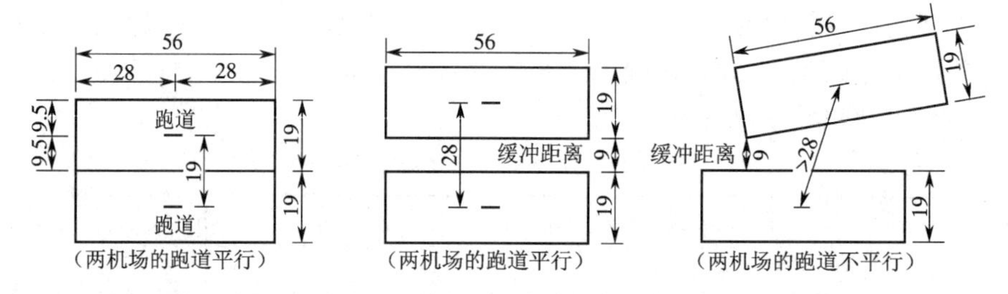

图 6-33 障碍物限制面——互不干扰的机场间距要求(km)(供 c 类、d 类飞机使用的机场)

随着航空事业的发展,机场的设置数量会越来越多,在以一个城市为中心的周围地区范围内,常常会设置几座机场。一些大型交通枢纽城市往往设有几座航空港,各有分工,以满足不同类型交通的需要。如纽约、巴黎、伦敦、莫斯科等城市就设有 3～4 座航空港。在我国,目前设多座航空港的城市尚且不多,但随着社会的发展,大城市中机场的数量将有所增加,这些城市进行航空港选址时必须考虑与地区内邻近机场的关系。对于一些航空交通量较小的城市,航空港的设置可考虑与相邻城市共用,其位置应当便于服务地区的使用。

(3) 用地条件

①机场的用地应尽量平坦,同时也要易于排水,坡度一般应在 5‰～3%的范围内,避免大量的土石方工程。

②机场的用地面积较大,应尽量利用劣地,少占良田。不少机场为节约用地,利用海涂滩地,填海修筑跑道,并利用海面作为净空区。

③机场必须有发展备用地。由于飞机容量与速度的不断发展,交通量不断增加,机场的技术设施、服务设施、地面交通设施也将不断扩大。因此,机场建设要考虑分期发展的可能,在选址时应预留扩展的用地。

④机场的用地应有良好的工程地质和水文地质条件。机场尽量选在土壤和地质条件好、地下水位深的地方。要特别注意尽量避开滑坡、溶洞、膨胀土、盐渍土、湿陷量较大的黄土等不良土壤、地质条件的地段及淹没区。

跑道尽量不穿越河流,更要避免把整条跑道设置在河床上。在河流或湖泊附近修建机场时,要尽量把跑道设置在高出洪水位足够高度的地方,使跑道不被洪水淹没,飞行区不发生内涝。如果机场附近有大型水库，则要保证一旦水库破坏后，跑道不会被淹没。当机场建在山区时，应注意把跑道设置在不会遭受山洪或泥石流危害的地方。

⑤机场与重要军事基地、交通枢纽、大型油库、发电厂、电视塔、广播塔、架空高压输电线、电气化铁路等应有足够的安全距离。

⑥机场选址应避开大量鸟类集中栖息的生态环境，如容易吸引鸟类的植被、食物和掩蔽物地区，就不宜选作机场基地。

（4）通信、导航要求

引导飞机着陆的导航设施有的设置在跑道中线的延长线上，离开跑道端的距离有一定要求。跑道的位置和方向一旦确定后，这些导航设施的位置也基本随之确定。在选择跑道位置和方向时，要兼顾导航设施的位置要求。避免机场周围环境对机场的干扰，保证机场通信、导航的正常运行。

（5）气象条件

气象条件对机场运行的影响为两个方面：一是飞行安全，二是能否全天候服务。

①机场位置应避开出现大风、暴雨、雷击、能见度低等不良天气较多的地区。

②机场位置应避开盆地、谷地等浓雾易于滞留的地区。

③当机场距城市、大工厂、湖泊等不远时，应尽量设置在它们的上风方向，以减少跑道视程受到被风吹来的烟雾的影响。湖泊附近的跑道位置方案详见图6-34。

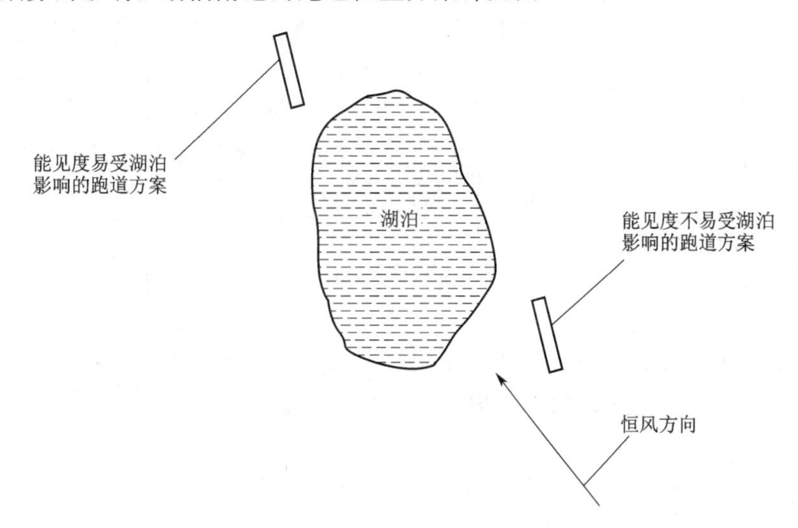

图6-34　湖泊附近的跑道位置方案

④尽量把跑道方向设置在风力负荷最大的方向上，使风力负荷小于95%。

⑤在山区选择机场位置时，要避开容易产生风切变的地方。不仅要避开垂直方向风切变，还要避开水平方向风切变。

（6）环保要求

机场位置必须符合环保要求，使机场建设和营运不会对环境造成明显污染，对社会环境也不会产生不良影响，以保证机场与环境长期协调发展。此外，机场位置应选在造价低、营运费用和维护费用少的地方。为此机场位置应符合下列要求。

①噪声干扰。

飞机活动产生的噪声对机场周围会产生很大影响,因此机场选址中噪声的影响是需要考虑的重要因素之一。一般认为,人们不能长期处于85dB的噪声环境中,否则将危害身体健康。噪声强度的分布范围是沿着跑道轴线(或航线)方向扩展的。跑道侧面噪声的影响范围远比轴线方向要小得多。因此,为减少飞机噪声的影响,城市建设地区(特别是生活居住区)应尽量避免布置在机场跑道轴线方向上。而且,居住区边缘与跑道侧面的距离最好在5 km以上。在特殊情况下,跑道轴线不得不穿越居住区时,则不论航空港的等级如何,居住区边缘与跑道近端的距离均不得小于30 km。

综合上述净空限制、防止噪声干扰等因素的考虑,机场的位置宜在城市的沿主导风向两侧,即机场跑道轴线方向宜与城市市区平行或与城市边缘相切,而不宜穿过城市市区。

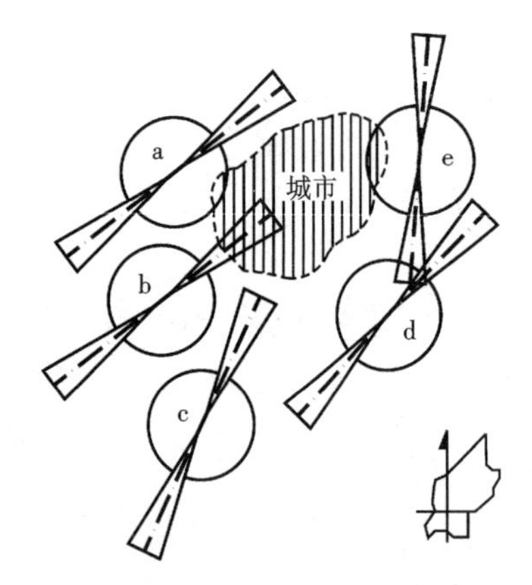

图 6-35　机场在城市中的位置

机场在城市中的位置如图6-35所示,a、e、d的位置是理想的,b位置对城市的干扰很大,应当尽量避免。在受自然地形等条件限制的情况下,无法达到上述要求时,则必须使机场远离城市(如e),以保证城市不受机场净空限制与噪声干扰。

②社会环境。

机场的选址需考虑城市的发展方向,避免对城市发展造成障碍。机场对城市建设的不利影响,主要表现为机场净空对建筑高度的限制,以及飞机噪声对土地利用的影响。在选址时,应使飞机起降活动区避开城市建设区。同时,机场选址应尽量使人们日常工作、出行活动等不受机场的阻隔。此外,机场选址应避开有开采价值的矿藏区,避开省市级以上的历史文物保护区和风景区。

3. 机场与城市的交通联系

现代航空技术的发展对城市带来如下影响:①由于机场对城市的噪声干扰越来越大,净空限制要求越来越高,航空港与城市的距离不断增加;②由于航空交通量的不断增长,航空港的规模越来越大,地面交通量迅速增长;③空中交通的速度不断提高,航时不断缩短。以上情况造成了空中交通时间不断缩短,而地面交通时间占全程时间的比重不断增加,大大削弱了航空技术发展所带来的优势。

(1) 机场与城市的距离

为使航空港与城市的联系比较方便,航空港不宜远离城市,应在满足合理选址的各项条件下适当靠近城市。

根据世界各国的机场建设经验,机场选址在距城市中心30 km的范围内较合适,可以保证机场与城市的交通联系时间控制在30 min以内,而10 km以内的距离偏小,较难满足净空限制、防止噪声干扰等要求,且这种情况大多是旧机场。因此,对于新机场的选址,建议与城市边缘的距离保持在10 km以上。

(2) 机场与城市间的交通量估计

机场与城市的交通联系,不仅是航空旅客的需要,也是机场职工、接送者、观光者、工作访问的人员等的需要。随着货运量的不断增长，货运车也是机场与城市交通量的组成部分，但并不占主体。根据一些机场的调查统计，机场与城市之间的客流量为旅客量的2～3倍。

(3) 机场与城市的交通联系方式选择

机场与城市的交通联系方式选择，主要取决于机场与城市之间的交通量、距离和服务质量要求等因素。随着民用航空运输的发展和机场规模的扩大，进出机场的交通也呈现多元化趋势，除了常规的道路运输，还有轨道交通(铁路、地铁、轻轨等)等方式。

机场与城市的交通联系应强调公交优先。对于客运组织以公共交通为主的机场，可通过市区的航空站来组织接送集散往来的旅客以及相关客流，可以在航空站办理与旅行有关的手续。航空站最好选择在市区的边缘(大城市市中心区的边缘)通向机场方向的位置，并有快速通道直接到机场。目前，我国航空客运量不大，大部分往来于机场与城市的客流均通过市区民航售票处的专线公共汽车接送，民航售票处并不办理其他旅行方面的业务，设施很简单，也可以说是航空站的雏形。今后随着航空运量的增长，城市航空站的设置是必然趋势。

世界上大型机场都趋向于采用轨道交通作为主要的集疏运模式，并积极地开发多式联运，为航空旅客提供便捷、舒适的海陆空联程服务。通常说来，航空旅客对地面旅行时间和速度的要求相对较高。据有关分析，根据不同的舒适程度等因素，航空旅客可以忍受的地面旅行时间为2～3 h，如果采用常规的道路交通和城市轨道交通作为机场的集疏运系统，机场的辐射范围相当有限，最多可辐射到200 km的范围。我国磁悬浮和高速铁路等高速交通技术的出现，使机场的辐射范围大大增加，为大型机场开展大都市区域的空铁联运服务提供了现实可能性，并预示着我国机场“飞机＋客运专线”的交通发展模式有很大的发展空间。

第7章　城市道路网

7.1　概述

城市道路网是联系城市各种用地的骨架，也是城市进行生产、生活活动的脉络。城市道路网规划的合理性，直接关系到城市道路交通运行的顺畅性以及城市各项活动的运转效率。城市道路网布局一旦确定，在相当长的时期内很难改变，会对经济社会产生深远影响，因此，我国城市应当贯彻可持续发展理念，科学地研究和规划符合城市长远发展要求的道路网络。

7.1.1　城市道路的功能等级

按照城市道路所承担的城市活动特征，我国城市道路分为干线道路、支线道路、联系两者的集散道路三个大类，以及快速路、主干路、次干路、支路四个中类和八个小类。不同城市应根据城市规模、空间形态和城市活动特征等因素确定城市道路类别，并应符合下列规定。

①干线道路应承担城市中、长距离联系交通，集散道路和支线道路共同承担城市中、长距离联系交通的集散及城市中、短距离交通的组织。

②应根据城市功能的连接特征确定城市道路中类。城市道路中类划分与城市功能连接、城市用地服务的关系应符合表7-1的规定。

表7-1　城市道路中类划分与城市功能连接、城市用地服务的关系

连接类型＼用地服务	为沿线用地服务很少	为沿线用地服务较少	为沿线用地服务较多	直接为沿线用地服务
城市主要中心之间相连	快速路	主干路	—	—
城市分区（组团）间连接	快速路/主干路	主干路	主干路	—
分区（组团）内连接	—	主干路/次干路	主干路/次干路	—
社区级渗透性连接	—	—	次干路/支路	次干路/支路
社区到达性连接	—	—	支路	支路

我国城市道路小类划分应符合表7-2的规定。

表7-2 城市道路小类划分

大类	中类	小类	功能说明	设计速度/(km/h)	高峰小时服务交通量推荐(双向)/pcu
干线道路	快速路	Ⅰ级快速路	为城市长距离机动车出行提供快速、高效的交通服务	80～100	3000～12000
		Ⅱ级快速路	为城市长距离机动车出行提供快速交通服务	60～80	2400～9600
	主干路	Ⅰ级主干路	为城市主要分区(组团)间的中、长距离交通联系服务	60	2400～5600
		Ⅱ级主干路	为城市分区(组团)间中、长距离联系以及分区(组团)内部主要交通联系服务	50～60	1200～3600
		Ⅲ级主干路	为城市分区(组团)间联系以及分区(组团)内部中等距离交通联系提供辅助服务,为沿线用地服务较多	40～50	1000～3000
集散道路	次干路	次干路	为干线道路与支线道路的转换以及城市内中、短距离的地方性活动组织服务	30～50	300～2000
支线道路	支路	Ⅰ级支路	为短距离地方性活动组织服务	20～30	—
		Ⅱ级支路	为短距离地方性活动组织服务的街坊内道路以及步行和非机动车专用路等	—	—

我国城市道路的分类与统计应符合下列规定。

①快速路统计应仅包含快速路主路,快速路辅路应根据承担的交通特征,计入Ⅲ级主干路或次干路。

②公共交通专用路应按照Ⅲ级主干路计入统计。

③承担城市景观展示、旅游交通组织等具有特殊功能的道路,应按其承担的交通功能分级并纳入统计。

④Ⅱ级支路应包括可供公众使用的非市政权属的街坊内道路,根据路权情况计入步行与非机动车路网密度统计,但不计入城市道路面积统计。

⑤中心城区内的公路应按照其承担的城市交通功能分级,纳入城市道路统计。

7.1.2 城市道路功能设计

各类城市道路的可达性与通过性要求不一致。从快速路到支路,其所允许的车速由大到小,在功能上从以“通”为主转到以“达”为主,见图7-1。

为挖掘我国城市道路设施潜力,缓解城市交通的堵塞状况,保障居民出行安全,构筑“人本位”的出行环境,我国城市道路的规划、设计、建设和管理必须将厘清道路功能作为一项最重要的基础性工作。我国的城市道路功能设计应当树立以下观念。

①整体协同观念。城市道路分类方法不能仅从规划角度进行孤立研究,还应贯彻道路规划、设计、建设、管理四者结合的"四位一体"思想。从某种意义上讲,快速路、主干路不是规划、设计出来的,而是建设和管理出来的。

②交通分流观念。交通分流是实现道路预期功能的前提,交通分流应为时空意义上的综合分流,不仅包括机动车、非机动车、行人在线上、点上的分流,还包括客与货、长距离与短距离、市内交通与市际交通等的分流。

③优先服务观念。不同类别的交通在不同等级的道路上应当具有不同的优先级,一条道路不应为所有交通提供相同的优先服务,见图 7-2。

④以人为本观念。城市道路的核心应是为人服务,而不是为车服务。城市道路断面分配应当体现公交优先,考虑设置公交专用道,交通性支路应当考虑布设公交线路。应加强交通安全设施建设和交通法规宣传,构筑"人本位"的出行氛围。

⑤可持续发展观念。道路功能应当考虑其延续性,包括空间上和时间上的延续。对于干路必须考虑随着道路骨架网络建设而持续发展,对于同一条道路还应考虑其功能定位的时间延续性。

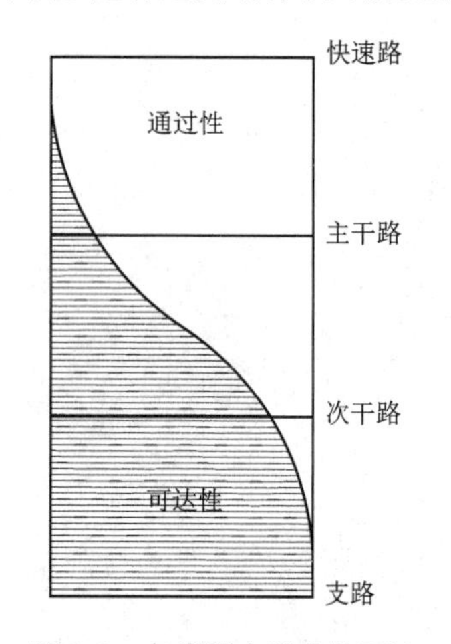

图 7-1　各类城市道路的可达性与通过性关系

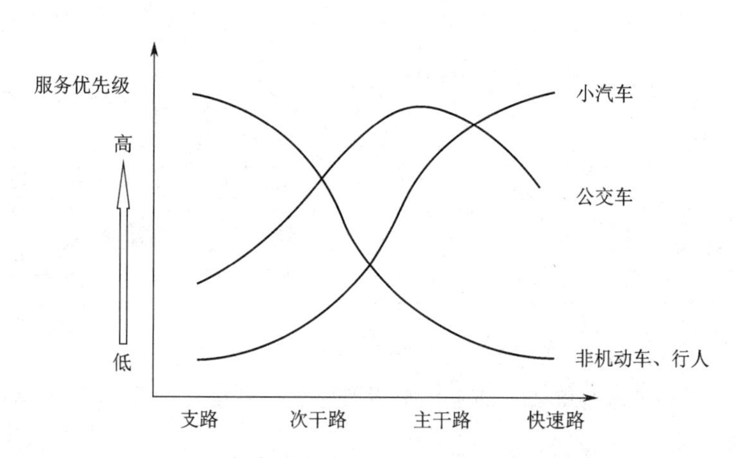

图 7-2　各类城市道路不同服务对象的优先级

7.2　城市道路网规划指标

7.2.1　道路网密度

城市道路网密度是指在城市建成区或城市某一地区内平均每平方千米城市用地上拥有的道路长度,单位为 km/km^2。

发达国家城市的道路网密度较高,一般超过 10 km/km^2(见图 7-3、表 7-3),主要原因为:①其城市道路一般不设置非机动车道,且人行道普遍偏窄,所以在同样的道路面积率情况下,我国城市道路网密度比国外低;②国外 5～7 m 的街巷较多,并计入城市道路;③军区、院校、医院、机关等大院较少;④将居住区内部道路纳入了城市道路系统。

尽管存在统计口径问题,但比起发达国家,我国城市道路网密度普遍偏低。一般而言,确定城市道路网密度规划指标的主要依据是道路网总体布局要求、是否需要组织单向交通、居住区的规模和安排、道路交通自动化控制要求、公交线网密度、原有道路网状况等。

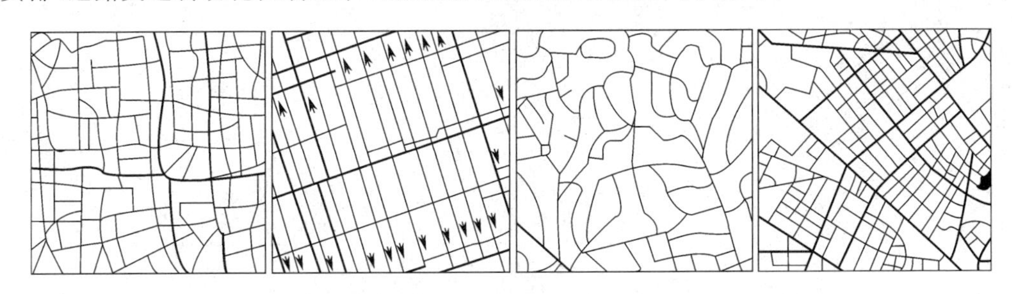

图7-3 国外部分城市道路网(科隆、蒙特利尔、奥克兰、伊斯坦布尔)

表7-3 部分发达国家城市的道路网密度

国　家	城市名称	道路网密度/(km/km²)
日本	横滨	19.2
	东京	18.4
	名古屋	18.1
	大阪	18.1
美国	旧金山	36.2
	芝加哥	18.6
西班牙	巴塞罗那	11.2
意大利	米兰	7.14
德国	慕尼黑	6.99
奥地利	维也纳	6.28

7.2.2 道路面积率

道路面积率是指城市道路用地面积占城市建设用地面积的比例。道路面积率为城市道路宽度与密度的综合指标,是城市道路网规划的一个重要技术指标。我国城市的道路与交通设施用地面积一般应占城市建设用地面积的10%～25%。

发达国家的城市交通已经经历了机动化发展的过程,其道路面积率普遍很高,如纽约曼哈顿岛道路面积率高达35%,华盛顿市区道路面积率高达43%,日本各大城市道路面积率相对较低,未超过20%,见表7-4。发达国家在经济发展历程中,为提高城市土地的利用价值,往往通过增加道路网密度来增加临街商铺面积,使得道路间距很小,城市街道网形成的用地单元仅适宜布置单体建筑,这与我国城市多机关、部队、学校、医院等大院用地的情况有着较大区别。

表 7-4 部分发达国家城市的道路面积率

国　　家	城市名称	道路面积率/(%)
日本	名古屋	17.6
	大阪	17.2
	东京	15.3
	横滨	10.1
美国	洛杉矶	50
	华盛顿	43
	纽约	35
	芝加哥	23.4
	旧金山	14.9
德国	柏林	26
法国	巴黎	25
英国	伦敦	23
西班牙	巴塞罗那	15.8
奥地利	维也纳	15

目前,我国大中城市的道路面积率普遍偏低。道路面积率的确定是百年大计,一经确定就很难大幅度改变。高道路面积率有利于改善城市交通状况,但过高的道路面积率不利于城市景观建设。当道路面积率超过20%时,若路网密度合理,城市可避免建设高架路、立交等大型工程,通过平交路口管理即可使城市交通运转处于较合理水平。

7.2.3 道路网等级结构

城市道路网等级结构是指城市道路网中,各类城市道路长度的比例。

城市道路网系统必须是一个有机协调的系统,必须具有合理的等级结构,以保证城市道路交通流由低一级道路向高一级道路有序汇集,并由高一级道路向低一级道路有序疏散。各类道路应各司其职,有机结合,实现道路功能结构与等级结构的协调统一。

国外城市的干路网密度指标大致处于同一水平,干路网密度为2.5～3.5 km/km^2。国外城市的支路网密度指标也处于同一水平,支路长度约占道路总长度的80%。

从快速路到支路,道路网密度应随道路等级的下降而提高,其级配应当为正金字塔形。而我国大中城市路网结构却为"倒三角""纺锤"形,普遍缺乏支路和次干路,支路严重不足,离国家相关规范要求相差甚远。

我国城市道路网规划应重点提高支路及次干路的路网密度,大城市规划道路网的级配结构,即快速路、主干路、次干路、支路的长度比宜为1∶2∶3∶6。

7.3 城市道路网布局规划

城市道路系统应保障城市正常经济社会活动所需的步行、非机动车和机动车交通的安全、便捷与高效运行。承担城市通勤交通功能的公路应纳入城市道路系统统一规划。中心城区内道路网的密度不宜小于 8 km/km^2。

7.3.1 道路网布局原则

城市道路网布局应符合以下原则。

①城市道路网布局应综合考虑城市空间布局的发展与控制要求、开发密度、用地性质、客货交通流量和流向、对外交通等，结合既有道路系统布局特征，以及地形、地物、河流走向和气候环境等因地制宜确定。

②城市道路经过历史城区、历史文化街区、地下文物埋藏区和风景名胜区时，必须符合相关规划的保护要求；城市建成区的道路网改造时，必须兼顾历史文化、地方特色和原有路网形成的历史，对有历史文化价值的街道应予以保护。

③干线道路系统应相互连通，集散道路与支线道路布局应符合不同功能地区的城市活动特征。

④道路交叉口相交道路不宜超过 4 条。

⑤城市中心区的道路网络规划应符合以下规定：

a. 中心区的道路网络应主要承担中心区内的城市活动，并宜以Ⅲ级主干路、次干路和支路为主；

b. 城市Ⅱ级主干路及以上等级干线道路不宜穿越城市中心区。

⑥城市规划环路时，应符合下列规定：

a. 规划人口规模 100 万及以上规模城市外围可布局外环路，宜以Ⅰ级快速路或高速公路为主，为城市过境交通提供绕行服务；

b. 历史城区外围、规划人口规模 100 万及以上城市中心区外围，可根据城市形态布局环路，分流中心区的穿越交通；

c. 环路建设标准不应低于环路内最高等级道路的标准，并应与放射性道路衔接良好。

⑦规划人口规模 100 万及以上的城市主要对外方向应有 2 条以上城市干线道路，其他对外方向宜有 2 条城市干线道路；分散布局的城市，各相邻片区、组团之间宜有 2 条以上城市干线道路。

⑧带形城市应确保城市长轴方向的干线道路贯通，且不宜少于两条，道路等级不宜低于Ⅱ级主干路。

⑨水网与山地城市道路网络规划应符合以下规定：

a. 道路宜平行或垂直于河道布置；

b. 滨水道路应保证沿线人行道、非机动车道的连续；

c. 跨越通航河道的桥梁，应满足桥下通航净空要求；

d. 跨河通道与穿山隧道布局应符合城市的空间布局和交通需求特征，集约使用，布局宜符合

表 7-5 与表 7-6 的规定。

表 7-5 规划(预留)跨河通道的道路等级规定

河道宽度 D/m	应跨越的道路等级
$D \leqslant 50$	次干路及以上
$50 < D \leqslant 150$	Ⅲ级主干路及以上
$150 < D \leqslant 300$	Ⅱ级主干路及以上
$300 < D \leqslant 500$	Ⅰ级主干路及以上
$D > 500$	快速路

表 7-6 规划(预留)穿山隧道的道路等级规定

隧道长度 L/m	应穿越的道路等级
$L \leqslant 100$	Ⅲ级主干路及以上
$100 < L \leqslant 500$	Ⅱ级主干路及以上
$500 < L \leqslant 1000$	Ⅰ级主干路及以上
$L > 1000$	快速路

e. 人行道、机动车道可处于不同标高。

⑩道路系统走向应满足城市道路的功能,以及通风和日照要求。

⑪道路选线应避开泥石流、滑坡、崩塌、地面沉降、塌陷、地震断裂活动带等自然灾害易发区;当不能避开时,必须在科学论证的基础上提出工程和管理措施,保证道路的安全运行。

7.3.2 道路网布局形式

根据国内外城市发展的实践经验,城市干路网的平面几何图式可以归纳为方格网式、环形放射式、自由式、混合式、组团式五种。前三种为基本类型,混合式是由几种基本图式综合形成的系统,组团式是由多中心的道路网系统组合而成,每个中心的道路网图式可以是前四种图式中的任何一种。

道路网的非直线系数是指道路起讫点间实际距离与其空间直线距离之比,是衡量道路网便捷程度的一个指标。方格网式道路网平均非直线系数为 1.15,环形放射式道路网平均非直线系数为 1.08,而单纯放射式道路网平均非直线系数为 1.49。一般说来,非直线系数小于 1.15 的道路网为优良形式;1.15~1.25 的为中等;大于 1.25 的为不佳。

1. 方格网式

方格网式又称棋盘式,是最常见的道路网类型,适用于地形平坦的城市。按此图式,在城区相隔一定距离,分别设置同向平行和异向垂直的交通干路,在主干路之间再布置次干路,从而形成整齐的方格形街坊。

这种图式的优点为:交通组织简单,整个道路系统的通行能力较强;由于平行的道路有多条,交通较为分散、灵活,大多数出行者有较多的可选路径,当某条道路受阻或施工时,车辆可绕道行驶;有利于建筑物的布置和方向的识别。

这种图式的缺点为：对角线方向交通不便，在交通流量大的方向，如果增加对角线道路，则可保证重要节点之间有便捷的联系，但因此形成的三角形街坊和复杂的多路交叉口，不利于交叉口的交通组织，故一般城市中不宜多设对角线道路。方格网式道路系统不宜机械划分方格，应结合地形与分区布局进行。例如：应注意与河流的夹角，不宜建造过多的斜桥；新规划的方格道路网与原有道路网形成夹角时，应减少或避免形成 K 形交叉口。方格网式干路间距宜为 800～1200 m，由此划分成"分区"，分区内再布置生活性道路或次要道路。

在我国历代城市道路网布局中，方格网式道路网体现的是"皇权至上"的城市规划思想，见图 7-4。在现实生活中，历史遗留的路幅狭窄、密度较大的方格网式道路网，不能适应现代城市交通的要求，但可以考虑组织单向交通，以提高道路通行能力。纽约市中心区的道路网即典型的方格网式道路网，见图 7-5，单向交通街道占 80%。

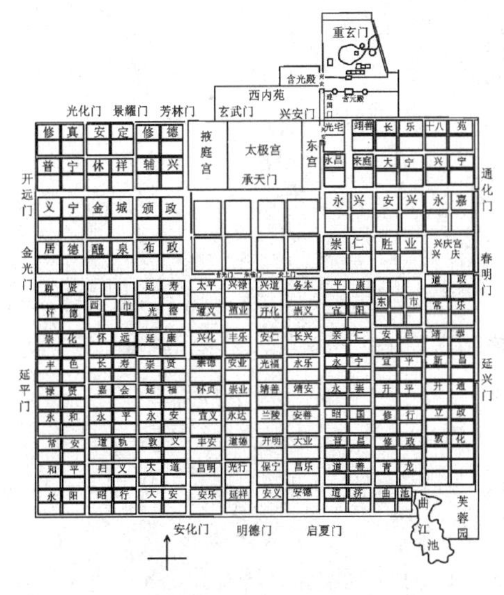

图 7-4　唐代长安城道路网复原图

图 7-5　纽约的方格网式道路网

2. 环形放射式

环形放射式道路网由环形干路和放射干路组成，通常由旧城中心区逐渐向外发展，向四周引出放射道，而内环路则沿着拆除的城墙要塞旧址形成。随着社会的发展，城市逐渐形成了由中环路、外环路等组成的连接中心区、新发展区以及与对外公路相贯通的干路系统。环形干路可以是全环、半环或多边折线形，放射干路可以从内环干路放射，也可以从二环或三环干路放射，大多宜顺应地形和现状发展建设而成。图 7-6 为放射式道路网与环形放射式道路网示意图。

环形放射式道路网便于市中心与外围市区和郊区的直捷快速联系，常用于特大城市的快速路系统。为避免市中心地区交通负荷过分集中，放射干路不宜均通至内环，以免过境交通进入市区。

单纯放射式道路网又称星状道路网，是由城市中心向四周引出放射形道路，通常是城郊道路或对外公路的形式。单纯放射式道路网不如环形放射式道路网方便。但市内道路若只有环路，则不便于各圈层之间的联系。

莫斯科从市中心辐射出 17 条主干路，由五条环城路相贯通，其中最繁忙的是二环路。五环路就是市界，周长 109 km。巴黎、伦敦等城市也采用了环形放射式的骨架道路网布局。

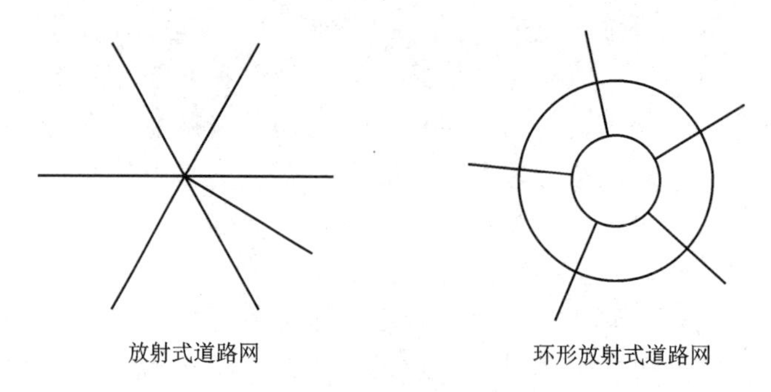

图 7-6　放射式道路网与环形放射式道路网

目前,环形放射式基本成为我国大城市较常采用的道路网布局形式。

环路的基本作用为:①穿越截流,即将起点、终点均不在环线以内的交通吸引到环线上;②进出截流,即对进出市中心的交通起到分流的作用,一方面减少这些交通对环内道路的使用,另一方面将这些交通分散到多条射路上;③内部疏解,即将环内长距离的交通吸引到环线上。多层环线由内而外的服务水平应逐步提高。

射路的基本作用为:有助于满足车辆的直达要求,减少绕行距离。射路能够加强中心区与郊区新城、市外之间的联系,促进城市副中心的形成。

在环形放射式道路网规划中,应避免环路系统诱导城市摊大饼式外延。城市每新建一条环路,相当于"肥胖"一圈。人体肥胖可导致高血压、高血脂等富贵病,同样城市"肥胖"也会导致车速降低、居民出行时间拉长等问题,因此,在城市道路网规划中,应合理规划城市环路的数量。

3. 自由式

在我国历代城市道路网布局中,自由式道路网体现的是"自然至上"的城市规划思想,见图7-7。

由于地形起伏变化较大,道路网结合自然地形呈不规则形状。我国重庆(图 7-8)、青岛等城市的干路系统均属于自由式,干路沿山麓地形或河岸自由延伸,灵活采用直线或不规则的曲线,干路围合的区域内部街道呈不规则的几何图形。

4. 混合式

混合式是由上述三种基本图式组成的道路系统。这种类型的道路网大多是受历史原因逐步发展形成的。有的在旧城区方格网式的基础上再分期修建放射干路和环形干路(由折线组成);也有的是原有中心区呈环形放射式,而在新建各区或环内增加方格网式道路。我国大中城市,如北京、上海、长春(图 7-9)、南京、合肥均属这种类型。

5. 组团式

河流或其他天然屏障的存在,使城市用地分成几个系统,组团式道路网为适应此类城市布局的多中心系统。我国城市用地大多为集中式布局,多中心组团式城市约占 10%。我国大中城市规划的模式是由市中心、区中心、居住区中心、小区中心的分级结构组成。对于大城市,宜从单中心向多中心发展,以适应限制中心区交通的战略,减少不必要的穿越中心的交通量。图 7-10 是银川的组团式道路网。

为缓解我国特大城市的交通堵塞问题,组团式道路网是合理的模式。组团与组团间应加强生

图 7-7　明代南京道路网布局

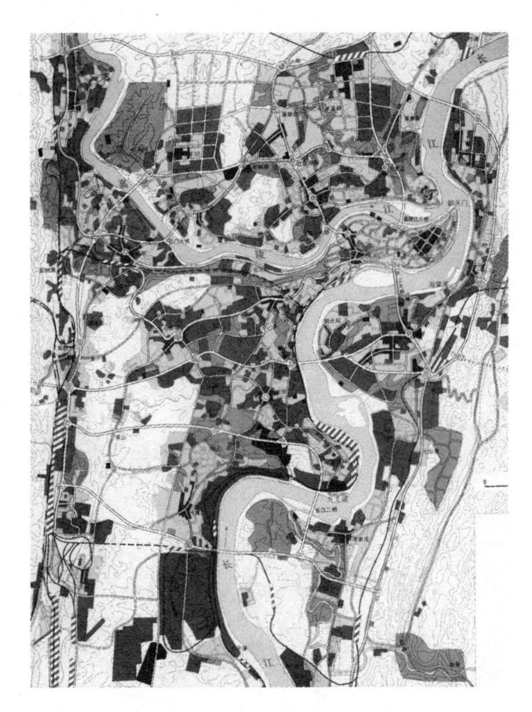

图 7-8　重庆自由式道路网

态隔离，避免“摊大饼”。组团间的长距离交通应通过轨道交通来运输，单纯修建道路是治标不治本之举。

7.4　道路系统规划

7.4.1　道路系统规划原则

城市道路系统规划应结合城市的自然地形、地貌与交通特征，因地制宜，并应符合以下原则。

①与城市交通发展目标相一致，符合城市的空间组织和交通特征。

②道路网络布局和道路空间分配应体现“以人为本、绿色交通优先”的原则，以及窄马路、密路网、完整街道的理念。

③城市道路的功能、布局应与两侧城市的用地特征、城市用地开发状况相协调。

④体现历史文化传统，保护历史城区的道路格局，反映城市风貌。

⑤为工程管线和相关市政公用设施布设提供空间。

⑥满足城市救灾、避难和通风的要求。

7.4.2　干线道路系统

我国城市的干线道路规划应以提高城市机动化交通运行效率为原则。干线道路承担的机动化交通周转量（车・千米）应符合表 7-7 的规定，带形城市取高值，组团城市取低值。

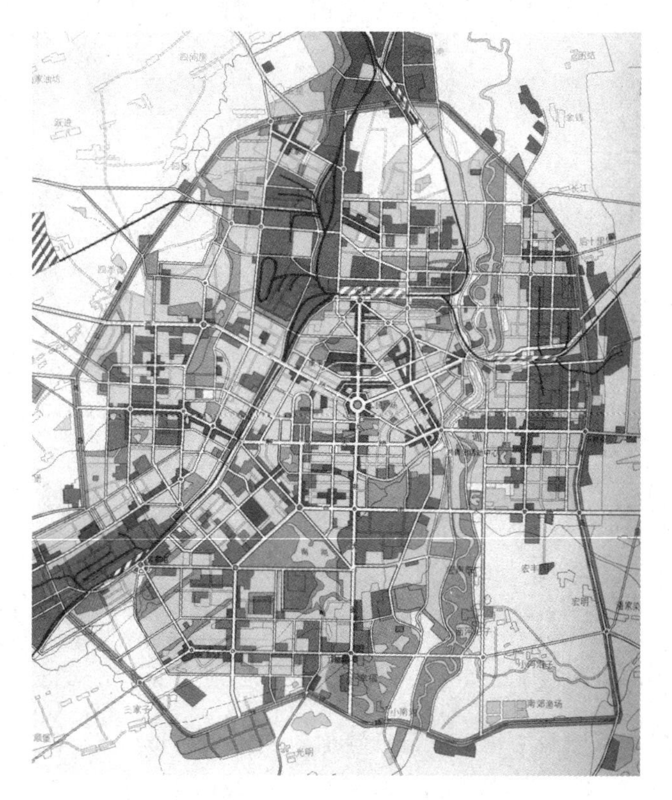

图 7-9　长春混合式道路网

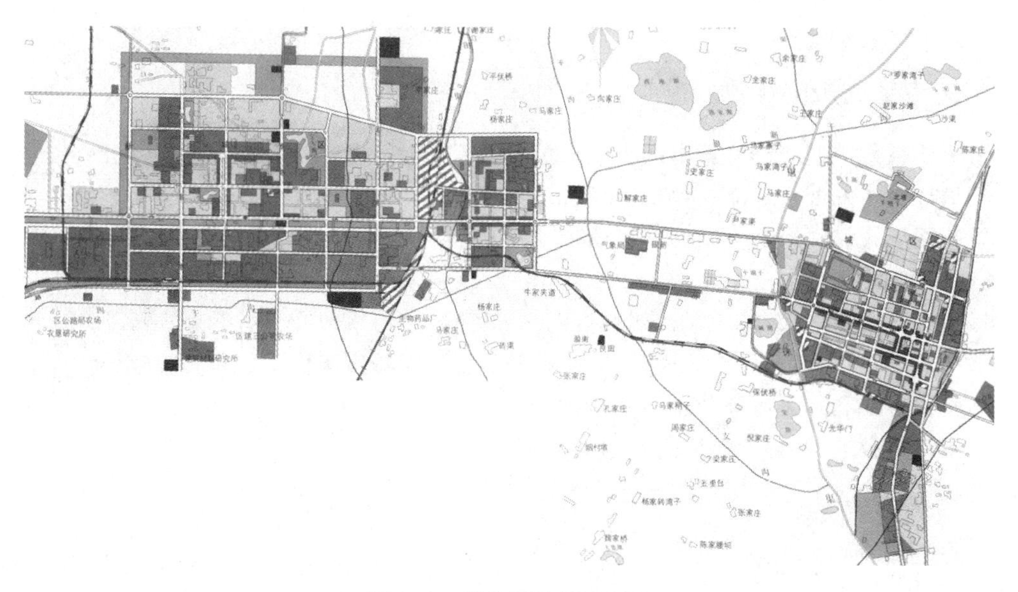

图 7-10　银川组团式道路网

表 7-7　干线道路的规模及承担的机动化交通周转量

规划人口规模/(万人)	<50	50～100	100～300	≥300
周转量(车·千米)比例/(%)	45～55	50～70	60～75	70～80
干线道路里程比例/(%)	10～20	10～20	15～20	15～25

不同规模城市干线道路的选择应符合表 7-8 的规定。

表 7-8　城市干线道路等级选择要求

规划人口规模/(万人)	最高等级干线道路
≥200	Ⅰ级快速路或Ⅱ级快速路
100～200	Ⅱ级快速路或Ⅰ级主干路
50～100	Ⅰ级主干路
20～50	Ⅱ级主干路
≤20	Ⅲ级主干路

对于带形城市可参照上一档规划人口规模的城市选择。当中心城区长度超过 30 km 时，宜规划Ⅰ级快速路；超过 20 km 时，宜规划Ⅱ级快速路。

我国不同规划人口规模城市的干线道路网密度可按表 7-9 规划。城市建设用地内部的城市干线道路的间距不宜超过 1.5 km。

表 7-9　不同规模城市的干线道路网密度

规划人口规模/(万人)	干线道路网密度/(km/km^2)
≥200	1.5～1.9
100～200	1.4～1.9
50～100	1.3～1.8
20～50	1.3～1.7
≤20	1.5～2.2

我国城市的干线道路上的步行、非机动车道应与机动车道隔离。并且，干线道路不得穿越历史文化街区、文物保护单位的保护范围以及其他历史地段。此外，干线道路桥梁与隧道车行道布置及路缘带宽度宜与衔接道路相同。

我国城市的干线道路上交叉口间距应有利于提高交通控制的效率。规划人口规模 100 万及以上的城市，放射性干线道路的断面应符合潮汐车道设置条件。

7.4.3　集散道路与支线道路

城市集散道路和支线道路系统应保障步行、非机动车和城市街道活动的空间，避免引入大量通过性交通。

次干路主要起交通的集散作用，其里程宜占城市总道路里程的 5%～15%。

城市不同功能区的集散道路与支线道路密度，应结合用地布局和开发强度综合确定，街区尺度宜符合表7-10的规定。城市不同功能区的建筑退让线应与街区尺度相协调。

表7-10 不同功能区的街区尺度推荐值

类别	街区尺度/m		道路网密度/(km/km²)
	长	宽	
居住区	≤300	≤300	≥8
商业区与就业集中的中心区	100～200	100～200	10～20
工业区、物流园区	≤600	≤600	≥4

注:工业区与物流园区的街区尺度根据产业特征确定,服务型园区的街区尺度应小于300 m,道路网密度应大于8 km/km²。

城市居住街坊内道路应优先设置为步行与非机动车专用道路。

7.4.4 其他功能道路

1. 城市防灾救援通道

我国承担城市防灾救援功能的道路应符合下列规定:

①次干路及以上等级道路两侧的高层建筑应根据救援要求确定道路的建筑退让线;

②立体交叉口宜采用下穿式;

③道路宜结合绿地、广场、空地布局;

④地震设防烈度为7度的城市,每个疏散方向应有不少于2条对外放射的城市道路;

⑤承担城市防灾救援的通道应适当增加通道方向的道路数量。

2. 城市滨水道路

我国城市滨水道路规划应符合下列规定:

①结合岸线规划的滨水道路,在道路与水岸之间宜保留一定宽度的自然岸线及绿带;

②沿生活性岸线布置的城市滨水道路,道路等级不宜高于Ⅲ级主干路,并应降低机动车设计车速,优先布局城市公共交通、步行与非机动车空间;

③通过生产性岸线和港口岸线的城市道路,应按照货运交通需要布局。

3. 其他特殊道路

我国城市的旅游道路、公交专用路、非机动车专用路、步行街等具有特殊功能的道路,其断面应与承担的交通需求特征相符合。以旅游交通组织为主的道路应减少其所承担的城市交通功能。

7.4.5 规划方案评价

不同层次的道路网规划方案评价的主要指标不同。网络层面的规划方案评价,主要分析总体交通质量指标。针对某条道路的规划方案评价,主要分析技术性能指标。

1. 城市道路网规划方案的综合评价

城市道路网规划方案的综合评价内容主要包括技术性能、经济效益和社会环境影响三个方面。

(1) 技术性能评价

从城市总体规划和综合交通规划的角度分析评价道路网的整体建设水平、道路网布局质量、道路网总体容量等,也可以对局部道路或节点的质量性能进行评价,如某条路、某个交叉口的通行能力、服务水平等。

(2) 经济效益评价

经济效益评价从成本和效益两个方面进行分析，两者均包括直接和间接两部分。直接成本包括初次投资费用以及有关的交通设施、交通服务的运营和维修费用等；间接成本主要指道路交通设施给其使用者以及全社会造成的额外费用，如因防治交通公害而造成的社会费用、交通事故造成的直接和间接经济损失、能源消耗费用等。效益中的直接经济效益包括出行时间的节省、运输成本的降低、交通事故减少等；间接经济效益包括改善大气质量、减少交通公害、改善投资环境、提高生活质量等给使用者以及全社会带来的效益。

(3) 社会环境影响评价

道路交通系统对社会环境的影响体现在正、负两个方面。正面影响包括提高可达性、促进生产、扩大市场、提高地价、改善景观等；负面影响包括增加交通公害、降低交通安全性、阻隔社区、影响视线视觉、影响日照通风等。

2. 城市道路网规划方案的质量评价

针对道路网的总体交通质量评价，可从道路网运行质量和建设水平两方面进行。反映道路网运行质量的指标包括全道路网的平均交叉口交通负荷、平均交叉口服务水平、交叉口各级服务水平的百分率，平均路段交通负荷、平均路段服务水平、路段各级服务水平的百分率，各类交叉口的平均延误，主、次干路路段平均车速、全道路网平均车速、公交平均运行车速，全道路网平均出行时间、平均出行距离等。

反映道路网建设水平的指标主要有道路网的几何指标和数量指标。前者包括道路网密度、主干路网密度、次干路网密度、支路网密度、公交线网密度，各类交叉口的数量与百分比，道路网的可达性、通达性等；后者包括人均道路面积、道路面积率等。

7.5 快速路系统规划

7.5.1 快速路的特点

快速路一般应在特大城市或大城市中设置，联系各主要市区和主要近郊区，有较高的车速和较强的通行能力。其车速低于高速公路，通行能力是一般道路的数倍，车辆行驶速度大大快于一般道路。

我国人口在 200 万以上的大城市，用地长边常在 20 km 以上，在用地向外延伸的交通发展轴上，须规划“井”字形或“廿”字形快速路切入城市，将市区各主要组团与郊区的卫星城镇、机场、工业区、仓库区和物流中心快速联系起来，缩短时空距离。对于人口小于 200 万人的大城市，可根据城市用地的形状和交通需求确定是否建造快速路。

快速路与高速公路、主干路的技术要求和特点存在着一定的差别，见表 7-11。

表 7-11　高速公路、快速路与主干路比较

类　别	高速公路	快速路	主干路
英文名称	freeway	expressway	arterial road

续表

类　别	高速公路	快　速　路	主　干　路
设计车速/(km/h)	80～120	60～100	40～60
在道路网中的位置	城区外、片区间、城市间	干路网骨架	路网骨架
布局形式	绕城路、一般不穿城	环形放射式	方格网式或其他
进出控制	全部控制	全部或部分控制	通常不控制
与主干路的相交形式	全部立交或不互通	立交或进出匝道	大多平交
道路网密度/(km/km^2)	—	0.4～0.5	0.8～1.2

我国许多城市规划建设了快速路系统。图 7-11、图 7-12 分别为上海、广州的快速路示意。

图 7-11　上海的“三环十射”快速路示意

7.5.2　快速路的形式

1. 基本形式

快速路有高架式、地面式、半地下式、地下式、路堤式等多种构造形式。

(1) 高架式

高架式是以高架桥梁在道路上空形成连续通行的快速路,对所有相交道路均采用立体交叉,与地面道路交通互不干扰。高架路的优点是:①立体使用道路空间,能够增加道路有效使用面积,尤其在市中心区,能少建大型立交桥,减少占地、拆迁;②通行能力大,行车速度快,无平面交叉,安全性好。高架路的主要缺点是:噪声污染、光污染、破坏城市景观、防灾效果差、引起道路两侧土地降值和商业萧条。

高架路适用于建筑密集、地价昂贵、交通繁重、地形条件受限、红线宽度较窄、沿线交叉口多、横向干扰大的路段。上海内环线、广州内环线、杭州中和路快速路主要是以高架式修建的。随着

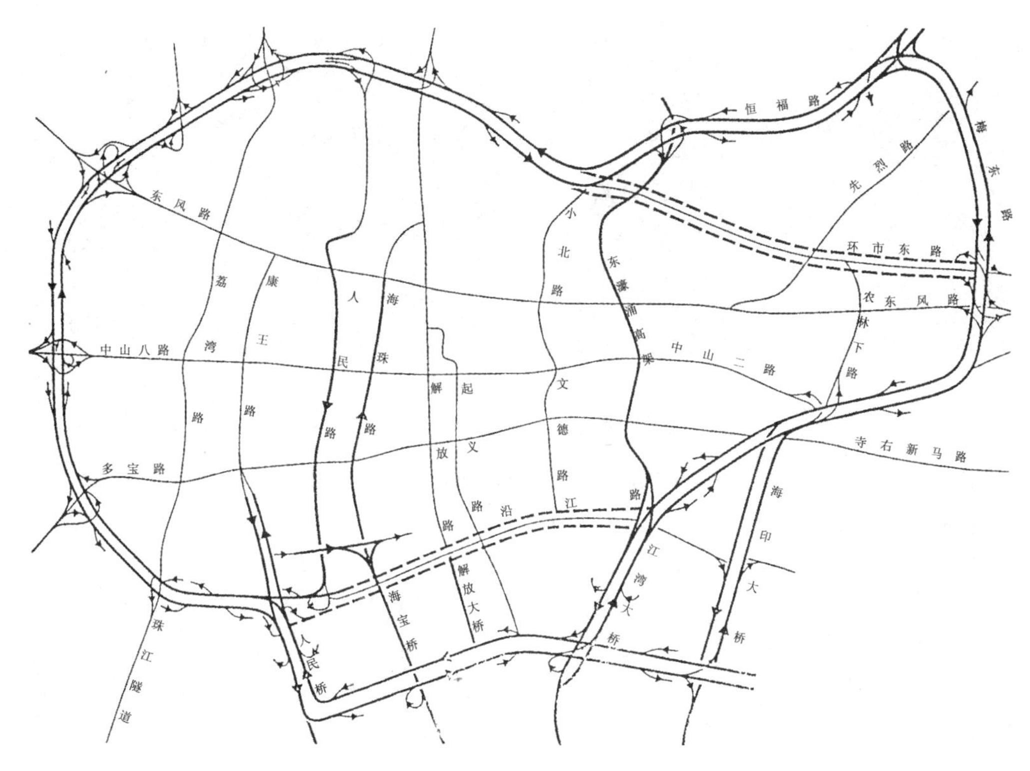

图 7-12　广州的快速路示意

可持续发展概念深入人心，国外许多城市开始拆除高架路。如：韩国首尔拆除高架路，恢复河道（图 7-13）；美国波士顿拆除高架路，建设地下快速路（图 7-14）。高架路正在由省会城市向地级市、由特大城市向大城市、由经济发达城市向欠发达城市蔓延。我国大城市，尤其是国家级历史文化名城和风景旅游城市，应当尽可能避免建设高架路，慎重对待高架路建设。

(a)

(b)

图 7-13　复原前后的清溪川

（2）地面式

地面式快速路的车行道与相邻建筑基本位于同一平面上，其缺点是分割城市；道路两侧居民过街不易；沿线单位必须右进右出，进出不易。地面式快速路路段必须设置行人、自行车过街设

(a)

(b)

图 7-14 复原前后的中央大道

施。地面式快速路适用于地势平坦城市,沿铁路与河流的路段,横向交叉道路间距较大的城市外围地区路段,以及新建城区和结合城市改造、用地较容易、能满足横断面布置的路段。

(3) 半地下式

半地下式快速路车行道低于临街道路路面,快车道与地面道路的高差不小于车辆净空要求,辅路与两旁街道处于同一平面,并相互连接,见图 7-15。

半地下式快速路的优点是可以减少车流对沿街地区的干扰和噪声,横向道路可以跨越,有利于交通控制。半地下式快速路适用于地势平坦、少雨、地下水位低、河道少、桥梁少、排水设施好、卫生条件好的城市。

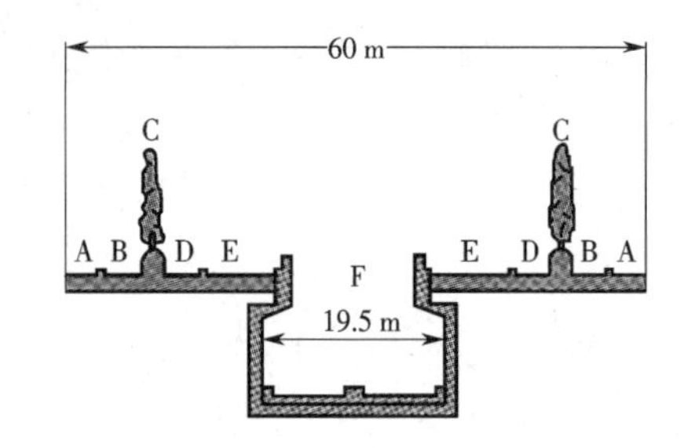

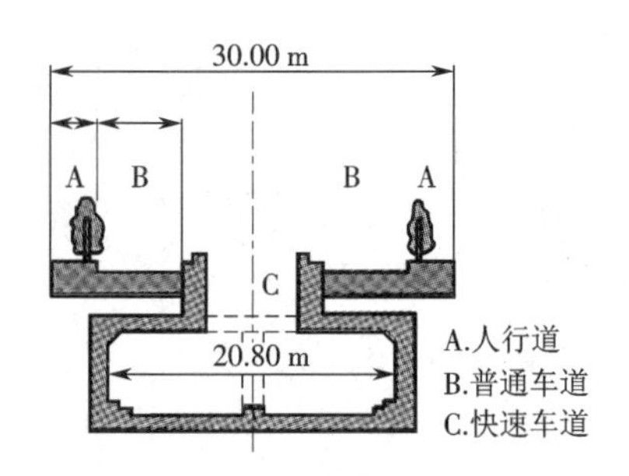

图 7-15 日本名古屋半地下式快速路

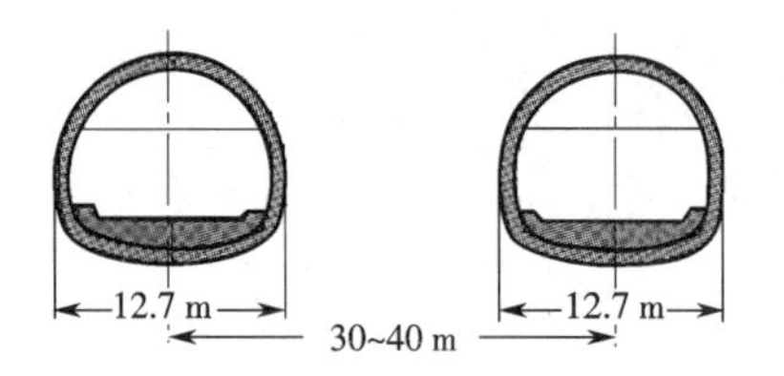

图 7-16 日本名古屋地下式快速路

(4) 地下式

地下式快速路的车行道全部在地下,见图 7-16。地下式快速路的优点是对环境影响小;缺点是造价高,对通风、事故排除等要求高。从运输人的角度讲,地下式快速路的效率远低于轨道交通,因此,除环境敏感地段外,我国城市不建议采用地下式快速路。

地下式快速路一般适用于丘陵城市中穿越山岭,平原城市中穿越江河、穿越铁路站场、穿越环境敏感地区的快速路路段。

(5) 路堤式

路堤式快速路是指路基高、中或低填土的快速路。对于平原水网城市的郊区快速路,低路堤是首选形式:一方面填方少,软土地基处理工程量小;另一方面节点容易处理,快车道纵断面线形较好,相交道路下穿或上跨快速路较容易。

路堤式快速路适用于如下路段:①城市外围横交道路间距较大、用地富裕且便于取用填土材料的路段;②利用沿河沿江防汛路堤、桥头高填土引道路段;③丘陵城市利用路堑段挖方填筑的路堤路段。

2. 快速路的组合形式

为适应不同的用地条件与地形条件,国外快速路一般由多种形式组合而成。组合式快速环路以巴黎中环路最为典型。该路全长 35 km,其中地面式路段长 13.6 km,占 38.86%;高架路段长 6.5 km,占 18.57%;高路堤段长 9.1 km,占 26%;隧道段长 5.8 km,占 16.57%。

近年来,国内城市在建设快速路时,也根据实际需要,愈来愈多地采用组合式。以苏州市 6.13 km 长的北环快速路工程为例,为保护苏州古城的城市风貌,满足火车站等场所的交通集散需求,同时根据快速路沿线的用地条件和交通条件,采用了多种构造形式,高架段长 1.8 km,隧道段长 1.5 km,地面段长 2.83 km。

7.5.3　匝道规划设计

匝道是指立交桥和高架路上下两条道路相连接的路段,也指快速路与邻近的辅路相连接的路段。高架路的进口匝道和出口匝道是分开的,只能顺行,车辆错过了下匝道,就不能从上匝道离开快速路,只能从下一个下匝道离开。立交桥的匝道,也是按照设定的标志行驶的。

一般而言,快速路匝道设计应满足如下要求:

①匝道间距 1～2 km;

②匝道先下后上,避免交织;

③匝道接次干路,避免直接与主干路相连,进一步恶化交通矛盾;

④下匝道距离交叉口停车线的长度宜为 150 m 左右;

⑤上匝道距离交叉口停车线的长度宜为 40～80 m。

7.6　城市绿道系统规划

7.6.1　城市绿道的含义与构成

1. 城市绿道的含义

城市绿道主要串联城市行政区域范围内(不限于城市建成区)的各类绿色开敞空间和重要的自然与人文节点,包括自然保护区、风景名胜区、森林公园等自然节点,人文遗迹、历史村落、传统街区等人文节点,以及居住社区、中心商业区、大型文娱体育区、公共交通枢纽等人流量较大的区域。建设城市绿道对于保护与优化城市生态系统、引导合理的城乡空间格局、提供休闲游憩和慢行空间具有重要意义。典型城市绿道见图 7-17。

2. 城市绿道的构成

城市绿道由绿廊系统和人工系统两部分构成。

图 7-17　典型城市绿道

(1) 绿廊系统

绿廊系统是城市绿道的绿色基底，主要由地带性植物群落、野生动物、水体、土壤等生态要素构成，包括自然本底环境与人工恢复的自然环境，具有生态维护、景观美化等功能。

(2) 人工系统

人工系统由慢行系统、交通衔接系统、服务设施系统和标识系统等构成，具有休闲游憩、慢行交通等功能。

慢行系统包括步行道、自行车道、综合慢行道。

交通衔接系统包括绿道停车设施、绿道与城市其他交通系统的接驳设施等。

服务设施系统包括管理设施、商业服务设施、游憩设施、科普教育设施、安全保障设施和环境卫生设施等。

标识系统包括信息标识、指路标识、规章标识、警告标识等。

7.6.2　城市绿道系统规划原则

城市绿道系统规划应坚持人与自然和谐共生的价值取向和生态导向，引导城乡形成合理的空间格局，体现地域景观特色与文化传统，满足当地居民提升生活品质的需求，确保绿道生态、环境、民生和经济等多方面功能的实现。

1. 顺应自然肌理，畅通生态廊道

尊重城市的自然本底，充分利用地形、植被、水系等自然资源，结合市域生态廊道、生态隔离绿地、环城绿带和农田林网等构建城市绿道，使分散的生态斑块得以有机连接，从而构建和维护完整、安全的区域生态格局。

2. 串联发展节点，体现特色底蕴

充分发挥城市绿道对各类发展节点的组织串联作用，以自然保护区、风景名胜区、旅游度假区、森林公园、郊野公园以及人文遗迹、历史村落、传统街区等自然、人文节点为依托，尽可能多地发掘和展示本地具有代表性的特色资源，实现“在发展中保护，在保护中发展”。

3. 契合城乡布局，引导空间发展

一方面，城市绿道应契合城市的空间结构与功能拓展方向，有效发挥城市绿道在城乡之间、城镇之间以及城市不同功能组团之间的生态隔离功能，引导城乡形成合理的空间发展形态；另一方面，城市绿道应连通城镇内部的公园、广场、体育场馆、商业街、滨水休闲带等公共空间，成为公共空间的联系纽带，孕育城乡居民多样的公共生活空间，促进和谐社会建设。

4. 利用交通廊道，集约利用土地

城市绿道布局要尽量避免开挖、拆迁、征地，应充分利用现有的废弃铁路、村道、田间道路、景区游道等路径，在保障绿道使用者安全的前提下，集约利用土地，降低建设成本。

5. 衔接上一级绿道与慢行系统，倡导绿色生活

发挥承上启下的作用，与上一级绿道（如省级绿道等）及相邻城市绿道同步对接，加大绿道网密度，并重点向中心商业区、居住社区、公共交通枢纽以及大型文娱体育区等人流密集地区延伸，与城市慢行系统共同构成连续、完整的绿道生活网络，丰富市民出行方式，引领“公交优先、方便慢行”的绿色出行模式。

7.6.3　城市绿道的选线方法

1. 优选绿道网络串联的发展节点

城市绿道应尽可能联系体现地方特色的自然节点以及人文节点、城市公共空间和城乡居民点等，高级别的发展节点应作为优先串联的对象。适宜串联的发展节点包括如下各项。

①自然节点：指具备生物多样性、景观独特性的区域，包括自然保护区、风景名胜区、水源保护区、旅游度假区、森林公园、郊野公园、农田等。

②人文节点：指具有一定文化、历史特色的地区，包括人文遗迹、历史村落、传统街区等。

③城市公共空间：包括城镇建成区内部的大型居住区、大型商业区、文娱体育区、公共交通枢纽等重点地区，以及公园、广场、绿地等公共开敞空间。

④城乡居民点：城乡宜居社区、乡镇、村庄等。

2. 确定绿道网络的适宜路径

选取开敞空间边缘、已有绿道和交通线路等作为城市绿道选线的依托，以优先串联重要节点为目标，综合考虑长度、宽度、通行难易程度、建设条件等因素，对线性通廊进行比选，确定城市绿道的适宜线路。

①开敞空间边缘：指体现自然肌理的水系边缘（江、河、湖、海、溪、谷等水体岸线）、山林边缘、农田边缘（农田的田埂、桑基鱼塘的塘基）等。此类线形廊道最能体现绿道内涵，应优先予以考虑。

②已有绿道：包括已建成的省立绿道。城市绿道应与省立绿道有机衔接，共同构建覆盖区域的绿道网络。局部地区受条件限制，城市绿道可考虑与省立绿道并线。在与省立绿道有机衔接的前提下，城市绿道应保持其相对独立性。

③交通线路：包括废弃铁路和国道、省道、县道、高速公路等公路，以及市政道路、景区游道、田间小道等。应根据交通流量、车行速度等确定其适宜程度，如废弃铁路、景区游道、田间小道等非

机动交通线路,以游憩和耕作功能为主,在选线时可优先考虑;市政道路的慢行系统也可因地制宜地予以考虑;而国道、省道、县道及高速公路等快速机动交通线路,随着交通流量的增大和机动车速度的增加,其适宜程度依次降低,一般不宜选作绿道路径。

第 8 章　城市道路线形

8.1　道路平面规划设计

8.1.1　概述

1. 路线

道路是一个带状构造物。它的中心线是一条空间曲线。一般所说的路线，是指道路中心线，而道路中心线的空间形状称为路线线形，见图 8-1。道路中心线在水平面上的投影称为道路平面线形。道路路幅范围在水平面上的投影称为道路平面。将道路平面沿着中线竖直剖切，再行展开就称为纵断面。道路中心线各点的法向切面是道路横断面。道路的平面、纵断面构成了道路的线形。路线设计是指确定路线空间位置和各部分几何尺寸的工作，为方便研究与使用，把它分解为路线平面设计和路线纵断面设计。二者是相互关联的，既分别进行，又综合考虑。

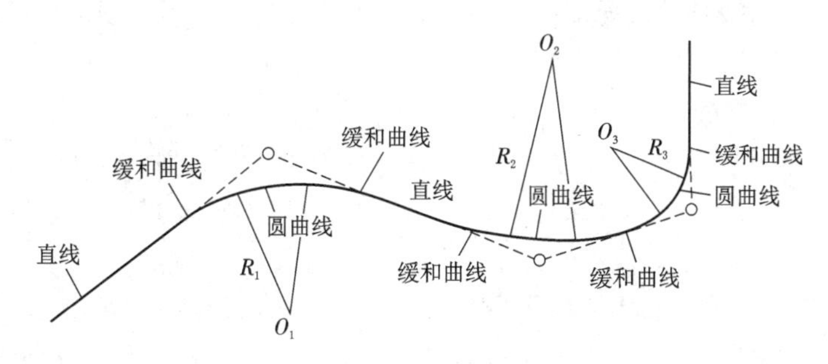

图 8-1　道路路线线形示意

在图 8-2 中，字母组合为相应专业名词汉语拼音的首字母的组合。例如：JD 为交点，即两条直线的交点；ZH 为直缓点，即直线至圆曲线的变化点；HY 为缓圆点，即缓和曲线至圆曲线的变化点；QZ 为曲中点，即圆曲线的中点；YH 为圆缓点，即圆曲线至缓和曲线的变化点；HZ 为缓直点，即缓和曲线至直线的变化点。

城市道路平面位置的确定，涉及交通组织、沿街建筑、地上与地下管线布置、各种道路交叉口的形式等诸多因素。因而，确定道路位置时，要根据道路网规划的走向，以道路中心线为准，结合道路性质、交通要求、交叉口形式，经过现场勘察和详细测量后确定。

城市道路平面线形由直线、圆曲线、缓和曲线三种要素组成，我国规定缓和曲线应采用回旋线。在城市道路规划设计中，由于经常会碰到山体、丘陵、河流和需要保留的建筑，有时还因地质条件差而需要避开不宜建设的地方，致使道路发生转折，需要在平面上设置曲线。如果城市道路转折角度不大，可把转折点设在交叉口，使道路线形呈折线状。这样可以减少道路上的弯道，便于道路施工和管线埋设，也有利于道路两侧建筑的布置。如果转折点必须设置在路段上，则需要根

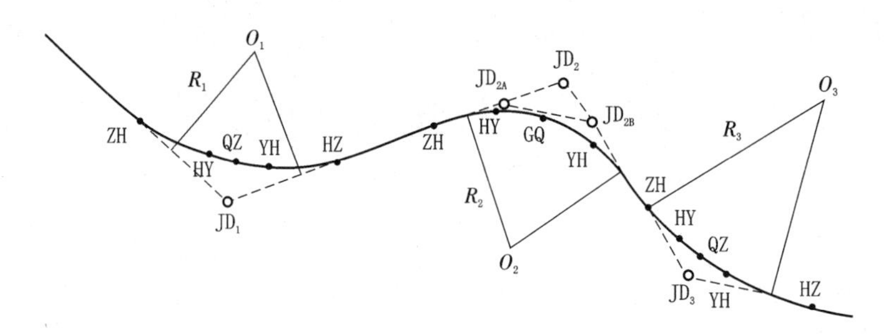

图 8-2 道路平面线形示例

据车辆运行要求设置成曲线。

道路平面线形设计的主要内容包括:选定合适的圆曲线半径,计算缓和曲线,合理解决曲线与曲线、曲线与直线的衔接,恰当地设置超高、加宽和缓和路段,计算行车视距并排除可能存在的视线障碍。

2. 道路等级

城市道路以功能为主进行道路分级。我国城市道路分为快速路、主干路、次干路和支路四个等级。

在城市道路网中具有大交通量、过境及中长距离交通功能,为机动车快速交通服务的道路为快速路。快速路应采用中央分隔、全部控制出入、控制出入口间距及形式,实现连续交通流,具有单向双车道或以上的多车道,并应设有配套的交通安全与管理设施。快速路两侧不应设置吸引大量车流、人流的公共建筑物的出入口。

在城市道路网中连接城市各主要分区,以交通功能为主的道路为主干路。主干路应采用机动车与非机动车分隔的形式,并控制交叉口间距。主干路两侧不宜设置吸引大量车流、人流的公共建筑物的出入口。

在城市道路网中与主干路结合组成干路网,以集散交通功能为主,兼有服务功能的区域性道路为次干路。次干路两侧可设置公共建筑物的出入口,但应设置在交叉口功能区之外。

与次干路和居住区、工业区、交通设施等内部道路相连接,解决局部地区交通,以服务功能为主的道路为支路。支路两侧可设置公共建筑物的出入口,但宜设置在交叉口功能区之外。

道路等级一般在规划阶段确定。当遇到特殊情况需变更道路等级时,应进行技术经济论证,并报规划审批部门批准。当道路作为货运、防洪、消防、旅游等专用道路使用时,由于在道路的设计车辆、交通组成、功能要求等方面存在一些特殊性需求,除应满足相应道路等级的技术要求外,还应满足专用道路及通行车辆的特殊要求。

8.1.2 直线

1. 直线的特点

作为平面线形要素之一的直线,在道路设计中使用最为广泛。因为两点之间直线最短,一般在定线时,只要地势平坦、无大的地物障碍,定线人员都首先考虑直线通过。此外,笔直的道路给人以短捷、直达的良好印象,在美学上直线也有其自身的特点。汽车在直线上行驶受力简单、方向明确、驾驶操作简易。从测设上看,直线只需定出两点,就可方便地测定方向和距离。基于这些优点，直线在道路线形设计中被广泛使用。

但是，过长的直线并不好。在地形有较大起伏的地区，直线线形大多难以与地形相协调，易产生高填深挖路基，破坏自然景观。若长度运用不当，不仅会破坏线形的连续性，也不便达到线形设计自身的协调。过长的直线易使驾驶人员感到单调、疲倦，难以目测车间距离，于是产生尽快驶出直线的急躁情绪，一再加速以致超过规定车速，很容易导致交通事故的发生，因此，在运用直线线形并决定其长度时，必须持谨慎态度，不宜采用过长的直线。

2. 直线的最大长度和最小长度

在道路平面线形设计时，一般应根据路线所处地带的地形、地物条件，驾驶员的视觉、心理感受以及保证行车安全等因素，合理地布设直线路段，对直线的最大与最小长度应有所限制。

(1) 直线的最大长度

从理论上讲，合理的直线长度应根据驾驶员的心理反应和视觉效果来确定。有些国家在长直线的运用上有些限制。例如：德国一般规定直线的最大长度(以 m 计)不超过 20 倍的设计车速(以 km/h 计)，如设计速度为 120 km/h，则直线的最大长度为 20×120＝2400(m)；西班牙规定不宜超过 80％的设计速度的 90 s 行程；法国认为长直线宜采用半径 5000 m 以上的圆曲线代替；美国规定线形应尽可能直捷，而且应与地形一致。我国相关国家规范并未对直线的最大长度规定具体的数值，在实际工作中，设计人员可根据地形、地物、自然景观以及经验等来判断和决定直线的最大长度，既不强求长直形态，也不硬性设置不必要的曲线。

城市道路的路线走向基本在路网规划阶段已经确定，设计阶段调整的余地不大。并且，不同路段的城市道路街景和设施处于变化中，长直线并不容易使驾驶员产生疲劳感，因此，城市道路对直线的最大长度不做规定。关键在于直线长度的选择应与地形相适应，与沿线建筑、绿化等相协调，加强与道路纵断面线形、横断面布置的组合设计，改善道路容貌与行车环境，并考虑驾驶员的视觉、心理状态等合理布设。同时，长直线的线路走向还应考虑与太阳入射角的关系，避免驾驶员行车时阳光直射产生眩目。

调查发现，在城市附近的道路上以 100 km/h 的车速行驶时，无论路基高低，路旁的高大建筑和多彩的城市风光均被纳入视线范围，驾驶员和乘客不会产生因直线过长而希望驶出的不良反应，因此，直线的最大长度，在城镇及其附近或其他景色有变化的地点大于 20 倍的设计车速是可以接受的，在景色单调的地点最好控制在 20 倍的设计车速以内。但是必须强调，无论是对于高速公路还是常速道路，在任何情况下都要避免追求长直线的错误倾向。

(2) 直线的最小长度

道路的短直线不能保证平面线形的连续性，使驾驶者操纵方向盘有困难，不利于行车安全。我国相关国家规范对两相邻同向或反向平曲线之间的直线单元的最小直线长度作了相应的规定。

同向曲线是指两个转向相同的相邻曲线之间连以直线而形成的平面线形，见图 8-3(a)。其中间的直线长度是指前一曲线的终点到后一曲线的起点之间的距离。当直线较短时，这种线形在视觉上容易形成直线与两段曲线构成反弯的错觉。当直线过短时，甚至容易看成一个曲线，破坏了线形的连续性，形成所谓的“断背曲线”。反向曲线是指两个转向相反的相邻曲线之间连以直线所形成的平面线形，见图 8-3(b)。两弯道转弯方向相反，考虑到其超高和加宽缓和的需要，以及驾驶人员操作的方便，其间的直线最小长度应予以限制。

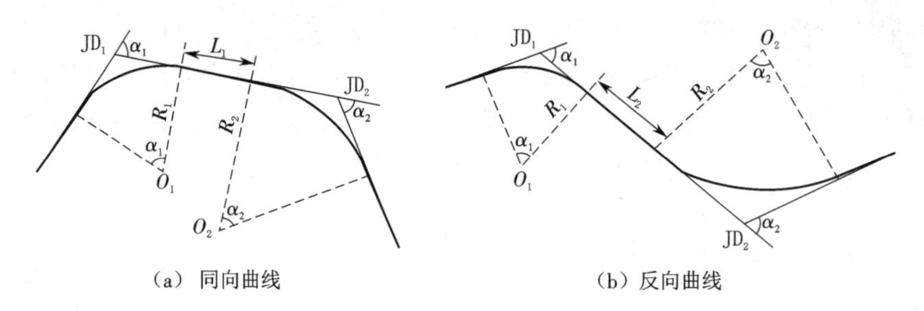

(a) 同向曲线　　(b) 反向曲线

图 8-3　同向与反向曲线

同向曲线和反向曲线都可以区分为两种情况:圆曲线(不设缓和曲线)间以直线径向连接和平曲线(设缓和曲线)间以直线径向连接。

城市道路上的车辆运行速度相对较低,且选线受周边环境制约因素较大,因此,两相邻平曲线间的直线段最小长度应大于或等于缓和曲线最小长度;当设计速度大于或等于 60 km/h 时,同向圆曲线间的直线最小长度(以 m 计)不宜小于设计速度(以 km/h 计)的 6 倍,反向圆曲线间的直线最小长度(以 m 计)不宜小于设计速度(以 km/h 计)的 2 倍;设计速度小于 60 km/h 的道路不作限制。

公路上的车辆运行速度相对较高,且选线受周边环境制约较小,因此,当设计速度大于或等于 60 km/h 时,同向圆曲线间的直线最小长度(以 m 计)不宜小于设计速度(以 km/h 计)的 6 倍,反向圆曲线间的直线最小长度(以 m 计)不宜小于设计速度(以 km/h 计)的 2 倍;设计速度小于或等于 40 km/h 的道路可参考执行。

8.1.3　圆曲线

1. 圆曲线的特点

圆曲线是平曲线的重要组成部分。在路线改变方向的转折处(即交点处),往往可插入与两端直线相切的圆曲线来实现路线方向的改变。按照地形条件选用不同大小的圆曲线使其更加适应地形和驾驶员的视觉心理。

圆曲线作为平面线形主要具有以下特点。

① 曲线上任意点的曲率半径 R=常数,曲率 $1/R$=常数,故测设和计算简单。

② 曲线上任意一点都在不断地改变着方向,比直线更能适应地形的变化,尤其是由不同半径的多个圆曲线组合而成的复曲线,对地形、地物和环境有更强的适应能力。

③ 汽车在圆曲线上行驶受到离心力的作用,而且往往比在直线上行驶多占用道路宽度。

④ 汽车在小半径的圆曲线内侧行驶时,视距条件较差,视线受到路堑边坡或其他障碍物的影响较大,因而容易发生行车事故。

2. 圆曲线的半径与长度

汽车在弯道上行驶时,驾驶员转动方向盘,使汽车作圆周运动。由于离心力的作用,汽车可能产生横向滑移,车上的乘客与货物同样受到离心力的作用。汽车在弯道上行驶时,作用在汽车横截面上的力,有垂直向下的汽车重力 G 和水平方向的离心力 F,以及轮胎和路面之间的横向摩阻力,见图 8-4。

作用在汽车上的离心力 F 为：

$$F = m\frac{v^2}{R} = \frac{Gv^2}{gR} = \frac{GV^2}{127R} \tag{8.1.1}$$

式中，m——汽车的质量(kg)；

G——汽车的重量(N)；

g——重力加速度(9.8 m/s^2)；

v——汽车行驶速度(m/s)；

V——汽车计算行驶速度(km/h)；

R——圆曲线半径(m)。

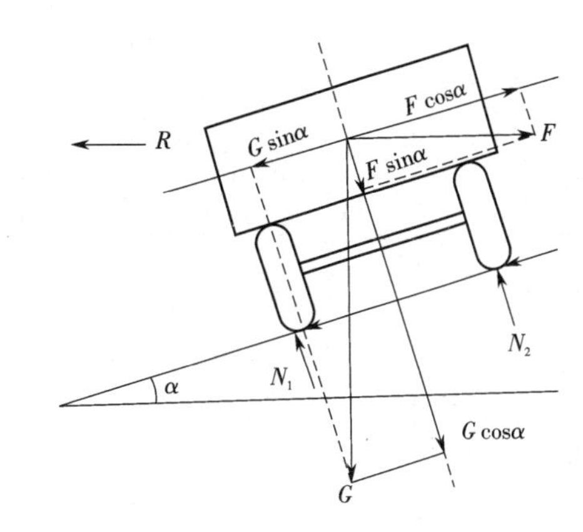

图 8-4　汽车行驶受力分析

把作用在汽车上(通过重心)的汽车重力 G 和水平方向的离心力 F 沿垂直于路面的方向和平行于路面的方向进行分解，可以把离心力所提供的、指向运动轨迹外侧的水平力称为横向力。则横向力为：$X=F\cos a \pm G\sin a$。

由于 a 很小，故 $\sin a \approx \tan a = i_h$，$\cos a \approx 1.0$。于是有：

$$X = \frac{GV^2}{127R} \pm Gi_h \tag{8.1.2}$$

式中，i_h——超高横坡度；

－——表示车辆在弯道内侧车道上行驶；

＋——表示车辆在未设超高的曲线外侧车道上行驶。

在汽车行驶的过程中，横向力 X 是一个不稳定的因素。为了表示汽车所受横向力的程度，采用了单位车重所受的横向力这个概念，也就是用横向力系数 μ 来表示汽车在作圆周运动时，每单位车辆总重所受的横向力，即汽车、乘客、车上装载物所受到的横向力与其自身重量的比值。将式(8.1.2)移项整理可得：

$$\mu = \frac{X}{G} = \frac{V^2}{127R} \pm i_h \tag{8.1.3}$$

横向力的存在对行车产生种种不利影响，μ 越大越不利，表现在以下几个方面。

(1) 危及行车安全

汽车能在曲线上行驶的基本前提是轮胎不在路面上滑移，这就要求横向力系数 μ 低于轮胎与路面之间所能提供的横向摩阻系数 ϕ_h：

$$\mu \leqslant \phi_h \tag{8.1.4}$$

ϕ_h 与车速、路面种类及状态、轮胎状态等有关。一般在干燥路面上为 0.4～0.8；在潮湿的黑色路面上汽车高速行驶时，降到 0.25～0.40；路面结冰和积雪时，降到 0.2 以下；在光滑的冰面上可降到 0.06(不加防滑链)。

(2) 增加驾驶操纵的困难

曲线上行驶的汽车，在横向力作用下，弹性的轮胎会产生横向变形，使轮胎的中间平面与轮迹前进方向形成一个横向偏移，其存在增加了汽车在方向操纵上的困难。特别是车速较高时，如果横向偏移角超过了 5°，一般司机就不易保持驾驶方向上的稳定。

(3) 增加燃料消耗和轮胎磨损

μ 的存在使车辆的燃油消耗和轮胎磨损增加,表 8-1 是实测的增加百分比。

表 8-1　不同 μ 值情况下对燃料和轮胎消耗的影响

μ 值	燃料消耗/(%)	轮胎消耗/(%)
0	100	100
0.05	105	160
0.10	110	220
0.15	115	300
0.20	120	390

(4) 旅行不舒适

μ 值过大,汽车不仅不能连续稳定行驶,有时还需要减速。在半径小的曲线上,驾驶员要尽量大回转,容易离开行车道发生事故。当 μ 超过一定数值时,驾驶员就要注意采用增加汽车稳定性的措施,这大大增加了驾驶者在曲线行驶中的紧张感。对于乘客来说,μ 值增大,同样会感到不舒适。据试验,汽车在弯道上行驶时,随着 μ 值变化,乘客的感觉也会有所不同,具体见表 8-2。

表 8-2　不同 μ 值情况下汽车在弯道上行驶时乘客的感觉

μ 值	汽车转弯时乘客的感觉
<0.10	未感到有曲线存在,很平稳
0.15	稍感到有曲线存在,尚平稳
0.20	已感到有曲线存在,稍感不稳定
0.35	感到有曲线存在,不稳定
0.40	非常不稳定,有倾车的危险感

综上所述,μ 值的采用关系到行车的安全、经济与舒适。为计算最小圆曲线半径,应考虑各方面因素采用一个舒适的 μ 值。研究指出:μ 的舒适界限,由 0.10 到 0.16 随行车速度而变化,设计中对高、低速路可取不同的数值。对式(8.1.3)进行变形可得:

$$R = \frac{V^2}{127(\mu \pm i_h)} \tag{8.1.5}$$

圆曲线半径分为不设超高的最小半径、极限最小半径和一般最小半径。

不设超高的最小半径是指道路半径较大、离心力较小时,汽车若沿双向路拱外侧行驶时,路面的摩擦力足以保证汽车安全行驶所采用的最小半径。在计算过程中,公路一般 μ 采用 0.035,城市道路一般 μ 采用 0.067。

极限最小半径是指圆曲线半径采用的极限最小值。它在地形困难或条件受限制时方可使用。采用极限最小半径时,设置最大超高。城市道路在郊区的超高横坡度可采用 2%~6%,μ 一般采用 0.15。

一般最小半径是指设超高时的推荐半径。其数值介于不设超高的最小半径和极限最小半径之间。超高值随半径增大而按比例减小。

选用圆曲线的半径值，应与当地地形、经济等条件相适应，并应尽量采用大半径曲线，以提高道路使用质量。城市道路圆曲线的最小半径与最小长度见表 8-3。一般只有在设计条件比较苛刻的情况下才通过计算确定弯道半径，但最大半径不宜超过 10000 m。

表 8-3　城市道路圆曲线的最小半径与最小长度

设计速度/(km/h)	100	80	60	50	40	30	20
不设超高的最小半径/m	1600	1000	600	400	300	150	70
设超高的一般最小半径/m	650	400	300	200	150	85	40
设超高的极限最小半径/m	400	250	150	100	70	40	20
圆曲线最小长度/m	85	70	50	40	35	25	20
平曲线一般最小长度/m	260	210	150	140	110	80	60
平曲线极限最小长度/m	170	140	100	85	70	50	40

3. 圆曲线要素计算

道路圆曲线一般通过曲线要素来描述，见图 8-5。圆弧线连接的两个直线段的交点用 JD 表示，转折角用 α 表示，曲线半径用 R 表示，起点一般用 ZY(直圆点)表示，终点用 YZ(圆直点)表示，中点用 QZ(曲中点)表示。根据几何学原理，可得以下关系式。

$$L = R\alpha \frac{\pi}{180} \tag{8.1.6}$$

$$T = R\tan \frac{\alpha}{2} \tag{8.1.7}$$

$$E = R\left(\sec \frac{\alpha}{2} - 1\right) \tag{8.1.8}$$

$$J = 2T - L \tag{8.1.9}$$

式中，T——切线长(m)；

L——曲线长(m)；

E——外距(m)；

J——校正值(m)。

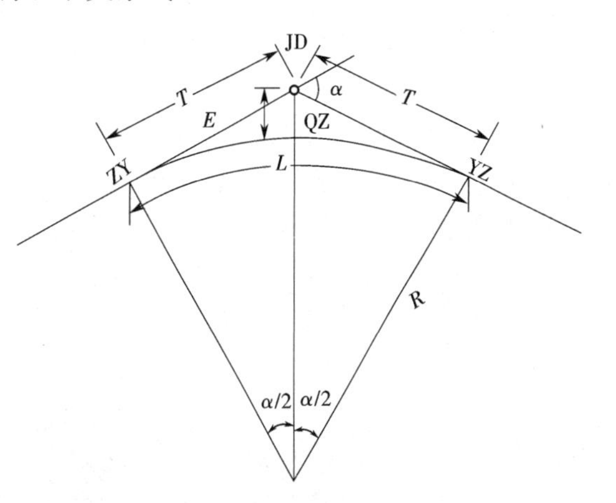

图 8-5　圆曲线几何元素

这些公式一般用于道路平面线形规划。通常道路转折角是由道路的走向决定的(为已知要素)，可先选用 R 值；也可先按理想线位需要的外距 E 或切线长 T 来控制，反算 R 值。

8.1.4　缓和曲线

较理想的缓和曲线应符合汽车转向行驶轨迹和离心力逐渐增加的要求，可以使汽车在从直线段驶入半径为 R 的平曲线时，既不降低车速又能徐缓均衡转向，使汽车回转的曲率半径能从直线段的 $\rho=\infty$ 有规律地逐渐减小到 $\rho=R$，这一变化路段即缓和曲线段，见图 8-6。缓和曲线多采用回旋线(或称辐射螺旋线)。

1. 缓和曲线的性质

缓和曲线的基本公式为：

(a) 不设置缓和曲线感觉路线扭曲

(b) 设置缓和曲线后路线变得平顺美观

图 8-6 直线与曲线连接效果图

$$rl = A^2 \tag{8.1.10}$$

式中,r——回旋线上某点的曲率半径(m);

l——回旋线上某点到原点的曲线长(m);

A——回旋线参数。

2. 缓和曲线的作用

(1) 曲率连续变化,便于车辆遵循

汽车在转弯行驶的过程中,存在一条曲率连续变化的轨迹线,其形式和长度随行驶速度、曲率半径以及驾驶员转动方向盘的快慢而定。在低速行驶时,驾驶员尚可利用路面的富余宽度在一定程度上使汽车保持在车道范围之内,缓和曲线似乎没有必要。但在高速行驶时,汽车则有可能超越自己的车道驶出一条很长的过渡性的轨迹线。从安全的角度出发,有必要设置一条驾驶者易于遵循的路线,使车辆在进入或离开圆曲线时不致侵入邻近的车道。

(2) 离心加速度逐渐变化,乘客感觉舒适

汽车行驶在曲线上产生离心力,离心力的大小与曲线的曲率成正比。汽车由直线驶入圆曲线或由圆曲线驶入直线,因为曲率的突变会使乘客产生不舒适的感觉,所以应在曲率不同的两曲线之间设置一条过渡性的曲线以缓和离心加速度的变化。

(3) 超高横坡度及加宽逐渐变化,行车更加平稳

行车道从直线上的双坡断面过渡到圆曲线上的单坡断面,或由直线上的正常宽度过渡到圆曲线上的加宽宽度,一般情况下是在缓和曲线长度内完成的。为避免车辆在这一过渡行驶中急剧地左右摇摆,并保证道路的美观,设置一定长度的缓和曲线是有必要的。

(4) 与圆曲线配合,增加线形美观

圆曲线与直线径相连接,在连接处曲率突变,在视觉上有不平顺的感觉。设置缓和曲线以后,线形连续圆滑,增加线形的美观,同时从外观上也给人一种安全的感觉。

3. 缓和曲线长度

缓和曲线要有足够的长度,通常可从以下几个方面考虑。

(1) 旅客感觉舒适

汽车行驶在缓和曲线上,其离心加速度 a 将随着缓和曲线曲率的变化而变化,若变化过快,将

会使旅客产生不舒适的感觉。

离心加速度的变化率：

$$\alpha_s = \frac{a}{t} = \frac{v^2}{Rt} = \frac{v^3}{RL_s} = 0.0214\frac{V^3}{RL_s} \tag{8.1.11}$$

缓和曲线最小长度 $L_{s(\min)}$（m）：

$$L_{s(\min)} = 0.0214\frac{V^3}{R\alpha_s} \tag{8.1.12}$$

式中，V——汽车行驶速度（km/h）；

R——圆曲线半径（m）；

α_s——离心加速度的变化率（m/s^3）。

式中的离心加速度变化率 α_s 的取值，各国不尽相同。我国在制定缓和曲线设计标准时，参照日本经验，一般将离心加速度的变化率的取值控制在 0.5～0.6 m/s^3。

（2）行驶时间不应过短

缓和曲线不管其参数如何，都不可使车辆在缓和曲线上的行驶时间过短，导致司机驾驶操纵过于匆忙。一般认为，汽车在缓和曲线上的行驶时间至少应有 3 s，因此：

$$L_{s(\min)} = \frac{V}{1.2} \tag{8.1.13}$$

（3）按视觉条件计算

经验认为，当 $A=R/3\sim R$ 时，便可得到视觉上协调而又舒顺的线形，此时缓和曲线长度为：

$$L_{s(\min)} = R/9 \sim R \tag{8.1.14}$$

式中，R——圆曲线半径（m）。

考虑了上述影响缓和曲线长度的各项因素，我国的相关规范制定了城市道路的最小缓和曲线长度，见表 8-4。

表 8-4　城市道路的最小缓和曲线长度

设计速度/(km/h)	100	80	60	50	40	30	20
缓和曲线最小长度/m	85	70	50	45	30	25	20

4. 缓和曲线的省略

缓和曲线采用回旋线时，回旋线的曲线要素见图 8-7。

$$q = \frac{L_s}{2} - \frac{L_s^3}{240R^2} \tag{8.1.15}$$

$$p = \frac{L_s^2}{24R} - \frac{L_s^4}{2688R^3} \tag{8.1.16}$$

$$\beta_0 = 28.6479\frac{L_s}{R} \tag{8.1.17}$$

式中，q——切线增值，缓和曲线起点到圆曲线原起点的距离（m）；

p——设缓和曲线后圆曲线内移值（m）；

β_0——缓和曲线终点缓和曲线角（°）。

在直线和圆曲线之间设置缓和曲线后，圆曲线产生了内移值 p，见图 8-7。在缓和曲线长度一

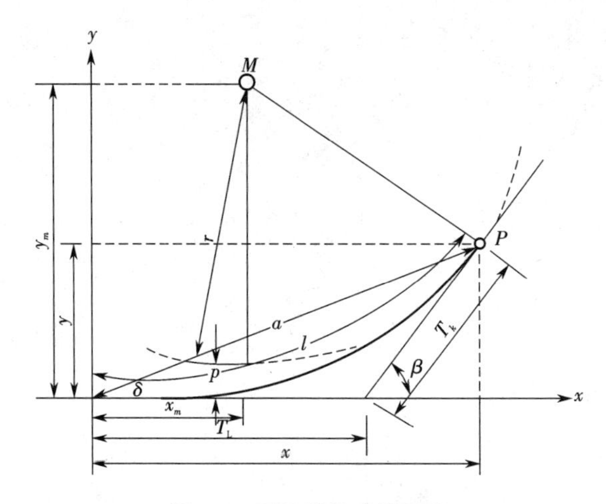

图 8-7 回旋线的曲线要素

定的情况下，p 与圆曲线半径成反比。当 R 大到一定程度时，p 值甚微。即使直线与圆曲线径相连接，汽车也能完成缓和曲线的行驶，因为在路面的富余宽度中已经包含了这个内移值。所以规范规定，在下列情况下可不设缓和曲线：①计算行车速度小于 40 km/h 时，缓和曲线可用直线代替；②缓和曲线半径大于表 8-5 不设缓和曲线的最小圆曲线半径时，直线与圆曲线可直接连接。

表 8-5 不设缓和曲线的最小圆曲线半径

设计速度/(km/h)	80	60	50	40
不设缓和曲线的最小圆曲线半径/m	2000	1000	700	500

5. 缓和曲线的设置和要素

道路平面线形的基本组合为直线—缓和曲线—圆曲线—缓和曲线—直线，见图 8-8。

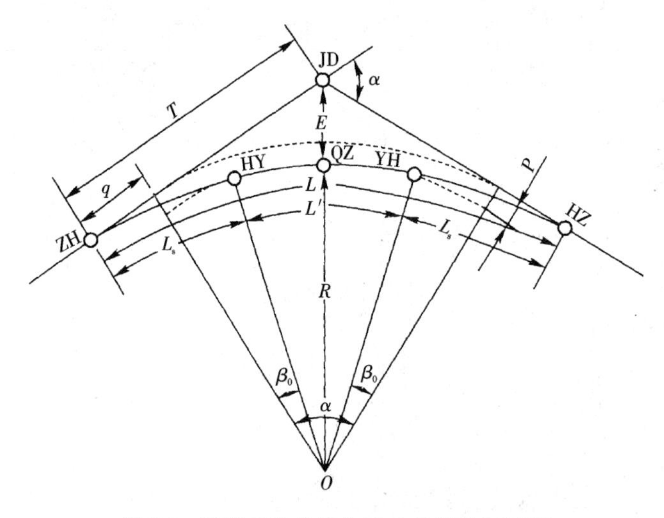

图 8-8 带有缓和曲线的平曲线的几何要素

通过计算可以得出带有缓和曲线的平曲线的几何要素如下：

$$T=(R+p)\tan\frac{\alpha}{2}+q \tag{8.1.18}$$

$$L=(\alpha-2\beta_0)\frac{\pi}{180}R+2L_s \tag{8.1.19}$$

$$E=(R+p)\sec\frac{\alpha}{2}-R \tag{8.1.20}$$

$$J=2T-L \tag{8.1.21}$$

式中，q——切线增值，缓和曲线起点到圆曲线原起点的距离(m)；

p——设缓和曲线后圆曲线内移值(m)；

β_0——缓和曲线终点缓和曲线角(°)；

T——切线总长(m)；

L——曲线总长(m)；

E——外距(m)；

J——超距(m)。

8.1.5　平曲线上路面的超高及加宽

1. 超高设置

在弯道上，当车辆行驶在双向横坡的车道外侧时，车重的水平分力将增大横向侧滑力，所以当采用的圆曲线半径小于不设超高的最小半径时，为抵消车辆在曲线路段上行驶时所产生的离心力，将曲线段的外侧路面横坡做成与内侧横坡同方向的单向横坡称为超高。

超高横坡度 $i_{超}$(%)可根据式(8.1.5)移项整理，计算公式如下：

$$i_{超}=\frac{V^2}{127R}-\mu \tag{8.1.22}$$

式中，V——汽车行驶速度(km/h)；

R——圆曲线半径(m)；

μ——横向力系数。

当计算所得到的超高横坡度小于路拱横坡时，宜选用等于路拱横坡的超高，以利于测设。

设置超高使重力的水平分力与离心力方向相反，横向力会变小。但是超高不能无限增大，因为如果碰到雨雪等天气，汽车的行驶速度降低，重力作用可能造成汽车向道路弯道内侧滑移，所以超高值存在上限。我国城市道路的最大超高值一般取 2%～6%(表 8-6)。

表 8-6　城市道路最大超高值

设计速度/(km/h)	80	60	40,30,20
最大超高值/(%)	6	4	2

城市道路一般较宽，设置超高可能会导致道路两侧用地高差变化较大，不利于道路两侧用地车辆的进出与地面排水，也不利于街道景观组织。超高多用于公路，市区内城市道路大多车速不高，为方便建筑布置及其他市政设施修建，一般不设置超高，但城市主要交通干路应根据规范的要

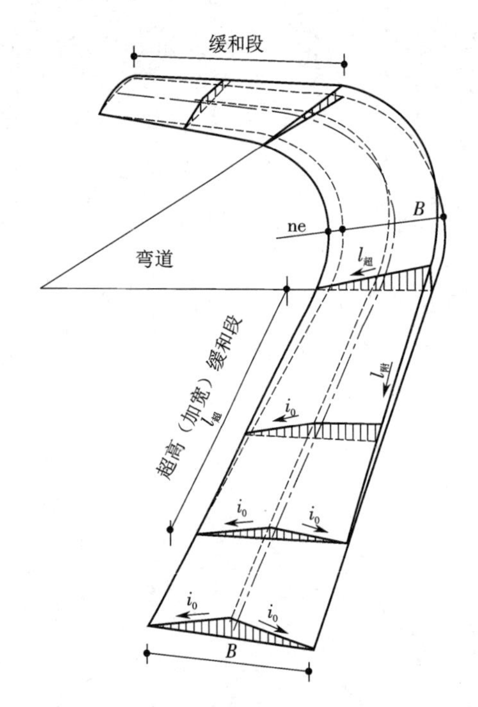

图 8-9　超高缓和段的设置

求设置超高。城市道路一般通过增大道路转弯半径的办法，满足车辆行驶要求，很少设置超高，超高往往设置在立交的匝道上和山地风景区的道路上。为了使道路从直线段的双坡面顺利转换到具有超高的单坡面，需要设置一个渐变的过渡段，该过渡段被称为超高缓和段(图 8-9)。

超高的过渡方式应根据横断面形式、地形条件等因素决定，并应利于路面排水。超高缓和段的长度随超高横坡过渡方式的不同而异。通常超高横坡有下述两种过渡方法，分别为绕内边缘旋转和绕中线旋转。

(1) 绕内边缘旋转

先将外侧车道绕道路中心线旋转，当达到与内侧车道同样的单向横坡后，内外车道共同绕内边缘旋转，直至达到超高横坡值(图 8-10(a))。

(2) 绕中线旋转

先将外侧车道绕中线旋转，当与内侧车道构成单向横坡时，整个断面一同绕中线旋转，直至达到超高横坡值(图 8-10(b))。

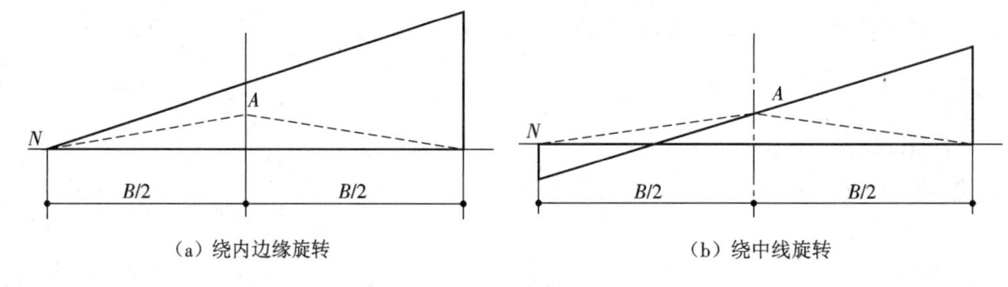

图 8-10　超高方式

当由直线上的正常路拱断面过渡到圆曲线上的超高断面时，必须在其间设置超高缓和段。超高缓和段长度应按下式计算：

$$l_{超} = \frac{B\Delta i_{超}}{P} \tag{8.1.23}$$

式中，$l_{超}$——超高缓和段长度(m)；

B——超高旋转轴至路面边缘的宽度(m)；

$\Delta i_{超}$——i_0 与 $i_{超}$ 的代数差；

i_0——路拱横坡度(%)；

$i_{超}$——超高横坡度(%)；

P——超高渐变率，即旋转轴与路面边缘之间相对升降的比率。

城市道路超高渐变率见表 8-7。

表 8-7 城市道路超高渐变率

设计速度/(km/h)		100	80	60	40	30	20
超高渐变率	绕中线旋转	1/225	1/200	1/175	1/150	1/125	1/100
	绕边缘线旋转	1/175	1/150	1/125	1/100	1/75	1/50

超高缓和段应满足路面排水要求，超高缓和段的纵向渐变率不得小于 1/330。超高缓和段应设在缓和曲线全长范围内。当缓和曲线较长时，超高缓和段可设在缓和曲线的某一区段内。当设计速度小于 40 km/h 时，超高缓和段可设在直线段内。超高缓和段长度与缓和曲线长度两者中应取最大值作为缓和曲线的计算长度。超高缓和段起点和终点处路面边缘应圆顺，不得出现竖向转折。

2. 加宽设置

汽车在弯道上行驶时，各车轮的行驶轨迹不同，在弯道内侧的后轮行驶轨迹半径最小，见图 8-11 和图 8-12。而靠近弯道外侧的前轮行驶轨迹半径最大。当弯道半径较小时，这一现象表现得更为突出。

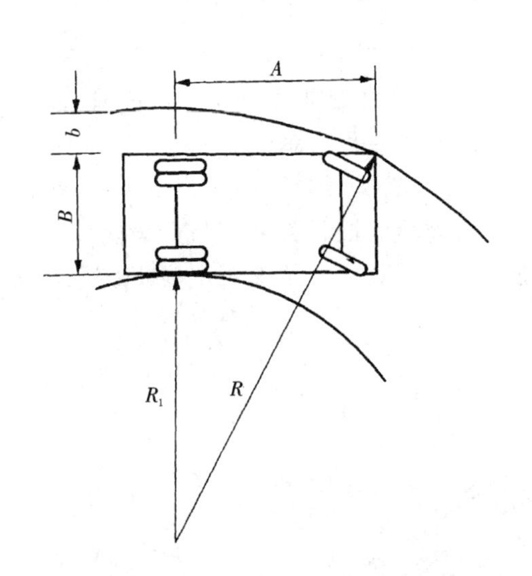

图 8-11 普通汽车的加宽

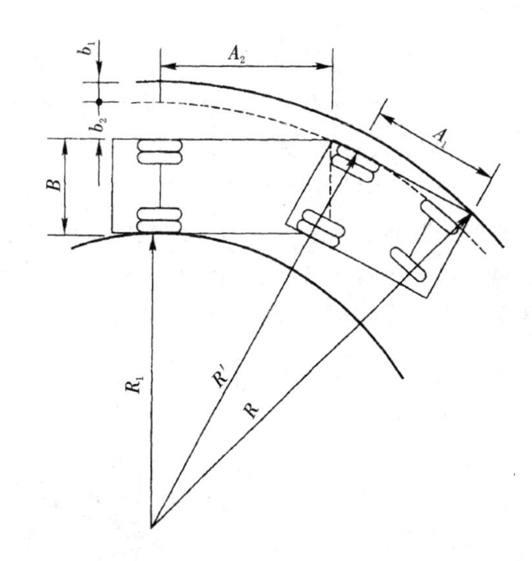

图 8-12 半挂车的加宽

从以上分析可以看出，汽车在曲线上行驶时所占的车道宽度比直线段大。为了保证汽车在转弯时不侵占相邻车道，凡半径小于 250 m 的曲线路段均须在曲线内侧加宽。圆曲线上的路面加宽应设置在圆曲线的内侧。单车道路面加宽值可按下式确定。

小客车和大型车的路面加宽值：

$$b=\frac{A^2}{2R}+\frac{0.05V}{\sqrt{R}} \tag{8.1.24}$$

铰接车的路面加宽值：

$$b=b_1+b_2=\frac{A_1^2+A_2^2}{2R}+\frac{0.05V}{\sqrt{R}} \tag{8.1.25}$$

式中，b——单车道路面加宽值(m)；

b_1——牵引车的路面加宽值(m)；

b_2——拖车的路面加宽值(m)；

V——汽车行驶速度(km/h)；

A——小客车和大型车前保险杠至后轴轴心线的距离(m)；

A_1——铰接车前保险杠到中轴轴心线的距离(m)；

A_2——中轴轴心线至拖车最后轴的距离(m)；

R——设加宽的圆曲线半径(m)。

城市道路小半径圆曲线单车道路面加宽值见表 8-8。

表 8-8 城市道路小半径圆曲线单车道路面加宽值

加宽类型	汽车前悬加轴距/m	车型	圆曲线半径/m								
			200～250	150～200	100～150	80～100	70～80	50～70	40～50	30～40	20～30
1	0.8+3.8	小客车	0.30	0.30	0.35	0.40	0.40	0.45	0.50	0.60	0.75
2	1.5+6.5	大型车	0.40	0.45	0.60	0.65	0.70	0.90	1.05	1.30	1.80
3	1.7+5.8+6.7	铰接车	0.45	0.60	0.75	0.90	0.95	1.25	1.50	1.90	2.75

考虑到车辆在弯道上行驶时后轮轨迹会偏向弯道内侧，通常公路的加宽设在弯道内侧(图 8-13)。当城市道路加宽设计受条件限制时，次干路、支路可在圆曲线的两侧加宽。

在圆曲线内加宽应为不变的全加宽值，两端设置的加宽缓和段从直线段加宽为零，逐步按比例增加到圆曲线的全加宽值。设置回旋线或超高缓和段时，加宽缓和段长度采用与回旋线或超高缓和段长度相同的数值。不设回旋线或超高缓和段时，加宽缓和段长度应按渐变率为 1∶15 且长度不小于 10 m 的要求设置。

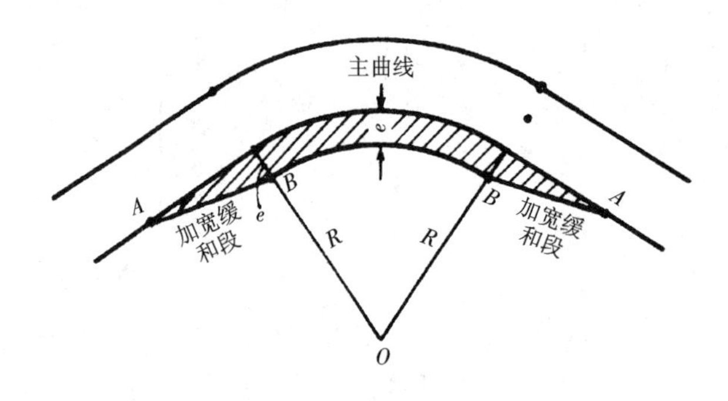

图 8-13 曲线加宽

为了提高行车安全性，在道路设计中考虑超高与加宽的同时，也要考虑立面要素的引导作用。通过植物、路堑、边坡、路缘石、挡土墙、护栏、岩壁、建筑物等立面要素，把道路线形的形象突出表现出来，从而对诱导驾驶员的视线起到关键作用，减少交通事故的发生。

8.1.6 行车视距

行车视距是指为了行车安全，在道路设计中应当保证驾驶人员在一定距离范围内能随时看到前方道路上出现的障碍物或迎面驶来的车辆，以便及时采取刹车制动措施或绕过障碍物，这个必不可少的距离称为行车视距。行车视距包括停车视距、会车视距、超车视距、错车视距。但后两种视距是驾驶员在超车与错车时的判断视距，与城市道路设计的关系较小，因此本章从略。

1. 停车视距

停车视距是指在同一车道上，车辆突然遇到前方障碍物，如行人过街、违章行驶、交通事故以及其他不合理的临时占道等，而必须及时采取制动停车所需要的安全距离。这一过程主要包括反应距离、制动距离和安全距离。三者之和即为停车视距(图8-14)。

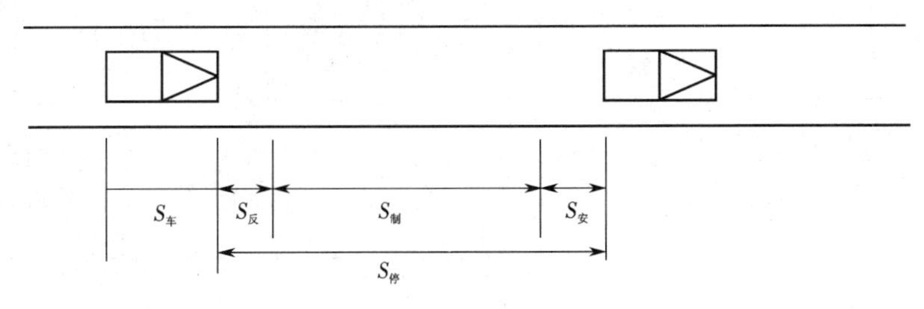

图8-14　停车视距计算示意

停车视距可用下式表示：

$$S_{停} = S_{反} + S_{制} + S_{安} \tag{8.1.26}$$

式中，$S_{反}$——反应距离(m)，是指驾驶人员从发现前方问题到采取措施的反应时间内行驶的距离；

$S_{制}$——制动距离(m)，是指司机从开始制动到安全停止的时间内所行驶的距离；

$S_{安}$——安全距离(m)，是指车辆距障碍物的最小距离，一般可取5～10 m。

驾驶员从发现障碍物到采用制动刹车生效所经历的时间称为反应时间t(s)。反应时间与驾驶员反应的灵敏程度、车辆性能、质量有关，通常选用1.2 s，如果车速为V(km/h)或v(m/s)，则反应距离为：

$$S_{反} = vt = \frac{Vt}{3.6} \tag{8.1.27}$$

式中，V——汽车行驶速度(km/h)；

v——汽车行驶速度(m/s)；

t——反应时间(s)。

停车视距的具体计算公式如下：

$$S_{停} = \frac{Vt}{3.6} + \frac{(K_2 - K_1)V^2}{254(\phi + f \pm i)} + S_{安} \tag{8.1.28}$$

式中，K_1——前车刹车安全系数，当障碍物为静物时K_1为零；

K_2——后车刹车安全系数；

ϕ——附着系数，一般取0.3；

f——滚动阻力系数；

i——道路坡度，上坡取正号，下坡取负号；

$S_{安}$——安全距离(m)。

2. 会车视距

会车视距是指两辆对向行驶的汽车在同一车道上相遇及时刹车所必需的最短行车距离，包括双方汽车反应时间的行驶距离、双方汽车制动刹车后的行驶距离、完全停止后的最小安全距离。可见,在同样情况下会车视距约为停车视距的2倍。

3. 行车视距选用

对于分道行驶的城市道路可采用停车视距检验城市道路视距要求,校核平面线形。对于未设分隔带或划线标志的道路必须按会车视距校核平面线形。根据城市道路设计车速规定,运用上述公式可求出不同道路所需的最小安全距离。在规划设计过程中,可直接查阅表8-9选用相应数据。车行道上对向行驶的车辆有会车可能时,应采用会车视距。其值为停车视距的2倍。另外,积雪或冰冻地区的停车视距应适当增长,并应根据设计速度和路面状况计算取用。

表8-9 城市道路的停车与会车视距

设计速度/(km/h)	100	80	60	50	40	30	20
停车视距/m	160	110	70	60	40	30	20
会车视距/m	—	—	140	120	80	60	40

4. 平面线形视距的保证

汽车在弯道上行驶时,弯道内侧的行车视线可能被树木、防眩设施、声屏障、建筑物、路堑、边坡或其他障碍物所遮挡,因此,在路线设计时必须检查平曲线上的视距能否得到保证,如有遮挡时,则必须清除视距区段内侧横净距内的障碍物。

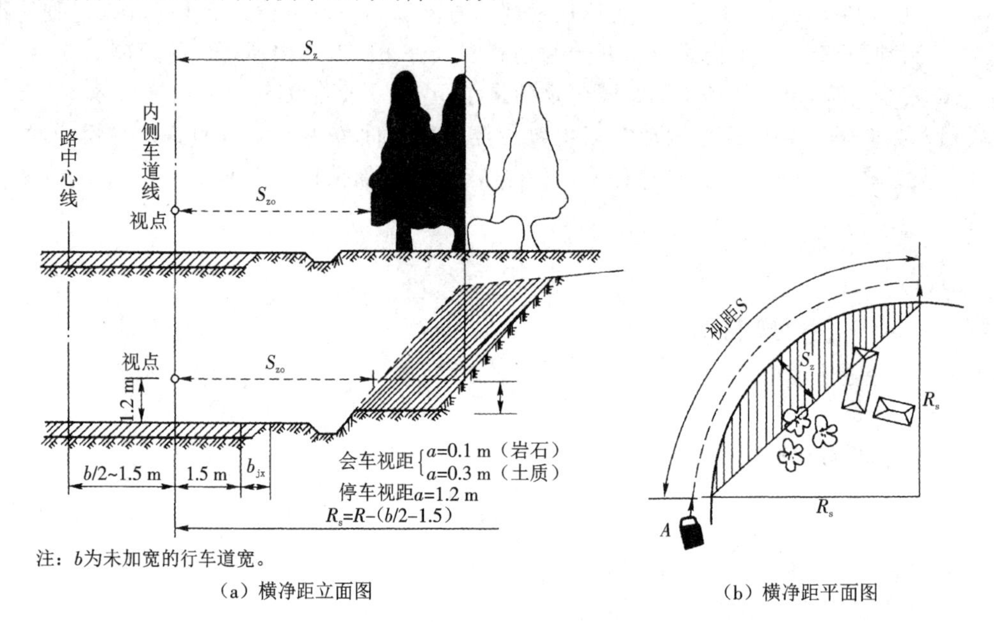

(a)横净距立面图　(b)横净距平面图

图8-15 视线障碍与视距

图8-15中的阴影部分是阻碍司机视线的范围,该范围以内的障碍物必须清除。S_z为内侧车道上汽车应保证的横净距。所谓横净距,即道路曲线最内侧的车道中心线行车轨迹由安全视距两端点连线所构成的曲线内侧空间界限(即包络线)的距离(图8-15(b))。通常小汽车驾驶员的视线高度为1.1~1.2 m。卡车驾驶员的视线高度较高,所以一般去除1.2 m减去a(m)以上的障碍物(当边坡为岩石时,a取0.1 m;当边坡为土质时,a取0.3 m)。

对于曲线内侧影响视距的切除范围，一般按图 8-16 所示的图解法进行。视距包络线就是以多点视距所切割而包络的一条曲线，然后依各个桩号清除的横净距转绘到横断面上，以确定路堑、边坡等障碍物的清除范围。

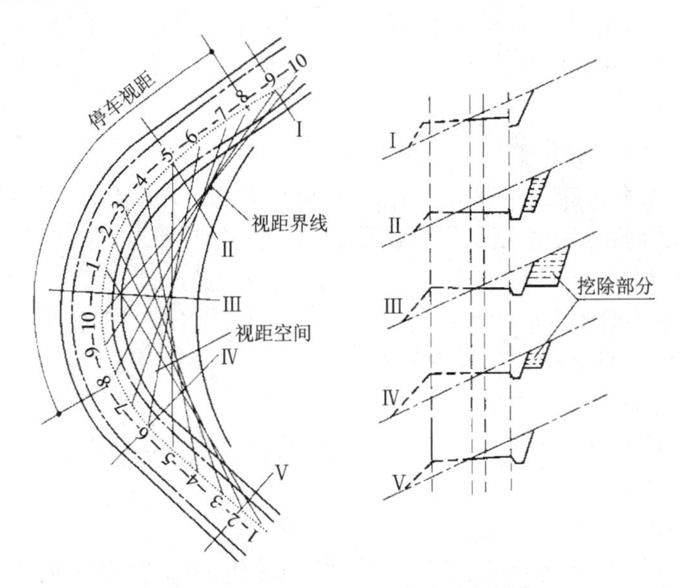

图 8-16　平面曲线上的视线清除包络线

8.1.7　城市道路平面线形设计

1. 城市道路平面线形设计的一般原则

城市道路平面线形设计是城市总体规划和详细规划阶段的重要内容之一。道路的平面线形定线在满足城市规划要求的基础上，其工程设计要遵循以下原则。

(1) 平面线形设计应和总体设计相适应

平面线形设计应符合城市道路网规划、道路红线、道路功能，并应综合考虑技术经济、土地使用、征地拆迁、文物保护、环境景观以及航道、水利、轨道交通等因素。平面线形设计应与地形、地物、水文地质、地域气候、地下管线、排水等结合。

路线走向应符合城市道路网总体规划。确定工程起点和终点位置时，应有利于相邻工程及后续项目的衔接。

平面线形设计应贯彻环境保护和土地资源利用的基本国策，应降低道路工程对沿线生态环境以及资源的影响，并应符合以人为本、资源节约、环境友好的设计原则。

平面线形设计应依据道路设计速度进行。道路设计速度应根据道路等级、功能定位和交通特性，并结合沿线地形、地质与自然条件等因素，经论证确定。当不同设计速度衔接时，路段前后的线形技术指标应协调与配合。平面线形应符合相应等级的道路的线形技术指标，满足线形连续、均衡的要求。

(2) 平面线形应直捷、连续，与环境协调

在地势平坦开阔的平原微丘区，路线应直捷、流畅。在平面线形三要素中，直线所占比例较大。随着汽车车速的不断提高，对线形流畅性的要求不断增加，曲线在整个道路平面线形中所占

的比例越来越大,道路线形设计也逐渐趋于以曲线为主。特别是在地势有很大起伏的山岭和重丘区,路线多弯曲,曲线所占比例较大。如果在没有任何障碍物的开阔地区(如戈壁、草原)故意设置一些不必要的曲线,或者在高低起伏的山地硬拉长直线,都将给人以不协调的感觉。路线要与地形相适应,这既是美学问题,也是经济问题和生态环境保护问题。直线、圆曲线、缓和曲线的选用与合理组合取决于地形、地物等具体条件,片面强调路线要以直线为主或以曲线为主,或人为规定三者的比例都是不当的。

(3) 满足行驶力学上的基本要求以及视觉和心理上的要求

快速路及设计速度大于等于 60 km/h 的道路,应注重空间线形设计,尽量做到线形连续、指标均衡、视觉良好、景观协调、安全舒适。设计速度越高,线形设计所考虑的因素就应越周全。

对于设计速度小于 40 km/h 的道路,可在保证行车安全的前提下,选用平面线形要素的最小值,但应在条件允许也不过多增加工程量的情况下,力求做到各种线形要素的合理组合,并尽量避免和减少不利的组合,以期充分发挥投资效益。

(4) 保证平面线形的均衡与连贯

为使一条道路上的车辆尽量以均匀的速度行驶,应注意各线形要素保持连续性而不出现技术指标的突变。

①长直线尽头不能接小半径曲线。

在长的直线和长的大半径曲线道路上行驶车速会较快,若突然出现小半径曲线,驾驶会因减速不及时而造成事故,特别是长下坡方向的尽头更要注意。若受地形所限,必须采用小半径曲线时,中间应插入过渡性的曲线,并使纵坡不要过大。

②高、低标准之间要有过渡。

同一等级的道路由于地形的变化采用的指标会不同,同一条道路按不同行驶速度设计的各路段之间采用的指标也会不同。遇到高、低标准变化的路段,除应满足有关设计路段在长度和梯度上的要求外,还应结合地形的变化,使路线的平面线形指标逐渐过渡,避免出现突变。不同标准路段相互衔接的地点,应选在交通量发生变化处,或选在驾驶者能够明显判断前方需要改变行车速度的地方。

(5) 避免连续急弯的线形

连续急弯的线形会给驾驶者造成不便,也会给乘客带来不适。设计时可在曲线间插入足够长的直线或回旋线。

(6) 平曲线应有足够的长度

汽车在道路的任何线形行驶的时间均不宜短于 3 s,以免驾驶员变换操作的时间过分紧张,因此,平曲线一般最小长度为 9 s 行程,平曲线极限最小长度为 6 s 行程。

(7) 注意转角小于 7°的平曲线长度

路线转角的大小反映了路线的流畅程度。如果转角过小,即使设置了较大半径的曲线道路也容易把曲线看得比实际短,造成急转弯的错觉。当设计速度大于等于 60 km/h 时,转角越小,这种倾向越显著,致使驾驶者枉做减速转弯的操作。一般认为,$\alpha<7°$应属于小转角弯道。小转角弯道应设置较长的平曲线,其长度应大于表 8-10 中规定的平曲线最小长度。

表 8-10　城市道路小转角平曲线最小长度

设计速度/(km/h)	100	80	60
平曲线最小长度/m	1200/α	1000/α	700/α

注：表中的 $\alpha<7°$时，按 $\alpha=2°$计。

2. 平面线形的组合与衔接

平面线形由直线、圆曲线和缓和曲线三个几何要素构成，可形成不同的组合线形。

(1) 简单型曲线

当一个弯道由直线与圆曲线组合时，称为简单型曲线，即按直线—圆曲线—直线的顺序组合，见图 8-17。

简单型曲线在 ZY 和 YZ 点处有曲率突变点，对行车不利。当半径较小时，该处线形也不流畅。简单型曲线一般用于设计速度低于 40 km/h 城市道路。另外，当平曲线半径大于不设超高半径时，省略缓和曲线后也可以构成简单型曲线。

(2) 基本型曲线

基本型曲线是按直线——缓和曲线——圆曲线——缓和曲线——直线的顺序组合，见图 8-18。基本型曲线中的缓和曲线参数、圆曲线最小长度都应符合有关规定。两缓和曲线参数可以相等，也可以根据地形条件设计成不相等的非对称形曲线。从线形的协调性看，宜将缓和曲线、圆曲线、缓和曲线的长度比设计成 1∶1∶1 或 1∶2∶1。

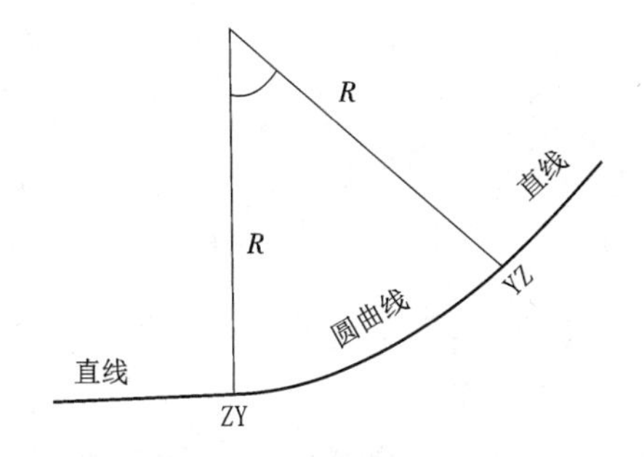

图 8-17　简单型曲线

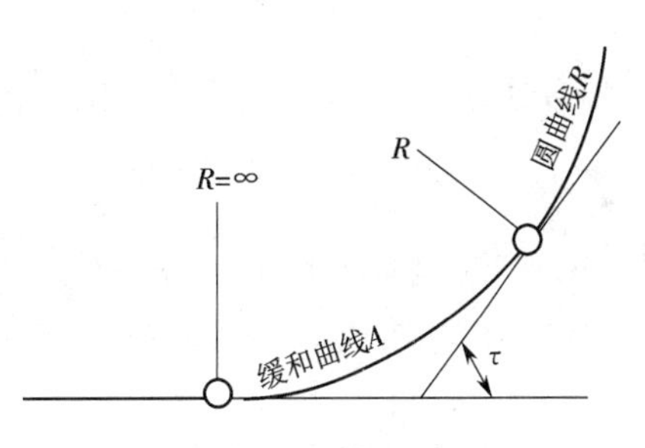

图 8-18　基本型曲线

(3) S 型曲线

S 型曲线是两个反向圆曲线用回旋线连接的组合，见图 8-19。S 型曲线相邻两个缓和曲线的参数宜相等。当采用不同的参数时，A_1 和 A_2 之比应小于 2.0，且以小于 1.5 为宜。此外，在 S 型曲线上，两个反向缓和曲线之间不应设置直线。不得已插入直线时，必须尽量短，其短直线或重合段的长度应符合下式：

$$l \leqslant \frac{A_1 + A_2}{40} \tag{8.1.29}$$

式中，l——反向回旋线间短直线或重合段的长度(m)；

A_1、A_2——回旋线参数。

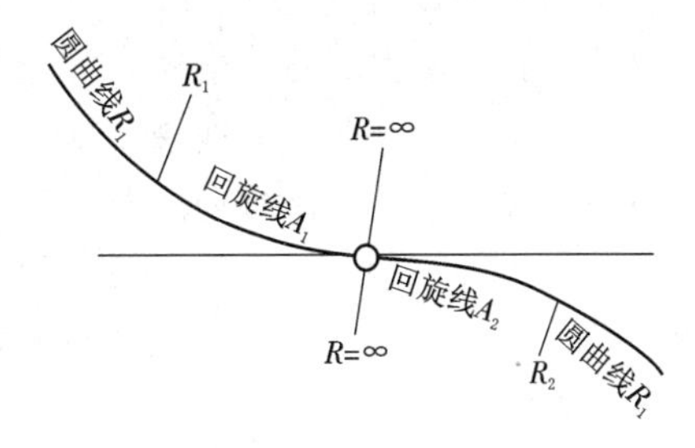

图 8-19　S 型曲线

S 型曲线中两圆曲线半径的比值不宜过大，一般应符合下式：

$$\frac{R_1}{R_2} = \frac{1}{3} \sim 1 \tag{8.1.30}$$

式中，R_1——小圆半径(m)；

R_2——大圆半径(m)。

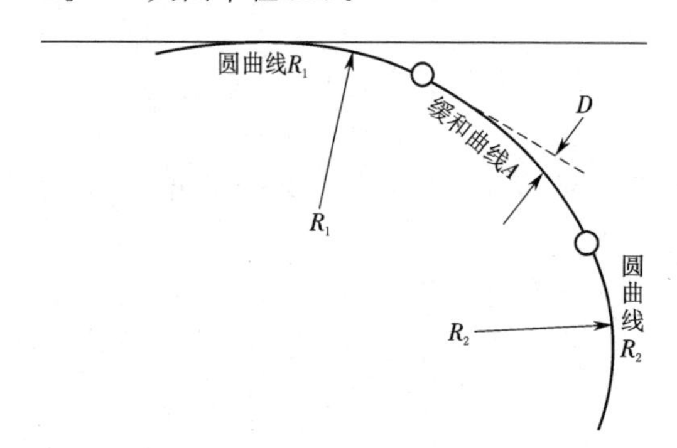

图 8-20　卵型曲线

(4) 卵型曲线

卵型曲线用一个缓和曲线连接两个同向圆曲线的组合，见图 8-20。卵型曲线上的缓和曲线参数 A 不应小于该级道路关于缓和曲线最小参数的规定，同时为满足视觉的要求，宜控制在下列范围之内：

$$\frac{R_1}{2} \leqslant A \leqslant R_1 \tag{8.1.31}$$

式中，A——缓和曲线参数；

R_1——小圆半径(m)。

两圆曲线半径之比，宜在下列范围之内：

$$0.2 \leqslant \frac{R_1}{R_2} \leqslant 0.8 \tag{8.1.32}$$

式中，R_1——小圆半径(m)；

R_2——大圆半径(m)。

两圆曲线的间距，宜在下列范围之内：

$$0.003 \leqslant \frac{D}{R_1} \leqslant 0.03 \tag{8.1.33}$$

式中，D——两圆曲线的间距(m)；

R_1——小圆曲线半径(m)。

(5) 凸型曲线

凸型曲线为在两个同向缓和曲线之间不插入圆曲线而径相衔接的组合，见图 8-21。凸型曲线的缓和曲线参数及其连接点的曲率半径，应分别符合容许最小缓和曲线参数及圆曲线一般最小半径的规定。

凸型曲线尽管在各衔接处的曲率是连续的，但因中间圆曲线的长度为零，对驾驶操作还是造成一些不利影响，所以只有在布设路线特别困难时方可采用。

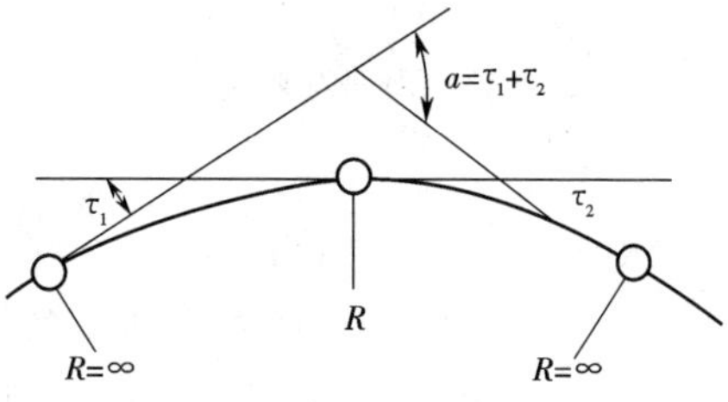

图 8-21　凸型曲线

(6) 复合型曲线

复合型曲线是两个以上同向缓和曲线间在曲率相等处相互连接的形式，见图 8-22。复合型曲线的两个缓和曲线参数之比应控制为 $A_1 : A_2 = 1 : 1.5$。

复合型曲线除了在受地形和其他特殊限制的地方外一般很少使用，多出现在互通式立体交叉的匝道线形设计中。

(7) C 型曲线

C 型曲线是同向曲线的两回旋线在曲率为零处径相连接的形式，见图 8-23。其连接处的曲率为零，相当于两基本型的同向曲线中间直线长度为零，这种线形对行车也会产生不利影响，因此，C 型曲线只有在特殊地形条件下方可采用。

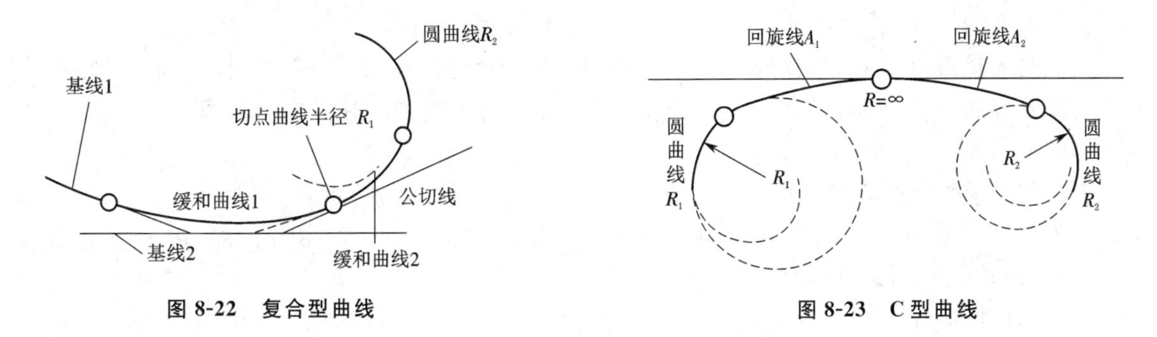

图 8-22　复合型曲线　　　　图 8-23　C 型曲线

(8) 复曲线

不同半径的两同向曲线直接相连、组合而成的曲线称为复曲线，见图 8-24。

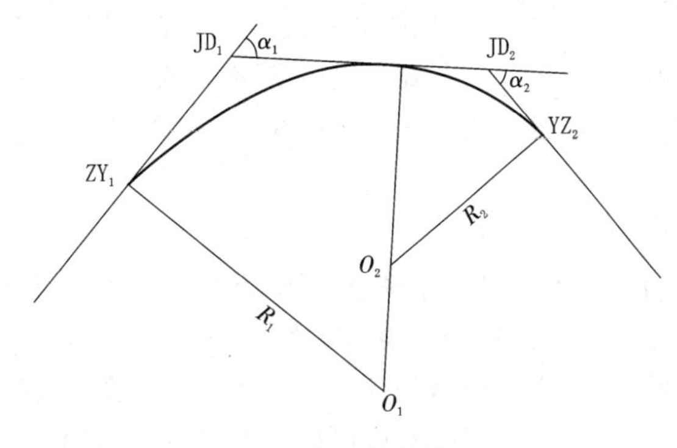

图 8-24　复曲线

当用地条件受限，城市道路半径不同的同向圆曲线符合下列条件之一时，可构成复曲线：①小圆半径大于或等于不设缓和曲线的最小圆曲线半径时；②小圆半径小于不设缓和曲线的最小圆曲线半径，但大圆与小圆的内移值之差小于或等于 0.1m；③大圆半径与小圆半径的比值小于等于 1.5。

3. 设计步骤

(1) 初步拟定平面线形

在平面定线之前，应首先明确道路走向。道路走向应根据城市交通联系、路网规划确定。道路平面线形的初步拟定就是根据道路走向，按照拆迁量、工程经济、车辆运行、城市未来发展、城市某区块的规划设计思路等基本要求，合理确定平面线形初步方案。

地形图是城市道路平面设计应当收集的必要基础资料。1∶2000～1∶5000 的地形图，一般用作道路网规划和走向设计；详细规划中的道路平面设计一般需要 1∶1000～1∶500 的地形图。地形图上一般标有地形、地物，可以看出山川河流、建筑物、构筑物、地形标高、建筑层数与用途。可先在地形图上大致定线，在初步确定平面线形之后，还应当进行现场踏勘，进一步确定道路选线的合理性,并进行多方案比较。

(2) 选用弯道平曲线半径

在道路平面线形确定之后,接着应考虑平面曲线的衔接问题。首要任务是确定道路级别与设计车速,然后初步估算曲线半径,再查阅城市道路平面曲线半径参考值,确定应采用的曲线半径。如果实际允许的曲线半径小于曲线半径参考值,应当借助公式计算必须的超高设置。

当道路的转折角小于3°~5°时,由于外距较小,在一般允许施工误差范围内,可以考虑用折线相连而不设置曲线。但为了街道的美观、路缘石的平顺,城市道路中还是应当考虑设置平曲线,快速道路也应当如此。

在计算确定平面曲线半径时,为了道路测设方便,应当对计算数值取整。当$R<125$ m时,按5的倍数取整;当125 m$<R<$150 m时,按10的倍数取整;当150 m$<R<$250 m时,按50的倍数取整;当$R>$1000 m时,按100的倍数取整。

在道路线形设计时,小半径曲线还应当考虑弯道内侧视线障碍的清除。对于上下分行的道路应当采用停车视距进行检验,对于上下混行的道路应当采用会车视距进行校验。

(3) 编排路线桩号

道路平面直线段、曲线段确定之后,应从路线起点开始,按每20 m、50 m或100 m的距离(建成区等建筑密集段距离一般小一些,郊区与城市新区距离可大一些)依前进方向按顺序编列里程桩号;对曲线起点、中点、终点以及桥涵人工构筑物、道路交叉口等特征点编列加桩。各桩号一般自西向东或自南向北排列,道路平面线形桩号示例见图8-25。

(4) 绘制平面图

先在现状地形图上用细点画线绘制出道路中心线,然后用粗实线绘出道路红线、车行道线、车行道与人行道分界线,并进一步绘出绿带分隔线以及各种交通设施,如交通岛、公交停靠站台、停车场的位置及外形布置。此外,还应标明建筑主要出入口、现状管线及规划管线,包括检查井、进水口以及桥涵的位置。对于交叉口,尚需标明道口转弯半径、中心岛尺寸和护栏、交通信号设施等的具体位置。道路平面设计示例见图8-26。

8.2 道路纵断面规划设计

8.2.1 概述

通过道路中心线的竖向剖面,称为道路纵断面。道路纵断面线形是根据道路等级、性质、行车技术要求、排水,结合地形、地物(沿线构筑物或临街建筑物)布置的需要所确定的直线和曲线的组合。道路纵断面设计在于确定道路的纵坡、变坡点位置、竖曲线和高程的设计,应合理确定立面控制点的高程,并以平顺的线形衔接,保证排水通畅、路基稳定、土石方填挖量基本平衡,从而达到适应各级道路的交通要求,并体现工程的经济可行性和技术合理性。

图8-27为路线纵断面示意图。纵断面图是道路纵断面设计的主要成果,把道路纵断面图与平面图结合起来,就能准确地定出道路的空间位置。

在纵断面图上有两条主要的连续线形:一条是地面线,它是根据中线上各桩点的地面高程而

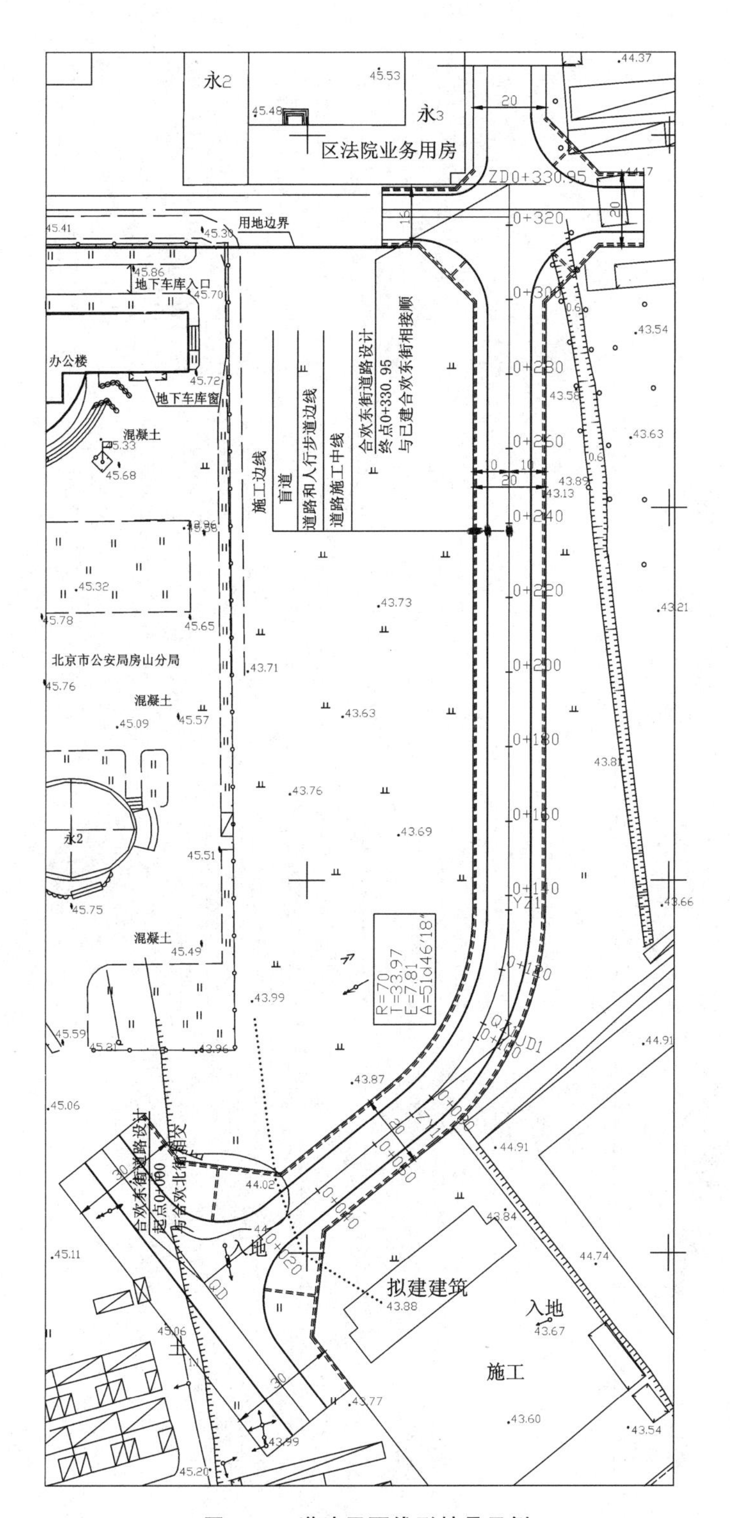

图 8-25　道路平面线形桩号示例

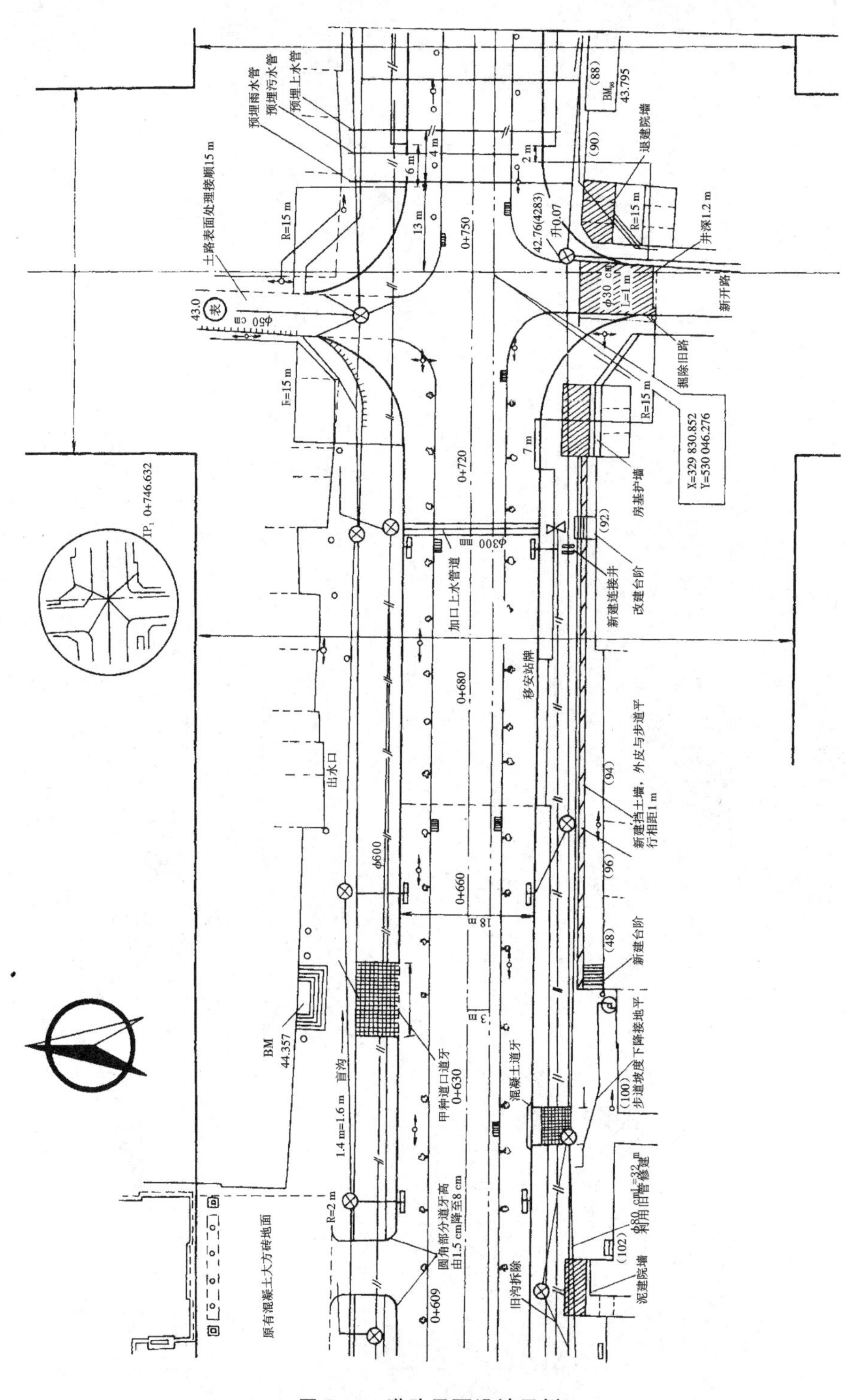

图 8-26　道路平面设计示例

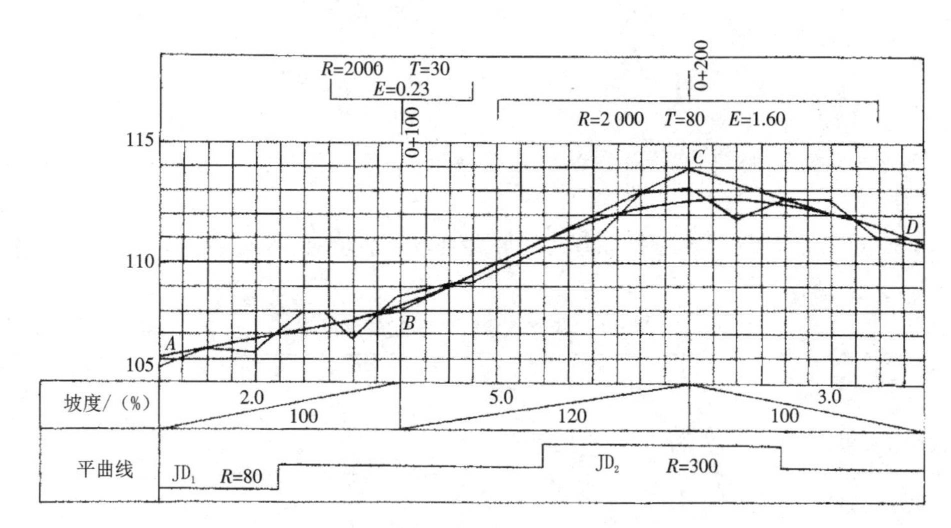

图 8-27　路线纵断面示意图

点绘的一条不规则的折线，反映了沿着道路中心线的地面起伏变化情况；另一条是设计线，它是经过技术上、经济上以及美学等多方面比较后定出的一条具有规则形状的几何线形，反映了道路路线的起伏变化情况。纵断面设计线是由直线和竖曲线组成的。直线（即均匀坡度线）有上坡和下坡之分，是用坡度和坡长（水平长度）表示的。直线的坡度和长度影响汽车的行驶和运输的经济性以及行车的安全，它们的一些临界值和必要的限制，是以路上行驶的汽车类型及其行驶状况决定的。

在直线的坡度转折处（变坡点），为平顺地过渡，需要设置竖曲线，竖曲线按坡度转折形式不同，分为凸形竖曲线和凹形竖曲线，其大小用曲线半径和曲线长（水平长度）表示。

道路纵断面设计与选线有密切的关系，实际上在选线过程中已作了纵坡大小、坡长分配、纵面与平面配合等考虑，纵断面设计是将选线的预想具体化。因此，可以认为纵断面设计是选线工作的继续和深化。当然，在纵断面设计过程中还将对选线的预想作适当的修正，如果在选线过程中对纵坡值考虑不够，就可能改线。

在城市道路上，一般均以道路车道中心线的竖向线形作为基本纵断面。当道路横断面为有高差的多幅路或设有专用的自行车道时，则应分别定出各个不同车行道中心线的纵断面。当设计纵坡很小时，在采用锯齿形边沟排泄路面水的路段，还需作出锯齿形边沟的纵断面设计线。

8.2.2　纵坡设计

道路纵坡指道路中心线（纵向）坡度。道路纵坡坡长则指道路中心线上某一特定纵坡路段的起止水平长度。道路纵坡的大小关系到交通条件、排水状况与工程经济。

1. 最大纵坡

最大纵坡是指在纵坡设计时各级道路允许采用的最大坡度值。它是根据汽车的动力特性、道路等级、自然条件、保证车辆以适当的车速安全行驶而确定的。

城市道路机动车道的最大纵坡除参照表 8-11 外，还应符合下列规定。

①新建道路坡度应小于或等于最大纵坡一般值；对改建、受地形条件或其他特殊情况限制的

道路,可采用最大纵坡极限值。

②除快速路外的其他等级道路,受地形条件或其他特殊情况限制时,经技术、经济论证后,最大纵坡极限值可增加1.0%。

③积雪或冰冻地区的快速路最大纵坡不应大于3.5%,其他等级道路最大纵坡不应大于6.0%。

④海拔3000 m以上高原地区城市道路的最大纵坡一般值可减小1.0%,当最大纵坡折减后小于4.0%时,仍可采用4.0%。

表8-11 城市道路机动车道最大纵坡

设计速度/(km/h)	100	80	60	50	40	30	20
最大纵坡极限值/(%)	4	5	6	6	7	8	8
最大纵坡一般值/(%)	3	4	5	5.5	6	7	8

城市道路车行道线、人行道线均与路中心线纵坡相同,如道路纵坡过大,临街建筑物地坪标高将难以与人行道纵坡协调从而影响街景。道路纵坡过大还不利于地下管线的敷设,不仅需要增加跌水井设备(因雨污水管是重力管,需减小管道纵坡),还会使排水管道出口标高过低。

特大桥、大桥、中桥的桥面纵坡不宜大于4.0%,桥头引道纵坡不宜大于5.0%。隧道内的道路最大纵坡不宜大于3.0%,困难时不应大于5.0%;隧道出入口外的接线道路纵坡宜坡向洞外。

2. 坡长限制

道路坡长限制包括最小坡长和最大坡长。最小坡长的限制是从汽车行驶的平顺度、乘客乘坐的舒适性、视距与相邻两竖曲线布设等方面考虑的。坡长过短、起伏频繁将影响行车顺畅与线形美观,通过一段坡长应有10 s时间的限定。城市道路机动车道纵坡的最小坡长限制可参见表8-12,路线尽端道路起(讫)点一端可不受最小坡长限制,但须大于或等于两相邻最小竖曲线切线长之和。当主干路与支路相交时,支路纵断面在相交范围内可视为分段处理,不受最小坡长限制。对沉降量较大的加铺罩面道路,可按降低一级的设计速度控制最小坡长,且应满足相邻纵坡坡差小于或等于0.5%的要求。

表8-12 城市道路机动车道纵坡的最小坡长

设计速度/(km/h)	100	80	60	50	40	30	20
坡段最小坡长/m	250	200	150	130	110	85	60

道路纵坡较大时,需对陡坡路段的坡长适当限制。这是因为坡道过长,往往需要通过换挡降速行驶来爬坡,这会增加燃料消耗和机件磨损,并增加车流密度。根据一般载重汽车的性能,当道路纵坡大于4%时,需对道路纵坡的最大坡长进行限制(表8-13),并相应设置坡度不大于3%的缓和坡段,用以恢复在陡坡上降低的速度,最小坡长还需满足表8-12的要求。另外,缓和坡段的具体设置应结合纵向地形起伏情况,尽量减少填挖方工程量。一般情况下,缓和坡段宜设置在直线或较大半径的平曲线上,最大限度地发挥缓和坡段的作用。当有必要在较小半径的平曲线上设置缓和坡段时,应适当增加缓和坡段的长度,使缓和坡段端部的竖曲线位于平曲线之外。

表 8-13　城市道路机动车道纵坡的最大坡长

设计速度/(km/h)	100	80	60			50			40		
纵坡/(%)	4	5	6	6.5	7	6	6.5	7	6.5	7	8
最大坡长/m	700	600	400	350	300	350	300	250	300	250	200

非机动车道纵坡度宜小于2.5%，大于或等于2.5%时，应按表8-14的规定限制坡长。

表 8-14　城市道路非机动车道纵坡的最大坡长

纵坡/(%)		3.5	3.0	2.5
最大坡长/m	自行车	150	200	300
	三轮车	—	100	150

3. 合成坡度

合成坡度是指在有超高的平曲线上，路线纵向坡度与超高横向坡度所组成的矢量和。当汽车行驶在弯道与陡坡相重叠的路段上时，行车条件十分不利。从道路线形分析来看，在小半径弯道上行车，因弯道内侧行车轨迹半径较道路中心线的半径小，故弯道内侧车行道的圆弧长度较道路中心线处短，因而车行道内侧的纵坡就相应大于道路中心线处的设计纵坡，弯道半径越小，这一特点越明显。如果在小半径弯道上纵坡也较大，汽车受坡度阻力与离心力作用会造成行驶危险，为阻止汽车沿合成坡度方向滑移，应限制合成坡度的最大值，设计时应尽可能避免陡坡与急弯组合。城市道路最大合成坡度见表8-15。在超高缓和段的变化处，当合成坡度小于0.5%时，应采取综合排水措施。

表 8-15　城市道路最大合成坡度

设计速度/(km/h)	100,80	60,50	40,30	20
合成坡度/(%)	7.0	7.0	7.0	8.0

注：积雪地区道路合成坡度应小于等于6.0%。

合成坡度的计算公式为：

$$i_{合} = \sqrt{i_{横}^2 + i_{纵}^2} \tag{8.2.1}$$

式中，$i_{合}$——合成坡度(%)；

$i_{横}$——超高横向坡度(%)；

$i_{纵}$——路线纵向坡度(%)。

4. 最小纵坡

道路最小纵坡是指能满足路面雨水排除，并防止雨水排泄管道淤塞所必需的最小纵坡值。最小纵坡应根据当地雨季降雨量大小、路面类型以及排水管道直径大小而定。一般情况下，道路最小纵坡应大于等于0.3%。遇特殊困难，纵坡度小于0.3%时，应设置锯齿形街沟或采取其他排水措施。特大桥、大桥、中桥的桥面最小纵坡不宜小于0.3%，且竖向程最低点不应位于主桥范围内。高架路的桥面最小纵坡不应小于0.5%；困难时不应小于0.3%，并应采取保证高架路纵横向及时排水的措施。不同类型路面的最小纵坡见表8-16。

表 8-16 不同类型路面的最小纵坡

路面类型	高级路面	料石路面	块石路面	砂石路面
最小纵坡/(%)	0.3	0.4	0.5	0.6

8.2.3 竖曲线

1. 竖曲线的作用

在纵断面设计线的变坡点处,为保证行车安全、缓和纵坡折线而设的曲线称为竖曲线。

竖曲线因坡段转折处线形的不同而分为凸形竖曲线和凹形竖曲线。图 8-28 中 ω 为变坡角,一般由于坡度线的倾斜角很小,根据数学上较小角度的正切、正弦与弧度值三者大小相近的论证,故道路纵坡度的变坡角可用相邻坡度差计算。即:$\omega=i_2-i_1$,式中,i_2 和 i_1 分别为两相邻直线坡段的设计纵坡(以小数计),升坡为正,降坡为负。ω 值为正,代表凹形竖曲线,ω 为负,代表凸形竖曲线。

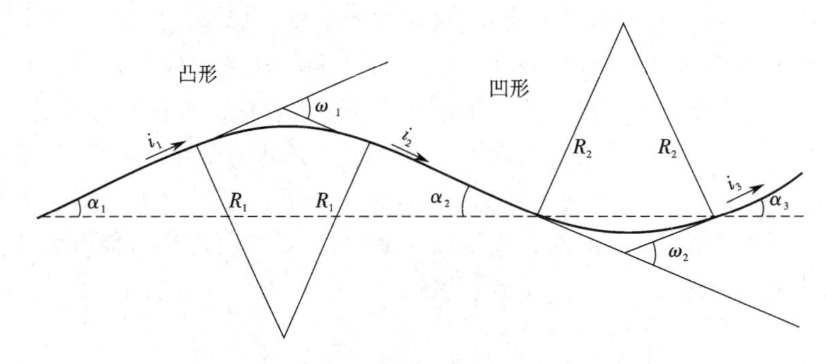

图 8-28 纵断面各变坡点的布置示意

设置凸形竖曲线主要是为了缓和纵坡转折线,保证汽车的行车视距(图 8-29、图 8-30)。规范规定,无论变坡角大小如何,均须设置竖曲线。设置凹形竖曲线主要是为了缓和行车时汽车的颠簸与震动。

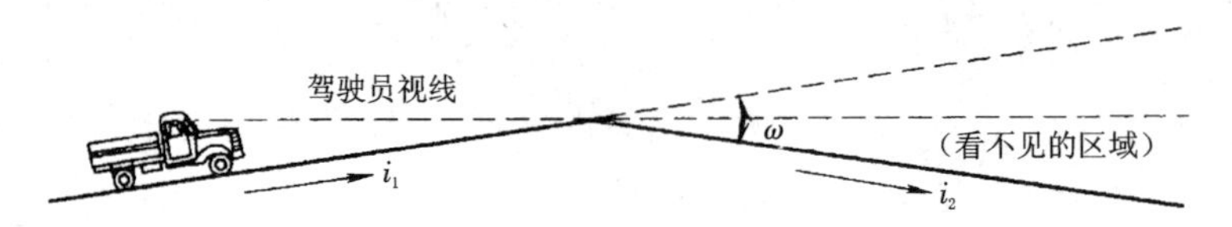

图 8-29 凸形变坡点处变坡角与视距的关系

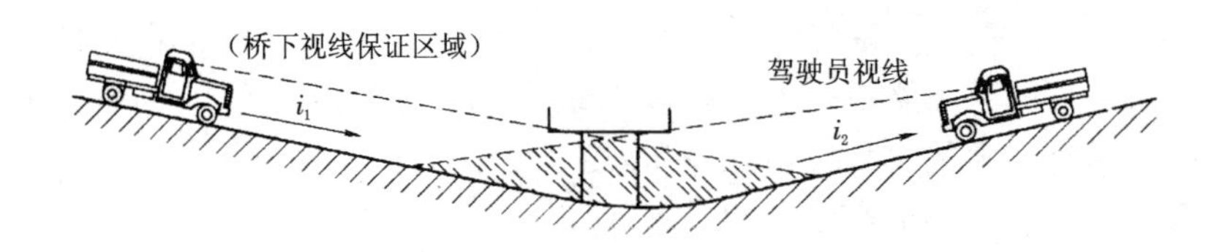

图 8-30 汽车通过桥洞时的最小安全视距

2. 竖曲线基本要素

竖曲线一般采用抛物线作为基本方程式,二次抛物线的一般方程式为:

$$y = ax^2 + bx + c(a、b、c \text{ 为常数}) \tag{8.2.2}$$

竖曲线上任意点的曲率 k 为：

$$k = \frac{|y''|}{(1+y'^2)^{\frac{3}{2}}} = \frac{|2a|}{[1+(2ax+b)^2]^{\frac{3}{2}}} \tag{8.2.3}$$

抛物线上的最大曲率为

$$k_{\max} = |2a| \tag{8.2.4}$$

曲率最大点的坐标为：

$$\left(-\frac{b}{2a}, \frac{-b^2+4ac}{4a}\right) \tag{8.2.5}$$

显然，曲率最大的点为二次抛物线顶点，同时，该点曲率半径最小，即：$r_{\min}=1/|2a|$。竖曲线要素中的半径 R 即指 $r_{\min}$，则 $a=\pm 1/2(R)$，因此，竖曲线的抛物线方程为 $y=\pm x^2/(2R)+bx+c$。为计算方便，把坐标原点放在顶点，则竖曲线方程变为 $y=\pm x^2/(2R)$。为不失一般性，以 $y=x^2/(2R)$ 为例进行介绍，置于图 8-31 所示的坐标系中。

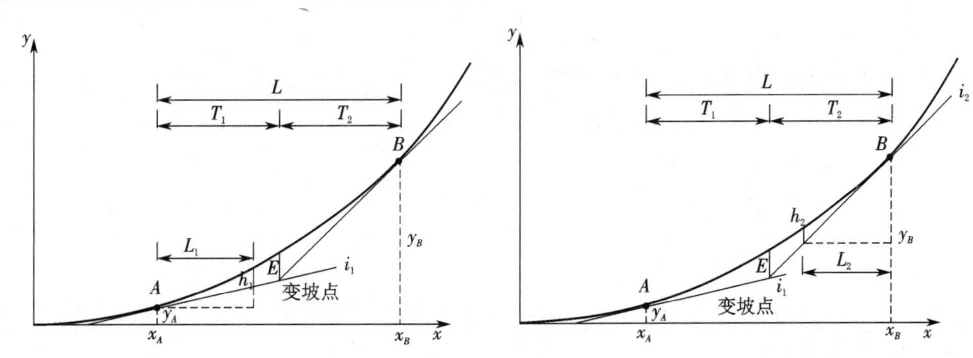

图 8-31　竖曲线要素

由 $y=x^2/(2R)$，得 $i_1=y'_A=x_A/R$，$i_2=y'_B=x_B/R$。A 点曲率为：

$$k_A = \frac{1/R}{(1+i_1^2)^{\frac{3}{2}}} \tag{8.2.6}$$

则 A 点曲率半径为 $R_A=R(1+i_1^2)^{1.5}$。同理，B 点曲率半径为 $R_B=R(1+i_2^2)^{1.5}$。

当 $i=5\%$时，切点处曲率半径 $R_x=1.00375R$；当 $i=10\%$时，切点处曲率半径 $x=1.015R$。可见，R_A、R_B 均大于 R，但相差不大，因此，以 R（最小曲率半径）作为竖曲线半径是可以接受的。

竖曲线基本组成要素包括竖曲线长度 L，切线长度 T 和外距 E。如图 8-31 所示，设 R 为竖曲线半径，ω 为变坡角，由几何关系可得：

$$L = x_B - x_A = i_2R - i_1R = (i_2 - i_1)R = R\omega \tag{8.2.7}$$

竖距：

$$h_1 = y_{h_1} - y_A - L_1 i_1 = (x_A + L_1)^2/(2R) - x_A^2/(2R) - L_1 x_A/R = L_1^2/(2R) \tag{8.2.8}$$

竖距：

$$h_2 = y_{h_2} - (y_B - L_2 i_2) = (x_B - L_2)^2/(2R) - (x_B^2/(2R) - L_2 x_B/R) = L_2^2/(2R) \tag{8.2.9}$$

当 $L_1=T_1$ 时，$E=h_1=T_1^2/(2R)$；当 $L_2=T_2$ 时，$E=h_2=T_2^2/(2R)$，所以，$T_1=T_2$。又因为 T_1

$+T_2=L$,所以有:

$$T=T_1=T_2=L/2=R\omega/2 \tag{8.2.10}$$

则:

$$E=T^2/(2R)=R\omega^2/8=L\omega/8=T\omega/4 \tag{8.2.11}$$

3. 竖曲线的最小半径

在纵断面设计中,竖曲线的设计要受到很多因素的限制。竖曲线的最小半径和最小长度主要受三个因素限制,即汽车行驶的缓和冲击、行驶时间、视距要求。

(1) 汽车行驶的缓和冲击

汽车在竖曲线上行驶,即产生径向离心力,这个力的存在会给乘客带来不良的感受,在凸形竖曲线上是失重,在凹形竖曲线上是超重。当这种变化达到一定程度时,乘客就会产生不舒适的感觉,所以在确定竖曲线的半径时,应对竖向离心力进行控制,也就是控制汽车的离心加速度。

汽车在竖曲线上行驶的离心加速度为:

$$a=\frac{v^2}{R}\text{ 或 }a=\frac{V^2}{13R} \tag{8.2.12}$$

根据各国的实验数据可知,离心加速度控制在 0.5～0.7 m/s^2 是比较合适的,但考虑到实际过程中的各种因素以及视觉平顺的要求,我国标准规定的凹形竖曲线最小半径值与式(8.2.13)计算的极为接近,相当于 $a=0.278$ m/s^2。

$$R_{\min}=\frac{V^2}{3.6}\text{ 或 }L_{\min}=\frac{\omega V^2}{3.6} \tag{8.2.13}$$

(2) 行驶时间不宜过短

汽车在竖曲线上行驶的时间不宜过短,否则乘客会产生不舒服的感觉。一般要求汽车在竖曲线上行驶的时间不应小于 3 s,则:

$$L_{\min}=\frac{V}{3.6}t_{\min}=\frac{V}{1.2} \tag{8.2.14}$$

(3) 满足视距的要求

汽车在凸形竖曲线上行驶,当半径很小时,会阻挡驾驶员的视线,为了安全,一般对凸形竖曲线的最小半径和最小长度加以限制。凹形竖曲线也存在着视距方面的问题,特别是起伏较大的道路、高速公路,以及城市道路上的跨线桥、门式标志等都存在着视距方面的要求。

综上所述,可以看到无论是凸形竖曲线还是凹形竖曲线,都受到这三个因素的限制,但在工作中应该分析哪种因素是最不利的,只有这样才能对其进行有效的控制。

4. 凸形竖曲线的最小半径和最小长度

凸形竖曲线的最小长度应满足行车视距的要求。根据竖曲线的长度 L 与停车视距 $S_{停}$ 的相互关系可分为如下两种情况。

①当 $L<S_{停}$ 时(图 8-32):

$$L_{\min}=2S_{停}-\frac{2(\sqrt{h_1}+\sqrt{h_2})^2}{\omega}=2S_{停}-\frac{4}{\omega} \tag{8.2.15}$$

式中,h_1——驾驶员的视线高,一般为 1.2 m;

h_2——障碍物高,一般为 0.1m;

ω——竖曲线的变坡角，$\omega=i_2-i_1$；

$L_{\min}$——竖曲线最小长度(m)。

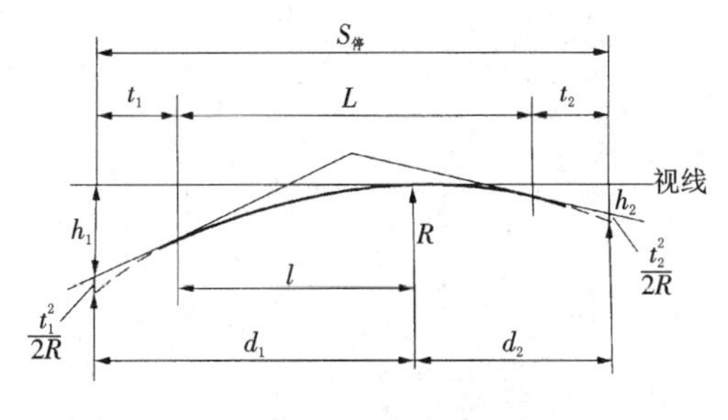

图 8-32 凸形竖曲线计算图示($L<S_停$)

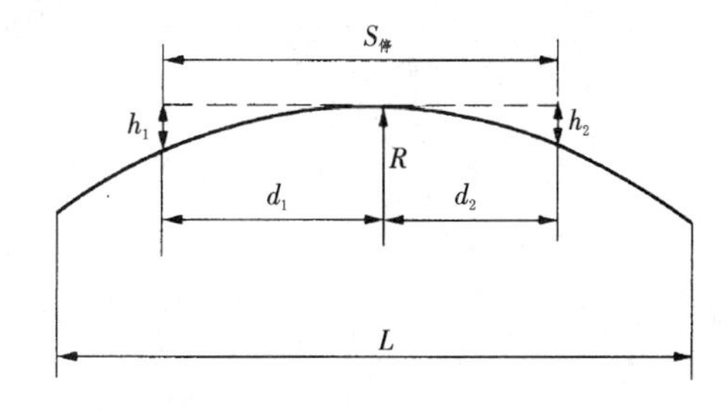

图 8-33 凸形竖曲线计算图示($L\geqslant S_停$)

②当 $L\geqslant S_停$ 时(图 8-33)：

$$L_{\min}=\frac{S_停^2\ \omega}{2(\sqrt{h_1}+\sqrt{h_2})^2}=\frac{S_停^2\ \omega}{4} \tag{8.2.16}$$

比较以上两种情况，显然式(8.2.16)的计算结果大于等于式(8.2.15)，应将式(8.2.16)作为有效控制。

根据缓和冲击、行驶时间及视距要求三个限制因素，可计算出各设计速度时的凸形竖曲线最小半径和最小长度，见表 8-17。标准规定的一般最小半径为极限最小半径的 1.5～2.0 倍，在条件许可时应尽量采用大于一般最小半径的竖曲线。竖曲线最小长度相当于各级道路设计速度的 3 s 行程，即用公式(8.2.14)计算取整而得。

表 8-17 凸形竖曲线的最小半径和最小长度(m)

设计速度/(km/h)	停车视距 $S_停$/m	缓和冲击 $L_{\min}=\frac{V^2\omega}{3.6}$	视距要求 $L_{\min}=\frac{S_停^2\ \omega}{4}$	采用值 $L_{\min}$	公路设计规范规定值			
					极限最小半径 $R_{\min}=\frac{L_{\min}}{\omega}$	一般最小半径	竖曲线一般最小长度	竖曲线极限最小长度
120	210	4000ω	11025ω	11000ω	11000	17000	100	250
100	160	2778ω	6400ω	6500ω	6500	10000	85	210
80	110	1778ω	3025ω	3000ω	3000	4500	70	170
60	75	1000ω	1406ω	1400ω	1400	2000	50	120
40	40	444ω	400ω	450ω	450	700	35	90
30	30	250ω	225ω	250ω	250	400	25	60
20	20	111ω	100ω	100ω	100	100	20	50

5. 凹形竖曲线的最小半径和最小长度

凹形竖曲线的最小长度，应满足两种视距的要求：一是保证夜间行车安全，前灯照明应有足够的距离；二是保证跨线桥下行车有足够的视距。

(1) 夜间行车前灯的照射距离的要求

根据凹形竖曲线的长度 L 与停车视距 $S_停$ 的相互关系，可分为如下两种情况。

①当 $L<S_{停}$(图 8-34)时：

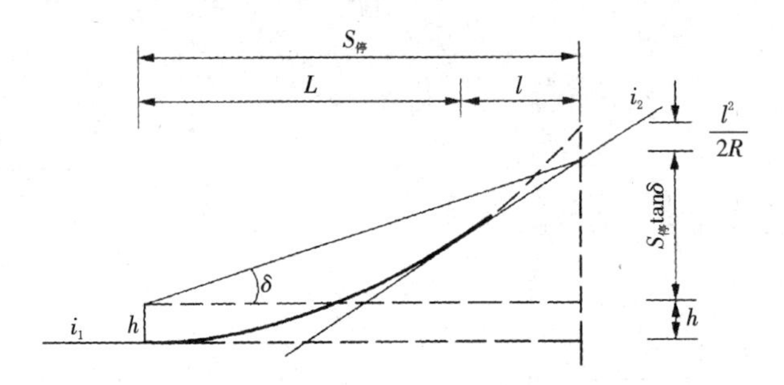

图 8-34 车前灯照射距离($L<S_{停}$)

$$L_{\min}=2\left(S_{停}-\frac{h+S_{停}\tan\delta}{\omega}\right)或L_{\min}=2\left(S_{停}-\frac{0.75+0.026S_{停}}{\omega}\right) \tag{8.2.17}$$

式中，h——车前灯的高度，一般为 0.75 m；

δ——车前灯光束扩散角，一般为 1.5°。

②当 $L\geqslant S_{停}$(图 8-35)时：

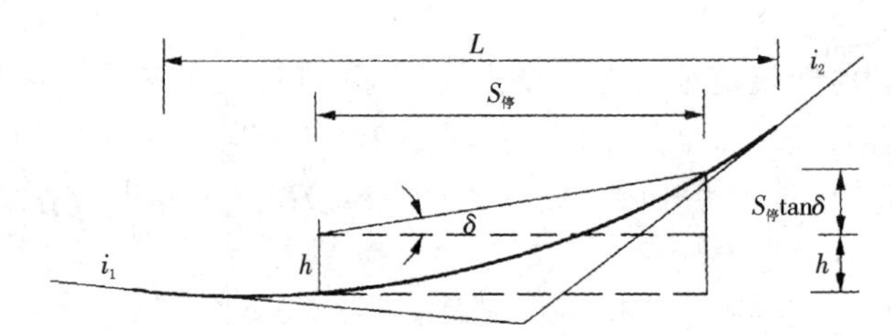

图 8-35 车前灯照射距离($L\geqslant S_{停}$)

$$L_{\min}=\frac{S_{停}^2\ \omega}{2(h+S_{停}\ \tan\delta)}或L_{\min}=\frac{S_{停}^2\ \omega}{1.5+0.0524S_{停}} \tag{8.2.18}$$

式(8.2.18)中各符号的含义同式(8.2.17)。

显然，式(8.2.18)的计算结果大于等于式(8.2.17)，应以式(8.2.18)作为有效控制。

(2) 跨线桥下行车视距的要求

①当 $L<S_{停}$(图 8-36)时：

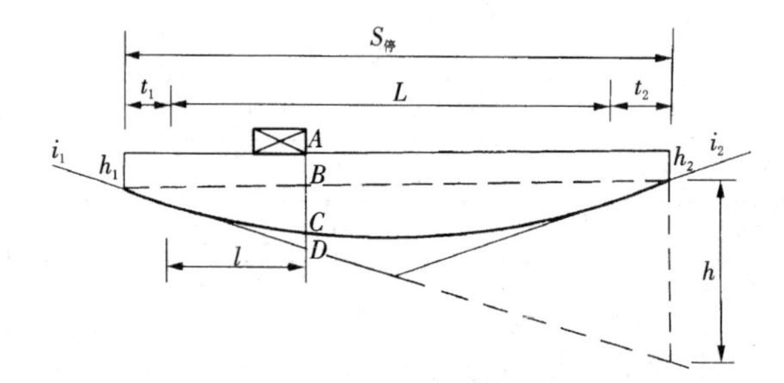

图 8-36 跨线桥下行车视距($L<S_{停}$)

$$L_{\min}=2S_{停}-\frac{4h_{\max}}{\omega}\left[1-\frac{h_1+h_2}{2h_{\max}}+\sqrt{\left(1-\frac{h_1}{h_{\max}}\right)\left(1-\frac{h_2}{h_{\max}}\right)}\right] \tag{8.2.19}$$

或 $L_{\min}=2S_{停}-\dfrac{26.92}{\omega}$

式中，$h_{\max}$——桥下设计最小净空，一般为4.5～5.0 m；

h_1——驾驶员的视线高，一般为1.5 m；

h_2——障碍物高，一般为0.75 m。

②当 $L\geqslant S_{停}$（图8-37）时：

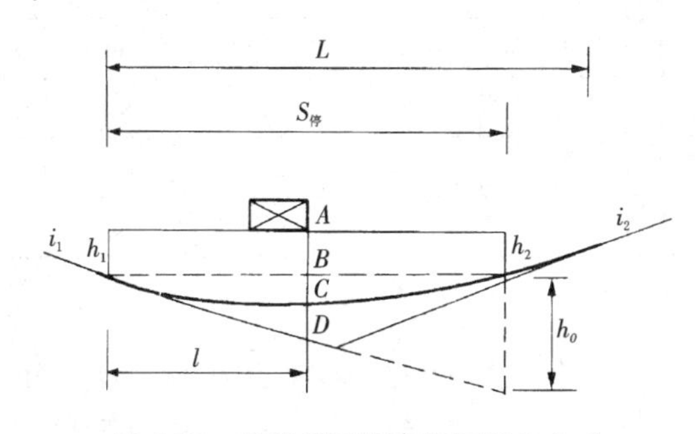

图8-37　跨线桥下行车视距（$L\geqslant S_{停}$）

$$L_{\min}=\frac{S_{停}^2\ \omega}{\left[\sqrt{2(h_{\max}-h_1)}+\sqrt{2(h_{\max}-h_2)}\right]^2}\ 或\ L_{\min}=\frac{S_{停}^2\ \omega}{26.92} \tag{8.2.20}$$

式(8.2.20)中各符号的含义同式(8.2.19)。

显然，式(8.2.20)的计算结果大于等于式(8.2.19)，应以式(8.2.20)作为有效控制。

根据影响竖曲线最小半径的三个限制因素，可计算出凹形竖曲线最小半径(表8-18)。

表中显示凹形竖曲线最不利的情况是径向离心力的冲击，故应以式(8.2.13)作为有效控制。标准规定的一般最小半径为极限最小半径的1.5～2.0倍。凹形竖曲线最小长度同凸形竖曲线。

表8-18　凹形竖曲线的最小半径和最小长度(m)

设计速度/(km/h)	停车视距 $S_{停}$/m	缓和冲击	夜间行车照明	桥下行车视距	采用值 $L_{\min}$	公路设计规范规定值			
						极限最小半径 $R_{\min}=\frac{L_{\min}}{\omega}$	一般最小半径	竖曲线极限最小长度	竖曲线一般最小长度
120	210	4000ω	11025ω	1638ω	4000ω	4000	6000	100	250
100	160	2778ω	6400ω	3000ω	3000ω	3000	4500	85	210
80	110	1778ω	3025ω	1666ω	2000ω	2000	3000	70	170
60	75	1000ω	1406ω	1036ω	1000ω	1000	1500	50	120
40	40	444ω	400ω	445ω	450ω	450	700	35	90
30	30	250ω	225ω	293ω	250ω	250	400	25	60
20	20	111ω	100ω	157ω	100ω	100	200	20	50

一般竖曲线半径应按100的整数倍取设计值。城市道路不同车速时的竖曲线最小半径值见表8-19。竖曲线半径应尽量采用大于竖曲线一般最小半径的数值,其值约为极限最小半径的1.5倍,遇特殊困难时,应大于或等于极限最小半径值。

表8-19 城市道路竖曲线的最小半径和最小长度

设计速度/(km/h)		100	80	60	50	40	30	20
凸形竖曲线最小半径/m	极限值	6500	3000	1200	900	400	250	100
	一般值	10000	4500	1800	1350	600	400	150
凹形竖曲线最小半径/m	极限值	3000	1800	1000	700	450	250	100
	一般值	4500	2700	1500	1050	700	400	150
竖曲线最小长度/m	一般值	210	170	120	100	90	60	50
	极限值	85	70	50	40	35	25	20

6. 竖曲线的连接

竖曲线之间连接时,可以在其间保留一段直坡段,也可以不留直坡段而直接连接成同向或反向复曲线形式,只要不使两竖曲线相交或搭接即可。若两相邻的竖曲线相距很近,中间直坡段太短,应将两者结合,成为复曲线形式。在一般情况下,应力求两竖曲线之间留一段直坡段L,坡长以不小于汽车行驶3 s的距离为宜。

$$L \geqslant \frac{V}{3.6} \times 3 = 0.83V \tag{8.2.21}$$

式中,V——汽车行驶速度(km/h)。

8.2.4 道路线形组合设计

1. 总体要求

道路线形设计是从道路选线、定线开始,最终以平、纵、横面所组成的空间线形反映在驾驶员的视觉上,总体要求如下。

①道路线形设计应协调平面、纵断面、横断面三者间的组合,合理运用技术指标,满足行车安全、排水通畅等要求。

②设计速度大于或等于60 km/h的道路应强调线形组合设计,保证线形连续、指标均衡、视觉良好、安全舒适、景观协调;设计速度小于60 km/h的道路在保证行驶安全的前提下,宜合理运用线形要素的规定值,尽量避免和减轻不利的组合。

③不同等级道路和不同设计速度的路段之间应衔接过渡。

④具体路段平纵技术指标的选用及其组合设计,应分析对车辆实际运行速度的影响,同一车辆相邻路段的行驶速度与设计速度之差不应大于20 km/h。

⑤线形组合设计中,还应考虑线形与桥、隧的配合,线形与沿线设施的配合,线形与地形、地物及周边环境的配合。

2. 平、纵线形组合设计

平、纵线形组合是指在满足汽车运动学和动力学要求的前提下,研究如何满足视觉和心理方面的连续、舒适及与周围环境相协调的要求，并有良好的排水条件。尽管平、纵线形均是按前述标准进行设计的，若组合得不好，不仅有碍其优点的发挥，而且会加剧两方面存在的缺点，造成行车上的危险。

(1) 道路平、纵线形组合设计原则

①在视觉上应能自然地引导驾驶员的视线，并保持视觉的连续性。避免使驾驶员感到茫然、迷惑以及使其判断失误的线形。

②注意保持平、纵线形的技术指标大小均衡。这不仅影响线形的平顺性，而且与工程费用相关，纵面线形反复起伏时，在平面上采用高标准的线形是无意义的，反之亦然。

③选择组合得当的合成坡度，以利于行车安全和路面排水。

④注意与道路周围环境的配合，以减轻驾驶员的疲劳和紧张程度，并可起到引导视线的作用。

(2) 线形组合的形式

通过分解立体线形要素，可得出平、纵线形有以下六种组合形式(图 8-38)：①平面上为直线，纵面也是直线，构成具有恒等坡度的直线；②平面上为直线，纵面上是凹形竖曲线，构成凹下去的直线；③平面上为直线，纵面上是凸形竖曲线，构成凸起的直线；④平面上为曲线，纵面上为直线，构成具有恒等坡度的平曲线；⑤平面上为曲线，纵面上为凹形竖曲线，构成凹下去的平曲线；⑥平面上为曲线，纵面上为凸形竖曲线，构成凸起的平曲线。

上述①～③型是在垂直平面内的线形，④～⑥型是立体曲线。从视觉、心理分析来看，这六种组合形式各有优势和不足。

①型组合往往线形单调、枯燥，行车过程中视景缺乏变化，容易使驾驶员产生疲劳和频繁超车。设计时应采用划车道线、设置标志、增加绿化，并与路侧设施配合等方法来调节单调的视觉，增加视线诱导。

②型组合具有较好的视距条件，能给驾驶员动态的视觉效果，行车条件较好。设计时要注意避免采用较短的凹形竖曲线，尤其在两个凹形竖曲线间注意不要插入短的直坡段，在长直线末端不宜插入小半径的凹形竖曲线。

③型组合视距条件差，线形单调，应注意避免，无法避免时应采用较大的竖曲线半径；若与②型组合时，应注意克服“驼峰”、“暗凹”和“波浪形”等不良视觉现象出现。

④型组合一般来说只要平曲线半径选择适当，纵坡不太陡，即可获得较好的视觉和心理感受，设计时须注意检查合成坡度是否超限。

⑤、⑥型组合设计是一种常见的比较复杂的组合形式。如果平、纵面线形几何要素的大小适宜，位置适当，均衡协调，可以获得视觉流畅、视线诱导良好的立体线形。反之，则会出现一些不良的后果，设计时应特别重视。

(3) 平曲线和竖曲线组合的基本要求

①竖曲线与平曲线应相互重合，竖曲线宜包含在平曲线之内，且平曲线应稍长于竖曲线，见图 8-39。

这种布置通常称为平曲线与竖曲线的对应。其优点是：当车辆驶入凸形竖曲线的顶点之前，即能清楚地看到平曲线的始端，辨明转弯的走向，不致因判断错误而发生事故。图 8-40 是按此要求设计的线形，既流畅又美观。若平、竖曲线的半径都很大，则平、竖曲线的位置可不受上述限制。

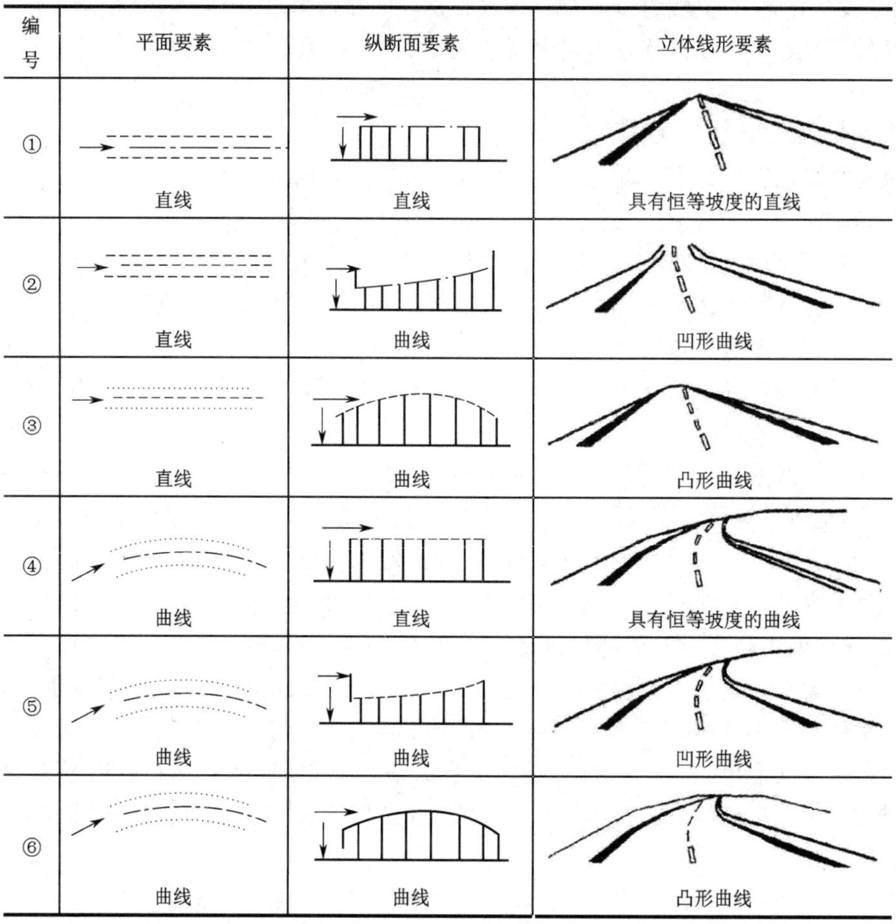

编号
平面要素
纵断面要素
立体线形要素
①
直线
直线
具有恒等坡度的直线
②
直线
曲线
凹形曲线
③
直线
曲线
凸形曲线
④
曲线
直线
具有恒等坡度的曲线
⑤
曲线
曲线
凹形曲线
⑥
曲线
曲线
凸形曲线

图 8-38　空间线形要素

若做不到竖曲线与平曲线较好地配合，且两者的半径都小于某限度时，宁可把平、竖曲线拉开一定的距离，使平曲线位于直坡段上或竖曲线位于直线上。

组合得当
平曲线
直线
回旋线
圆曲线
回旋线
直线
（不设回旋线时为虚线）

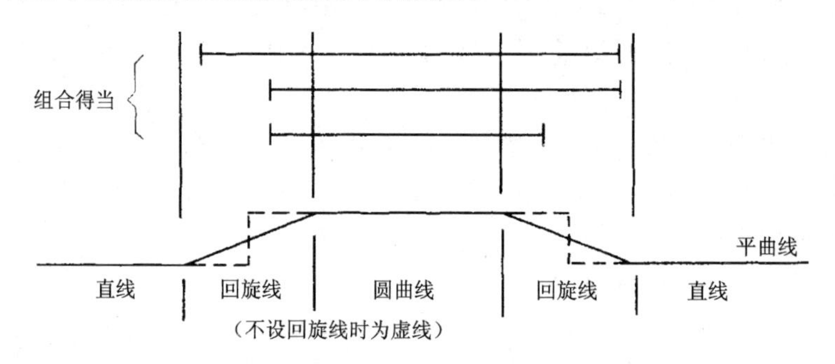

图 8-39　平曲线和竖曲线组合的基本要求

②保持平曲线与竖曲线大小的均衡。

平、竖曲线的线形，其中一方大而平缓时，另一方切忌多而小。一个长的平曲线内含有两个以

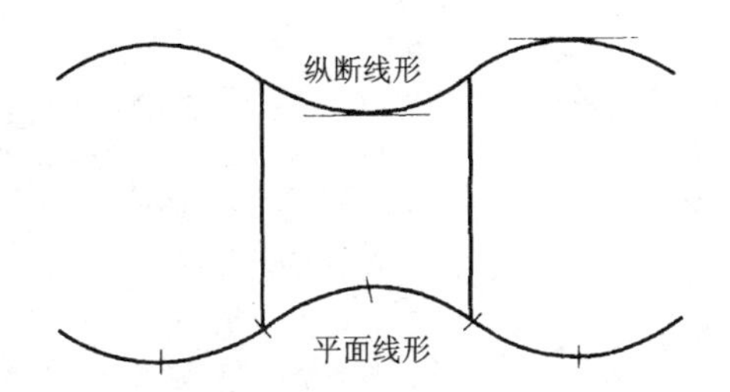

图 8-40　平曲线与竖曲线组合良好的线形

上的竖曲线，或一个长的竖曲线内含有两个以上的平曲线，在视觉上都会形成扭曲的形状，见图 8-41。

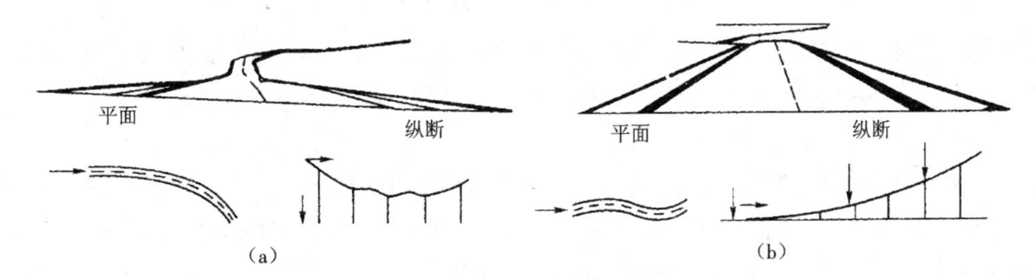

图 8-41　平曲线和竖曲线大小不均衡

德国统计资料表明，如果平曲线的半径小于 1000 m，竖曲线的半径为平曲线的 10～20 倍时，即可达到均衡的目的。

③选择适当的合成坡度。

合成坡度过大对行车不利，特别是在冬季结冰期更危险；合成坡度过小对排水不利，也影响行车，车辆行驶时会溅水。

(4) 平、纵线形设计中应注意避免的组合

①避免竖曲线的顶、底部插入小半径的平曲线，见图 8-42(a)。如果在凸形竖曲线的顶部有小半径的平曲线，不仅不能引导视线，而且急转方向盘容易使行车发生危险。在凹形竖曲线的底部有小半径的平曲线，则会出现汽车加速而急转弯，同样可能发生危险。

②避免将小半径的平曲线起、讫点设在或接近竖曲线的顶部或底部。若将凸形竖曲线的顶部设在小半径平曲线的起点，见图 8-42(b)，会产生不连续的线形，失去了视线引导作用。而将凹形竖曲线的底部设在小半径平曲线的起点，除了视觉上感到扭曲外，还会产生下坡尽头接急弯的不安全组合。

③避免使竖曲线顶、底部与反向平曲线的拐点重合。此类组合都存在不同程度的扭曲外观，前者不能正确引导视线，会使驾驶员操作失误；后者会导致路面排水不畅，产生积水，影响行车安全。

④避免出现驼峰、暗凹、跳跃、断背、折曲等使驾驶员视线中断的线形。

⑤避免在长直线上设置陡坡或曲线长度短、半径小的凹形竖曲线。前者易超速行驶，危及行车安全；后者使驾驶员产生坡底道路变窄的错觉，导致高速行驶中的制动操作，影响行车安全。

⑥避免急弯与陡坡的不利组合。

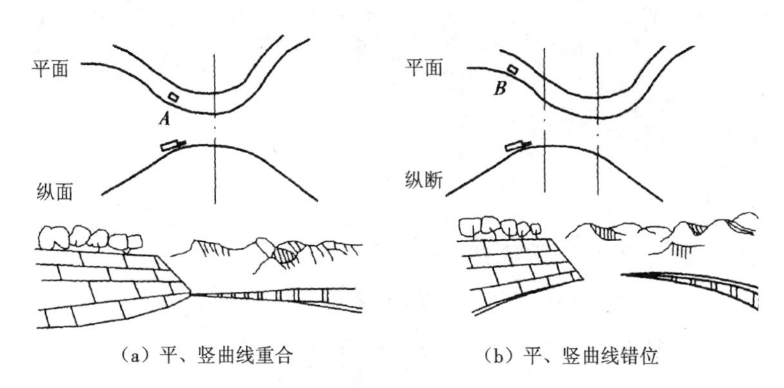

(a) 平、竖曲线重合　　(b) 平、竖曲线错位

图 8-42　平、竖曲线的重合与错位

⑦避免小半径的竖曲线与缓和曲线重合。小半径的凸形竖曲线与缓和曲线重合时诱导性变差,事故率升高;小半径的凹形竖曲线缓和曲线重合时,路面排水不良,影响行车安全。

(5) 道路线形与景观的协调与配合

道路作为一种人工构造物,应将其视为景观的对象来研究。修建道路会对自然景观产生影响,有时产生一定的破坏作用。而道路两侧的自然景观反过来又会影响道路上汽车的行驶,特别是对驾驶员的视觉、心理以及驾驶操作等都有很大影响。

平、纵线形组合必须在充分与道路所经地区的景观配合的基础上进行。否则,即使线形组合符合有关规定也不一定是良好的设计。只有具有优美的线形和景观的道路,才能称为舒适和安全的道路,尤其对于设计速度高的道路,平、纵线形组合设计与周围景观的配合更为重要。

3. 视觉分析

为直观地反映道路线形组合设计的效果,必要的时候要进行视觉分析,如透视图检查,有条件的话还可采用驾驶模拟器对空间线形及环境进行模拟来验证线形的组合设计。

(1) 视觉分析的意义

道路设计时除应充分考虑自然条件、汽车运动力学等方面的要求外,还必须考虑驾驶员的心理和视觉上的反应。汽车在道路上快速行驶时,驾驶员通过视觉、运动感觉和时间变化感觉来判断道路线形条件、路面条件以及其他交通信息,其中接收这些信息的主要是视觉,因此,视觉是连接道路与汽车的重要媒介。

从运动视觉出发研究道路的空间线形与周围景观的配合是现代较为先进的设计理论,这样能充分保持线形的连续性,使行车具有足够的舒适感和安全感。

(2) 驾驶员的视觉规律

驾驶员的视觉规律与车速密切相关,车速越高,则视线的集中点越远,视角越小。国内外的研究表明,驾驶员的注意力集中和心理紧张程度随车速的增加而增加。在汽车高速行驶时,驾驶员对前景细节的视觉开始变得模糊不清,视角也随车速的增加而逐渐变窄。

由上所述,驾驶员在高速行驶时,主要注意力是用来观察视点较远路段的线形状况的,因此,道路设计必须使驾驶员能准确地了解线形,避免因判断失误而导致交通事故。

(3) 驾驶模拟器评价方法

驾驶模拟器又名交通行为与协同虚拟现实实验系统。模拟驾驶所采用的驾驶模拟器结合眼动仪、心率记录仪构成驾驶模拟平台，从人与交通运输系统各组成部分间相互作用的机理出发，以实现驾驶环境下驾驶员—车辆—交通流—设计方案之间相互作用的机理研究的模拟平台。它可以帮助驾驶员评估线形设计方案的安全性和舒适性，还可以为提高交通运输系统效率、改善交通运输系统安全提供基础理论与关键技术支持。

这里介绍一款同济大学购置的驾驶模拟器。驾驶模拟器的主要特征有：运动系统为8自由度运动系统；控制软件为法国OKTAL公司开发的商业软件SCANER™，该软件已经用于多个驾驶模拟器，如法国雷诺汽车公司；驾驶舱为封闭刚性结构，车辆置于球体中央；投影系统有5个投影仪内置于驾驶舱，场景投影到球形幕上，水平视角为250°；仿真车辆为Renault Megane III，去除发动机、保留轮胎，加载其他设备（如方向盘、刹车、换挡）的力反馈系统和数据的输入、输出设备；后视镜为3块LCD屏幕。系统总体构架见图8-43。

图8-43 驾驶模拟器系统示意图

借助驾驶行为与交通安全模拟实验平台，首先将某地下道路项目的道路线形设计三维设计方案置入平台软件，经平台渲染后形成虚拟现实环境。根据交通流预测数据将交通流仿真成果输入环境中，即可构建完整的驾驶模拟外部环境，见图8-44。驾驶员配备眼动仪设备Smart Eye Pro以记录行车过程中的关注焦点变化情况。它由4个拍摄脸部变化的摄像机和一个拍摄前方道路场景的摄像机组成，眼动仪每秒自动记录60组眼动数据；佩戴心率记录仪用以记录行驶在按照设计设置的标志标线的道路中，驾驶员的生理反应及感受。此外，驾驶模拟平台软件实时记录车辆行驶过程中的各项行车数据，用以评估设计方案对驾驶效果的影响。

8.2.5 城市道路纵断面设计

1. 一般原则

城市道路纵断面设计的一般原则如下。

①保证行车的安全与速度。一般要求路线转折少，纵坡平缓，在纵坡转折处尽可能用较大半径的竖曲线衔接，以适应行车视距与舒适的要求。

图 8-44　驾驶模拟器构建的某地下道路虚拟现实环境

②与相交道路、街坊、广场以及沿街建筑物的出入口有平顺的衔接。

③在保证路基稳定、工程经济的条件下,力求设计线与地面线相接近,以减少路基土石方工程量,最大限度地保护自然地理环境。对于地形起伏较大的道路或主要道路,应适当拉平设计线,以消除过大的纵坡与过多的坡度转折。

④城市道路纵断面设计应参照城市规划控制标高,并适应临街建筑地坪标高,考虑工程范围内地面水的排除情况。通常道路中心标高应低于建筑地坪标高,其数值因横断面宽度不同而异。

⑤在城市滨河地区,往往要求滨河道路起防洪堤的作用,因此,其路面设计标高应在最高洪水位以上。同时,对于与滨河路相衔接的道路,由于其标高也均被提高,故也应协调滨河地区道路之间的坡度与坡长。

⑥应满足各种现状和规划管线的埋置要求,如覆土要求等。避免管线埋设时出现高差冲突,做到预留管道标高适中,方便道路周围地块开发时利用市政管线。

⑦对连接段纵坡,如大、中桥引道及隧道两段接线等,纵坡应和缓,避免产生突变,否则会影响行车的平顺性和视距。另外,在交叉口前后的道路纵坡应平缓一些,一是考虑安全,二是考虑交叉口竖向设计。

⑧由于平原微丘区地下水位较高,池塘、湖泊分布较广,水系较发达,因此道路纵坡设计时,除应满足最小纵坡要求外,还应满足最小填土高度要求,以保证路基的稳定性。

⑨综合纵断面设计线形,妥善分析确定各竖向控制点的设计标高。对影响纵断面设计线标高、坡度和位置的各竖向控制点,如相交道路的中线标高、城市桥梁的桥面设计标高、铁路平交点处的轨顶标高、沿街重要建筑物的底层地坪标高、滨河路的河流最高洪水位以及人防工程的顶面

标高等，在定线时，需要综合考虑，一并分析，经统一协调后再具体确定竖向控制点处的设计标高。

2. 设计步骤

城市道路纵断面的设计步骤如下。

（1）准备工作

进行纵坡设计（俗称拉坡）之前，按比例标注里程桩号和标高，点绘地面线，填写有关内容。同时应搜集并熟悉相关资料，领会设计意图和要求。

（2）标注控制点

控制点是指影响纵坡设计的标高控制点，如路线起、终点，越岭垭口，重要桥涵，地质不良地段的最小填土高度，最大挖深，沿溪线的洪水位，隧道进出口，平面交叉和立体交叉点，铁路道口，城镇规划控制标高以及受其他因素限制路线必须通过的标高控制点等。山区道路还有根据路基填挖平衡关系控制路中心填挖值的标高点，称为“经济点”。

（3）试坡

在已标出“控制点”“经济点”的纵断面图上，根据技术指标、选线意图，结合地面起伏变化，本着以“控制点”为依据，照顾多数“经济点”的原则，在这些点位间进行穿插与取直，试定出若干直坡线。对各种可能坡度线方案进行反复比较，最后定出既符合技术标准，又满足控制点要求，且土石方较省的设计线作为初定坡度线，将前后坡度线延长交会出变坡点的初步位置。

（4）调整

将所定坡度与选线时的坡度进行比较，二者应基本相符，若有较大差异时应全面分析，权衡利弊，决定取舍。然后对照技术标准检查设计的最大纵坡、最小纵坡、坡长限制等是否满足规定，平、纵组合是否适当，以及路线交叉、桥隧和接线等处的纵坡是否合理，若有问题应进行调整。调整方法是对初定坡度线平抬、平降、延伸、缩短或改变坡度值。

（5）核对

选择有控制意义的重点横断面，加高填深挖、地面横坡较陡路基、挡土墙、重要桥涵以及其他重要控制点等，在纵断面图上直接读出对应桩号的填、挖高度，检查是否存在填挖量过大、坡脚落空或过远、挡土墙工程过大、桥梁过高或过低、涵洞过长等情况，若有问题应及时调整纵坡。在横坡陡峻地段核对更显重要。

（6）定坡

经调整核对无误后，逐段把直坡线的坡度值、变坡点桩号和标高确定下来。坡度值一般要求取值为千分之一，变坡点一般要调整到 10 m 的整桩号上，相邻变坡点桩号之差为坡长。变坡点标高由纵坡度和坡长依次推算而得。

（7）设置竖曲线

拉坡时已考虑了平、纵线形组合问题，此步根据技术标准，平、纵线形组合均衡等确定竖曲线半径，计算竖曲线要素。

（8）绘制纵断面图

道路纵断面设计图一般应包括下述内容：道路中心线的地面标高线，纵坡设计线，竖曲线及其组成要素，线路的起、终点及其他各桩点的设计标高，施工高度，土质剖面图，桥涵位置，孔径和结构类型以及相交道路交汇点，重要临街建筑物出入口的地坪标高，已有地下管线位置和地下水位线等。同时,对沿线的水准点位置、高程及最高洪水位线也应加以标明。此外,还应绘制路线平面简图以供对照。

纵断面图的比例尺:在技术设计阶段,一般水平方向用 1∶500～1∶1000,垂直方向用 1∶50～1∶100 的比例尺;对地形平坦的路段,垂直方向还可放大。至于进行路网规划方案比较或初步设计时,也可采用水平方向为 1∶2000 以上的小比例尺。

在纵断面图上表示原地面起伏的标高线称为地面线。地面线上各点的标高称为地面标高(或称黑色标高)。表示道路中心线纵坡设计的标高线称为设计线。它一般多指路面设计线。设计线上各点的标高称为设计标高(或称红色标高)。设计线上各点的标高与原地面线上各对应点标高之差,称为施工高度或填挖高度。设计线高于地面线的应填土,低于地面线的应挖土,与地面线重合处可不填不挖。当设计线为路面纵坡设计线时,确定路基实际施工高度或计算土方量时,需要考虑路面结构设计厚度及路槽形式、施工方法等,并予以修正。从道路纵断面上可看出路线纵向大致的平衡程度与路基土石方填挖平衡概况。

城市道路纵断面示例见图 8-45。

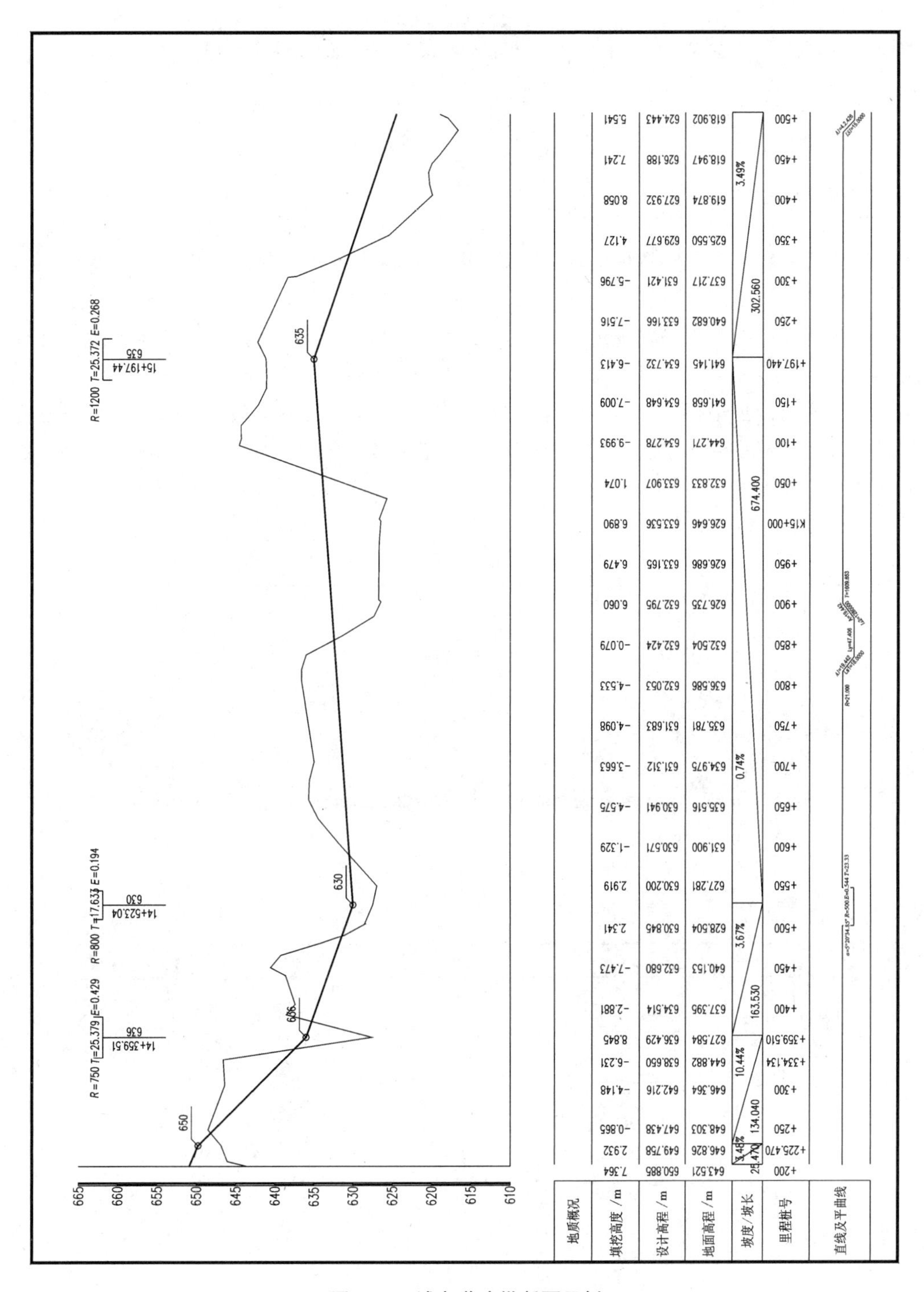

图 8-45　城市道路纵断面示例

第 9 章　城市道路横断面

9.1　概述

道路横断面是指沿着道路宽度方向、垂直于道路中心线所作的剖面。道路横断面总宽度称为路幅宽度。城市中道路用地与其他用地的分界线，常用红线绘制，道路规划总宽度称为道路红线宽度。道路横断面存在现状路幅宽度和道路红线宽度的区分。一般而言，现状路幅宽度小于或等于道路红线宽度。

城市道路横断面由车行道、人行道、绿化带、分车带、路肩、边坡、护坡道、边沟及各种道路附属设施等组成。城市道路两侧建筑物的台阶、门厅、雨篷、阳台等均不属于红线范围，道路红线外侧至建筑物之间的绿地也不属于城市道路用地范围。图 9-1、图 9-2 是城市道路横断面和城市近郊区道路横断面示例。

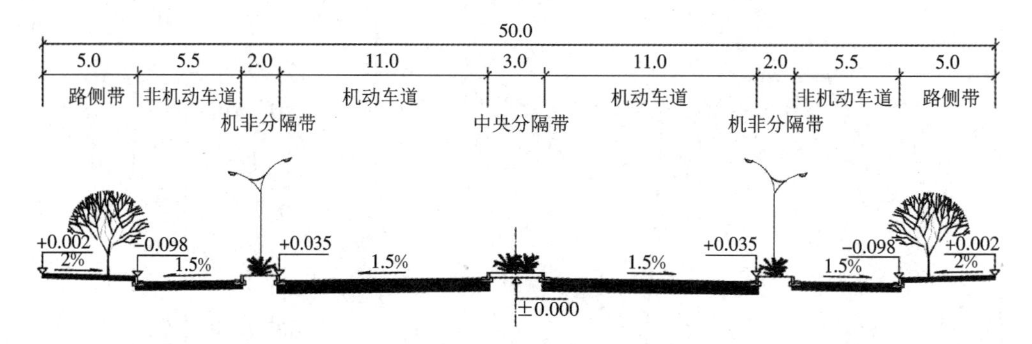

图 9-1　城市道路横断面示例(m)

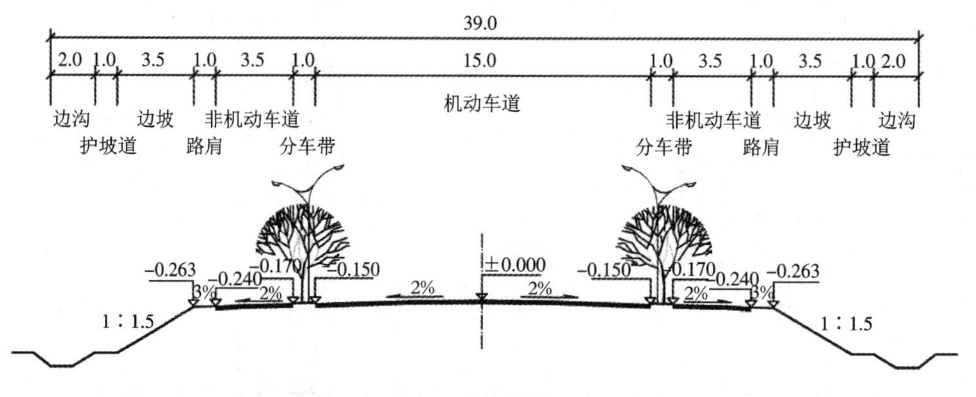

图 9-2　城市近郊区道路横断面示例(m)

9.1.1 基本形式

城市道路横断面的基本形式可分为如下四种：单幅路、双幅路、三幅路及四幅路(图 9-3)。

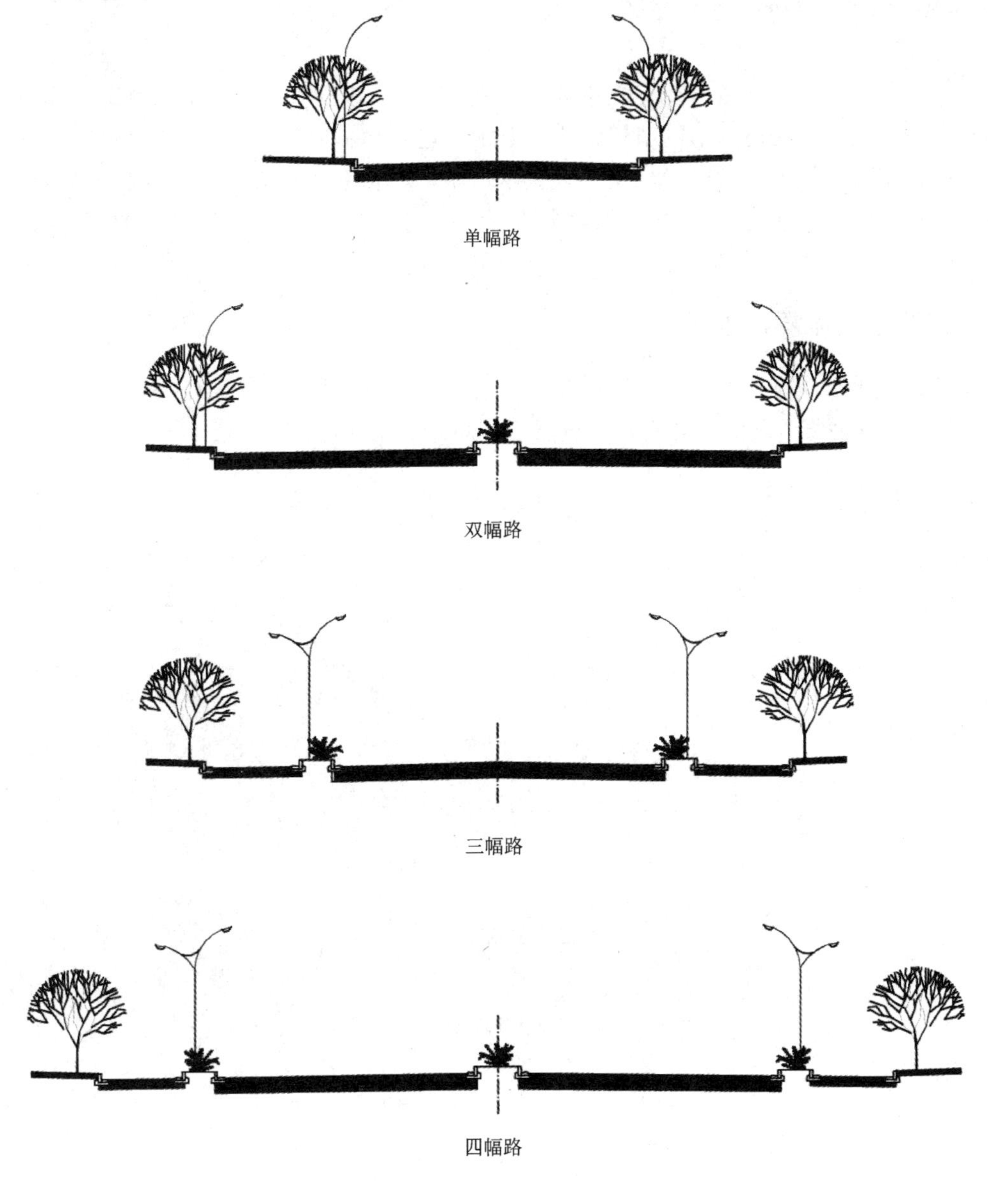

图 9-3　城市道路横断面形式

(1) 单幅路

单幅路俗称"一块板"断面。车行道中无分隔带，各种车辆混合行驶。在交通组织上，可划出快、慢车行驶分车线，以减少相互干扰，也可不划出分车线以便灵活调整使用功能。

(2) 双幅路

双幅路俗称"两块板"断面。利用中央分隔带将车行道分为两部分，上、下行车辆分向行驶，每部分再根据需要决定是否划分快、慢车行驶分车线。

(3) 三幅路

三幅路俗称“三块板”断面。利用两条分隔带将车行道分为三部分,中间为双向行驶的机动车道,两侧分别为单向行驶的非机动车道。

(4) 四幅路

四幅路俗称“四块板”断面。在三幅路的基础上,增加了一条中央分隔带,使机动车分向行驶。

机动车与非机动车交通的不同组织方式形成了上述几种不同的城市道路断面形式,具体选用何种形式应根据城市规模、道路等级、道路功能、交通量大小和地形特点等因素综合确定。此外,根据城市道路等级与功能的不同,按照人车分流、机非分流、快慢分流、各行其道的原则,某些道路也可设计成人行专用路、自行车专用路、机动车专用路等。

9.1.2 道路建筑限界的要求

城市道路建筑限界应为道路上净高线和道路两侧侧向净宽边线组成的空间界线(图 9-4)。顶角抹角宽度(E)不应大于机动车道或非机动车道的侧向净宽(W_1)。

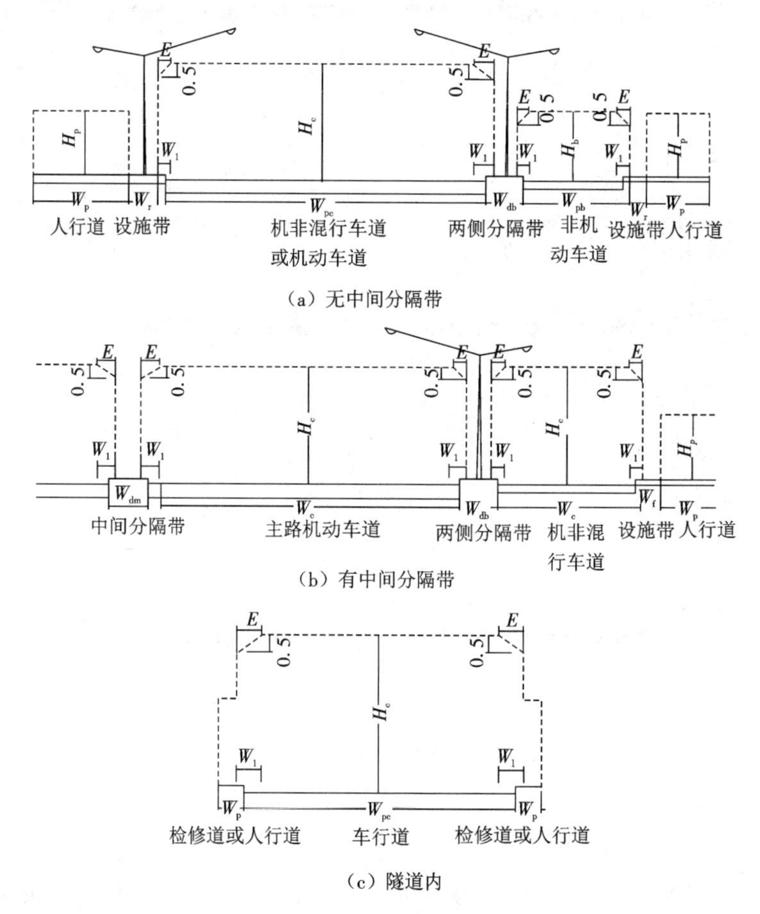

图 9-4 城市道路建筑限界

图9-4中，H_c 为机动车车行道最小净高；H_b 为非机动车车行道最小净高；H_p 为人行道最小净高；E 为建筑限界顶角宽度；W_c 为机动车道或机非混行车道的车行道宽度；W_b 为非机动车道的车行道宽度；W_{pc} 为机动车道或机非混行车道的路面宽度；W_{pb} 为非机动车道的路面宽度；W_{mc} 为机动车道路缘带宽度；W_{mb} 为非机动车道路缘带宽度；W_l 为侧向净宽；W_{sc} 为安全带宽度；W_{dm} 为中间分隔带宽度；W_{sm} 为中间分车带宽度；W_{db} 为两侧分隔带宽度；W_{sb} 为两侧分车带宽度；W_a 为路侧带宽度；W_p 为人行道宽度；W_f 为设施带宽度。

城市道路的最小净高应符合表9-1的规定。对通行无轨电车、有轨电车、双层客车等其他特种车辆的道路，最小净高应满足车辆通行的要求。道路设计中应做好与公路以及不同净高要求的道路间的衔接过渡，同时应设置必要的指示、诱导标志以及防撞设施等。

表9-1　城市道路的最小净高

道路种类	行驶车辆类型	最小净高/m
机动车道	各种机动车	4.5
	小客车	3.5
非机动车道	自行车、三轮车	2.5
人行道	行人	2.5

9.1.3　城市道路红线宽度

城市道路红线是城市道路用地的边界线。城市道路的规划边界一般用红色线条标示，所以城市道路的规划宽度叫作城市道路红线宽度。

城市道路的红线宽度应优先满足城市公共交通、步行与非机动车交通通行空间的布设要求，并应根据城市道路承担的交通功能和城市用地开发状况，以及工程管线、地下空间、景观风貌等布设要求综合确定。

城市道路规划设计应在道路红线与建筑后退红线构成的街道空间内，统筹考虑道路的交通、景观、市政和公共空间等功能，合理安排街道各类要素布局。

城市道路红线宽度（快速路包括辅路），规划人口规模50万及以上城市不应超过70 m，20万～50万的城市不应超过55 m，20万以下城市不应超过40 m。

城市道路红线宽度还应符合下列规定。

①对城市公共交通、步行与非机动车，以及工程管线、景观等无特殊要求的城市道路，红线宽度的取值应符合表9-2的要求。

表9-2　无特殊要求的城市道路红线宽度取值

道路分类	快速路（不包括辅路）		主干路			次干路	支路	
	Ⅰ	Ⅱ	Ⅰ	Ⅱ	Ⅲ		Ⅰ	Ⅱ
双向车道数/条	4～8	4～8	6～8	4～6	4～6	2～4	2	—
道路红线宽度/m	25～35	25～40	40～50	40～45	40～45	20～35	14～20	—

②布设和预留城市轨道交通线路的城市道路,道路红线应符合轨道交通线路通道与车站的规划控制边界要求。轨道交通线路通道建设控制区宽度宜为30 m,2线及以上线路通道应结合运营要求确定用地控制范围;标准地下车站控制区长度宜为200～300 m,宽度宜为40～50 m;标准地面、高架车站控制区长度宜为150～200 m,宽度宜为50～60 m。起终点车站、编组数大于6节或股道数大于2线的车站、采用铁路制式的车站,应根据具体情况确定用地控制范围。

③布设有轨电车的道路,道路红线应满足有轨电车线路和车辆基地的用地要求。有轨电车线路(车站除外)用地控制宽度不宜小于8 m;有轨电车车辆基地占地面积宜按每千米正线0.3～0.5 hm^2 控制。

④城市道路红线应满足步行与非机动车道布设要求。

⑤大件货物运输通道可按要求适度加宽车道和道路红线,满足大型车辆的通行要求。

⑥城市应保护与延续历史街巷的宽度与走向。

9.1.4 规划设计要求

城市道路横断面规划设计应在城市道路规划红线宽度范围内进行。城市道路横断面规划设计的主要任务是合理地确定横断面各组成部分的宽度、相对位置与高差,以满足交通运行、环境保护、道路景观及长期发展等方面的需要,并兼顾用地与投资的经济性。具体要求包括如下几个方面:

①确保机动车、非机动车和行人交通的安全与畅通,体现以人为本;

②适应和引导居民出行方式演变,体现永续发展;

③满足城市地下工程管线、地面杆线等设施的工程要求,并考虑人防要求;

④满足路面排水及绿化布置的需要;

⑤结合道路功能、沿街建筑物性质、沿街地形等;

⑥节约城市土地资源,节省工程投资;

⑦减少因交通噪声、汽车尾气等造成的环境污染;

⑧提供近远期建设的衔接、过渡与发展的条件。

城市道路横断面的宽度与形式在城市总体规划阶段基本确定,但根据实际情况,必要时可在控制性详细规划阶段对其进行优化,使其更加符合道路交通的发展需要。

道路横断面布置应符合其所承载的交通特征,并应符合下列规定:

①道路空间分配应符合不同运行速度交通的安全行驶要求;

②城市道路的横断面布置应与道路承担的交通功能及交通方式构成一致;当道路横断面变化时,道路红线应考虑过渡段的设置要求;

③设置公交港湾、人行立体过街设施、轨道交通站点出入口等的路段,不应压缩人行道和非机动车道的宽度,红线宜适当加宽;

④城市Ⅰ级快速路可根据情况设置应急车道。

9.2 机动车道

城市道路上供各种车辆行驶的路面部分,统称为车行道。其中,供各种机动车行驶的部分称为机动车道。

9.2.1　车道宽度

1. 车身宽度

车身宽度 a 采用道路上经常通行的最大车辆的宽度。一般大卡车、大客车采用 2.5 m；小汽车采用 1.8 m。偶尔驶过的大型车辆一般不作为计算的依据。

2. 横向安全距离

横向安全距离是指车辆在行驶时与相邻车辆或构筑物之间必要的安全间隙，包括对向行车安全距离 x、同向行车安全距离 d、车身与路缘石的安全距离 c 以及车身与墙面等构筑物的安全距离 c'。横向安全距离与行驶车速、车辆行驶时的摆动宽度及在小弯道行驶时向内侧偏移的宽度、路面质量、交通秩序等因素有关。横向安全距离的计算公式如下：

$$x = 0.7 + 0.02(V_1 + V_2)^{3/4} \tag{9.2.1}$$

式中，x——对向行车安全距离(m)；

V_1、V_2——两个方向的车辆行驶速度(km/h)。

$$d = 0.7 + 0.02V^{3/4} \tag{9.2.2}$$

式中，d——同向行车安全距离(m)；

V——采用各种车辆中最快的车速(km/h)。

$$c = 0.4 + 0.02V^{3/4} \tag{9.2.3}$$

式中，c——车身与路缘石的安全距离(m)；

V——采用车辆靠边行驶时降低的车速(km/h)。

以上三个公式中，0.7 或 0.4 是当车辆行驶速度接近于零时的最小安全距离；0.02 及 3/4 是从大量典型的实际交通资料中推算出的参数值；V 是以调查资料为依据，根据道路的不同性质而拟定的设计速度。

在城市道路中，一般要求横向安全距离 d 达到 1.0～1.4 m；c 达到 0.5～0.8 m；c' 达到 1.0 m（例如在隧道中）。当设计速度为 40～60 km/h 时，横向安全距离 x 为 1.2～1.4 m；当设计速度大于 60 km/h 时，宜设中央分隔带及机非分隔带。

3. 一条车道宽度

车行道上供每一纵列车辆安全行驶的地带，称为一条车道。其宽度由行驶车辆的车身宽度及横向安全距离等因素确定(图 9-5)。城市道路的一条机动车车道宽度应符合表 9-3 的规定。

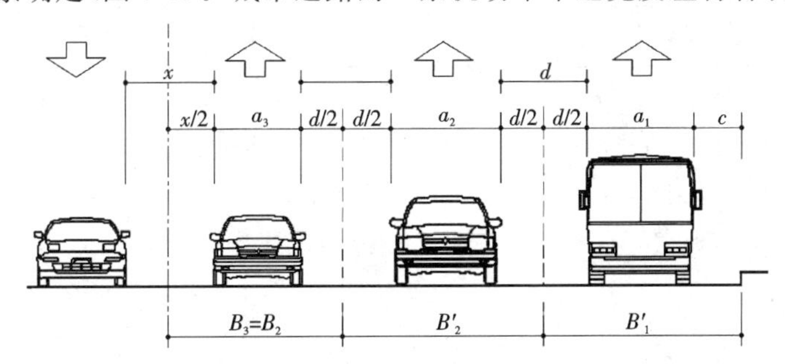

图 9-5　车道宽度确定示意图

表 9-3 城市道路的一条机动车车道宽度

车型及行驶状态	设计速度/(km/h)	车道宽度/m
大型车或混行车道	>60	3.75
	≤60	3.50
小客车专用车道	>60	3.50
	≤60	3.25
公共汽车停靠站	—	3.00(2.75)
交叉口进口车道	—	3.25(3.0)[2.8]
交叉口出口车道	—	3.5(3.25)

注:( )指条件受限的困难情况,[ ]指条件受限的改建交叉口。

4. 国外经验

(1) 美国

美国机动车道分为路边停车道(curb parking lane only)、外侧行车道(curb travel lane)、内侧车道(inside lane)及交叉口进口道(turn lane)四大类。美国研究成果表明:当车道宽度从 2.7 m 增加到 3.35 m 时,司机使用增加的宽度来增加车辆间的净空;当车道宽度从 3.35 m 增加到理想宽度 3.65 m 时,司机使用增加的宽度来增加车辆与路面边缘的距离;当车辆与路边障碍物距离小于 1.8 m 时,车道通行能力将受到影响。由于较宽车道不仅无助于车道通行能力及投资效益比的提高,而且增大道路投资及行人过街时间,所以美国建议机动车车道宽度不大于表 9-4 所列数值。

表 9-4 美国机动车车道宽度(m)

车道类型	车速小于 64.4 km/h		车速大于等于 64.4 km/h	
	最小值	期望值	最小值	期望值
路边停车道	3.35	3.65	3.35	3.65
外侧行车道	3.35	3.65	3.35	3.65
内侧车道	3.05	3.65	3.35	3.65
交叉口进口道	3.05	3.65	3.35	3.65

注:①对于新建道路,车速指设计时速;对于改建道路,车速为 85%分位运行车速加 8 km/h,但不能小于限制车速加 8 km/h;

②当中型、大型货车(包括公交车)占日平均交通量的比例超过 15%时,车道宽度采用 3.35 m;

③路边车道包括路缘带在内,当自行车交通量很大时,车道宽度期望值为 4.57 m;

④受条件限制并且大型车很少时,交叉口车道(不包括右转车道)最小宽度可为 2.74 m。

(2) 日本

日本城市道路外侧车道及最内侧车道的定义与我国的相同,不包括路缘带宽度。日本机动车道的突出特点是车道窄,干路车道有 3.5 m、3.25 m、3 m 三种规格。日本道路交叉口并不像我国那样把相交道路路口拓宽，城市道路在相邻两路口间的宽度相同。路口渠化主要是靠取消路口附近的路边停车及公交车和出租车站点来增加交叉口进口道车道数。在交叉口附近考虑的设计速度为 20 km/h，交叉口机动车进口道车道宽度一般为 2.75～3.0 m。

9.2.2　车道数及车行道宽度

1. 车道数的确定

城市道路的机动车道数，一般根据城市规模、道路等级和道路功能确定。规划设计时应当注意如下几点。

①机动车道的总数一般为偶数，两个方向的车道数相等。对于车速快、车道条数多的机动车道，常在城市道路中央以隔离线或分隔带将不同方向的交通分隔开。在某些情况下，车道数也可灵活采用奇数或偶数，例如在双向不均匀系数较大的城市道路上，可不设中央分隔带，利用各条车道上空信号灯的管理控制，依据交通量的潮汐变化调整车道的行车方向，这种方式有助于节省道路用地和提高道路使用效率。

②机动车道数不宜过多或过少。过多的车道会引发一系列问题。当单向车道数超过 4 条时，在车流较密的情况下，车辆的换道、超车等难以协调，极易造成交通混乱。从实际经验来看，过多的路段车道数对于通行效果的改善作用不大，反而会产生负面作用。车道数的确定应当综合考虑交叉口通行能力的限制及路段的实际情况，一般双向同等级车道不宜超过 6～8 条。另一方面，机动车道数也不宜过少，否则将不利于城市道路交通的顺畅，尤其在布有公交线路的道路上，若车道过少，公交车的慢速行驶以及经常停靠会严重阻碍其他车辆的通行。因此，在车道数较少的道路上，公交停靠站应采用港湾式。

③同一条城市道路的各路段的车道数并非必须一成不变。随着路段的地理位置、交通量及其他各种状况的改变，车道数也可根据需要进行调整，但同一线路的车道数变化不宜过多或过于突然，以免对交通造成不利影响。同时，同一线路各路段的道路红线宽度和规划横断面应一致，以适应城市交通的长远发展要求。

2. 车行道宽度的确定

机动车车行道宽度包括几条车道宽度。机动车道路面宽度包括车行道宽度及两侧路缘带宽度。

机动车车行道宽度的确定，可以先根据设计小时交通量和一条车道的设计通行能力估算车道数，且应符合表 9-2 的规定，而后确定宽度。机动车道的路面宽度计算公式如下：

$$w_c = 2 \times (n \times b + w_{mc}) \tag{9.2.4}$$

式中，w_c——机动车道路面宽度(m)；

n——单向车道条数，根据 $n = \dfrac{\text{设计小时交通量}}{\text{一条车道的设计通行能力}} = \dfrac{N_h}{N_m}$ 计算，并应取整数；

b——一条车道宽度(m)，取值见表 9-2；

w_{mc}——机动车道路缘带宽度(m)，一般取 0.25～0.5 m，见表 9-7。

需要注意的是，由于实际的城市道路交通涉及诸多方面的因素，机动车道的宽度不能单纯地依靠计算公式确定，而应当根据道路等级、红线宽度、服务水平、交通组成等，并结合合理的交通组织方案综合分析确定。在一些特定的情况下，机动车道宽度并非基于技术经济因素而定，而是要考虑政治、社会活动等其他特殊要求。例如:北京西长安街道路红线宽 120 m,车行道宽 36 m;20 世纪 90 年代上海外滩中山东一路改建后红线最宽处达 100 m,车行道宽 37 m。

9.3 非机动车道

非机动车道主要是供自行车、三轮车、板车及兽力车等行驶的车道。非机动车在我国城市交通中还占有较大的比重,随着社会的发展,城市中三轮车、板车及兽力车已逐步减少甚至淘汰,但自行车仍然在人们的出行中发挥着较为重要的作用。燃油助动车虽因废气污染严重,已禁止发展,但燃气及电动自行车的出现与替代使得助动车仍将继续存在。

9.3.1 车道宽度

非机动车道宽度的确定方法,一般是根据行驶的非机动车车辆的类型与行驶要求、各种车辆可能出现的横向组合方式,并考虑不利的并驶和超车情况等进行估算。各种非机动车混合行驶时会产生不同的宽度组合,两种不同类型的非机动车辆的横向安全距离为 0.4~0.5 m。各种非机动车特性及所需车道宽度见表 9-5。

表 9-5 各种非机动车特性及所需车道宽度

车辆类型	长/m	宽/m	速度/(km/h)	最小纵向间距/m	所需单车道宽度/m
自行车	1.9	0.6	13~18	1.0~1.5	1.5
三轮车	2.6	1.2	10.8	1.0	2.0
大板车	6.0	1.5~2.0	4.7	0.6	2.8
小板车	2.6	0.9	4.7	0.6	1.5~2.6
兽力车	4.0~4.2	1.5~2.6	5.0	1.4~1.5	2.5~2.6

我国城市道路的非机动车道设计一般以自行车作为设计车型。自行车运行轨迹呈蛇形,左右两侧摆动的距离各约 0.2 m,每辆自行车的把手宽度为 0.6 m,因而一条自行车车道的宽度按 1 m 计。自行车在道路上行驶时,自行车距路缘石的距离为 0.45 m;在地道内行驶时,自行车距墙壁的距离宜采用 0.6 m。图 9-6 为一条自行车车道的宽度示意图。

两辆自行车并列行驶时,非机动车道的宽度为 2.5 m,三辆自行车并列行驶时,宽度为 3.5 m,以此类推,但并列的车道数不能过多,否则会影响行车安全(图 9-7)。在设计非机动车道时,需要考虑远期交通方式的变化,即非机动车道向机动车道的转变。在此情况下,非机动车道的宽度宜为 6.0 m。

9.3.2 车道布置

非机动车属于慢行交通工具,与人们日常生活的联系较为紧密。通常非机动车道沿道路两侧对称地布置在机动车道和人行道之间。为保证非机动车行驶的安全,并且减少其对机动车行驶的干扰,一般将机动车道与非机动车道以分隔线或分隔带分开。

在住宅区道路或交通量较小的支路上,可以采用单幅路形式,非机动车与机动车混合行驶,灵

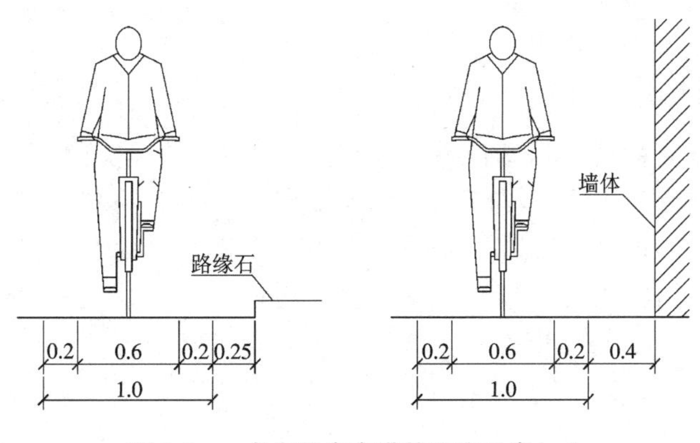

图 9-6　一条自行车车道的宽度示意(m)

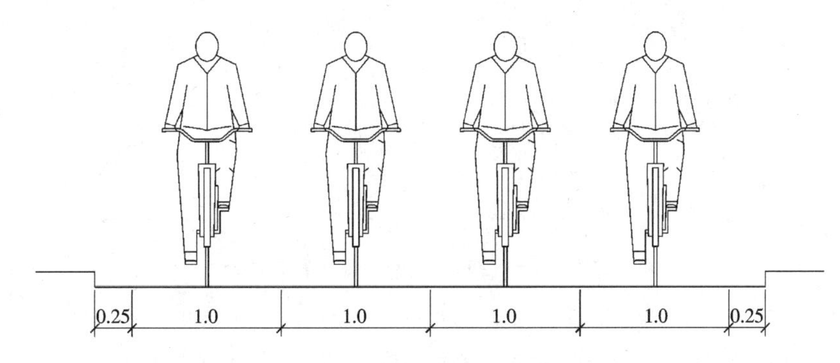

图 9-7　自行车并行宽度示意(m)

活协调使用的时间与空间。需要时也可在道路上划出分隔线,基本可以保证通行的安全有序。在城市干路上,若机动车双向交通量较大、速度较快、非机动车交通量较小,可以采用双幅路的形式,在道路中央设置分隔带将双向车流分开,每个路幅中非机动车与机动车基本分行。若非机动车交通量较大,对机动车通行的干扰严重,则须采用三幅路或四幅路的形式,将非机动车与机动车用分隔带分开。

值得一提的是,三幅路与四幅路的形式虽然能够在路段上确保非机动车与机动车各行其道,秩序井然,但是在交叉口处,机动车、非机动车与行人不可避免地汇集在一起,道路越宽,相互干扰越大。尤其在国内不少城市中,交叉口处非机动车停车不规范、抢道等现象较为严重,在很大程度上降低了交叉口的通行效率,从而影响路段的通行效率,因此,要实现机动车与非机动车的有效运行,需要合理设计道路横断面,并结合交通管理措施加以约束与引导。此外,在三幅路与四幅路中,将非机动车道设置在两边的方式也存在一定的缺点,各边非机动车道的单向组织交通容易引起不便,时常发生逆向骑行现象。针对这一问题,在条件允许的情况下,可以考虑将两条非机动车道合并在一起,另设一条平行的道路,双向组织非机动车交通,合并后的宽度能够小于原来两条单向非机动车道宽度之和,这对于节约用地和方便人们的出行有着积极的作用。

9.4　路侧带

车行道两边到道路红线之间的用地为路侧带。路侧带的主要功能是满足步行交通和城市公用附属设施设置的需要。路侧带的宽度包括人行道、设施带、绿化带等的宽度。

9.4.1 人行道的宽度

人行道是城市中重要的公共活动区域。人行道的宽度应根据道路等级和功能,沿街建筑性质,步行人流的性质、密度和流量,步行者与站立者的比例等设计确定。一般情况下,考虑在人行道上行走时人的动态和心理空间的需求,单人行走不携带物品需要 0.7～0.8 m(平均 0.75 m)的宽度;单人行走一侧携带物品需要 0.75～0.85 m(平均 0.8 m)的宽度;单人行走两侧携带物品或成人带儿童行走需要 0.85～1.1 m(平均 1.0 m)的宽度(图 9-8)。

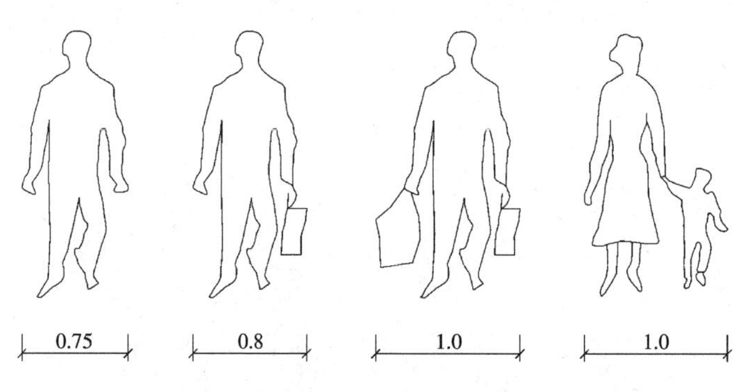

图 9-8 一条人行带的宽度示意(m)

人行道的宽度等于一条人行带的宽度乘以人行带的条数,最小宽度不得小于 1.5 m。

主干路上单侧人行道的人行带的条数一般不宜少于 6 条,次干路上不少于 4 条,住宅区道路上不少于 2 条。在人流密集区域,如车站码头、人行天桥、人行地道等,人行带的宽度须达到 0.9 m。当在人行道上植树立杆和在人行道下埋设管线时,人行道的宽度还应满足其布置要求。在用地紧张的情况下,人行道宽度多依据地下管线敷设的宽度确定。

我国城市人口密度高,城市中心区更是集中了大量的建筑、活动场所及就业岗位,行人众多,因此,我国的人行道宽度要求大于国外。我国城市道路人行道最小宽度见表 9-6。

表 9-6 城市道路人行道最小宽度(m)

项 目	一 般 值	最 小 值
各级道路	3	2
商业或文化中心区以及大型商店或大型公共文化机构集中路段	5	4
火车站、码头附近路段	5	4
长途汽车站	4	3

随着社会生活的日益丰富,现代城市中人行道的设计应当体现人性化的要求,不应再以纯工程技术手法进行设计建造。人行道应与沿街的住宅、商业、服务设施等结合起来,并与绿地、步行广场、景观小品等共同进行规划设计,营造安全、愉悦的步行氛围,使人行道成为良好的公共活动场所。人行道的道面应有良好的铺装,平整连续,并且应充分考虑特殊人群的需要,实行无障碍设计。

9.4.2　人行道的布置

人行道应与车行道有所区别，通常对称地布置在车行道的两侧，高出车行道路面 10～20 cm。在受地形、地物限制或遇到其他特殊情况时，可采用两边不等宽或仅在一边布置的方式，也可改变人行道的标高。人行道的布置与道路等级、行人与沿街建筑的联系等因素密切相关。人行道的基本布置形式有如下几种(图 9-9)。

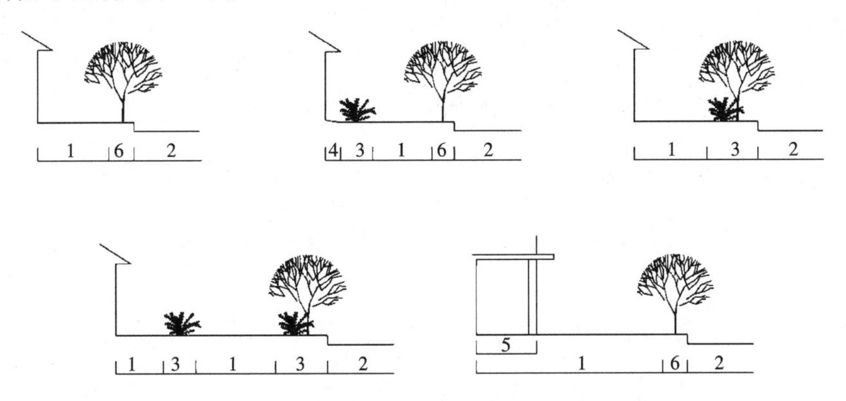

图 9-9　人行道的布置形式

1—步行道；2—车行道；3—绿化带；4—散水；5—骑楼；6—树池

①单行树穴植树形式：即仅在圆穴或方穴中种植单行树木，多用于路侧带宽度受到限制以及道路两侧有商业、公共文化服务设施而用地又不足的路段，行道树距临街建筑的外墙不宜小于 4.5m。

②以绿带隔开人行与车行道的形式：绿带种植草皮或低矮灌木，多用于车行交通繁忙的干路，仅在人行过街横道线及重要的公共建筑出入口处将绿带断开。这种布置形式有利于交通安全，减少人行交通与车行交通的干扰，以提高车行道的通行能力。例如北京的景山前街即采用这种形式。

③行道树与绿带分设的形式：即在车行道与人行道之间种植单行行道树，在建筑物前布置绿带，多用于沿街公共建筑办公楼多的路段和居住区道路，有利于减少行人交通对沿街建筑的干扰。采用该方式宜在建筑物墙角做散水，以利于排水。

④在人行道上布置两条步行带的形式：可以设一条或两条绿带将人行道分成两条步行带，靠近建筑物的步行带供人们进出建筑物使用，靠近车行道一侧的步行带则供穿越街道和过街行人交通使用。这种形式多用于城市中心区，区中心的商业、行政大街或专门的步行街、滨河路等，有利于减少两种不同出行目的的人流的相互干扰。例如北京东长安街东单至王府井的路北一段、上海市西藏南路路西的人行道均采用了这种形式。

⑤骑楼式人行道：常用于旧城原车行道与人行道均较狭窄的道路上，为拓宽路幅而将沿街建筑的底层改造成骑楼的形式，供行人在建筑局部架空形成的步行带中通行，能够避雨遮阳。这种形式多出现于南方炎热多雨地区的城市，如广州、厦门、上海等。例如上海的金陵东路商业街以此形式取得了良好的效果。

⑥不同标高的人行道设计方式：受地形、地物限制时，可在城市道路两侧做不等宽的人行道，

或仅单边设置。例如傍山筑路,为减少土石方可将人行道设置在另一标高上;水位涨落很大的滨河路,也可将人行道分为几层,分别设置在不同的标高上,给人们一种亲水的感受(图 9-10)。

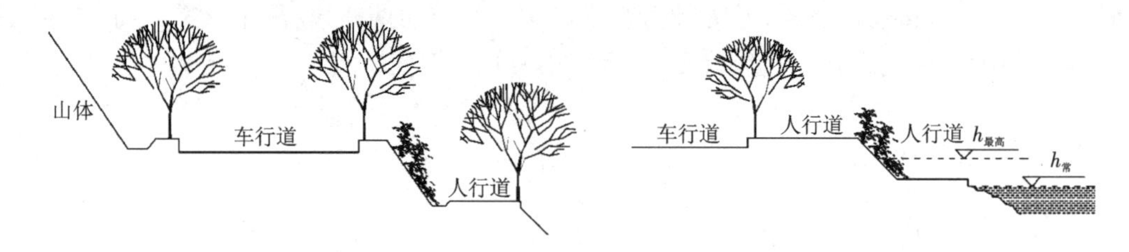

图 9-10 不同标高的人行道设计

9.4.3 设施带的布置

城市道路两侧还需要布设大量市政公用设施,如人行护栏、人行天桥、地道出入口、路灯、信号灯、标志牌、电杆、邮筒、电话亭、公交站台、垃圾箱、广告牌、自行车停车位等。若不对这些种类繁多的设施进行合理设置和管理,很容易占用行人的步行空间,造成无序和混乱的局面,影响行人的正常通行,因此,应当根据相关规范要求,在路侧带上为这些设施留出空间。

一般而言,设置行人护栏的设施带的宽度为 0.25～0.50 m;设置杆柱的设施带宽度为 1.0～1.5 m;同时设置护栏和杆柱时设施带宽度为 1.5 m。对于布置其余市政公用设施的情况,还应增加一定的宽度,或与绿化带结合起来进行布置。在设施带上铺设的路面、人行道上挖的树穴,以及人行道一侧设置的自行车停车带,其宽度不计入人行道宽度。

9.5 路缘石与分车带

9.5.1 路缘石

路缘石是路面边缘与道路横断面内其他组成部分相接处的边缘石,包括人行道边部的缘石,分隔带、交通岛、安全岛等四周的缘石,以及路面与路肩分界处的缘石。

路缘石由侧石和平石组成,平石的宽度一般为 30 cm,厚度为 15 cm;侧石的宽度一般为 10～15 cm,高度为 30 cm。

路缘石的形式有立式、斜式和曲线式(图 9-11)。立式缘石用于城市道路车行道的路面两侧时,宜高出路面边缘 10～20 cm;用于隧道内、重要桥梁、道路线形弯曲或陡峻路段时,可加高至 25～40 cm,且应有足够的埋设深度以保证行车的稳定和安全。斜式缘石适用于出入口、人行道两端及人行横道两侧,便于儿童车、轮椅及残疾人车通行。曲线式缘石常用于分隔带端头或路口转弯半径处。

另外,在无障碍设计中,为使不同部分的路面连续、无直接高差,在人行道上开设的出入口多采用牛腿式出入口(图 9-12)或侧石式出入口(图 9-13)。牛腿式出入口即平石沿人行道边向前延伸,侧石向下降至 1～2 cm 高;侧石式出入口即平石沿人行道边向前延伸,侧石向出入口转弯。

此外,在道路宽度大、车速快的情况下,国外常将沿街门牌号码写在道路侧石上,便于驾车者识别,减少了车辆的盲目行驶和交通事故,不失为发挥路缘石额外功能的一种巧妙的方法。

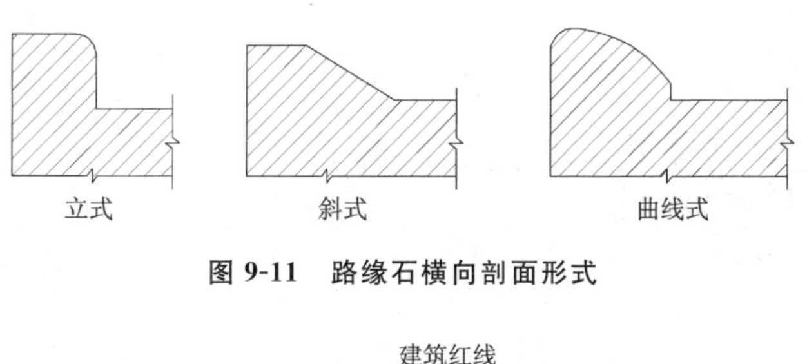

图 9-11　路缘石横向剖面形式

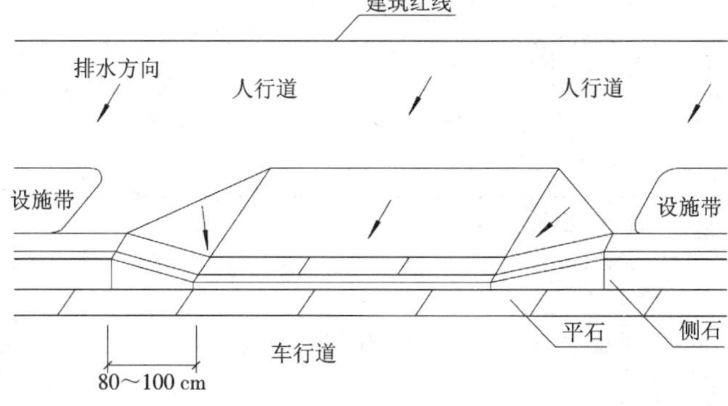

图 9-12　牛腿式出入口

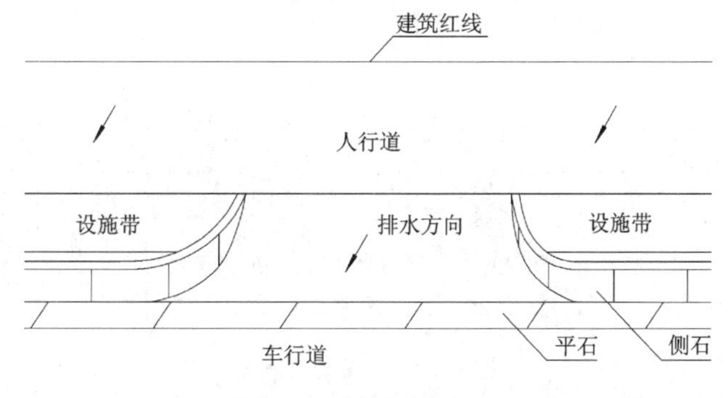

图 9-13　侧石式出入口

9.5.2　分车带

多幅路横断面内，沿道路纵向设置的带状非行车部分称为分车带（图 9-14）。分车带的作用是分隔车流，其上可布置交通标志、路灯、绿化或设置公交停靠站，在交叉口可为增设进口道提供场地以及保留远期车行道拓宽的可能；其下也可埋设管线。分车带由分隔带和两侧路缘带组成。

根据在横断面中的位置及功能的不同，分车带可分为中间分车带和两侧分车带两类。城市道路分车带的最小宽度见表 9-7。

表 9-7　城市道路分车带的最小宽度

类　别	中间带		两侧带	
设计速度(km/h)	≥60	<60	≥60	<60

续表

类别		中间带		两侧带	
路缘带宽度/m	机动车道	0.50	0.25	0.50	0.25
	非机动车道	—	—	0.25	0.25
安全带宽度/m	机动车道	0.25	0.25	0.25	0.25
	非机动车道	—	—	0.25	0.25
侧向净宽/m	机动车道	1.00	0.50	0.75	0.50
	非机动车道	—	—	0.50	0.50
分隔带最小宽度/m		1.50	1.50	1.50	1.50
分车带最小宽度/m		2.50	2.00	2.50(2.25)	2.00

注:①侧向净宽为路缘带宽度与安全带宽度之和;

②两侧带分隔带宽度中,括号外的数值为两侧均为机动车道时的取值;括号内数值为一侧为机动车道,另一侧为非机动车道时的取值;

③分隔带最小宽度值是按设施带宽度为1 m考虑的,具体应用时,应根据设施带实际宽度确定。

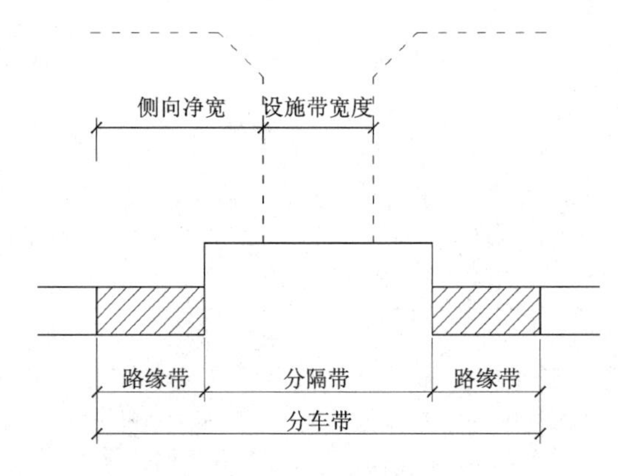

图9-14 分车带示意图

固定式分隔带一般用缘石围砌,高出路面10~20 cm,在人行横道和公交停靠站处铺装。在旧城区或城市中心用地紧张的道路上,常用活动式分隔带作为分隔车流的交通设施。活动式分隔带常用混凝土柱、铁柱或石柱作为隔离墩,柱与柱之间以铁链或钢管连接,隔离墩高度为0.7 m,占路面宽度0.3~0.5 m。在繁忙的商业大街上,限于路幅宽度,有时采用占路面宽度仅为0.1~0.15 m(高1.2~1.3 m)的高护栏分隔带。活动式分隔带的优点在于能够根据交通组织的变动作出灵活的调整;缺点在于不及固定式分隔带美观,且在空间上给驾车者带来一定的心理影响,因而宜在设施底部外0.25 m处加画黄线,以免车辆撞坏隔离设施。

分隔带的长度,应以分隔车流、保证交通安全、提高通行能力为目的进行设置,在两个交叉口之间宜连续,不宜切成许多短段,以防车辆随意出入。分隔带分段长度在城区以150~200 m为宜,并不得小于停车视距。

在北方高纬度地区的城市,分隔带还具有堆雪的功能。其具体宽度需根据当地的一次降雪厚度、堆雪宽度及相关设计规范而定。

9.6　路肩与边沟

9.6.1　路肩

在公路和城市郊区道路上，在车行道的路面外侧至路基边缘所保留的具有一定宽度的带状用地称为路肩(图 9-15)。

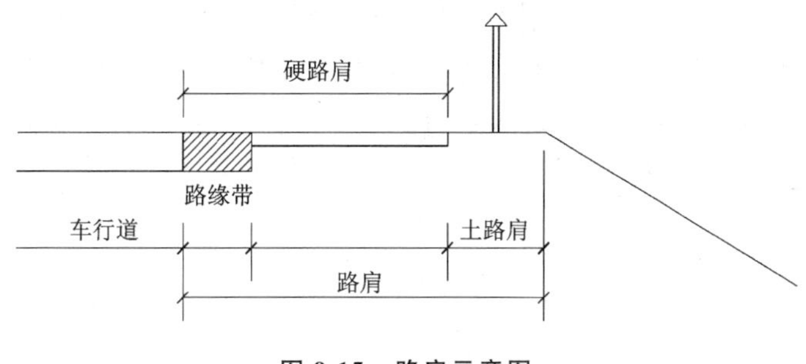

图 9-15　路肩示意图

路肩的作用如下：

①由于路肩紧靠路面两侧设置，具有保护及支承路面结构的作用；

②供发生故障的车辆临时停车之用，有利于防止交通事故，避免交通混乱；

③作为侧向余宽的一部分，能增进驾车的安全和舒适感，有利于保证设计速度，尤其在挖方路段，还可以增加弯道视距，减少行车事故；

④对未设非机动车道和人行道的道路，可供非机动车和行人使用；

⑤提供道路养护作业、埋设地下管线的场地，并可设置交通护栏和交通标志；

⑥精心养护的路肩，能够增加道路的美观度。

路肩分为硬路肩(包括路缘带)和保护性路肩。城市道路当采取边沟排水时则应在路面外侧设置保护性路肩，中间设置排水沟的道路应设置左侧保护性路肩。保护性路肩一般为土质或简易铺装，其作用主要是为一些交通设施(如护栏、杆柱、交通标志牌等)的设置提供场地。保护性路肩宽度自路缘带外侧算起，快速路不应小于 0.75 m；其他等级道路不应小于 0.50 m；当有少量行人时，不应小于 1.50 m。当需设置护栏、杆柱、交通标志时，应满足其设置要求。

当快速路单向机动车道数小于 3 条时，应设不小于 3.0 m 的应急车道。当连续设置有困难时，应设置应急停车港湾，间距不应大于 500 m，宽度不应小于 3.0 m。图 9-16 为紧急停车带示意图。国外在快速行驶的道路路面两侧各镶一条 20 cm 宽的边条，每隔 10 cm 有一凹槽，当车辆不慎驶出路面、车轮碾压凹槽时，会产生高声啸叫，引起驾车者警惕。

9.6.2　边沟

城市道路除利用路缘带侧平石上的雨水井排除路面雨水外，郊区道路或山区居住区内的道路常用边沟排水。图 9-17 为近郊道路边沟示意图。边沟多采用梯形断面，在石质地段可采用三角形断面。

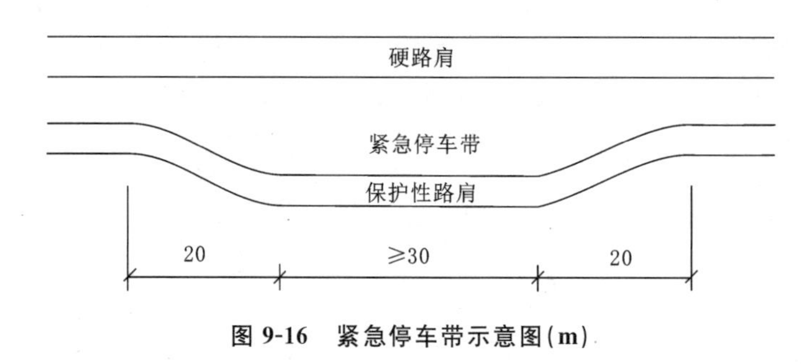

图 9-16　紧急停车带示意图(m)

梯形边沟的底宽和深度不小于 0.4 m,边沟的纵坡经常随道路纵坡设置,纵坡过小要经常清淤,纵坡过大易使沟底土壤被冲刷。一般应对边沟进行加固。边沟纵坡一般不小于 0.5%,在特殊情况下允许减至 0.3%。

边沟边坡的坡度比一般为 1∶1～1∶1.5,其中一侧与填方段或挖方段的边坡一致,路堤与路堑边坡依土壤类别而异。

边沟长度在多雨地区以 200～300 m 为宜,边沟出水口间距一般不宜超过 500 m。

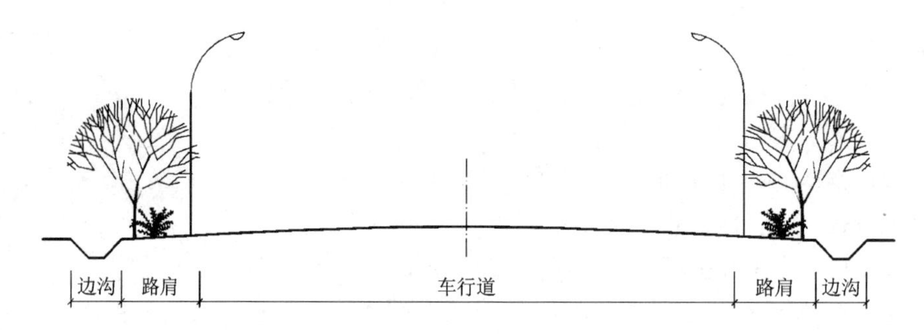

图 9-17　近郊道路边沟示意图

9.7　道路横坡、路拱

9.7.1　道路横坡与路拱

道路横坡 i 是指路面、分车带、人行道、绿化带等的横向倾斜度,以百分率表示。

为了使车行道、人行道和绿带上的雨水迅速地排入雨水井或边沟,道路的各组成部分需要有一定的横坡。横坡的大小主要根据路面宽度、路面类型、纵坡及气候条件确定。不同路面类型的路拱横坡度参见表 9-8。横坡的坡向视雨水进水口的布置而定。

城市道路机动车道横坡,宜采用 1.0%～2.0%。快速路及降雨量大的地区宜采用 1.5%～2.0%;严寒积雪地区、透水路面宜采用 1.0%～1.5%。保护性路肩横坡度可比路面横坡度加大 1.0%。

表 9-8　不同路面类型的路拱横坡度

路面面层类型		路拱设计坡度/(%)
水泥混凝土		1.0～2.0
沥青混凝土		
沥青碎石		
沥青贯入式碎(砾)石		1.5～2.0
沥青表面处治		
砌块路面	混凝土预制块	2.0
	天然石材	

注:①快速路路拱设计坡度值宜采用大值;
②纵坡度大时取小值,纵坡度小时取大值;
③严寒积雪地区路拱设计坡度宜采用小值。

城市道路的非机动车道及人行道宜做成 1.5%～2%的单向坡面,向路边的雨水口倾斜,使毗邻街坊建筑物出入口的地面水均能流向道路两侧的雨水口或边沟。为防止植物根部的土壤被冲刷,绿带的横坡不宜过大,一般取 0.5%～1%。

为了及时排除路面上的雨水,避免雨水渗入路基降低路基强度并减少轮胎与路面之间的摩阻力,通常将路面做成中间高、两侧低的拱形,形成路拱。从拱顶到路缘平石的高度称为路拱矢高或路拱高度。

路拱坡度即车行道横坡,坡度大小应有利于路面排水和行车安全。行车速度高的道路的横坡应适当大些,以防高速行车使雨水雾化影响驾车者视线,并可避免雨水在路面形成薄膜致使车轮滑移。车行道面层粗糙、纵坡小的道路不易排水,横坡也应大些。而从行车平稳安全的角度来看,车行道面层应当尽可能平整,不宜设置较大的横坡。因此,在设计路拱横坡时,应当兼顾路面排水和行车安全的要求,合理解决这一矛盾。

9.7.2　路拱的形式

路拱的基本形式有直线型、折线型和抛物线型三种。

1. 直线型路拱

简单的直线型路拱是由两条倾斜的直线组成,直线的坡度等于车行道的横坡度(图 9-18)。由于这种路拱中部呈屋脊形,对行车造成不便,多用于低等级的道路,如横坡较小的双车道水泥混凝土路面。为改善车行道中部的行车条件,通常在直线型路拱中插入缓和直线、圆曲线或抛物线,使车轮与路面的接触较平均,减小路面磨耗。

(1) 插入折线的直线型路拱

这种路拱常用于路面较宽、横坡较小的水泥混凝土路面。折线长度为路面总宽度的 1/12,在距路边缘 1 m 的范围内,横坡度增加到 3%～4%(图 9-19)。

(2) 插入圆曲线的直线型路拱

这种路拱适用于中等路宽、横坡较小的路面。圆曲线的长度一般不小于车行道总宽度的 1/10,半径不小于 50 m。为使排水通畅,距路边缘 1 m 范围内,横坡度也可增加到 3%～4%(图 9-

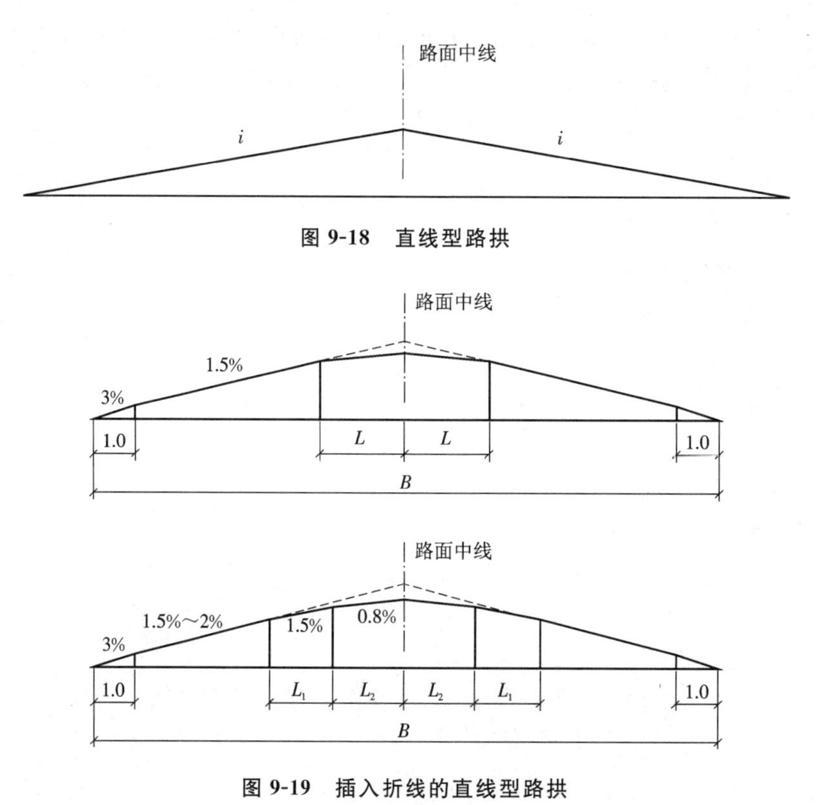

图 9-18　直线型路拱

图 9-19　插入折线的直线型路拱

20)。这种形式比插入折线的路拱更便于行车,外形也更美观。

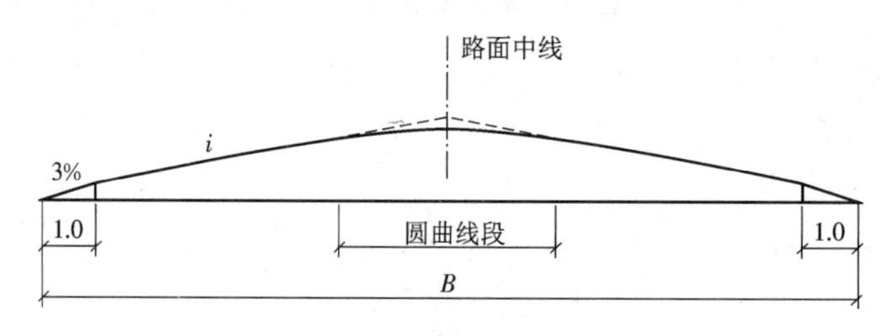

图 9-20　插入圆曲线的直线型路拱

(3) 插入抛物线的直线型路拱

这种路拱是用直线接不同方次的抛物线型路拱,中间部分为抛物线段,两侧为直线段,适用于路面宽度大于 20 m 的沥青路面(图 9-21)。

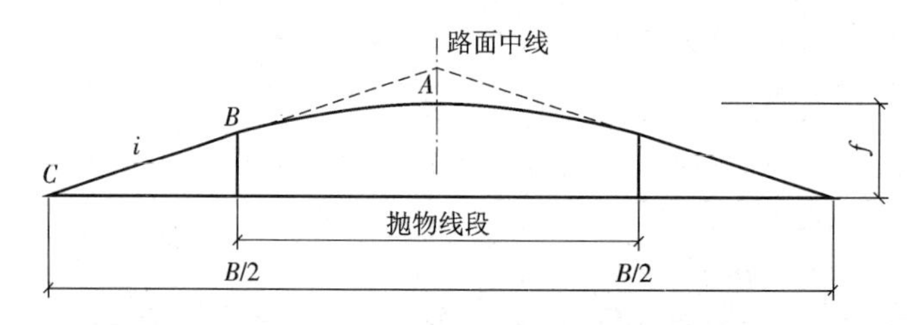

图 9-21　插入抛物线的直线型路拱

2. 折线型路拱

折线型路拱是由路中心向路边逐渐增大横坡的若干段短折线组成的路拱(图 9-22)。由于路拱的直线段较短,横坡变化缓,对行车、排水均有利,适用于多车道的水泥混凝土路面。

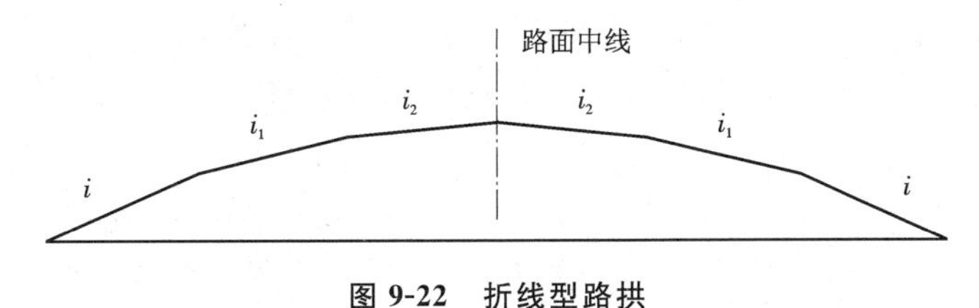

图 9-22　折线型路拱

3. 抛物线型路拱

抛物线型路拱上各点横坡度是逐渐变化的,中间部分坡度小,近缘石部分坡度大,对排水十分有利,且形式美观,适用于路面宽度小于 20 m 的沥青路面(图 9-23)。

抛物线型路拱的缺点是车行道中部过于平缓,易使车辆集中在路中行驶,造成中间部分的路面损坏较快。为克服这一缺点,可采用各种变方抛物线的形式,适量加大车行道中间部分的横坡,减小两边的横坡。

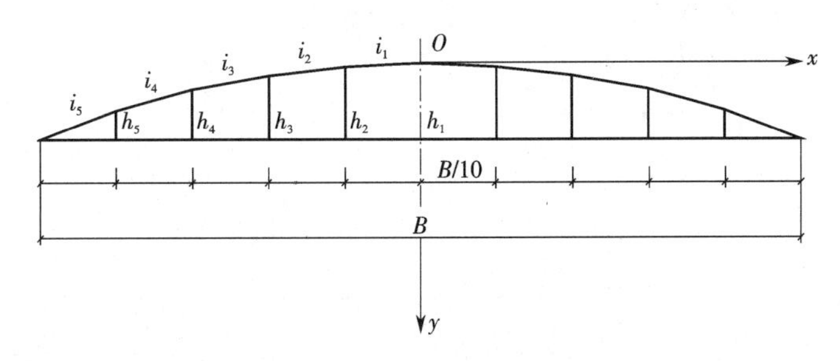

图 9-23　抛物线型路拱

抛物线型路拱以车行道中心为原点(O),以水平方向为 x 轴,按不同方次的抛物线公式求得纵坐标值 y。不同抛物线型路拱的计算公式见表 9-9。

表 9-9　抛物线型路拱的计算公式

路拱抛物线类型	计算公式
二次抛物线	$y=\frac{4h}{B^2}\cdot x^2$
半立方式抛物线	$y=h\left(\frac{x}{B/2}\right)^{3/2}$
三次抛物线	$y=\frac{4h}{B^3}\cdot x^3+\frac{h}{B}x$

注:x——距路面中心的横向距离(m);

y——相应于 x 点的竖向距离(m);

h——路拱高度,$h=\frac{B}{2}i$;

i——路面平均横坡(%),即路拱坡度,取值 1.5%~2%;

B——车行道宽度(m)。

在设计城市道路横断面时,应根据车行道宽度、横坡度、路面面层类型等来选择路拱的形式。在地形适合且宽度不大于 9 m 的车行道上、有两条分隔带断面形式的非机动车道上,以及设置超高的曲线路段上,均可采用单向横坡的形式。在路肩中,路缘带部分的横坡与路面相同,其余部分的横坡度可加大 1%。道路路拱一般做成凸形,但在居住区内的组团间和宅间步行小路上也有做成凹形的,路面多为水泥混凝土路面,雨水进水口设置在路中间。

当路拱的拱顶偏在车行道中心的一侧,车行道两侧缘石的标高不等时,称为不对称路拱。不对称路拱一般对行车和排水不利,且计算、设计也较复杂,因而当道路两侧人行道高差不大时,应尽可能做成对称式路拱。设计在斜坡上的新建道路,也应尽量用绿地或挡土墙调整标高后采用对称式路拱。通常只有在次要道路上进行半边拓宽时,为节省材料,才考虑采用不对称路拱。

9.8 城市道路横断面综合设计

9.8.1 形式选择

如前所述,城市道路横断面的基本形式,可分为单幅路、双幅路、三幅路和四幅路,各种横断面的比较见表 9-10。

表 9-10 城市道路横断面的基本形式比较

比较项目		单幅路	双幅路	三幅路	四幅路
分车带		无	1 条	2 条	3 条
交通组织		机非混行	机动车对向分离,机非混行	机非分离	机动车对向分离,机非分离
机动车道条数		不限,以偶数为宜	单向至少 2 条	单向至少 2 条	单向至少 2 条
行车速度		低	较高	高	最高
交通安全		差	一般	较安全	最安全
绿化		仅人行道绿化	中间分车带绿化	佳	最佳
噪声减少效果		差	一般	佳	最佳
照明设置		人行道上设置	分车带上设置	效果佳	效果佳,设置方便
造价		低	一般	高	最高
适用性	交通量	机动车不多;非机动车少	机动车多;非机动车少;行人少	机动车多;非机动车多	机动车多;非机动车多;行人少
	道路等级	用地紧张的旧城道路;次干路;支路	郊外快速路;主干路;次干路	主干路;次干路	高架道路下地面道路;快速路;主干路

(1) 单幅路

单幅路的特点是占地少、投资省,机动车和非机动车高峰时段错峰时路面利用率高,但由于路上车种混杂,交通安全性较差,故只适用于交通量较小、车速不大的次要道路。我国旧城道路、次干路、支路等多采用这种形式。

(2) 双幅路

双幅路断面形式常用于快速路。城市道路双幅路上存在机非混行现象,易发生交通事故。我国曾于 20 世纪 50 年代左右修建了一些双幅路断面形式的道路,终因事故频发而改造为三幅路断面。双幅路可用于横向高差大、迁就地形现状而建成的道路,并适用于机非分流后的主、次干路。

(3) 三幅路

三幅路消除了机非交通在路段上的相互干扰,有利于在路段上提高车速,并具有机动灵活、便于分期修建的特点。在我国城市道路上非机动车流量较大的情况下,这种形式是城市道路首选的断面形式。对于近期交通量不大的道路,可先建机动车道部分,供机动车、非机动车并道行驶,待交通量增长后再扩建为三幅路。然而,这种形式无法有效减少对向机动车交通的干扰,给机动车行驶带来不安全的因素,并在路段中缺乏行人过街的安全岛,不利于保障交通安全。三幅路多用于机动车与非机动车交通量均较大的道路,路幅宽度一般不小于 40 m,适用于平原地区,不宜用于山城或地形复杂的地区。

(4) 四幅路

四幅路的优点为车速高、交通安全,中间分隔带还可以作为道路交通发展的备用地,例如预留轻轨建设用地、高架路设置桥墩的用地、拓宽车行道用地等。但四幅路用地大,造价高,行人过街不便,需设置人行天桥或地道。这种形式适用于快速路和交通量大的主干路。

上述各种道路横断面形式各有优缺点和适用条件,应当根据城市规模、道路等级和性质、交通量、地形特点等情况,比较研究后进行确定。

全方式出行中自行车出行比例高于 10% 的城市,布设主要非机动车通道的次干路宜采用三幅路形式,对于自行车出行比例季节性变化大的城市宜采用单幅路;其他次干路可采用单幅路;支路宜采用单幅路。

9.8.2　综合设计

道路横断面综合设计的成果关系到道路交通能否达到安全、便捷、经济与舒适的要求,也关系到城市用地、环境面貌等多方面的成效,因此,在设计过程中需要统筹考虑,协调安排。

1. 道路交通现状及规划资料分析

为了根据道路功能、交通性质等选择合理的城市道路横断面形式,确定各组成部分的适宜宽度,需要事先通过现场踏勘、交通量调查、走访相关部门等方式进行调查研究,搜集现状及规划资料,分析横断面设计的各项影响因素。

与设计道路有关的公共交通的现状及规划资料是横断面设计的依据之一。应根据沿街建筑的性质考虑是否设置公交停靠站、出租车上下客站点等。在公交线路集中的道路上、公交首末站以及客流量大的大站等处,应考虑增加车道和公交港湾站。在客运车站、客轮码头前的道路上设置的公交停靠站,站台的长度、宽度应使携带行李的客流不妨碍慢车道或人行道上的交通,必要时应在道路横断面以外的专用场地上组织公交车、出租车、行人等交通。

2. 道路与环境的关系

城市道路横断面的布置应与周围环境景观相协调。道路上的人行道、绿地应与周围的用地紧密联系在一起,例如,城市里的大量支路、居住区道路要与绿化环境连成一体,与古树名木、古井、行道树、小广场等共同构成良好的步行环境,滨河道路与开敞绿地可构成亲水的休闲空间。

在山城或丘陵地区地形起伏较大的城市中,横断面设计可因地制宜,采用不对称的布置,结合地形设计成两条单向道路或双幅路,人行道的高度、宽度也可采用不对称设计(图 9-24)。道路边坡、挡土墙、护壁等,可以结合大树和垂直绿化等创造出富于变化的优美景观。

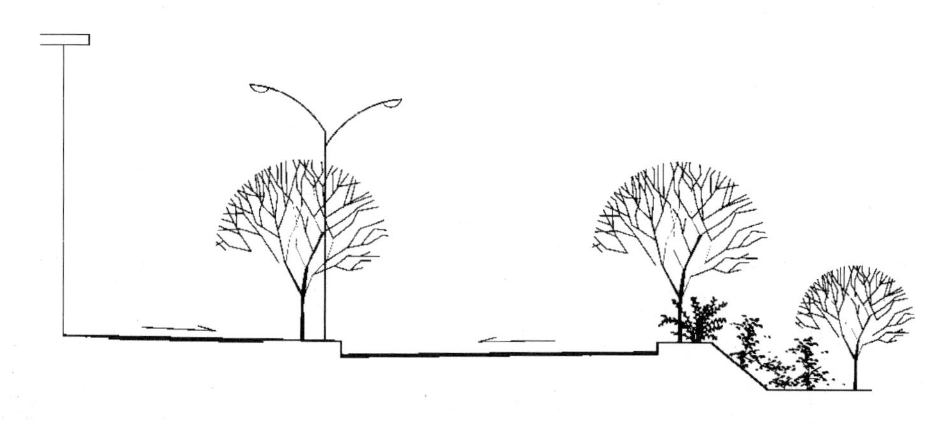

图 9-24 山地城市常见的双幅路形式

近年来,不少大城市在旧城改造过程中修建了许多高架道路,在解决城市交通拥堵问题上发挥了一定的作用,但也带来了不少负面影响,如加重空气污染和噪声干扰、切断城市景观等,并且影响到高架道路两侧用地的商业价值。因此,建造高架道路时应当权衡利弊、慎重选择。

此外,横断面设计还应考虑沿街建筑的性质和类型。在商业网点集中的街道,有大量行人活动的人行道必须有足够的宽度。为满足商店装卸货车辆的停放和工作要求,应专门设置装卸货的支路,或将供货时间与营业时间错开,以免对行人交通产生干扰。

3. 路幅与沿街建筑高度的关系

城市道路路幅应使道路两旁的建筑物有足够的日照和良好的通风。对于有抗震要求的城市,应留有房屋倒塌时紧急救援的余地(图 9-25)。路幅宽度一般以建筑高度的 2 倍左右为宜,即 $H:B=1:2$。为满足城市防灾要求,城市疏散通道及两侧建筑物高度应满足:

$$W+S_1+S_2 \geqslant \frac{1}{2}(H_1+H_2)+(4\sim 8) \tag{9.8.1}$$

式中,W——道路红线宽度(m);

S_1、S_2——两侧建筑物后退红线距离(m);

H_1、H_2——两侧建筑物高度(m)。

4. 横断面设计与道路功能的关系

不同功能的道路的横断面形式应有所不同。

交通性干路是贯穿全市的交通动脉,沿线不宜集中布置可能吸引人流往返穿行道路的大型公共建筑。横断面布局应保证足够的机动车道和必要的分隔设施,达到对向分离、机非分离和人车

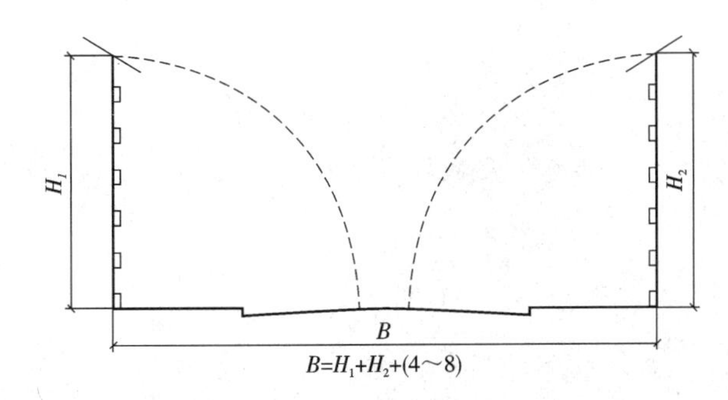

图9-25　路幅与沿街建筑高度的关系

分离，在路幅较窄的情况下，可适当降低绿带占总宽度的比例。

生活性道路通常位于市中心或区中心，沿街布置大型商店、文娱建筑及各种生活服务设施，以行人与客运交通为主，禁止过境的货车入内。在断面布置上，人行道与绿带占总宽度的比例宜大些，车行道外侧可再设一条3 m宽的停车带，方便车辆沿街停靠。

滨河（湖、江、海）路的功能不尽一致，河水的深浅、河岸的高低，以及岸坡的地形特点，对决定滨河道路的功能有很大的影响。当河水较深，适于水上运输时，滨河道路常成为水陆联运的交通性干路，横断面设计上应考虑留出装卸货物的场地。若水位变化较大，可结合地形修建不同高度的场地。在河滩上布置了装卸货物的场地时，还应在斜坡上设置车行道和人行道。生活居住用地范围内的滨河道路，应成为吸引市民休息和欣赏美景的场所。其横断面布置应增加绿化用地，布置多条人行道，并根据河岸高度与用地条件等作不对称布置。

近郊道路主要是市区通往近郊工业区、文化教育区、风景区、机场、铁路站场、卫星城镇等的道路，沿路两侧多为田地、厂房、仓库、住宅等，路上非机动车与行人较少。其横断面形式的特点为：明沟排水；无专门的人行道，在穿越郊区城镇时可设置局部的人行道；路面两侧需设置一定宽度的路肩；道路绿化的要求与市区道路不同。

5. 横断面设计与工程管线、公用设施布置的关系

城市道路地下的工程管线和地面的公用设施日益增多，道路横断面的布置与其有着密切的关系。城市道路和管线工程规划设计需要做到"统一规划、综合设计、联合施工"，管线综合图常和标准横断面图一起进行绘制。

建造综合管沟（又称共同沟）是避免经常开挖路面的一种较好的办法。综合管沟的首次建设费用很高，且需要组织专门的管沟管理机构，建立相应的体制，但随着我国城市经济的发展，建造综合管沟是必然的发展方向。图9-26为某综合管沟实例。

我国许多城市道路分隔带上的树木、架空杆线、照明路灯、交通信号灯等设施相互干扰严重。地上杆线与绿化的矛盾是不少城市常年未能很好解决的问题，由于架空线与行道树布置在同一直线上，为使树冠与架空线之间保持一定的安全距离，需花费大量人力、物力定期修剪树冠，并且时常使得树冠头重脚轻，遇风极易折损。国外发达城市多采用杆线入地或与树干分设在两条直线上的方法，不常修剪行道树，居住区的行道树常种在人行道中间，或靠人行道外侧、住户的院墙边。我国城市道路上各种设施的布置也应当转变原有的手法，可以通过合杆架设、改变架线方式（如改为电缆或入地、提高架线高度、另辟高压走廊等）等解决矛盾，以适应城市发展的需要。

图 9-26　某综合管沟实例

6. 横断面设计与道路分期建设的关系

城市道路在进行红线规划时，应考虑各组成部分必要的宽度和横断面选型，并留有余地。实施过程中，应注意近远期结合，使近期工程成为远期工程的组成部分。近期工程，应根据现有的交通量，考虑建成后诱增的交通量，确定路面宽度和路面结构。若因受投资限制，而用地无困难时，路面宽度宜一次建成，但路面标高应偏低设置，以便使用一段时间后，根据发展情况进行路面增补；若既受投资限制，又有拆迁用地困难时，路面宽度可分期实现。

横断面的近远期结合有多种方式，参见图 9-27。一种是保持横断面形式和道路中心线不变，近期留出用地暂作路肩、分车带或绿地，雨水进水口按远期建成，远期只需改铺车行道路面；另一种是横断面形式变化，近期为单幅路，两侧留有绿地，日后道路向两侧拓宽，最终改为三幅路或四幅路。此外，随着我国城市轨道交通的发展，一些城市将道路中央分隔带留作远期轨道交通用地，这也是一种较好的做法。

9.8.3　横断面图绘制

表现一条道路全线或某主要路段一般情况的横断面称为标准横断面。城市道路横断面图的绘制包括三个方面的内容。

1. 横断面设计图

城市道路横断面设计图包括近期建设横断面图和远期规划横断面图，其比例尺一般为 1∶100 或 1∶200，在图上应绘出红线宽度、车行道、人行道、绿带、照明、新建或改建的地下管道等各组成部分的位置和宽度，以及排水方式、路面横坡等。

2. 横断面现状图

在改建或扩建现有城市道路时，尚需绘制横断面现状图，比例尺一般为 1∶100 或 1∶200，在图上应绘出地形、地物、原街道的各组成部分、边沟、路侧建筑等，并且表明道路各组成部分的变化

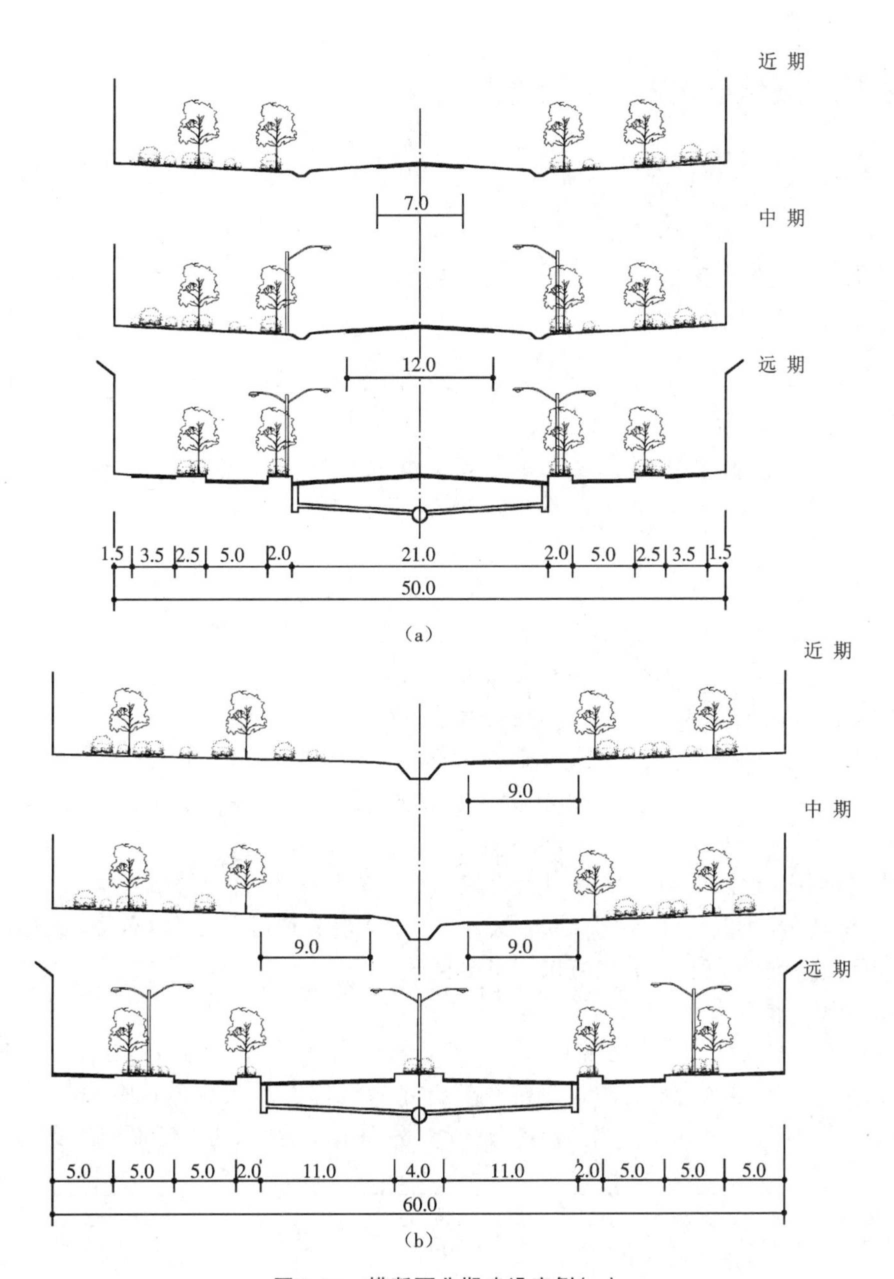

图 9-27　横断面分期建设实例(m)

情况。有时为了更加明显地表现地形和地物高度的变化,也可采用纵、横不同的比例尺绘制。

3. 横断面施工图

在城市道路施工图设计阶段,要绘出各整桩(每隔 20 m 或 50 m)和特殊桩的横断面施工图,即在各个桩号的现状横断面图上,根据相应桩号在纵断面图上所得的设计标高,以相同的比例尺(一般纵横均为 1∶100 或 1∶200),将标准横断面绘制上去。用此图可算得填挖方面积和土方工程量,并据此编制概预算。横断面施工图是施工放样的主要依据。

9.9 桥梁、隧道的横断面布置

跨越障碍物的城市道路桥梁的横断面布置一般应与路段相同,城市道路隧道的机动车道条数一般也应与路段相同,不能在这些地区形成交通瓶颈。

9.9.1 桥梁的横断面布置

1. 一般要求

桥梁的横断面分为车行道与人行道两部分,一般情况下不设绿化分隔带。大中型桥梁跨度大、投资多,车行道宽度、路缘带宽度应与路段一致。

桥梁人行道或安全道外侧,宜设置高度为 1.1 m 以上的人行道栏杆。快速路、主干路与次干路上的桥梁,不论有无非机动车道,若两侧无人行道,则应设宽度为 0.50～0.75 m 的安全道,供执勤、养护、维修专用。

2. 桥面布置

桥面布置有双向车道布置、分车道布置和双层桥面布置三种方式。

双向车道布置是指车行道的上、下行交通布置在同一桥面上,采用画线分隔。车辆在桥上的行驶速度易受影响,一般只能是中、低速,在交通量较大的情况下往往形成阻滞状态。

分车道布置是指车行道的上、下行交通在桥面上分隔设置,可提高行车速度,便于交通管理,但需增加一些附属设施,桥面宽度也要相应加宽。分车道布置可在桥面上设置分隔带,也可采用主梁分离式布置。

双层桥面布置是指桥梁结构在空间上提供两个不在同一平面上的桥面构造,如上层通机动车,下层通非机动车、行人、市政管线、轨道交通,可以实现交通的快慢分离,提高交通运行效率。同时可以充分利用桥梁净空,具有良好的经济效益。

3. 高架桥横断面布置

高架桥是我国大城市快速路通常使用的一种断面形式。对于高架路,通常高架车道为快速车道,地面车道为普速车道。当快速车道为机动车双向 4 车道时,中央分隔带宽 6 m;当快速车道为机动车双向 6 车道时,中央分隔带宽 8 m。图 9-28 是某城市的高架路横断面布置实例。

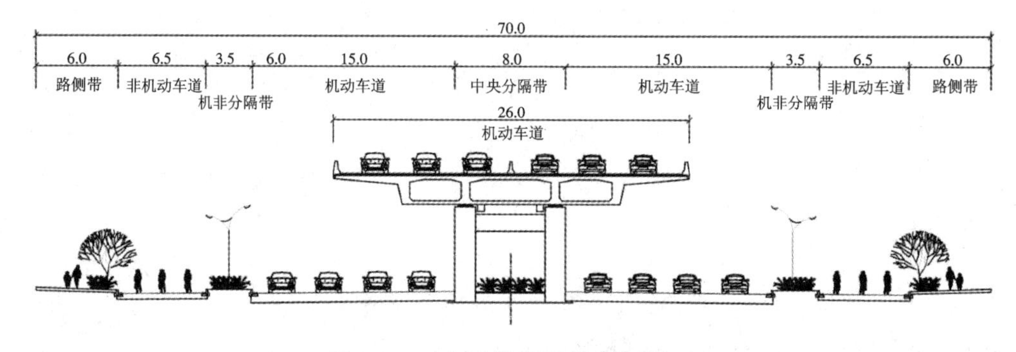

图 9-28 高架路横断面布置实例(m)

9.9.2　隧道的横断面布置

城市交通隧道包括多种类型，按埋置深度不同可分为深埋隧道和浅埋隧道；按功能不同可分为地铁隧道、机动车隧道及人行道隧道；按围岩介质不同可分为硬土隧道、软土隧道、岩石隧道及水底隧道。

一般情况下，隧道内部"建筑限界"的形式与尺寸必须满足隧道通行交通工具的净空要求。对单向小于 3 车道且长度大于 1000 m 的隧道，应设置不小于 3.0 m 的应急车道。当连续设置有困难时，应设置应急停车港湾，间距不应大于 500 m，宽度不应小于 3.0 m。单向单车道隧道必须设应急车道。隧道内设置的设备系统和管线等设施不得侵入道路建筑限界。图 9-29 是某城市的隧道横断面布置实例。

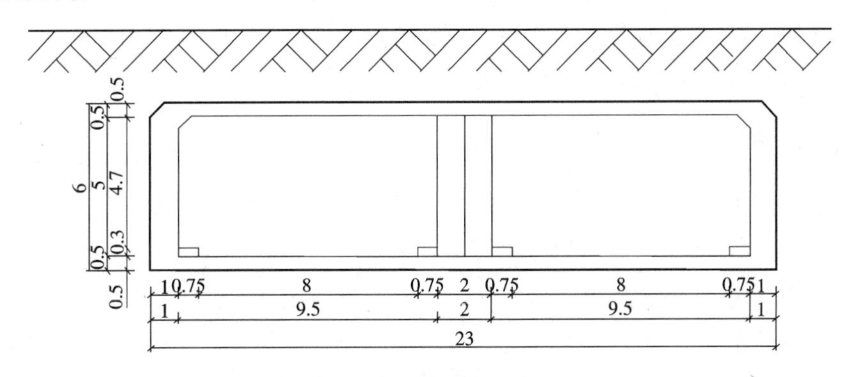

图 9-29　隧道横断面布置实例(m)

第10章　城市道路交叉口

10.1　平面交叉口

城市道路交叉口是城市道路网络的节点，在道路网中将城市交通由线（路段）扩展至面（路网）。道路与道路在同一个平面内相交的交叉口称为平面交叉口。平面交叉口是道路交叉口的主要形式。在平面交叉口，车辆和行人要与横向道路的车辆和行人分时共用交叉口空间，且相互交叉干扰较多，因此，平面交叉口的通行能力和安全性都比路段低。

10.1.1　形式分类

1. 按几何形式分类

按几何形式分类，平面交叉口可以分为以下几类。

（1）十字形交叉口

十字形交叉口是相交道路夹角在90°±15°范围内的四路交叉口。这种交叉口形式简单，交通组织方便，街角建筑易于处理，适应范围广，是最基本的交叉口形式（图10-1(a)）。

（2）T形交叉口

T形交叉口是相交道路夹角在90°±15°范围内的三路交叉口。这种交叉口视线良好、行车安全，也是常见的交叉口形式（图10-1(b)）。

（3）X形交叉口

X形交叉口是相交道路夹角小于75°或大于105°的四路交叉口（图10-1(c)）。当相交锐角较小时，将形成狭长的交叉口，对交通（尤其是左转交通）不利，锐角街口的建筑也不易处理，因此，当采用X形交叉口时，应尽量增加相交锐角的大小。

（4）Y形交叉口

Y形交叉口是相交道路夹角小于75°或大于105°的三路交叉口（图10-1(d)）。处于钝角的车行道缘石半径应大于锐角对应的缘石半径，以协调线形，使交通顺畅。Y形与X形交叉口均为斜交路口。当交叉口夹角小于45°时，视线往往会受到限制，影响行车安全，因此，Y形交叉口的斜交角度通常不小于60°。

（5）错位交叉口

错位交叉口是指两条道路从相反方向终止于一条贯通道路而形成两个距离很近的T形交叉口所组成的交叉口（图10-1(e)）。错位交叉口的交织长度不足，进出交叉口的车辆不能顺利行驶，从而阻碍贯通道路上的直行交通。在进行城市规划时，应尽量避免错位交叉口。

(6) 多路交叉口

多路交叉口是由五条及五条以上的道路相交形成的交叉口，又称复合型交叉口(图 10-1(f))。在规划设计时，原则上不采用多路交叉口。已经形成的多路交叉口，可以设置中心岛，将其改为环形交叉口，或将某些道路的双向交通改为单向交通。

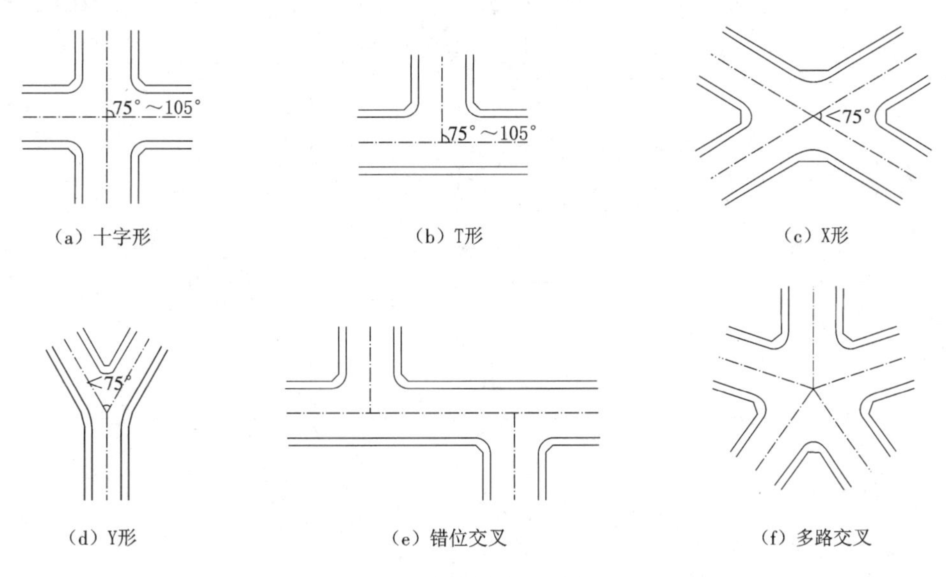

(a) 十字形　(b) T形　(c) X形

(d) Y形　(e) 错位交叉　(f) 多路交叉

图 10-1　平面交叉口的形式

2. 按交通组织方式分类

按照道路交通组织方式分类，平面交叉口可分为信号控制平面交叉口、无信号控制平面交叉口、环形交叉口三类。

(1) A 类：信号控制平面交叉口

信号控制平面交叉口为通过交通信号灯控制的道路交叉口，适用于交通流量较大的干路交叉口。当交叉口机动车高峰小时交通量达到一定程度时，应考虑设置信号灯，进一步分类如下。

①平 A_1 类：交通信号控制，进口道展宽交叉口。

②平 A_2 类：交通信号控制，进口道不展宽交叉口。

(2) B 类：无信号控制平面交叉口

无信号控制的平面交叉口为不加交通信号灯管制的道路交叉口，适用于交通流量较小的支路等低等级城市道路。

①平 B_1 类：干路中心隔离封闭、支路只准右转通行的交叉口(简称右转交叉口)。

②平 B_2 类：减速让行或停车让行标志管制交叉口(简称让行交叉口)。

③平 B_3 类：全无管制交叉口。

(3) C 类：环形交叉口

环形交叉口是在道路交叉口中央布置一个圆形(也包括椭圆形或不规则圆形)中心岛，用环道组织交通的一种形式，简称平 C 类。

平面交叉口选型时可参考表 10-1。

表 10-1 平面交叉口选型

平面交叉口类型	选型	
	推荐形式	可用形式
主干路-主干路	平 A_1 类	/
主干路-次干路	平 A_1 类	/
主干路-支路	平 B_1 类	平 A_1 类
次干路-次干路	平 A_1 类	/
次干路-支路	平 B_2 类	平 A_1 类或平 B_1 类
支路-支路	平 B_2 类或平 B_3 类	平 C 类或平 A_2 类

10.1.2 车流矛盾

1. 分流点、合流点与冲突点

车辆进出平面交叉口的行驶方向不同,在时空上相互干扰,使交叉口车流间存在三种形式的基本矛盾:分流、合流与冲突。

(1) 分流点

交叉口内同一行驶方向的车辆,向不同方向分开行驶的地点,称为分流点(或分岔点)。在车速较低或其他方向人车干扰较少时,转向车辆容易驶出,对分流点交通基本没有影响。在车速较高或其他方向人车干扰较多时,转向车辆需要减速,就会影响到分流点的车速和车流密度。

(2) 合流点

来自不同方向的车辆,以较小的角度向同一方向汇合行驶的地点,称为合流点(或交汇点)。对于已过交叉口的转向车流,要与横向的直行车流汇合在一起,就会产生一个合流点。在车流密度较低时,转向车辆可以顺利地汇入直行车流。当车流密度较高时,尤其是快速路上,转向车辆难以汇入直行车流,就需要有较长、较宽的交汇路段用作候驶。否则,转向车辆强行汇入,会造成直行车辆紧急制动,迫使其后车辆制动减速,降低交叉口的通行能力。

(3) 冲突点

来自不同行驶方向的车辆,以较大的角度(或接近 90°)相互交叉的地点称为冲突点。在没有信号灯管理的交叉口上,直行车流之间,或左转车流之间,或直行车流与左转车流之间在时空上不能错开,就会产生冲突点。由于它们在流向上是相互垂直或逆向对流的,所以相互干扰的严重程度超过分流点和合流点。由图 10-2 可以看出,产生冲突点最多的是左转弯车流。当无信号灯控制且相交道路的条数为 4 条时,如果在十字交叉口上无左转弯车辆,则冲突点总数可以从 16 个减少到 4 个(表 10-2)。因此,如何正确处理和组织左转弯车辆,以保证交叉口的顺畅和安全,是交叉口设计的关键之一。

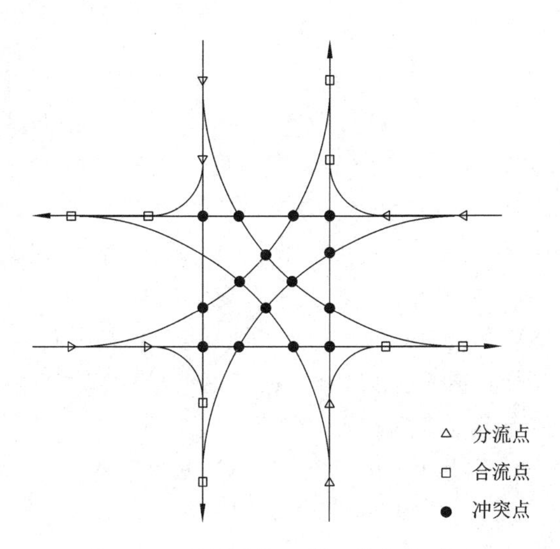

图10-2　平面交叉口的3种车流矛盾

表10-2　平面交叉口的车流矛盾点

车流矛盾点类型	无信号灯控制			有信号灯控制		
	相交道路的条数			相交道路的条数		
	3条	4条	5条	3条	4条	5条
分流点	3	8	15	2或1	4	4
合流点	3	8	15	2或1	4	6
左转车流冲突点	3	12	45	1或0	2	4
直行车流冲突点	0	4	5	0或0	0	0
总数	9	32	80	5或2	10	14

对于无信号灯控制的平面交叉口，假设每条道路的上下行各为一股车流到交叉口转向，各类车流矛盾点数量可用下式测算：

$$P_{分} = P_{合} = n(n-2) \tag{10.1.1}$$

$$P_{冲} = \frac{n^2(n-1)(n-2)}{6} \tag{10.1.2}$$

式中，$P_{分}$——分流点总数；

$P_{合}$——合流点总数；

$P_{冲}$——直行、左转车辆造成的冲突点总数；

n——相交道路条数。

由计算可知，五路交叉口的冲突点总数从三路交叉口的3个增加到50个，因此，城市道路系统规划应避免5条及5条以上道路相交。

2. 机动车与非机动车之间的冲突

一个用信号灯管理、只有机动车行驶的交叉口，在红灯下使横向的车辆停驶，这时交叉口内的冲突点可从16个骤减为2个，即只有在绿灯中直行车辆与对向左转车产生的冲突点。若在交叉口进口道上设有左转车道，在红灯变绿后，车辆按“先左转后直行”的原则驶出停止线(也叫停车线)，通过冲突点，后续的左转车可以在以后的直行车流的空档中穿过，交叉口内也可以很畅通。

在我国城市，干路的横断面大多采用机动车与非机动车并行的三幅路形式。在路段中，机动车与非机动车分流，交通组织较为简单，但到达平面交叉口时，机动车与非机动车混行，交叉口交通变得复杂。矛盾点的数量随车流数量的增加而增加，也随相交道路条数的增加而显著增加。一个同时有机动车和非机动车行驶的平面交叉口，在使用信号灯管理后，虽然令横向车辆在红灯时停驶，减少了许多冲突点，但在绿灯中行驶的机动车与非机动车各有左转、直行和右转。它们相互干扰产生大量冲突点，其中机动车与机动车之间的冲突点为2个，非机动车与非机动车之间的冲突点为2个，而机动车与非机动车之间的冲突点竟多达14个(图10-3)。

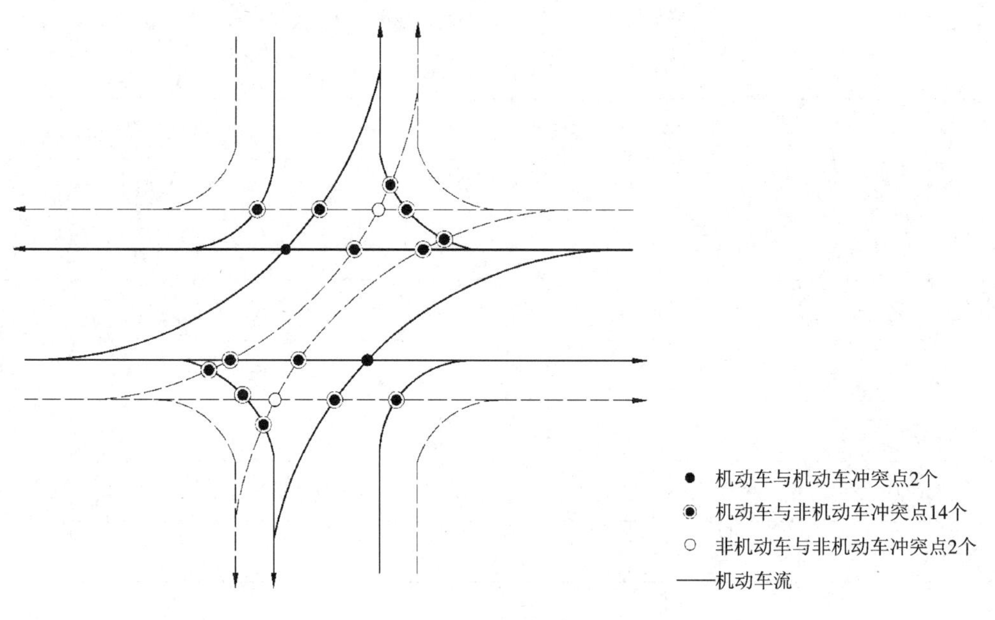

图10-3　机动车与非机动车混行交叉口的交通冲突

10.1.3　交通组织

1. 交通组织原则

(1) 有利于提高通行能力

有信号灯控制比无信号灯控制的交叉口通行能力强，所以当交叉口无信号灯控制，不能满足通行能力的要求时，就必须选择信号灯控制。

(2) 有利于提高交通安全

一般来说，信号灯控制交叉口的事故率低，但当车速较快时也会发生追尾事故，因此，在改善平面交叉口时必须充分考虑各种情况，分析事故原因，提高交叉口安全性。

2. 机动车交通组织

(1) 信号灯控制

现代交通信号在配时上具有多种方法，从简单的双相位周期式到复杂的感应式多相位制式。图 10-4 和图 10-5 分别为两相位、三相位信号控制示意图和四相位信号控制示意图。交叉口的信号灯分为红、绿、黄三色。红灯亮时禁止车辆和行人通行；绿灯亮时准许车辆和行人通行；黄灯起清扫路口的作用——对已过停止线的车辆可以继续前进通过交叉口，其他车辆须停在停止线以外。

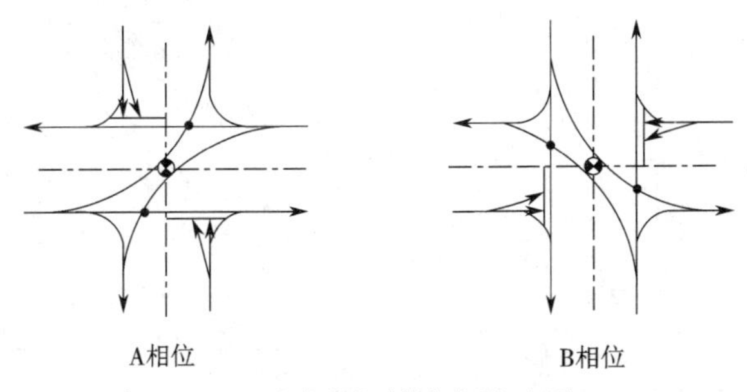

(a) 两相位信号系统的交通运行图

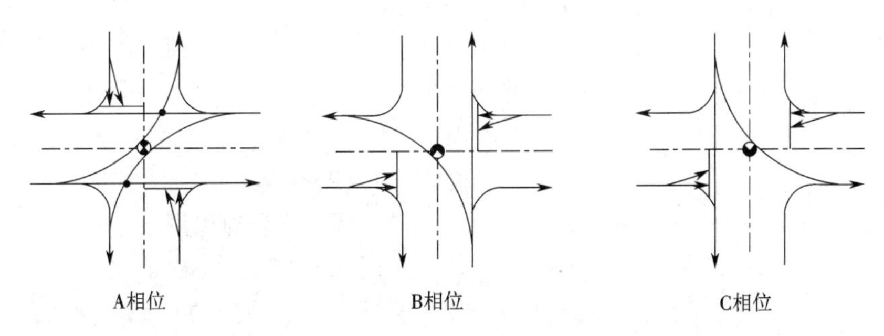

(b) 三相位信号系统的交通运行图

图 10-4　两相位、三相位信号控制示意图

交通信号灯控制的基本参数有三个：周期长、绿信比和相位差。

①周期长。

周期长是绿灯信号显示两次之间(一个周期)所需要的时间，即红、绿、黄灯显示时间之和。对于两相位信号系统来说，周期长见图 10-6。信号相位简称相，它表示在信号灯交叉口给予车辆与行人通行权的程序。两相控制是最常用的控制方式，另外还有三相、四相甚至八相的控制方式。不过应当注意，延长信号灯周期并不能有效地提高交叉口的通行能力。信号相位越多，交通越安全，但在一个周期内分到每个相位的可通行的时间就越少，交叉口的通行能力也会越低。若延长相位的时间，则周期太长，车辆排队会很长，一般周期长以小于 120 s 为宜。

②绿信比。

绿信比即在一个周期内显示的绿灯时间与周期长之比。

③相位差。

相位差一般用于线控制或面控制，表示相邻两个交叉路口同一方向或同一相的绿灯起始时间

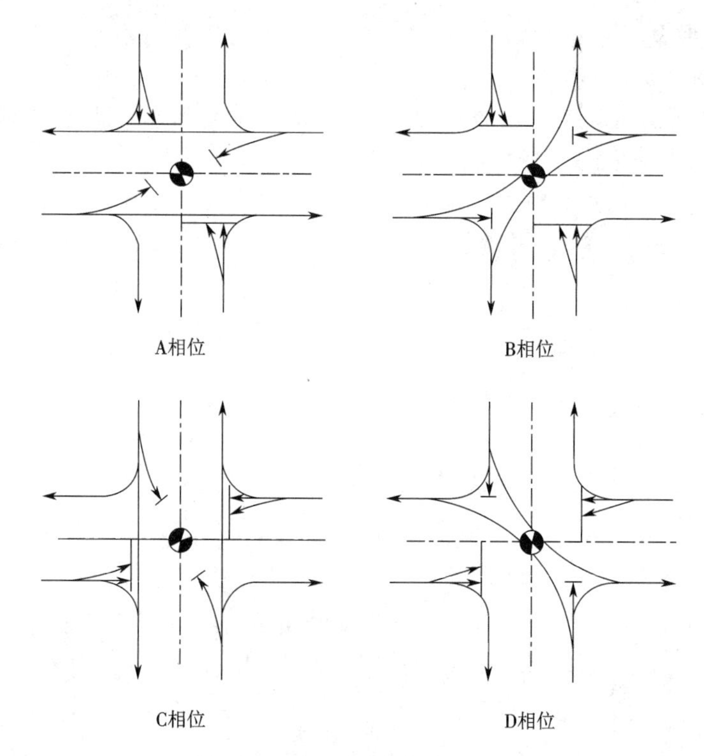

图 10-5 四相位信号控制示意图

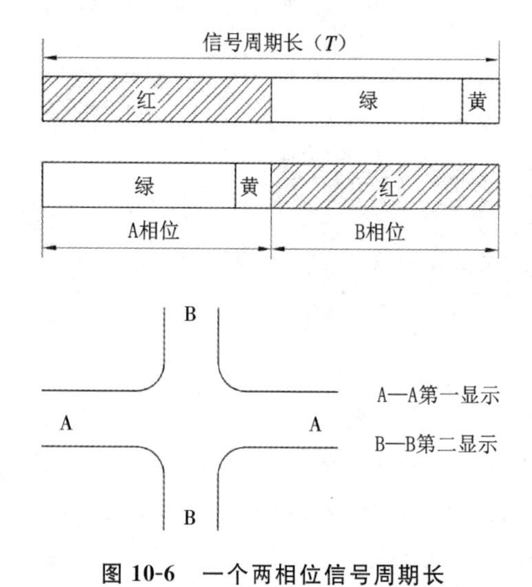

图 10-6 一个两相位信号周期长

之差,用 s 表示。

(2)"绿波"交通组织

所谓"绿波"交通,就是在一系列交叉口上,安装一套具有一定周期的自动控制的联动信号,使主干路上的车流依次到达前方各交叉口时,均会遇上绿灯。绿波交通组织原理见图 10-7。这种"绿波"交通减少了车辆在交叉口的停歇,提高了平均行驶车速和道路通行能力。不过采用此种交通组织的要求极为严格,交叉口的间距要大致相等,双向行驶车辆的车速要相近,或成一定倍数的比例关系,还应排除行人过街对行车的影响。如果某一方向车速过快或过慢,就会提前或延迟到达交叉口,都会遇到红灯,要等候才能进入绿波交通。单向交通的道路组织"绿波"交通,因没有对向交通的约束,而比较容易实现。在我国城市的机动车与非机动车并行的三幅路中,机动车与非机动车的车速相差悬殊,转向时相互干扰很大,不易组织绿波交通。此外,对行人过街也要严格管理,不能影响绿波的行车速度。

(3)区域协同控制

为提高城市路网的整体运行效率,北京、上海、广州、武汉等主要城市均引入了信号灯协同控

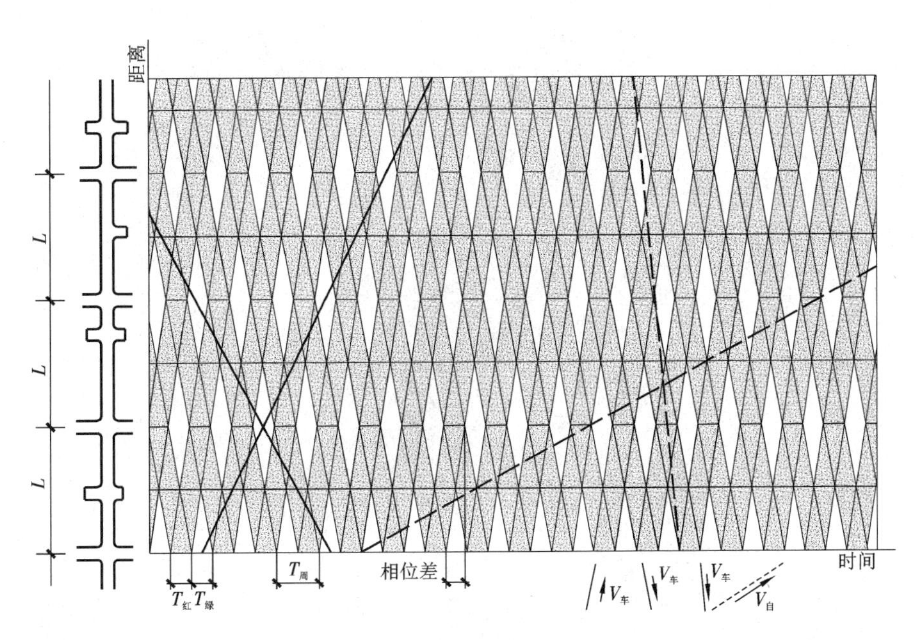

图 10-7　绿波交通组织原理

制系统，较具代表性的系统形式包括 SCOOT、SCATS、ITACA、HICON 等(图 10-8)。近年来，智能感知、大数据分析、云计算等先进技术也逐渐融入信号灯区域控制系统中。

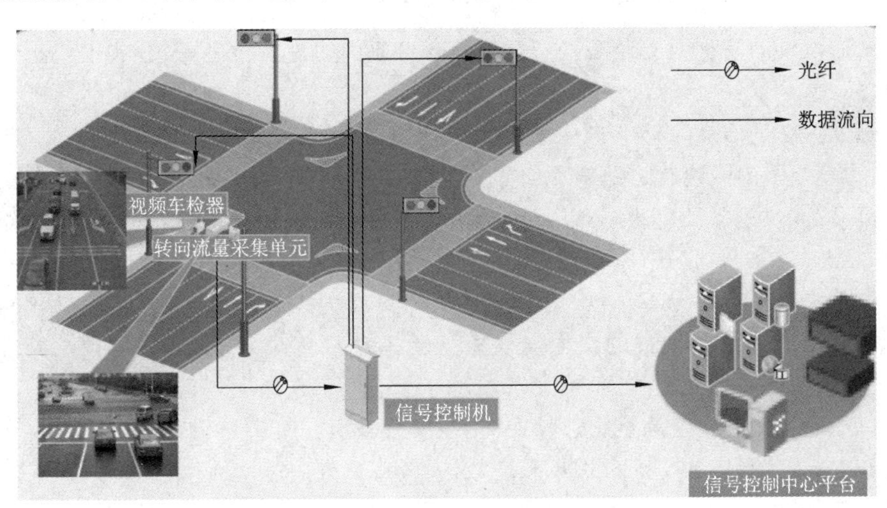

图 10-8　信号灯协同控制系统示意图

新一代的交叉口协同控制应在交叉口处安装可用于图像识别的高清摄像头，实时采集车流量、车种比例、车头间距、车头时距等数据，通过智能信号机及后台云计算系统处理后，实时优化信号配时，实现智能化的信号配时方案，提升交叉口总体运行效率。

(4) 渠化交通

在道路上画线，或用绿带和交通岛来分隔车道，使各种不同行驶方向和不同速度的车辆能像渠道内的水流那样，顺着规定的方向互不干扰地行驶，这种交通称为渠化交通。图 10-9 为渠化交叉口示意图。组织渠化交通可以有效地解决城市道路上的交通拥挤和阻滞,提高行车速度和通行能力,保证交通安全。渠化交通对解决畸形交叉口的复杂交通问题尤为有效。

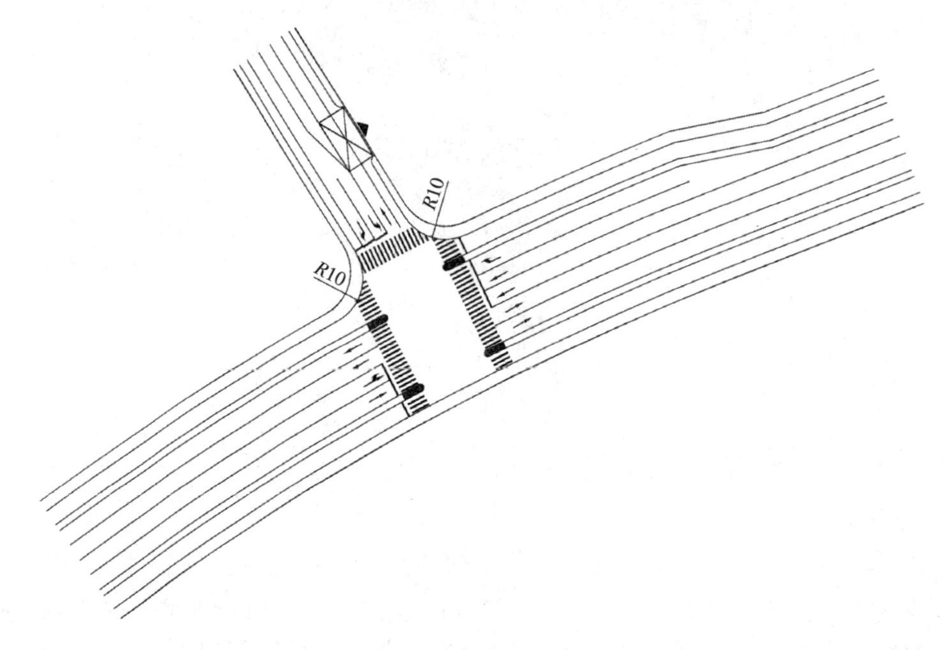

图 10-9　渠化交叉口示意

为渠化交通设置的岛称为交通岛。交通岛是高出地面的岛状设施,又分中心岛、方向岛、分隔岛和安全岛。

中心岛是设置在平面交叉口中央用来组织左转车辆和分隔对向车流的交通岛。方向岛又称导向岛,是为将车流引向规定行进路线而设置的异形小岛,最小面积为 5 m^2。分隔岛是用来分隔机动车和非机动车、快速车和慢速车,以及对向行驶车流的长条形交通岛,有时也可在路面上画线来代替分隔岛。安全岛设置在路口车行道中间,供行人、自行车横穿道路临时停留用。

交通岛由路缘石围筑而成,其形状为直接连接圆弧而构成的图形。为防止车辆驶入,缘石高度一般为 15～25 cm,有行人通过的交通安全岛高度宜为 12～15 cm。交通岛顶端处应做成圆弧状,半径大小依据交通岛的功能确定,不宜过大,一般不小于 15 cm。

当交叉口的通行能力不能满足交通量的需要时,可采用在交叉口一定范围内拓宽车行道宽度和渠化交通的方式,适当增加交叉口进口车道数,一般每个方向可增加 1～2 条。

(5) 进口道交通组织

一般采用设置专用车道的方法,组织不同行驶方向的车辆在各自的车道上分道行驶,互不干扰。根据车行道宽度和左、直、右行车辆的交通量大小可作出多种组合的车道划分。

①左、直、右方向车辆组成均匀,各设专用车道。

②直行车辆很多且左、右转也有一定数量时,设多条直行车道和左、右转各一条车道。

③左转车多而右转车少时,设左转专用车道,直行和右转可合用车道。

④左转车少而右转车多时,设右转专用车道,直行和左转可合用车道。

⑤左、右转车辆都较少时,分别与直行车合用车道。

⑥车行道宽度较窄时，不设专用车道，只画快、慢车分道线。

⑦车行道宽度很窄时，不划分快、慢车道。

(6) 左转交通组织

如前所述，左转车辆是引起交叉口车流冲突的主要原因。合理地组织左转车辆的交通，是保证交通安全、提高交叉口通行能力的有效方法。左转车辆交通组织可采用以下几种形式。

①设置专用左转车道。

在车行道宽度内紧靠对向车道划出一条车道供左转车辆专用，以免阻碍直行交通。若原有车行道宽度不够时，车行中线可适当左移设置专用左转车道。设置专用左转车道后，左转车辆须在左转车道上等待绿灯开放或寻机通过，不能影响直行交通。

②实行交通管制。

通过信号灯控制或交警手势指挥，在规定时间内不准左转，或禁止左转。

③变左转为右转。

a. 环形交通：利用环道组织逆时针单向交通，变左转为右转，使冲突车流变为分流与合流，见图10-10(a)。

b. 街坊绕行：使左转车辆环绕邻近街坊道路右转行驶实现左转，见图10-10(b)。这种方法使车辆行程增加很多，通常仅用于左转车数量不多、旧城道路拓宽困难的情况，或在桥头引道坡度大的十字形交叉口，为防止车辆高速下坡时直角转弯发生事故而采用。

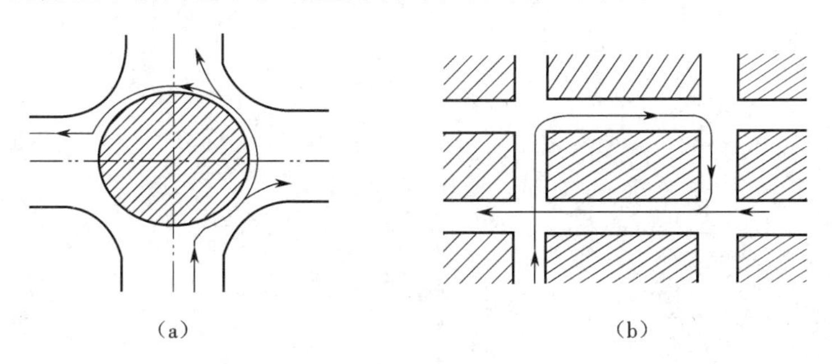

图10-10　变左转为右转

(7) 调整交通组织

当进行旧城道路改建较困难时，可对城市道路网综合考虑，可以通过改变交通路线、限制车辆行驶、控制行驶方向、组织单向交通，以及适当封闭主干路上的一些支路等，简化交叉口交通，提高整个城市道路网的通行能力。

3. 非机动车交通组织

在平面交叉口，非机动车道通常布置在机动车道和人行道之间。交叉口内车流量一般的情况下，非机动车随机动车按交通规则在右侧行驶，不设分离设施。而车流量较大时，可采用分隔带让机动车与非机动车分离行驶，减少相互干扰。

对于多相位信号灯控制的平面交叉口，应设置非机动车左转等候区。非机动车放行方式是直行相位放行时，左转和直行非机动车一起进入路口，此时不允许左转，欲左转的非机动车须在等待区内等候，当放行左转相位时，与左转的机动车一起进行无冲突左转。

等待区在路口中的位置是这种左转非机动车管理方法的关键。它首先应不影响本向直行机动车的通行。标线A规范非机动车进入路口后的运行路径,非机动车在标线A的右侧通行。标线B控制等待区与直行机动车通道之间的位置,其位置不能影响对向左转机动车的通行。标线C控制等待区与对向左转机动车道的位置,左转非机动车在标线C的后面、标线B的右侧等候,见图10-11。

交叉口右转非机动车流量较大,且交叉口用地条件许可时,可给右转非机动车交通流划出专用通行区和通行车道,以设置绿化岛、交通岛或隔离墩等的方式与其他非机动车的行驶空间加以区分。自行车道与人行道在同一平面上时,自行车坡道可与交叉口处的供残疾人使用的轮椅坡道共用。

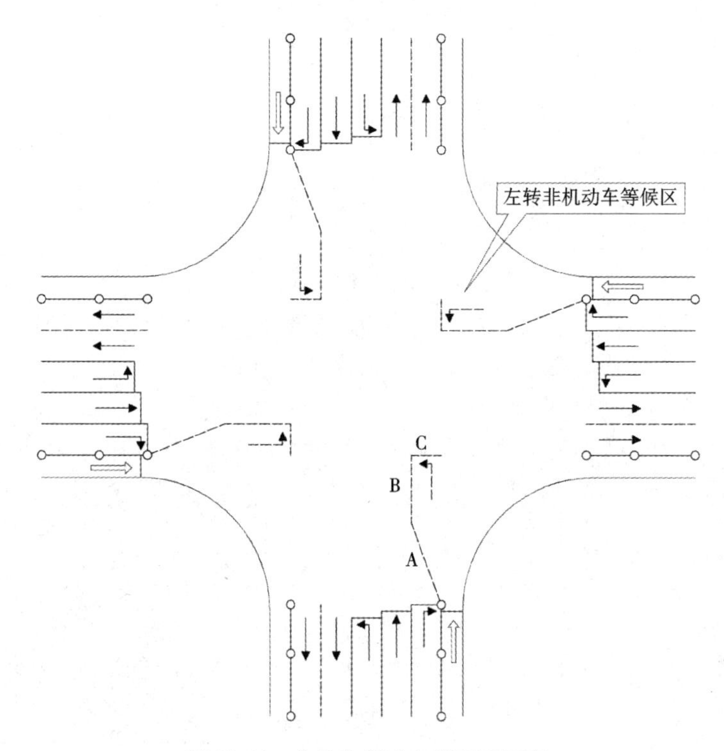

图10-11 左转非机动车等候区示意

4. 行人交通组织

行人交通组织的主要任务是组织行人在人行道上行走,在人行横道线内安全过街,使人、车分离,干扰最小。

交叉口内相邻道路的人行道互相连通,并将转角处人行道加宽,以适应人流集中转向的需要。为使行人安全、有序地横穿车行道,应在交叉口设置人行横道。交叉范围的人行道和人行横道相互连接,共同组成可达任意方向的步行道网。应尽量不将吸引大量人流的公共建筑的出入口设在交叉口上。

若人、车流量较大且车行道较宽时,应在人行横道中间设安全岛,必要时在转角处用栏杆将人、车隔离,人行横道两端设置行人专用信号灯。当交叉口宽阔、人流量多、车流量大且车速高时,可考虑设置人行天桥或人行地道。

交叉口处的人行道除满足行人通过外,还应为过街行人提供等待场地,其宽度原则上不小于路段人行道的宽度。若因设置附加车道不得已压缩人行道时，应根据人流量决定最小宽度。

人行横道的宽度与过路行人数和交叉口信号配时有关，应结合每个平面交叉口的实际情况设置。一般干路交叉口人行横道宽度最小采用4 m，支路交叉口最小采用2 m，并根据需要以1 m为单位增减，但不宜超过8 m。

人行横道的长度与路口信号显示时间有关。一次横穿过长的距离会使过街行人思想紧张，尤其是行走迟缓的人会感到很不安全。当机动车车道数大于等于4条或人行横道长度大于30 m时，应在道路中线附近设置宽度不小于1 m的行人过街安全岛。

在设置信号灯控制或停车让行标志的交叉口，应在路面上标绘停止线，指明停车位置。对无人行横道的交叉口，在不影响相交道路交通的条件下，停止线应尽量靠近交叉口，以减小交叉口的空间范围，提高交叉口通行能力。当有人行横道时，停止线应布置在人行横道线后至少1 m处，并应与车道线垂直。图10-12为某交叉口的人行横道、安全岛、停止线的布置图。

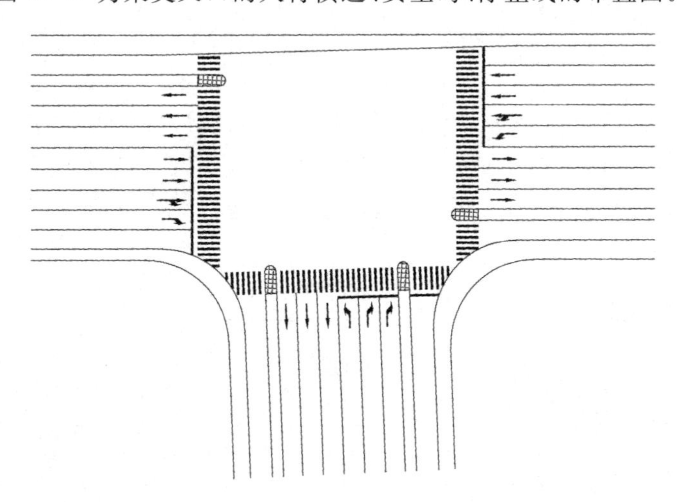

图10-12 某交叉口人行横道和安全岛的布置

10.1.4 交叉口平面设计

1. 规划设计原则

为使城市道路交叉口保持为人服务的基本功能，并且保障交叉口各种交通流的高效运转，交叉口规划设计应贯彻如下原则。

(1) 人本位原则

交叉口的交通组织、规划设计和景观建设应当面向“人本位”，科学分配交叉口的时空资源，优先保障广大人民群众，尤其是交通弱势群体安全通过交叉口。在交叉口的主干路和次干路上设置行人过街安全岛。

(2) 综合性原则

城市道路交叉口应根据相交道路的等级、分向流量、公交站点设置、交叉口周围用地性质、管线布置、防灾要求等确定交叉口形式和用地范围。

(3) 协调性原则

干路交叉口必须进行渠化规划设计，必须通过增加交叉口进口道车道数量来弥补时间资源的损失,使路口通行能力与路段通行能力相匹配。

(4) 系统性原则

交叉口渠化改造和规划建设必须考虑系统性,不能孤立改造某个路口,将交通矛盾转到其他路口。

(5) 节约性原则

尽可能通过平交路口渠化来挖掘既有设施潜力,尽量不建立交。路口机动车道宽度可比路段窄,在主干路上提供专用左转车道。

(6) 近远期结合原则

平面交叉口改造近期实施方案必须考虑远期交通需求,必须研究规划设计方案的近远期过渡,近期无法进行渠化的,远期应控制交叉口用地。

2. 平面交叉口设计速度

当设有信号灯控制时,城市道路交叉口的直行交通的通过速度低于路段的行驶速度。右转车辆会受到过街行人的影响,车速降低。左转车辆在进入和通过交叉口时要减速缓行或停车等待,驶离交叉口时须加速。一般情况下,平面交叉口内的设计速度应按各级道路设计速度的 0.5～0.7 倍计算,直行车取大值,转弯车取小值。通常情况下,平面交叉口范围内的左、右转车的车速在 15 km/h以下,直行车也只有在绿灯中段和末段才会以接近设计速度行驶。城市道路平面交叉口的设计速度可以按照表 10-3 取值。

表 10-3 城市道路平面交叉口的设计速度(km/h)

车流方向 在绿灯的时段	左转车	直行车	右转车	
			人、机、非混行	纯机动车
绿灯初段	15～20	15～20	15	25
绿灯中段	20	30～40	15	25～30
绿灯末段	25	30～40	15	25～30

3. 平面交叉口转角的缘石半径

为了保证右转弯车辆能以一定的速度顺利转弯,交叉口转角处的缘石应做成圆曲线或多圆心复曲线,以符合相应车辆行驶的轨迹。通常多采用圆曲线,以求计算与施工的方便。多圆心复曲线用于设计车辆为大型汽车时或转角处建筑已经形成、用地紧张的交叉口。

平面交叉口转角的缘石半径值应根据下列几方面因素考虑。

①缘石半径取用值应大于等于交叉口转弯车辆的最小半径。

②三幅路、四幅路交叉口的缘石转弯最小半径应满足非机动车转弯要求。

③X 形、Y 形斜交类型交叉口缘石半径应视交叉口的交角形状选用。在保证视距的前提下,锐角的半径值宜小,钝角的半径值宜大。

④公路或城市道路旧街进口道为一车道的,应适当加大缘石半径,以便扩大停止线断面附近车行道宽度,减少阻塞。

我国城市道路平面交叉口的缘石半径是远大于发达国家的。平面交叉口转角的缘石半径大小要适宜。如果缘石半径过小,则要求右转车的车速降低很多,行车不平顺,导致车辆向外偏移侵占相邻车道,或向内偏移驶上人行道。如果缘石半径过大,则会增加车辆通过交叉口的时间,并造成行人横过道路的距离过长。此外,缘石半径过大还会增大交叉口面积,导致左转车的行车轨迹不固定,有较大的游荡区,不利于行车安全(图 10-13)。一般道路交叉口用 10 m 转弯半径,有大量大型货运车辆转弯时用 15 m 转弯半径。

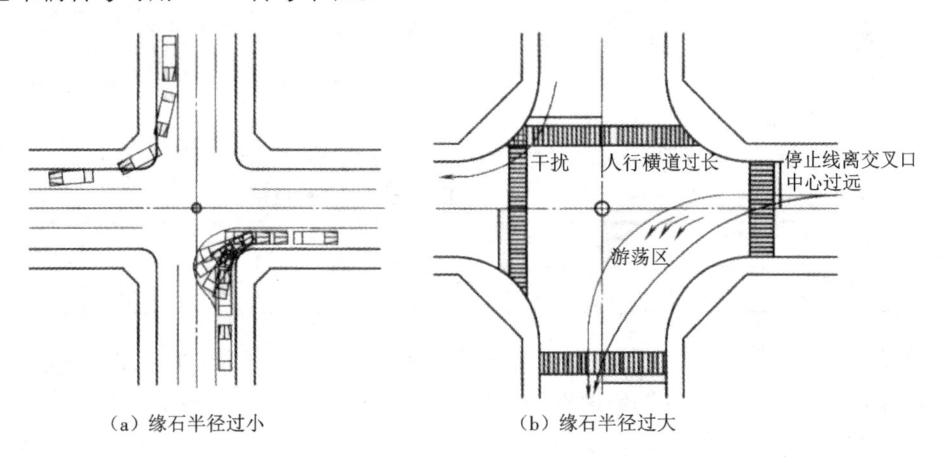

(a) 缘石半径过小　　(b) 缘石半径过大

图 10-13　过大或过小的缘石半径

4. 平面交叉口的视距三角形

车辆到达交叉口前,应确保司机能看清路口情况,以便通过或停车,这一段距离必须大于停车视距。由交叉口内最不利的冲突点,即最靠右侧的直行机动车与右侧横向道路上最靠中心线驶入的机动车在交叉口相遇的冲突点起,向后各退一个停车视距,将这两个视点和冲突点相连,构成的三角形称为视距三角形(图 10-14)。在视距三角形的范围内,有碍视线的障碍物应予以清除,以保证通视与行车安全。

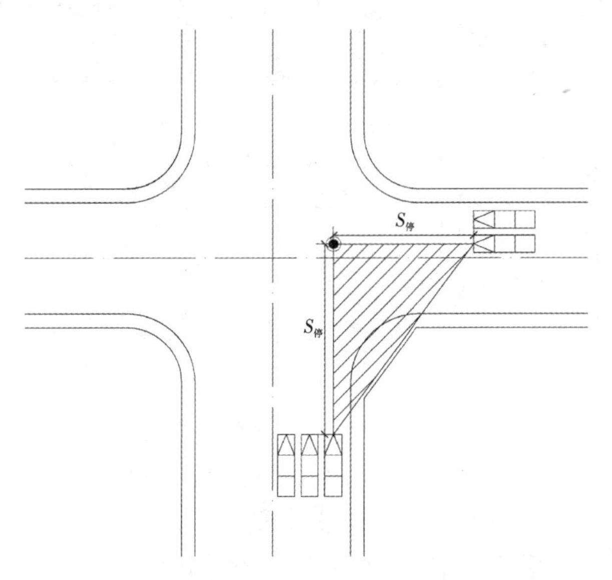

图 10-14　平面交叉口的视距三角形

视距三角形应以最不利的情况来绘制,其方法和步骤如下。

①根据平面交叉口的设计速度来计算相交道路的停车视距,可以按照表10-4取值。

②根据通行能力与车道数的计算来划分进出口车道。

③绘制直行车与左转车的行车轨迹线,找出各组冲突点。

④从最危险的冲突点向后沿行车的轨迹线(车道中分线),分别量取停车视距 $S_{停}$ 值。

⑤连接末端,在构成的视距三角形范围内,不准有阻碍视线的障碍物存在,交叉口转角处道路红线应在三角形之外。

通常X形、Y形交叉口的锐角端必须在校验视距三角形后,才能确定该处道路红线位置。

表 10-4　交叉口视距三角形要求的停车视距

交叉口直行车设计速度/(km/h)	60	50	45	40	35	30	25	20	15	10
安全停车视距 $S_{停}$/m	75	60	50	40	35	30	25	20	15	10

城市新建干路与铁路相交,原则上应采用立交。当支路与铁路相交时,可采用平面交叉口,但道路线形应为直线。直线段从最外侧钢轨外缘起算应大于等于30 m。道路平面交叉口的缘石转弯曲线切点距最外侧钢轨外缘不应小于30 m。无栏木设施的铁路道口,停止线位置距最外侧钢轨外缘不应小于5 m。道口外道路为上坡时,水平路段不得小于13 m;道口外道路为下坡时,水平路段不得小于18 m;紧接水平路段的道路纵坡不大于3%。道口的宽度不应小于路段宽度,当交通量较大时要根据具体情况适当展宽。铁路道口的视距三角形见图10-15,视距三角形范围内严禁有任何妨碍机动车驾驶员视线的障碍物。

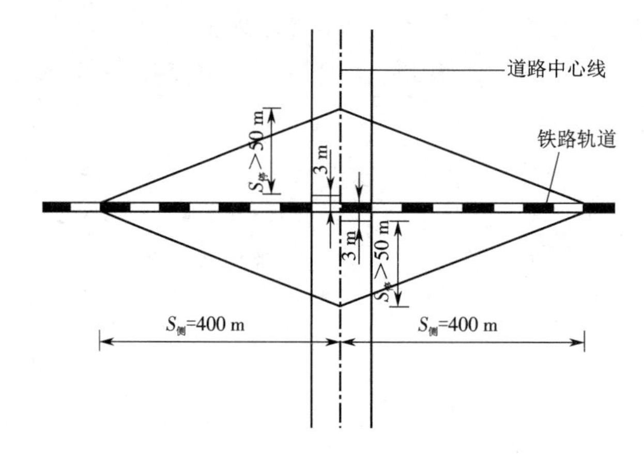

图 10-15　铁路道口的视距三角形

5. 平面交叉口的通行能力

平面交叉口通行能力是指各进口道在单位时间内可以通过的车辆数之和。

交叉口进口道的通行能力,由于受到路口各种条件的限制而小于路段通行能力。信号灯控制的路口通行能力,与各入口处车流所得到的绿灯时间有关。在主次干路相交的路口,为提高主干路通行能力,可以增加主干路的绿信比,以牺牲次干路和支路的绿信比为代价。提高整个平面交叉口通行能力的方法是增加进口道车道数,使车辆队列缩短,以减少绿灯需求。

目前,我国计算平面交叉口通行能力的方法有多种,本节主要介绍停止线法。这种计算方法以交叉口的停止线作为基准断面，凡是通过了停止线断面的车辆，即认为已通过了交叉口。该断面上各不同行驶方向车道的一小时最大通过量，即为各车道的设计通行能力。断面进口道设计通行能力，等于停止线断面各车道设计能力之和。整个十字路口设计通行能力应为四个进口道设计通行能力之和。

(1) 各种直行车道的设计通行能力

①直行车道设计通行能力公式如下：

$$N_s = \left(\frac{3600}{t_c}\right)\left(\frac{t_g - t_1}{t_{is}} + 1\right)\psi_s \tag{10.1.3}$$

式中，N_s——一条直行车道的设计通行能力(pcu/h)；

t_c——信号周期，即色灯信号一个循环的时间(s)；

t_g——一个信号周期内的绿灯时间(s)；

t_1——色灯变为绿灯后第一辆车启动并通过停止线的时间(s)，可采用2.3 s，作为大型车、小型车各据一半时的平均值；

t_{is}——直行车辆通过停止线的平均间隔时间(s)，可采用2～2.5 s；

ψ_s——直行车道的通行能力折减系数，可采用0.9。

其中，$t_g - t_1$ 为一个信号周期内的有效绿灯时间，$\frac{t_g - t_1}{t_{is}} + 1$ 为绿灯时间内通过的车辆数，再乘以每小时周期数$\frac{3600}{t_c}$与折减系数 ψ_s，则为单车道的通行能力。

②直右车道设计通行能力公式如下：

$$N_{sr} = N_s \tag{10.1.4}$$

式中，N_{sr}——一条直右车道的设计通行能力(pcu/h)。

根据观测，当右转车辆与其他行驶方向的车辆混行时，由于右转车辆通过停止线的间隔时间与直行车的间隔时间大致相等，因此，直右车道的设计通行能力按直行车道的公式计算。

③直左车道设计通行能力公式如下：

$$N_{sl} = N_s\left(1 - \frac{\beta_1'}{2}\right) \tag{10.1.5}$$

式中，N_{sl}——一条直左车道的设计通行能力(pcu/h)；

β_1'——直左车道中左转车所占比例。

④直左右车道设计通行能力公式如下：

$$N_{slr} = N_{sl} \tag{10.1.6}$$

式中，N_{slr}——一条直左右车道的设计通行能力(pcu/h)。

在直左或直左右混行车道中各种不同方向的车辆混行，左转车驶入交叉口一般应减速，因此，左转车影响后面的车辆正常通过交叉口。经实际观测，紧跟在左转车后面的车辆通过停止线的间隔时间往往大于正常间隔时间，车头时距平均值为3.74 s，也即通过一辆左转车相当于通过1.5辆直行车。在一般情况下，一辆左转车只影响后面一辆直行车或右转车，因此，在计算直左或直左右混行车道通行能力时，应按左转车混入比例折减，折减系数为$\left(1-\frac{\beta_1'}{2}\right)$。

(2) 进口道设有专用左转或专用右转车道时的设计通行能力

专用左转车道和专用右转车道的设计通行能力依据本车道的绿灯时间,参照公式(10.1.3)计算。

(3) 没有专用左转信号,进口道的通行能力折减

在一个信号周期内,对面到达的左转车超过 4 辆时,应折减本面各种直行车道(包括直行、直左、直右及直左右等车道)的设计通行能力。

绿灯启亮后,对面专用左转车道的左转车或在混行车道中排在前面的左转车由于距冲突点较近,每个信号周期可抢先通过 1~2 pcu,而不影响本面直行车的通行。黄灯期间尚可通过绿灯时驶入交叉口等候通过的对面左转车 2~3 pcu。因此,每个信号灯周期不影响本面直行车通过时,可容许通过对面左转车 3~4 pcu。平面交叉口较大时,需要容纳的停候车辆较多,可采用 4 pcu,较小时采用 3 pcu。

当对面左转车每一周期超过 3~4 pcu 时,对本面进口道设计通过能力的折减按下式计算。

当 $N_{le} > N'_{le}$ 时,

$$N'_e = N_e - n_s(N_{le} - N'_{le}) \tag{10.1.7}$$

式中,N'_e——折减后本面进口道的设计通行能力(pcu/h);

N_e——本面进口道的设计通行能力(pcu/h);

n_s——本面各种直行车道数;

N_{le}——对面进口道左转车道的设计通行能力(pcu/h)。

$$N_{le} = N_e\beta_l \tag{10.1.8}$$

式中,β_l——左转车占本面进口道车辆的比例;

N'_{le}——不必折减本面各种直行车道设计通行能力的对面左转车数(pcu/h),当交叉口较小时为 $3n$,较大时为 $4n$,n 为每小时信号周期数。

6. 平面交叉口进口道设计

(1) 一条车道的宽度

平面交叉口多采用交通管制,与路段上行驶方式不同。又由于进口道车速低,为了尽可能增加转弯车道来提高通行能力,因而适当减窄车道宽度。通常交叉口范围内所有车道的宽度比路段上略窄,这既能节省投资,又能提高交通疏导能力。具体宽度按交叉口所在位置、道路等级及交通组成而定。一般进口道车道宽度宜为 3.25 m,困难情况下最小宽度可取 3.0 m(在旧城道路交通改善用地条件受限时,最小用 2.8 m)。出口道宽度不应小于路段车道宽度,宜为 3.5 m,条件受限的情况下不宜小于 3.25 m。

(2) 进口道车道的数量

平面交叉口进口道直行车道数计算公式如下:

$$n = \frac{N'_h}{N_s} \tag{10.1.9}$$

式中,n——直行车道数,n 值接近整数时取整数;小于整数时,多余直行交通量与右转或左转交通量可组合在直右、直左车道上;

N'_h——交叉口直行设计通行能力(pcu/h);

N_s——交叉口直行车道设计通行能力(pcu/h)。

高峰小时一个信号周期进入交叉口的左转车辆多于 3 pcu 或 4 pcu(小交叉口为 3 pcu,大交叉口为 4 pcu)时,应增设左转专用车道。

高峰小时一个信号周期进入交叉口的右转车辆多于 4 pcu 时,应增设右转专用车道。

(3) 交叉口展宽设计

交叉口展宽设计内容包括进口道车流组织形式、展宽位置的选择以及展宽长度的计算。

①进口道车流组织形式。

根据不同的车道条数可组织成各种车流走向的方案(图 10-16),以适应平面交叉口车辆通行和转向的要求。

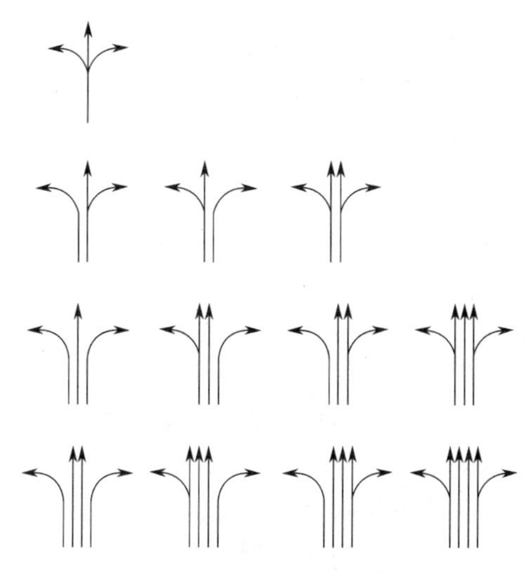

图 10-16 交叉口的不同车道形式

处理好左转交通、增加左转车道是平面交叉口规划设计的重点,但在我国有大量非机动车行驶的三幅路,在路口增加右转机动车道也十分重要。有些城市在机动车双向四车道的干路上,利用机动车道与非机动车道的分隔带作为右转车道,解决了路口交通堵塞问题。然而,有的城市从高架路引出的下坡车道离交叉口太近,使下坡车辆到交叉口后,右转机动车受地面直行非机动车的阻挡无法驶出,造成排队车辆向后顶推到高架桥坡道上,严重时波及高架路上的车辆,造成交通阻滞和拥堵。

②展宽位置的选择。

根据平面交叉口通行能力计算,决定应增加专用左转车道(或直左车道)和专用右转车道(或直右车道),然后确定展宽的具体位置。展宽位置如下。

A. 向进口道左侧展宽。

a. 利用中央分隔带。

对设有宽为 2.0～3.5 m 中央分隔带的断面,可利用交叉口的中央分隔带,开辟出一条左转车专用道(图 10-17(a))。缩窄后的中央分隔带宽度应大于 0.5 m,且端部宜为半圆形。

b. 中线偏移,占用对向车道。

将原有车行道中线向左偏移 2～3 m,以形成一条左转车专用道(图 10-17(b))。

B. 向进口道右侧展宽。

利用机动车道右侧的分隔带、人行道上的绿带，或拆迁部分房屋，增加一条车道(图 10-17(c))。

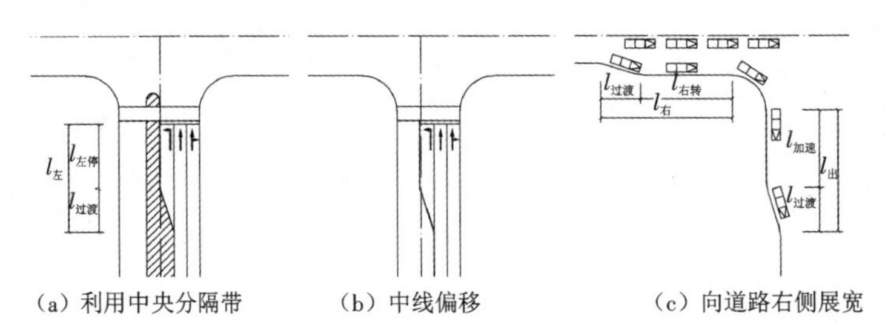

(a) 利用中央分隔带　(b) 中线偏移　(c) 向道路右侧展宽

图 10-17　交叉口处车道的展宽

③展宽车道的长度。

A. 左转弯车道长度。

为使最后一辆左转弯车能在左转车车列末端安全停车，左转车道长度应为停车车列长度与渐变段长度之和，其计算公式如下：

$$l_{左} = l_{左停} + \max\{l_{左减}, l_{过渡}\} \tag{10.1.10}$$

式中，$l_{左}$——左转弯车道长度(m)；

$l_{左停}$——左转车停车车列长度(m)，与车列中的车辆数量及车身长度有关；

$l_{左减}$——左转车减速所需长度(m)；

$l_{过渡}$——过渡段长度(m)，可采用横移一个车道所需时间为 3 s 计算。

$l_{左减}$与 $l_{过渡}$经计算比较，取其中的较大值作为确定渐变段长度的依据。

B. 右转弯车道长度(图 10-17(c))。

展宽右转车道的长度，主要由一个信号周期内红灯及黄灯时间所停候的车辆数决定，应使右转车能从停候的最后一辆直行车(或直左车)后面驶入展宽车道，以及满足右转车辆的减速行程要求(取两值的和)。

右转车道展宽长度按下列公式计算：

$$l_{右} = l_{直停} + l_{过渡} \tag{10.1.11}$$

式中，$l_{右}$——右转弯车道展宽长度(m)；

$l_{直停}$——直行车停车车列长度(m)，与车列中的车辆数及车身长度有关。

C. 出口道展宽长度(图 10-17(c))。

右转车辆转入相交干路以后，需要加速，伺机并入直行车道。为了不影响相交干路直行车流的正常行驶，要在出口道展宽一定的长度作为加速车道长度。计算公式如下：

$$l_{出} = l_{加速} + l_{过渡} \tag{10.1.12}$$

式中，$l_{出}$——出口车道展宽长度(m)；

$l_{加速}$——车辆加速所需长度(m)。

在进行平面交叉口规划设计时，往往缺乏详细的交通量资料。为了控制交叉口的用地范围，可以采用如下规定。

a. 当路段为单向机动车 3 车道时，进口道一般不少于 5 车道；当路段为单向机动车 2 车道时，进口道应保障至少有3车道。

b. 干路交叉口相交道路进口道应拓宽4～5 m。交叉口进口道的每条机动车车道最小宽度可减为3 m或更小。

c. 进口道展宽段(不包括过渡段)是交叉口进口道外侧红线转弯半径的端点向后延伸,渠化段长度宜为60～80 m,困难情况下应不小于50 m。

d. 出口道展宽段的长度是交叉口出口道外侧红线转弯半径的端点向前延伸,交通量大的主干路展宽段的最小长度为60 m,其他道路展宽段的最小长度为30 m。当设置公交停靠站时,应再加上站台长度。

10.1.5　交叉口竖向设计

1. 竖向设计的任务与原则

平面交叉口竖向设计就是确定交叉口道路相交面的形状和标高,统一解决行车、道路排水和建筑艺术在立面上的关系。竖向设计主要取决于相交道路的等级、排水条件和地形、地物(原有地面、构筑物、建筑物等)。

平面交叉口竖向设计的原则如下。

①主要道路通过交叉口时,设计纵坡保持不变。

②同等级道路相交,两道路纵坡不变,改变它们的横坡,使横坡与相交道路的纵坡一致。

③次要道路的纵坡在交叉口范围内服从于主要道路的设计纵坡和横坡。

④为保证交叉口排水,至少一条道路的纵坡应离开交叉口。若交叉口处于盆地,所有纵坡均向着交叉口,需考虑设置地下排水管和进水井。

⑤交叉口设计纵坡一般不大于2%,困难情况下不大于3%,交叉口四角路缘石边沟纵坡不小于0.3%。

2. 竖向设计的方法

平面交叉口竖向设计方法包括高程箭头法和设计等高线法两种。

(1) 高程箭头法

根据竖向规划的原则和要求,确定交叉口各主要部位的设计标高,并标注于交叉口图上,用箭头表示排水方向。这种方法简便,易于修改,但比较粗略,仅适宜交叉口初步设计时使用。

(2) 设计等高线法

即用等高线来表示交叉口各部位的设计高程及排水方向。这种方法在平面交叉口规划设计中应用较多。先根据各条交叉道路的纵、横断面设计绘出道路车行道和人行道等高线,然后将相同标高的等高线平顺地连接起来,再根据排水的要求选择集水点,设置雨水进水口,同时考虑与交叉口建筑的景观协调,适当调整等高线,使其均匀变化。为了便于施工,常按10 m方格标注路面的设计标高。

图10-18为路段上的设计等高线。

绘制交叉口标高计算线网一般有以下三种方法。

①圆心法。

根据需要,在相交道路的脊线上每隔一定距离(或等分)定出若干点,把这些点分别与相应的

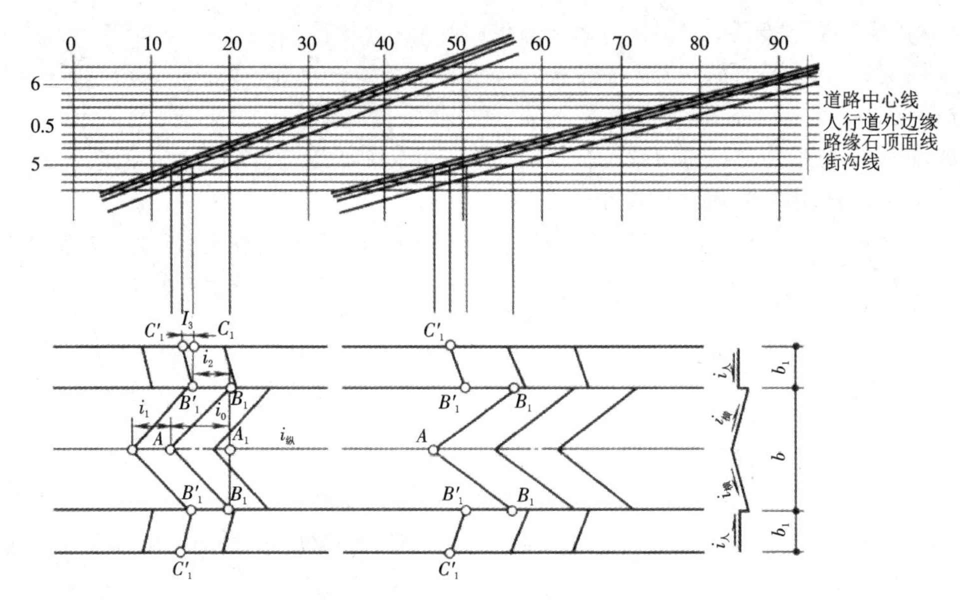

图 10-18　路段上的设计等高线

缘石曲线的圆心连成直线(只画至缘石处即可),便可形成以路脊为分水线、以路脊交点为控制中心的标高计算线网(图 10-19)。

②等分法。

将交叉口范围内的路脊线分为若干等份,然后将相应的缘石曲线也等分成相同的份数,按顺序连接各等分点,即可得交叉口的标高计算线网(图 10-20)。

③平行线法。

先将路脊线交点与转角圆心连成直线,然后根据需要把路脊线分成若干点,通过各点作平行线交于缘石曲线,即可得交叉口标高计算线网(图 10-21)。

上述三种方法中,一般多采用圆心法。当交叉口用地面积较大时,也可以用方格法来计算各方格的标高。

此外,在进行竖向设计时,还要计算交叉口的土方填挖数量。

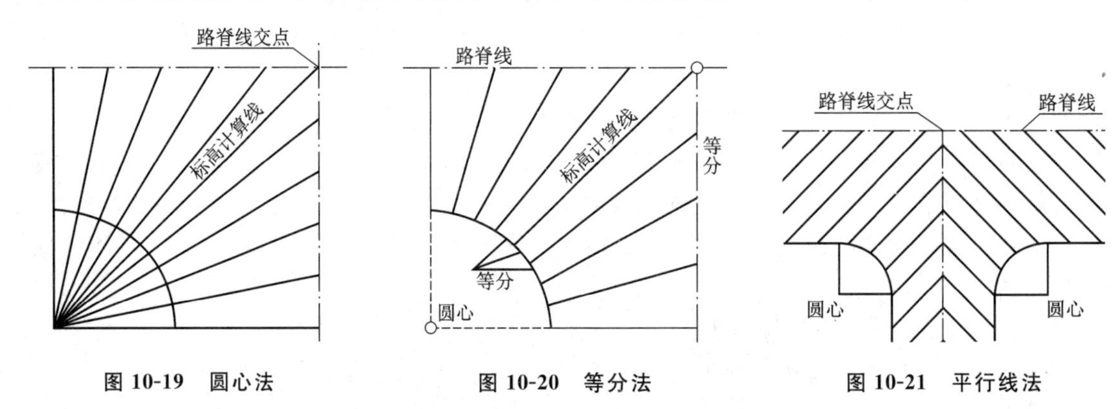

图 10-19　圆心法　　图 10-20　等分法　　图 10-21　平行线法

3. 十字平面交叉口竖向规划的基本形式

相交道路的纵坡方向是影响交叉口竖向规划的主要因素。相交道路的横断面形状和纵坡的方向不同，则交叉口的竖向规划形式也不同。十字平面交叉口竖向规划有六种基本形式。

(1) 斜坡地形上的十字交叉口

斜坡地形上的十字交叉口是指相邻两条道路的纵坡向交叉口倾斜，而另外两条相邻道路的纵坡由交叉口向外倾斜(图10-22a)。进行竖向设计时，相交道路的纵坡均保持不变，在交叉口形成

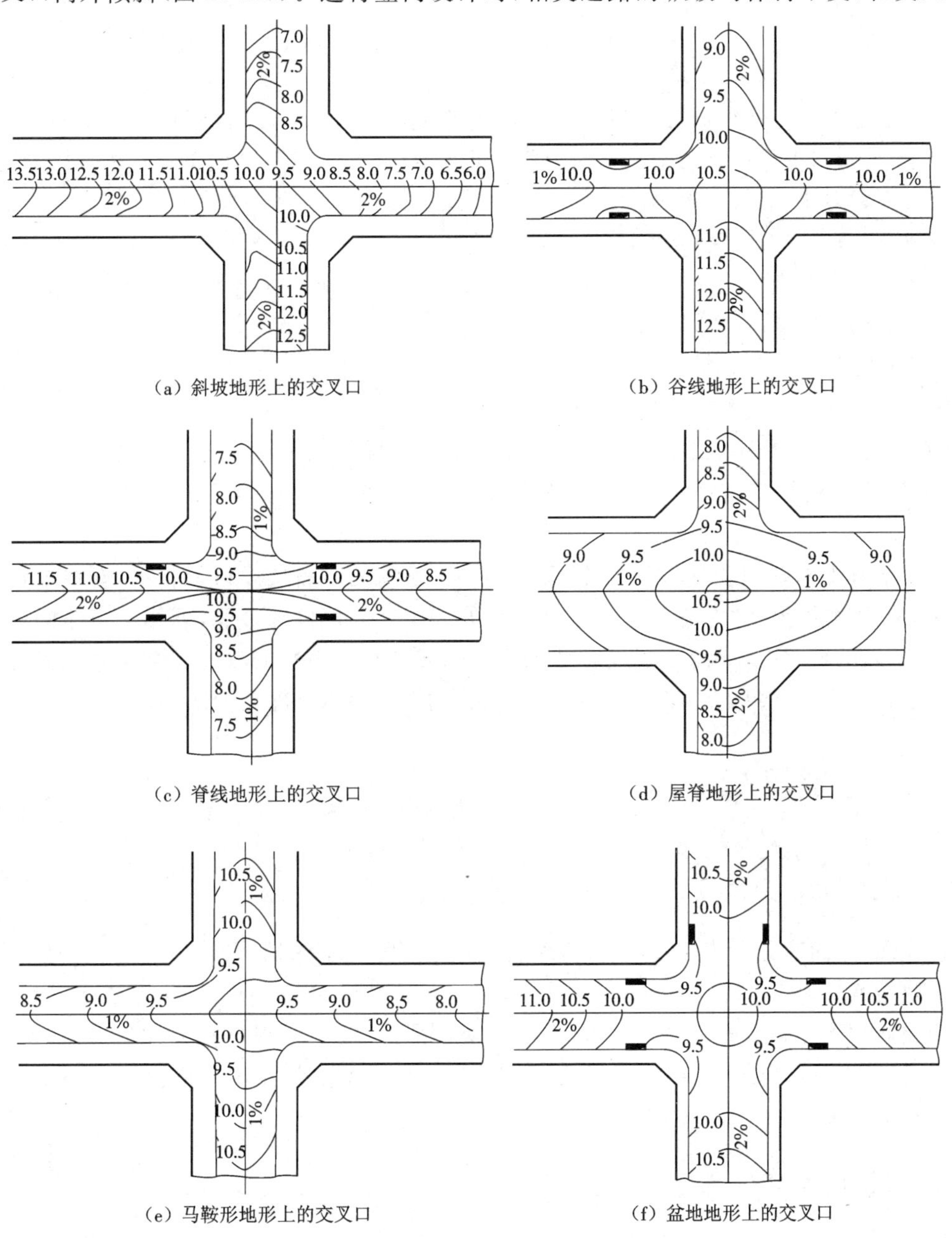

图10-22 交叉口竖向规划的六种基本形式

一个单向倾斜的斜面。在进入交叉口的人行横道线的上侧应设置进水口。

(2) 谷线地形上的十字交叉口

谷线地形上的十字交叉口是指三条道路的纵坡向交叉口中心倾斜,而另一条道路的纵坡由交叉口向外倾斜(图 10-22(b))。在进入交叉口的人行横道线的上侧应设置进水口。

(3) 脊线地形上的十字交叉口

脊线地形上的十字交叉口是指三条道路的纵坡由交叉口向外倾,而另一条道路的纵坡则向交叉口倾斜(图 10-22(c))。

(4) 屋脊地形上的十字交叉口

屋脊地形上的十字交叉口是指相交道路的纵坡全由交叉口中心向外倾斜(图 10-22(d))。在这种情况下,地面水可直接排入交叉口四个路角的街沟,在交叉口范围内不设进水口,人行横道上只有少部分面积过水,对行人影响不大。

(5) 马鞍形地形上的十字交叉口

马鞍形地形上的十字交叉口是指相对两条道路的纵坡向交叉口倾斜,而另外两条相对道路的纵坡由交叉口向外倾斜(图 10-22(e))。

(6) 盆地地形上的十字交叉口

盆地地形上的十字交叉口是指相交道路的纵坡全向交叉口中心倾斜(图 10-22(f))。这种情况下,地面水都向交叉口集中,在交叉口处必须设置雨水口排泄地面水。为了避免雨水聚积于交叉口中心,还需要改变相交道路的纵坡,抬高交叉口中心的标高,并在交叉口四个角的低洼处设进水口。

对于十字形交叉口,上述六种基本形式中,斜坡、谷线地形的交叉口最常见,脊线地形的交叉口也多见,屋脊、马鞍形、盆地地形的交叉口不常见。还有一种特殊形式,即相交道路的纵坡都为零,在平原地区的城市中较为普遍。这种情况下,可将交叉口中心的设计标高稍微提高一些。必要时也可不改变纵坡,将相交道路的街沟都设计成锯齿形,用以排除地面水。

10.2 立体交叉口

10.2.1 概述

立体交叉口(简称立交)是用跨线桥或地道使相交道路在不同的平面上相互交叉的交通设施。立交将车道空间分离,从而避免了交叉口冲突点的形成,减少了停车延误,保证了交通安全,大大提高了道路通行能力和运输效率。然而,由于立交占地面积大、工程投资大、施工复杂,所以需要全面论证建设立交的必要性。一般在城市总体规划和城市交通规划阶段应提出立交系统规划方案和立交用地范围。

10.2.2 立交的基本形式

道路立交的形式很多,目前世界各国已经采用的有 180 余种,其中应用最多的有 10 余种。根据交通功能和匝道布置方式,立交分为两类:一类是分离式立交,相交道路上的车辆在交叉处不能转弯到另一条道路上去；另一类是互通式立交，在相交道路之间设置连接道路(匝道)，相交道路上的车辆可以通过匝道转向行驶到另一条道路上去。

1. 分离式立交

分离式立交形式简单、占地少、造价低，适用于直行交通量大且附近有可供转弯车辆使用的道路。此外，分离式立交也常用于道路等级、性质或交通量相差悬殊的交叉口。例如：道路与铁路交叉处、高速公路与三四级公路之间的立交、快速路与次要道路和支路相交等情况。采用分离式立交可以避免互相干扰，保证主要道路的车流畅通。图10-23为分离式立交示意图。

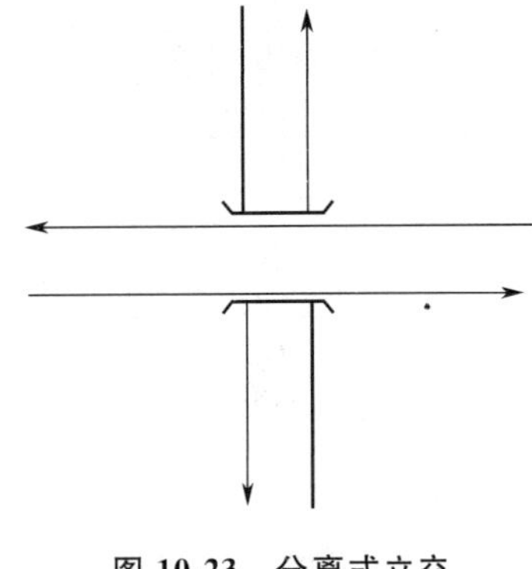

图10-23 分离式立交

2. 互通式立交

我国车辆靠右行驶，主线右转弯匝道一般为直接向右转弯的定向型连接，互通式立交中匝道的变化主要是左转弯匝道形式的变化。

互通式立交按交通功能和行驶方式分为不完全互通立交和全互通立交。不完全互通立交是指部分方向转向匝道缺失。全互通立交是指各个方向均有转向匝道的立交形式，车流在立交上行驶不存在冲突点。

(1) 喇叭形立交

喇叭形立交是以喇叭形匝道连接的三岔道全互通立交(图10-24)。这种立交适用于T形或Y形路口，结构形式简单，行车安全顺畅，但占地较大。一般喇叭口应设在左转弯车辆较多的道路一侧，以利主流方向行车。

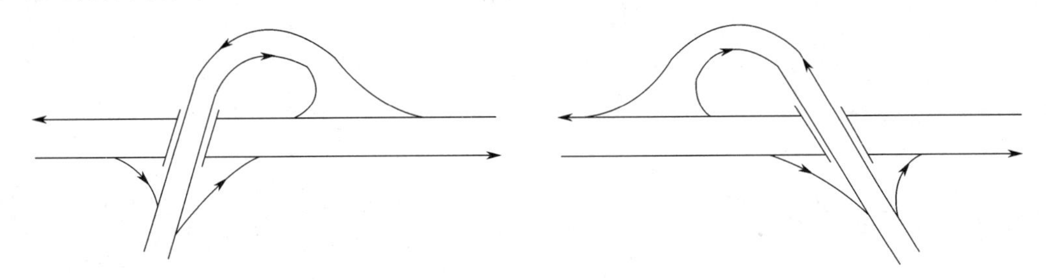

图10-24 喇叭形立交

当路口用地充足时，通常在两个象限上各设一个匝道，供左转车辆使用，形成叶形立交(图10-25)。这种形式不仅有利于车辆的调头，而且在以后道路拓展为十字路口时，可用于苜蓿叶形立交的初始阶段。但这种立交的缺点是进左转匝道和出左转匝道的车流存在交织，车流量大时，立交将发生交通拥堵。

收费式喇叭形立交常用于高速公路出入口。当高速公路与入城道路相交时，为了简化收费管理，将进出立交的车辆集中在一处收费，可以采用双喇叭形立交(图10-26)。该立交的缺点是车辆绕行距离长，收费站通行能力不足时，车辆将因排队堵塞高速公路主线。

(2) 菱形立交

菱形立交是由四条匝道呈菱形连接相交道路的不完全互通立交(图10-27)。立交主线车流直

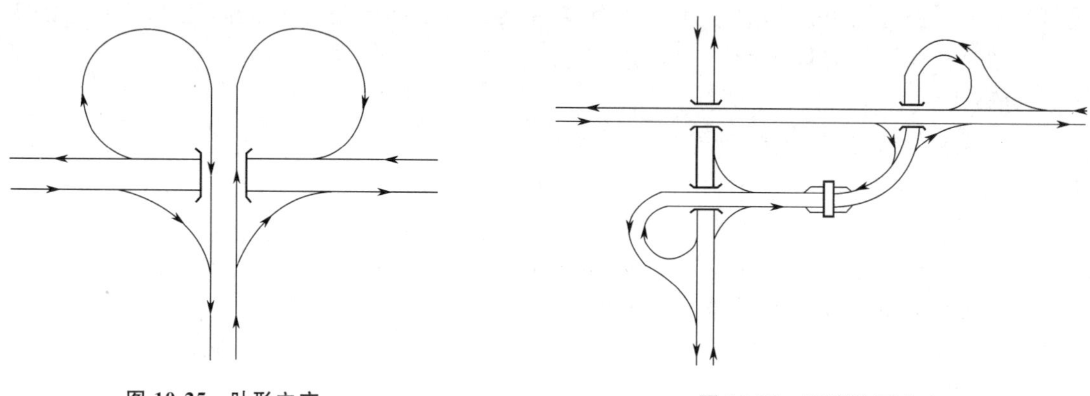

图 10-25　叶形立交

图 10-26　双喇叭形立交

行通过,其他方向车流平面交叉通过。菱形立交的优点是造型简洁,占地少,投资省,主线上的左右转弯只有单一的进出口,易于司机识别,主干线的直行交通不受干扰。其缺点是存在两处平面交叉,每处平面交叉有三个冲突点。当平面交叉口处的通行能力不足时,车辆将沿着匝道排队,延续到立交主线,进行影响主线交通。菱形立交一般用于横路交通量及主线左转弯交通量不大的地方。

在旧城道路改造中,为了节约立交用地,常将菱形立交的主要道路放在路堑内穿过,次要道路在桥面上通过,主要道路上的车辆可以利用外侧坡道和桥面作 180°调头行驶(图 10-28)。当主要道路的地下管线较多,又难以搬动时,常将主要道路的直行车流放在跨线桥上通过,其余方向的车流仍在地面的平面交叉口上行驶。需要时,可用交通信号灯管理。

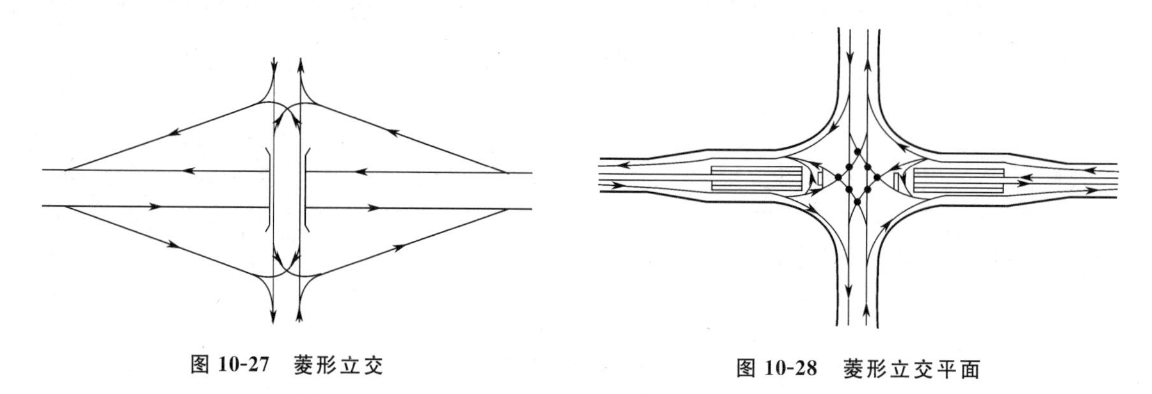

图 10-27　菱形立交

图 10-28　菱形立交平面

快速路的进出匝道与相交道路的关系也类似于菱形立交。在进行菱形立交规划设计时,必须通过各种措施提高平面交叉处的通行能力,尤其应拓宽进口、出口匝道宽度。

(3) 全苜蓿叶形立交

全苜蓿叶形立交是指四岔道交叉的右转弯均用外侧匝道直接连通,而左转弯均用环形匝道连通形成的全互通立交(图 10-29)。其优点如下:所有右转弯均是用定向型的外连接匝道来完成;所有左转弯交通与横路交通没有任何冲突点,转弯交通和横路上的交通亦可不中断地连续运行;可减少交通事故。其缺点如下:左转出立交车流与左转进立交车流存在交织,当这两股车流之和大于交织段的通行能力时,车流将发生堵塞,进而导致立交的交通瘫痪;所有左转弯均以 270°的右转弯代替，内环半径小且是反定向，故行驶不便，且对匝道进一步提高通行能力有所限制；主线上每一行驶方向有两个进口及两个出口，转弯交通对过境交通的干扰较大；用地较大等。为了缓解车流交织问题，通常在道路外侧加设集散车道（图10-30）。全苜蓿叶形立交适用于立交用地控制，在快速路系统中不宜选用。

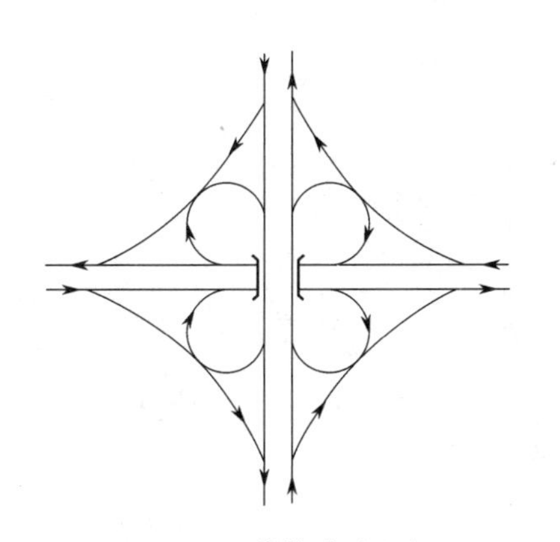

图10-29　苜蓿叶形立交

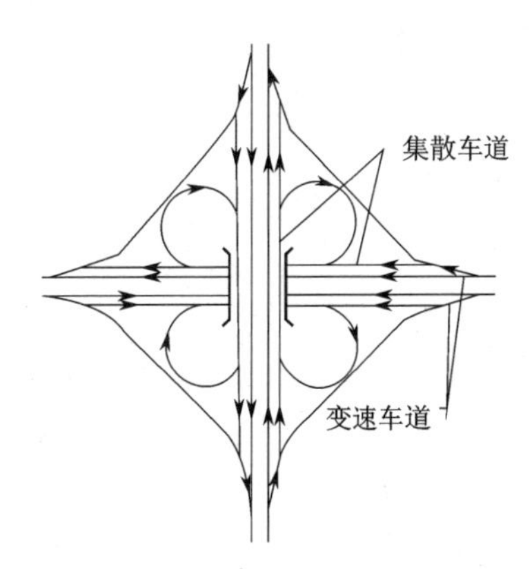

图10-30　带集散车道的苜蓿叶形立交

（4）部分苜蓿叶形立交

部分苜蓿叶形立交与全苜蓿叶形立交相似，但部分苜蓿叶形立交只在1～3个象限内设置内环，其他内环变为定向匝道（图10-31）。其优点如下：减少了左转进出立交车流之间的交织，同时横路上的转弯车辆不易误驶出匝道，危险性小。其缺点如下：定向匝道需连续跨越两条主线，建设成本较高。部分苜蓿叶形立交适用于转弯交通量相差较大的情况。

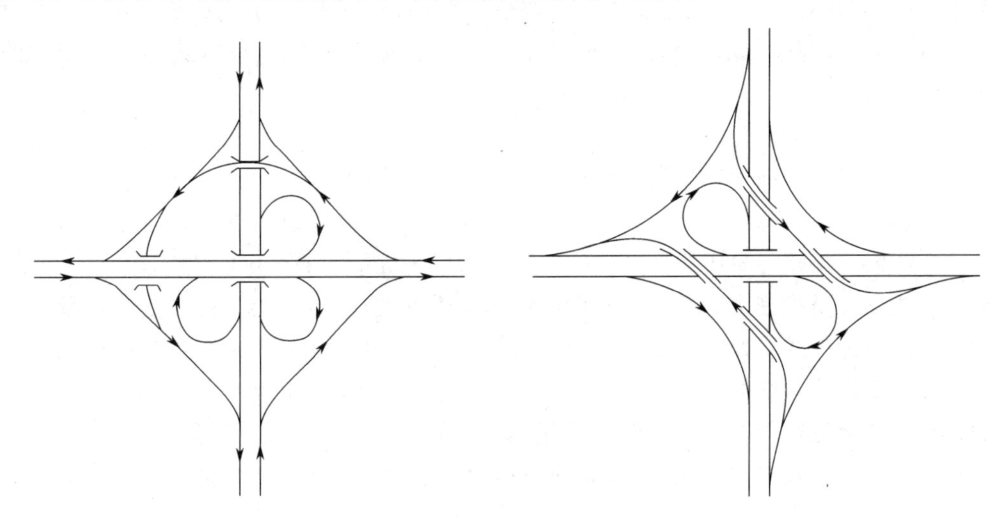

图10-31　部分苜蓿叶形立交

（5）环形立交

环形立交由环形平面交叉口发展而来，是通过一个环道来实现各个方向转弯的立交方式，可分为双层式、三层式和四层式环形立交。

双层式环形立交是常见的环形立交，立交主线车流上跨或下穿环道直接通过路口，其他方向车流按逆时针方向绕环道进出路口(图 10-32a)。

三层式环形立交是两相交道路直行交通分别上跨与下穿,中间环道供左右转弯机非车辆运行(图 10-32b)。

四层式环形立交,是指双层环道加上跨与下穿直行道的立交,双层环道分别为机动车和非机动车环道(图 10-32c)。

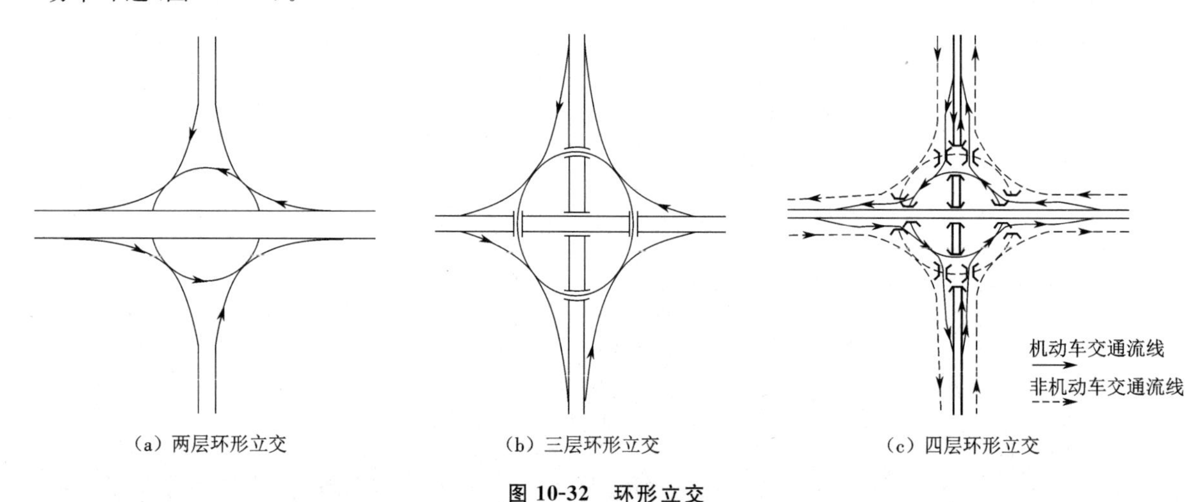

(a) 两层环形立交　(b) 三层环形立交　(c) 四层环形立交

图 10-32　环形立交

从理论上讲环形立交是全互通立交,但是存在着进环车流与出环车流的交织问题,常常由于交织段通行能力不足导致立交交通瘫痪。我国已建的环形立交纷纷在立交环道上设置信号灯解决车流交织问题,并且对有些环形立交进行了改造。例如:南京中央门立交在环道入口处设置了信号灯;上海市对内环高架与南北高架的环形立交进行了彻底改建。目前,我国城市新建的环形立交已不多。

(6) 定向式与部分定向式立交

定向式立交为各个方向车辆均设置直接的连接匝道,保证交通的便捷、通畅和安全,提高了通行能力,是互通式立交的最高级形式(图 10-33)。定向式匝道是指偏离指定的运行方向不多的单向行车道。上海的延安路与重庆路交叉处的立交即为一座五层式的全定向式立交。

部分定向式立交是指在主要车流方向设置定向匝道的立交,也称半定向式立交。部分定向式匝道是指比定向匝道的线形偏离指定的运行方向多,但比环道又更直接的连接线形的匝道。

定向式和半定向式立交的优点是减少车辆行驶距离、车速高、通行能力大、没有车流交织点、对大交通量连续安全运行很有利。其缺点是用地多,造价高;立交层数多,合流点多,往往由于合流点处通行能力不足导致立交交通堵塞;立交坡度大,往往由于卡车爬坡速度慢导致立交交通堵塞。例如上海市的莘庄立交为 5 条快速路和高速公路相交的半定向式大立交,常由于合流点、卡车爬坡等原因,成为制约整个上海市快速路系统的瓶颈。

(7) 组合式立交

对左转车流采用不同的转向原则的立交称为组合式立交。组合式立交允许左转交通选用不同形式的匝道。

不同立交形式立交的特点和适用条件总结见表 10-5。

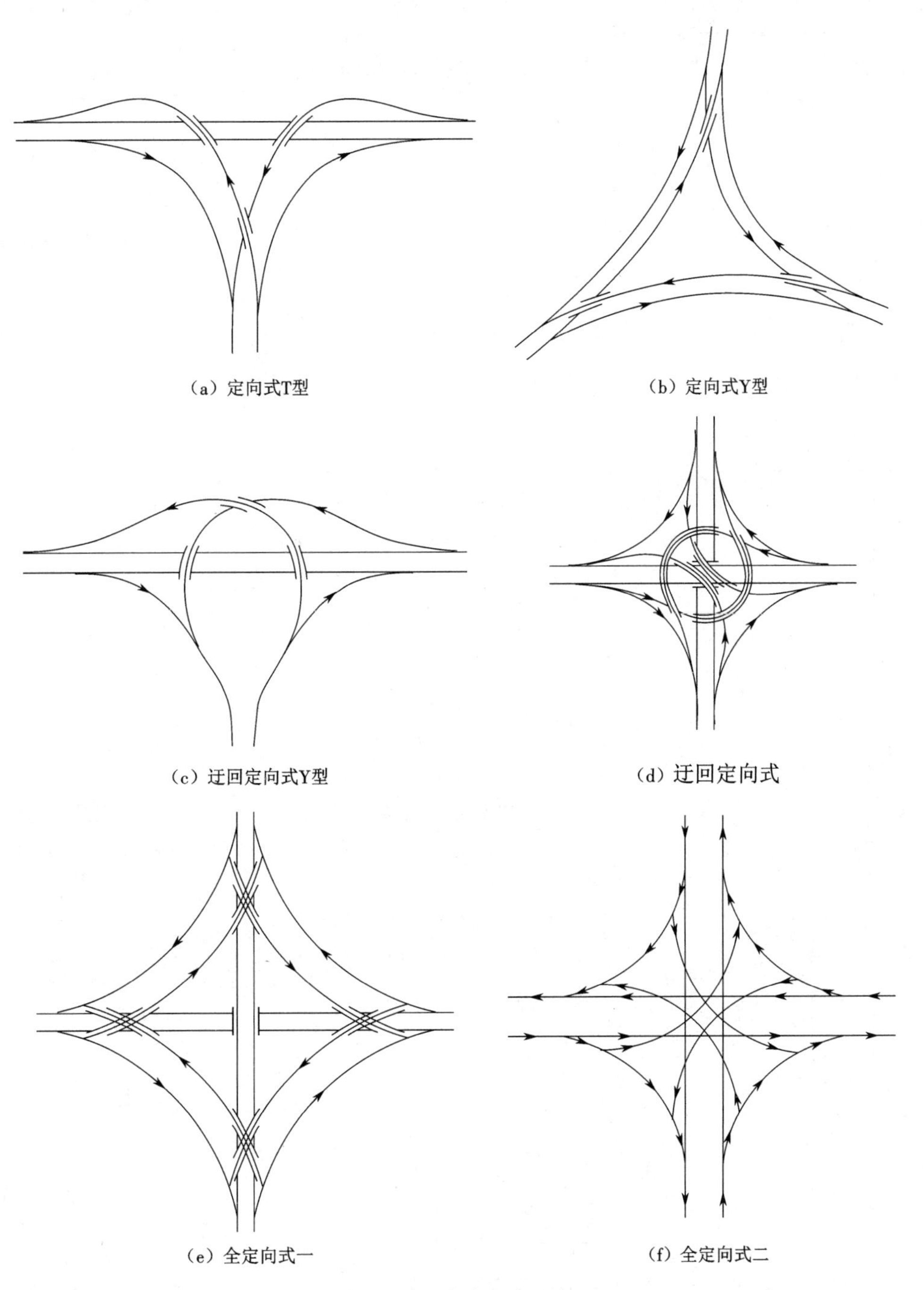

（a）定向式T型　（b）定向式Y型

（c）迂回定向式Y型　（d）迂回定向式

（e）全定向式一　（f）全定向式二

图 10-33　全定向式立交

表 10-5 立交特点及适用性汇总表

形 式	特 点	适用条件
1. 单喇叭形 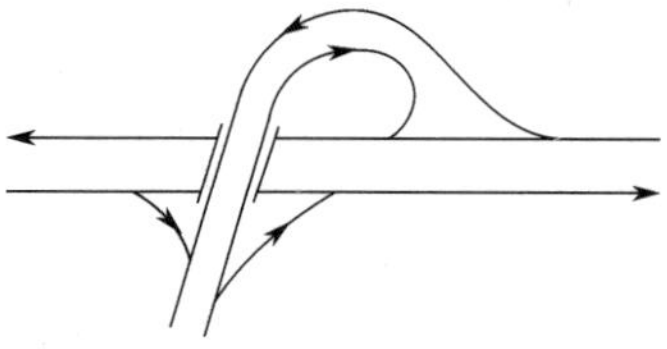	(1) 是三路交叉的代表形式,占地大; (2) 有一条左转匝道,线形标准较低; (3) 主次交通流明显时,适应性较强; (4) 立交层次较少,桥梁结构较少	(1) 一般仅用于无辅道系统的三路交叉; (2) 适用于次要流向的情况
2. 双喇叭形 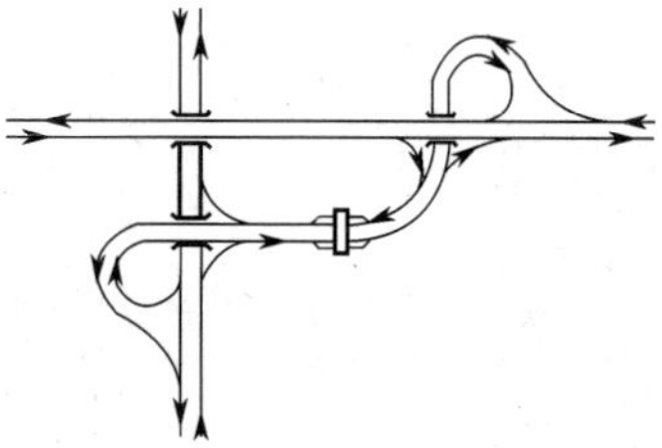	(1) 占地较大,建设成本较高; (2) 简化收费管理,实现集中收费; (3) 车辆绕行距离较长,收费站通行能力不足时易引起高速公路主线拥堵	(1) 高速公路与入城道路相交; (2) 车流量较大,用地较为宽裕
3. 叶形 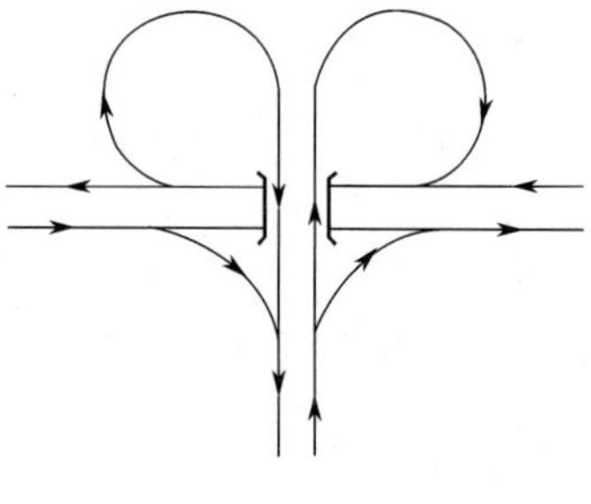	(1) 匝道布设对称,造型较好; (2) 左转匝道线形条件差,主线侧有交织段,车流量大时,立交将发生交通拥堵; (3) 占地比喇叭形立交多; (4) 立交层次较少,桥梁结构较少	(1) 一般仅用于无辅道系统的三路交叉; (2) 适用于左转流量略小的情况
4. 菱形 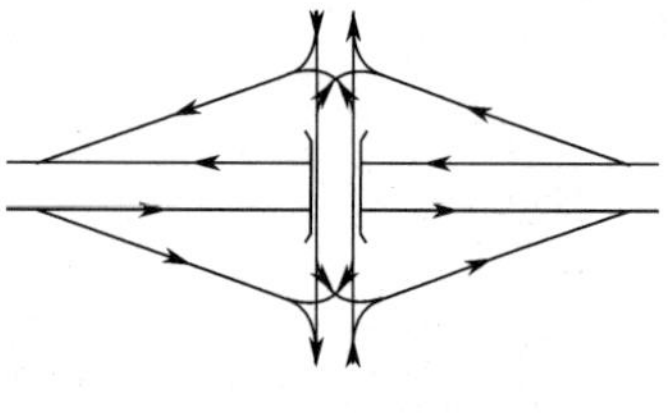	(1) 主线通行能力较强,被交路平交口的通行能力较弱; (2) 用地受限时,可在跨线桥两侧设置辅道,转向车流通过地面交叉口实现; (3) 占地较小	(1) 适用于快速路与低等级城市路的交叉; (2) 适应性较好

续表

形　　式	特　　点	适 用 条 件
5. 苜蓿叶形 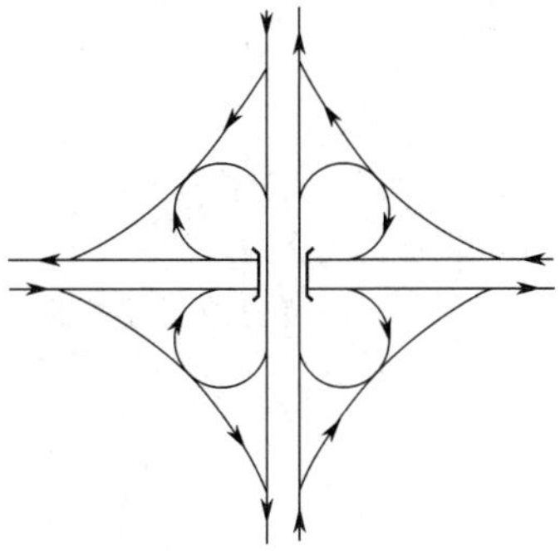	(1) 工程造价低； (2) 必要时可分期修建； (3) 左转匝道出入口之间交织段制约立交通行能力； (4) 可通过设集散道合并进出口、加长入环前的减速距离、减少对直行车流的干扰； (5) 占地面积大	(1) 适用于左转流量较小的四路交叉； (2) 用地限制较少时可采用
6. 部分苜蓿叶形(一) 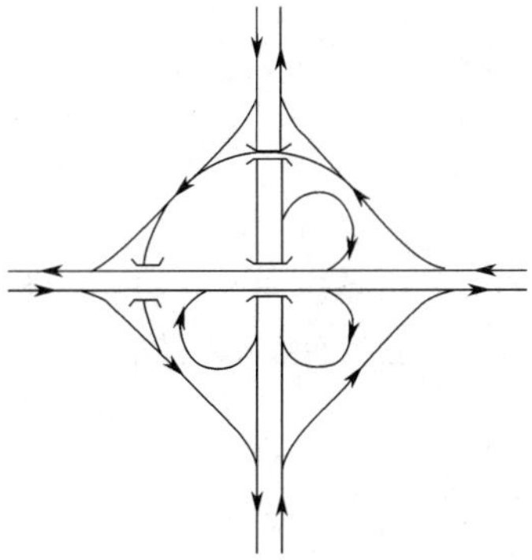	(1) 两个苜蓿叶式匝道在同一侧，存在交织段，通行能力受到限制，可通过设置集散车道减轻交织段对主线交通的影响； (2) 桥梁结构略少； (3) 占地较小	(1) 适用于向某一侧转向的交通量较小的情况； (2) 适用于某一侧用地受到限制的情况
7. 部分苜蓿叶形(二) 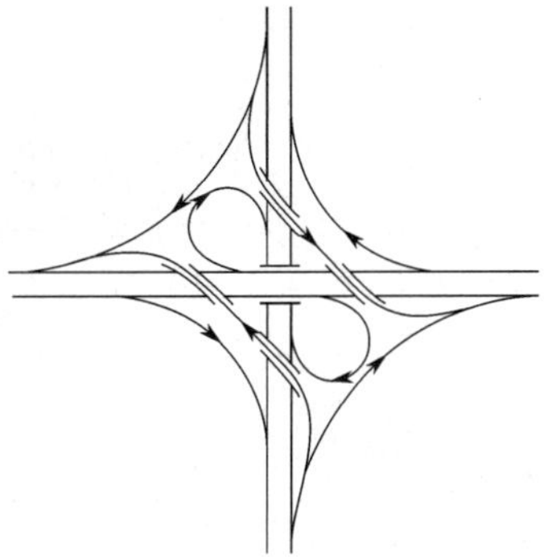	(1) 两个左转弯匝道为定向式匝道，其通行条件提高； (2) 桥梁结构较多，造价较高； (3) 占地较大	适用于左转弯交通流主次方向比较明显的快速路间的立体交叉

续表

形　式	特　点	适 用 条 件
8. 环形立交(两层) 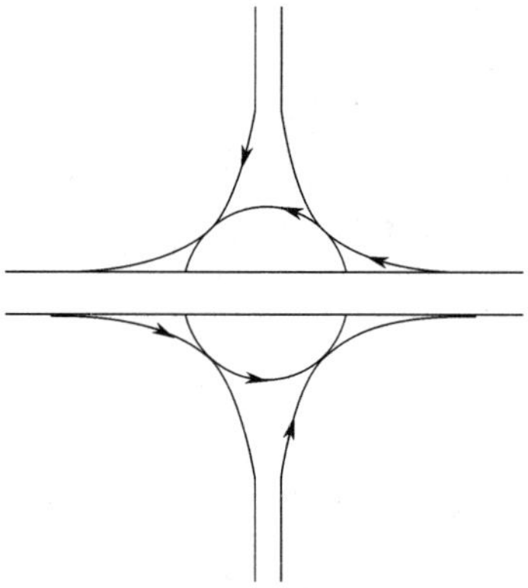	(1) 占地较大,工程造价相对较低; (2) 交织段限制了速度和通行能力; (3) 左转绕行距离较长	(1) 适用于快速路与低等级城市路的交叉; (2) 左转交通量不大时,适应性较好
9. 环形立交(三层) 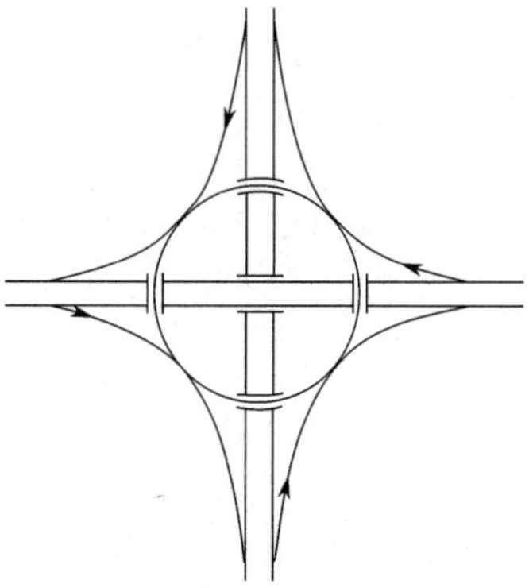	(1) 占地较大,工程造价中等; (2) 交织段限制了速度和通行能力; (3) 左转绕行距离长	适用于转弯交通量不太大而速度要求又不高的立交
10. 环形立交(四层) 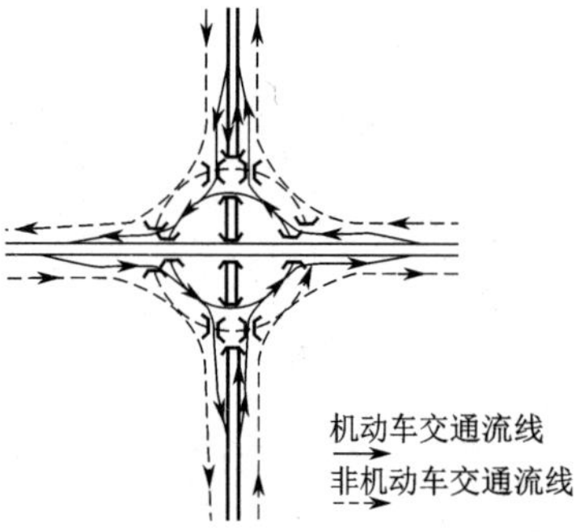 机动车交通流线 非机动车交通流线	(1) 占地较大,工程造价相对较高; (2) 避免了交叉口处转向机动车与非机动车之间的交织,提升效率与安全性; (3) 左转绕行距离长	适用于市中心非机动车流量大,机动车左转需求少的立交

续表

形　　式	特　　点	适用条件
11. 定向式 T 型 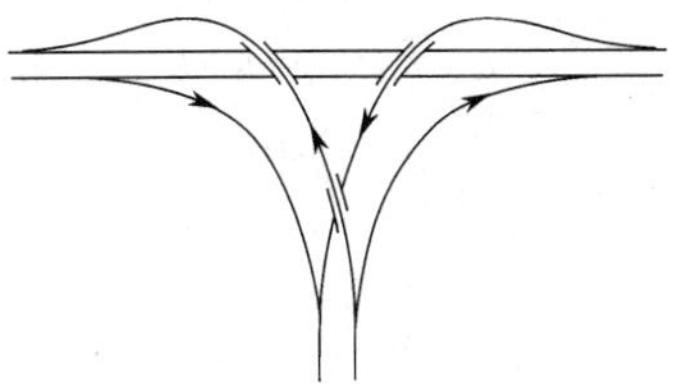	(1) 对繁重的左转弯交通量能提供高速的半定向运行，通行能力强； (2) 可以保证主线完整的线形； (3) 占地较小； (4) 桥梁结构较多	(1) 适用于城市枢纽立交，且主线直行车流明显比转弯车流大时； (2) 城市立交适应性好
12. 定向式 Y 型 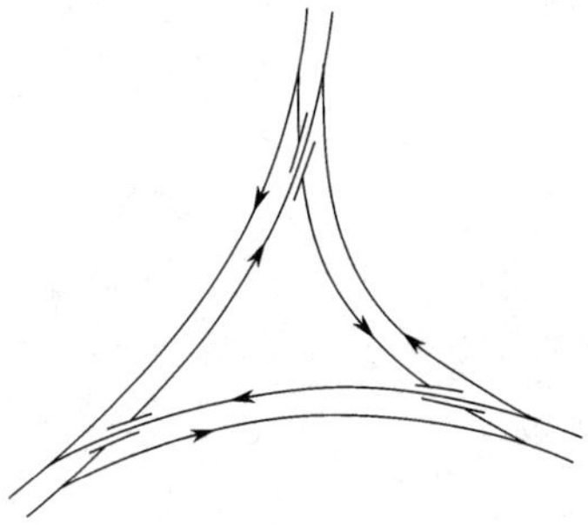	(1) 左转行驶路线短捷，运行流畅，行车方向明确； (2) 左转匝道采用左出左进，不利主线行车； (3) 主线必须采用分离式，并且必须要有足够的距离，占地较大； (4) 桥梁结构较多	(1) 特别适用于两条快速路重要程度相当且各方向车流量相当时； (2) 若地形有利，可将三个交叉点集中在一处形成三层立交，减少占地
13. 迂回定向式 Y 型 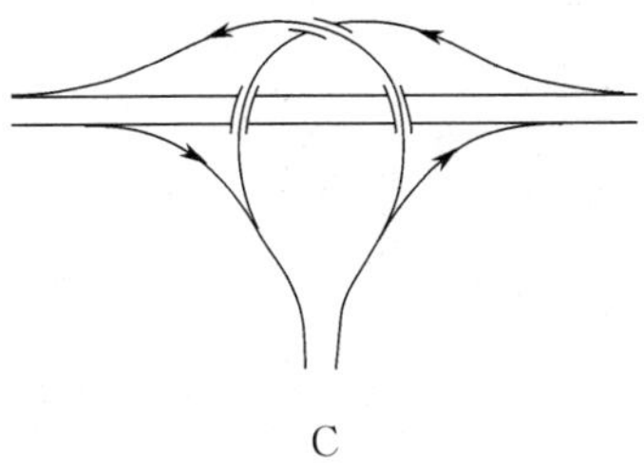 C	(1) 行车优点同 Y 型； (2) 左转弯匝道转角较大，绕行距离较长，速度影响较大； (3) 占地较大； (4) 桥梁结构较多	(1) C 方向交通量相对较低时，往往是比较经济实用的立交枢纽； (2) 城市立交适应性一般

续表

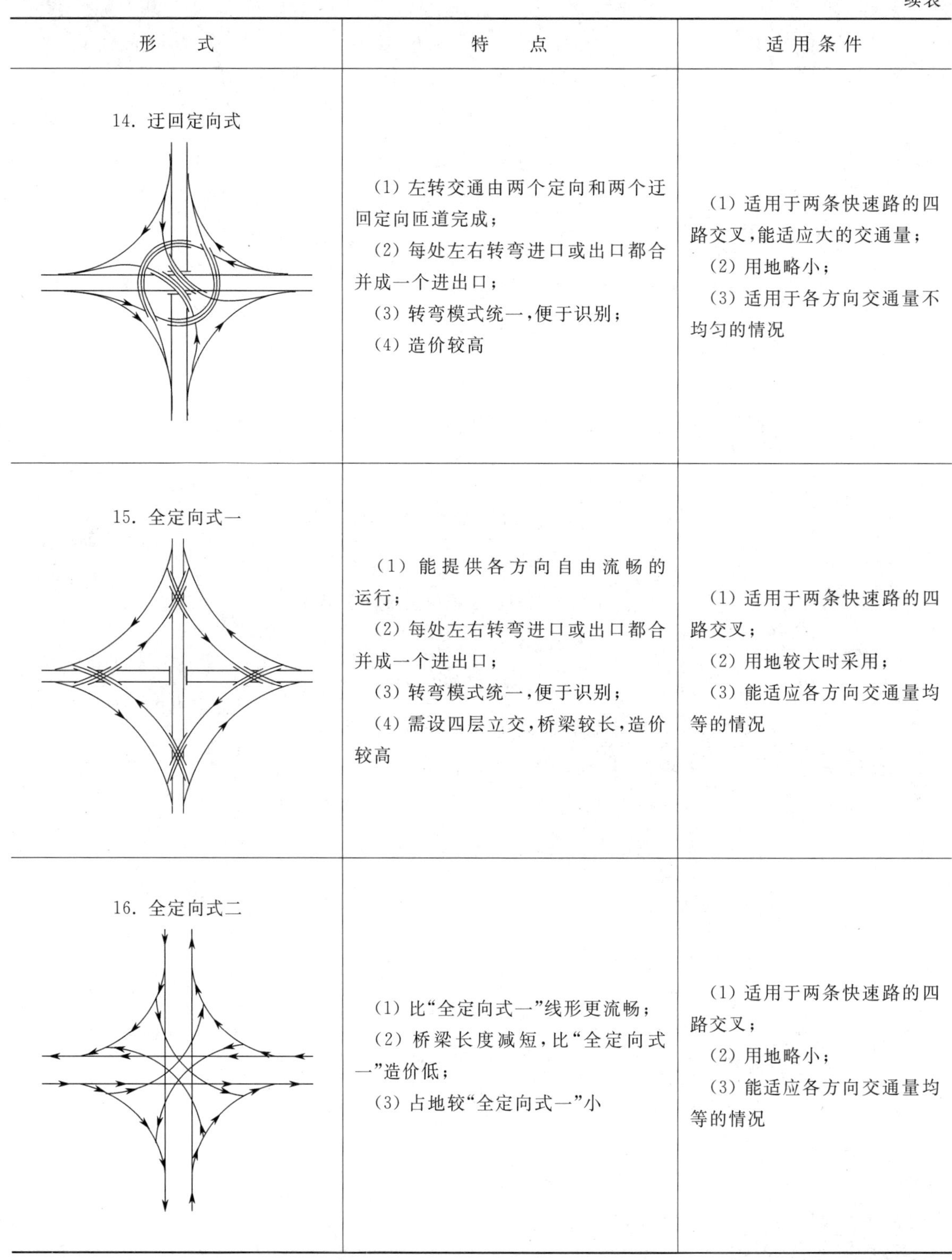

形　　式	特　　点	适 用 条 件
14. 迂回定向式	(1) 左转交通由两个定向和两个迂回定向匝道完成； (2) 每处左右转弯进口或出口都合并成一个进出口； (3) 转弯模式统一，便于识别； (4) 造价较高	(1) 适用于两条快速路的四路交叉，能适应大的交通量； (2) 用地略小； (3) 适用于各方向交通量不均匀的情况
15. 全定向式一	(1) 能提供各方向自由流畅的运行； (2) 每处左右转弯进口或出口都合并成一个进出口； (3) 转弯模式统一，便于识别； (4) 需设四层立交，桥梁较长，造价较高	(1) 适用于两条快速路的四路交叉； (2) 用地较大时采用； (3) 能适应各方向交通量均等的情况
16. 全定向式二	(1) 比“全定向式一”线形更流畅； (2) 桥梁长度减短，比“全定向式一”造价低； (3) 占地较“全定向式一”小	(1) 适用于两条快速路的四路交叉； (2) 用地略小； (3) 能适应各方向交通量均等的情况

10.2.3 立交系统布置

1. 立交的间距

确定互通式立交间距时，主要应考虑以下影响因素。

(1) 能均匀地分散交通量

相邻立交之间应保持合适的间距，以与其担负的交通量均衡。立交间距过大，会使交通联系不便；相反，间距过小则又影响快速路和高速公路的功能发挥，且使建设投资增加。

(2) 能满足交织路段长度的要求

相邻立交之间要有足够的交织路段，以便在相邻立交出入口之间设置足够的加减速车道。交织路段是指前一个立交匝道的合流点到后一个立交匝道的分流点之间的距离。

(3) 满足标志和信号布置的需要

相邻立交之间应保证足够的距离，在此路段内设置一系列交通标志和信号，以便连续不断地提醒驾驶员下一个立交出口的到来。

(4) 驾驶员操作顺适的要求

相邻立交之间的距离如果过近，特别是在城市道路上，因互通式立交的平面连续变化，纵断面起伏频繁，对车辆运行、驾驶操作以及景观均不利。

对于互通式立交的间距要求，公路与城市道路是不同的。在高速公路上，大城市、重要工业区周围的互通式立交的间距为5～10 km，一般地区为15～25 km，最大间距以不超过30 km为宜，最小间距不应小于4 km。城市道路上互通式立交的间距一般比公路小，但最小间距按正线设计速度为100 km/h、80 km/h、60 km/h和50 km/h，分别采用1.1 km、1.0 km、0.9 km和0.8 km。

2. 立交系统规划设计原则

(1) 层次分明，布局合理

城市道路立交应与相邻交叉口的通行能力和车速相平衡。在主干路上单独设置一座立交，只会转移交通矛盾。

我国城市应当仅在快速路系统上建立交，其他区域原则上不设立交。高速公路与快速路相交时建收费站式全互通立交，与主干路、次干路相交，原则上不设出入口。

快速路与不同等级道路相交应有不同的互通水平，可采用全互通、部分互通和不互通三种形式。城市道路上的立交间距应合理，保障立交之间的车流交织要求。

(2) 形式统一，车流有序

相同互通水平的立交应尽可能采用相同形式，以方便汽车行驶。应消除立交上的车流交织，实现立交的无交织设计。在车流主流向，应尽可能采用较大的匝道圆曲线半径，参见图10-34。

(3) 控制第一，因地制宜

立交规划建设是百年大计。在一些关键节点，应尽可能按照全互通立交控制立交用地，但立交近期建设可根据交通需要设置匝道。郊区立交和市内立交可采用不同技术标准。郊区车流速度快、建设约束条件相对少，匝道可采用较高技术标准。

应依据交通需要、近远期交通主流向、拆迁量大小等合理确定立交形式和规模。

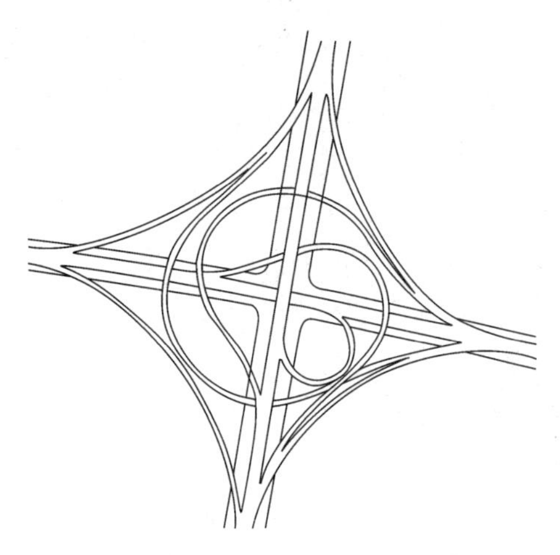

图 10-34 推荐立交形式示意

(4) 以人为本,节点畅通

立交规划不仅应考虑快速车流的交通组织,而且应考虑普速车流、行人、公交车流等的交通组织。立交范围交通组织应考虑公交换乘和快速公交设站。

立交选型应合理,以方便车辆行驶,提高快速路运输效率。

(5) 认真研究,慎重决策

大立交不是交通现代化的标志,更不是城市中的点缀品。大立交是耗资多、体量大,建成后不大容易改造或拆除的工程结构物。立交规划建设必须认真研究、慎重决策。

(6) 注重景观,关注防灾

道路立交应在起伏韵律、尺度、比例、色彩和光影等方面与周围的城市景观相协调。在城市设计中,可将立交和周围环境进行统一设计。在进行立交结构设计时,必须考虑美学问题。应多采用简洁轻巧的结构,避免"肥梁胖柱"带来的沉重感,同时,应精心设计立交的桥头、墩柱、栏杆和步梯等。立交桥下的空间可供停车,也可布置绿化。在注意静态景观的同时,也要注意交通动态景观的要求。

道路立交,尤其是互通式大立交,往往处于快速路系统或主干路系统的关键节点,一旦因自然灾害或战争使该处发生交通问题,将切断城市的对外交通联系,造成城市整体道路网系统瘫痪。因此,原则上不要在城市道路网系统的关键节点规划建设大型互通式立交,即使必须建立交,立交的结构、抗震、防风设计等也要采用高标准,立交形式尽可能简洁,不全互通,并尽量采用地下式。

10.2.4 规划设计要求

1. 立体交叉的选型

立体交叉口应根据相交道路等级、直行及转向(主要是左转)车流行驶特征、非机动车对机动车干扰等,主要类型划分及功能特征宜符合表 10-6 的规定。立交的具体分类如下。

表 10-6 立体交叉口类型及交通流行驶特征

立体交叉口类型	主路直行车流行驶特征	转向车流行驶特征	非机动车及行人干扰情况
立 A 类	连续快速行驶	较少交织、无平面交叉	机非分行、无干扰
立 B 类	主要道路连续快速行驶、次要道路存在交织或平面交叉	部分转向交通存在交织或平面交叉	主要道路机非分行,无干扰;次要道路机非混行,有干扰
立 C 类	连续快速	不提供转向功能	—

(1) 立 A 类:枢纽立交

立 A_1 类:主要形式为全定向、喇叭形、组合式全互通立交。宜在城市外围区域采用。

立 A_2 类:主要形式为喇叭形、苜蓿叶形、半定向、定向—半定向组合的全互通立交。宜在城市外围与中心区之间采用。

(2) 立 B 类:一般立交

立 B 类:主要形式为喇叭形、苜蓿叶形、环形、菱形、迂回式、组合式全互通或半互通立交。宜在城市中心区域采用。

(3) 立 C 类:分离式立交

立体交叉口选型应根据交叉口在道路网中的地位、作用、相交道路的等级,结合交通需求和控制条件确定,并应符合表 10-7 的规定。

表 10-7　立体交叉口选型

立体交叉口类型	选型	
	应选形式	可选形式
快速路-快速路	立 A_1 类	—
快速路-主干路	立 B 类	立 A_2 类、立 C 类
快速路-次干路	立 C 类	立 B 类
快速路-支路	—	立 C 类
主干路-主干路	—	立 B 类

注:当城市道路与公路相交时,高速公路按快速路、一级公路按主干路、二级和三级公路按次干路、四级公路按支路,确定与公路相交的城市道路交叉口类型。

2. 车道平衡校核

辅助车道是指邻接主线行车道的一部分路幅用作变速、转弯、交织、载重汽车爬坡以及其他用处的车道。基本车道数是指快速路和高速公路上路段车道数,不包括辅助车道数。在分流或合流地点,车道数往往有急剧改变,在分、合流部分要保持车道数的平衡。图 10-35 为车道数平衡检查图。

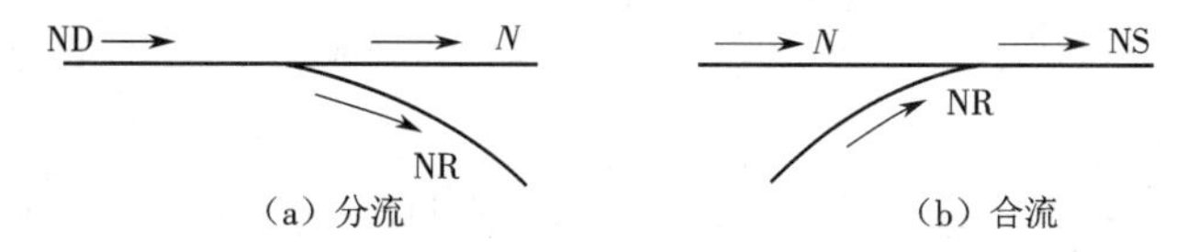

图 10-35　车道数平衡检查图

检验车道数平衡的方法如下。

①在主线入口处,$NS \geqslant N+NR-1$。

②在主线出口处,一般 $ND=N+NR-1$。当加速车道的渐变段末端与出口减速车道的渐变段起点之间距离小于 600 m 时,在两端部之间需设置连续的辅助车道。在此情况下,$ND=N+NR$,即 $ND>N+NR-1$。

③立交内的车行道每次增减的车道不应多于一条。

2. 主要设计指标

(1) 设计速度

立交主线的设计速度同路段,不能折减。匝道的设计速度宜为主线的 0.4～0.7 倍,可参考表 10-8。

表 10-8　匝道的设计速度(km/h)

道路的设计速度 \ 相交道路的设计速度	120	80	60	50	40
100	80～60	70～50			
80	60～40	50～40	—	—	—
60	50～40	45～35	40～30	—	—
50	—	40～30	35～25	30～20	—
40	—	—	30～20	30～20	25～20

注:①120 km/h 为高速公路的设计速度,用于快速路或主干路与高速公路交叉;
②表中较大值为推荐值,地形条件特殊困难时可采用小值。

(2) 匝道平面线形

立交匝道的平面线形指标应符合表 10-9 的规定。

表 10-9　匝道圆曲线最小半径及圆曲线、平曲线最小长度

匝道设计速度/(km/h)		80	70	60	50	40	35	30	25	20
积雪冰冻地区最小半径/m		—	—	240	150	90	70	50	35	25
一般地区最小半径/m	不设超高	420	300	200	130	80	60	45	30	20
	超高 $i_s=2\%$	315	230	160	105	65	50	35	25	20
	超高 $i_s=4\%$	280	205	145	95	60	45	35	25	15
	超高 $i_s=6\%$	255	185	130	90	55	40	30	25	15
平曲线最小长度/m		150	140	120	100	90	80	70	50	40
圆曲线最小长度/m		70	60	50	45	35	30	25	20	20

(3) 主线平纵线形

互通式立交范围内,主线平面线形应同路段一致,在进出立交的主线路段,其行车视距宜大于或等于 1.25 倍的停车视距,纵断面线形指标应符合表 10-10 的规定。

表 10-10　互通式立交范围内主线的最大纵坡

设计速度/(km/h)		100	80	60	50	40
最大纵坡/(%)	一般值	3	4	5	5.5	6
	极限值	5	6	7	7	8

注:①山区城市设计速度为 40 km/h 的道路,经技术经济论证,最大纵坡可增加 1%;
②海拔 3000 m 以上高原城市道路的最大纵坡推荐值可按表列值减小 1%,最大纵坡折减后若小于 4%,则仍采用 4%;
③冰冻积雪地区快速路最大纵坡不得超过 4%,其他道路不得超过 6%。

(4) 匝道纵断面线形

立交引道和匝道的最大纵坡度不应大于表 10-11 的规定。当机动车与非机动车在同一坡度上行驶时,非机动车道最大纵坡不宜大于 2.5%。

表 10-11　立交引道和匝道的最大纵坡度

匝道设计速度/(km/h)		80	70	60	50	≤60
最大纵坡度/(%)	一般地区	5	5.5	6	7	8
	积雪冰冻地区	4		4	4	4

各种设计速度的匝道对应的最小竖曲线半径及竖曲线长度应符合表10-12的规定。

表 10-12　匝道竖曲线最小半径及长度

匝道设计速度/(km/h)			80	70	60	50	40	35	30	25	20
竖曲线最小半径/m	凸形	一般值	4500	3000	1800	1200	600	450	400	250	150
		极限值	3000	2000	1200	800	400	300	250	150	100
	凹形	一般值	2700	2025	1500	1050	675	525	375	255	165
		极限值	1800	1350	1000	700	450	350	250	170	110
竖曲线最小长度/m		一般值	105	90	75	60	55	45	40	30	30
		极限值	70	60	50	40	35	30	25	20	20

(5) 变速车道

变速车道的长度等于加(减)速车道长度加过渡段长度。变速车道的长度及其渐变率不应小于表10-13所列数值，并根据表10-14所列系数修正。

表 10-13　变速车道长度与出入口渐变率

主线设计速度/(km/h)			120	100	80	60	50	40
减速车道长度/m		单车道	100	90	80	70	50	30
		双车道	150	130	110	90	—	—
加速车道长度/m		单车道	200	180	160	120	90	50
		双车道	300	260	220	160	—	—
渐变段长度/m		单车道	70	60	50	45	40	40
渐变率	出口	单车道	1/25		1/20	1/15		
		双车道						
	入口	单车道	1/40		1/30	1/20		
		双车道						

表 10-14　变速车道长度的修正系数

干路平均纵坡度/(%)	0～2	2～3	3～4	4～6
减速车道下坡长度修正系数	1.0	1.1	1.2	1.3
减速车道上坡长度修正系数	1.0	1.2	1.3	1.4

第11章　城市慢行交通

慢行交通指的是步行或自行车等以人力为空间移动动力的交通。慢行交通系统由各级城市道路的人行道、非机动车道、过街设施，步行与非机动车专用路（含绿道）及其他各类专用设施（楼梯、台阶、坡道、电扶梯、自动人行道等）构成。慢行交通零能耗、零污染，符合绿色交通理念。因此，合理规划慢行交通对于构建“以人为本”的和谐交通体系，提升城市居民的生活品质，具有非常重要的作用。

慢行交通系统应安全、连续、方便、舒适。慢行交通通过主干路及以下等级道路交叉口与路段时，应优先选择平面过街形式。城市宜根据用地布局，设置步行与非机动车专用道路，并提高步行与非机动车交通系统的通达性。河流和山体分隔的城市分区之间，应保障步行与非机动车交通的基本连接。城市内的绿道系统应与城市道路上布设的步行和非机动车通行空间顺畅衔接。当机动车交通与步行交通或非机动车交通混行时，应通过交通稳静化措施，将机动车的行驶速度限制在行人或非机动车安全通行速度范围内。

11.1　步行交通规划

步行交通是指以步行作为动力实现空间移动的交通方式。

步行交通系统是指以步行交通作为主要交通方式，步行者享有交通优先权，提供从一个地点到另一地点出行机会的与机动车完全分离的一套交通设施和服务体系。

步行交通设施是步行交通系统的重要组成部分，也是步行交通的物质承载者。步行交通设施分为交通性和非交通性两类。交通性的步行交通设施是指用于行人通过性交通的设施，包括人行道、人行横道、人行地道、人行天桥等。非交通性的步行交通设施又分为两类：商业性质和休闲旅游健身性质的步行交通设施。商业性质的步行交通设施以地下商业街、商业步行街和商场过街楼为主，与城市商业开发关系密切。休闲旅游健身性质的步行交通设施包括独立的线状步行空间（林间步道、山间道）、滨水道、城市街心花园、街边绿地等，供不同需求的出行者步行通过和停驻休憩。

11.1.1　国外步行交通的发展沿革

西方发达国家的步行交通发展经历了以下三个阶段。

（1）马车时代

在小汽车和自行车出现以前，大多数人的出行依靠步行。当时的街道主要是满足步行者的需要，以不规则和自由亲切的布置方式形成道路系统，步行系统充分体现“人本位”。

（2）小汽车时代的初期、中期

在机动化初期，居民的步行空间逐步被小汽车占据，人车争道诱发交通事故。随着机动化发展，进入汽车时代中期，交通事故的发生率达到顶点。

(3) 后小汽车时代

20 世纪 60 年代起，步行街、步行区、交通安宁建设得到重视，许多被小汽车侵占的道路重新回归为人服务的本源。例如在意大利许多道路是人们的休闲空间，在新加坡许多道路设有路边休息设施(图 11-1、图 11-2)；香港打造立体步行系统(人行天桥、人行地道和人行道等)与公共交通系统紧密结合的模式，市民的日常出行通过步行即可实现，同时也有效避免了人车争路等现象的发生(图 11-3)。

图 11-1　意大利的步行道路

图 11-2　新加坡的城市道路路侧带

图 11-3　香港半山自动扶梯

11.1.2　我国步行交通的发展现状

步行交通是我国城市居民出行的主要交通方式之一，在居民出行方式结构中占有一定的比重。从国内部分城市近 20 年居民出行调查可以看出，步行交通在居民出行结构中的比例普遍在 25%以上；中小城市的比例则更高，不少城市接近或超过了 40%。随着我国城市老龄化现象日益明显，步行出行比例还有进一步上升的趋势。

1. 出行特征

我国的居民步行交通在年龄、职业、出行目的、出行时耗和出行距离等方面具有较为普遍的特征。

①年龄特征：步行出行者的年龄分布呈“哑铃状”，即 20 岁以下的青少年和 60 岁以上的老年人

居多。这些主要的步行者有一些明显的弱点:青少年行动灵活,但在紧急情况下缺乏瞬时判断力;老年人步履碎小,反应迟钝,怕跨高步走楼梯。

②职业特征:中小学生、家务职业出行者的步行出行比例较高,接近一半;而其他职业出行者的步行出行比例较低。

③收入特征:低收入者的步行出行比例远高于全市居民的平均水平。随着居民收入水平的提高,步行的比例逐步下降。收入水平较高的居民,会更多地倾向使用舒适、便捷及快速的交通工具。

④出行目的特征:步行交通方式在不同目的的出行中所占的比例有较大不同。居民购物、休闲等的步行出行比例较高,看病、上学、回程等的步行出行比例适中,而上班、公务等的步行出行比例较低。

⑤时耗特征:步行交通速度较慢且消耗体力,因此多为短时间出行。一般来说,步行出行的时耗在 5～20 min,而超过 30 min 的比例非常小。我国城市一般的平均步行出行时耗为 15～20 min。

⑥出行距离特征:在我国,步行交通方式的出行比例随出行距离变化的趋势非常明显。以江阴市的调查数据为例,距离在 0～1 km 以内的步行出行超过了总步行出行量的 60%,0～2 km 和 0～3 km 则分别占 94.4%和 97.3%。可见,步行方式的出行距离大多在 1 km 以内。

2. 存在的问题

虽然步行交通在我国城市居民出行中所占比例较高,但是步行交通系统的发展现状却不容乐观,步行交通系统在时间、空间和设施等多个维度上,没能给步行者提供连续、安全、方便的出行环境,主要存在以下五个方面的问题。

(1) 缺乏整体系统的规划与建设

步行交通在整个城市交通系统中的地位与作用没有得到充分的认识,步行系统的规划、建设也缺乏整体性和系统性。造成我国各城市的步行空间狭小、不顺畅,步行系统不连续且被车辆、违章建筑、摊点挤占,甚至缺失步行空间,造成步行交通安全性、舒适性较差。

(2) 缺乏与其他交通系统的有机衔接

步行交通既是一种独立的交通方式,又能有机与其他交通方式联系。目前,在我国很多城市中,步行交通与其他交通方式之间的转换相当局促,缺乏必要的缓冲。具体表现如下:步行系统与公共交通的衔接及换乘设计缺乏考虑,交通换乘站点附近往往聚集大规模的人流,难以有效疏散;步行系统外围缺乏足够的停车设施,步行交通和机动车交通互相干扰等。

(3) 缺乏以人为本的理念

步行交通的参与者有很大一部分是老年、儿童和残疾人等社会弱势群体,其出行平等权和安全性应得到充分保证。目前,对出行者的步行安全需求重视不够,缺乏人文关怀。具体表现如下:行人过街问题突出,过街安全和效率得不到保证;天桥、地道等过街设施人为地增加了弱势群体出行的不便;机动车道拓宽、商业摊贩、临时建筑等逐步侵吞城市步行设施,导致步行者无路可走;我国城市交通事故中,与行人有关的一般占 1/5 左右。

(4) 缺乏非交通性的步行设施

可满足更高层次需求的非交通性步行空间得不到应有的规划和建设,这与构建高质量的步行空间以提升居民生活品质是相矛盾的。

(5) 缺乏良好的施工养护、绿化和附属设施

我国是发展中国家，许多道路只建车行道不建人行道；有些道路即使建了人行道，但施工质量较差。受市政管线埋设影响，人行道反复开挖，铺装也变得不平整。部分步行设施由于养护不足，因功能逐渐弱化或丧失而带来安全隐患。目前，有许多绿化布置违背人的行为习惯，如有些城市的大面积草坪禁止行人进入，许多城市干路用又高又长的绿篱将行人隔离在道路两侧。此外，我国不少城市的步行系统没有考虑座椅、电话亭、绿化小品等附属设施的设计，步行空间单调、压抑。

11.1.3　步行交通系统建设的必要性和规划层次

1. 步行交通系统建设的必要性

随着城市文明水平的提高，步行交通系统在城市经济和社会活动中的作用越来越明显。步行交通系统是城市和谐的标志，反映城市文明程度，也是城市社会建设和以人为本原则的具体体现。规划建设好步行交通系统的必要性主要体现在如下四个方面。

①良好的步行交通系统能活跃邻街商业氛围，从而促进城市经济的发展。

②良好的步行交通系统能给市民一个舒适宜人的出行环境，有利于提升整个城市的品位。

③良好的步行交通系统能促进慢行交通发展，合理衔接公共交通，促使城市交通形成合理的出行结构。

④对于历史文化名城，良好的步行交通系统能保持城市传统风貌，保护历史文化古迹。

2. 步行交通系统规划层次

城市步行系统应从宏观、中观、微观三个层面进行规划。

(1) 宏观层面

宏观层面需要从路网入手，规划步行网络，解决步行交通系统的连续性问题，重点在于步行与其他交通方式的接驳换乘，即需要考虑城市的公共交通规划与道路网规划。

(2) 中观层面

中观层面需要研究换乘后的步行出行需求，如出地铁站后在商业区的购物休闲活动。这一层面需要对市民广场、交通枢纽、商业(市)中心、居住区、商务中心、体育、会展、博览中心以及步行带系统等步行子系统进行规划。

①交通枢纽步行交通系统。

首先组织好枢纽内部的行人交通，其次要使行人方便到达各种地面公共交通停靠站，以及各种轨道交通车站，同时要展现城市的风貌特色。

②商业(市)中心步行交通系统。

商业(市)中心步行交通系统应考虑中心商业区的交通情况、停车的难易程度、路面的宽窄、投资渠道和居民意向等因素，确定步行交通系统的构建途径，运用现代设计理念，努力创造以人为本、为人服务的休闲和购物空间。商业(市)中心步行交通系统构建还应考虑交通转化的重要性，尤其应重视步行交通与机动车、非机动车交通的衔接。

③居住区步行交通系统。

居住区步行交通系统与居住区其他因素共处于一个综合体中，包括动态交通、静态交通、居民

需求、绿化和景观等。步行交通系统建设必须处理好与这些因素的关系，权衡利弊，求得多因素的平衡。对于新建小区可采取人车分流的交通组织，做到人流和车流彻底分离，这是改善居住区环境、创造良好的步行空间以及建立友好、亲切、有归属感的社区文化必不可少的方式。对于老小区，可采用人车共享、建设立体停车库、汽车出入口设置于人流较少且与城市道路联系便捷之处等方式，并做好景观绿化及环境设计，为人们提供庇护和交流空间。

④商务中心步行交通系统。

在全局层面规划商务中心用地及路网，大力发展公共交通；作为换乘的辅助交通方式，强调步行交通系统与区域及城市内外大型交通设施的便捷联系。空中层面则与建筑结合，将空中、地下有效利用起来，重视步行环境，提升城市品质。

⑤体育、会展、博览中心步行交通系统。

体育、会展、博览中心出入口与外围城市道路和公共交通车站之间，应合理布局，建立良好的标识系统，保证观众安全疏散，避免大量人流阻塞城市交通。

⑥步行带系统。

城市步行带主要包括滨水步行带、林荫步行带等。其规划建设在考虑交通出行需求的同时也需考虑防洪(潮)、景观及休闲的需要。

(3) 微观层面

微观层面考虑具体的步行道以及各类步行节点的设计，主要是步行街、人行道、人行过街通道、道路路肩、路侧设施等小范围的规划设计。

①步行街。注重营造文化氛围和宽松的购物环境，同时其周边要有便利的交通条件。

②人行道。首先，人行道要与城市步行空间有机联系。其次，注重人行道与公共交通的衔接，确定人行道的宽度，结合公交车站做好节点设计，以满足人们对空间多样性的要求。

③人行横道。要合理设置其位置、间距与信号配时，实现人车分离。

④人行过街通道(人行天桥、人行地道等)。人行天桥与地道的设置要有系统性，应与公共交通车站结合，并有相应的交通管理措施。其布局既要利于提高行人过街安全性，又要利于提高机动车道的通行能力；可与商场、文体场(馆)、地铁车站等大型人流集散点直接连通，以发挥疏导人流的功能。

⑤道路路肩。除考虑机动车需求外，应多考虑行人舒适、方便的空间需求。

⑥路侧设施。人行道周围还应设置人性化的设施以吸引行人，创造舒适宜人的步行空间。比如多种植树木、花卉，提供各种休息座椅、方便干净的垃圾箱、路标、公共电话、紧急呼救站以及位置合适的报亭、小卖部、公共厕所等。

11.1.4 步行网络规划

步行网络由各类步行道路和过街设施构成，步行道路可分为步行道、步行专用路两类。步行道指沿城市道路两侧布置的步行通道。步行专用路主要包括如下类型道路或通道空间。

①空间上独立于城市道路的步行专用通道，如公园、广场、景区内的步行通道，滨海、滨河、环山的步行专用通道和专供步行通行的绿道。

②建筑物与其他城市设施之间相连接的立体步行系统。

③通过管理手段、铺装差异等措施禁止(或分时段禁止)除步行外的交通方式通行的各类通道,如商业步行街、历史文化步行街等。

④横断面或坡降设置上不具备机动车通行条件,但步行可以通行的各类通道,如横断面较窄的胡同、街坊路、小区路等。

⑤其他形式的步行专用通道。

1. 步行分区

步行分区主要目的是体现城市不同区域之间的步行交通特征差异,确定相应的发展策略和政策,提出差异化的规划设计要求。

步行分区方法应结合步行系统规划发展目标,重点考虑步行交通聚集程度、地区功能定位、公共服务设施分布、交通设施条件等因素确定。步行分区一般可划分为步行Ⅰ类区、步行Ⅱ类区、步行Ⅲ类区。

①步行Ⅰ类区:步行活动密集程度高,须赋予步行交通方式最高优先权的区域。应覆盖但不限于:人流密集的城市中心区;大型公共设施周边(如大型医院、剧场、展馆);主要交通枢纽(如火车站、轨道车站、公共交通枢纽);城市核心功能区(如核心商业区、中心商务区和政务区);市民活动聚集区(如滨海、滨河、公园、广场)等。

②步行Ⅱ类区:步行活动密集程度较高,步行优先兼顾其他交通方式的区域。应覆盖但不限于:人流较为密集的城市副中心;中等规模公共设施周边(如中小型医院、社区服务设施);城市一般功能区(如一般性商业区、政务区、大型居住区)等。

③步行Ⅲ类区:步行活动聚集程度较弱,满足步行交通需求,给予步行交通基本保障的区域。主要覆盖上两类区域以外的地区。

步行Ⅰ类区应建设高品质步行设施和环境,并通过有效的交通管制措施,合理地组织机动车交通和停车设施,鼓励设置行人专用区,创造步行优先的街区。步行Ⅰ类区内大型商业、办公、公共服务设施集中的区域可根据实际需要,建立高效连通和多功能化的立体步行系统,将地面步行道、行人过街设施和公共交通、公共开放空间、建筑公共活动空间等设施有机连接,形成系统化的步行网络。

步行Ⅱ、Ⅲ类区应重点协调步行与其他方式的关系,保障步行的基本路权,以及安全、连续、方便的基本要求,在人行道宽度、步行网络密度、过街设施间距与形式等方面体现不同分区的差异性。

城市土地使用强度较高地区,各类步行设施网络密度不宜低于 14 km/km^2,其他地区各类步行设施网络密度不应低于 8 km/km^2。不同分区步行道路密度和平均间距应满足表 11-1 的规定。

表 11-1　不同分区步行道路布局推荐指标

步 行 分 区	步行道路密度/(km/km^2)	步行道平均间距/m
Ⅰ类区	14～20	100～150
Ⅱ类区	10～14	150～200
Ⅲ类区	8～10	200～250

2. 步行道路分级

步行道路级别主要由其在城市步行系统中的作用和定位决定,考虑现状及未来步行交通特征、所在步行分区、城市道路等级、周边建筑和环境、城市公共生活品质等要素综合确定。

沿城市道路两侧布置的步行道,可分为一级步行道、二级步行道和三级步行道。

①一级步行道:人流量很大,街道界面活跃度较高,是步行网络的重要构成部分。主要分布在城市中心区、重要公共设施周边、主要交通枢纽、城市核心功能区、市民活动聚集区等地区的生活性主干路,人流量较大的次干路,断面条件较好、人流活动密集的支路,以及沿线土地使用强度较高的快速路辅路。

②二级步行道:人流量较大,街道界面较为友好,是步行网络的主要组成部分。主要分布在城市副中心、中等规模公共设施周边、城市一般功能区(如一般性商业区、政务区、大型居住区)等地区的次干路和支路。

③三级步行道:以步行直接通过为主,街道界面活跃度较低,人流量较小,步行活动成分多为简单穿越,与两侧建筑联系不大,是步行网络的延伸和补充。主要分布在以交通性为主,沿线土地使用强度较低的快速路辅路、主干路,以及城市外围地区、工业区等人流活动较少的各类道路。

路侧带分为人行道和绿化带、设施带,路侧带总宽度应符合表 11-2 要求。

表 11-2 各级步行道的路侧带单侧宽度要求(m)

步行道等级	路侧带宽度
一级	4.5~8.0
二级	3.0~6.0
三级	2.5~4.0

一般情况下,Ⅰ类区的各级步行道横断面宽度取上限值,Ⅱ类区取中间值,Ⅲ类区取下限值。

3. 过街设施布局

过街设施包括交叉口平面过街、路段平面过街和立体过街。一般情况下应优先采用平面过街方式。

居住、商业等步行密集地区的过街设施间距不应大于 250 m,步行活动较少地区的过街设施间距不宜大于 400 m。不同分区、不同级别步行道过街设施间距推荐指标见表 11-3。

表 11-3 过街设施间距推荐指标(m)

	步行Ⅰ类分区	步行Ⅱ类分区	步行Ⅲ类分区
一级步行道	130~200	200~250	250~300
二级步行道	150~200	200~300	300~400
三级步行道	200~250	250~400	400~600

重点公共设施出入口与周边过街设施间距宜满足下列要求:①过街设施距公交站及轨道站出入口不宜大于 30 m,最大不应大于 50 m;②学校、幼儿园、医院、养老院等门前应设置人行过街设施,过街设施距单位门口距离不宜大于 30 m,最大不应大于 80 m;③过街设施距居住区、大型商业设施公共活动中心的出入口不宜大于 50 m,最大不应大于 100 m。

跨越快速路主路时应设置立体过街设施,以下情况可优先采用立体过街方式,并应与周边建筑出入口综合考虑:①高密度人流集散点附近且机动车流量较大区域,如大型多层商业建筑、轨道车站、快速公交车站、交通枢纽、大型文体场馆、学校等周边地区；②曾经发生重大、特大道路交通事故的地点，且在分析事故成因基础上认为确有必要设置立体过街设施的。

4. 立体步行系统

立体步行系统指将平面步行系统与空中步行系统、地下步行系统进行网络化整合，把各类步行交通组织到地上、地面和地下三个不同平面中，实现建筑之间、建筑与轨道车站之间以及与道路空间内部便捷联系的步行系统（图 11-4）。

图 11-4 空中步行系统(左)与地下步行系统(右)

设置立体步行系统时，应同时保证地面步行和自行车空间的连续性，并结合人行天桥、人行地道等设施，有效衔接立体与地面步行空间。空中步行系统应与轨道交通车站，以及建筑的商业娱乐、观光休憩、入口广场和共享平台等功能空间结合设置。地下步行系统应与地下轨道交通车站、地下停车库、地下人防设施等紧密衔接，共享通道和出入口。

城市应结合各类绿地、广场和公共交通设施设置连续的步行空间。当不同地形标高的人行系统衔接困难时，应设置步行专用的人行梯道、扶梯、电梯等连接设施。

11.1.5 人行道规划

人行道是城市道路横断面中路侧带的组成部分，也是城市公共空间的重要组成部分，其主要功能是连接城市步行交通系统中的各子系统，形成连续、完整的步行系统。此外，人行道还是人们离开步行系统选乘其他交通方式的起点。

1. 规划原则

(1) 设施连续性

规划连续的人行道联系所有城市步行空间，在城市当中建立一个完整的步行系统。城市的主干路、次干路和支路均应设置人行道。

(2) 路权完整性

应从以下两个方面，保障人行道的使用权。

①交通规划方面。

a. 禁止为了拓宽机动车道而压缩人行道。

b. 沿路侧带设置行道树、公共交通停靠站和候车亭、公用电话亭等设施时，不得妨碍行人的正常通行。

c. 严禁在空间不充足的人行道上设置公共设施。

②交通管理方面。

a. 严禁机动车在人行道上行驶和停放。

b. 严禁小摊小贩占用人行道经营。

(3) 通行安全性

道路设计应考虑使人行道与车行道有一定隔离,如护栏、绿化带等,以形成安全、舒适的步行空间,创造良好的步行交通、集散、游憩环境。对于自行车多的城市,不宜采用“人非共板”,即将人行道与非机动车道设置在同一平面上。

(4) 无障碍设计

人行道的无障碍设计主要包括以下几个方面。

①缘石坡道设计:人行道与车行道的高差会给行动不便者带来较大麻烦,出入口、交叉口等处的人行道需要设计成缓坡。

②盲道设计:盲道是盲人正常出行的保障,在设计时应保证盲道的连续性、方便性。严禁在盲道上设置障碍物,保证盲人行走时的安全。在城市各级各类道路的人行道上,均应设置盲道,在城市公园、广场、商业区、重点公共建筑的人行出入口,以及公交车站等候区应设提示盲道,并且在道路交叉口应设过街音响信号装置。

③信号控制:出于对弱势群体安全的考虑,除了分配专用空间,还应分配专用时间,即利用信号控制策略,分离人车冲突点。

(5) 接驳公共交通

公共交通与步行交通是合作关系,应大力发展“步行+公交”的换乘模式,将步行交通与公共交通紧密衔接,促使二者协调发展。

对于常规公交停靠站,步行交通可以采用平面过街方式到达,两块板道路在条件允许时可以考虑“尾对尾”设计,以提高过街安全性(图 11-5)。

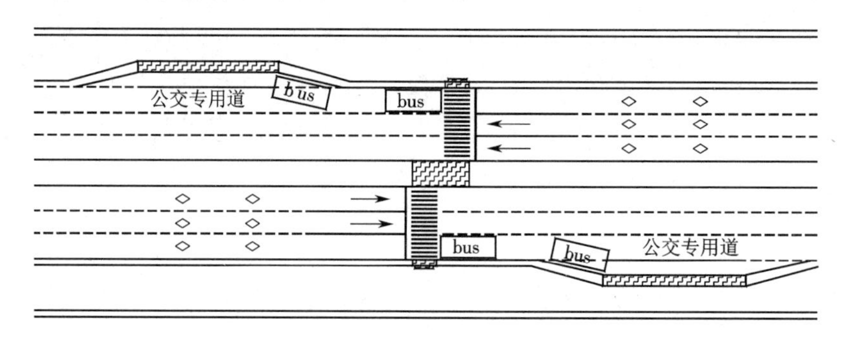

图 11-5 常规公交停靠站的“尾对尾”设计

2. 人行道宽度

除快速路主路外,快速路辅路及其他各级城市道路红线内均应优先布置步行交通空间和设置人行道。人行道最小宽度不应小于 2.0 m,且应与车行道之间设置物理隔离。大型公共建筑和大、中运量城市公共交通站点 800 m 范围内,人行道最小通行宽度不应低于 4.0 m。人行道单侧宽度一般应符合表 11-4 中的数值。

表 11-4 人行道单侧宽度推荐值(m)

道路等级 \ 步行道等级	一级	二级	三级
快速路(辅路)	4.0～5.0	2.5～4.5	2.5～3.0
主干路	4.5～7.0	3.5～5.5	3.0～3.5
次干路	4.5～6.5	3.5～5.0	3.0～3.5
支路	4.0～5.0	2.5～4.5	2.0～2.5

11.1.6 步行过街设施规划

1. 平面过街设施

步行过街设施包括人行过街横道、人行过街安全岛、人行过街天桥、人行过街地道等。步行过街设施是步行交通系统便捷、连续、人性化的重要保证。

步行交通是城市最基本的出行方式。除快速路主路以外，一般情况下应优先采用平面过街方式，视过街行人与道路机动车流量大小，可分别采用信号灯管制或行人优先的人行横道过街。

交叉口平面过街和路段平面过街应保持路面平整连续、无障碍物，遇高差应进行缓坡处理，并限制非机动车和机动车驶入人行道(图 11-6、图 11-7)。

图 11-6 日本东京交叉口行人过街设施

图 11-7 新加坡人行道隔离柱

应尽量遵循行人过街期望的最短路线布置人行横道等设施。人行横道线较宽时，应设置隔离柱防止机动车进入或借道行驶，以保护行人安全。

对于行人过街需求较高的交叉口平面过街以及城市生活性道路上的路段平面过街，可采用彩色人行横道、不同路面材质的人行横道或抬高人行横道(抬高交叉口)来区分和提示过街区域。

在设置机动车右转安全岛时，应采取机动车减速、标志标线等提示措施避免过街行人和右转机动车的冲突，保障行人过街安全。

当人行横道长度大于 16 m 时(不包括非机动车道)，应在分隔带或道路中心线附近的人行横道处设置行人过街安全岛，安全岛宽度不应小于 2.0 m，困难情况下不应小于 1.5 m(图 11-8)。

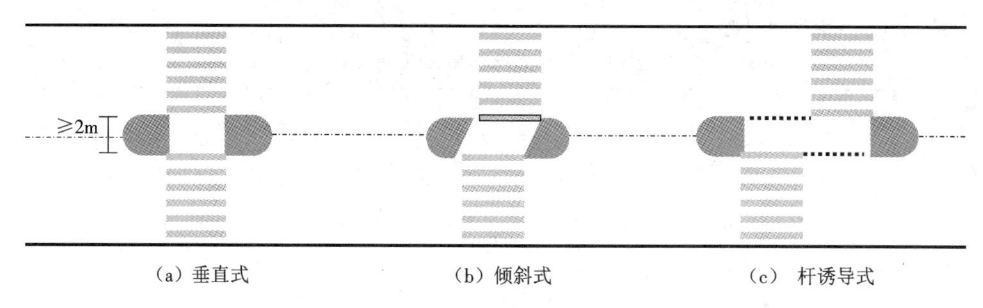

图 11-8 安全岛类型示意

行人过街绿灯信号相位间隔不宜超过 70 s,不得大于 120 s。鼓励行人过街与机动车右转的信号相位分离设置,并实行行人过街信号优先。

环岛的交通组织应优先保障行人过街的安全,环岛各相连道路入口处应设置人行横道,行人过街需求较大的应设置行人过街信号灯,并与机动车信号灯相协调。

2. 人行立交

人行立交包括人行天桥和人行地道两类。人行立交是在城市交通繁忙混杂的路段或交叉口为保证行车和行人过街安全而设置的行人过街设施。人行立交,特别是人行天桥的设置对城市景观有重要的影响:设置得当,将成为现代城市景观的组成部分;设置不当,将会破坏城市景观。

人行天桥和人行地道的规划设计应当遵守如下原则。

①人行立交的设计应符合城市景观的要求,并与附近地上或者地下建筑物密切结合。应当充分利用临近建筑的建筑内部空间,将上下梯道设在建筑物内,以加强建筑物之间的联系,提高人行立交和建筑物的使用效率。

②人行立交的出入口应与附近环境协调,并应在出入口处规划不小于 50 m^2 的人流集散用地,设置导向设施与标志。

③同一条街道的人行天桥和人行地道应统一规划、一次或分期修建。人行立交的设置应按远期规划道路横断面考虑,并注意近远期结合。

④人行天桥和人行地道应分别满足车行、人行交通的净空限界要求。

⑤人行立交通道宽度应根据规划人流量确定(表 11-5)。天桥桥面净宽不宜小于 3 m,地道通道净宽不宜小于 3.75 m。天桥与地道每端梯道或坡道的净宽之和应大于桥面(地道)的净宽 1.2 倍以上,梯(坡)道的最小净宽为 1.8m。考虑兼顾自行车推车通过时,一条推车带宽按 1 m 计,天桥或地道净宽按自行车流量计算增加通道净宽,梯(坡)道的最小净宽为 2 m。考虑推自行车的梯道,应采用梯道带坡道的布置方式,一条坡道宽度不宜小于 0.4 m,坡道位置视方便推车流向设置。

表 11-5 人行立交宽度及步行带数

规划步行流量/(人/分)	通道宽度/m	步行带数/条
120～160	3.00	4
160～200	3.75	5
200～240	4.50	6

⑥人行立交一般采用梯道方式来解决行人过街问题,桥梯步级的宽度与高度之和以 45 cm 左

右为宜，一般常用步级宽为 0.3 m，高为 0.15 m，或宽为 0.28 m，高为 0.16 m。在用地紧张的情况下，也可采用螺旋梯。为了引导行人上桥过街，避免穿越桥底，需沿街在桥梯两边 50～100 m 设置高栏杆，形式以高为 1.1～1.2 m 的竖杆为宜。

⑦梯道高差大于或等于 3 m 时应设平台，平台长度大于或等于 1.5 m。梯道、坡道与平台应设扶手，扶手高度应大于或等于 1.1 m。

⑧人行立交应充分考虑无障碍设计。立体过街应设置适合自行车推行及为残障人群使用的坡道，有条件的应安装电梯、自动扶梯。宜与周边建筑、公交车站、轨道车站出入口以及地下空间整合设置，形成连续、贯通的步行系统。

⑨地震多发地区的城市，人行立交宜采用地道形式。

⑩比较人行天桥与人行地道两种方案时，应对地下水位影响、地下管线处理、施工期间对交通及附近建筑物的影响等进行技术、经济效益比较后确定。

(3) 人行立交的平面形式

人行立交分为非定向型人行立交和定向型人行立交两大类，见图 11-9。非定向型人行立交适用于各个方向过街人流量相对均匀的交叉口，有环状、X 形、H 形等形式。定向型人行立交适用于路段过街点、异形交叉口和某方向过街人流量相对较大的交叉口，布置比较灵活。

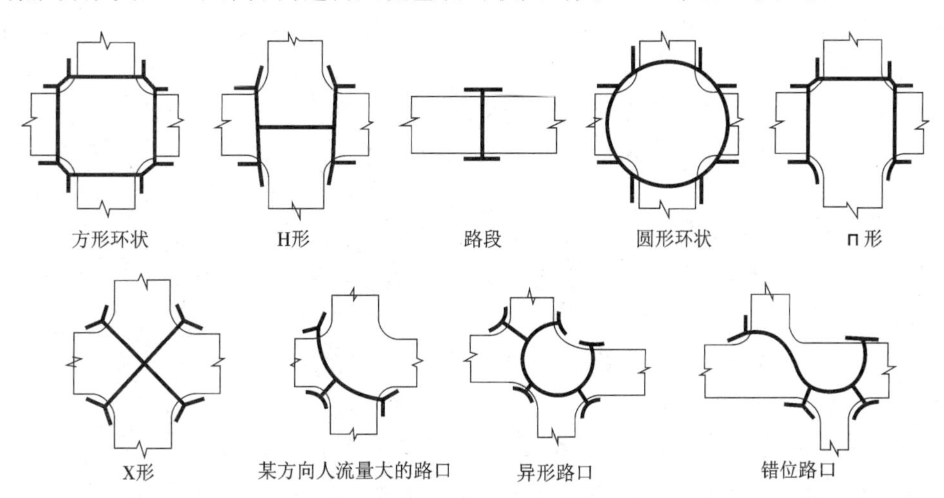

图 11-9　人行立交的平面形式

11.1.7　交通安宁

交通安宁(traffic calming，又称交通宁静)是指包括减少机动车带来的负面影响、改变驾驶者的行为方式和改善非机动道路使用者的状况在内的所有措施，包括道路规划、路面设计、道路设施设计、景观设计、交通管理和交通政策等内容。

交通安宁的理论来自 1963 年英国的布卡南报告，实践来自荷兰的“庭院道路”。在诞生之初，交通安宁的主要做法如下。

①将道路设计成尽端式或将道路两端设计成缩口状，限制过境交通，减少人车干扰。

②将车道设计成折线形或蛇形，迫使车辆减速，保证步行者的安全。

③设置减速路拱、路边种树、路边停车等,并通过绿化、座椅等强化居住院落的视觉印象,使车速降至行人步行速度,迫使汽车驾驶人员注意步行者。

此后,因为造价太高,出现了简化的设计方法,即不触及传统的道路平面设计,通过设置限速路拱、瓶颈、抬高交叉口等方式降低机动车速度。同时,交通安宁的概念又从庭院式道路扩展到区域范围。

经过几十年的发展,交通安宁理论在国外已非常成熟,并在一些国家成为指导城市交通,尤其是居住区交通规划与设计的导则及法律依据。下面以美国堪萨斯州的《住区交通安宁工具箱》(*Residential Traffic Calming Program Toolbox*)为例,对交通安宁的部分交通管理措施和技术手段进行简单介绍。

1. 交通安宁的交通管理措施

①禁止进入标志:禁止向前通行;在街道上短时间禁止通行;也可以用来限制一天中某一时段或一周某些天内禁止通行。

②单行标志:指示在某街道或区域内只允许按箭头方向行驶,通过截流来限制交通量。

③禁止转向标志:指示司机不能转向,也可以用来指示一天中某一时段或一周某些天内禁止转向。

④路面标志:停车条纹、让步条纹、转向标记、单行道标记、人行横道等,在街道上标识安全行驶信息。

⑤速度监测系统:监测提示居民和司机车辆行驶速度。

⑥邻里速度警示:利用雷达装置来确定车辆行驶速度,居民能够积极参与,确保无超速行驶行为。

2. 交通安宁的技术手段

通过各种技术手段实施交通安宁的目的是:降低车速、缩短行人过街距离、美化街道景观、确保行人安全等。

①球鼻状凸出物设置:设置于道路交叉口处,可于一侧或两侧同时设置(图 11-10)。

②道路中心岛设置:沿道路中心线设置,也可设于道路交叉口(图 11-11)。

③连续弧形凸起物设置:在道路两侧交错布置,使车行道呈 S 形(图 11-12)。

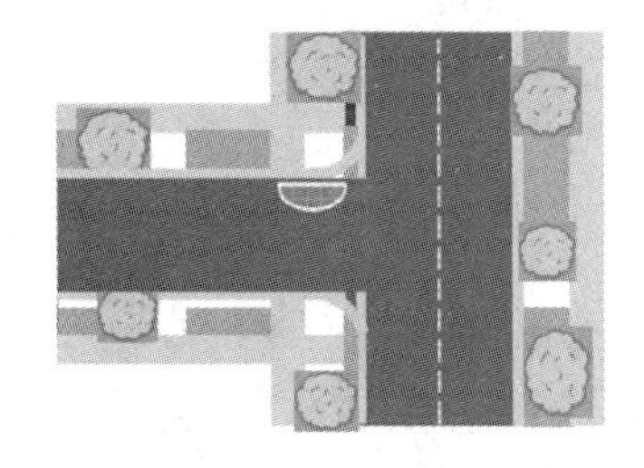

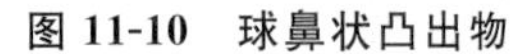

图 11-10　球鼻状凸出物

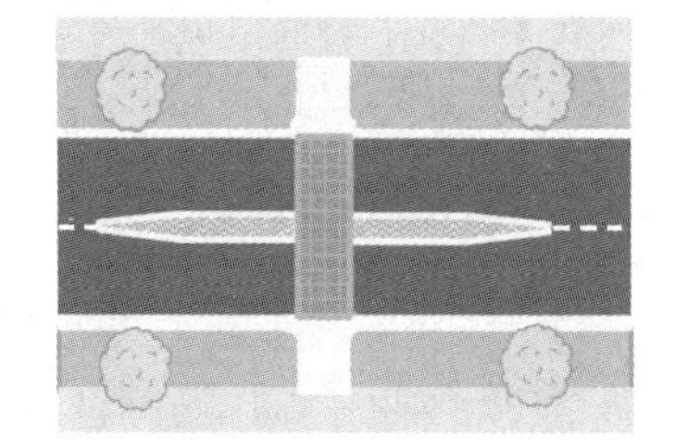

图 11-11　道路中心岛

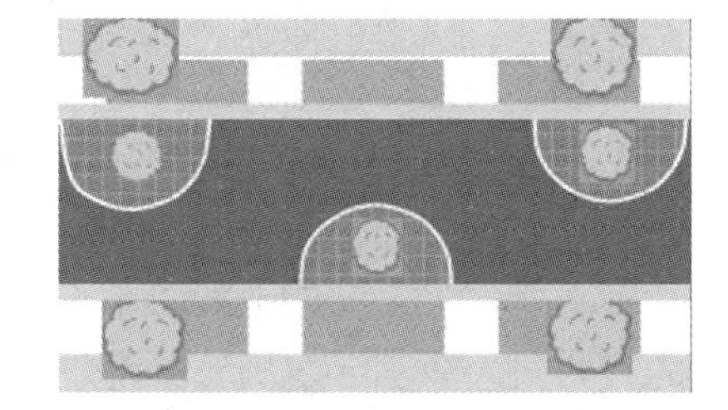

图 11-12　连续弧形凸起物

④两侧凸出物设置:在道路两侧对称设置(图 11-13)。

⑤完全封闭设置:在道路交叉口处设置,以达到车行交通不能进入次区域的目的,同时允许自行车等非机动车进入,紧急情况下允许消防或救护车辆进入(图 11-14)。

⑥完全转向设置:在道路交叉口处通过设置绿化等隔离设施使两条道路分割开来,限制了车

行交通的流动，同时允许步行和紧急情况下车辆的进入（图 11-15）。

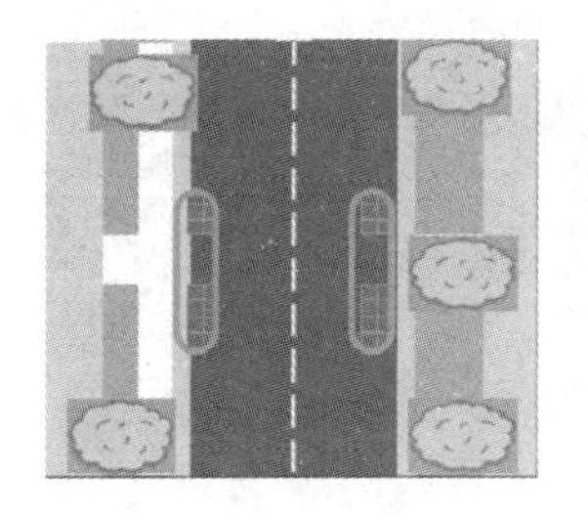

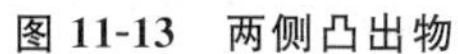

图 11-13　两侧凸出物

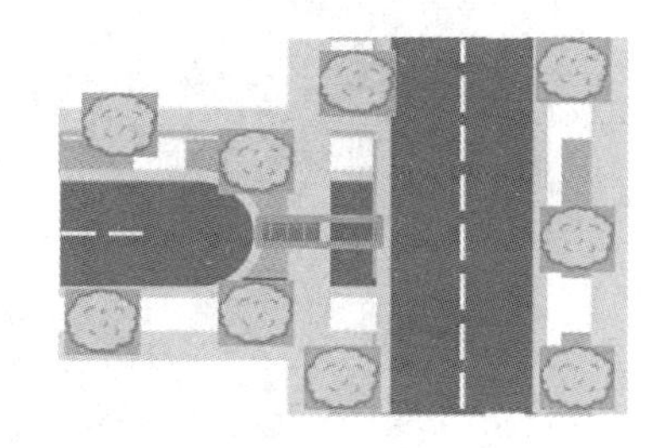

图 11-14　完全封闭

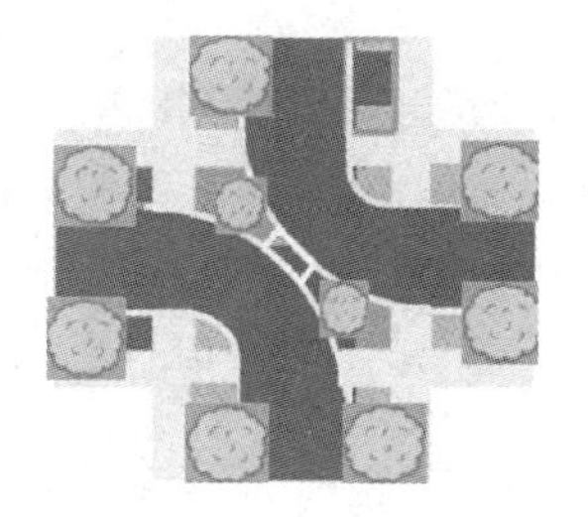

图 11-15　完全转向

⑦路口中心隔离带设置：设置于道路交叉口处，多用于居住区道路（图 11-16）。

⑧道路中间障碍设置：在两条主要道路交叉口中间设置隔离障碍（图 11-17）。

⑨卵状道路中央分隔带设置：在道路中央设置卵状分隔带（图 11-18）。

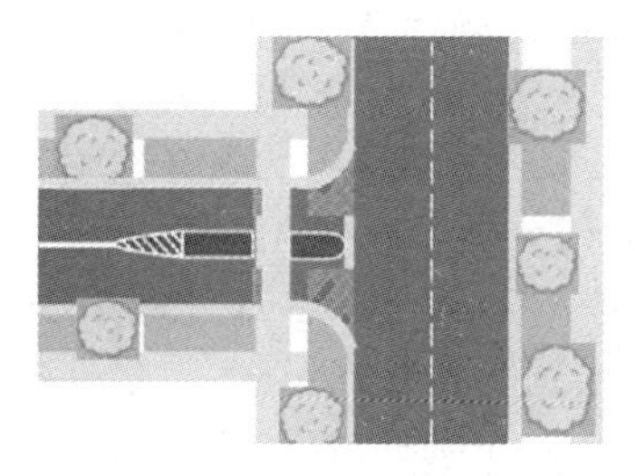

图 11-16　路口中心隔离带

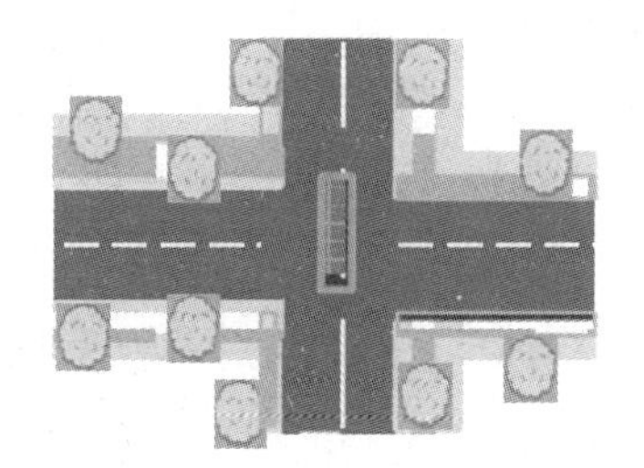

图 11-17　道路中间障碍

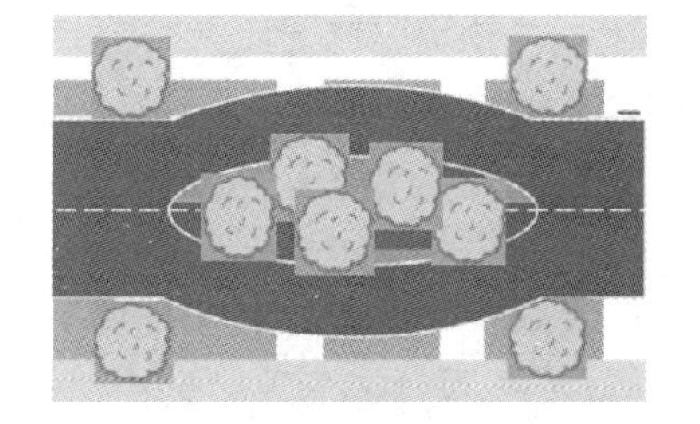

图 11-18　卵状道路中间分隔带

⑩半转向障碍设置：设置于道路交叉口处，以使双向车行道路在某段较短的距离内只能单向行驶，有利于减少某方向上的交通量，减少车行穿越交通，同时自行车等非机动交通不受限制（图 11-19）。

⑪道路交叉口环状中心岛设置：设置于道路交叉口中心，形成圆形障碍（图 11-20）。

⑫三角形凸起物设置：设置于道路两侧，改变道路车行流线的角度（图 11-21）。

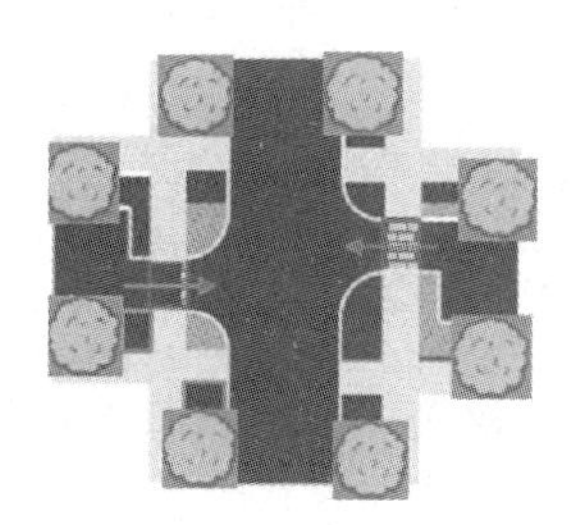

图 11-19　半转向障碍

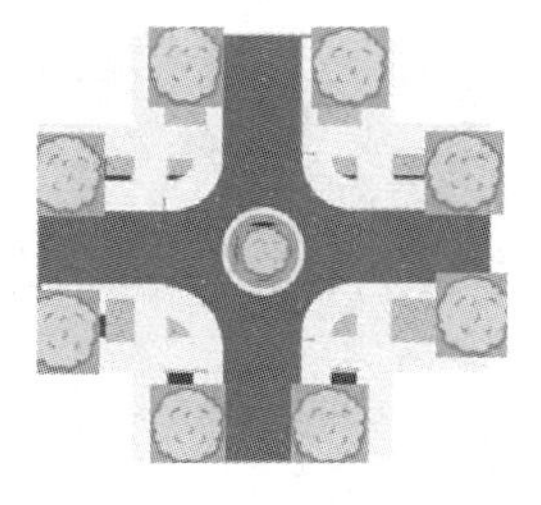

图 11-20　道路交叉口环状中心岛

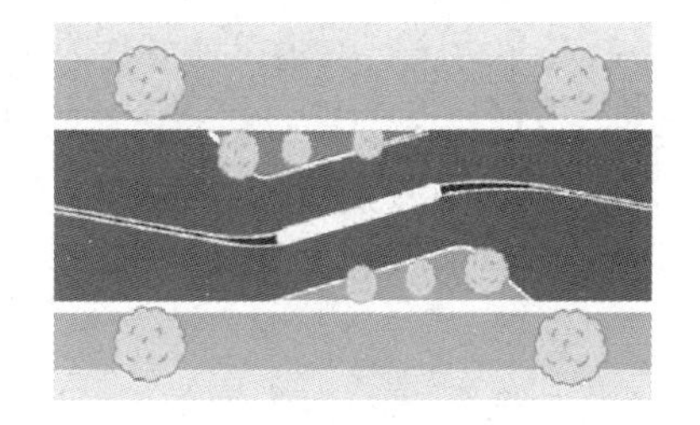

图 11-21　三角形凸起物间分隔带

⑬步行道局部凸起设置：设置于车行道中的人行过街通道上，使路面高度逐步隆起。凸起的人行横道高约 9 cm（3.5 in），长约 3.7 m（12 ft），修正形限速圆拱或板尺寸为（0.9～1.2）m×6.7 m（（3～4）ft×22 ft）。不同尺寸的装置交替使用，来限制车速（图 11-22）。

⑭道路交叉口整体凸起设置：使整个道路交叉口逐步凸起至一定高度（图 11-23）。

⑮路段减速路拱：在路段上设置路拱使车辆减速，但该处行人不通行（图 11-24）。

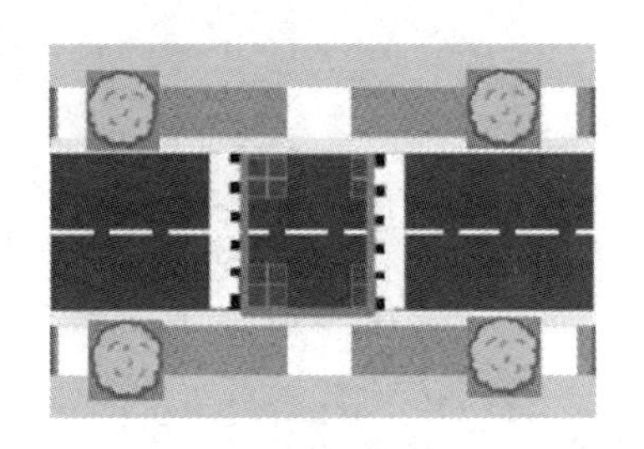
图 11-22 步行道局部凸起

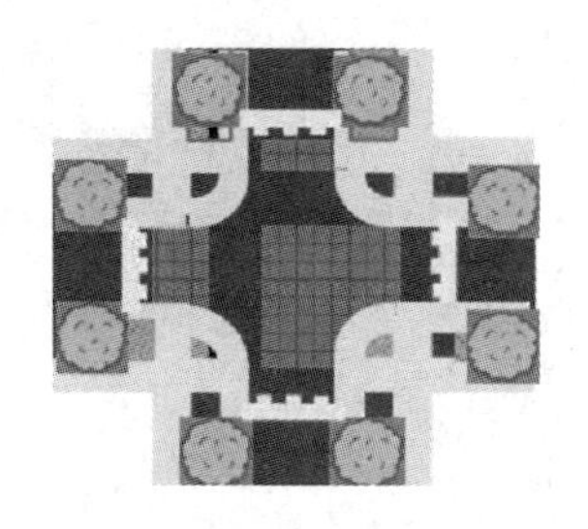
图 11-23 道路交叉口整体凸起

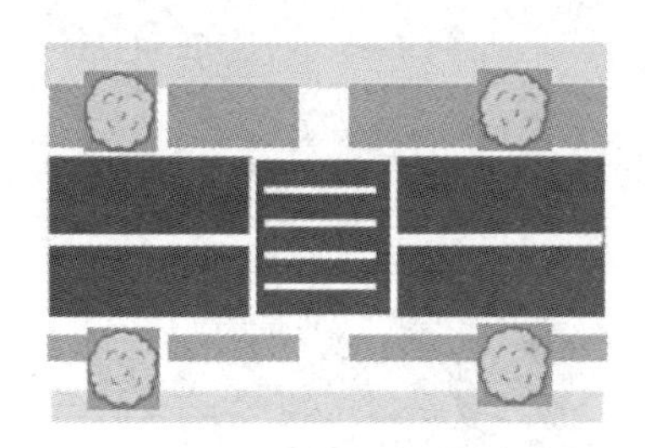
图 11-24 路段减速路拱

11.1.8 居住区步行交通规划

我国居住区按居住户数或人口规模分为居住区、居住小区和居住组团三级。

1. 居住区道路组成

居住区内部道路分为居住区(级)道路、小区(级)道路、组团(级)道路和宅间小路四类(表 11-6)。

表 11-6 居住区道路组成

类　型	功　能	宽　度
居住区(级)道路	一般用以划分小区,在大城市中通常与支路同级	红线宽度大于等于 20 m
小区(级)道路	一般用以划分组团	路面宽 5～8 m
组团(级)道路	上接小区路,下连宅间小路	路面宽 3～5 m
宅间小路	住宅建筑之间连接各住宅入口	路面宽不宜小于 2.5 m

2. 居住区步行交通规划要点

①满足居民步行交通的出行数量和质量的需求,规划科学合理的步行线路,提供丰富多变的步行空间。

②妥善处理步行交通与其他交通方式的关系,采用人车分行、交通安宁等措施,减少机动车、非机动车对步行交通的干扰,提高步行的安全性。

③充分体现无障碍设计的要求,设置必要的标志标线,增强步行系统的引导性。

④提高步行系统与居住区内、外各类公共服务设施和公共交通设施间的可达性,满足居民的休憩、娱乐、购物、文化、社交等活动的需要。

⑤设置多层次、多类型的室外设施,如建筑小品、儿童游戏场地、休闲廊亭等,满足不同年龄层次居民的不同活动内容的需求。

⑥结合步行系统周边的绿化景观等,建立舒适宜人的步行环境,使人们能够舒适地完成出行。

11.1.9 商业步行街(区)交通规划

1. 商业步行街(区)的类型

(1) 全封闭式

商业步行街(区)内有成套的步行设施,为步行者提供一个好的休息娱乐环境。正常情况下,机动车和非机动车禁止出入。这种步行街特别适用于旧城中心的改造,有助于保护环境、减少噪音，为市民提供一个有特色的城市生活场所。欧洲的许多城市中心采取了这种方式。

（2）半封闭式

半封闭式商业步行街（区）根据具体情况，又分为以下几类。

①限定通过时间：这类步行街限制车辆在步行交通的高峰小时或高峰日通过。

②限制通过交通：通过交通管制的方式限制车辆的种类、车速、停车地点。比如对一般交通关闭，而对公交、出租车开放；在特定的时间对服务车辆开放；不允许停车等。这种步行街的特点是步行道加宽，并以绿化、小品等设施与车道隔开，服务设施也较为齐全，步行舒适度较高。

2. 商业步行街（区）交通规划要点

（1）商业步行区的紧急安全疏散出口间距不得大于 160 m，区内的道路网密度可采用 13～18 km/km^2。

（2）商业步行区的道路应满足送货车、清扫车和消防车通行的要求，道路的宽度可采用 10～15 m，沿线可配置小型广场。

（3）商业步行区内步行道路和广场的面积，可按每平方米容纳 0.8～1.0 人计算。

（4）商业步行区距次干路的距离不宜大于 200 m，步行区出入口距公共交通停靠站的距离不宜大于 100 m。

（5）商业步行区附近应有相应规模的机动车和非机动车停车场或多层停车库，且距步行区出入口的距离不宜大于 100 m，并不得大于 200 m。

11.2　自行车交通规划

非机动车交通是城市中、短距离出行的重要方式，是接驳公共交通的主要方式，并承担物流末端配送的重要功能。非机动车包括自行车、电动自行车、三轮车等多种类型，本节重点介绍自行车交通规划。

自行车交通系统是以自行车交通作为主要交通出行方式，骑行者享有交通优先权，提供从一个地点到另一地点出行机会的与机动车、行人不同程度分离的一套交通设施和服务体系。自行车交通设施是自行车交通系统的重要组成部分，包括自行车道、自行车专用路、自行车停车设施、自行车过街设施、自行车信号设施等。

11.2.1　自行车交通的特点

1. 自行车交通的优点

（1）节约用地

无论是行驶还是停放，自行车占用的道路面积均较小。自行车行驶时所占用的人均道路面积一般为 8 m^2，约为小汽车的 1/10；自行车停放时所占用的车均停车面积约为 1.5 m^2，约为小汽车的 1/15。

（2）绿色环保

自行车不需要消耗能源，且行驶时无污染、低噪音，是一种节能型的绿色交通工具。

(3) 灵活方便

自行车轻便灵活,对行驶路面的要求低,能够弥补机动车的不足,深入城市的各个角落,实现点对点的出行。正因为这个特点,在城市防灾体系中,自行车也是重要的救灾运输工具。

(4) 经济实用

自行车本身具有价格低廉、经久耐用、维修方便的特点。它具有较高的经济性和实用性,一般家庭皆有能力购买,因此能够深入居民的日常生活。

从交通设施角度来看,自行车对交通设施的要求不高,因此能节省基础设施建设投资,实现较高的投资效益。

(5) 有益健康

自行车是一种有益健康、老少皆宜的交通方式。在蹬骑自行车的过程中,还能锻炼身体。

2. 自行车交通的缺点

(1) 安全性差

自行车无外罩保护,骑车人一旦与周围车辆发生哪怕是很轻微的擦碰都会引发交通事故。

(2) 舒适性差

自行车不是很好的全天候交通工具,受天气变化的影响较大。酷暑、寒冬、刮风、下雨、降雪、路面结冰等均会给骑车者带来困难。

(3) 消耗体力

自行车适用于城市中短距离出行,而长距离、长时间、大坡度的自行车出行,则会消耗骑车者较多的体力。电动自行车的出现使自行车在消耗体力方面得到了解放。

11.2.2 我国自行车交通的发展现状

19 世纪末自行车从西方传入中国,到改革开放,自行车、缝纫机和手表一度成为年轻人结婚必备的三大件。1990 年之前,我国城市规模普遍较小,经济发展水平低,通勤距离不大,自行车成为城市居民出行的主要交通工具,占居民出行总量的 50%以上,自行车成为当时中国人最重要、最普及的代步工具。那时每日上下班壮观的自行车洪流,更是让中国成为外国人眼中的“自行车王国”(图 11-25)。

图 11-25 20 世纪 90 年代前的中国自行车大军

随着小汽车(私家车)数量的急剧增长,先前城市中的慢行车道也逐步地在一轮又一轮的改造过程中消失了,取而代之的是机动车道和一排排停车位。广州在那时候有一定的代表性。1992年广州东风路改造,原来的“三块板”变成“一块板”,转变为服务小汽车的交通干道。三年后,广州正式出台限制自行车道路权的措施,如一些主干路在主要时段禁行自行车,慢行道允许机动车使用等,通过压缩自行车出行空间,为小汽车出行创造条件。广州自行车出行分担比例从1984年的30%下降到2005年的8%。

2004年,上海也启动了机非分流改造工程,俗称“非改机”,就是把非机动车道改建为公交专用道,同时改建平行支路,分流自行车。依然是把路权向机动车倾斜,自行车的出行空间被严重压缩。

与此同时,随着社会经济的飞速发展、城市规模的不断扩大,居民出行距离明显增加、出行时耗不断延长、对机动化的要求也日益提高。进入21世纪后,随着国产电动自行车规模化量产,体现出了“比自行车机动性好,比摩托车轻便、经济”的突出优点,取代了大部分脚踏自行车,甚至取代部分摩托车,得到了空前的发展。

1. 发展类型

我国自行车交通在不同地域、不同城市呈现出不同的发展趋势和特点,大体可分为“无自行车”城市和“自行车萎缩型”城市两类。

(1)“无自行车”城市

“无自行车”城市的特征如下:由于主观或客观因素的影响,自行车交通在城市居民出行方式结构中的比例很低,已经成为非常次要的出行方式。

受主观因素影响而形成的“无自行车”城市以广州市为代表。广州市政府对自行车采取“限制”战略,市区内逐年增加禁止自行车通行的道路,将原自行车道改为机动车道,把人行道改为自行车和步行共用道。

受客观因素影响而形成的“无自行车”城市以大连、青岛、重庆等城市为代表。这类城市地形起伏大、山地丘岭多、城市道路坡度大,骑车者既费劲又不安全;另外,由于气候条件的影响,人们也就自觉地放弃了自行车。

(2)“自行车萎缩型”城市

“自行车萎缩型”城市的自行车交通明显减少,而助动车、摩托车、机动车交通迅速增加,已经取代自行车成为市民出行的主要代步工具。这类城市多见于长三角和珠三角等经济发达的地区,尤以广东、福建、浙江等省的城市更为显著。

造成自行车萎缩的原因如下:这类城市经济发展较快,城市规模扩张迅速,机动车化交通出行的需求较高;相对落后的城市公共交通和居民购买力的提升,使得许多家庭通过电动自行车、摩托车、机动车等交通工具来完成中、长距离的出行(表11-7)。

表11-7　佛山市部分年份居民出行方式对比

年份＼出行方式	步行	自行车	摩托车	公交	小汽车	机动化程度
1994	27%	55%	15%	1%	2%	18%
2002	28%	20%	40%	4%	8%	52%

续表

年份 \ 出行方式	步行	自行车	摩托车	公交	小汽车	机动化程度
2015	24.8%	12.7%	2.4%	20.8%	39.4%	62.6%

2. 出行特征

我国的自行车交通在年龄、职业、出行目的、出行时耗和出行距离等方面具有较为普遍的共性特征。

①年龄特征:自行车出行的主体为15～24岁及50～59岁年龄段的人群,而30～39岁和60岁以上年龄段的人群依靠自行车出行的比例较小。

②职业特征:在采用自行车出行的人群中,中学生的比例最高,超过70%。主要原因为我国实行就近上学政策,大部分中学生就学地离家相对较近。

③出行目的特征:在上学、放学时,自行车交通的比例较高;此外,休闲娱乐、购物等也逐渐成为自行车出行的主要目的。

④出行时耗和距离特征:自行车交通限于体力出行的特点,其适宜出行的时空区域合理范围为30 min车程或6 km范围以内,其主导时空区域的范围为20 min车程或4 km范围以内。

3. 存在问题

(1) 让位小汽车,非机动车道正逐步消失

很多城市非机动车道不仅越来越少,而且"窄得可怜",机动车的随意停放更让自行车"无路可走",车往那一停,自行车道就一点也不剩了。伴随着非机动车道的消失,电动车、自行车的驾驶者不得不转战人行道。

(2) 交通事故率居高不下

据全国交通管理部门的统计,城市交通事故中70%～80%是由自行车引起的,其中,直接事故占40%,死亡人数占总交通事故的30%。

(3) 机非干扰日益突出

在我国城市中,部分道路和交叉口的机非分隔不彻底,自行车与机动车混行的现象较为普遍。随着道路机动车交通量的迅速增加,自行车交通和机动车交通之间的相互干扰更加突出,导致城市道路的行车速度和通行能力的大幅下降,交通安全隐患日趋明显。

(4) 道路使用不够均衡

自行车在我国主要用于上下班和上放学的通勤交通,自行车交通在时间上有明显的集中性,在地区或路段上有明显的方向性。而平峰时段,自行车道的利用率较低,对道路的使用不经济,一定程度上造成了有限的城市道路资源的浪费。

(5) 停车场地严重缺乏

自行车停车设施严重缺乏,导致自行车占用人行道、非机动车道乱停乱放现象普遍,给城市交通、治安、生活和环境带来了许多矛盾。

(6) 管理不力,违章严重

许多城市因警力不足,未能对自行车严格管理,加上部分骑车者交通安全意识淡薄、不遵守交通规章,以致抢行、并行、任意横行、猛拐、乱停乱放等现象时有发生,降低了自行车出行的安全性,

并对机动车和步行出行带来影响。

11.2.3　规划原则

自行车交通规划应当分发挥自行车交通的优势，建立一个既与公共交通紧密联系，又与机动车交通有所区别的有特色的城市自行车交通系统。在具体规划时，应充分考虑以下原则。

(1) 近远期结合

首先应当充分利用现有的自行车交通网络。在此基础上，考虑今后城市规模、性质、结构形态、布局等的变化，以及自行车交通量的增加和自行车交通在城市客运结构中的地位变化，在路网形态、道路等级、类型、技术指标等方面为远期城市交通的发展留有余地。

(2) 多交通方式协调

协调好自行车与其他交通方式的关系，充分发挥各种交通方式的优势。多种交通协调的重点是结合城市公共交通线路和枢纽设置，建立"B＋R"(Bike-and-Ride，自行车与公共交通换乘)系统，高效集散公交及其他快速交通的客流。

(3) 机非分离

尽可能从时间或空间上实现机非分离，形成独立自行车网络。受条件限制而无法完全分离之处，应协调好两者关系，进行必要的分隔，以减少相互干扰。

(4) 网络化

自行车路网应该形成完整的系统，避免断头路、卡口路存在，保证一定的连通性、可达性，并力争使线路形成最短行驶距离和最少出行时间。

(5) 满足出行需求

应该能满足自行车交通的上下班需求。各种等级、类型的自行车道应该合理分工、相互协作，使自行车出行者能方便、迅速、安全地到达目的地。

(6) 均衡分布

自行车路网的布局应与居民日常出行的主要流向一致，并应与不同区域的交通需求相协调，力求自行车流在整个规划网络内均衡分布，以利于自行车路网功能的正常发挥。应强化城市自行车交通在区块内部出行的功能，弱化其在区块之间出行的功能，限制跨区块的长距离自行车交通出行，使自行车交通成为城市短距离出行的主导方式。

(7) 完善配套

自行车交通系统应具备完善的配套设施，如停车、道路安全、照明等。自行车停车场的建设既要便于存取，又要便于管理。

(8) 结合交通管理

交通法规应对自行车有较强的约束性，防止自行车任意骑入机动车道。

11.2.4　自行车交通发展战略

在我国大城市和特大城市，自行车应作为公共交通的补充，与公共交通，尤其是轨道交通有机结合、协调发展。中小城市由于建成区面积小，适合自行车出行，自行车应成为客运交通的主体。中小城市应特别重视慢行交通规划及自行车道路设施建设，为自行车交通提供良好的交通条件，同时合理发展公共交通。

针对我国大部分城市的现状,建议针对老城区和新城区分别制定自行车交通发展战略。

1. 老城区

交通设施的有限供应与城市交通可持续发展之间的矛盾决定了我国老城区必须以公共交通、自行车和步行为主,限制小汽车出行,严格控制摩托车的客运交通结构发展模式。这就要求通过科学的规划和严格的组织管理,充分发挥自行车交通中短距离出行优势。

2. 新城区

新城区在确保公共交通为主的客运结构下,将自行车作为一种有益的补充;在大型枢纽站或集散站周边设置必要的停车设施,方便居民从住处至各站点换乘公共交通。

11.2.5 一般技术指标

适宜自行车骑行的城市和城市片区,除快速路主路外,快速路辅路及其他各级城市道路均应设置连续的非机动车道,并应根据道路条件、用地布局与非机动车交通特征设置非机动车专用路。

1. 自行车道的类型

自行车道根据路权及机非分隔形式,分为独立的自行车专用路、实物分隔的自行车道、划线分隔的自行车道、混行的自行车道四种类型。

①独立的自行车专用路:不允许机动车辆进入,专供自行车通行。这种自行车道可消除自行车与其他车辆的冲突。

②实物分隔的自行车道:用绿化带或护栏与机动车道分开,不允许机动车辆进入,专供自行车通行。这种自行车道在路段上消除了自行车与其他车辆的冲突,但在交叉口处自行车无法与机动车分开。

③划线分隔的自行车道:在单幅路上与机动车道用划线分隔,布置于机动车道两侧的自行车道。由于自行车与机动车未完全分开,安全性较差,但良好的路面标识系统可提高安全性。

④混行的自行车道:机动车与自行车在同一道路平面内行驶,其间无分隔标志。这种形式有利于调节不同高峰小时的快慢车流,充分发挥道路效益;缺点是安全性较差,与机动车相互干扰,自行车与机动车的车速都会受到影响。

2. 行程速度

一般情况下,自行车行程速度宜按 11～14 km/h 计算,电动自行车速度限制在 20 km/h。交通拥挤地区和路况较差的地区,其行程速度宜取低限值。

3. 纵坡及转弯半径

自行车道的纵坡一般控制在 2%～2.5%,最大不超过 5%;转弯半径一般应大于 8 m,最小不小于 4 m。

11.2.6 自行车网络规划

自行车网络由各类自行车道路构成,可分为自行车道和自行车专用路两类。自行车道指沿城市道路两侧布置的自行车道。自行车专用路主要包括以下类型道路或通道空间。

①公园、广场、景区内的自行车通道,滨海、滨水、环山的自行车专用通道和自行车绿道等。

②通过管理手段、铺装差异等措施禁止(或分时段禁止)除自行车和步行之外的交通方式通行的各类道路,允许自行车通行的步行街(区)等。

③不具备机动车通行条件、但自行车可以通行的各类通道,如较窄的胡同、街坊路、小区路等。

④其他形式的自行车专用通道。

1. 自行车交通分区

自行车交通分区主要目的是体现城市不同区域的自行车交通特征差异,明确不同分区自行车交通发展政策,根据分区内自行车交通出行特征的不同,提出差异化的规划设计要求。

自行车交通分区应结合城市自行车系统的发展定位,重点考虑现状和规划的土地使用情况、城市空间布局、大型公共设施分布、地形地貌、气候等要素,各城市可根据具体情况确定分区类别与原则。

自行车交通分区一般可划分为自行车Ⅰ类区、自行车Ⅱ类区和自行车Ⅲ类区。

①自行车Ⅰ类区:优先考虑自行车出行的区域,自行车道路网络密度高,自行车系统设施完善。应覆盖但不限于:城市中心区、重要公共设施周边、主要交通枢纽、城市核心商业区和政务区,以及滨海、滨水、公园、广场等市民聚集区等。

②自行车Ⅱ类区:兼顾自行车和机动车出行的区域,自行车道路网络密度较高,配置一定自行车专用设施。应覆盖但不限于:城市副中心、中等规模公共设施周边、城市一般性商业区和政务区以及大型居住区。

③自行车Ⅲ类区:对自行车出行予以基本保障的区域。主要包括上两类自行车交通分区以外的地区。

城市土地使用强度较高和中等地区各类非机动车道网络密度不应低于 8 km/km^2,不同自行车交通分区的自行车道路网络密度和平均间距应满足表 11-8 的规定。对于城市建成区,自行车道路密度偏低的分区宜加强自行车专用路建设。

表 11-8　不同分区自行车道路布局推荐指标

自行车交通分区	自行车道路密度	自行车道路平均间距
Ⅰ类区	12～18 km/km^2 其中自行车专用路的密度不低于 2 km/km^2	110～170 m 其中自行车专用路的间距不大于 1 km
Ⅱ类区	8～12 km/km^2	170～250 m
Ⅲ类区	5～8 km/km^2	250～400 m

2. 自行车道路分级

自行车道路分级的主要目的是明确不同道路的自行车功能和作用,体现自行车道路级别与传统城市道路级别之间的差异性和关联性,并提出差异化的规划设计要求。

自行车道级别主要由其在城市自行车交通系统中的作用和定位决定。考虑现状及预测的自行车交通特征、所在自行车交通分区、城市道路等级、周边建筑和环境等要素综合确定。

沿城市道路两侧布置的自行车道,可分为一级自行车道、二级自行车道和三级自行车道。

①一级自行车道:以满足城市相邻功能组团间或组团内部较长距离的通勤联络功能为主,自行车流量很大,同时承担通勤联络、到发集散、服务周边等多种复合型功能,是自行车网络的骨干

通道。主要分布在城市相邻功能组团之间和组团内部通行条件较好、市民通勤联络的主要通道上,以生活性主干路、两侧开发强度较高的快速路辅路和自行车流量较大的次干路为主。

②二级自行车道:以服务两侧用地建筑为主,自行车流量较大,自行车交通行为以周边地块到发(集)散地为主,与两侧建筑联系紧密,但中长距离通过性自行车交通比例较小,是自行车网络的重要组成部分。主要分布在城市主(副)中心区、各类公共设施周边、交通枢纽、大中型居住区、市民活动聚集区等地区的次干路以及支路。

③三级自行车道:功能以直接通过为主,自行车流量较小,以通过性的自行车交通为主,与两侧建筑联系不大,是自行车网络的延伸和补充。主要分布在两侧开发强度不高的快速路辅路、交通性主干路,以及城市外围地区、工业区等人流活动较少的地区的各类道路。

自行车道的宽度和隔离方式应综合考虑自行车道等级及其所在自行车交通分区,且符合表11-9的规定。一般情况下,Ⅰ类区的各级自行车道宽度取上限值,Ⅱ类区取中间值,Ⅲ类区取下限值。

表11-9 各级自行车道宽度和隔离方式要求

自行车道等级	自行车道宽度/m	隔离方式
自行车专用路	单向通行不宜小于3.5, 双向通行不宜小于4.5	应严格物理隔离,并采取有效的 管理措施禁止机动车进入和停放
一级	3.5～6.0	应采用物理隔离
二级	3.0～5.0	应采用物理隔离
三级	2.5～3.5	主干路、次干路应采用物理隔离,支路宜采用非连续物理隔离

3. 自行车停车设施布局

自行车停车设施包括建筑物配建自行车停车场、路侧自行车停车场和路外自行车停车场。建筑物配建自行车停车场是自行车停车设施的主体。

建筑物自行车停车配建指标,新建住宅小区和建筑面积2万平方米以上的公共建筑必须配建永久性自行车停车场(库),并与建筑物同步规划、同步建设、同步投入使用。

路侧自行车停车场应按照小规模、高密度的原则进行设置,服务半径不宜大于50 m。

轨道车站、交通枢纽、名胜古迹和公园、广场等周边应设置路外自行车停车场,服务半径不宜大于100 m,以方便自行车驻车换乘或抵达。

11.2.7 自行车空间与环境设计

1. 自行车道宽度

除快速路主路外,城市各等级城市道路应设置自行车道。自行车道宽度应综合考虑城市道路等级和自行车道功能分级设定。

适宜自行车骑行的城市和城市片区,非机动车道的布局与宽度应符合下列规定。

①最小宽度不应小于2.5 m。

②非机动车专用路、非机动车专用休闲与健身道、主次干路上的非机动车道,以及城市主要公共服务设施周边、客运走廊500 m范围内城市道路上设置的非机动车道,单向通行宽度不宜小于

3.5 m，双向通行不宜小于 4.5 m，并应与机动车交通之间采取物理隔离。

新建道路的自行车道宽度应符合表 11-10 的规定。

表 11-10　自行车道单侧宽度取值一览表(m)

自行车道等级 / 城市道路等级	一级	二级	三级
快速路(辅路)	3.5～4.5	3.0～3.5	2.5～3.0
主干路	4.0～6.0	3.5～5.0	2.5～3.5
次干路	4.0～5.5	3.5～4.5	2.5～3.5
支路	3.5～5.0	3.0～3.5	2.5～3.0
自行车专用路	≥ 3.5(单向)，≥4.5(双向)		

2. 自行车道隔离形式

主、次干路和快速路辅路的自行车道，应采用机非物理隔离，不在城市主要公共服务设施周边及客运走廊 500 m 范围内的支路，其非机动车道宜与机动车交通之间采取非连续性物理隔离，或对机动车交通采取交通稳静化措施。

机非物理隔离形式包括绿化带、设施带和隔离栏，条件允许时应采用绿化带或设施带。

支路采用非连续式物理隔离时，间隔距离不宜过大，既方便行人和自行车灵活过街，又防止机动车驶入自行车道。

非物理隔离形式包括自行车道彩色铺装、彩色喷涂和划线，确需采用时应有明确的自行车引导标志。

自行车道与步行道应分开隔离设置，自行车道应设置于车行道两侧，保证行人安全。

在宽度大于 3 m 的自行车道入口处，应设置隔离柱，以阻止机动车驶入自行车道。隔离柱宜选用反光材料，确保安全醒目(图 11-26)。

当受条件限制时，可在交叉口附近路段局部设置机非物理隔离，保证交叉口自行车通行安全与秩序(图 11-27)。

图 11-26　自行车道入口处设置隔离柱

图 11-27　交叉口局部机非物理隔离

11.2.8 “B+R”换乘规划

“B+R”换乘系统是人们改步行为骑自行车到达公交站或其他快速交通站点，然后把自行车存放于站点，改乘其他快速交通方式到达目的地附近的站点。这种模式适用于两种情况：一种是自行车和轨道交通（如地铁、轻轨）换乘；另一种是和公共汽车尤其是大站快车、快速公交换乘。

1. “B+R”换乘的规划要点

（1）确定换乘点的自行车停车量

确定自行车停车量就是确定骑自行车人的换乘数量。当人们能很轻松地依靠自行车完成出行时，便不需要换乘公交车，因而要对三个方面进行分析。

①确定长距离出行比例。

为确保居民出行的舒适性，自行车出行的合理时空区域应在15 min车程或2.5 km范围内，这一范围外的人群将成为自行车换乘公交及采用其他机动化出行的主体。

②人口结构比例。

年老体弱者和儿童很少骑车出行，中小学生由于就近上学，也较少存在自行车换乘的问题，因此，自行车换乘的主要人群是成年人群体。

③自行车换乘吸引范围。

公交站点的覆盖范围为300～500 m，结合自行车交通换乘，则可以大大扩大既有公交站点的服务范围和提高出行舒适度。自行车换乘公交的实际最小吸引距离在1 km左右，最远吸引距离在1.7 km左右，如果这一范围内还有其他公交站点，则应按运量比例分担。

（2）站点停车场的设计

我国目前很少在换乘枢纽考虑自行车停车场，自行车大多占用人行道停放，不仅妨碍了交通，而且车辆失窃的情况时有发生。因此，在设计停车场时，要注意做到流线明确，便于存取，加强停车管理。要在路外设置停车场，不能占用人行道。

（3）站点的交通组织

公交站点车辆出入频繁，再加上大量自行车停放，势必增加交通冲突。因此，自行车换乘站点的交通组织工作应遵循“减少自行车对机动车道的干扰、减少自行车对进出站公交车的干扰、保证自行车存车的方便和安全”的原则。由于公交站点的位置和周围环境不同，可根据条件采取不同的交通组织方式。

2. 自行车与轨道交通的换乘

为保证发挥轨道交通的优势，必须扩大站点吸引乘客的范围，这就要求有许多小运量的交通工具作为补充。国外采用较多的是Feeder Bus（短途公共汽车接送至轨道站点）、K+R（Kiss-and-Ride，父母开车接送子女至轨道站点）和P+R（Park-and-Ride，自己开车至轨道站点）等方式来换乘轨道交通，取得了满意的效果。根据我国的国情，除了考虑上述方式外，还可以采用自行车换乘。

自行车与城市轨道交通换乘的主要思路：侧重在城市边缘区和城市中心区生活性道路附近的城市轨道交通站点设置自行车停车场，为自行车换乘城市轨道交通提供方便，延伸城市轨道交通车站的辐射范围。

自行车与轨道交通换乘设施的布局模式主要有以下几种。

（1）在车站出入口附近路侧设置

此类型主要设置在城市中心区的一般换乘站附近。车站周边土地利用开发已成熟，用地较紧张，主要利用车站出入口附近的边角用地设置临时自行车停车场和停车带，但停车不得影响行人交通。

（2）在高架桥下设置自行车停车场

此类型适合高架轨道线车站与自行车的衔接，直接利用高架桥下面的空间配置自行车停车场。此类型最节省用地。

（3）在地下站厅层上设置自行车停车库

在车站地下站厅层的上方单独设置一层地下自行车停车库，同时车站出入口设计带有斜坡的台阶，以方便自行车出入。此类型“立体化”最强，换乘距离最短，换乘最方便，自行车管理也方便，但造价较高，并要求停车库与车站同步设计和建设(图 11-28)。

（4）在站前交通广场设置自行车停车场

对于换乘客流较大和换乘方式复杂的城市轨道交通枢纽站，宜设置具备公交车、小客车、出租车和自行车等多种换乘设施的交通广场。自行车停车场应靠近车站的出入口布置，并尽量避免与机动车衔接设施混合布置，以减少自行车流与机动车流的交织(图 11-29)。

图 11-28　日本轨道交通车站站厅层上 B+R 停车场

图 11-29　日本东京郊区购物中心自行车停车场

第12章　城市公共交通

12.1　概述

城市公共交通是指在城市及其郊区范围内，为方便公众出行，用客运工具提供的旅客运输服务。城市公共交通作为城市综合交通系统的重要组成部分，其发展与城市的发展相辅相成。优先发展公共交通是缓解城市交通拥堵、转变城市发展方式和交通结构、提升人民群众生活品质、提高城市基本公共服务水平的必然要求，也是构建资源节约型、环境友好型社会的战略选择。

12.1.1　系统构成

从系统规划、建设和管理的角度出发，城市公共交通系统主要包括公共交通载运工具、线路网、场站以及运营管理系统。

城市公共交通可分为常规公共交通、快速轨道交通、辅助公共交通和特殊公共交通四个部分，见图12-1。

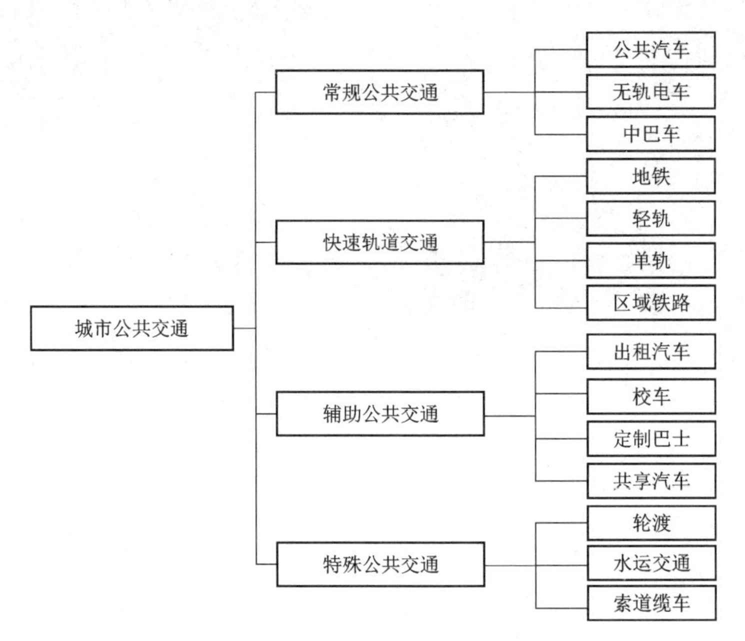

图12-1　城市公共交通分类

常规公共交通，即城市公共汽车和电车交通，是世界各国使用最广泛的公共交通方式，占据城市客运交通的主体地位。其主要特点是运量适中。根据动力和车辆类型，常规公共交通一般分为公共汽车、无轨电车及中巴车三种。我国以车身长度7～10 m的640型单节公共汽车为标准车。

由于常规公共交通不能完全满足人们乘车出行的需要，快速轨道交通逐渐进入人们的生活。城市快速轨道交通是一种路权基本隔离的公共交通方式，通过轨道来引导列车运行方向，大多数为电力牵引。与常规公共交通相比，快速轨道交通具有速度快、运量大等明显的优点，是城市公共交通的重要组成部分。城市快速轨道交通系统包括线路网、车站、车辆段、停车场及其他运营设备。城市快速轨道交通一般按其技术特性、运量、区域服务功能等分为地铁、轻轨、单轨、快线系统、市郊铁路、自动导轨等。

辅助公共交通包括出租汽车、校车、定制巴士、共享汽车等，是常规公共交通和快速轨道交通的补充。

特殊公共交通包括轮渡、水运交通和索道缆车等各种交通方式，在特殊条件下采用。如中国香港地区的天星小轮（图 12-2）和山顶缆车（图 12-3）已成为重要的旅游景点。

图 12-2　香港的天星小轮

图 12-3　香港的山顶缆车

12.1.2　公交方式选择

城市应提供与其经济社会发展相适应的多样化、高品质、有竞争力的城市公共交通服务。城市公共交通走廊按照高峰小时单向客流量或客流强度可分为高客流走廊、大客流走廊、中客流走廊与普通客流走廊四个层级，各层级城市公共交通客流走廊特征见表 12-1。

表 12-1　城市公共交通客流走廊层级划分

层　级	客 流 规 模	宜选择的运载方式
高客流走廊	高峰时间单向客流量大于等于 6 万人次/时或 客运强度大于等于 3 万人次/(km・d)	城市轨道交通
大客流走廊	高峰时间单向客流量 3 万～6 万人次/时或 客运强度 2 万～3 万人次/(km・d)	
中客流走廊	高峰时间单向客流量 1 万～3 万人次/时或 客运强度 1 万～2 万人次/(km・d)	城市轨道交通、快速公共 汽车(BRT)或有轨电车
普通客流走廊	高峰时间单向客流量 0.3 万～1 万人次/时	公共汽(电)车或有轨电车

各种方式的城市公共交通应一体化发展。修建轨道交通的城市，应根据轨道交通网络的建设

与开通,及时对公共交通汽电车系统进行相应调整。城际铁路、城际公交、城乡客运班线、镇村公交应与城市客运枢纽相衔接。

中心城区采用集约型公共交通方式的通勤出行,单程最大出行时间应符合表 12-2 的规定。

表 12-2 采用集约型城市公共交通方式的通勤出行单程最大出行时间

规划人口规模/万人	采用集约型公交 95%的通勤出行时间最大值/min
≥500	60
300～500	50
100～300	45
50～100	40
20～50	35
<20	30

城市公共交通不同方式、不同线路之间的换乘距离不宜大于 200 m,换乘时间宜控制在 10 min 以内。

集约型公共交通站点 500 m 服务半径覆盖的常住人口和就业岗位,在规划人口规模 100 万以上的城市不应低于 90%。

12.1.3 运营管理系统

城市公共交通,特别是常规公共交通和快速轨道交通,是定时、定线行驶,并按客流的流量和流向以及时空分布变化而不断调节的随机服务系统。系统的正常、有效运行,不仅取决于道路、车辆和场站等硬件设施条件,而且依赖于科学有效的运营管理系统。

公交企业的运营调度管理包括两方面:一是运营调度计划的制定,二是运营调度计划的执行和监控。为了改善城市公共交通系统的服务质量,提高公共交通的有效使用水平,必须不断完善城市公共交通运营管理系统。

12.1.4 公共交通优先

公共交通是一种集约化的客运方式,是城市客运交通的主力军。优先发展公共交通几乎是世界上所有大城市的共同选择,尤其是在人口密度高、用地规模大的城市。

1977 年,《马丘比丘宪章》提出"公共交通是城市发展和城市增长的基本要素,城市必须规划并维护好公交系统……将来城市交通的政策,显然应当使私人小汽车从属于公共交通系统的发展"。

公共交通优先是指政府部门在综合交通政策上确立公共交通优先发展的地位;在规划建设上确立公共交通优先安排的顺序;在资金投入、财政税收上确立公共交通优先的倾斜做法;在道路通行权上确立公共交通优先的权利。从广义上理解,公共交通优先是指凡是有利于公共交通发展的一切政策和措施,均应优先应用于城市公共交通;从狭义上理解,公共交通优先是指在交通控制管理范围内,公共交通工具在道路上优先和交叉口信号优先通行的措施,如城市交通规划和管理中的公交专用车道或专用路。

公共交通优先包括两个基本方面:一是对公交的扶持;二是对其他方式(主要是小汽车)的限

制。扶持就是通过各种手段发展公共交通，提高运行速度，改善服务质量，确保其经济投入；限制就是对其他方式在购置、使用等不同环节加以控制，以减少对公共交通的冲击。

12.2 城市公共交通规划的基本框架

城市公共交通规划是指根据城市规模、用地布局、道路网规划、各种公共交通方式的技术、经济和交通特性以及城市公共交通建设的承受能力，综合考虑社会、经济、交通、环境效益，在客流预测的基础上，合理确定城市公共交通方式、车辆数、线路网、换乘枢纽和场站设施用地等，使各种公共交通方式之间相互配合，以不同的速度、运载能力、舒适程度和价格服务于乘客的不同需求，形成合理的城市客运交通结构。

12.2.1 规划类型

按照规划年限，城市公共交通规划可分为战略规划、中远期规划和近期规划三种类型。其中，城市公共交通近期规划的主要内容是对城市公共交通近期发展的布局和主要建设项目作出安排，因此需要大量详细的交通信息，特别是城市居民出行起讫点的情况。

城市公共交通规划一般包括交通调查、综合分析、方案设计和方案评价四个步骤，不同规划期的侧重点不同，参见表 12-3。

表 12-3　城市公共交通规划不同规划期的侧重点

阶　段	战略规划	中远期规划	近期规划
交通调查	社会环境系统广泛的、重点性的调查	土地利用、交通系统较为全面的调查	公共交通系统内较细致的调查
综合分析	预测分析，考虑系统外部平衡	预测分析和现状分析结合，系统内、外部平衡兼顾	现状分析，考虑系统内部平衡
方案设计	城市交通模式选择，重大交通项目规划	交通结构选择，主要项目与方案设计	局部调整，详细的方案设计与实施计划
方案评价	以社会、经济、环境综合影响评价为主	系统评价和社会经济评价	系统内部和技术经济评价

12.2.2 规划内容

1. 城市概况

城市的自然环境、社会经济、道路交通和车辆状况是制约城市公共交通发展的基本条件，而城市总体规划指导城市公共交通发展，因此，对城市概况的认知和把握成为编制城市公共交通规划的先决条件。

2. 城市公共交通现状调查与分析

城市公共交通现状是城市公共交通发展的基础。通过对城市公共交通现状的分析，可以了解该城市公共交通的物质基础、服务能力以及公共交通在该城市客运交通中的地位等情况，并能摸清该城市公共交通发展的规律，为确定今后的发展方向奠定基础。

3. 规划依据、原则和目标

规划依据一般来自三个方面：①城市总体规划、城市综合交通规划；②城市国民经济与社会发展规划；③国家、省及地方颁布的有关城市公共交通的法律、法规、规章、规范、标准等。

规划原则是编制城市公共交通规划的总体思想，也就是在制定城市公共交通规划发展方向、编制城市公共交通每个步骤和环节时，结合各方面情况综合思考的指导思想。

规划目标应与城市总体规划中路网设施建设、城市国民经济和社会事业发展规划一致。

4. 具体规划内容

具体规划内容是城市公共交通规划的核心部分，由城市公共交通客流量预测、线网规划、车辆配置、场站规划等内容组成。线网规划是城市公共交通规划的重点，车辆配置是根据客运量的分配确定的，场站规划是城市公共交通发展必须具备的物质基础的保障。

5. 规划实施的保障措施

城市公共交通规划得以实施，主要取决于两个方面：规划本身的质量和外部实施条件。外部实施条件包括中央及地方政策、有效的管理体系和方法、资金筹措和技术保障等措施。

12.3 城市公共车辆规划

12.3.1 客运能力

1. 基本概念

城市常规公共交通的客运能力，即城市公共汽(电)车辆的客运能力，是指单位时间内在固定线路上营运的公交车辆运载乘客的能力，也就是应具备的公交车辆数或客位数，包括车辆为营运而行驶所产生的行驶里程。

(1) 车辆数

车辆数即公交企业经上级主管部门核准，用于营运业务的全部车辆数，亦称保管车数，包括技术完好的、在修的、长期停驶的以及拟报废尚未经上级主管部门批准的车辆，但不包括企业非营运车辆(如教练车、架线车、工程车等)和借入的客运车辆。

(2) 客位数

客位数即营运车辆的最大客位(定员)总数，也就是车辆设置的固定座位数(不包括司售人员座位)和有效站立面积的站立人数的总和。

(3) 行驶里程

行驶里程即营运车辆在全部工作车日中所行驶的里程总和，包括营业里程(即在线路上的行驶里程)和空驶里程(即进出场的行驶里程)，但不包括为修理而进出保养场、修理厂以及试车的里程。

(4) 客位里程

客位里程即营运车辆的最大客位数与营运里程的乘积。

2. 分类

从公交营运过程的不同角度看，客运能力可分为中途站营运能力、断面客运能力、起讫站(集散点)客运能力和线网系统客运能力四类。

(1) 中途站营运能力

中途站营运能力即每小时载客总数或每小时上车乘客总数,前者指上车与原在车上的乘客总数,后者仅指上车乘客数。由于高峰小时中途站常常因乘客数大于客运能力而有相当数量的乘客留站候车,因而中途站的客运能力是最重要、最直接的指标。

(2) 断面客运能力

断面客运能力即两个或若干个车站之间的区段断面的每小时载客总数。它比第一类指标更准确,能深刻而实际地反映客运过程全貌。在乘客平均乘距发生明显变化时,这项指标的作用会更加明显。

(3) 起讫站(集散点)客运能力

起讫站(集散点)客运能力即起讫站(集散点)每小时上车乘客总数。一般起讫站比中途站客运能力大。因营运调度的发车形式很多,可以连续或跳跃式地越过若干中途站。集散点则是若干起讫点的汇合。

(4) 线网系统客运能力

线网系统客运能力有两种表示方法:一是每小时载客总数;二是每小时客位里程。作为一个完整体系的公共交通线网,要求线网全局的客运能力最高,因此这项指标十分重要。

12.3.2 公交车辆需求估算

城市公共汽(电)车的车辆规模与发展,应综合考虑运载效率、乘坐舒适性和环保要求。一般情况下,城市公共汽(电)车的规划保有量,规划人口规模 300 万及以上的城市一般不宜小于 15 标台/万人,规划人口规模 100 万～300 万人的城市不宜小于 12 标台/万人,规划人口规模 50 万～100 万人的城市不宜小于 10 标台/万人,规划人口规模小于 50 万人的城市不宜小于 8 标台/万人。旅游城市和其他流动人口较多的城市可适当提高,有轨道交通的城市可适当降低。公交车辆需求数量可按照下述方法测算。

(1) 一条线路上所需配备的车辆数($N_{需}$)

$$N_{需} = \frac{t_{圈}}{t_{间}} = \frac{2l_{线}\,60}{V_{营}(60/f)} = \frac{2l_{线}\,f}{V_{营}}(辆) \tag{12.3.1}$$

式中,$t_{圈}$——公交线路往返一次的时间,即车辆周转时间(min);

$t_{间}$——发车间隔时间(min);

$l_{线}$——线路长度(km);

f——发车频率(辆/h);

$V_{营}$——运营速度(km/h)。

(2) 近期所需配备的车辆数($N_{总}$)

$$N_{总} = \sum N_{需} \tag{12.3.2}$$

(3) 实际车辆数的计算

用上述各种方法计算所得的车辆数,是为了运送线路上的客流必须配备的行驶车数。实际上,在运营过程中经常有一些车辆要轮流进行保养和修理。因此,公交企业所需购置的车辆数(又称在册车数)应多于行驶的车辆数。即：

$$N_{实} = \frac{N_{总}}{\gamma} \tag{12.3.3}$$

式中，γ——车辆利用率，通常为 90%～95%。

12.4 城市公共汽(电)车线网规划

城市公共汽(电)车线网，即城市的常规公交线网，是指城市常规公共交通依托城市道路布设的固定线路和停靠站点。城市公共汽(电)车线网的结构合理是有效吸引城市居民出行采用公共交通方式的至关重要的因素。

12.4.1 主要技术指标

评价公共汽(电)车线网现状和规划水平的指标体系包括两部分，即线路网基本参数和线路网特征指标。

线路网基本参数有线路条数、线路长度、线路总长度和线路网密度。表征线路网特征的指标有线路网密度、乘客平均换乘系数和线路非直线系数等。

1. 公交线网密度

公共汽(电)车线网密度大小反映居民接近公交线路的程度，是评价乘客乘车方便程度的重要指标。

公共汽(电)车线网密度(δ)是指在单位面积城市用地上有公交线路的道路中心线长度，可用下式计算：

$$\delta = \frac{L_{网}}{F} \tag{12.4.1}$$

式中，$L_{网}$——有公交线路的道路中心线长度，即公交线路总长度(km)；

F——城市用地面积(km^2)。

在市中心区规划的公共汽(电)车线网密度，应达到 3～4 km/km^2；在城市边缘地区应达到 2～2.5 km/km^2。

2. 线路重复系数

公共汽(电)车线路重复系数(μ)是指公交线路总长度与公交线网总长度的比值。在公共汽(电)车发达的城市，线路重复系数一般为 1.25～1.5。

在公交线路总长度已定的情况下，重复系数与线网密度成反比。公交线网密度受道路网密度的制约，在城市中，往往因道路网太稀，使公交线网达不到适宜的密度，从而导致线路重复过多，若这些线路的发车频率之和大于站点的通行能力，将导致道路交通堵塞。因此，在城市规划和建设中，应为公交提供较密的道路网，以便布设线路。

3. 线路条数

对于固定线路的公共汽(电)车，乘客关心的是直达交通。因此，线路分布的数量至关重要。线路分布越广，满足直达需要的程度越高。但线路过多又会产生一定的副作用，需要研究最合适的线路数量幅度。

(1) 线路条数(n)与行车密度($k_{行车}$)的关系

在车辆数($N_{营}$)确定的条件下,线路条数与行车密度成反比关系。线路越多,行车密度越稀,乘客的候车时间就要增加。反之,行车密度越高,乘客候车时间越短,则公交线路越少。

$$k_{行车} = \frac{N_{营} V_{营}}{n\bar{l}_{线}} \tag{12.4.2}$$

式中,$\bar{l}_{线}$——平均线路长度(km)。

$$n = \frac{N_{营} V_{营}}{k_{行车} \bar{l}_{线}} \tag{12.4.3}$$

(2) 线路条数与线路重复系数的关系

在线网密度和平均线路长度确定的情况下,线路条数取决于线路重复系数,两者成正比关系,线路重复系数越高,允许的线路条数越多。

$$n = \frac{L_{网} \mu}{\bar{l}_{线}} \tag{12.4.4}$$

式中,μ 为线路重复系数。

在需要充分利用主要干路作为公交专用道时,应增加线路重复系数,部分地段可达 5.0 以上。在一般情况下,线路重复系数宜控制在 3.0~4.0。

(3) 线路条数与线网密度关系

在线路重复系数和线路平均长度确定的情况下,线路条数取决于线网密度,两者成正比关系。最佳线网密度一旦确定,线路条数也就确定了。

4. 线路长度

公共汽(电)车线路的长度因地而异,但有个相对的幅度。线路过短,会使乘客换车过多而造成不便,车辆在终点站停歇时间相对增加,降低运营速度,浪费运能。反之,线路过长,沿线客流常会很不均匀,且经过道路交通咽喉地段多,交通情况复杂,使行车难以准点。线路长度的确定,应考虑以下几个关系。

(1) 线路长度与乘客要求的关系

乘客要求是确定线路长度首先要考虑的问题,然而乘客要求因人而异。长距离乘客要求线路长些,以便一次到达;短距离乘客要求线路短些,站距短以便随时上下车。过长或过短的线路总会增加一部分乘客的乘车麻烦,为了照顾大部分乘客,应具体分析某一线路的乘客需求,长距离乘客多,线路应适当延长,反之可缩短。

(2) 线路长度与城市大小的关系

线路平均长度常按照城市大小和形状来考虑,也可以参照线路上乘客的上下车交替情况来定。通常大城市线路长度约等于城市半径,中小城市多为直径线。公交线路长度不宜过长或过短,市区线路宜取该城市平均公交运距的 2 倍,市郊线路宜不大于城市平均公交运距的 3 倍,如此可有利于乘客和公交企业双方。郊区线路的长度视实际情况而定。

有了该控制值,就能根据客流调查分析图规划线路,在每个客流主要方向沿着道路设置一条公交线路。但在市内某些地区(如市中心区或通向工业区的地段),尤其在上下班高峰时间,客流量往往超过一条线路的最大运载能力,这时,可根据具体情况,在同一条道路上设置重复线路或区间车,也可以在相隔一定距离的道路上设置平行的线路。

(3) 线路长度与营运速度的关系

线路长,终点停车时间显著减少,因而营运速度也提高。从这一角度看,线路长对公交运能的利用和成本的降低是有利的。市区公共汽车与电车主要线路的长度宜为 8~12 km;城市轨道交通的线路长度不宜大于 40 min 的行程。

(4) 线路长度与线路条数的关系

在线网密度和平均线路长度确定的情况下,在既定的城市区域中,线路长度与线网密度成反比关系。线路条数越多,平均线路长度越小,反之则增加。

$$\overline{l_{线}} = \frac{L_{网}\mu}{n} = \frac{F\delta\mu}{n} \tag{12.4.5}$$

5. 乘客平均换乘系数

乘客平均换乘系数($C_{换}$)是衡量乘客直达程度、反映乘车方便程度的指标。

$$C_{换} = \frac{N_{乘} + N_{换}}{N_{乘}} \tag{12.4.6}$$

式中,$N_{乘}$——乘车出行人次;

$N_{换}$——换乘人次(人次)。

换乘率($\gamma_{换}$)是指统计期间乘客一次出行,必须通过换乘才能到达目的地的人数与乘客总人数之比,即:

$$\gamma_{换} = \frac{N_{换}}{N_{乘}} \times 100\% \tag{12.4.7}$$

大城市乘客平均换乘系数不应大于 1.5,中、小城市不应大于 1.3。

6. 线路非直线系数

公共汽(电)车线路非直线系数是指线路首末站之间实地距离与空间直线距离之比。环形线路的非直线系数是线路上的主要枢纽之间的实地距离与空间直线距离之比。

为保证公共汽(电)车的正常运行,线路非直线系数控制在 1.2 较为适宜,最大不超过 1.4。非直线系数过大,会增加乘客的车内时间,使客流在断面上运载不均,同时降低车辆的周转速度,遇到交通阻塞,行车秩序很难恢复,特别是在复杂的交通枢纽点,通行能力降低,营运调度失灵。非直线系数过小,线路客流也会减少,增加换车次数。

12.4.2 公交线网的层级

城市公共汽(电)车线路宜分为干线、普线和支线三个层级,城市可根据公交客流特征选择线路层级构成,不同层级的城市公共汽(电)车线路的功能与服务要求宜符合表 12-4 的规定。

表 12-4 不同层级城市公共汽(电)车线路功能与服务要求

线路层级	干线	普线	支线
线路功能	沿客流走廊,串联主要客流集散点	大城市分区内部线路,或中小城市内部的主要线路	深入社区内部,是干线或普线的补充
运送速度/(km/h)	≥20	≥15	—
单向客运能力/(千人次/时)	5~15	2~5	<2

续表

线路层级	干　　线	普　　线	支　　线
高峰期发车间隔/min	<5	<10	与干线协调

12.5　城市公共汽(电)车场站规划

12.5.1　场站的类型与功能

城市公共汽(电)车场站划分为两类：一类是担负公交线路分区、分类运营管理和车辆维修的公交车场；另一类是担负公交线路运营调度和换乘的各种车站，包括公交枢纽站、首末站和中途站(中途站也称为停靠站)。公共汽(电)车场站的分类和功能见表 12-5。

表 12-5　公共汽(电)车场站的分类与功能

<table>
<tr><th colspan="3">分　　类</th><th>主要功能</th></tr>
<tr><td rowspan="3">公交车场</td><td colspan="2">修理厂</td><td>主要为公交车辆大修服务</td></tr>
<tr><td colspan="2">保养场</td><td>主要为公交车辆的停放、保养和维修服务，兼有管理指挥功能</td></tr>
<tr><td colspan="2">停车场</td><td>主要为公交车辆的停放服务，兼有低级保养和重点小修功能</td></tr>
<tr><td rowspan="5">公交车站</td><td rowspan="3">公交枢纽站</td><td>衔接城市交通与对外交通的公共交通枢纽</td><td>是集多种交通工具和多种服务于一体的综合性、多功能客运站，是多种交通方式相互衔接所形成的大型客流集散换乘点，尤其是多种对外交通方式与市内公交衔接点</td></tr>
<tr><td>城市中心区的公共交通枢纽</td><td>地面公交之间、地面公交与轨道间的换乘</td></tr>
<tr><td>城市边缘的公共交通枢纽</td><td>截流外围城镇、郊区、远郊区进入主城区的小汽车，服务中心镇周围乡村公交与城乡公交的换乘功能</td></tr>
<tr><td colspan="2">首末站</td><td>公交始发站，为城市各主要客流集散点服务</td></tr>
<tr><td colspan="2">中途站</td><td>为公交线路沿途所经过的各主要客流集散点服务</td></tr>
</table>

首末站、中途站、枢纽站是标定公交线路空间边界，保证公交系统正常营运的“前方”基础设施；而保养场、停车场、修理厂则是保证公交车辆处于良好状态，并待命发车的“后方”基础设施。公交场站布局的合理性，容纳、周转和维修保养能力的强弱，设施和装备的现代化水平，是体现城市公交客运系统整体发展水平的重要标志。

城市公共汽(电)车场站总用地规模应根据城市公共汽(电)车车辆发展的规模和要求确定，场站用地总面积按照每标台 150～200 m^2 控制。各类公共汽(电)车场站应节约用地，鼓励立体建设。可根据需求与用地条件，整合停车场与保养场。

12.5.2　城市公共汽(电)车的车站服务指标与间距

城市公共汽(电)车的车站服务面积以半径 300 m 计算，不得小于城市用地面积的 50%；以半径 500 m 计算,不得小于 90%。城市出租车采用营业站定点服务时,营业点的服务半径不宜大于 1 km。

几种主要公共交通方式的站距推荐值见表 12-6。

表 12-6　公共交通站距

公共交通方式	市区线/m	郊区线/m
公共汽车与电车	500～800	800～1000
公共汽车大站快车	1500～2000	1500～2500
中运量轨道交通	800～1000	1000～1500
大运量轨道交通	1000～1200	1500～2000

12.5.3　首末站规划

公交首末站的主要功能是为公共汽(电)车线路上的公交车辆在开始和结束营运、等候调度以及下班后提供合理的停放场地。它既是公交站点的一部分,也可以兼具车辆停放和小规模保养的用途。

首末站的规模按该线路所配营运车辆总数来确定,一般按配车总数(折算为标准车)分为三级:大于 50 辆的为大型站;26～50 辆的为中型站;等于或小于 25 辆的为小型站。

1. 规划原则

①首末站一般设置在用地面积较富裕而人口又比较集中的居住区、城市各级中心、交通枢纽、商业区或文体中心附近,使一般乘客在以该站为中心的 350 m 半径范围内,其最远的乘客应在 700～800 m 半径范围内。在缺乏空地的地方,应将首末站与商业开发或综合开发相结合,这类首末站在香港和新加坡非常普遍。例如,中国香港黄大仙综合停车场大厦紧邻地铁站,地面层为公交首末站,2～5 层为停车楼,屋顶为网球场和足球场(图 12-4)。图 12-5 为新加坡的与商业开发结合的首末站。

图 12-4　中国香港黄大仙综合停车场大厦内部

图 12-5　新加坡的综合开发首末站

②首末站宜设置在全市各主要客流集散点附近较开阔的地方。这些集散点一般都在几条公交线路的交叉点上,如火车站、码头、大型商场、分区中心、公园、体育馆、剧院等。

③不应在平交路口附近设置首末站。

④一条线路不宜单独设置首末站，而宜设置几条线路共用的交通枢纽站。

⑤当首末站500 m服务半径的人口和就业岗位数之和达到表12-7的规定时，宜配建首末站。单个首末站的用地面积不宜低于2000 m^2。在用地紧张地区，首末站可适当简化功能、缩减面积，但不应低于1000 m^2。无轨电车首末站用地面积应乘以1.2的系数。

表12-7 配建首末站的人口与就业岗位要求

城市规模 / 类别	规划人口规模100万以下	规划人口规模100万以上	
		有轨道交通	无轨道交通
500 m半径范围内的人口与就业岗位数(个)之和(人)	8000	15000	12000

2. 设置要求

①首末站停车位宜为锯齿形，并应与轨道交通等无缝衔接。例如中国香港金钟的地铁出入口与公交首末站的距离不过5 m(图12-6)。图12-7为新加坡的锯齿形公交停车位。

图12-6 中国香港金钟交通枢纽局部

图12-7 新加坡的锯齿形公交停车位

②首末站在建站时必须保证在站内按最大铰接车辆的回转轨迹划定足够的回车道，道宽应不小于7 m，在用地较困难的地方，城市规划和城市交通管理部门应安排利用就近街道回车。

③首末站必须建停车坪。停车坪在不用作夜间停车的情况下，首站用地面积应不小于该线路营运车辆全部车位面积的60%。停车坪内要有明显的车位标志、行驶方向标志及其他营运标志。停车坪与回车道一起构成站内停车、行车、回车的整体。

④首末站必须设有标志明显、严格分隔开的入口和出口，出入口宽度应不小于标准车宽的3～4倍。若站外道路的车行道宽度小于14 m时，进出口宽度应增加20%～25%。在出入口后退2 m的通道中心线两侧各60°范围内能清楚地看到站内或站外的车辆和行人。

⑤首末站非铰接车的出入口宽度应不小于7.5 m。候车廊的建设规模，按廊宽3 m规划。廊边应设置明显的站牌标志和发车显示装置，夜间廊内应有灯光照明。候车廊的建筑式样、材料、颜色等各城市应根据当地的建筑特点统一设计建设，宜综合考虑实用、经济、美观。

⑥首末站内宜安排绿化用地，绿地面积宜不小于该站总用地的15%。

⑦首末站的规划用地面积宜按每辆标准车用地 90～100 m² 计算。首末站安排在建筑物内时，用房面积宜因地制宜。首末站若用作夜间停车，其停车坪应按该线路营运车辆的全部车位面积计算。

⑧末站停车坪的大小按线路营运车辆车位面积的 10%计算；末站生产、生活性建筑面积一般为首站建筑面积的 12%～15%。若全线单程运行时间超过 30 min，则末站增加开水间、备餐间等建筑，全站建筑面积宜为首站的 20%。

⑨车队办公用地应按所辖线路配备的营运车辆总数单独进行计算(不含在首末站用地指标内)，计算指标宜每辆标准车 1 m²。

⑩首站应设置城市公共汽(电)车运营组织调度设施。

⑪首末站内应配备乘客候车、上落客等设施，根据用地条件宜配套设置司乘人员服务设施和车辆停放设施。

12.5.4 中途站规划

1. 规划原则

①中途站应设置在公交线路沿途所经过的各主要客流集散点上。城市规划、交通管理部门有责任为这些站点的设置提供方便。如所设站点与城市交通管理规划确有矛盾、妨碍交通，应协商调整。

②中途站应沿街布置，站址宜选在能按要求完成车辆的停和通两项任务的地方。

③在路段上设置停靠站时，上、下行对称的站点宜在道路平面上错开，即叉位设站。其错开距离不宜小于 50 m。在主干路上，快车道宽度大于或等于 22 m 时也可不错开。如果路旁绿带较宽，宜采用港湾式中途站。

④中途站应与交叉口渠化进行一体化设计，一般设在交叉口出口道 50 m 处。

⑤几条公交线路重复经过同一路段时，其中途站宜合并。中途站的通行能力应与各条线路最大发车频率的总和相适应。在并站的情况下，电车、汽车不应共用同一停靠点；两条以上电车、汽车线路共用同一车站时，应有分开的停靠点，其最小间距不宜小于 2～2.5 倍标准车长。

⑥中途站的公交线路应进行分组，不同组的公交线路使用不同的公交停车位，既方便乘客上下车，又减小了站点人流交叉。

⑦中途站应紧密衔接轨道交通站点，与轨道交通站点出入口的距离不超过 50 m。

2. 设置要求

①一般中途站仅设候车廊，廊长不宜大于 1.5～2 倍标准车长，全宽不宜小于 1.2 m。在客流较少的街道上设置中途站时，候车廊可适当缩小，廊长最小不宜小于 5 m。

②中途站候车廊前必须划定公交车停车区，并设置人性化设施。图 12-8 为新加坡的中途站实例。

③在车行道宽度为 10 m 以下的道路上设置中途站时，宜设为港湾式。

3. 停靠站台的布置方式

停靠站台在道路平面上的布置方式主要有沿人行道边设置和沿车行道分隔带设置两种。

图 12-8 新加坡的中途站

(1) 沿人行道边设置

这种布置方式构造简单，一般只需在人行道上辟出一段用地作为站台，以供乘客候车、上、下客，见图 12-9。站台高度以 30 cm 为宜，并避免有杆柱阻碍。这种布置对乘客上、下车最安全，但停靠的车辆对非机动车交通影响较大，多用于单幅路。

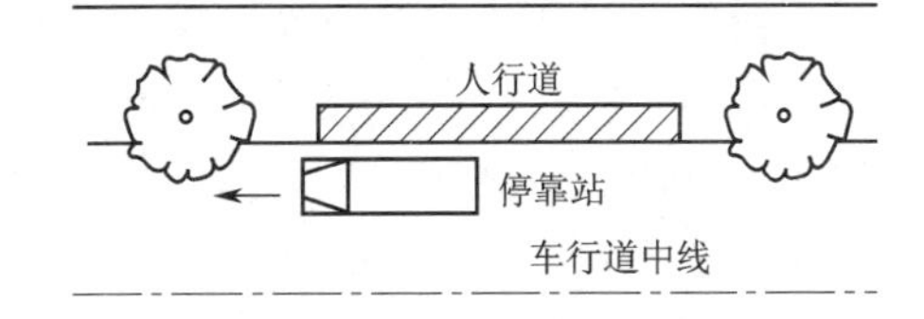

图 12-9 沿人行道边设置的中途站

(2) 沿车行道分隔带设置

这种布置方式停靠的公交车辆对非机动车影响较小，但乘客需要横穿非机动车道，影响非机动车道的交通，适用于三幅式道路，见图 12-10(a)。采用这种方式布置站台，分隔带宽度不宜小于 1.5 m，站台长度视停靠的车辆数而定。

当分隔带较宽时，可以将一段绿带宽度改为路面，作为港湾式车站，以减少停靠车辆所占的车道宽度，保证正线上的交通畅通，见图 12-10(b)。港湾的宽度和长度根据停靠车辆类型和数量而定。这种做法对机动车道较窄的路段尤为适用。

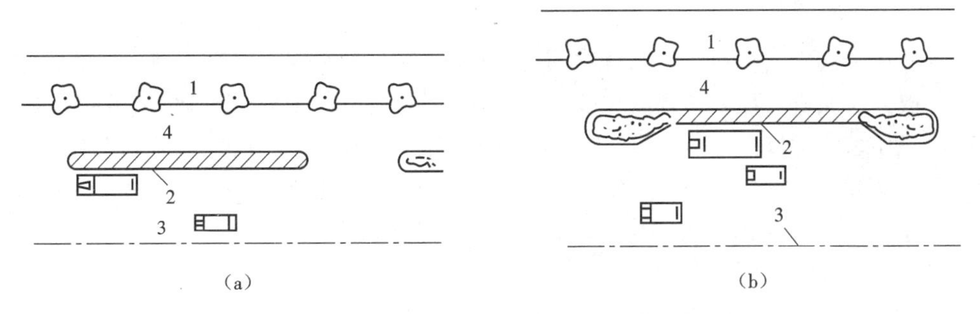

图 12-10 沿车行道边设置的中途站

1—人行道；2—停靠站；3—路中线；4—非机动车道

4. 港湾式车站

中途站的设置形式分为港湾式车站和非港湾式车站两种。

中途站的设置形式要根据路段的饱和度和公交车高峰流量来确定。调查表明，以下两种情况可暂不采用港湾式车站：一种情况是当公交车流量小于 60 辆/时时，公交车之间的平均车头时距为 60 s,公交车在中途站处基本不需要超车,也就是说前面公交车的停靠并不会影响后到的公交车;另一种情况是当同向非公交专用道的饱和度低于 0.6,而公交车道饱和度较高时,则后到的公交车辆可以借助非公交车道来超越前面停靠的公交车。反之则需要建设港湾式车站。

进行城市道路规划建设时,应采用港湾式车站。快速路和主干路应设港湾式车站。城市原有道路进行改造时,中途站的设置形式应考虑路段与交叉口通行能力的协调。

港湾式车站的几何构造见图 12-11,并尽量增大站台长度。

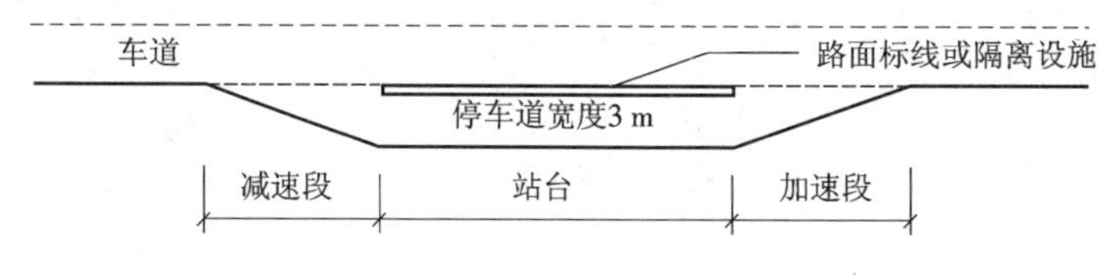

图 12-11　港湾式车站的几何构造示意

车站停车道设置的停车位数量需根据服务的线路条数和每条线路的发车频率确定。一般情况下,线路小于 3 条时,可设置 1 个车位;线路不超过 5 条时,可设置 2 个车位;线路不超过 8 条时,可设置 3 个车位。一般郊区站、支线站可以只设置 1 个车位。对枢纽站可以设置 2 个以上的车位,但最多不宜多于 4 个。1 个车位的长度可按 13 m 考虑。

12.5.5　公交车场规划

1. 车场规模

(1) 影响因素

通过城市公交客流需求规模得出的公交车场面积为建筑面积,而车场的实际占地面积与场站的建筑形式有关。在人口稠密、土地资源稀缺的中国香港地区和新加坡,广泛采用修建立体公交场站或与其他建筑物相结合(一般置于地下一层)的形式,有效节约了土地资源。

影响公交车场需求规模的另外一个重要因素是公交车辆的形式。选用高容量的公交车辆可以有效减少公交车场面积。如中国香港广泛采用双层巴士,节约场站面积近 40%。

(2) 车场的容量

车场的容量宜采用大、中、小相结合的方式,分散布置。在车场的布局上,应使高级保养集中,低级保养分散。大城市车种和车辆数均多,可按车种分设几个车场,或根据线路网的布置情况,对市区路线设置大型车场;对郊区路线设置小型车场,仅作例行保养和一级保养,其余保养作业回大型车场进行。一般一个大型车场可容纳 200～300 辆车或更多,中型车场为 100～150 辆车,小型车场为 50 辆车左右。中小城市车辆少,可集中在一两个车场内。

(3) 车场用地面积

车场用地面积根据停放车辆的车型、每辆车的用地面积和容纳的车辆数而定。停车场、保养场用地指标宜按照每标台 150～200 m^2 控制。当城市公共汽(电)场站建有加油、加气设施时,其用地应按现行国家标准《汽车加油加气站设计与施工规范》(GB 50156—2012)的规定另行核算面积后加入场站总用地面积中。电车整流站用地规模应根据其所服务的车辆类型和车辆数确定,单座整流站用地面积不应大于 500 m^2。充换电站应结合各类公共汽(电)车场站设置。

2. 车场选址

(1) 停车场

停车场宜按辖区就近使用线路布置，选在所辖线网的重心处，使其与线网内各线路的距离最短，一般宜在1～2 km以内。停车场到所在分区保养场的距离宜在5 km以内，最大应不大于10 km。

(2) 保养场

保养场应建在城市每一个分区线网的重心处(大城市宜在市区半径的中点；中、小城市宜建在城市边缘)，使之距所属各条线路和该分区的各停车场均较近。保养场应避免建在交通复杂的闹市区、居住小区内和主干路上，宜选择建在交通情况比较清静而又有两条以上比较宽敞、进出方便的次干路附近，并有比较齐备的城市电源、水源和污水排放管线系统。

保养场的纵轴朝向，一般宜与主导风向一致。其主要建筑物宜尽量不处于西晒或正迎北风的不利方向。保养场还必须处在城市居住区的下风方向。

(3) 修理厂

公交修理厂宜建在距城市分区位置适中、交通方便、周围又有一定发展余地的市区边缘，同时注意避开交通流量较大的干路。

12.6 公交专用道(路)规划

公交专用道是指在道路上用交通标线或物理隔离方法划出的专供公交车通行的车道，在全天或规定的时段里，不允许其他车辆使用。

公交专用路是指仅供公交车通行的道路，禁止或限制其他车辆通行。

12.6.1 设置条件

(1) 路段客流量

路段单向平均公交客流量达到2000人次/时时，可考虑设置公交专用道。

(2) 路段公交车流量

当断面单向平均公交车流量大于50辆/时或高峰小时断面单向公交车流量大于150辆/时时，可以设置公交专用道。

(3) 路段饱和度

由于交通量中除了公交车外，还有货车和其他客车，当路段饱和度较高时，如果再划出一条车道作为公交专用道，可能会导致其余车道的交通过度拥挤甚至堵塞。当路段饱和度较低时，尽管非公交车辆对公交车的干扰较小，但设置公交专用道还是很必要的，以提前划定公交专用路权。当路段饱和度低于0.8时设置公交专用道是合适的。

(4) 道路状况

当道路单向机动车车道数为一条或两条时，如果设置公交专用道，则非公交车辆就无法超车，不利于非公交车的运行，此时如果需要则可考虑设置公交专用路(即整个路段都归公交车使用)或逆向公交专用道(非公交车辆为单向行车，而公交车可双向通行)。当道路单向机动车车道数达到三条或三条以上,且机动车流量低于该道路的通行能力时,则可以将其中一条车道设置为公交专用道。

12.6.2 专用道的宽度与常见形式

公交车以大客车为主。大客车的宽度为2.5 m左右,而城市中干路平均车速大多低于40 km/h,为保障交通安全和公交车的正常行驶,同时又不浪费有限的道路资源,公交专用道的宽度取3.5～4 m即可。

公交专用道可以采用多种形式来实施。在道路建设上,既可以在现有道路上实施,也可以在新建道路上实施;在空间布局上,既可以建在地面上,也可以建在高架上甚至建在地下;在与其他道路的关系上可分为封闭和非封闭两种;在使用上,可分为绝对公交专用道和有条件的公交专用道,如特许车辆可以行驶等;在时间上,可分为高峰时段公交专用道、限定时段公交专用道和全天候公交专用道;在车辆行驶方向上可分为顺向公交专用道、逆向公交专用道和可变向公交专用道。

根据公交专用道在道路横断面上的位置,通常将公交专用道分为路内侧型、路外侧型、路中型三种形式。路内侧型是将公交专用道设置在最内侧的机动车道。路外侧型是将公交专用道设置在最外侧的机动车道。路中型是将公交专用道设置在中间的机动车道。

12.7 快速轨道交通规划

快速轨道交通是以电能为动力,在轨道上行驶的快速交通工具的总称。通常可按每小时运送能力是否超过3万人次,分为大运量快速轨道交通和中运量快速轨道交通。快速轨道交通具有运能大、速度快、能耗低、使用寿命长、运营费用省的优点,是根治大城市交通拥挤的有效手段。

12.7.1 轨道交通分类及特点

根据轨道交通系统基本技术特征的不同,轨道交通系统可分为市郊铁路、地铁、轻轨、单轨、导轨和有轨电车等类型。有轨电车虽然属于轨道交通,但不属于快速轨道交通。

1. 市郊铁路

市郊铁路是连接城市市区与郊区,以及连接城市周围几十千米甚至更大范围的卫星城镇或都市圈的铁路。市郊铁路系统提供长距离的运输服务,在所有公共交通方式中其技术与运营标准最高。市郊铁路一般由铁路部门运营管理,路权一般是隔离的。市郊铁路的特点是乘客的平均乘距长(美国平均为35 km)、站距长(一般3～5 km)、运营速度高、可靠性强。市郊铁路的运营速度为30～75 km/h,最大速度可超过100 km/h。市郊铁路大多数是由既有国有铁路改造来的,建设成本较低。

2. 地铁

地铁,也称为地下铁道,是最早出现的快速轨道交通方式,最初是以地下隧道的形式出现的,因此得名地铁。但随着地铁系统的不断发展,现代地铁还包括地面线、高架线。地铁列车编组一般为偶数,多为4～10辆,最小运营间隔为1.5～2 min。地铁列车平均运营速度为30～40 km/h,

单向客运能力为 3～6 万人次/时。

3. 轻轨

轻轨是以电力牵引的中容量轨道交通系统。轻轨的含义是指车辆对轨道施加的荷载，轻轨车辆与市郊铁路和地铁车辆相比质量较轻。早期的轻轨系统一般直接由旧式有轨电车系统改建而成。20 世纪 70 年代后期，一些国家才开始修建全新的现代轻轨系统。现代轻轨系统与旧式有轨电车系统相比，具有行车速度快、乘坐舒适、噪声低等优点。轻轨线路可以在地面、高架或地下单独铺设，也可以在地面与其他交通方式混合行驶。为保证一定的运营速度，在平交道口设优先通行的信号系统。轻轨列车编组一般在 4 辆以下，适合中等规模的城市，或者作为地铁系统的喂给线。例如中国香港的轻轨是轨道交通西铁线的喂给线(图 12-12)。与地铁相比，轻轨站距较小，一般小于 1 km，运营速度为 20～40 km/h，单向客运能力为 1～3 万人次/时。

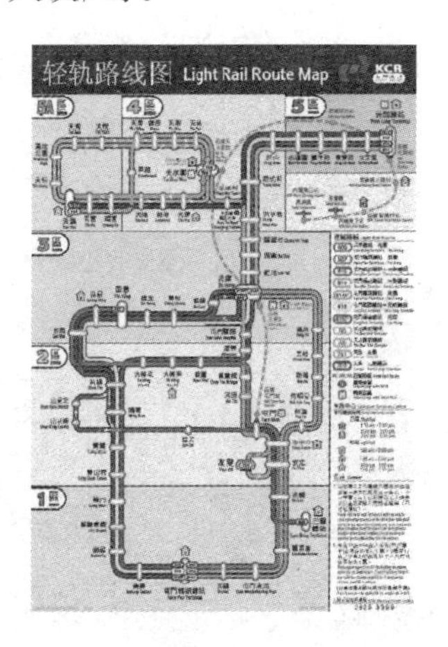

图 12-12　香港的轻轨车辆与轻轨线路

4. 单轨

单轨是车辆或列车在单一轨道梁上运行的城市客运交通系统。单轨线路结构是架空的 T 型或 I 型轨道导梁，同时起承载、导向和稳定作用，占用空间小。单轨由若干车厢组成列车跨座或悬挂在轨道梁行驶，车辆行走部分由橡胶驱动轮与导向轮组成，噪声小。从构造形式上，可分为跨骑式独轨与悬挂式独轨两种(图 12-13、图 12-14)。跨骑式独轨是列车跨坐在轨道梁上运行的形式，悬挂式独轨则是列车悬挂在轨道梁下运行的形式。独轨单向客运能力为 0.5～2 万人次/时，运营速度为 30～40 km/h。

5. 导轨

导轨是无人驾驶的全自动轨道交通，在专门制作的全封闭高架的混凝土通道内行驶，导向轨设置在走行轨的两侧或中部；自动化导向交通采用较小的车型，单节或多节组成列车，用较高的发车频率运行；行车计划灵活，能适应客流变化。导轨单向客运能力为 0.5～2 万人次/时，运营速度为 30～35 km/h。图 12-15 为新加坡的导轨。

6. 有轨电车

有轨电车是电力驱动的车辆在敷设于市区街道中的轨道上行驶的轨道交通系统。有轨电车不仅需要电力架空线，还需要固定的轨道。有轨电车与普通地面公交不同的是有轨电车行驶在专

图 12-13　跨骑式独轨

图 12-14　悬挂式独轨

图 12-15　新加坡的导轨

门的轨道上，其轨道线路与城市道路可以结合也可以分离。与城市道路结合的有轨电车线路也允许其他车辆行驶，但有轨电车优先。有轨电车由单节或两节车厢组成的短车组运行，运营速度 15～20 km/h，在欧洲和北美中小城市得到大量使用。

12.7.2　线网结构

组成城市轨道交通线网的线路一般包括放射线、径向线、切线、环线等形式，不同的线路组合可以构成不同的线网布局，最基本的线网布局形态有网格式、无环放射式和有环放射式三种。

1. 网格式

网格式是指线网中各条线路交叉，呈格栅状或棋盘状。线网中的线路走向比较单一，其基本线路关系为平行和十字交叉两种。网格式线网的优点是布局均匀、换乘方便、连通性好，从而引导客流均衡分布，使换乘客流分散；缺点是由于线路走向比较单一，对角线方向的出行不便，市中心区与城市外围地区之间的出行常需换乘，平行线路间的出行一般需要 2 次以上换乘，交通可达性较差。

网格式线网布局模式适合于人口分布比较均匀、没有明显的市中心或不适宜形成高密度市中心的城市。我国不少城市规划了网格式的轨道线网，这与我国城市的用地布局是不协调的。可见，我国城市不宜规划网格式的轨道线网。图 12-16 为北京市的网格式轨道线网。

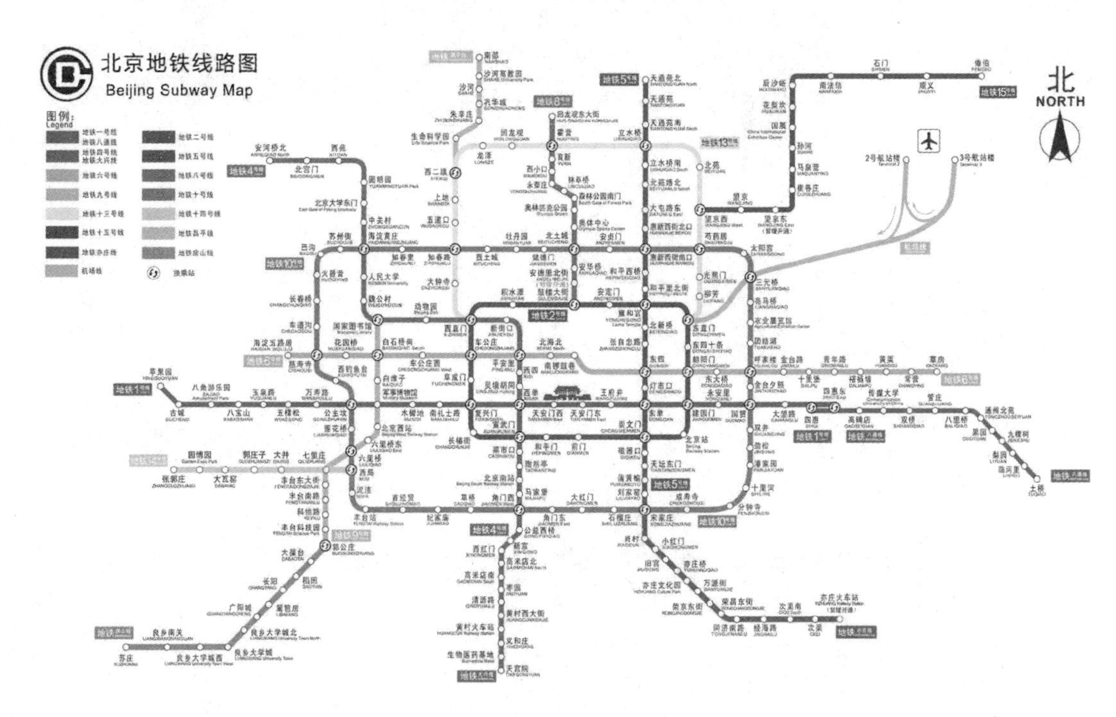

图 12-16　北京市区的网格式轨道线网

2．无环放射式

无环放射式的线网由若干放射线和径向线组成，所有线路都沿市中心向外呈放射状，一种是单中心向外放射，另一种是放射网状。前者由于所有的线路都交于一点，给换乘枢纽的设计和交通组织带来很大困难。目前采用较多的是后一种形式。图 12-17 为中国香港的无环放射式轨道交通线网。

通常情况下，无环放射式线路以直径线为宜，避免设置需在市中心区大量换乘的半径线。为加强某一方向的辐射，必要时可以设置 U 形线。该形式线网一般以 3 条互相交叉的线路为基本骨架，通常在市中心形成若干 X 形或三角形线路关系，以减少车站的换乘客流强度，降低工程建设难度。优点是郊区乘客可以直达市中心，从一条线路至另一条线路只需进行一次换乘。缺点是增加了市中心的过境客流量和市中心的线路负荷，另外相邻郊区之间的乘客出行必须绕行，增加了出行时耗。

无环放射式轨道交通线网布局模式适合于有明显市中心、市中心与市郊周边联系密切的城市。

3．环线＋放射式

当放射状线网规模较大时，往往在放射状路网的基础上增加 1～2 条环线。环线的基本作用是加强中心区外围各客流集散点的联系，弥补放射形路网结构的不足，通过截流外围地区之间的客流，减轻市中心区线路的负荷，并提高环线方向乘客的直达性。

环线＋放射式线网布局模式适合于城市具有较大空间规模且外围地区之间的交通联系强度

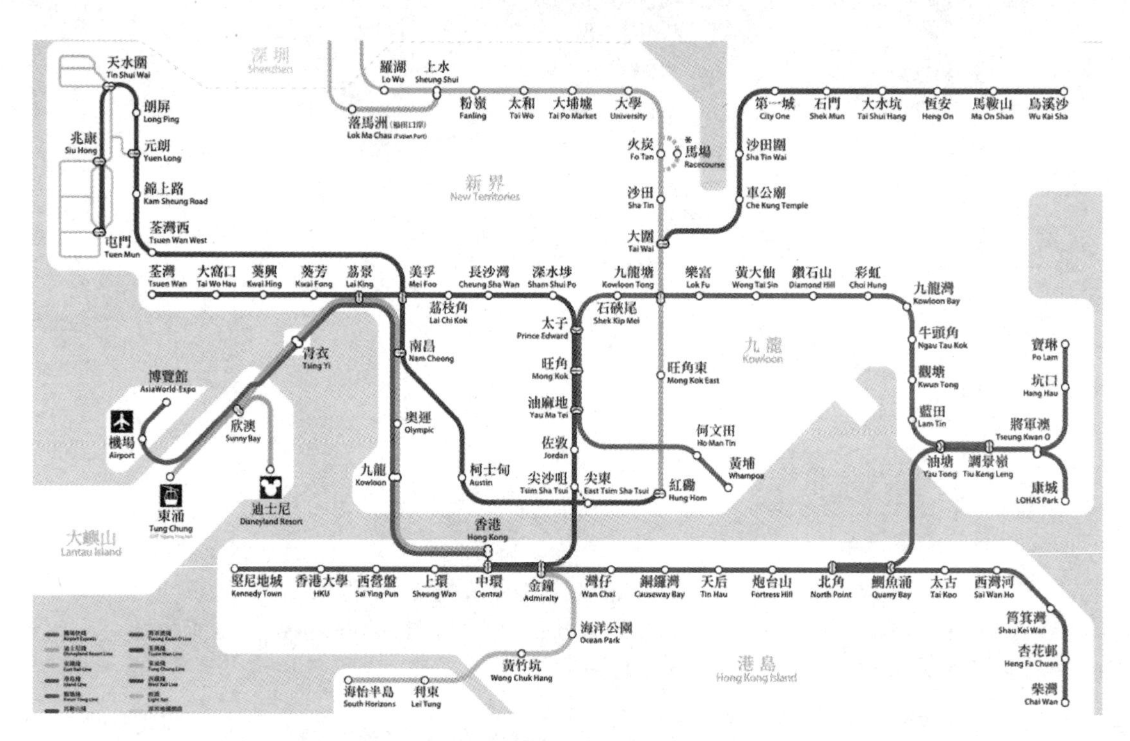

图 12-17 中国香港的无环放射式轨道线网

足够大的城市。图 12-18 为莫斯科的环线＋放射式轨道交通线网。

12.7.3 线网规划

轨道交通是一个涉及面广、综合性强、技术密集、投资巨大的系统工程，需要较长时间的前期准备和建设周期，而一旦建成，就很难更改。轨道交通的建设是城市发展中的百年大计，对城市全局和发展模式都将产生深远的影响。因此，需要编制轨道交通线网规划以指导每条轨道线路的建设，不仅要使轨道交通系统自身在工程、运营、经济等方面切实可行，还要符合城市发展规律，支持和促进城市发展目标的实现。

1. 规划原则

(1) 与城市发展紧密结合，符合城市总体规划要求

轨道线网应与城市用地布局形态一致，结合城市的用地结构、人文景观、人口规模、用地规模、经济规模与基础设施等，充分考虑城市土地利用和轨道交通的相互关系。因此，进行轨道交通线网规划时应贯彻城市发展战略，符合用地发展方向，深入了解城市的结构形态演化过程和趋势，以及城市地理、地形、地质等因素的作用。不同的城市空间结构形态需要有相应的、不同的轨道交通线网结构形式与之相适应。高峰期 95%的乘客在轨道交通系统内部(轨道交通站间)单程出行时间不宜大于 45 min。城市轨道交通线路分为快线和干线，功能层次划分和运送速度宜符合表 12-8 的规定。

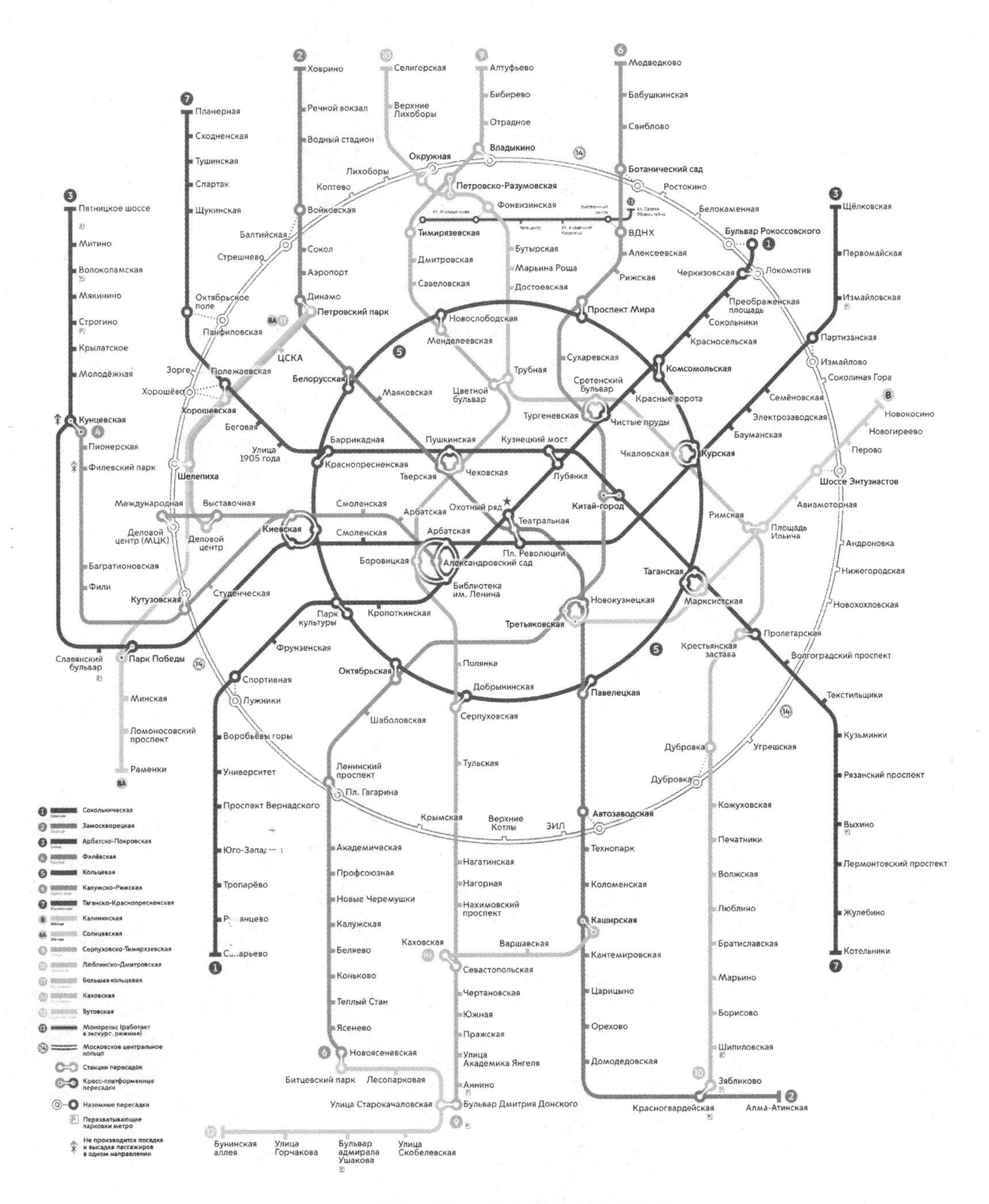

图 12-18　莫斯科的环线＋放射式轨道线网

表 12-8　城市轨道交通线路功能层次划分和运送速度

大　类	小　类	运送速度/(km/h)
快线	A	≥65
	B	45～65

续表

大　　类	小　　类	运送速度/(km/h)
干线	A	30～40
	B	20～30(不含)

(2) 轨道交通线网规模应与城市的经济实力相适应

确定线网规模是进行轨道交通线网规划时面临的首要问题。城市的经济实力是影响轨道交通线网规模的关键因素。经济发达的大城市常采用高密度、相对低负荷强度的轨道线网，而经济实力较弱的大城市采用的多是低密度、高负荷强度的轨道线网。中心城区轨道交通站点 800 m 半径范围内覆盖的人口与就业岗位占规划总人口与就业岗位的比例，宜符合表 12-9 的规定。

表 12-9　轨道交通站点 800 m 半径范围内覆盖的人口与就业岗位比例

规划人口规模/万人	覆盖目标/(%)
≥1000	≥65
500～1000	≥50
300～500	≥35
150～300	≥20

(3) 轨道交通线路走向应与城市客运交通走廊一致

重点研究城市人口与产业分布特征、现在及将来客流分布特点，将客流量尽可能地引入轨道交通系统，降低城市道路交通压力。这既是城市客运交通系统建设的总体目标，也是轨道交通自身运营发展的需要。

要以最短捷的轨道交通线路连接大的对外交通枢纽、商业中心、文娱中心、大的生活居住区等客流大的场所，轨道交通线路走向应与居民的主要出行方向和出行路径一致。

轨道交通快线宜布局在中客流及以上等级客流走廊，客流密度不宜小于 10 万人・千米/(千米・天)。干线 A 宜布局在大客流及以上等级客流走廊，干线 B 宜布局在大、中客流走廊。城市轨道交通线路长度大于 50 km 时，宜选用快线 A；长度为 30 km～50 km 时，宜选用快线 B；干线宜布局在中心城区内。根据客流走廊的客流特征和运量等要求，可在同一客流走廊内布设多条轨道交通线路。

(4) 线网密度适当，乘客换乘方便，换乘次数少

据国内外经验，两平行网线间的距离，在市区一般以 1400 m 为宜，并与街道布局相结合，郊区可适当增大。换乘最好不超过一次，应尽可能做到同站台换乘和上下站台换乘。中国香港和新加坡的不少车站做到了同站台换乘和上下站台换乘(图 12-19)。

轨道交通主要换乘站应与城市各级中心结合布局，并方便乘客的换乘需求和轨道交通的组织。城市土地使用高强度地区，应提高轨道交通站点的密度。轨道交通快线宜进入城市中心区，并应加强与轨道交通干线的换乘衔接。

(5) 与其他交通方式无缝衔接

轨道交通的客流吸引能力取决于车站所在地区居民的出行强度和与其他交通方式衔接换乘。前一部分客流在线路规划设计中已做了充分的估计，而后一部分客流是通过与市内其他交通方式

图 12-19　新加坡的轨道交通同站台换乘(左)和上下站台换乘(右)

合理的衔接换乘争取得来的。

首先,轨道交通换乘站的设置应保证两条以上轨道线路吸引客流量所需的用地与场站设施规模。城市用地布局决定客源生成,客源分布决定枢纽位置,以换乘枢纽锁定轨道交通网络,轨道网络系统决定轨道线路的交通功能。

其次,轨道交通应与其他交通方式有机结合。必须从客运交通系统出发,综合考虑各种交通方式协调发展。轨道交通应与公共汽(电)车线网和轻轨线网紧密衔接,扩大轨道交通服务腹地,实现这些公共交通方式的共生共容,而不是恶性竞争。

城市轨道交通站点的衔接交通设施应结合站点所在区位和周边用地特征设置,并应符合下列规定:①城市轨道交通应优先与集约型公共交通及步行、自行车交通衔接;②城市轨道交通站点周边 800 m 半径范围内应布设高可达性、高服务水平的步行交通网络;③城市轨道交通站点非机动车停车场选址宜在站点出入口 50 m 内;④城市轨道交通站点与公交首末站衔接时,站点出入口与首末站的换乘距离不宜大于 100 m,与公交停靠站衔接,换乘距离不宜大于 50 m;⑤城市轨道交通外围末端型车站可根据周边用地条件设置小客车换乘停车场和非机动车换乘停车场,并应立体布设;⑥城市轨道交通站点衔接换乘设施配置应符合表 12-10 的规定。

表 12-10　城市轨道交通站点衔接换乘设施配置

<table>
<tr><th colspan="2">站点类型</th><th>外围末端型</th><th>中　心　型</th><th>一　般　型</th></tr>
<tr><td rowspan="7">换乘设施类型</td><td>非机动车停车场</td><td>▲</td><td>△</td><td>▲</td></tr>
<tr><td>公交停靠站</td><td>▲</td><td>▲</td><td>▲</td></tr>
<tr><td>公交车首末站</td><td>▲</td><td>△</td><td>△</td></tr>
<tr><td>出租车上落客点</td><td>▲</td><td>△</td><td>△</td></tr>
<tr><td>出租车蓄车区</td><td>△</td><td>—</td><td>—</td></tr>
<tr><td>社会车辆上落客点</td><td>▲</td><td>△</td><td>△</td></tr>
<tr><td>社会车辆停车场</td><td>△</td><td>—</td><td>—</td></tr>
</table>

注:▲表示应配备的设施,△表示宜配备的设施。

2. 规划方法

轨道交通线网规划涉及面广、工程约束因素多,因此从宏观上把握轨道线网结构形式以及每一条规划线路的走向尤为重要。一般来说,应在分析掌握了规划年份城市用地布局结构、土地利用及交通流的发生、吸引及分布状况之后,确定城市客运交通主流向,以客流走廊作为轨道交通线路布网的基础,在此基础上再对每条轨道交通线路的走向及其所经过的主要交通小区(或节点)进行优化确定。轨道交通线网规划的方法有如下三种。

(1) 点、线、面要素层次分析法

该方法强调定性分析与定量分析相结合,以城市用地结构形态和客流需求特征为基本条件,将基本的客流集散点、主要的客流分布、重要的对外辐射方向及线网结构形态分为“点”、“线”、“面”三个层次进行分层研究,得到线网规划备选方案,然后进行线网结构特征分析和客流测试,通过对备选方案的补充、调整,运用评价指标体系对其进行评价,最终得到推荐方案。

①“面”,即整体研究。这既包含了对整个研究区域的整体性研究,也包括对规划区范围内的影响分析。“面”上的因素是控制线网构架模型和形态的决定性因素,这些因素包括城市地位、规模、形态、对外衔接、自然条件、土地利用格局以及线网作用和地位、交通需求、线网规模等特征。

②“线”,即城市的主要交通走廊,是城市客流流经的主要路线,是串联“点”、构成“面”的途径。主要涉及以下内容:大型的交通发生、吸引点选择;城市客运交通走廊分布;交通走廊沿线的土地利用和客流发展;交通走廊敷设轨道交通的工程条件。

③“点”,即局部研究,主要涉及以下内容:基本客流集散点的分布、需要轨道交通疏解的交通瓶颈、工程难点及具体工程实施方案。

城市轨道交通线网规划是一项涉及城市规划、交通工程、建筑工程及社会经济等多学科研究范畴的系统工程。以上“点”、“线”、“面”的关系,实际上就是整体和局部、宏观和微观、系统和个体之间的循环分析过程。规划过程中应以交通分析为主导,定性分析和定量分析相结合,近期规划和远景规划相结合,坚持以整体指导局部、以局部支持整体的思路。

(2) 功能层次分析法

根据城市结构层次和组团的划分,将整个城市的轨道交通网按功能分为三个层次,即骨干层、扩展层、充实层。骨干层与城市基本结构形态吻合,是基本线网骨架;扩展层在骨干层基础上向外围扩展;充实层是为了增加线网密度,提高服务水平。

功能层次分析法是以规划目标、原则、功能层次划分为前导,以枢纽为纲,以线路为目,进行轨道线网规划的方法。该方法注重轨道交通对城市发展和土地开发的引导作用,以交通枢纽为节点,以现有和潜在的客运交通走廊为骨干,综合考虑轨道交通线网的功能层次划分,最终建立以轨道交通枢纽为核心,功能层次分明的轨道交通网络。

(3) 逐线规划扩充法

以原有的轨道交通线网为基础,进行线网规模扩充,以适应城市发展。为此,必须稳定已建的轨道交通线路,优化其他未建线路,扩充新的线路,对原有线网进行局部调整,形成新的线网。

3. 线网规模

线网规模是指轨道交通线路的总长度。研究线网规模的目的是寻求合理的轨道交通供给水平。线网合理规模主要从“需求”与“可能”两方面分析。“需求”是以城市总体规划提出的人口分布、出行强度和总量分析为基础,根据城市交通方式构成,分析城市轨道交通需求的规模;同时以城市形态结构为基础,分析线网合理密度和服务水平需求的规模。“可能”是从城市国民生产总值中提取一定比例建立专项建设资金，分析城市经济承受能力和工程正常实施进度可能的规模。

轨道交通线网规模通常可采用出行需求分析法、服务水平类比法和回归分析法进行研究。

出行需求分析法是先预测规划年全方式居民出行总量和客运交通结构，然后根据拟定的线路负荷强度确定所需的轨道交通线网规模。反映城市轨道交通服务水平的指标包括线网密度、万人拥有轨道线路长度、出行时间、线网覆盖率等，其中线网密度、万人拥有轨道线路长度是影响轨道线网规模的主要因素。

服务水平类比法是通过类比分析同类城市轨道交通系统的服务水平指标，以确定城市轨道线网的服务水平和规模。

回归分析法是确定影响城市轨道线网规模的主要因素，利用若干个样本城市相关资料，对轨道网规模及各主要影响因素进行拟合，从中找出线网规模与各主要相关因素的函数关系，然后根据各相关因素在规划年限的预测值，利用函数关系式预测规划年所需的轨道线网规模。

应当指出，经总量推算的轨道线网规模应有一个幅度，它是一个原则性数据，最终规模应以实际布线为准。在研究轨道线网规划的实际工作中，线路的走向和长度受到城市用地规划均匀程度、工程地质条件等诸多因素的制约。因此，研究线路总长度的范围是有意义的，可以在进行方案构架之前，约束线网规模的发散程度。

4. 城市大型客流集散点的标定与分级

客流集散点是指客流产生、吸引或换乘的点。研究城市大型客流集散点是研究轨道线网规划的基础。线网的布局是否合理，在很大程度上取决于该线网是否覆盖了一定数量的大型客流集散点。

客流集散点一般可分为以下 5 种类型。

①城市大型交通枢纽，如火车站、机场、长途客运站、公交场站、地区交通中心等，属于全日型交通客流集结点。

②大型公共活动中心，如文化娱乐中心、商贸中心、广场等，属于全日型休闲客流集结点。

③生活与工作聚集区，如居住区，企业机关群区等，属于上下班的劳动客流集结点。

④线路起终点，应与其他交通方式具有良好的衔接换乘关系。

⑤车辆基地及其接轨点位置。车辆基地及其接轨点位置对于车站站点和线路的走向控制有较大影响，虽然它不是客流控制点，却是技术作业站点。

城市大型客流集散点是轨道交通的出发点和贯通点。只要选好点、布好点，就为线网规划拟定了基本节点和覆盖范围。

5. 轨道线路敷设方式

城市轨道交通线路敷设方式主要有地下线、高架线、地面线和敞开式线路。

(1) 地下线

地下线是线路在交通繁忙路段和市区繁华地段主要采用的线路敷设形式，其线路设计的一般原则是线位尽可能沿城市道路敷设，尽量不超出道路红线，在偏离道路或穿越街坊时，主要考虑躲避沿线的构筑物桩基础和地下各种市政管线，以确保安全和减少拆迁。地下线施工的常用方法主要有明挖法、暗挖法等。暗挖法包括盾构法和矿山法。盾构法又分为单圆盾构、双圆盾构。

采用单圆盾构施工时，隧道覆土厚度和隧道净距要求大于等于 1 倍盾径，一般为 6.2 m(图 12-

20)。该法施工对城市交通和环境影响较小,故多被采用。

采用双圆盾构施工时,可大大节省横向空间,有效躲避地下障碍物,但隧道两洞体容易发生不均匀沉降,线路的曲线半径不宜过小。上海的轨道交通 8 号线首次使用了该方法(图 12-21)。

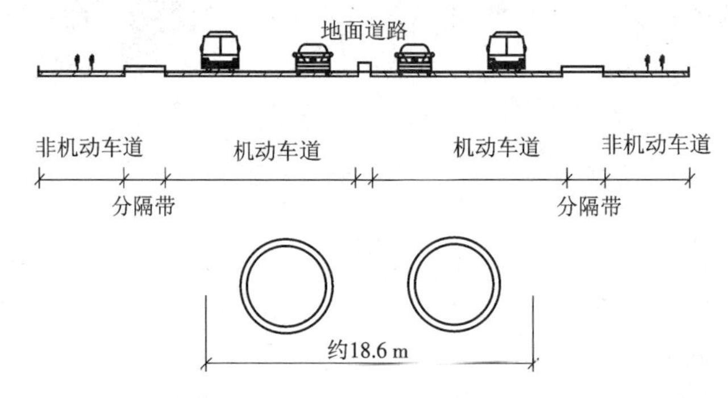

图 12-20 单圆盾构隧道横剖面

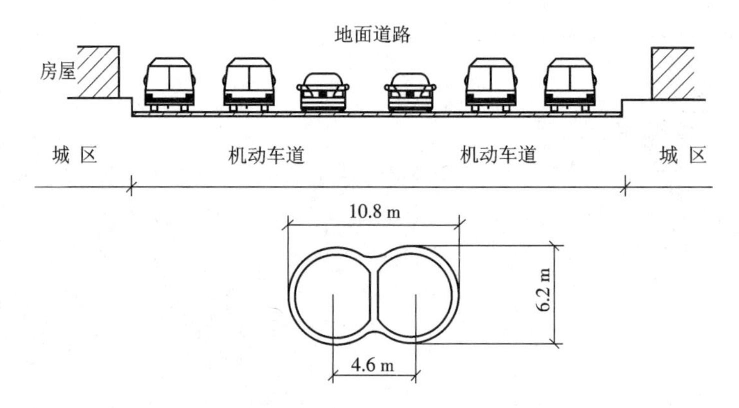

图 12-21 双圆盾构隧道横剖面

在考虑同站台换乘、上下站台换乘或极其困难的情况下,有时也采用左右线隧道上下重叠的敷设形式。这可以把线路在水平方向上占用的空间减至最小,更有效地避让两侧建筑物的桩基础,但是这种重叠形式会增加施工难度,且纵断面的坡度会受限制。这种重叠的线位一般有两种形式(图 12-22):①明挖法施工,隧道断面形式为矩形,两隧道之间没有土体,这种形式适合较长距离重叠,如深圳轨道交通 1 号线的罗湖至大剧院段;②单圆盾构法施工,两洞体之间有 1 倍盾径的间距。

(2) 高架线

高架线一般在市区外建筑稀少及空间开阔的地段使用。其线位一般沿道路的一侧或路中布置,具体设在路侧还是路中要根据规划和设站情况来决定,并结合具体情况作深入研究和经济比较。桥梁的净空一般由沿线所跨越的道路净空高度及河流的通航高度要求来确定。桥梁跨度非特殊地段按最经济跨距布置,一般为 20～30 m,具体根据桥梁的结构和形式计算确定。如上海的轨道交通 3 号线、5 号线、9 号线出市区后基本全为高架线。高架线在路段需要占用的空间宽度为 8～10 m,高架墩柱的宽度一般超过 2.5 m。此外,轨道交通也可与高架快速路、地面道路进行一体化设计,如上海轨道交通 1 号线的共和新路段(图 12-23)。

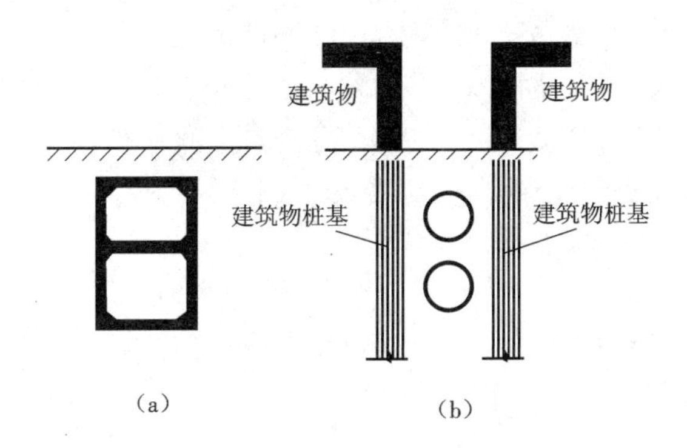

图 12-22　地下线的上下重叠式

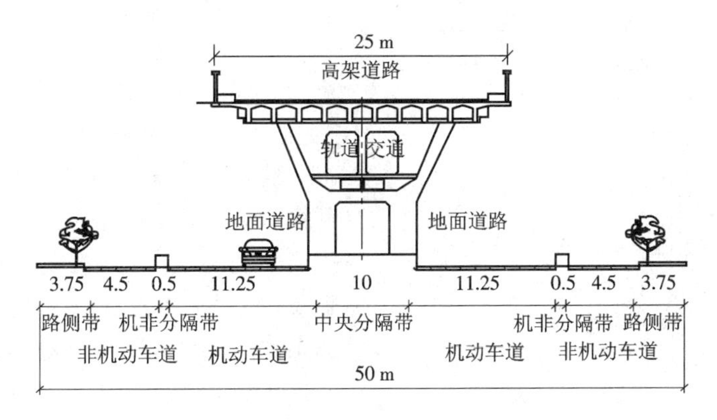

图 12-23　上海共和新路一体化标准横断面

(3) 地面线

地面线是采用类似普通铁路的路基作为轨道基础的线路形式(图 12-24)。其优点是土建工程造价低,缺点是隔断线路两侧的地面交通联系,运营时噪声较大。地面线的路基高度一般高出通过地段的最高地下水位和百年一遇洪水位,以避免路基出现淹没、翻浆、冒泥而影响运营。此外,地面线的沉降变化较大,故多采用碎石道床,养护维修工作量较大。城市轨道交通中的市域线在偏远市郊路段多采用该形式。

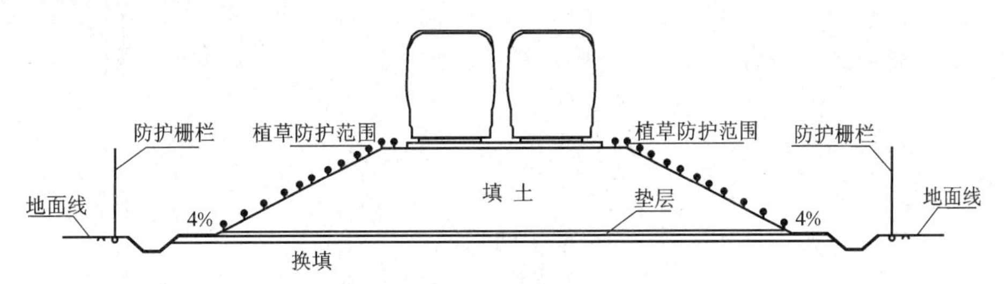

图 12-24　地面线路路基横断面

(4) 敞开式线路

敞开式线路是线位由地下线转换为地面线或高架线时(或相反时)的一种过渡形式,一般包括 U 形槽段和填土路基段。

还有一种近似于地下线和敞开式线路之间的线路敷设形式,即线位结构顶部几乎与地面相平，只在穿越道路时稍微增加埋深和覆土厚度。当这种线路敷设距离较长时，为防止雨水大量汇入，应在上部加顶棚(最好为透明材料，以便于自然采光)；另外可根据环控要求在一定位置加设换气窗，采用自然通风。线路两侧可设计由里向外、由高到低的绿化树木，既可降低噪声，又可让列车运行于绿色长廊下。这种线路埋深浅，施工难度小，造价低，还可节省环控设备及照明设施，适用于南方城市特定地段。

6. 车站站位选择

一般车站按照纵向位置分为跨路口、偏路口一侧、两路口之间三种，按照横向位置分为道路红线内、外两种位置(图 12-25)。

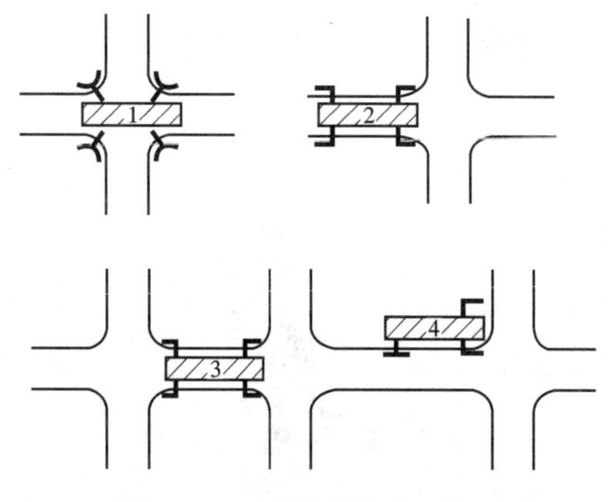

图 12-25 车站位置与路口关系

轨道交通车站的外廓宽度一般为 20 m，长度按照编组长度确定。如上海轨道交通 5 号线为 4 节编组的 B 型车，站台长 80.98 m；轨道交通 1 号线为 8 节编组的 A 型车，站台长 186 m。

7. 换乘枢纽规划

轨道交通换乘枢纽作为锚固城市轨道交通网络和公共汽(电)车网络的基础，是城市轨道线网规划的核心，其规模布局、功能定位、设施配置、换乘布局模式以及交通组织与信息化管理水平等因素将对城市轨道交通网络的运输效益产生决定性的影响。换乘枢纽规划应从总体布局着手，缩短乘客的出行时间、减少乘客的换乘次数、增加公共汽(电)车的客流集散能力。换乘枢纽规划研究的重点是换乘枢纽的分布、换乘客流预测分析以及换乘效率评价，并提出原则性的规划设想和建议。

轨道交通枢纽在规划设计时应进行功能简化，并应紧密衔接公交站点。在中国香港地区，线路间不仅做到了同站台换乘，而且一个站可完成的换乘功能由两至三个换乘站共同完成。这不仅减少了换乘客流之间的冲突与交织，提高了乘客的换乘效率，而且缩短了乘客的换乘时间，节约了出行时间。以中国香港轨道交通的观塘线(油麻地至调景岭)和荃湾线(荃湾至中环)之间的换乘为例，共有太子、旺角、油麻地三个站可实现换乘，但三个换乘站有明确的分工，其中太子站的功能是完成荃湾与调景岭方向之间的同站台换乘，旺角站的功能是完成调景岭与中环方向之间的同站台换乘，油麻地站的功能是作为观塘线的始发站。若不按照轨道线路标示的功能进行换乘，则换乘距离加大，但仍为上下站台换乘。在图 12-26 中，左边轨道线路为荃湾线，右边为观塘线。

图 12-26 中国香港轨道交通荃湾线与观塘线之间的换乘

8. 主要技术标准

(1) 线路类别

轨道线路按其在运营中的作用，分为正线、辅助线和车场线。正线是指载客列车运营的贯通线路。辅助线是为保证正线运营而设置的不载客列车运行的线路。联络线是指连接两条独立正线之间的线路。辅助线包括折返线、联络线、车辆段出入线等。

(2) 正线数目及轨距

正线应为右侧行车的双线线路，轨距 1435 mm。

(3) 行车速度

我国相关规范规定的地铁最高运行速度为 100 km/h，国内既有、在建、新建的轨道交通多采用 80 km/h。旅行速度是指列车从起点站发车到终点站停车的平均运行速度。轨道交通的旅行速度一般不低于 35 km/h。

我国特大城市在规划轨道交通线网时，应以时间距离为约束条件，来确定不同线路，尤其是郊区线的行车速度。例如中国香港轨道交通机场快线的旅行速度接近 90 km/h。

(4) 线路最大通过能力

轨道交通线路应为全封闭形式，宜采用高密度、短编组组织运行。线路远期设计行车最大通过能力宜采用每小时 40 对，但不应小于 30 对列车。在莫斯科，高峰时段轨道交通的发车间隔为 1.5 min。目前，我国已通车轨道交通的高峰发车间隔多为 3～5 min，还有改善空间。

轨道交通车辆的额定载客数为车辆座位数和空余面积上站立的乘客数之和。车厢空余面积的定员数宜为 6 人/平方米。地铁车辆的额定载客数一般为 310 人/节(6 人/平方米)，最大载客数一般为 410 人/节(9 人/平方米)。

(5) 线路平面

线路平面由直线、圆曲线及其之间的缓和曲线圆顺连接而成。轨道交通线路的最小圆曲线半径见表 12-11。正线及辅助线的圆曲线最小长度，A 型车不宜小于 25 m，B 型车不宜小于 20 m。圆曲线间夹直线最小长度，A 型车不宜小于 25 m，B 型车不宜小于 20 m。

表 12-11 最小曲线半径

线路		一般情况		困难情况	
		A 型车	B 型车	A 型车	B 型车
正线	$V \leqslant 80$ km/h	350	300	300	250
	80 km/h$<V\leqslant$100 km/h	550	500	450	400
联络线、出入线		250	200	150	
车场线		150	110	110	

9. 车辆基地

城市轨道交通车辆基地布局应符合下列规定。

(1) 车辆基地选址应靠近正线，有良好的接轨条件。考虑上盖开发时，宜靠近车站设置。一条城市轨道交通线路应至少设一处定修车辆段，当线路长度超过 20 km 时，应增设停车场。

(2) 车辆基地应资源共享，占地面积总规模宜按每千米正线 0.8～1.2 hm^2($1\ hm^2=0.01\ km^2$)控制，车辆段的用地面积宜按每座 25～35 hm^2 控制，停车场的用地面积宜按每座 10～20 hm^2 控制，综合维修基地用地宜按每座 30～40 hm^2 控制。

10. 规划控制边界

城市轨道交通线路的通道、车站及附属设施用地均应满足建设及运营要求，轨道交通线路通道与车站的规划控制边界应符合下列规定。

①线路通道建设控制区宽度宜为 30 m,2 线及以上线路通道应结合运营要求确定用地控制范围。

②标准地下车站控制区长度宜为 200～300 m,宽度宜为 40～50 m。标准地面、高架车站控制区长度宜为 150～200 m,宽度宜为 50～60 m。起终点车站、编组数大于 6 节或股道数大于 2 线的车站、采用铁路制式的车站,应根据具体情况确定用地控制范围。

第13章　城市货运交通

13.1　概述

货运交通是城市交通系统的重要组成部分，既是经济发展的重要支柱，同时也是供应链中非常重要的一环。货运交通的正常运转是城市经济、社会活动赖以生存的基本条件。近年来，随着经济全球化，电子商务和现代物流业快速发展，城市货运需求呈现急速增长的态势。货运快速增长给城市交通系统带来了很大的压力，繁忙的货运正与客运竞争有限的交通资源。由于客运比货运享有更高的优先级，以往交通规划主要以客运为中心，首先满足人们出行的需要。交通规划面临的一项新任务是如何科学合理地纳入货运规划，满足并平衡客运（人流）与货运（物流）的需求。

城市货运是各种过境的、进出城市的和城市内部的，通过城市道路、公路、水路、铁路、管道、各种站场、码头等相关设施所完成的货运活动。城市货运包含的范围涉及城市生产、生活的各个方面。

城市货运交通的完成依托货运方式和货运线路的共同作用，方式和线路密不可分，互为条件，互相依托。依据运输范围的不同，货运线路又分为干线货运线路、支线货运线路两部分，两者往往通过物流中心和物流园区等建立密切联系，共同担负城市货物的输入、输出和在城市内部的运输。

13.1.1　量度指标

城市货运通常用货运量、货物周转量和货运密度进行量度。

货运量是指在一定时期内，各种运输工具实际运送的货物数量。它是反映运输业为国民经济和人民生活服务的数量指标，也是制定和检查运输生产计划、研究运输发展规模和速度的重要指标。货运量按吨计算，货物不论运输距离长短、货物类别，均按实际重量统计。

货物周转量是指在一定时期内，由各种运输工具运送的货物数量与其相应运输距离的乘积之总和。它是反映运输业生产总成果的重要指标，也是编制和检查运输生产计划，计算运输效率、劳动生产率以及核算运输单位成本的主要基础资料。计算货物周转量通常按发出站与到达站之间的最短距离，也就是计费距离计算。计算公式为：

$$\text{货物周转量} = \sum \text{货物运输量} \times \text{运输距离} \tag{13.1.1}$$

货运密度是指在一定时期内某种运输方式在营运线路的某一区段平均每公里线路通过的货物运输周转量。计算公式为：

$$\text{货运密度} = \frac{\text{货物周转量}}{\text{营业线路长度}} \tag{13.1.2}$$

货运密度是反映交通运输线路上货物运输繁忙程度的指标，也是平衡运输线路运输能力和通过能力,规划线路建设及改造、配备技术设备,研究运输网布局的重要依据。

13.1.2 货运方式

1. 货运方式的比较

城市货运方式分为铁路运输、公路运输、水路运输、航空运输和管道运输五种类型。一般而言,按货物运输速度由大到小排序为航空运输、公路运输、铁路运输、水路运输;按运输成本由小到大排序则是水路运输、铁路运输、公路运输、航空运输。另外,一次性的运输量以水路运输最大,其次是铁路运输、公路运输和航空运输。铁路运输适合大量商品的远距离运输;公路运输适合门到门的近距离运输和小批量运输;水路运输具有价格低廉、运输能力大、能耗低等优势;管道运输主要适用于液体的定向运输;航空运输主要适用于贵重物品和生鲜食品的运输。各种货运方式的比较见表 13-1。

表 13-1 各种货运方式的比较

货运方式	优点	缺点
铁路运输	适于大宗货物长距离运输;不受天气影响;运载量大;速度快;远距离运输费用低(经济里程 200 km 以上);准时;运输效率高;能耗低;污染排放少	营运缺乏弹性,受线路、货站、配车、编列等因素影响,不能适应用户紧急需要;短距离运输费用高;远距离运输时,中途停留时间长;需要转驳运输,货损较大
公路运输	能够进行门到门的运输服务;适合近距离、小批量运输;适合其他运输方式难以到达和发挥优势的运输;全运程速度快;营运灵活	载运量较小、效率低;不适于长途运输(经济里程 200 km 以内),长途运费高;能耗大;对环境的污染比其他方式更严重;易发生事故;受气候影响较大
水路运输	适于长距离、低运费运输;原料及散装货物可以利用专用船,以促进装卸合理化;最适于大体积、超重物品的运输;运输能力大;能源消耗低、航道投资省;不占用耕地	运输速度慢;港湾装卸成本高;易受气候影响;需要转驳运输,货损较大
航空运输	适于较贵重的小量物品及生鲜食品的运输;高速直达,运输速度快;安全性高;对包装要求较低	运费高,不适于低价商品的运输;有重量限制;对机场服务范围内的城市有利,可达性较差;受气候条件限制
管道运输	适于液体货物的定向运输;运量大;占地面积少;建设周期短,运输费用和运营费用低;安全可靠,连续性强;能耗低,效益好,环境污染小	灵活性差,承运货物比较单一,且不允许随便扩展管线;只适于定点、量大、单向的流体运输

2. 货运方式的选择

①城市货运方式的选择应符合节约用地、方便用户、保护环境的要求,并应结合城市自然地理

和环境特征，合理选择道路、铁路、水运和管道等运输方式。

②企业货运量大于 5 万吨/年的大宗散装货物运输，宜采用铁路或水运方式。

③货运量大于 50 万吨/年的气体、液化燃料和液化化工制品的定线运输，宜采用管道运输方式。

④货物运输距离小于 200 km 时，宜采用公路运输方式。

3. 货运方式的变化

作为我国的经济命脉，铁路、公路、水路、民用航空、管道等运输方式的快速发展促进了我国各区域之间的人员及货物交流，促进了资源的合理配置。近年来，我国各主要运输方式在货运量方面取得了飞速的增长，其中航空运输的货运量增速最为明显，铁路货运量增长最缓慢；在结构方面也在不断调整，铁路运输货运量呈现降低趋势，而水路运输货运量呈现上升趋势。

随着我国经济的发展和经济结构的调整，各运输方式货运量的占比情况也在不断发生变化。传统运输方式在我国整体货物运输中仍然占主要地位。铁路、公路及水路货运量共占我国总体货运量的 98%以上。尽管民用航空及管道运输在近年来发展迅速，但在我国总体货运量中占比仍然较小。

13.1.3　货运类型

1. 货物的种类

货物在城市中一般可分为如下三大类。

(1) 与工业生产有关的货物

如工业的原材料、燃料、零部件、半成品、产品和工业废料等。这类货物的数量，可根据工业企业的分布、性质、规模，生产工艺过程，原材料与燃料供应地分布，产品的流通方向等进行统计。

(2) 与居民生活有关的货物

如生活必需的各种食物、日常生活用品、家用设备、燃料和生活废弃物等。这类货物的数量比较稳定，与城市人口数和经济发展水平成正比。

(3) 与城市建设有关的货物

如新建、改建或修缮城市里的各类建筑物和构筑物的土建工程材料、土方和建筑垃圾。这类货物的运量在城市内部货运中常占很大的比重，但它在城市各个地区的运量通常多变。

研究城市货运时，首先应该掌握各种货物流动过程的发货点和收货点的情况。与居民生产、生活及对外货运有关的各种工业企业、储运仓库、物流设施、商业设施、铁路站场、港口码头等是城市货流的形成点。通过各种货物在其间流动的数量和距离，可以计算出相应的货运量和货运周转量。

2. 货运交通类型

城市货运交通包括过境货运交通、出入境货运交通与市内货运交通三部分。一般中、小城市过境货运量较大，而大城市出入境及市内货运量较大。

(1) 过境货运交通

过境货运交通与城市在区域内的位置关系较大，与城市的生产、生活关系较小，有些经过市区，有些经城市中转。城市生产水平越高，过境交通量占市内交通量的比重越小；城市生产水平越低,过境交通量占市内交通量的比重越大。中、小城市的过境交通量甚至大于市内交通量。过境货运交通应布置在城市外围,避免对市区造成不必要的干扰。

(2) 出入境货运交通

出入境货运交通与城市对外辐射的活力有密切关系,既包括中心城市与市辖范围内各县城之间的联系,又包括市际间乃至国际间的联系。各种等级的城市在其经济区域内都有承上启下的功能。中心城市的职能越强,其出入境货运交通量就越大,规划建设好区域综合交通网对发挥中心城市的职能十分重要。

(3) 市内货运交通

市内货运交通是和城市自身生产、生活及基本建设有关的货运。根据国内一些大城市的调查资料,市内货运量中,煤、石油燃料占10%~15%,钢铁、机电、五金占5%~10%,粮油、副食品和日常生活用品占8%~15%,基本建设用的水泥、砂石等占35%~45%,其余为纺织、化工和垃圾等。不同性质、规模的城市,其上述的数值也不相同。

城市货物的运输过程及其所经过的空间可以用图13-1表示。

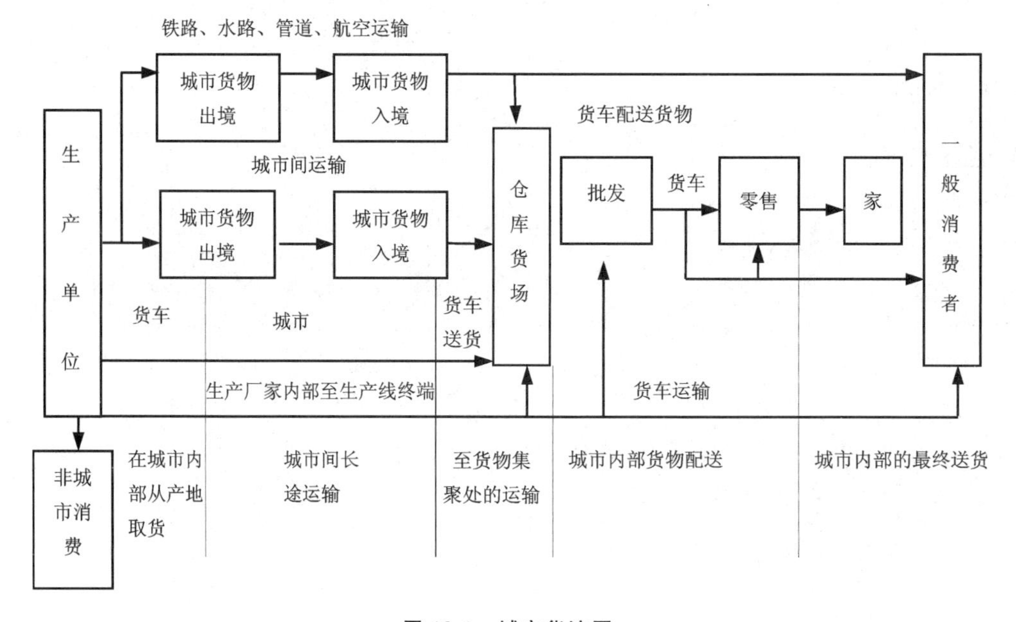

图13-1 城市货流图

13.1.4 道路货运车辆

1. 车辆分类

我国载货汽车按照总质量可作如下划分:重型载货车(总质量大于14 t);中型载货车(总质量为6~14 t);轻型载货车(总质量为1.8~6 t);微型载货车(总质量小于等于1.8 t)。

我国货运车辆的发展呈现出拖车化、箱式化、轻质化、小型化、大型化、专业化六大趋势。

拖车是由汽车牵引才能正常使用的一种无动力的道路车辆,其类别包括拖车、半拖车、中置轴拖车。图13-2为拖挂车实例。

装载集装箱的货车叫作集装箱卡车。采用集装箱转运货物时,可直接在发货人的仓库装货,运到收货人的仓库后再卸货，中途更换车、船时，无须将货物从箱内取出换装。国际上通常使用的干货柜有 20 尺货柜（外尺寸为长 20 英尺、宽 8 英尺、高 8 英尺 6 英寸）和 40 尺货柜（外尺寸为 40 英尺×8 英尺×8 英尺 6 英寸及 40 英尺×8 英尺×9 英尺 6 英寸）。集装箱计算单位为 TEU（twenty-foot equivalent unit），即把 20 英尺集装箱作为 1 个 TEU，40 英尺集装箱作为 2 个 TEU，以便统一计算集装箱的营运量。图 13-3 为集装箱卡车实例。

图 13-2　拖挂车实例

图 13-3　集装箱卡车实例

轻质化是指通过卡车车厢的轻质化来提高卡车装货重量。如日本 11 吨级卡车与过去采用木制铁框车厢的车相比，可以多装 750～1000 kg 货物。

小型化是指在城市内部轻型货车成为货运汽车的主体，以满足城市货运的多品种、小批量，需要灵活、高效、及时，并且不受城市道路交通管制限制的特点。图 13-4 为轻型货车实例。

大型化是指城市内部汽车货运向小型化、小批量化发展的同时，城际和地区之间货运也在向大型化方向发展，以提高货运的效率。

专业化是指适用于某些特殊货物的运输，形成了专业化的车辆，如油罐车、大型自卸车、混凝土车、粉状物体运送车等专用车及起重吊车、冷藏冷冻车等，通过车辆的专用化、特殊化，可以达到节约包装费、保证服务质量及装卸合理化的目的。图 13-5 为油罐车实例。

图 13-4　轻型货车实例

图 13-5　油罐车实例

2. 货运车辆规划

结合货运车辆的发展态势，在具体确定某个城市货运车辆的规模时，需要考虑该城市或地区的社会经济和物流发展水平，一般应符合如下规定。

①大、中城市的零担货物，宜采用专用货车或厢式货车运输。

②货运汽车的需求量一般应按城市货运周转量的需要进行计算，但在货运周转量难以确定时，亦可根据经验来估算。从一些国家或地区和我国一些城市的车辆保有情况看，美国为6.4人/车，日本为8.2人/车，西欧为30～40人/车，俄罗斯为33.7人/车，北京为46人/车，天津为32.4人/车。目前，根据我国的情况，在货运周转量一时难以判定时，可按规划的常住人口每30～40人配置一辆货车来估算货运车辆。

③对于城市交通规划和城市交通调查，货运车辆分为小型货车、中型货车、大型货车三类。大、中城市货运车辆的车型比例应结合货物特征，经过比选确定。城市中各种货运车辆的车型，可按大型、中型、小型的比例为1∶4∶5进行框算。

13.2 城市货运规划

城市货运规划是根据城市发展规模、用地布局及综合交通网络规划，在城市货运调查与发展预测基础上，规划城市货运车辆行驶线路网络及其层次等级、中转换装枢纽、货运配送站点及停靠设施布局、通行管制和其他交通管理措施等。

13.2.1 规划目标

城市货运规划的总体目标是减少城市货运产生的社会成本，可以细分为6个子目标。

①城市经济发展：为城市创造更多的就业机会，推动经济发展。

②提高货运效率：减少城市货运成本，提高货运服务水平。

③道路交通安全：减少由城市货运引起的交通事故的发生率。

④城市社会环境：减少货运车辆能源消耗及废气排放，降低交通噪声，减轻各种货运车辆引起的振动。

⑤货运基础设施：减少道路、货运站场、停车及配送设施的土地占用。

⑥城市用地规模：保持城市内的运输服务水平，减少城市扩张。

相关资料表明，发达国家的城市货运交通占城市交通总量的10%～15%，而货运车辆对城市环境污染则占污染总量的40%～50%，发达国家城市货运规划的主要目标是解决由城市货运引起的交通拥挤、环境污染、货运效率低下等问题(表13-2)。

表13-2 欧洲部分城市的货运交通规划目标

拟解决的问题	伦敦	曼彻斯特	苏黎世	巴塞罗那	摩纳哥	博罗尼亚
交通拥挤	√			√		√
环境污染		√			√	√
交通噪声		√				
交通安全		√				
居民区干扰		√			√	

续表

拟解决的问题	伦敦	曼彻斯特	苏黎世	巴塞罗那	摩纳哥	博罗尼亚
政治考虑	√				√	
市内装卸设施				√		
城市内部货运			√			√
货车运行效率			√			√

13.2.2 规划原则

城市货运的规划原则如下。

①城市货运交通系统布局应保障城市生产、生活及商业活动的正常运转，并能适应技术发展、产业组织和商业模式改变带来的货运需求变化。

②重大件货物、危险品货物以及海关监管等特殊货物应根据货物属性、运输特征和货运需求规划专用货运通道。

③保证货物运输的通达、便捷与经济，减少对环境和城市道路交通的影响。

13.2.3 规划内容

城市货运规划包括城市货运土地使用规划、城市货运系统规划、货运交通环境规划三个方面的内容。

1. 城市货运土地使用规划

不同的土地使用模式会产生不同的货物运输需求。因此，城市土地使用规划对城市货运交通具有重要的影响。如工业园区、购物中心、仓储区、配送中心、对外运输枢纽(如铁路及公路货运站、港口、机场等)在城市中的合理布局会大量减少城市货运交通。合理的土地使用规划还可以大量减少城市货运对城市环境的影响。因此，制定科学合理的城市货运土地使用战略是城市货运规划的核心内容。

城市货运土地使用规划的特点包括如下各项。

(1) 为城市货运系统提供用地

城市货运土地使用规划是为未来城市的综合货运枢纽、配送中心、车辆停放及装卸区规划用地，为已有的及规划的重要货运枢纽、配送中心预留衔接线路及辅助道路的用地。

(2) 优化城市货运需求

通过城市货运土地使用规划，可以引导商业、工业用地集中，尽量靠近交通干线及货运枢纽，从而整合货运需求、减少货运交通量和运输距离；通过对预留货运基础设施用地的合理布局，引导在城市边缘区发展综合运输枢纽，减少进入市区的货流，方便货物中转，优化城市货运交通系统。

(3) 改善城市货运交通的环境影响

通过用地功能分区，减少货运交通对居住区、教学区、办公区、旅游区等的负面环境影响。

2. 城市货运系统规划

城市货运系统规划包括如下各项。

①城市货物流通中心的布局、功能与规模。

②仓库和停车场的规模与布局。

③城市中心的专门货运路线、进出通道和装卸点。

④重载运输和特殊物品运输的路线。

在城市货运规划中要特别注意市内运输与对外运输的衔接、仓库和其他货运大集散点的布局以及市中心区的货运问题。

3. 货运交通环境规划

货运交通环境规划主要考虑城市货运车辆在城市及沿途周边地区运行和城市内部货物配送在道路两边的装卸、停车活动对城市所造成的噪声、空气污染、振动、交通安全的影响问题。货运交通环境规划通过制定多式联运政策、车辆技术政策和交通管理措施来实现。

①多式联运政策:鼓励多种运输方式间的"无缝"换装联运,规划建设或改造城市铁路来发展城市铁路货运,研究利用地铁及地下管道来完成货运的可行性及相关技术。

②车辆技术政策:鼓励在城市内使用小型的、低噪声的、低排放的机动车或电动车进行货物运输。

③交通管理措施:根据城市不同区域的交通流、噪声、空气质量及安全状况等制定相应的通行管理措施,分时段、分车型、分方向、按车速进行交通管制。对运输有毒物品、放射物等污染物、危险品的车辆制定相应的远离居民区、商务区等的运输线路。

13.2.4 货运交通网络

城市中的工业区、仓库区和交通运输场站、码头等货运枢纽,是城市货物的主要生成点和吸引点,其间的货物流动规律和特征,是进行城市货运网络规划的基本依据。

城市货运网络规划应与城市的土地使用规划相协调,结合城市功能布局,做到车辆、道路、营运、管理及土地使用的综合平衡。

货运道路网密度应小于城市干道网密度,一般可采用 0.5～1.0 km/km^2,平均间距为 2～4 km。

13.2.5 货运方式选择

城市货运方式的选择,应充分结合城市的自然地理条件,适应城市货物运输特征,经技术、经济比选后确定。

对国家经营的专业运输车队,应采取适当的政策措施,使其摆脱目前在货源、服务质量、运输效率等方面的问题。

大、中城市的交通规划,一般不宜考虑人力、畜力、拖拉机的货运方式。

13.3 城市货运道路规划

货运道路应能满足城市货运交通以及特殊运输、救灾和环境保护的要求,并与货物流向相结合。货运车辆比客运车辆重、速度慢、环境污染严重,对道路通行能力、城市环境和行车安全影响较大。因此，在道路网规划中，应充分利用交通性主干路，明确主要货运道路功能，减少对城市生活的干扰。

13.3.1 规划要求

货运道路的规划，一般应符合如下要求。

①城市货运道路是城市的主干路组成部分，其走向应与城市物流的主流向一致。

②当城市道路上高峰小时货运交通量大于600辆标准货车，或每天货运交通量大于5000辆标准货车时，应设置货运专用车道。高峰小时货运交通量小于600辆标准货车时，可根据道路状况，采取定时、定线、定向或限制车辆通过吨位等方法组织货运交通。

③大、中城市货运专用车道应满足特大货物运输的要求。城市货运道路是城市货物运输的重要通道，应满足城市自身的大型设备、产品以及抗灾物资的运输要求。其道路标准、桥梁荷载等级、净空限界等均应予以特殊考虑。城市东西向和南北向都应有一条净空不受限制的货运道路。

④当昼夜过境货运车辆大于3000辆标准货车时，应在市区边缘设置过境货运专用车道，如修建外围环路等。

⑤城市对外货运交通的出入口数，应根据城市土地使用、出入境货物流向和流量而定，一般不少于3个，并与对外公路网联系起来。

⑥大、中城市的重要货源点与集散点之间，如大型工矿企业、仓储、铁路货场、港口码头等，应有便捷的货运道路。大、中城市的市内货运量占全市货运量的50%～60%，并且货运量大量集中在主要货源点与集散点之间的联络道路上。规划货源点与集散点之间的直接通道或货运干道，对缩短货运距离、改善城市交通环境、提高运输效率均具有重要作用。

⑦城市货运干道严禁穿越市中心区及居住区。过境货运交通禁止穿越城市中心区，且不宜通过中心城区。油、气、液体货物集疏运宜采用管道交通方式，管道不得通过居住区和人流集中的区域。

⑧大型工业区的货运道路不宜少于两条，以保证货物运输的安全性和可靠性。

⑨城市货运枢纽到达高速公路(或其他高等级公路)通道的时间不宜超过20 min。

⑩依托海港、大型河港的城市货运枢纽应加强水路集疏运通道建设，并与高速公路衔接。高速公路集疏运通道的数量应根据货物属性和吞吐量确定。年吞吐量超亿吨的货运枢纽宜至少与两条高速公路集疏运通道衔接；大型集装箱枢纽、以大宗货物为主的货运枢纽应设置铁路集疏运通道。

⑪依托航空、铁路、公路运输的城市货运枢纽，应设置高速公路集疏运通道，或设置与高速公路衔接的城市的快速路、主干路集疏运通道。

13.3.2 货运道路类型

货运道路规划结合城市特点，可以将货运线路分为分时段通行线路、设置货运专用车道线路、货运干道、专用货运通道四类。

1. 分时段通行线路

分时段通行线路可分为两类，即白天货车禁止通行线路和居民出行高峰时段货车禁止通行线路。提倡夜间运货,避开城市客运高峰时段,减少客货运输之间的相互干扰。

对于城市中心区、商务区和各级商业中心的道路,应采取白天禁止货运、晚上允许货运的措施。

2. 设置货运专用车道线路

这类货运道路主要有物流中心周边道路、工业区与工业园区内的城市道路等。

3. 货运干道

货运干道主要指连接工业区和物流中心的城市道路,以及城市对外联系道路。这类道路对货车通行的时间不进行限制。

以温州市为例,结合主要物流中心和工业区,货运干道系统主要由高速公路、北过境路、环山北路、环山南路、滨海大道等组成,详见图 13-6。

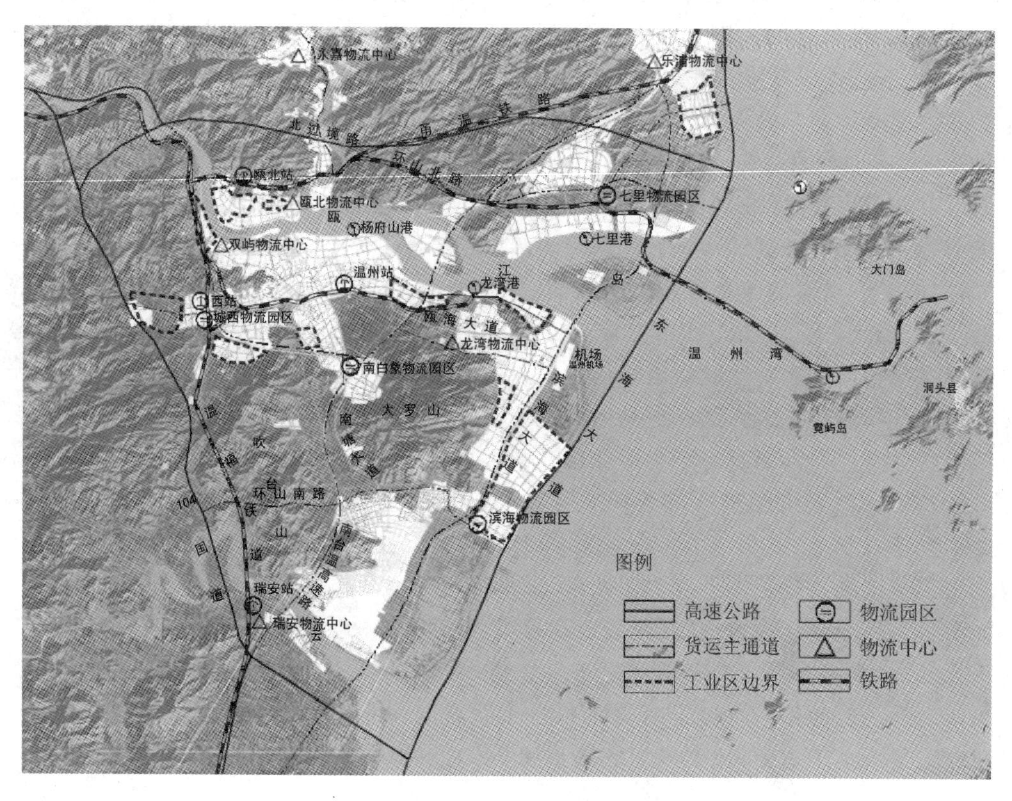

图 13-6　温州市都市区货运干道系统规划图

4. 专用货运通道

专用货运通道主要是指通行重大件货物、危险品货物以及海关监管的特殊货物等的通道。

13.4　物流中心规划

物流中心是城市的货运枢纽。物流中心是运、储和批发三位一体的大型流通业务专用地区,由货车枢纽站、批发市场、仓库和服务设施组成。货运交通规划应组织储、运、销为一体的社会化运输网络,发展物流中心。物流中心是现代物流网络中的物流节点,它不仅执行一般的物流职能,而且越来越多地执行指挥调度、信息处理、作业优化等神经中枢的职能,是整个物流网络的灵魂所在。

13.4.1　国内外经验

1. 美国

从 20 世纪 60 年代起,商品配送合理化在发达国家普遍得到重视。为了提高效益,美国企业采取了以下措施:一是将老式的仓库改为物流中心;二是引进计算机管理网络,对装卸、搬运、保管实行标准化操作,提高作业效率;三是连锁店共同组建物流中心,促进连锁店效益的增长。美国的物流中心有多种,主要有批发型、零售型和仓储型三种。

2. 海尔物流

海尔建立了面向订单的生产线和供应链系统,大大提高了生产效率。海尔建立了自己的机械化商品中转中心,原先需要 100 多人才能管理的仓库,现在只需 20 多人和几辆铲车就能实现正常、有效运转。物流可以使海尔实现三个零(零库存、零距离、零营运资本)的目标,提高了在市场中的核心竞争力。

13.4.2　物流中心的功能

1. 运输功能

物流中心需要自己拥有或租赁一定规模的运输工具,具有竞争优势的物流中心不只是一个点,更是一个覆盖全国的网络。因此,物流中心首先应该负责为客户选择满足其所需要的运输方式,然后具体组织网络内部的运输作业,在规定的时间内将客户的商品运抵目的地。除了在交货点交货需要客户配合外,整个运输过程,包括最后的市内配送都应由物流中心负责组织,最大限度方便客户。

2. 储存功能

物流中心需要有仓储设施,但客户需要的不是在物流中心储存商品,而是要通过仓储环节保证市场分销活动的开展,同时尽可能降低库存占用的资金,减少储存成本。因此,物流中心一般需要配备高效率的分拣、传送、储存、拣选设备。

3. 装卸搬运功能

这是为了加快商品在物流中心的流通速度必须具备的功能。物流中心一般需要配备专业化的装载、卸载、提升、运送、码垛等装卸搬运机械,以提高装卸搬运作业效率,减少作业对商品造成的损毁。

4. 包装功能

物流中心的包装功能不是要改变商品的销售包装,而在于通过对销售包装进行组合、拼配、加固,形成适于物流和配送的组合包装单元。

5. 流通加工功能

流通加工功能主要目的是方便生产或销售。物流中心常常与固定的制造商或分销商进行长期合作,为制造商或分销商完成一定的加工作业。物流中心必须具备的基本加工职能有贴标签、制作并粘贴条形码等。

6. 物流信息处理功能

物流中心现在已经离不开计算机,对各个物流环节的各种物流作业的信息进行实时采集、分析、传递,并向货主提供各种作业明细信息及咨询信息,这对现代物流中心是相当重要的。

7. 结算功能

物流中心的结算功能是物流中心对物流功能的一种延伸。物流中心的结算不仅仅是结算物流费用,在从事代理、配送的情况下,物流中心还要替货主向收货人结算货款等。

8. 需求预测功能

自用型物流中心经常负责根据物流中心商品进货、出货信息来预测未来一段时间内的商品进出库量,进而预测市场对商品的需求。

9. 物流系统设计咨询功能

物流中心要充当货主的物流专家,因而必须为货主设计物流系统,代替货主选择和评价运输商、仓储商及其他物流服务供应商。

10. 物流教育与培训功能

物流中心通过向货主提供物流培训服务,培养货主对物流中心经营管理者的认同感,提高货主的物流管理水平,并确立物流作业标准。

13.4.3 物流中心的分类

1. 按功能和规模划分

(1) 综合型物流园区

综合型物流园区具有国际货运、跨区域长途运输及区域内短途运输、仓储、配载等功能。

(2) 货运枢纽型物流园区

货运枢纽型物流园区主要是指与港口、陆路口岸相结合,以集装箱运输为主,设有海关通关通道的大型中转枢纽。

(3) 物流配送中心

物流配送中心主要是指满足跨区域的长途运输和城市配送体系之间的转换枢纽及多式联运枢纽。

以苏州市为例,为协调市区与5个县级市的关系,沿主要交通走廊形成两横一纵的三条物流走廊:一是沿沪宁高速公路、京沪铁路形成的东西向物流产业发展带;二是沿长江形成的东西向长江水运发展轴;三是沿苏嘉杭高速公路等形成的南北向物流走廊。沿此三条物流走廊,规划建设苏州白洋湾物流园区、张家港保税物流园区、常熟港口国际物流园区、太仓港物流园区4个综合型物流园区,建设昆山飞力国际物流园区、苏州工业园区保税物流园区、吴中区物流中心、吴江经济开发区物流中心、苏州高新物流园区、苏州相城区望亭国际物流园区6个货运枢纽型物流园区,详见图13-7。

2. 按物流对象划分

(1) 综合物流中心

综合物流中心是能提供多种货物的物流服务项目的物流中心。一般来说,综合物流中心规模

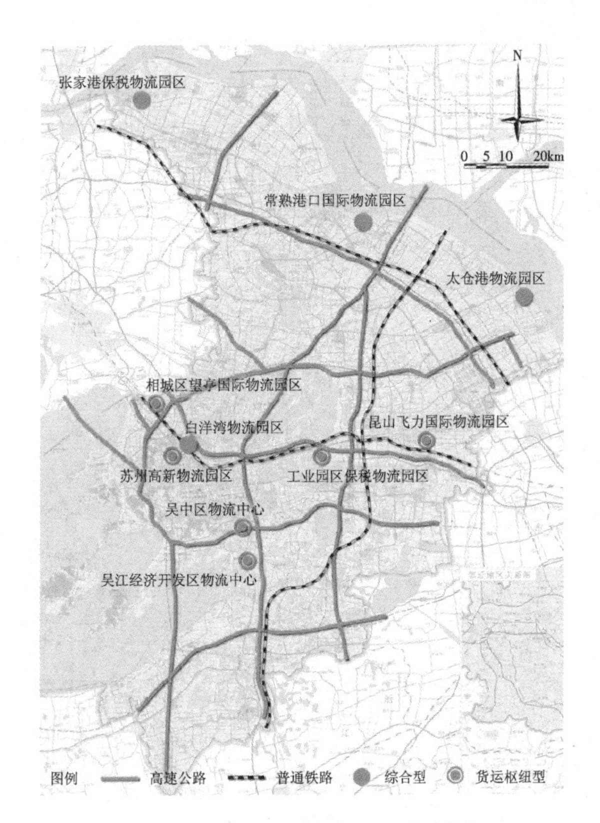

图 13-7　苏州市域物流园区规划图

较大、服务范围广、社会化程度较高，大多设置在交通和通信发达的中心城市及货物的集散地。

（2）专业物流中心

专业物流中心是指能提供一种或几种货物的物流业务或者能提供一种或几种物流服务项目的物流中心。相对于综合物流中心而言，专业物流中心规模较小、服务范围较窄、专业化程度较高、专业性较强，既可设置在交通和通信发达的中心城市及货物的集散地，也可设置在中、小城市。

3. 按业务性质及服务范围划分

物流中心根据其业务性质及服务范围划分为地区性物流中心、生产性物流中心和生活性物流中心三种类型。

①地区性物流中心，主要服务于城市间或经济协作区内的货物集散、流通，是城市对外流通的重要环节。它是城市的对外货运枢纽，包括各类对外运输方式的货运枢纽，及其延伸的地区性货运中心和内陆港。

②生产性物流中心，主要服务于城市的工业生产，是原材料与中间产品的储存、流通中心。

③生活性物流中心，主要为城市居民生活服务，是居民生活物资的配送中心。它包括城市应急、救援品储备中心和生活性货运集散点。

以乐清市为例，随着市场经济和时代发展，城市总体规划中的货运交通用地、仓储用地、市场用地最有可能培育成物流中心。乐清市城市总体规划共规划 4 处货运场站、6 块仓储用地、5 块市场用地。结合乐清市城市总体规划，以 4 处货运场站用地为基础，规划 4 个地区性二级物流中心，面积同城市总体规划;结合 6 块仓储用地,规划 4 个生产性物流中心,每处面积 10 hm^2,为工业生产服务;结合 5 块市场用地,规划 5 个生活性物流中心,面积同城市总体规划。考虑乐清市的产业结构特征和交通优势,新规划两个地区性一级物流中心,相当于地区性物流中心的核心。一处位于乐清市火车站附近,该处具有铁路、公路等对外交通优势,并且与城市交通衔接良好,规划用地面积 30～50 hm^2;另一处位于七里港区,该区域具有港口、铁路、高速公路等多种运输方式,辐射范围可至世界各地,规划用地面积 100～150 hm^2,详见图 13-8。

图 13-8　乐清市物流中心规划图

13.4.4　物流中心选址的注意事项

一般来说,物流中心选址和网点布局应以费用低、服务好、辐射强以及社会效益高为目标。费用低是指寻求物流中心包括建设费用和经营费用在内的总费用最低;服务好是指物流中心选择的地址应该能保证物品及时、完好地送达用户;辐射强以及社会效益高是指物流中心的选址应该从整个区域的物流大系统出发,使物流中心的地域分布与区域物流资源和需求分布相适应,适应相关地区的经济发展需求。

1. 地区性物流中心选址时的注意事项

地区性物流中心布局应依托港口、铁路和机场货运枢纽或者仓储物流用地布置,并应符合下列规定。

①地区性物流中心应临近对外货运交通枢纽，或设置与其相连接的专用货运通道。

②内陆港应贴近货源生成地或集散地，并与铁路货运站、水运码头或高速公路衔接便捷。

③地区性货运中心和内陆港与居住区、医院、学校等的距离不应小于1 km。

④单个地区性货运中心及内陆港的用地面积不宜超过1 km^2。

2. 生产性和生活性物流中心选址时的注意事项

①生产性货物集聚区域，宜设置生产性货运中心，选址与规模应按照生产组织特征、货物属性、货运量确定。选址宜依托工业用地或仓储物流用地设置。

②生产性货运中心、生活性货物集散点不应设置在居住用地内。

③生活性货物集散点应具备与城市对外货运枢纽便捷连接的设施条件，并宜邻近居住用地、商业服务中心，分散布局。

④城市应根据配送需求，在居住、商业和办公类用地设置专用的配送车辆装卸车位。

3. 不同类型物流中心选址时的注意事项

(1) 转运型物流中心

转运型物流中心主要经营倒装、转载或短期储存的周转类商品，大多使用多式联运方式。因此，一般应设置在城市边缘地区的交通便利地段，以方便转运和减少短途运输。

(2) 储备型物流中心

储备型物流中心主要经营国家或所在地区的中、长期储备物品，一般应设置在城镇边缘或城市郊区的独立地段，且具备直接、方便的对外运输条件。

(3) 综合型物流中心

这类物流中心经营的商品种类繁多，根据商品类别和物流量选择在不同的地区。例如与居民生活关系密切的生活性物流中心，若物流量不大又没有环境污染问题，可选择接近服务对象的地区，但应具备方便的交通运输条件。而对那些用地规模、物流量均较大的物流中心或有其他特殊要求的物流中心，选址时应另外考虑。

4. 经营不同商品的物流中心选址时的注意事项

经营不同商品的物流中心对选址的要求不同，应分别加以注意，以下典型分析果果蔬食品、冷藏品、建筑材料、燃料及易燃材料等物流中心的选址特殊要求。

(1) 果蔬食品物流中心

应选址在入城干道处，以免运输距离拉得过长，商品损耗过大。

(2) 冷藏品物流中心

往往选址在屠宰场、加工厂、毛皮处理厂等附近。因为有些冷藏品物流中心会产生特殊气味、污水、污物，而且设备及运输噪声较大，可能会对所在地环境造成一定影响，故多选址在城郊。

(3) 建筑材料物流中心

通常该类物流中心的物流量大，占地多，可能产生某些环境污染问题，有严格的防火等安全要求，应选址在城市边缘对外交通运输干线附近。

(4) 燃料及易燃材料物流中心

石油、煤炭及其他易燃物品物流中心应满足防火要求，选址在城郊的独立地区。在气候干燥、风速较大的城镇,还必须选址在大风季节的下风位或侧风位。特别是油品物流中心的选址应远离居住区和其他重要设施,最好选在城镇外围的地势低洼处。

13.4.5 物流中心的规模

物流中心规划应贯彻节约用地、高效利用空间的原则。地区性、生产性、生活性物流中心和节点的用地面积总和,不宜大于城市规划总用地面积的 2%,此面积不包括工厂与企业内部仓储面积。城市物流中心的用地面积计入城市交通设施用地内。

大城市的地区性物流中心数量不宜小于两处,每处用地面积宜为 50～60 hm^2,使其有方便的对外联系,以减轻市区交通压力。中、小城市物流中心的数量和规模宜根据实际货物流量、货物特征和用地环境的条件综合确定。

日本是最早建立物流中心(园区)的国家,自 1965 年至今已建成 20 个大规模的物流基地,平均占地 74 hm^2;荷兰统计的 14 个物流基地,平均占地 44.8 hm^2;比利时的 Cargovil 物流基地占地 75 hm^2。德国的一些物流基地的占地规模较大,如不莱梅的货运村占地近 200 hm^2。表 13-3 是国外一些物流园区的面积及运营指标统计。

表 13-3 国外物流中心(园区)建设和运营指标

物流中心(园区)	占地面积/hm^2	日均物流量/(t/d)	每日千吨占地面积/公顷/千吨
日本 Adachi	33.3	8335	4.00
日本 Habashi	31.4	7262	4.32
日本 keihin	62.9	10150	6.20
日本 koshigaya	49.2	7964	6.18
日本和平岛货物集散中心	22.3	5500	4.1
德国 Augsburg	11.2	3918	28.6
德国斯图加特	53	5300	10
德国不来梅	200	630	31.7
汉堡港口货运中心	160	20000	8

物流中心(园区)的占地规模不但与处理的总货物量有关,而且与其功能定位有关。日本物流园区以城市配送型为主,设施以现代化的立体仓库为主,流通效率较高;德国的物流园区具有大批量的货物中转联运业务、功能更加综合,占地规模相对较大。

生产性物流中心是专用的仓储设施向社会化发展的必然趋势,是将生产性物资与产品的运输、集散、储存、配送等功能有机地结合起来的货物流通综合服务设施,是城市生产的重要基础设施。其货物种类与城市的产业结构、产品结构、城市工业布局有着密切联系。因此,一般均具有明确的服务范围,规划选址应尽可能与工业区结合,服务半径不宜过大,一般采用 3～4 km,用地规模应根据需要处理的货物数量计算确定,新开发区可按每处 6～10 hm^2 估算。

城市的生活性物流中心一般是以行政区来划分服务范围的。其所需要处理的货物的种类与城市居民消费水平、生活方式密切相关。处理的货物数量与人口密度及服务的居民数量有关,服务范围和用地规模均不宜太大。大、中城市的规划选址宜分散，小城市可适当集中。服务半径以 2～3 km 为宜，人口密度大的地区可适当减小服务半径。用地规模应根据需要处理的货物数量计算确定，新开发区可按每处 3～5 hm^2 估算。

除了各类物流中心之外，城市中还有一类货运车辆场站，它是货运车辆停放、维修、保养和人员管理的基层单位。货运车场一般按所运货物种类的专业要求分类管理。如建材、燃料、石油、化工原料及制品、钢铁、粮食、农副产品和百货等货物的运输，均有不同的车种与车型要求，应分别设置，分散布置在全市各地，与主要货源点、货物集散点结合，以便就近配车，方便用户，减少空驶，有条件的应与物流中心相结合。但对于大型货场以及高级保养场，由于货车数量大、设备复杂、投资大，应适当集中设在城市边缘区，减少对城市的干扰和污染。为此，货运车辆的场站设施，宜遵循大、中、小相结合的原则，大城市宜采用分散布点，中、小城市宜采用集中布点的原则。此外，对于大城市中各行业系统的专业运输车场，其用地虽不属于城市道路交通设施用地，但其产生的货流交通量对城市道路交通仍有一定的影响，在规划中应一并考虑。

第 14 章　城市道路公用设施

城市道路按其性质和使用需要，应设置相应的公用设施。城市道路公用设施种类繁多，主要包括交通管理设施、公共交通停靠站、停车场地、加油（气）站、道路照明及市政管线等。道路公用设施是保证行车安全、方便人民生活和保护环境的重要设施。随着我国城市经济社会的不断发展、人民生活水平的不断提高及交通运输需求的日益增长，城市道路公用设施的规划建设需要不断完善。

14.1　城市道路交通管理设施

城市道路交通管理设施是按照交通组织设计对道路实施交通管理而设置的道路交通标志、道路交通标线和道路交通信号等。

14.1.1　道路交通标志

道路交通标志是用图形符号、颜色和文字向交通参与者传递特定信息，用于管理交通的设施。我国现行的交通标志分为主标志和辅助标志两大类。

1. 主标志

①警告标志：警告车辆、行人注意危险地点的标志。为正三角形、顶角朝上，黄底、黑边、黑图案的标志牌，共 44 种。图 14-1 为警告标志示例。

十字交叉

向右急弯路

上陡坡

注意儿童

图 14-1　警告标志示例

②禁令标志：禁止或限制车辆、行人交通行为的标志。除个别外，主要为白底、红圈、红杠、黑图案的标志牌，共 42 种。图 14-2 为禁令标志示例。

禁止向左向右转弯

禁止鸣喇叭

禁止机动车通行

停车让行

图 14-2　禁令标志示例

③指示标志：指示车辆、行人行进的标志。为圆形、长方形或正方形，蓝底、白图案，共 29 种。

图 14-3 为指示标志示例。

图 14-3　指示标志示例

④指路标志：传递道路方向、地点、距离信息的标志。指路标志分为一般道路指路标志与高速公路指路标志，其中一般道路指路标志包括地名标志、分界标志、道路编号标志、交叉路口标志、地点距离标志、地点识别标志、告示牌等 17 类；高速公路指路标志包括入口标志、高速公路起点标志、高速公路终点标志、出口标志、收费站标志等 23 类。标志除地点识别标志、里程碑、分合流标志外，其余均为长方形和正方形。一般道路指路标志为蓝底、白图案，高速公路指路标志为绿底、白图案。图 14-4 为指路标志示例。在城市道路的路名标牌中，应标出道路两个方向的门牌号码，以减小车辆的无效行驶，方便车辆和行人找到目的地，在上海、香港已做到这点。图 14-5 为香港的带门牌号码的路名标牌。

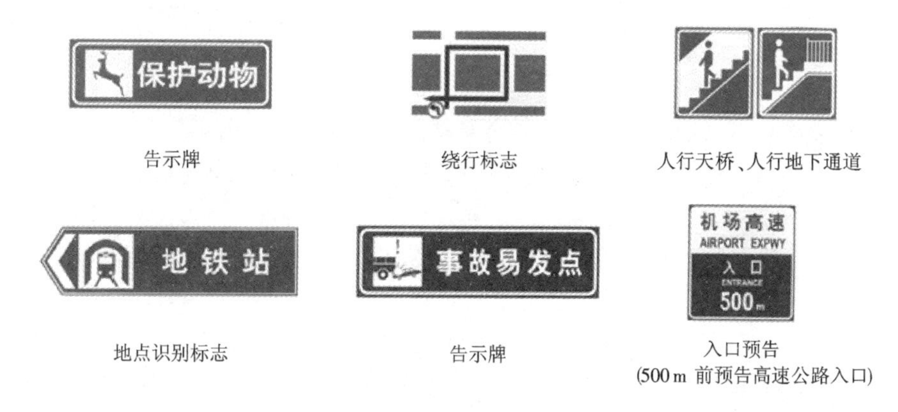

图 14-4　指路标志示例

⑤旅游区标志：提供旅游景点方向、距离的标志。旅游区标志分为指引标志和旅游符号两大类，为棕色底、白色字符，共 17 种。

⑥道路施工安全标志：通告道路施工区通行的标志。道路施工安全标志包括路栏、锥形交通路标、施工警告灯号、道口标注、施工区标志、移动性施工标志 6 类，共 26 种。

2. 辅助标志

辅助标志附设在主标志下，起辅助说明作用。辅助标志为长方形、白底、黑字、黑边框。按其用途又可分为表示时间、车辆种类、区域或距离；警告、禁令理由等。

3. 警告标志的视距要求

在汽车行进中，驾驶员对交通标志的感觉分发现、识别、认读、理解和行动 5 个步骤来完成。在这 5 个步骤过程中，车辆所行驶的距离称为标志的视距。它与车速、标志尺寸和视角等因素有

图 14-5 香港的带门牌号码的路名标牌

关。有关警告标志到危险地点的距离要求见表 14-1。

表 14-1 警告标志前置距离一般值

设计速度/(km/h)	>100	90～70	60～40	<30
标志到危险地距离/m	40～200	30～110	30	*

注：*——不提供建议值，视当地具体条件确定

4. 设置原则

①按照客观要求设置：根据实际需要，结合具体情况合理布置。

②统一性和连续性相结合：一定距离内，交通标志之间及和其他交通设施之间应是协调的，避免出现标志内容相互矛盾、重复的现象。

③设置在易见位置：交通标志应设在车辆行进正面方向最容易看清的地方，根据具体情况可以设置在道路右侧、中央分隔带或者车行道上方。同一地点需要设置两种以上标志时，可以安装在一根标志柱上，但最多不应超过四种。解除限制速度标志、解除禁止超车标志、干路先行标志、停车让行标志等应单独设置。标志牌在一根支柱上并设时，应按警告、禁令、指示的顺序，先上后下，先左后右地排列。

④昼夜性交通标志的照明或反光性：交通标志必须设置在照明条件较好的地方，或者有发光或反光装置。夜间交通量大的道路，应尽量采取反光标志。

⑤在高速公路和快速路上，要求尽量减少警告和禁令等有刺激性的标志，使驾驶员不致精神过于紧张。为了减轻汽车碰撞标志牌时的危害性，立柱用易碎的铸铝制成，并用活动铰链与标志牌连接。重要的标志往往安装在跨越道路的框架上。

14.1.2 道路交通标线

道路交通标线是由标画于路面上的各种线条、箭头、文字、立面标记、突起路标和轮廓标等所构成的交通安全设施。它的作用是管制和引导交通，可以与道路交通标志配合使用，也可单独使用。

1. 道路交通标线的类别

(1) 按设置方式划分

①纵向标线:沿道路行车方向设置的标线。

②横向标线:与道路行车方向成角度设置的标线。

③其他标线:字符标记或其他形式的标线。

(2) 按功能划分

①指示标线:指示车行道、行车方向、路面边缘、人行道等设施的标线。

②禁止标线:告示道路交通的遵行、禁止、限制等特殊规定,车辆驾驶人及行人需严格遵守的标线。

③警告标线:促使车辆驾驶人及行人了解道路上的特殊情况,提高警觉,准备防范应变措施的标线。

(3) 按形态划分

①线条:标画于路面、缘石或立面上的实线或虚线。

②字符标记:标画于路面上的文字、数字及各种图形符号。

③突起路标:安装于路面上用于标示车道分界、边缘、分合流、弯道、危险路段、路宽变化、路面障碍物位置的反光或不反光体。

④路边线轮廓标:安装于道路两侧,用以指示道路的方向、车行道边界轮廓的反光柱或反光片。

2. 道路交通标线的作用

①车行道中心线:用来分隔对向行驶的交通流。可分为以下几类。

a. 中心虚线:表示在保证安全的情况下,车辆在超车或向左转弯时,可以越线行驶。

b. 中心单实线:表示不允许车辆跨线超车或压线行驶。

c. 中心双实线:表示严格禁止车辆跨线超车或压线行驶。

d. 中心虚实线:为一条实线和一条与其平行的虚线。实线一侧禁止车辆越线超车或向左转弯,虚线一侧准许车辆越线超车或向左转弯。

②车道分界线(白色虚线):用来分隔同方向行驶的交通流。

③车行道边缘线(白色实线):用来划分机动车与非机动车道或表示车行道的边线。

④停止线(白色实线):表示车辆等候放行信号或停车让行的停车位置。双向行驶的路口,停止线应与车行道中心线连接;单向行驶的路口,其长度应横跨整个路面。

⑤减速让行线:为两条平行的白色虚线。设有"减速让行"标志的路口,应设减速让行标线。

⑥人行横道线(白色斑马线):表示准许行人横穿车行道的地段。

⑦导流标线:表示车辆需按规定的路线行驶,不得压线或越线行驶。

⑧停车位标线:表示车辆停放的位置。

⑨港湾式车站标线:表示公共汽车通向专门的分隔车道及停靠位置。

⑩导向箭头:表示车辆的准许行驶方向。

⑪路面文字标记:指示或限制车辆行驶的文字标记。

⑫立面标记(黄黑相间 45°线):提醒驾驶员注意,防止碰撞的标记。一般标于车行道内或近旁

高出路面的构筑物上。

3. 道路交通标线的材料

道路交通标线一般用白色(或黄色)油漆漆在路面上,也有用白色沥青或水泥混凝土块、白色瓷砖或特制耐磨的塑料嵌砌、粘贴而成的。在重要的路段上,经常采用反光材料制成反光涂料或反光路钉(猫眼)作为道路交通标线的材料。利用反光材料制成的交通标志,在夜间被车灯照射时,具有显明的醒目效果,是现代城市道路和高速公路交通标线的推广方向。

4. 新加坡实例

我国当前城市道路建设大多重设施、轻标线,但是在日本和新加坡,非常重视道路交通标线的语言表达。图 14-6 为新加坡的道路交通标线实例。

图 14-6 新加坡的道路交通标线

14.1.3 道路交通信号

道路交通信号在道路上用来传递具有法定意义、指挥交通流通行或停止的光、声、手势等。常用的道路交通信号有色灯信号和手势信号。手势信号目前仅在交通信号灯出现故障或在无交通信号灯的地方使用。

除红、黄、绿三色基本信号灯外,现代信号灯还增加了箭头信号灯和闪烁灯。有些城市还安装了附有随灯色显示时间倒计时的信号灯,可告知驾驶员正在显示的灯光所余留的时间,方便其掌握驾驶动作。

1. 信号灯的含义

①非闪灯:我国城市现行的信号灯灯制为三色灯制。绿灯表示车辆可以通行;红灯表示不许车辆通行;黄灯表示即将亮红灯,车辆应该停止。除非黄灯刚亮时,车辆已经接近停止线、无法安全制动,才可以开出停止线。

②闪灯:红灯闪表示警告车辆不准通行;黄灯闪或两个黄灯交替闪亮表示车辆可以通行,但必须特别小心。

③箭头灯:绿色或白色箭头灯表示车辆只允许沿箭头所指的方向通行;红色或黄色箭头灯表示仅对箭头所指的方向起红灯或黄灯的作用。

2. 信号灯的设置

交叉口交通信号灯设备包括指挥信号灯、人行横道信号灯及车道信号灯等。

①指挥信号灯：为指挥交叉口各进口车辆通行的信号灯。有如下三种设置方式。

a. 设在交叉口中央。这种形式的信号比较醒目，注意力容易集中，当交通非常拥挤时有利于配合交通警察的手势指挥。

b. 设在入口停止线前。这是最常见的一种设置方式，但是当道路较宽时，靠中间的汽车驾驶员不易看清信号。

c. 设在出口一侧。适用于较小的交叉口，有利于将停止线向前布置，缩短车辆通过交叉口的时间。在道路宽度较大的三幅路上，可分别在机动车道和非机动车道设置指挥信号灯。

夜间黄色警告灯是夜间停止使用指挥信号灯指挥交通后，为提醒车辆、行人注意前方是交叉口而设置的。黄色警告灯可以悬挂在交叉口中央上空，也可以用指挥信号灯的黄色灯代替。

信号灯的次序安排分竖式和横式两种：竖式排序，自上而下为红、黄、绿灯；横式排序，自外向里为红、黄、绿灯。采用何种形式应根据各城市道路和交叉口的条件决定。例如，上海市的道路因交叉口小、超高运输的车辆多，故多采用竖式装置；北京市因道路较宽，交叉口大，采用横式装置居多。

②人行横道信号灯：主要设置在交通繁杂的交叉口或路段，用以保证行人安全横过车行道。在交叉口，人行横道信号灯一般与指挥信号灯相连通，同步使用，设在人行横道线的两端。国内较少在路段上设置人行横道信号灯。

③车道信号灯：为适应交通信号线控制和面控制的需要，用以提前提示前方车道能否通行的信号灯。一般设在相关的车道上，国内目前较少使用。

14.2　城市停车场

停车场是调节机动车拥有与使用的主要交通设施。停车位的供给应结合交通需求管理与城市建设情况，分区域、差别化供给。停车场按停放车辆类型可分为非机动车停车场和机动车停车场；按用地属性可分为建筑物配建停车场和公共停车场；按停车场的结构和车行方式，可分为自力行驶与机械输送两类，还可分为平面、立体两种方式。停车位按停车需求可分为基本车位和出行车位。

路内停车场一般设在车行道旁侧或路侧绿化带内，除住宅区街道的路内停车场可允许较长时间停车外，一般路内停车多系短时停车。路外停车场是指不占用道路的停车场、停车库。

配建停车场是指专为单位或机关使用的停车场，如办公大楼、工厂内部、公交公司、出租汽车等专用停车场。公共停车场为社会各类车辆停放服务，可分为外来机动车公共停车场、市内机动车公共停车场和自行车停车场三类。

14.2.1　布局和规模

1. 布局原则

合理地规划停车场的分布地点，一般应考虑以下几个方面。

①外来机动车公共停车场应设置在城市的外环路和城市的出入口道路附近，主要停放货运车辆。

②市内机动车公共停车场应靠近主要服务对象设置,其场址选择应符合城市环境和道路畅通的要求。

③对外交通枢纽所在地应设置停车场,如车站、码头、机场等。

④在人流大量集中的大型公共建筑物附近应设置停车场,如大型体育馆、剧场、大型商场附近。

⑤市内机动车公共停车场停车位数的分布:在市中心和分区中心地区,应为全部停车位数的50%~70%;在城市对外道路的出入口地区应为全部停车位数的5%~10%;在城市其他地区应为全部停车位数的25%~40%。

⑥机动车公共停车场的服务半径,在市中心地区不应大于200 m;一般地区不应大于300 m;自行车公共停车场的服务半径宜为50~100 m,并不得大于200 m。

2. 停车需求总量

城市停车需求总量主要包括配建停车需求和社会公共停车需求两部分,宜为城市机动车保有量的1.2~1.5倍。社会公共停车需求总量宜为城市机动车保有量的20%左右。停车泊位供应过多,则诱增更多的小汽车出行需求,与交通需求管理(TDM)目标背道而驰;反之,停车泊位供应较少,又会产生停车难矛盾,动、静态交通相互干扰。

3. 停车用地面积

城市公共停车场的用地总面积宜按规划城市人口每人0.5~1.0 m^2 计算,规划人口数量为100万及以上的城市宜取低值。

机动车公共停车场用地面积宜按当量小汽车停车位数计算。地面停车场用地面积,每个停车位宜为25~30 m^2;停车楼和地下停车库的建筑面积,每个停车位宜为35~40 m^2。非机动车每个停车位面积宜为1.5~1.8 m^2。

机动车每个停车位的存车量以一天周转3~7次计算;自行车每个停车位的存车量以一天周转5~8次计算。

14.2.2 设计原则

城市停车场的设计原则包括以下方面。

①停车场规划布局与规模应符合城市综合交通体系发展战略,与城市用地相协调,集约、节约用地,同时还应根据城市综合交通体系协调要求确定机动车基本车位和出行车位的供给,调节城市的动态交通。

②应分区域、差别化配置机动车停车位,公共交通服务水平高的区域,机动车停车位供给指标应低于公共交通服务水平低的区域。

③机动车停车位供给应以建筑物配建停车场为主、公共停车为辅。公共停车场在全市尽量均衡分布,配建停车场应紧靠使用单位布置。

④机动车停车场应规划电动汽车充电设施。公共建筑配建停车场、公共停车场应设置不少于总停车位10%的充电停车位。

⑤建筑物配建停车位指标的制定应符合以下规定。

a. 住宅类建筑物配建停车位指标应与城市机动车拥有量水平相适应。

b. 非住宅类建筑物配建停车位指标应结合建筑物类型与所处区位差别化设置。医院等特殊公共服务设施的配建停车位指标应设置下限值，行政办公、商业、商务建筑配建停车位指标应设置上限值。

⑥机动车公共停车场规划应符合以下规定。

a. 在符合公共停车场设置条件的城市绿地与广场、公共交通场站、城市道路等用地内可采用立体复合的方式设置公共停车场。

b. 规划人口规模为 100 万及以上的城市公共停车场宜以立体停车楼(库)为主，并充分利用地下空间。

c. 单个公共停车场规模不宜大于 500 个车位。

d. 应根据城市的货车停放需求设置货车停车场，或在公共停车场中设置货车停车位(停车区)。

⑦机动车路内停车位属于临时停车位，其设置应符合以下规定。

a. 不得影响道路交通安全及正常通行。

b. 不得在救灾疏散、应急保障等道路上设置。

c. 不得在人行道上设置。

d. 应根据道路运行状况及时、动态调整。

e. 干路上原则不宜设置路内停车位，支路在车行非高峰时段可设置路内停车位。

⑧非机动车停车场设置应符合以下规定。

a. 非机动车停车场应满足非机动车的停放需求，宜在地面设置，并与非机动车交通网络相衔接。可结合需求设置分时租赁非机动车停车位。

b. 公共交通站点及周边，非机动车停车位供给宜高于其他地区。

c. 非机动车路内停车位运营布设在路侧带内，但不应妨碍行人通行。

d. 非机动车停车场可与机动车停车场结合设置，但进出通道应分开布设。

⑨在城市道路上设置的机动车出入口数应符合下列规定。

a. 当机动车停车数小于等于 100 辆时，如必须在主干路上设置有出入口的，则基地出入口总数不应超过 1 个；出入口均设置在次干路和支路上的，则基地出入口总数不应超过 2 个。

b. 当机动车停车数大于 100 辆、小于等于 300 辆时，如必须在主干路上设置有出入口的，则基地出入口总数不应超过 2 个；出入口均设在次干路和支路上的，则基地出入口总数不应超过 3 个。

c. 当机动车停车数大于 300 辆，且基地位于主干路与次干路，或与干路相交的道路，主干路上不应设置车辆出入口，且出入口总数不应超过 3 个，并应分别布置在主干路以外的不同城市道路上。主干路上必须设置有出入口的，出入口总数不应超过 2 个。

⑩机动车停车库的出入口，应遵守下列规定。

a. 当停车数小于 25 辆时，宜设置双车道，受条件限制时，也可设置 1 个单车道的出入口，但必须完善交通信号和安全设施，出入口外应设置不少于 2 个等候客车位。

b. 停车数大于等于 25 辆且小于 100 辆时，应设置不少于 1 个双车道或 2 个单车道的出入口。

c. 停车数大于等于 100 辆且小于 200 辆时，应设置不少于 1 个双车道的出入口。

d. 停车数大于等于 200 辆且小于 700 辆时，应设置不少于 2 个双车道的出入口。

e. 停车数大于等于700辆时,应设置不少于3个双车道的出入口,并应进行交通服务水平评价,合理确定地下车库出入口数量。

f. 区域或相邻地块地下车库连通,或设置有地下公共通道的,应统筹考虑地下车库出入口设置数量,并应进行交通服务水平评价,合理确定地下车库出入口数量。

14.2.3 机动车停车场设计

1. 选定设计车辆

停车场应以高峰时所占比重大的车型作为设计车型,可不考虑车辆尺寸的微小变化。

设计车辆划分为6种类型,即微型汽车、小型汽车、轻型汽车、中型汽车(分为中型客车和中型货车)、大型客车、大型货车,其外形尺寸见表14-2。

表14-2 停车场(库)设计车型外廓尺寸

车辆类型		各类车型外廓尺寸/m		
		总长	总宽	总高
微型汽车		3.5	1.6	1.8
小型汽车		4.8	1.8	2.0
轻型汽车		7.0	2.25	2.75
中型汽车	中型客车	9.0	2.5	3.2
	中型货车	9.0	2.5	4.0
大型客车		12.0	2.5	3.5
大型货车		11.5	2.5	4.0

2. 选定车辆的停放方式

(1) 车辆停发方式

车辆停发方式有前进停车、前进发车;前进停车、后退发车;后退停车、前进发车三种(图14-7)。

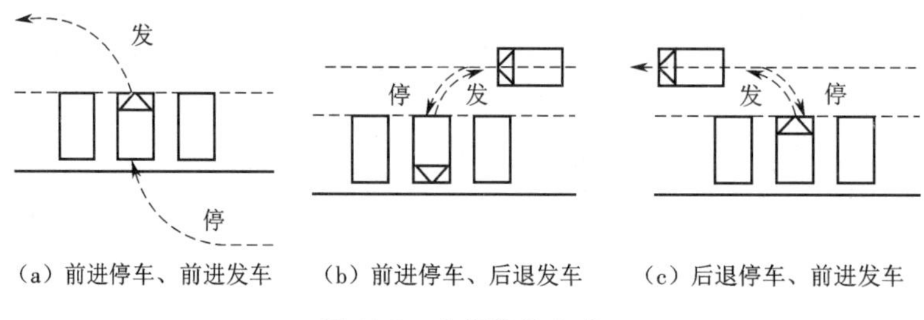

图14-7 车辆停发方式

①前进停车、前进发车:车辆停、发均能方便迅速,但占地面积较大,一般很少采用,常用于倒车困难而又对停发速度要求较高的停车设施,如公共汽车停车场和大型货车停车场等。

②前进停车、后退发车:车辆停车迅速,但发车较为费时,不易做到迅速疏散。常用于斜向停车方式的停车设施。

③后退停车、前进发车：车辆就位较慢，但发车迅速，是最常见的停车方式，平均占地面积较小。

（2）车辆停放方式

停车场内车辆的停放方式，与停车面积的计算、车位的组合等都有关系。

车辆的停放方式按汽车纵轴线与通道的夹角关系可分为三种类型，即平行式、垂直式和斜列式（图 14-8）。

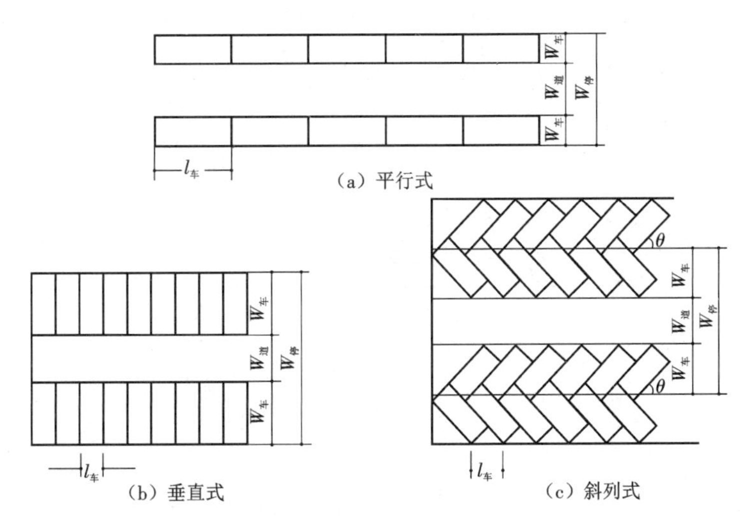

图 14-8　不同停车方式

$W_车$——垂直通道方向的车位尺寸；$l_车$——平行通道方向的车位尺寸；

$W_道$——通道宽度；$W_停$——单位停车宽度；θ——汽车纵轴与通道夹角

①平行式：车辆平行于通道方向停放。这种方式所需停车带较窄，驶出车辆方便、迅速，但占地较大。

②垂直式：车辆垂直于通道方向停放。这种方式单位长度内停放的车辆数较多，用地紧凑，但停车带占地较宽，进出停车时一般需要倒车一次，要求通道至少有 2 个车道宽。

③斜列式：车辆与通道成角度停放，一般按 30°、45°、60°三种角度停放。这种方式因不易停放整齐，且不经济，故较少采用。

3. 确定停车带和通道宽度

停车带和通道是停车场的主要组成部分，其宽度确定主要应考虑以下因素。

①设计车型，如车长、车宽和车门宽等。

②车辆的最小转弯半径。

③停车方式和车辆之间的安全净距。

④驾驶员的驾驶熟练程度等。

停车带和通道宽度的具体确定参见表 14-3、表 14-4。

表 14-3　机动车停车库（场）车辆与车辆、墙、柱、护栏间最小净距

车辆类型	微、小型汽车	轻型汽车	大、中型汽车
平行式停车时两车之间纵向净距/m	1.2	1.2	2.4

续表

车辆类型		微、小型汽车	轻型汽车	大、中型汽车
垂直式、斜列式停车时两车之间纵向净距/m		0.5	0.7	0.8
车间横向净距/m		0.6	0.8	1.0
车与柱之间净距/m		0.3	0.3	0.4
车与墙、护栏及其他构筑物之间的净距/m	纵向	0.5	0.5	0.5
	横向	0.6	0.8	1.0

4. 确定单位停车面积

单位停车面积即停入一辆汽车所需的用地面积。它与车辆尺寸和停放方式、通道的条数、车辆集散要求及绿化面积等因素有关,见表 14-4。

表 14-4 机动车停车场计算参数

停放方式		垂直通道方向的车位尺寸 $W_{车}$/m						平行通道方向的车位尺寸 $l_{车}$/m						通道宽度 $W_{道}$/m						单位停车面积/(m^2/veh)					
		Ⅰ	Ⅱ	Ⅲ	Ⅳ	Ⅴ	Ⅵ	Ⅰ	Ⅱ	Ⅲ	Ⅳ	Ⅴ	Ⅵ	Ⅰ	Ⅱ	Ⅲ	Ⅳ	Ⅴ	Ⅵ	Ⅰ	Ⅱ	Ⅲ	Ⅳ	Ⅴ	Ⅵ
平形式	前进停车	2.2	2.4	3.0	3.5	3.5	3.5	5.7	6.0	8.2	11.4	12.4	14.4	3.0	3.8	4.1	4.5	5.0	5.0	17.4	25.8	41.6	65.6	74.4	86.4
斜列式 30°	前进停车	3.0	3.6	5.0	6.2	6.7	7.7	4.4	4.8	5.8	7.0	7.0	7.0	3.0	3.8	4.1	4.5	5.0	5.0	19.8	26.4	40.9	59.2	64.4	71.4
斜列式 45°	前进停车	3.8	4.4	6.2	7.8	8.5	9.9	3.1	3.4	4.1	5.0	5.0	5.0	3.0	3.8	4.6	5.6	6.6	8.0	16.4	21.4	34.9	53.0	59.0	69.5
斜列式 60°	前进停车	4.3	5.0	7.1	9.1	9.9	12.0	2.6	2.8	3.4	4.0	4.0	4.0	4.0	4.5	7.0	8.5	10.0	12.0	16.4	23.3	40.3	53.4	59.6	72.0
斜列式 60°	后退停车	4.3	5.0	7.1	9.1	9.9	12.0	2.6	2.8	3.4	4.0	4.0	4.0	3.6	4.2	5.5	6.3	7.3	8.2	15.9	19.9	33.5	49.0	54.2	64.4

续表

停放方式		垂直通道方向的车位尺寸 $W_{车}$/m						平行通道方向的车位尺寸 $l_{车}$/m						通道宽度 $W_{道}$/m						单位停车面积/(m^2/veh)					
		Ⅰ	Ⅱ	Ⅲ	Ⅳ	Ⅴ	Ⅵ	Ⅰ	Ⅱ	Ⅲ	Ⅳ	Ⅴ	Ⅵ	Ⅰ	Ⅱ	Ⅲ	Ⅳ	Ⅴ	Ⅵ	Ⅰ	Ⅱ	Ⅲ	Ⅳ	Ⅴ	Ⅵ
垂直式	前进停车	4.0	5.3	7.7	9.4	10.4	12.4	2.2	2.4	2.9	3.5	3.5	3.5	7.0	9.0	13.5	15.0	17.0	19.0	16.5	23.5	41.9	59.2	59.2	76.7
	后退停车	4.0	5.3	7.7	9.4	10.4	12.4	2.2	2.4	2.9	3.5	3.5	3.5	4.5	5.5	8.0	9.0	10.0	11.0	13.8	19.3	33.9	48.7	53.9	62.7

注：表中Ⅰ类为微型汽车；Ⅱ类为小型汽车；Ⅲ类为轻型汽车；Ⅳ类为中型汽车；Ⅴ类大型货车；Ⅵ类为大型客车。

14.2.4 自行车停车场(库)设计

在自行车大量聚集的地点，如体育场、电影院、公园、风景点等处均应设置自行车停车场，并尽量利用人流较少的街巷或附近空地，避免占用人行道。

由于自行车体积小，使用灵活，对停车场地的形状和大小要求比较自由，设计也较简单。停放方式多为垂直式和斜列式，按场地条件可采用单排和双排两种排列方式(图 14-9)。

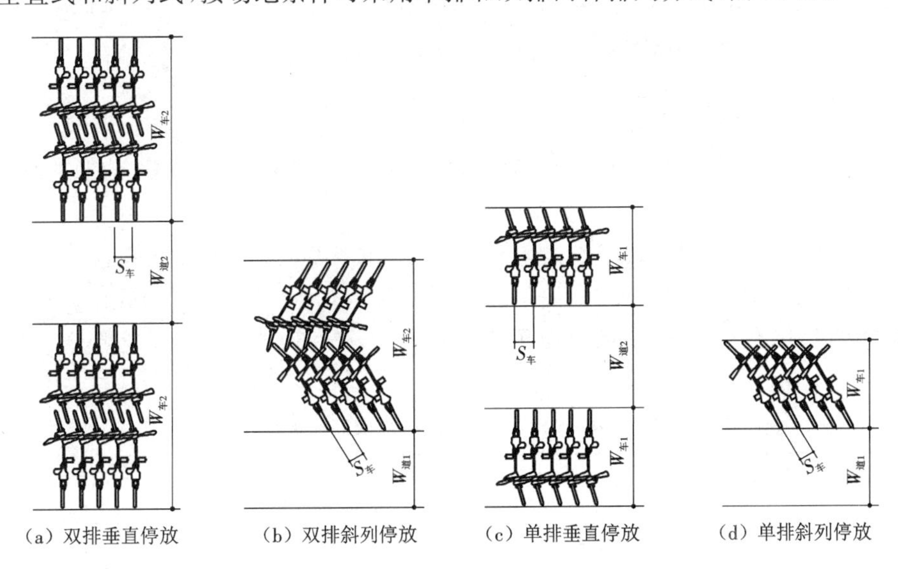

图 14-9 自行车停车方式

自行车停车场设计步骤同机动车停车场，停车场内部尺寸要求见表 14-5。当车位数在 300 辆以上时，自行车停车场出入口不应少于两个，出入口的净宽不应小于 1.8 m，满足两辆车同时推行进出。场内停车区应分组安排，每组场地长度以 15～20 m 为宜。

表 14-5　自行车停车场主要设计指标

停车方式		停车带宽度/m		停车车辆间距 $S_{车}$/m	通道宽度/m			
		单排停车 $W_{车1}$	双排停车 $W_{车2}$		一侧停车 $W_{道1}$	两侧停车 $W_{道2}$	双排一侧停车	双排两侧停车
斜列式	30°	1.00	1.60	0.50	1.20	2.00	2.00	1.80
	45°	1.40	2.26	0.50	1.20	2.00	1.65	1.51
	60°	1.70	2.77	0.50	1.50	2.60	1.67	1.55
垂直式		2.00	3.20	0.50	1.50	2.60	1.86	1.74

自行车库出入口宜与机动车库出入口分开设置，且出地面处的最小距离不应小于 7.5 m。当中型和小型非机动车库受条件限制，其出入口坡道需与机动车出入口设置在一起时，应设置安全分隔设施，且应在地面出入口外 7.5 m 范围内设置不遮挡视线的安全隔离栏杆。自行车库车辆出入口可采用踏步式出入口或坡道式出入口。自行车库出入口宜采用直线形坡道，当坡道长度超过 6.8 m 或转换方向时，应设休息平台，平台长度不应小于 2 m，并应能保持自行车推行的连续性。踏步式出入口推车斜坡的坡度不宜大于 25%，单向净宽不应小于 0.35 m，总净宽度不应小于 1.80 m。坡道式出入口的斜坡坡度不宜大于 15%，坡道宽度不应小于 1.80 m。

14.3　公共加油(气)站及充换电站

公共加油(气)站及充换电站主要是为市内及出入城市的汽车补给燃料、充换电等，有时还附设加水、轮胎充气或兼有洗车和小修等服务项目。

14.3.1　公共加油(气)站及充换电站布置的一般要求

公共加油(气)站及充换电站应根据交通发展的实际需要均衡分布，达到合理、方便的要求，以构成一个完善的加油、加气及充换电服务网。公共加油(气)站的服务半径宜为 1～2 km，公共充换电站的服务半径宜为 2.5～4 km。城市土地使用高强度地区、山地城市宜取低值。

公共加油站、加气站宜合建，公共加油(气)站用地面积宜符合表 14-6 的规定。城市中心区宜设置三级加油(气)站。公共充电站用地面积宜控制在 2500～5000 m²；公共充换电站用地面积宜控制在 2000～2500 m²。

表 14-6　公共加油(气)站用地面积指标

昼夜加油(气)的车次数	加油(气)站等级	用地面积/m²
2000 以上	一级	3000～3500
1500～2000	二级	2500～3000
300～1500	三级	800～2500

注：对外主要通道附近的加油站面积宜取上限。

公共加油(气)站及充换电站的选址，应符合现行国家相关标准要求。公共加油(气)站的布置需符合交通安全、流畅、卫生和防火等要求。公共加油(气)站及充换电站宜沿主、次干路设置,其出入口距道路交叉口不宜小于 100 m。每 2000 辆电动汽车应配套一座公共充电站。公共汽车加油(气)站及充换电站应结合城市公共交通场站设置。

公共加油(气)站要布置在道路醒目的地方,并要方便加油(气)站,还要有良好的视距条件,使车辆在 100 m 以外就能看见。为了确保环境卫生和安全防火,加油(气)站应有良好的通风,与周围建筑物有一定的安全距离,并用栅栏或绿篱将其与人行道隔开。由于加油(气)站的地下构筑物比较复杂,不宜迁移。因此,站址的选择必须考虑城市发展,避免将来因城市改建而变动。

14.3.2　城市道路边加油(气)站的布置形式

加油(气)站的主要设备包括加油柱(即油泵)、地下储油罐、站房等。大的站还附设管理室、小修室、抬高和清洗车身的车台等。加油柱是将油从贮油罐中抽出来,通过橡胶管、油枪灌入机动车的油箱,其位置多设在高出加油(气)站地面的分隔岛的泵台上,岛的两旁为加油车辆的停车道。加油柱的高度约为 1.8 m,平面尺寸约为 80 cm×60 cm。

城市道路边加油(气)站的布置形式一般有两种。一种是布置在交叉口附近的用地上,称路口式,见图 14-10。其优点是各方来往车辆加油均较方便,出入口也较通畅,但对车流量大的路口交通影响较大,甚至会造成堵塞,引起交通事故,上海市采用此种形式较多。另一种是布置在道路旁的专门用地上,称路段式,见图 14-11。其特点是车辆的出入口均在一条道路上,对交通影响较前一种形式小,加油方便,北京市多采用此种形式。

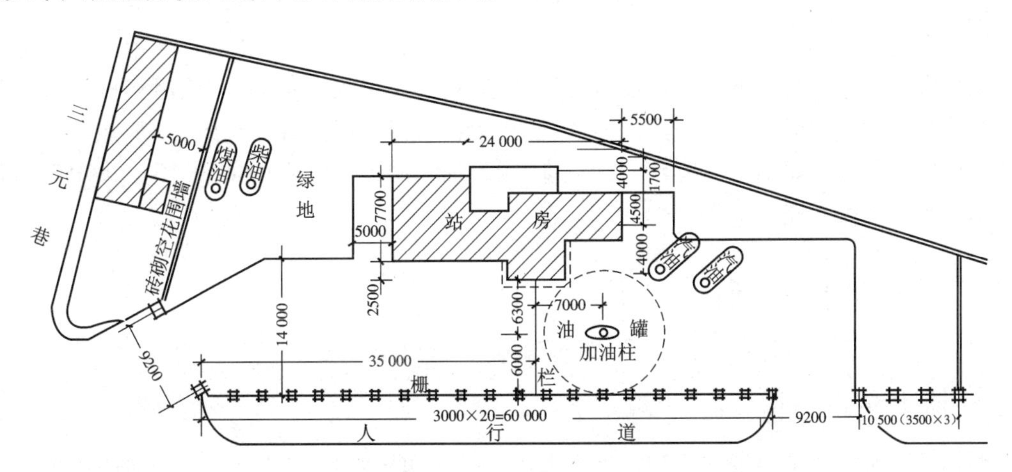

图 14-10　某加油(气)站平面布置图(路口式)(mm)

加油(气)站的出入口布置和交通组织适当,能够充分发挥加油(气)站服务能力。一般车辆驶入加油(气)站时,只准右转弯,并且在加油(气)站用地范围内,其行驶速度不宜大于 15 km/h,其转弯半径可根据主要车型而定,且不宜小于 9 m。加油(气)站出入口车行道宽度以 9～10 m 为宜。出入道路的最大坡度不得大于 6%,其坡长应小于 20 m,最小坡度则为 0.3%。

站内车道或停车位宽度应按车辆类型确定。CNG 加气母站内单车道或单车停车位宽度不应小于 4.5 m,双车道或双车停车位宽度不应小于 9 m;其他类型加油(气)站的车道或停车位,单车道或单车停车位宽度不应小于 4 m,双车道或双车停车位不应小于 6 m。站内停车位应为平坡,道

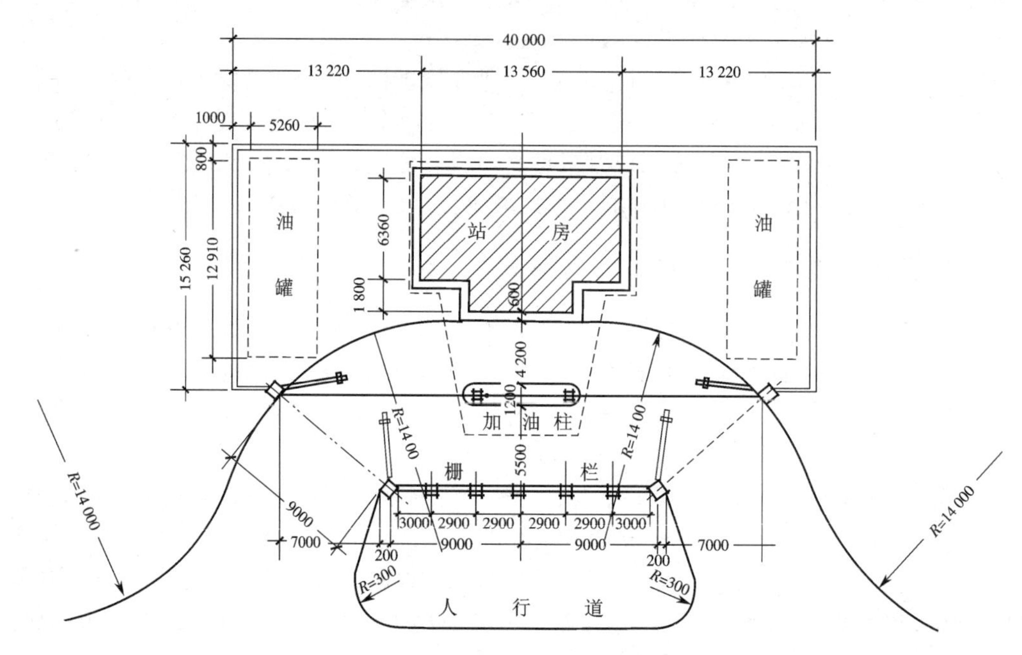

图 14-11 某加油(气)站平面布置图(路段式)(mm)

路坡度不应大于 8%,且宜坡向站外。由于车辆加油箱有的设在左侧,有的设在后部或两侧,油泵两侧一般均设有车行道。加油(气)站要有足够的场地,供车辆加油时通行、临时停放、安装消防设施以及绿化之用。加油(气)站内停车道的长度应适当,以免车辆排队等候加油,影响交通。

加油(气)站用地的路面需要有较高的强度,能耐油类的侵蚀和水的冲刷,不应采用沥青路面,一般多采用水泥混凝土路面。

14.4 城市道路照明

14.4.1 照明标准

照明标准通常用水平照度和不均匀度来表示。水平照度是指受光面为水平面的照度,照度的单位为 lx(勒克斯),1lx 就是在 1 m^2 照射面上,均匀分布 1 lm(流明)的光通量(引起视觉作用的光通强度)。不均匀度是表示受光物体表面照度的均匀性系数,即

$$不均匀度=最高水平照度/最低水平照度 \tag{14.4.1}$$

照明标准的选取与道路等级、交通量大小、路面的反光性质、路灯的悬吊方式和高度有关。城市道路照明标准见表 14-7。

公路一般不做照明设计,主要是通过设置反光标志、标线来增加道路的视线诱导性。在运输特别繁忙和重要的路段,其局部照明可参照城市道路照明标准。

表 14-7　城市道路照明标准

级别	道路类型	亮度		照度		眩光限制	诱导性
		平均亮度 $L_{av}/(cd/m^2)$	总均匀度 L_{min}/L_{av}	平均照度 E_{av}/lx	均匀度 E_{min}/E_{av}		
Ⅰ	快速路、主干路	1.5/2.0	0.4	20/30	0.4	严禁采用非截光型灯具	很好
Ⅱ	次干路	1.0/1.5	0.4	15/20	0.4	不得采用非截光型灯具	好
Ⅲ	支路	0.5/0.75	0.4	8/10	0.3	不宜采用非截光型灯具	好

注：①表中平均照度值适用于沥青路面；对于水泥混凝土路面，可降低 30%；

②表中各项数值适用于干燥路面；

③表中对每一级道路的平均亮度和平均照度给出了两档标准值，“/”的左侧为低档值，右侧为高档值；

④迎宾路、通向大型公共建筑的主要道路、位于市中心和商业中心的道路执行Ⅰ级照明。

14.4.2　照明系统的布置

照明布局应尽量发挥照明器的配光特性，以取得较高的路面亮度、满意的均匀度，并注意尽量避免产生眩光。

1. 平面布置

(1) 照明器在道路上的布置

①沿道路两侧对称布置，见图 14-12(a)。适用于宽度超过 20 m，行人和车辆多的道路上，一般可获得良好的路面亮度。

②沿道路两侧交错布置，见图 14-12(b)。适用于宽度超过 20 m 的主要道路上。这种布置在照度及均匀性方面都比较理想。

③沿道路中心线布置，见图 14-12(c)。适用于道路两侧行道树分杈点较低、遮光较严重的街道。这种布置经济、简单、照度比较均匀，但易产生眩光，维修麻烦。

④沿道路单侧布置，见图 14-12(d)。一般适用于宽度在 15 m 以下的道路上。其特点是经济、简单，但照度不均匀。

⑤弯道上布置照明器，在曲线外侧或两侧对称布置。在曲线半径小的弯道上应缩短灯距。

⑥坡道上照明器的布置要适当缩小间距。

(2) 照明器在交叉口的布置

①T 形交叉口。照明器多安装在道路尽头的对面，既有效地照亮了交叉口，又有利于驾驶员识别道路。十字形交叉口照明器通常安装在交叉口前进方向的右侧。

②铁路平交口。照明器安装在前进方向的右侧。

2. 横向布置

照明器一般布置在路侧带的绿带或分隔带的边上，灯杆竖立在侧石外 0.5～1.0 m 处。照明器通过支架悬臂挑出，布置在道路上空，悬挑长度为 2～4 m，但不宜超过安装高度的 1/4，灯具仰角不宜超过 15°，见图 14-13。

3. 照明器的安装高度和纵向间距

照明器的安装高度 h、纵向间距 L 和配光特性三者间的关系见式(14.4.2)和图 14-14。

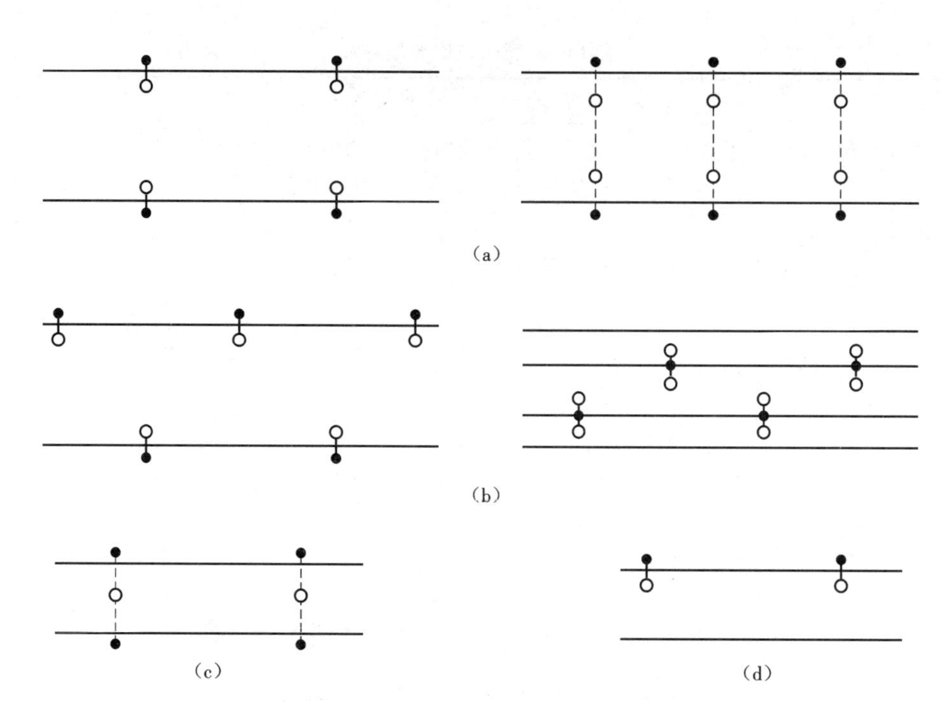

图 14-12　常规照明灯具的一般布置形式

$$E_A = \frac{I_a \cos\alpha}{r^2} = \frac{I_a \cos^3\alpha}{h^2} \tag{14.4.2}$$

式中，E_A——路面上任意点 A 的水平照度(lx)；

I_a——光源 O 在 α 方向的发光强度；

r——光源 O 至 A 点的距离(m)；

h——光源 O 的高度(m)；

α——光源 O 至 A 的连线与路面垂直方向的夹角(°)。

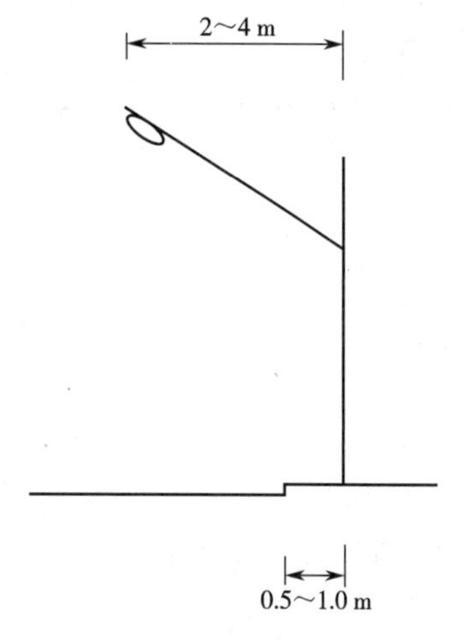

图 14-13　照明器横向布置

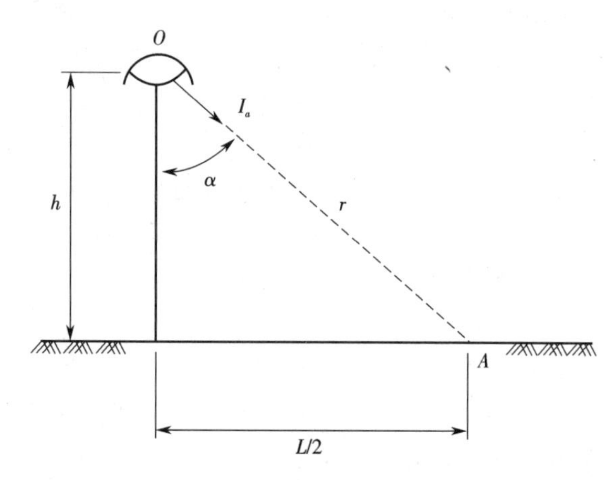

图 14-14　照明器布置关系

照明器纵向间距一般为30～50 m,也可与电力线杆、电信线杆或无轨电车杆合杆设置。有条件时或城市重要的景观道路,应采用地下电力电缆和电信电缆,避免架空照明线和其他架空线与行道树的相互影响。

城市道路灯具的设置位置还应注意与道路绿化的关系,避免过大的树冠对遮挡照明。一般灯柱两侧各5～8 m内不宜种植高大乔木,并应注意经常修剪有碍照明的枝叶,亦可调整绿化带与灯具的横向位置,设置多排道路灯具,避免相互干扰。城市重要建筑物前照明灯具的设置应注意避免对出入建筑物的人流、车流以及城市景观的影响。

14.5 道路绿化

道路绿地是指道路及广场用地范围内的可进行绿化的用地。道路绿地分为道路绿带、交通岛绿地、广场绿地和停车场绿地。道路绿化是指路侧带、中央分隔带、两侧分隔带、立体交叉、平面交叉、广场、停车场以及道路用地范围内的边角空地等处的绿化。

14.5.1 作用

道路绿化是城市道路的重要组成部分,其主要作用包括以下几个方面。

1. 安全运输作用

①诱导作用:在小半径竖曲线顶部、道路直线段两侧、平曲线外侧等处植树,可以起到视线诱导、线形预告的作用。

②过渡作用:在隧道洞口外、路堤路堑变化等处栽植高大乔木,可以防止光线急剧变化,对驾驶员视线起过渡作用。

③防眩作用:在中央分隔带、主线与辅道或平行的铁路之间栽植常绿灌木、矮树等,可以隔断对向车灯的眩光。

④缓冲作用:在低填方且没有设护栏的路段或互通式立交出口端部,栽植一定宽度的密集灌木或矮树,减缓驾驶员的紧张心理。

⑤遮蔽作用:对道路沿线各种影响视觉景观的物体宜栽植中、低树进行遮蔽,道路声屏障宜采用攀缘植物予以绿化和遮蔽。

⑥标示作用:当沿线景观、地形缺少变化,难以判断所经地点时,宜栽植有别于沿途植被的树木等,形成明显标志,预告设施位置。

⑦隔离作用:在道路用地边缘的隔离栅内侧,宜栽植刺藜、常绿灌木及攀缘植物等,防止人或动物进入。

⑧休闲作用:道路边坡、服务设施区域、立交等地的绿化可以缓解驾驶员和乘客的旅途疲劳。

2. 道路景观改善作用

通过绿化,可以使由于施工而被破坏的自然景观得到有效恢复或改善、弥补,使新建道路对周围环境景观的负面影响降低,使道路构造物巧妙地融入周围环境之中,给驾驶员及乘客提供优美、舒适、和谐的行车环境。

3. 环境保护作用

①防护作用:在风沙大的道路沿线或多雪地带等栽植防护林带,可以有效减轻风沙或风雪的

侵袭。

②防污作用:在学校、医院、疗养院、居住区附近栽植防噪声、防气体污染林带,能够吸收和阻滞车辆排放的各种有害气体(如 CO、NO_x 等)、烟尘以及交通噪声,减轻并防治污染,净化和改善大气的环境质量。

③护坡作用:道路路基、弃土堆、隔声堆筑体等边坡坡面的绿化,可以保持水土,防止边坡冲刷,增进边坡稳定。

14.5.2 设计原则

城市道路绿化的布置和绿化植物的选择应符合城市道路的功能,不得影响道路交通的安全运行,并应符合下列规定。

①道路绿化布置应便于养护。

②路侧绿带宜与相邻的道路红线外侧其他绿地相结合。

③人行道毗邻商业建筑的路段,路侧绿带可与行道树绿带合并。

④道路两侧环境条件差异较大时,宜将路侧绿带集中布置在条件较好的一侧。

⑤干线道路交叉口红线展宽段内,道路绿化设置应符合交通组织要求。

⑥轨道交通站点出入口、公共交通港湾站、人行过街设施设置区段,道路绿化应符合交通设施布局和交通组织的要求。

⑦道路绿化应以乔木为主,乔木、灌木、地被植物相结合,不得裸露土壤。

⑧道路绿化应符合行车视线和行车净空要求。对于行车视线要求,其一,在道路交叉口视距三角形范围内和弯道内侧的规定范围内种植的树木不影响驾驶员的视线通透,保证行车视距;其二,在弯道外侧的树木沿边缘整齐、连续栽植,预告道路线形变化,诱导驾驶员行车视线。对于行车净空要求,道路设计规定各种道路的一定宽度和高度范围为车辆运行的空间,树木不得进入该空间,具体范围应根据道路交通设计部门提供的数据确定。

⑨绿化树木与市政公用设施的相互位置应统筹安排,并应保证树木所需要的立地条件与生长空间。

⑩植物种植应适地适树,并符合植物间伴生的生态习性。不适宜绿化的土质,应改善土壤后再进行绿化。

⑪修建道路时,宜保留有价值的原有树木,对古树名木应予以保护。

⑫道路绿地应根据需要配备灌溉设施。道路绿地的坡向、坡度应符合排水要求并与城市排水系统结合,防止绿地内积水和水土流失。

⑬道路绿化应远近期结合。道路绿化从建设开始到形成较好的绿化效果需十几年的时间。因此,道路绿化规划设计要有长远观点,绿化树木不应经常更换、移植。同时,道路绿化建设的近期效果也应重视,使其尽快发挥作用。这就要求道路绿化远近期结合,互不影响。

14.5.3 道路绿化的总体布局和设计

道路绿化设计是建立在一种动态的基础上,以道路交通为主体的绿化设计。设计时不但要注意总体效果,充分考虑动态条件下司乘人员的视觉效果、心理反应,而且要保证不同路段的行车视距要求，保障行车安全。

1. 道路绿地率

道路绿地率，即绿化覆盖率，是指道路红线范围内各种绿带宽度之和占总宽度的百分比。城市道路路段的绿化覆盖率宜符合表 14-8 的规定。城市景观道路可在表 14-8 的基础上适度增加城市道路路段的绿化覆盖率；城市快速路宜根据道路特征确定道路绿化覆盖率。

表 14-8　城市道路路段绿化覆盖率要求

城市道路红线宽度/m	>45	30～45	15～30	<15
绿化覆盖率/(%)	20	15	10	酌情设置

注：城市快速路主辅路并行的路段，仅按照其辅路宽度适用上表。

2. 道路绿化景观

①在城市绿地系统规划中，应确定园林景观路与主干路的绿化景观特色。园林景观路应配置观赏价值高、有地方特色的植物，并与街景结合。主干路应体现城市道路绿化景观风貌。

②同一道路的绿化宜有统一的景观风格，不同路段的绿化形式可有所变化。

③同一路段上的各类绿带，在植物配置上应相互配合，并应协调空间层次、树形组合、色彩搭配和季相变化的关系。

④毗邻山、河、湖、海的道路，其绿化应结合自然环境，突出自然景观特色。

3. 分车绿带

分车绿带是指车行道之间可以绿化的分隔带，其位于上下行机动车道之间的为中间分车绿带；位于机动车道与非机动车道之间或同方向机动车道之间的为两侧分车绿带。

分车绿带的植物配置应形式简洁，树形整齐，排列一致。乔木树干中心至机动车道路缘石外侧距离不宜小于 0.75 m。

中间分车绿带应阻挡相向行驶车辆的眩光，在距相邻机动车道路面高度 0.6～1.5 m 的范围内，配置植物的树冠应常年枝叶茂密，其株距不得大于冠幅的 5 倍。

两侧分车绿带宽度大于或等于 1.5 m 的，应以种植乔木为主，乔木、灌木、地被植物相结合。其两侧乔木树冠不宜在机动车道上方搭接。分车绿带宽度小于 1.5 m 的，应以种植灌木为主，灌木、地被植物相结合。

4. 行道树绿带

行道树绿带是指布设在人行道与车行道之间，以种植行道树为主的绿带。

行道树绿带种植应以行道树为主，并宜乔木、灌木、地被植物相结合，形成连续的绿带。绿带在道路两侧人行道上通常采用对称式布置，限于条件时，也可错开布置或只在一侧种植。绿带宽度一般每侧 1.5～4.5 m，长度 50～100 m。在行人多的路段，行道树绿带不能连续种植时，行道树之间宜采用透气性路面铺装。树池上宜覆盖池箅子。

行道树定植株距，应以其树种壮年期冠幅为准，最小种植株距应为 4 m。行道树树干中心至路缘石外侧最小距离宜为 0.75 m。种植行道树其苗木的胸径：快长树不得小于 5 cm，慢长树不宜小于 8 cm。在道路交叉口视距三角形范围内，行道树绿带应采用通透式配置。

当路侧带较窄时，用方形、圆形树穴绿化，可以避免占用较大的交通面积。树穴宜采用方形，最小尺寸应以单行乔木种植生长为准，一般不小于 1.25 m×1.25 m 或宽与长之比为 1∶2 的长方形，其宽度大于等于 1.2 m；采用圆形时，直径大于等于 1.5 m。

5. 道路绿地布局

①种植乔木的分车绿带宽度不得小于 1.5 m，主干路上的分车绿带宽度不宜小于 2.5 m，行道树绿带宽度不得小于 1.5 m。

②主、次干路的中间分车绿带和交通岛绿地不得布置成开放式绿地。

③路侧绿带宜与相邻的道路红线外侧其他绿地相结合。

④人行道毗邻商业建筑的路段，路侧绿带可与行道树绿带合并。

⑤道路两侧环境条件差异较大时，宜将路侧绿带集中布置在条件较好的一侧。

6. 防护带绿化

在道路外侧往往有防护带，其主要作用为防风隔音、固土护坡、引导视线、协调景观。防护带树种应选用抗风性强的树种和乡土树种，采用外高内低，即远乔木、中灌木、近草坪的三层绿化体系，形成一个连续、密集的林带。有些地方栽植经济林作为防护带，既带动了经济发展，又起到了绿色屏障的作用。

7. 边坡绿化

边坡绿化的主要目的是保持水土、稳固边坡、改善道路景观、补偿施工对环境的破坏。挖方边坡可根据土质情况进行绿化设计，填方区的绿化可采用种草坪及花灌木等固土护坡。对于挖方路段前的填方结合段的绿化，可采用密集绿化方式，从乔木过渡到中灌木、矮灌木，这样可减少光线的变化对驾乘人员的影响，起到明暗过渡的作用。

8. 互通式立体交叉的绿化

互通式立交景观设计的目的是使立交造型美观、视认性好，起到引导驾驶员视线、保证行车安全以及满足观赏需要的作用。景观设计主要包括坡面修饰和绿化栽植两部分。公路立交多侧重于坡面修饰，而城市道路立交则重视绿化栽植。

(1) 坡面修饰

坡面修饰是将匝道包围区域的边坡修饰成规则、圆滑和接近于自然地形的形状。坡面原则上只修饰匝道包围的区域，其外侧应以满足通视条件、保持坡面规整为原则适当修整。坡面修饰应保持坡顶圆滑、坡面规则和坡脚顺适。边坡坡顶适当范围内应将棱角修整圆滑；边坡坡度在接近坡脚的一定高度内应逐渐变缓，使其整齐、美观。在挖方地段应特别注意保证视距的要求，必要时应设视距台。在匝道所围区域内的小山一般应挖除，曲线内侧若有障碍物阻挡视线应予以清除。

(2) 绿化栽植

互通式立体交叉的绿化栽植除了美化环境、点缀城市外，还有诱导交通、提高交通安全的作用。图 14-15 为立交绿化示意图。绿化内容包括如下各项。

①指示栽植：采用高大的乔木，设在环道和三角地带内，用来为驾驶员指示位置的栽植。

②缓冲栽植：采用灌木，设在桥台和分流地方，用来缩小视野，间接引导驾驶员降低车速，或在车辆因分流不及而失控时缓和冲击、减轻事故损失的栽植。

③诱导栽植：采用小乔木，设在曲线外侧，用来预告道路线形的变化，引导驾驶员视线的栽植。

④禁止栽植区：在立体交叉的合流处，为保证驾驶员的视线通畅、安全合流，不能种植树木。

互通式立体交叉绿化设计首先服从交通功能，在保证交通安全、增加导向标志的前提下，构图可以根据立交特点，以图案简洁、空间开阔为主，适当点缀树丛、树群，注重整体感、层次感，形成开敞、简洁、明快的格调。或者选择一些常绿灌木进行大片栽植，构成宏伟图案，同时适当点缀一些季相有变化的色叶木和花果植物，形成乔、灌、草相结合的复层搭配植物景观，赋予其一定的历史文化、民族风情等内涵。

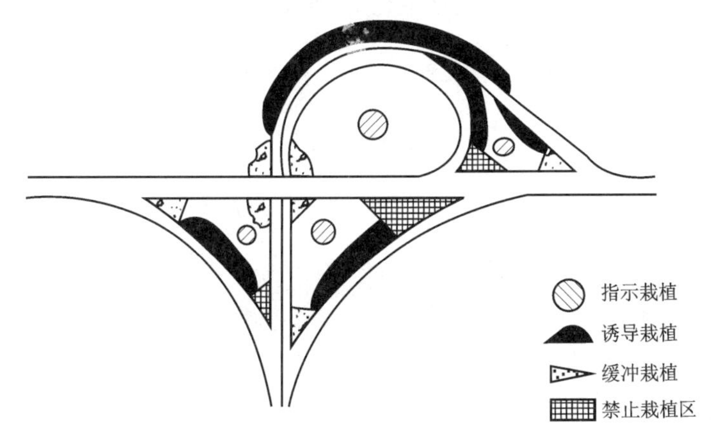

图 14-15　立体交叉绿化示意图

14.5.4　海绵城市设计

海绵城市是新一代城市雨洪管理概念，即应用低影响开发建设模式，加大城市径流雨水源头减排的刚性约束，优先利用自然排水系统，建设生态排水设施，充分发挥城市绿地、道路、水系等对雨水的吸纳、蓄渗和缓释作用，使城市开发建设后的水文特征接近开发前，有效缓解城市内涝、削减城市径流污染负荷、节约水资源、保护和改善城市生态环境，为建设具有自然积存、自然渗透、自然净化功能的海绵城市提供重要保障。

道路绿化是建设海绵城市、构建低影响开发雨水系统的重要场地。道路绿化承接城市绿地系统规划的低影响开发控制目标，合理地预留或创造空间条件，对绿化自身及周边硬化区域的径流进行渗透、调蓄、净化，并与城市雨水管渠系统、超标雨水径流排放系统相衔接。同时，植物配种应满足以下要求：①景观设计的认可；②低影响开发设施排水时间满足植物受淹时间要求；③低影响开发设施的种植土层需满足植物种植要求。

具体工程实践中，道路绿化设计中可采用生态草沟、生态树池、生态边沟、下沉式绿地等方式实现海绵城市设计理念（图 14-16、图 14-17）。

14.6　城市管线的布置

14.6.1　城市管线与城市道路的关系

城市道路设计与城市管线的布置关系密切，需要取得良好的配合。若管线布置不合理，待路面修好后又进行挖掘，不但破坏路面，而且会中断交通。另外，如检查井布置在路中，会造成路面不平整，维修时又将影响交通；管线太靠近建筑线时，开槽将影响房基的稳定；煤气管太靠近树木，

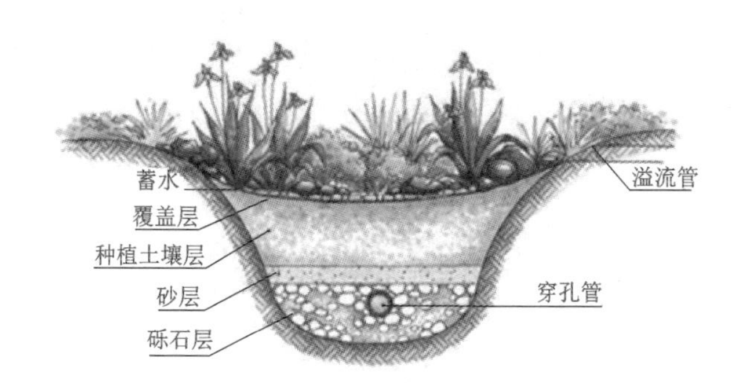

图 14-16　生态草沟示意图

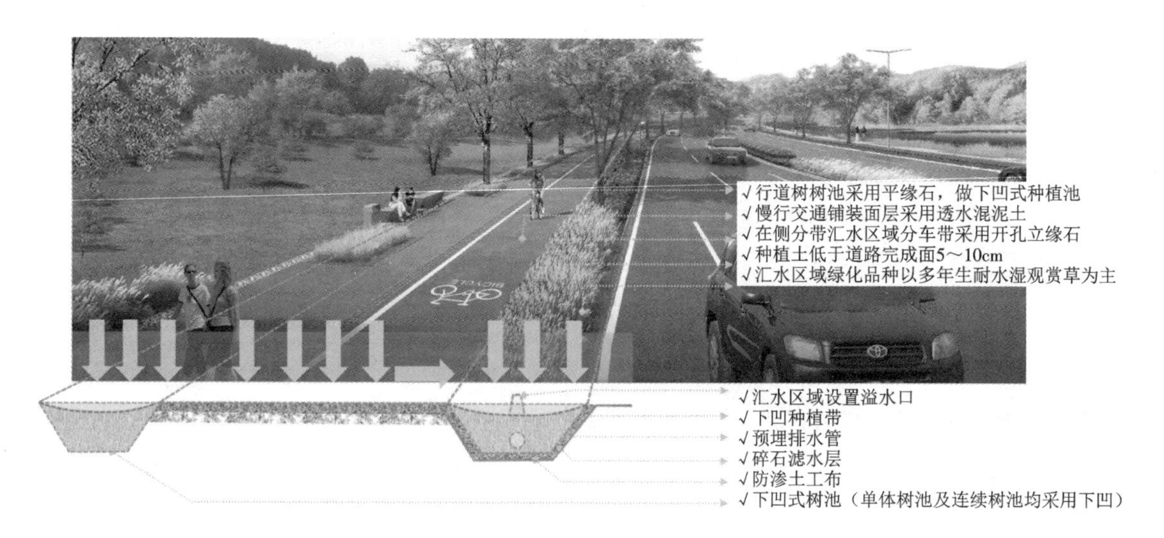

图 14-17　道路工程海绵城市设计

漏气时影响其生长等。

城市道路和管线的配合应当事前统一规划、综合设计、联合施工。首先，根据城市或地区需要哪些管线及其近期、远期建设的具体要求作出统一规划，既不使干管线路过分集中，也不使其过于分散；其次，妥善处理各条道路中管线与管线、管线与建筑物以及管线与绿化等的关系，在水平和垂直方向上进行综合设计；最后，在路面铺筑之前，埋设好各种管线，并尽可能使各种管道联合施工。规划中各种管线的位置都要采用统一的城市坐标系统和标高系统。管线综合布置应与总平面布置、竖向设计和绿化布置统一进行。

城市管线按布设位置的不同，可分为地上杆线和地下管线两大类。

14.6.2　城市道路地上杆线的类型和布置

1. 城市道路地上杆线的类型

目前，我国城市道路地上杆线主要有以下三种。

(1) 电力(强电)杆线：可分为照明电力线(一般电压 220～380 V)及工业和生活用各种电力线，市区内一般超过 10 kV 高压配电线比较少，而郊区则有 35 kV 或更高的高压输电线。

(2) 电信(弱电)杆线:包括市内电话线、长途电话、无线电广播以及其他信号设备的电缆。

(3) 电车杆线:系专供电车用的直流电缆,也是电力线的一种。

2. 城市道路地上杆线的布置

地上杆线一般设置在人行道或分隔带上。为了确保居民安全、架空线缆的正常使用及整齐美观,地上杆线在进行布置时,一般需要满足以下各项要求。

①电信杆线与电力杆线一般应分别架设在道路的两侧,与同类的地下电缆位于道路的同侧。例如北京市规定电力电缆要架设在道路的东面或北面,电信电缆则架设在道路的西面或南面,其他各地城市大多有自行的规定。如能在一定的安全措施保证下,电信电缆也可以和电力电缆合杆架设。

如有架空热力线、煤气管线,不宜与架空输电线、电气化铁路线交叉或在其下通过(特殊情况下,采用保护措施后才予通过)。当工程管线跨河通过时,可采用管桥或利用现状桥梁进行架设。可燃、易燃工程管线不应在交通桥梁上跨越河流。

②架空电线应与路面保持一定的垂直距离。

在架空管线之间及其与建(构)筑物之间交叉时应保证一定的垂直净距,见表 14-9。

表 14-9　架空管线之间及其与建(构)筑物之间交叉时的最小垂直净距(m)

名称		建(构)筑物	地面	公路	电车道(路面)	铁路(轨顶)		通信线	燃气管道($P\leqslant1.6$ MPa)	其他管道
						标准轨	电气轨			
电力管线	3 kV 以下	3.0	6.0	6.0	9.0	7.5	11.5	1.0	1.5	1.5
	3~10 kV	3.0	6.5	7.0	9.0	7.5	11.5	2.0	3.0	2.0
	35 kV	4.0	7.0	7.0	10.0	7.5	11.5	3.0	4.0	3.0
	66 kV	5.0	7.0	7.0	10.0	7.5	11.5	3.0	4.0	3.4
	110 kV	5.0	7.0	7.0	10.0	7.5	11.5	3.0	4.0	3.0
通信线		1.5	(4.5) 5.5	(3.0) 5.5	9.0	7.5	11.5	0.6	1.5	10.0
燃气管道 $P\leqslant1.6$MPa		0.6	5.5	5.5	9.0	6.0	10.5	1.5	0.3	0.3
其他管道		0.6	4.5	4.5	9.0	6.0	10.5	1.0	0.3	0.25

注:①架空电力线及架空通信线与建(构)物及其他管线的最小垂直净距为最大计算弧垂情况下的净距;

②括号内为特质与道路平行,但不跨越道路时的高度。

③架空电线应与建筑物等保持一定的水平距离。

架空电线的外侧明线(在最大摆度时)与建筑物、构筑物之间的最小水平净距应符合表 14-10 规定。地上杆线的布置需结合道路的远期规划横断面,以免随着道路的改建而拆迁,尤其高压线的拆迁更为困难。随着公共设施的日益完善,地上杆线将会逐步转入地下。因此,统一规划时,需要考虑在道路横断面中预留地下管线的敷设位置。

表 14-10 架空管线之间及其与建(构)筑物之间的最小水平净距(m)

名称		建(构)筑物(凸出部分)	通信线	电力线	燃气管道	其他管道
电力管线	3 kV 以下	1.0	1.0	2.5	1.5	1.5
	3～10 kV	1.5	2.0	2.5	2.0	2.0
	35～66 kV	3.0	4.0	5.0	4.0	4.0
	110 kV	4.0	4.0	5.0	4.0	4.0
通信线		2.0	—	—	—	—

注:架空电力线与其他管线及建(构)筑物的最小水平净距为最大计算风偏情况下的净距。

14.6.3 城市道路地下管线的类型和布置

1. 城市道路地下管线的类型

城市道路地下管线包括过境干管以及为街道两旁建筑服务的支管或户线。根据其性质和用途不同,地下管线大体上可分为电缆和管道两大类。

(1) 电缆

地下电缆的种类与地上杆线的种类相同。目前已有电缆用铠装(用钢丝或钢带加固的)直接埋设在地下或者敷设在专用的管道中。铠装电缆外径分 5 cm、7 cm、10 cm 不等。专用管道的宽度可达 1.5 m。

(2) 管道

①下水道:即排水管道,包括雨水管道和污水管道,而污水管道中又有生活污水和生产废水管道之分。管径从 20 cm 到 2～3 m 不等。

②上水道:即给水管道,包括生活用给水管、市政(浇树、喷街等)和消防用给水管以及工业用的各种给水管等。一般管内压力为 2 kg/cm^2。管径从 75 mm 到 600 mm 不等,从水源厂出来的输水管可达 1000 mm,甚至更大(2 m 左右)。

③煤气管道:有高压管道、中压管道(管径一般在 400 mm 左右)、低压管道(管径一般在 200 mm 左右)之分。

④热力管道:又称暖气管道,包括热水管道及蒸汽(高压与低压)管道,还有通行式(沟道内净高不小于 1.8 m)、半通行式(沟道内净高为 1.4 m)及不通行式管道之分。

此外,还有其他各种工业专用管道,如压缩空气管道、氧气管道、氢气管道、汽油管道、柴油管道、重油管道、液化气管道及乙烯管道等,今后可能还有邮政通信管道等。

2. 城市道路地下管线分散埋设布置要点

道路断面内地下管线的埋设,大体上分为两种方式:一种是分散埋设;另一种是集中埋设。采取综合管道的方式即综合管廊技术。

为了尽量减少地下管线对城市、道路的影响,防止各种管线之间的相互妨碍和干扰,需要对分散埋设的地下管线在位置上(水平距离和垂直深度等)作出合理的安排,一般应掌握下列基本原则。

①地下管线应尽可能布置在绿带(主要指草地)、人行道及非机动车道下方,不得已时才考虑将维修次数较少和埋设较深的管道(如污水管、雨水管等)布置在机动车道下方。这是由于地下管

线附属设施如检查井盖等可能对车辆行驶造成不便，尤其是在维护修理时更会影响交通。快速路机动车车行道下方不宜布置任何管线。

②地下管线应与道路中线或建筑红线平行敷设，并尽量避免横穿道路，必须横穿时应尽量与道路正交。

③地下管线应敷设在支管线多的一侧。为了避免过多的分支管横穿道路和减少支管长度，常考虑在道路两侧各布置一条或一套管线，通常称为“双排埋设”，这种埋设方式需和单排埋设进行技术、经济比较后，方可决定是否采用。北京一般较宽的街道，如 60～80 m 宽的干路多采用双排埋设；宽度 40 m 以下的次干路、30 m 宽的支路多采用单排埋设。电力、电信电缆在任何情况下都适合双排埋设。

④一般不应埋设任何地下管线的范围是在缘石靠车道一侧 1 m 和缘石背面 0.4 m 之内、乔木树干左右 1 m 之内、距建筑物边缘 0.5～1.0 m 之内、路灯杆基础之下等。

⑤地下管线的布置次序，从建筑红线向道路中心线方向，一般是电力电缆、电信电缆、燃气配气管道、给水配水管道、热力干线管道、燃气输气管道、给水输水管道、雨水排水管道、污水排水管道。这主要是根据管线性质和埋设深度决定的。凡可燃、易燃或损坏时对房屋有危害的管道应离建筑红线远一些，埋设深度越大，离建筑红线也应越远。此外，考虑管线性质对人体的影响，可集中一侧布置，如上海市把电信电缆(电信架空线)、给水管、雨水管等布置在路西、路北；而把电力电缆(电力架空线)、煤气管、污水管等布置在路东、路南。

⑥地下管线之间及地下管线与建筑物、绿带之间应保持最小的水平净距。为了充分利用道路的地下空间，地下管线的布置应力求紧凑，但要保证一定的安全距离，该距离取决于施工、检修、安全防护及运营质量等方面。从实际经验看，地下管线布置的弹性很大，如施工可有各种方案，防护要求也是相对的。根据北京的经验，每种管线的平均水平净距应为 2 m 左右，有的也可能超过一些，但不宜超过 3 m。

⑦地下管线埋设深度应大于各种管线的最小覆土深度(主要是冰冻深度和荷载等要求)。如北京的土壤冰冻深度在城区约为 0.8 m，郊区约为 1 m，给水管道应埋设在 0.8 m 以下；一般情况下，不怕水浸或不怕冰冻的管线，如电力电缆大于 60 cm 即可。

各类地下管线在平面或立面上发生冲突时，应根据具体情况与有关方面协商解决。一般的处理原则为新建的管线迁就已建的管线；有压管线迁就自流管线；弱电流管线迁就强电流管线；小口径管线迁就大口径管线；能弯曲的管线迁就不能弯曲的管线；临时性管线迁就永久性管线；工程量小的管线迁就工程量大的管线；检修次数少的、方便的管线迁就检修次数多的、不方便的管线等。

在道路改建中，如遇到设计路面下有管线，为防施工碾压时损坏，需要考虑路床距管线顶的安全深度，安全深度不足时，需要进行加固或挪移。以往对管道加固的办法大致有以下几种：①当管道横穿道路、管顶上部覆土厚度不足 60 cm 时，可将管顶上部提高到 60 cm，待碾压完毕后，再把管顶凸出部分去掉；②采用做盖板沟保护的办法；③用混凝土包裹管道(作 360°包封)或在管道周围打灰土包裹加固；④如果当地条件和管道技术条件允许，也可采用局部降低的办法；⑤当上述办法不能解决时，可考虑改线，设法将管线挪出矛盾范围。

图 14-18、图 14-19 为两种横断面形式的地下管线埋设示例。

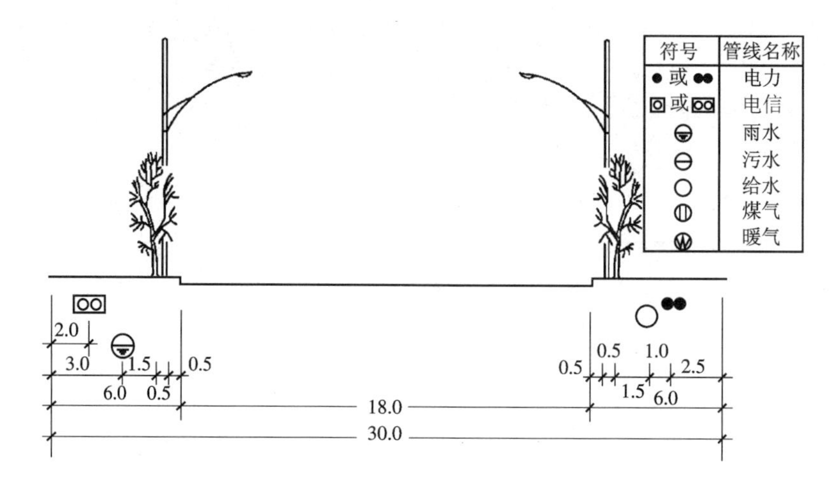

图 14-18 一块板路段管线埋设示例(m)

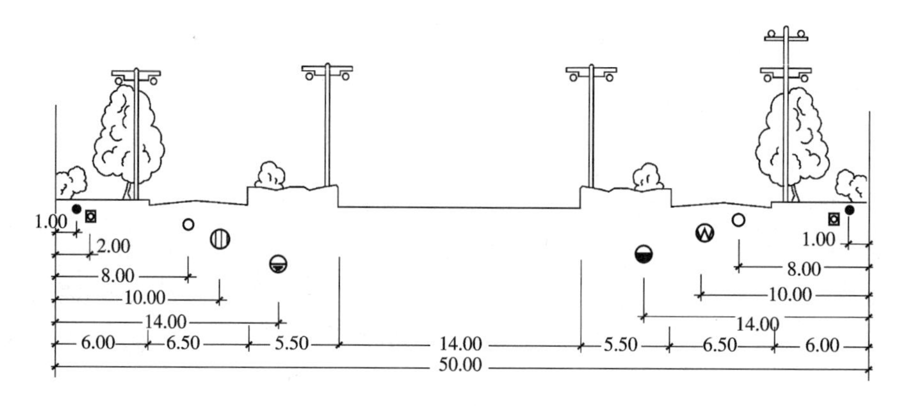

图 14-19 三块板路段管线埋设示例(m)

3. 综合管廊技术

(1) 概述

随着我国经济发展和城市建设步伐的加快,城市对市政管线的需求越来越大,数量越来越多,传统的分散埋设方式的灵活性和安全可靠性受到了严峻的挑战。为了避免采用传统分散埋设方式的管线对道路和居民出行造成干扰,保持道路的完整美观,便于管线维修管理,北京、上海、深圳等一些经济发达的城市已开始兴建综合管廊。

综合管廊也称作“共同沟”“综合管沟”“共同管道”,是指建于城市地下用于容纳两类及以上城市工程管线的构筑物及附属设施,即在城市道路下建造一个市政公用隧道,集电力、通信、供水、燃气等多种市政管线于一体的构筑物,设有专门的检修口、吊装口和监测系统,实施统一规划、设计、建设和管理。综合管廊系统通常由本体、标准段、特殊段、通风口、人员出入口、排水、照明、通风和防灾安全等设备构成,各部分有机结合,保证综合管廊安全有效地运行。

与分散埋设相比,综合管廊的优点包括:①避免由于敷设和维修地下管线导致的道路反复开挖;②便于各种工程管线的敷设、增设、维修和管理;③有利于满足市政管网对通道和路径的要求,可较为有效地解决城市发展过程中各类市政管线持续增长的需求;④布置紧凑合理,解决城市空间稀缺的矛盾;⑤减少道路的杆柱及各类工程管线的检查井、检查室等,保证城市的景观;⑥架空管线入地,减少架空管线与绿化的矛盾;⑦可减少管道腐蚀,延长管线的使用寿命;⑧对工程管线具有较好的保护性能,预防灾害发生。但同时,综合管廊建设代价较高,且不便分期修建,管廊内各管线权属单位如何分担费用的问题很复杂。一般而言,当遇到下列情况之一时,宜采用综合管廊:①交通运输繁忙或地下管线较多的主干路以及配合轨道交通、地下道路、城市地下综合体等建设工程地段;②城市核心区、中央商务区、地下空间高强度成片集中开发区、重要广场、主要道路的交叉口、道路与铁路或河流的交叉处、过江隧道等;③道路宽度难以满足直埋敷设多种管线的路段;④重要的公共空间;⑤不宜开挖路面的路段。

综合考虑城市建设开发强度、地质条件以及资源条件等相关因素影响,可将综合管廊建设区位分为宜建区和慎建区,具体分析流程见图 14-20。

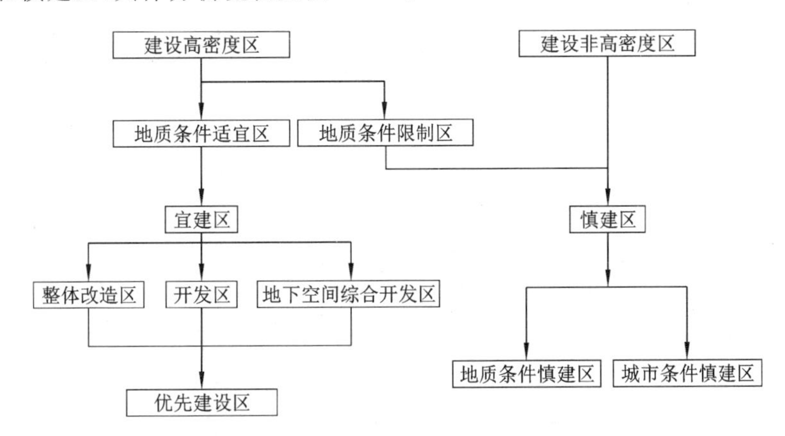

图 14-20 综合管廊建设区位分析图

(2) 综合管廊的结构形式

综合管廊常见结构形式大体可分为矩形结构和圆形结构两大类。采取开挖现浇工法的多为矩形结构,采取盾构工法的一般为圆形结构。

①矩形结构。

干线综合管廊采用矩形结构的较为普遍,其优点是建设成本低,空间结构易分割,便于维修和敷设管线,一般适用于空旷的城区、新建道路或新开发区。典型断面形式见图 14-21。

②圆形结构。

圆形结构的建设成本相对较高,有时会产生不同管线之间的空间干扰。圆形结构的优点是可以在繁华城区的道路下采用盾构工法实施,也可以自下穿越复杂路面设施而不用开挖,起到保护环境和减少对交通影响的作用。这种结构形式一般适用于支线综合管廊或缆线综合管廊。断面形式见图 14-22。

在具体设计时,应根据各工程实际情况,先确定入廊管线,再确定综合管廊断面,即确定各入廊管线独自敷设于一室还是处于同一室内。通常需遵循如下原则:①若强弱电缆处于同一室内,必须采取屏蔽措施;②电力电缆直接敷设在固定于综合管廊侧壁上的支架上,电缆室内预留一定数量的托架,便于电缆增容;③燃气管线、高压主供水管宜单独敷设或独自设置在一室中;④当给水管道与电缆同室时,应注意给水管道对同室内其他管线的影响,并加强维护管理,避免产生爆管

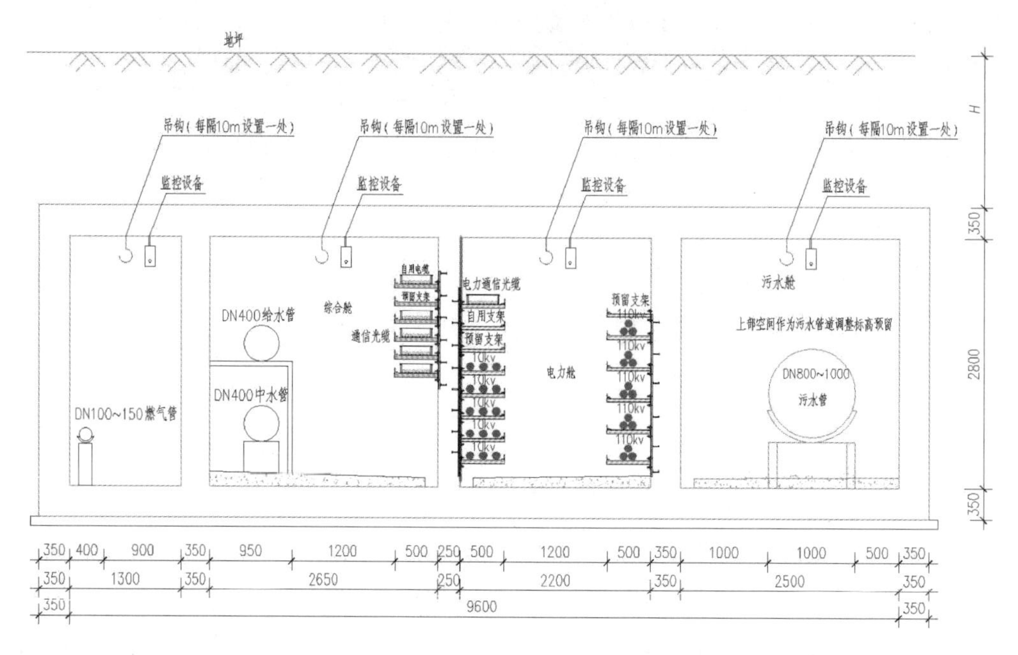

图 14-21　综合管廊的矩形结构断面形式(mm)

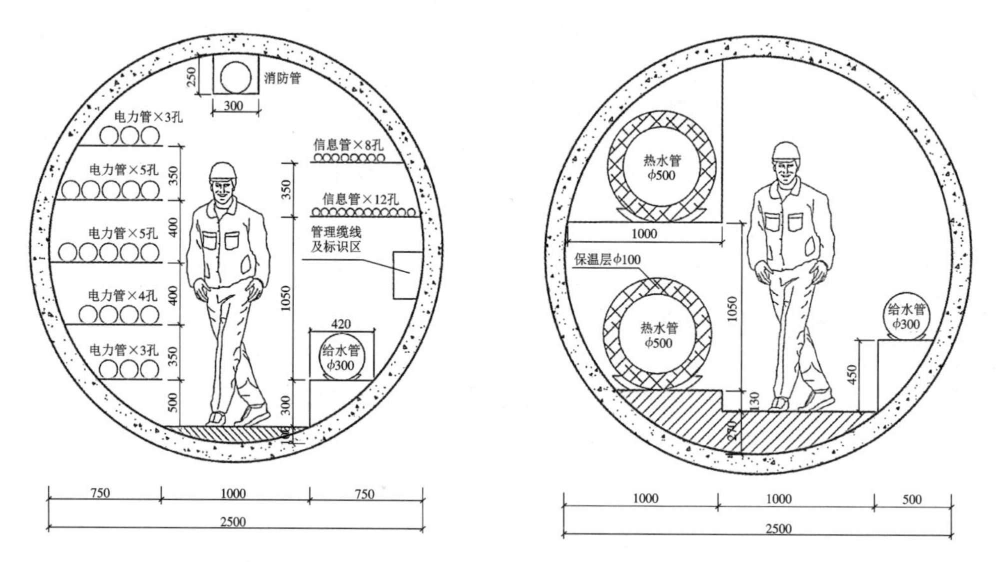

图 14-22　综合管廊的圆形结构断面形式(mm)

事故;⑤电力室与燃气室分别设置检修人孔,错开布置。

(3) 综合管廊的结构设计要点

①地基沉降。

综合管廊属于条状结构,沉降问题处理得不好,可能造成伸缩缝处产生错缝,导致渗水并使管道受剪切作用而破坏,或造成线性坡度变化,影响沟内管线。因此,对可能造成较大沉降的软弱地基,需要特别重视。

②地下水浮力。

综合管廊为箱形中空结构，若地下水位较高，覆土较浅，则需要考虑浮力影响。地下水位变化较大时，也应对不利工况予以注意。

③地震影响及液化。

地震波对综合管廊的影响主要表现为剪切破坏以及受地震影响而液化产生的沉降破坏。

④防水。

综合管廊内的检修通道需采取防水措施，以保证沟内不会出现大面积渗水。对于特殊部位，更应该对节点进行防水处理，例如伸缩缝和特殊断面的衔接处。

⑤功能需求。

对于一些人员出入口、材料出入口、通风口等部位，要考虑功能上的需求，比如材料出入口应设置斜角，使管道进出顺畅，避免损伤电缆；人员出入口应考虑人员进出的净高需要；盖板设计应避免漏水以及存在的一些安全问题。

(4) 综合管廊在规划设计中应注意的问题

①综合管廊要在道路路网与各市政管线规划的基础上进行，城市道路横断面和各市政管线又要在综合管廊规划的基础上进行调整。

②应当处理好综合管廊与地下空间利用和地铁规划建设的关系，避免冲突。

③应当对市政道路路段上规划的各种管道、通道类型进行归纳综合，分析比较其传统建设模式与综合管廊建设模式的初期建设成本、维护管理成本、道路扩宽改造的可能性、管道(通道)迁移的可能性，减少综合管廊设置的盲目性。

④综合管廊的建设成本，在主体工程造价方面，根据地质条件、入廊管线和设计断面不同而差异巨大；在维护费用方面，根据沟内管线数量、类型、附属设备布置情况而不同；在管线迁移和总外部成本方面，根据综合管廊设计建造时所处地理位置而异。综合管廊的规划与设计要从源头上控制各种影响成本的因素。

14.7　道路合杆整治技术

近年来，随着对城市景观、精细化管理要求的不断提高，上海、广州等特大城市已开展针对路灯杆、道路标志杆、监控杆、信号灯杆等路面杆件的合杆设计。合杆整治路面杆件可以美化道路景观，减少资源浪费，同时避免各种杆件设施重复建设、路面反复开挖和管线复设，解决管理混乱问题，提升运行和维护效率，切实改善市容市貌，创造有温度、可感知的城市环境。

14.7.1　设计原则

道路合杆的设计原则如下。

①道路照明灯杆作为道路上连续、均匀和密集布设的道路杆件，应作为各类杆件归并整合的主要载体，合杆设施包括道路照明设施、交通标志标牌、信号灯、监控设施、路名牌、公共服务设施指示标志牌等。

②在满足业务功能要求和结构安全的前提下，各类杆件应按照“能合则合”的原则进行合杆。环境监测、扬尘监测、通信设备以及公厕指示牌等设施应利用综合杆设置。

③按照多杆合一、多箱合一和多头合一的要求,对各类杆件、机箱、配套管线、电力和监控设施等进行集约化设置,实现共建共享、互联互通。

④综合杆以及杆上设施、综合机箱和各类城市家具等应进行系统设计,一路一设计,色彩、风格、造型等应与道路环境景观整体协调。

⑤综合杆、综合机箱及配套设施应合理预留一定的荷载、接口、机箱仓位和管孔等,满足未来使用需要。

⑥应采用新材料、新工艺和新技术,减小综合杆杆径和箱体体积,提高设施的安全性及安装、维护和管理的便捷性。

⑦合杆整治道路范围应包含整治道路相交的路口布设区域。

⑧综合杆上可搭载治安监控、交通监控等各类摄像头,以及指示、禁令、警告、作业区、辅助、告示、旅游区标志等各种标牌,应优化整体设计,做到小型化、减量化。

14.7.2 布设要求

综合杆的布设必须满足点位控制、整体布局、功能齐全、景观协调的总体要求,应按照先布设路口再布设路段的顺序进行整体设计,并以设置要求严格的市政设施点位作为控制点,将要求整合的其他杆件设施移至控制点进行合杆,同时调整上下游杆件间距,进行整体布局。

综合杆根据主要搭载的设施分为以下 6 类(图 14-23)。

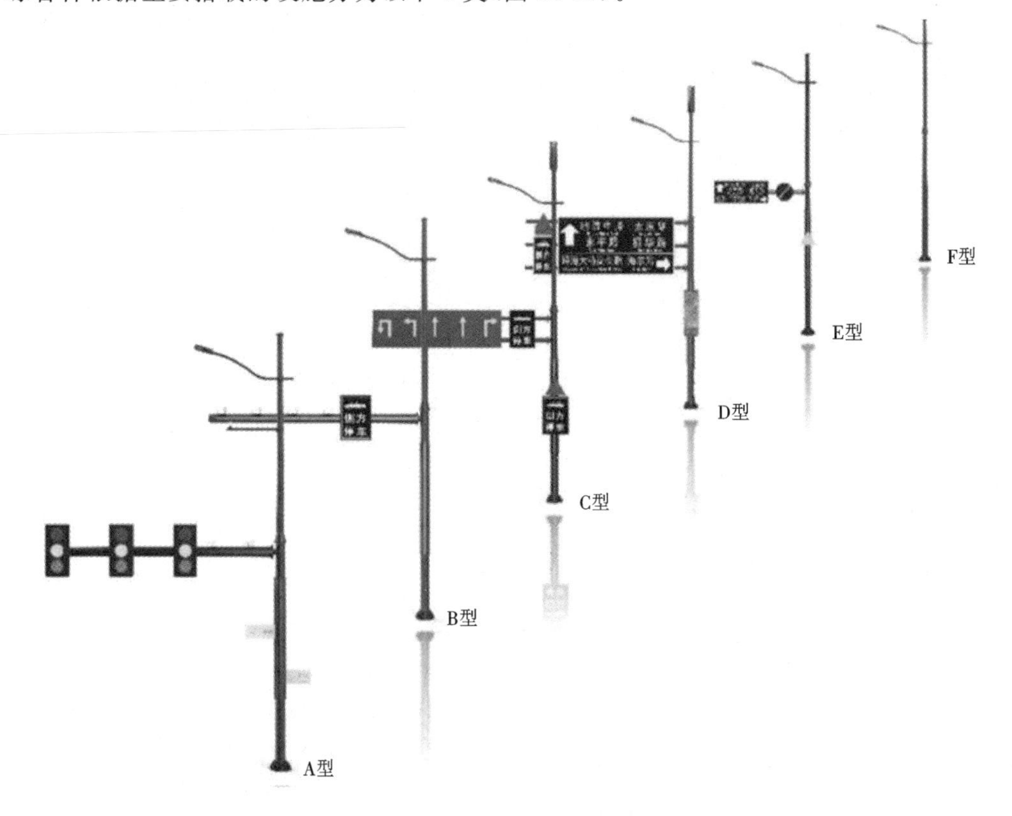

图 14-23 综合杆类型示意图

A 型杆：主要搭载信号灯，杆体和挑臂预留接口，其他设施可根据需要搭载。

B 型杆：主要搭载视频监控，杆体和挑臂预留接口，其他设施可根据需要搭载。

C 型杆：主要搭载分道指示牌，杆体和挑臂预留接口，其他设施可根据需要搭载。

D 型杆：主要搭载大中型指路标志牌，杆体和挑臂预留接口，其他设施可根据需要搭载。

E 型杆：主要搭载路段小型道路指示牌，其他设施可根据需要搭载。

F 型杆：道路照明灯杆，功能预留，可搭载小型设施。

①沿道路纵向，路口布设区域进口道应布设以下综合杆（图 14-24、图 14-25）。

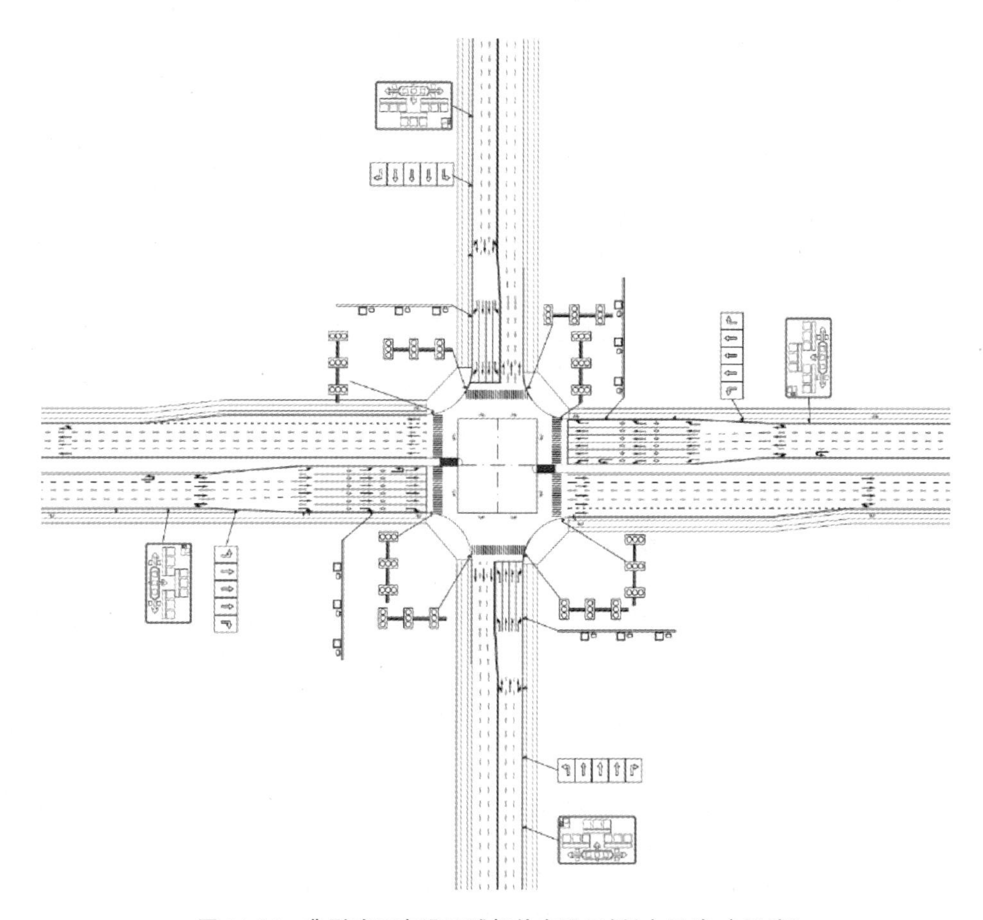

图 14-24　典型路口布设区域杆件布设示例（主干路-主干路）

a. 停止线前、靠近人行横道线处应布设 A 型综合杆，可搭载照明和交通信号灯、路名牌、导向牌及监控等设施。

b. 停止线往后 25～30 m 处应布设 B 型综合杆，可搭载照明和监控等设施。

c. 有分道指示牌布设需求时，可在 B 型综合杆后 2 个道路照明灯杆间距处布设 C 型综合杆，可搭载照明设施和分道指示牌等。

d. 有大中型指路牌布设需求时，可在 B 型综合杆后 3 个道路照明灯杆间距处布设 D 型综合杆，可搭载照明设施和大中型指路牌等。

②沿道路纵向，路口布设区域出口道应布设以下综合杆（图 14-24、图 14-25）。

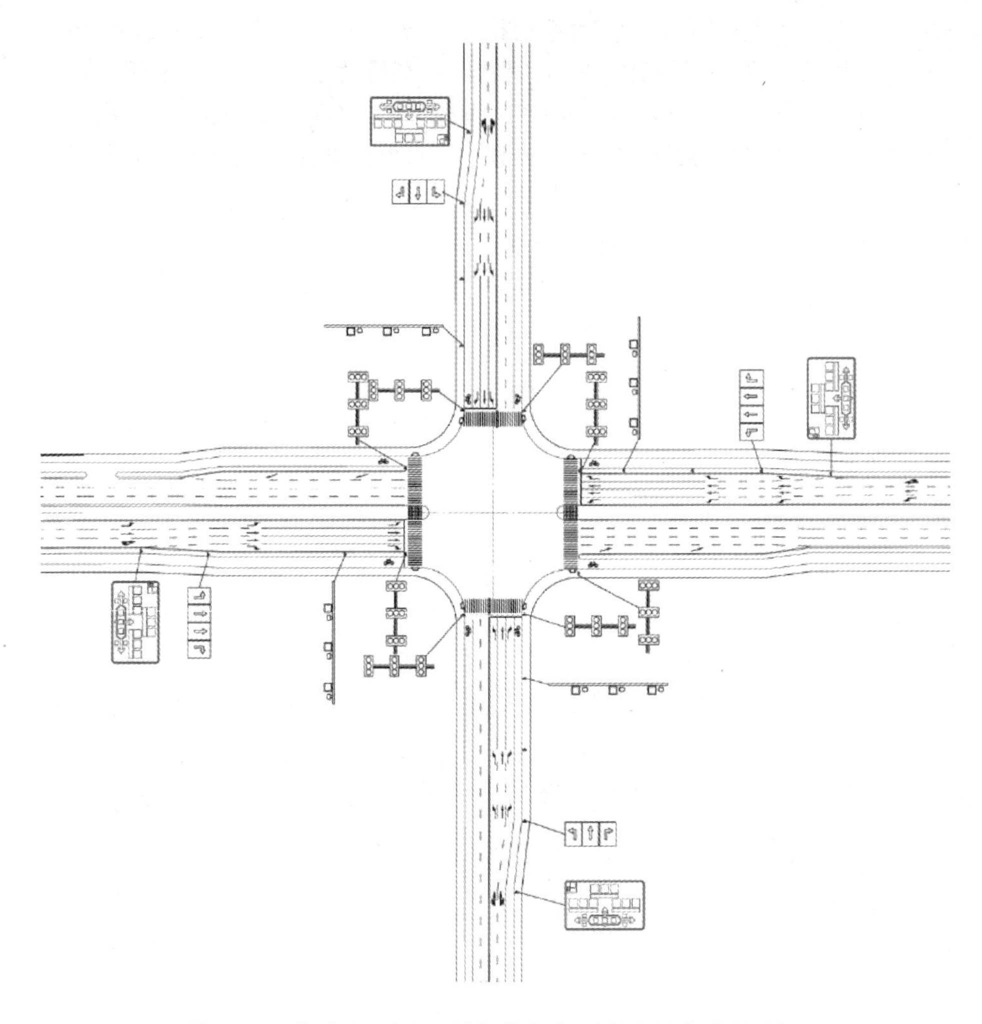

图 14-25 典型路口布设区域杆件布设示例(主干路-次干路)

路缘线切点前,靠近人行横道线处布设 A 类综合杆,可搭载照明和交通信号灯、路名牌、导向牌及监控等设施。

③沿道路纵向,应根据实际需求布设 E 类综合杆,可搭载小型指路牌、小型交通标志牌、公共服务设施指示标志牌、监控、环境监测和通信设备等设施。

④综合杆布设于公共设施带内时,宜中心对齐布设,并距离路缘石内边线 0.4 m。其他杆件参照执行。

14.7.3 综合杆设计

综合杆设计应兼顾安全性、功能性和景观性的要求。综合杆设置不得影响路灯的正常使用。标志标牌版面、监控设施等应避免被树木等物体遮挡,影响识别,同时还需满足规范的道路净空要求,不得侵入道路建筑界限。综合杆杆体下口径不应大于 320 mm,宜采用高强度钢与高强度铝合金型材等新材料进行杆体制作。

综合杆应进行分层设计，具体如下（图 14-26）。

①第一层：高度 0.5～2.5 m，适用检修门、仓内设备等设施。

②第二层：高度 2.5～5.5 m，适用路名牌、小型标志牌、行人信号灯等设施。

③第三层：高度 5.5～8 m，适用机动车信号灯、监控、指路标志牌、分道指示标志牌、小型标志牌等设施。

④第四层：高度 8～11 m，适用照明灯具、通信设备等设施。

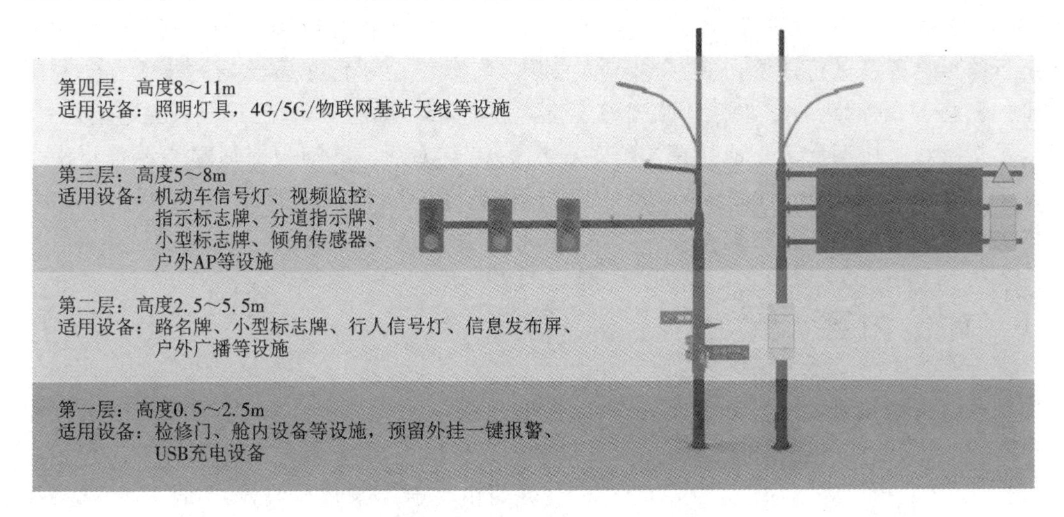

图 14-26　综合杆分层设计图

综合杆杆体设施搭载应采用卡槽形式，预留接口，接口形式标准化。杆体样式可采用十二棱杆、圆杆和方杆，推荐采用十二棱杆。钢结构杆体应进行热浸锌处理，杆体颜色宜采用黑色亚光。杆体 2.5 m 以下部分应进行防粘贴处理，防粘贴层宜采用无色透明材料。挑臂上信号灯的连接宜采用法兰螺栓对接，大型标牌采用标牌自带卡槽和挑臂连接，其余设备应通过卡槽和连接件安装。

第 15 章　城市建设项目交通影响评价

交通影响评价(美国称为 transportation impact analyses,英国称为 traffic impact assessment 或 transport assessment,一般简称 TIA)是指对建设项目投入使用后,新生成交通需求对周围交通系统运行的影响程度进行评价,并制定相应的对策,削减建设项目交通影响的技术方法。交通影响评价的概念于 20 世纪 70—80 年代源于美国,至今在美英等发达国家已形成较完善的体系,其目的是为了从微观上协调局部土地使用与交通供应的相互关系。美国的交通影响评价指南由 ITE(institute of transportation engineers)颁布。交通影响评价技术于 20 世纪 90 年代引入我国,现已成为国内城市进行土地开发审批过程中的一项重要工作。

15.1　评价内容

为规范城市和镇建设项目交通影响评价,住房和城乡建设部于 2010 年颁布了国家行业标准《建设项目交通影响评价技术标准》(CJJ/T 141—2010)(以下简称《标准》)。部分省市也相应颁布了地方标准,如苏州市规划局于 2014 年颁布了《苏州市交通影响评价技术标准》(以下简称《苏州市标准》)。

15.1.1　工作内容

1. 报告内容

根据《标准》,建设项目交通影响评价报告通常包括建设项目概况、评价范围与年限、评价范围现状与规划情况、现状交通分析、交通需求预测、交通影响程度评价、交通系统改善措施与评价,以及结论与建议。

①建设项目概况:应包括建设项目主要规划设计条件、主要技术经济指标和业态、建设方案等内容。

②评价范围与年限:应按照《标准》第 6 章的规定确定。

③评价范围现状与规划情况:应介绍评价范围内现状、规划的用地和交通发展情况。

④现状交通分析。

A. 交通调查方案说明。

B. 现状交通运行状况评价,应符合以下规定。

a. 应对评价范围内各种交通方式的交通流特征、交通设施、交通管理政策及措施进行说明。

b. 应对评价范围内的现状道路、公共交通、自行车、行人和停车等交通系统的管理措施、供需和运行状况进行分析,提出现状交通系统存在的主要问题。

⑤交通需求预测:应对各评价年限、各评价时段的背景交通和项目新生成交通进行预测,分析评价范围内交通系统的交通量分布和运行特征。

⑥交通影响程度评价。

a. 评价范围内主要交通问题分析。根据交通系统供需分析和交通影响程度评价，提出评价范围内交通系统存在的主要交通问题。

b. 评价建设项目新生成交通需求对评价范围内交通系统运行的影响程度。评价对象应包括评价范围内的各种交通系统，包括机动车、公共交通、停车、自行车和行人等。

⑦交通系统改善措施与评价。

A. 改善出入口布局与组织，优化建设项目内部交通设施。

a. 根据出入口与外部交通衔接的状况，提出出入口数量、大小、位置以及交通组织的改善建议。

b. 优化建设项目内部交通与停车设施布局。

B. 评价范围内的交通系统改善。

a. 交通方式的交通组织优化。

b. 道路网络改善和道路改造措施。

c. 出入口或交叉口的渠化和信号控制改善。

d. 公共交通系统改善，内容宜包括公共交通运营组织线路优化、场站改善等。

e. 自行车、行人和无障碍交通系统改善。

f. 停车设施改善，内容宜包括机动车、自行车停车设施，货车装卸点，出租车、社会车辆停靠点等。

C. 改善措施评价。

⑧结论及建议。

a. 交通影响评价的结论及建议应包括评价结论、必要性措施和建议性措施。

b. 评价结论应明确项目建成对评价范围内交通系统的影响程度，明确交通改善后建设项目交通影响是否可接受，以及是否需要对建设项目的选址和(或)报审方案进行调整。

c. 必要性措施是保证建设项目交通影响可接受的前提条件。建议性措施包括对建设项目内部或评价范围内交通系统推荐采取的措施与方法。对评价范围内交通系统影响为显著影响的建设项目，应明确必要性措施。

2. 图表内容

《苏州市标准》详细规定了交通影响评价成果中应当的附(插)图清单及内容要求(表 15-1)。

表 15-1　《苏州市标准》规定的交通影响评价附(插)图

序号	图表名称	图内容
图 1	建设项目区位图	应从市区、片区和基地附近三个层面标示项目区位，其中在市区和片区层面用实心圆点符号标示建设项目的位置，在基地附近层面需标示建设项目的用地轮廓。建设项目用地轮廓应用线条围合、透明色块填充
图 2	建设项目总平面规划图	应以建设项目总平面图为底图，标示建设项目的建筑布局及层数、内部道路布局及宽度、停车场(库)位置及规模、出入口位置及宽度等

续表

序号	图表名称	图内容
图 3	建设项目周边现状用地示意图	应以现状卫星视图、航拍图或数字化地形图为底图,用文字标注评价范围内主要用地或建筑的名称或类别,着重标注紧邻建设项目的用地或建筑的名称或类别,可附现状照片说明
图 4	建设项目周边现状道路网图	①应以现状卫星视图、航拍图或数字化地形图为底图,标示建设项目用地和评价范围的轮廓,建设项目用地和评价范围轮廓应用线条围合、不同的透明色块填充。 ②应用不同颜色标示出评价范围内及周边的现状道路等级(非规划道路单独标示),用图例说明各种颜色标示的道路等级
图 5	建设项目周边现状公共交通线路及设施图	应以现状道路网图为底图,标示出评价范围内现状通行公交线路的道路及站点位置,轨道交通线路的名称、走向、站点,场站设施位置,应标注建设项目与附近主要公共交通站点和场站设施之间的距离
图 6	建设项目周边现状公共自行车租赁点图	应以现状道路网图为底图,标示出评价范围内现状公共自行车租赁点位置及与建设项目距离
图 7	建设项目周边用地规划图	应依据规划部门批复或认可的相关规划成果,用图标示出评价范围,说明评价范围内各地块的规划土地使用性质,并用图例说明各种颜色标示的用地性质名称
图 8	建设项目周边道路网规划图	应依据规划部门批复或认可的相关规划成果,用图标示出评价范围,以不同颜色的线条标示出评价范围内及周边的各种等级规划道路
图 9	道路横断面现状图	应用图标示出评价范围内每条道路的现状横断面布置情况
图 10	道路横断面规划图	应依据规划部门批复或认可的相关规划成果,说明建设项目评价范围内道路横断面规划详图
图 11	交通小区划分示意图	应以道路网规划图为底图,用线条围合、不同颜色的透明色块填充标示评价范围各个内部交通小区的范围,应标示外部交通小区,并标注各交通小区的编号
图 12	背景交通饱和度预测图	应采用交通预测软件分析结果,用不同颜色、不同宽度的线条标示评价范围内背景道路交通饱和度水平,并标注道路和主要交叉口各个方向交通饱和度数值
图 13	有项目交通饱和度图	应采用交通预测软件分析结果,用不同颜色、不同宽度的线条标示评价范围内有项目情况的道路交通饱和度水平,并标注道路和主要交叉口各个方向交通饱和度数值

续表

序号	图表名称	图内容
图 14	建设项目周边公共交通规划图	应依据相关公共交通规划成果，以道路网规划图并叠加去除尺寸标注的建设项目总平面规划图为底图，标示出评价范围内轨道交通和快速公交线路的走向、站点位置，通行常规公交的道路及公交停靠站位置，标注场站设施的位置，并标注出建设项目与附近主要轨道交通站点、快速公交站点、常规公交站点和场站设施之间的距离
图 15	建设项目周边道路机动车交通组织设计图	①应以道路网规划图并叠加去除尺寸标注的建设项目总平面规划图为底图，用带箭头的线条标示出评价年限建设项目周边道路的机动车交通组织流线。 ②若评价范围内没有快速路进出匝道和(或)高速公路出入口，尚应用图示的方式表达建设项目与快速路进出匝道和(或)高速公路出入口的交通组织流线
图 16	建设项目周边道路非机动车交通组织设计图	应以道路网规划图并叠加去除尺寸标注的建设项目总平面规划图为底图，用带箭头的线条标示出评价年限建设项目周边道路的非机动车交通组织流线，并用方形色块标示公共自行车租赁点的位置
图 17	建设项目周边道路人行交通组织设计图	应以道路网规划图并叠加去除尺寸标注的建设项目总平面规划图为底图，用线条标示出评价年限建设项目周边道路的人行交通组织流线，并应图示周边道路的路段人行斑马线等过街设施的规划情况
图 18	建设项目内部交通组织设计图	应以去除尺寸标注的建设项目总平面规划图和周边紧邻道路为底图，标示建设项目用地红线范围、内部道路布局、停车场(库)位置、出入口位置等，以(带箭头的)不同颜色的线条分别标示建设项目内部的社会车辆、特种车辆、行人和非机动车交通流线，特种车辆包括货运车、出租车、大客车、无障碍车等
图 19	建设项目内部停车系统布置图	应以去除尺寸标注的建设项目总平面规划图和周边紧邻道路为底图，标示建设项目内部地下、地面、地上各类配建车辆的位置、数量及布局
图 20	建设项目车库布置图	应以建设项目机动车、非机动车库为底图，标示车库的主要设计指标，反映车库的交通组织流线
图 21	道路交叉口改善设计图	应以道路网规划图并叠加去除尺寸标注的建设项目总平面规划图为底图，原则在道路红线范围内，提出道路交叉口的渠化改善方案

15.1.2　工作程序

交通影响评价的工作程序可以总结为图 15-1。

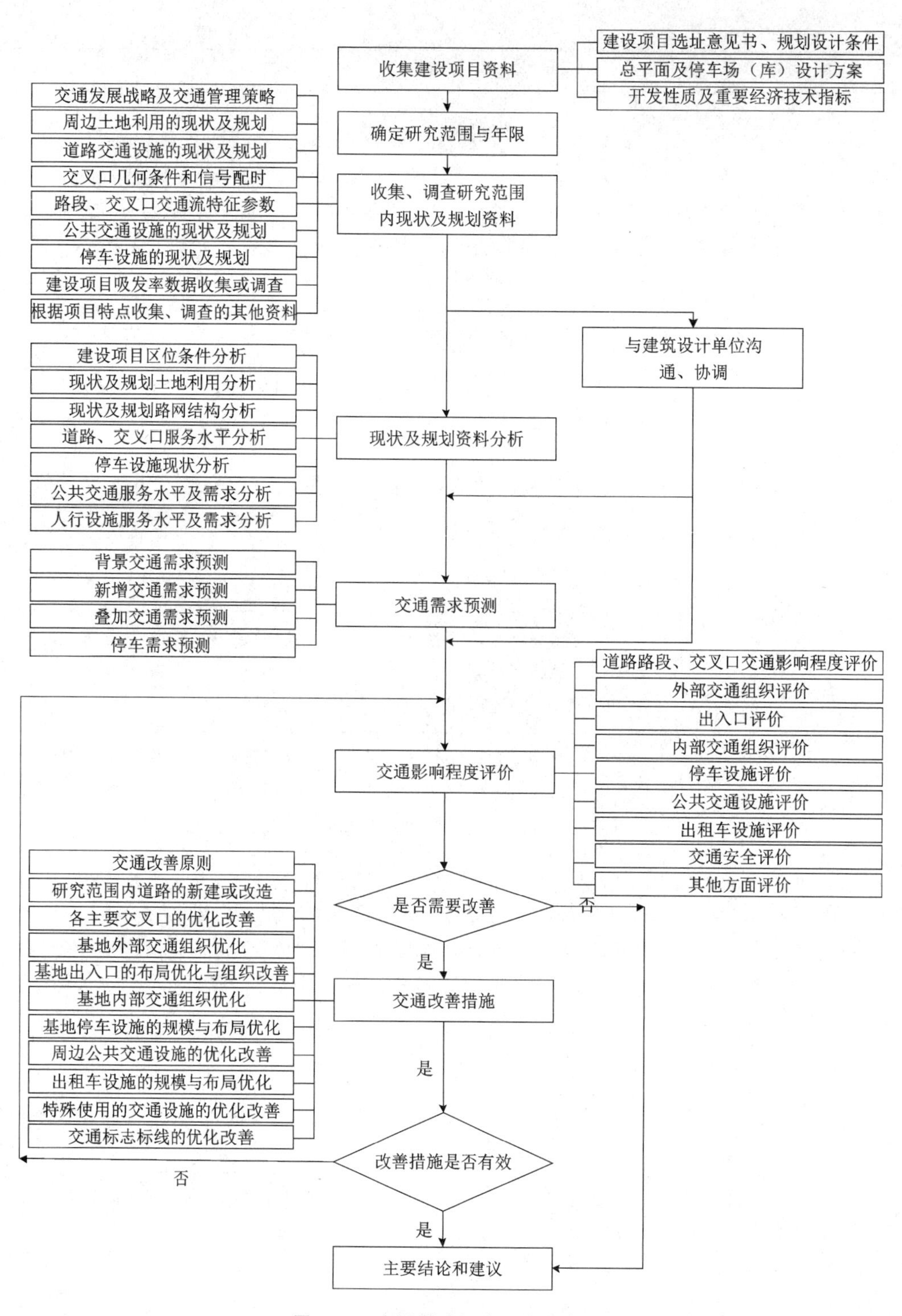

图 15-1　交通影响评价工作程序图

15.2 相关概念

15.2.1 交通影响评价阈值(thresholds)

1.《标准》规定

交通影响评价阈值规定了建设项目达到何种情况才需要进行交通影响评价。根据《标准》,建设项目报建阶段交通影响评价启动阈值应符合以下规定。

①住宅(T01)、商业(T02)、服务(T03)、办公(T04)类建设项目,交通影响评价启动阈值的取值范围应符合表15-2的规定。

表15-2 住宅、商业、服务、办公类建设项目交通影响评价启动阈值取值范围

城市人口规模/万人	项目位置	建设项目新增建筑面积/万平方米	
		住宅类项目	商业、服务、办公类项目
≥200	城市中心区	3~8	1~3
	中心城区除中心区外的其他地区/卫星城中心区	5~10	2~5
	其他地区	10~20	4~10
100~200	城市中心区	2~5	1~2
	其他地区	3~8	2~5
<100	—	2~8	1~5

注:①人口规模是指正在执行的城市和镇总体规划所确定的规划期末城镇人口规模;

②建设项目的建筑面积,有建筑设计方案时按总建筑面积计算,无建筑设计方案时按容积率建筑面积计算;

③同一栏中,人口规模越大、交通问题越复杂的城市和镇,其阈值选取宜越低。

②场馆与园林(T05)和医疗(T06)类建设项目的启动阈值为新增配建机动车停车泊位100个。

③符合下列条件之一的建设项目,应在报建阶段进行交通影响评价:

a. 单独报建的学校(T07)类建设项目;

b. 出行生成量大的交通(T08)类建设项目;

c. 混合(T10)类的建设项目,其总建筑面积或指标达到项目所含建设项目分类(T01~T09,T11)中任一类的启动阈值;

d. 主管部门认为应当进行交通影响评价的工业(T09)类、其他(T11)类和其他建设项目。

④符合下列条件之一的建设项目,应在建设项目选址阶段进行交通影响评价:

a. 特大城市的建设项目规模达到报建阶段启动阈值的5倍及以上,其他城市和镇达到3倍及以上;

b. 重要的交通类项目;

c. 主管部门认为需要在选址阶段也进行交通影响评价的建设项目。

⑤规划人口规模超过1000万的城市和国家历史文化名城可在本《标准》基础上确定更为严格的阈值标准。

⑥当相邻建设项目开发建成时间接近，出入口相近或者共用时，可对多个相邻建设项目合并进行交通影响评价。

2.《苏州市标准》规定

苏州市作为规划人口规模超过1000万的城市和国家历史文化名城，制定了更为严格的建设项目交通影响评价启动阈值标准。

①开发规模达到表15-3规定的建设项目。

表15-3 住宅、商业、服务、办公类建设项目交通影响评价启动阈值取值范围

区位	总建筑面积/万平方米	
	商业(T02)、服务(T03)、办公(T04)等公建类	住宅(T01)类
姑苏区、外围区(市区内除姑苏区以外的地区)中心区	≥1	≥2
外围区(市区内除姑苏区以外的地区)中心区以外的地区	≥2	≥3
停车泊位数超过200个的所有新建项目		
新增机动车配建停车泊位大于100个的场馆与园林(T05)和医疗(T06)类建设项目		
单独报建的学校(T07)类建设项目		
交通枢纽、大型停车场、需封闭道路(占用道路)的道路工程或轨道交通工程等交通设施项目(T08)		
用地面积超过10公顷的所有工业项目(T09)		
混合类(T10)建设项目，其总建筑面积或指标达到项目所含建设项目分类中任一类(T01～T09,T11)的启动阈值		
在快速路、主干路、次干路上施工并对交通有严重影响的非交通市政工程项目(T11)、其他政府管理部门认为需要进行交通影响评价的项目(T01～T11)		

注：①相城区中心区为苏州市高铁新城和相城区中心商贸城规划范围；苏州工业园区中心区为园区中央商贸区和城市副中心规划范围；吴中区中心区为吴中中心城区、吴中经济技术开发区和吴中太湖新城规划范围；苏州高新区(虎丘区)中心区为苏州科技城和狮山片区中心组团规划范围；吴江区中心区为吴江太湖新城和松陵城区规划范围；

②占用道路是指需占用3 m以上机动车道，占用时间超过7天。

②当相邻建设项目开发建成时间接近，出入口相近或者共用时，可对多个相邻建设项目合并进行交通影响评价。

15.2.2 研究范围(study area)

研究范围(又称评价范围)是指需要进行交通影响程度评价并提出交通改善措施的范围。研究范围应大小合适，过大将增加报告编制的时间和工作量，过小则不能完全反映项目带来的交通影响。研究范围应当在交通影响评价的初期确定，以便于后续研究的展开。

1.《标准》规定

《标准》对交通影响评价的研究范围作出的规定见表15-4。

表 15-4 《标准》规定的建设项目交通影响评价范围

建设项目规模指标与启动阈值之比(R)	交通影响评价的研究范围
$R<2$	建设项目邻近的城市干路围合的范围
特大城市:$2\leqslant R<5$; 其他城市和镇:$2\leqslant R<3$	建设项目邻近的城市主干路或快速路围合的范围
特大城市:$R\geqslant 5$; 其他城市和镇:$R\geqslant 3$	建设项目邻近的第二条主干路或快速路围合的范围

2.《苏州市标准》规定

与《标准》相比,部分省、市地方标准对交通影响评价最小评价范围的规定更为明确。以《苏州市标准》为例,交通影响评价的最小评价范围应符合以下规定。

①对于以建筑规模来度量启动阈值的建设项目,交通影响评价的最小评价范围应按照表 15-5 划定。若建设项目地处郊区,邻近的干路可为规划干路。

表 15-5 苏州市建设项目交通影响评价范围

建设项目总建筑面积与启动阈值之比(R)	交通影响评价范围
$R<2$	邻近的干路(若为项目边界则顺移至下一条)、河道及铁路等天然屏障围合的范围,且最小评价范围宜大于等于 1 km^2
$2\leqslant R<5$	邻近的主干路或快速路(若为项目边界则顺移至下一条)、河道及铁路等天然屏障围合的范围,且最小评价范围宜大于等于 2 km^2
$R\geqslant 5$	临近的第二条干路或快速路、河道及铁路等天然屏障围合的范围,且最小评价范围宜大于等于 3 km^2

②对于启动阈值不以建筑规模来度量的项目,最小评价范围可参照表 15-5 中 $2\leqslant R<5$ 的要求执行。对于交通(T08)类建设项目和其他政府管理部门认为需要进行交通影响评价的建设项目,其最小评价范围应参照表 15-5 中 $R\geqslant 5$ 的要求执行。

③位于交通复杂地区或交通影响比较大的建设项目,应根据建设项目的具体情况和周边交通状况,适当扩大评价范围。评价范围的形状宜规整,长距与短距之比宜小于 2。

④对于项目选址阶段的交通影响评价,最小评价范围可参照表 15-5 中的要求执行。

图 15-2 为某住宅建设项目交通影响评价研究范围示意。我国正处于快速城镇化时期,部分城市的新区尚未形成完善的路网。针对这种情况,当建设项目位于城市新区,可选择规划道路围合的区域作为研究范围。对于在立项阶段进行初步交通影响评价的项目或交通影响较大的项目,研究范围应适当扩大。

15.2.3 影响范围(influence area)

影响范围与研究范围两个概念的定义和适用阶段是不同的。

美国 ITE 推荐的影响范围需包括建设项目所吸发交通中的大部分,一般不少于 90%的出行起

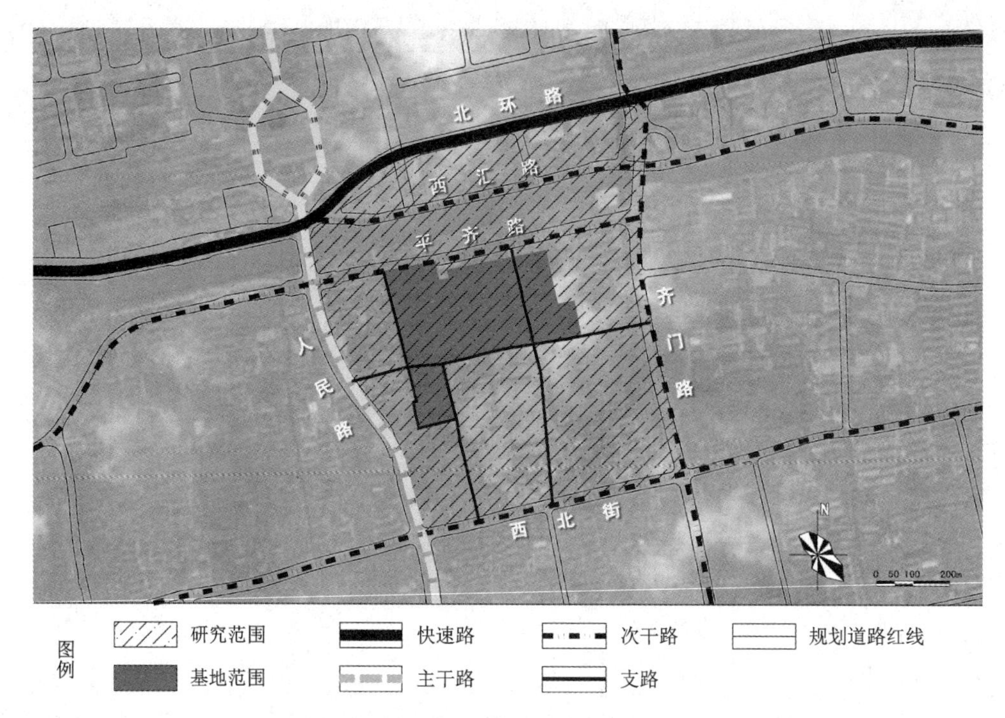

图 15-2 某住宅建设项目交通影响评价研究范围示意

讫点应在影响范围内。可见,影响范围大大超过研究范围。

影响范围主要应用于交通需求预测阶段,分析新增交通的OD分布比例,以便于将新增交通分配在研究范围内的道路网上。

15.2.4 评价年限(horizon year(s))

评价年限,即目标年,是指交通影响评价的时限。美国ITE建议评价年限的确定需考虑如下因素:①建设项目竣工开张日期或完全投入使用日期;②建设项目分期建设情况;③建设项目所在地的城市规划年限;④近期建设计划的年限;⑤主要交通系统的分阶段建成年限。

对有明确定量启动阈值的建设项目,《标准》规定的评价年限见表15-6。

表 15-6 《标准》规定的建设项目交通影响评价年限

建设项目规模指标与启动阈值之比(R)	交通影响评价年限
特大城市:$R<5$; 其他城市和镇:$R<3$	正常使用初年
特大城市:$R\geqslant 5$; 其他城市和镇:$R\geqslant 3$	1. 正常使用初年; 2. 正常使用第5年

注:当建设项目正常使用第5年超出了正在执行的城市和镇总体规划的目标年限时,可将规划目标年限作为交通影响评价年限。

15.3 交通影响评价技术

15.3.1 基础数据收集与交通调查

基础数据收集与交通调查是交通影响评价重要的基础工作，直接影响到评价结果的科学性和合理性。这一环节的工作内容主要包括两部分，即建设项目自身资料收集和研究范围内现状及规划资料收集。

1. 项目自身资料收集

建设项目自身资料的收集需要甲方（项目建设单位）和乙方（交通影响评价报告编制单位）的相互配合。从两者合作关系上来讲，甲方有责任提供研究所需要的各种背景资料，乙方应从研究需要和项目特点两个方面提出资料提供要求。资料收集的内容应包括建设项目的开发性质、规模、总平面设计方案、停车场（库）设计方案、建设项目选址意见书等资料以及用地面积、建筑面积、容积率、机动车及非机动车停车泊位数等重要经济技术指标。图 15-3、图 15-4 为项目自身资料收集的图纸示例。

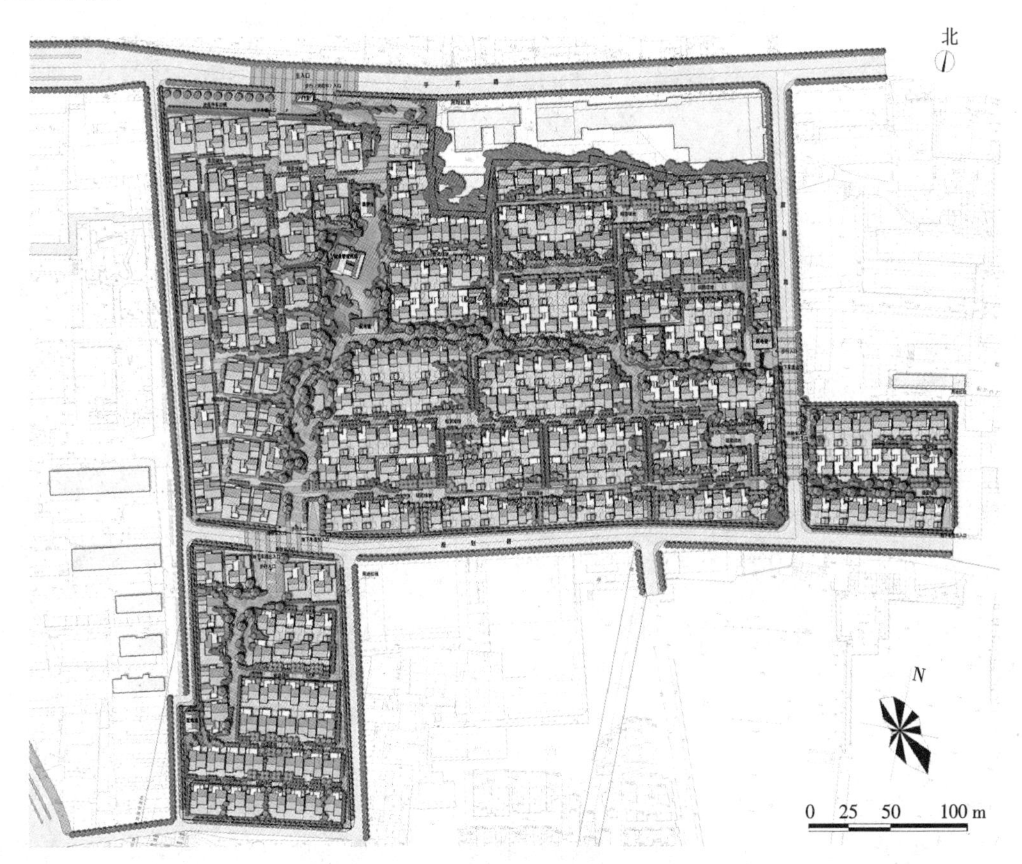

图 15-3 甲方提供的某住宅项目总平面规划图

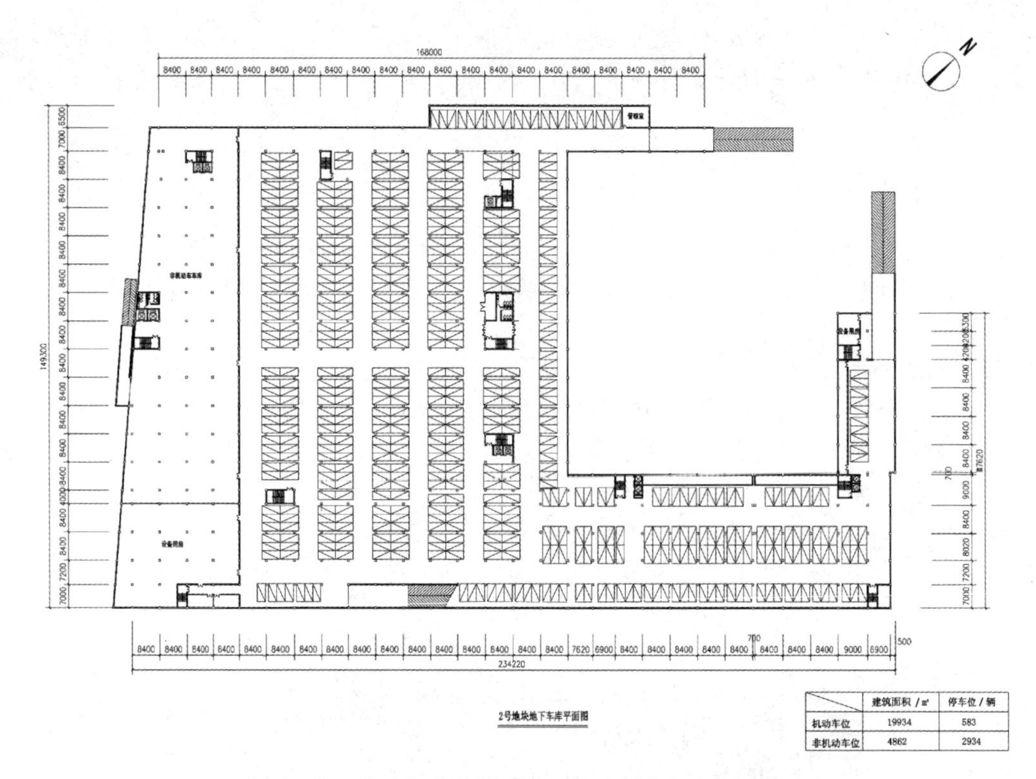

	建筑面积 / m²	停车位 / 辆
机动车位	19934	583
非机动车位	4862	2934

图 15-4　甲方提供的某住宅项目地下停车库平面图

2. 研究范围内现状及规划资料收集

国内相关基础资料的储备较为薄弱，在向城市规划、交通部门收集资料的同时，还需要进行专门的现场踏勘和调查。以下为国内在进行交通影响评价时，需要收集和调查的研究范围内现状及规划资料。

①建设项目所在区域的交通发展战略及交通管理策略。

②土地使用：基地周边土地使用现状，规划的土地使用情况，包括土地使用性质、规模、出入口设置等。

③道路设施：研究范围内现状及规划道路的等级、红线宽度、车道布置、横断面形式等。

④交叉口：研究范围内现状及规划交叉口的形式、进出口道车道数及车道划分、交通组织方式、信号相位设计及配时方案等。

⑤交通流特征参数：确定合适的高峰时段，调查研究范围内路段及交叉口的现状交通量、车速等交通流特征参数，连续调查时间应不小于 2 h。

⑥公共交通设施：调查建设项目周边现状及规划的轨道交通、快速公交、常规公交的线路及站点设置的情况。

⑦停车设施：调查建设项目周边现状及规划停车设施的规模、分布、使用情况等。

⑧吸发率调查：根据项目特点，对相似性质建设项目的吸发率进行调查，供交通需求预测所用。

⑨其他收集和调查的内容：根据项目特点需要，进行货运装卸场地、人行过街设施、出租车临

时停靠点、行人流量调查、停车周转率调查等。

15.3.2　背景交通量(non-site traffic/background traffic)预测

背景交通量又称非项目交通量，是城市交通固有的交通量，不是因建设项目而产生的，主要包含以下两部分：①过境交通，即出行起讫点均不在研究范围内的交通出行；②研究范围内由其他建设项目所产生的交通出行，此类出行的起讫点至少有一个在研究范围内。图 15-5 为某住宅项目交通影响评价近期背景交通量预测图。在交通影响评价中，背景交通量的预测主要有增长率法、交通规划模型法等。

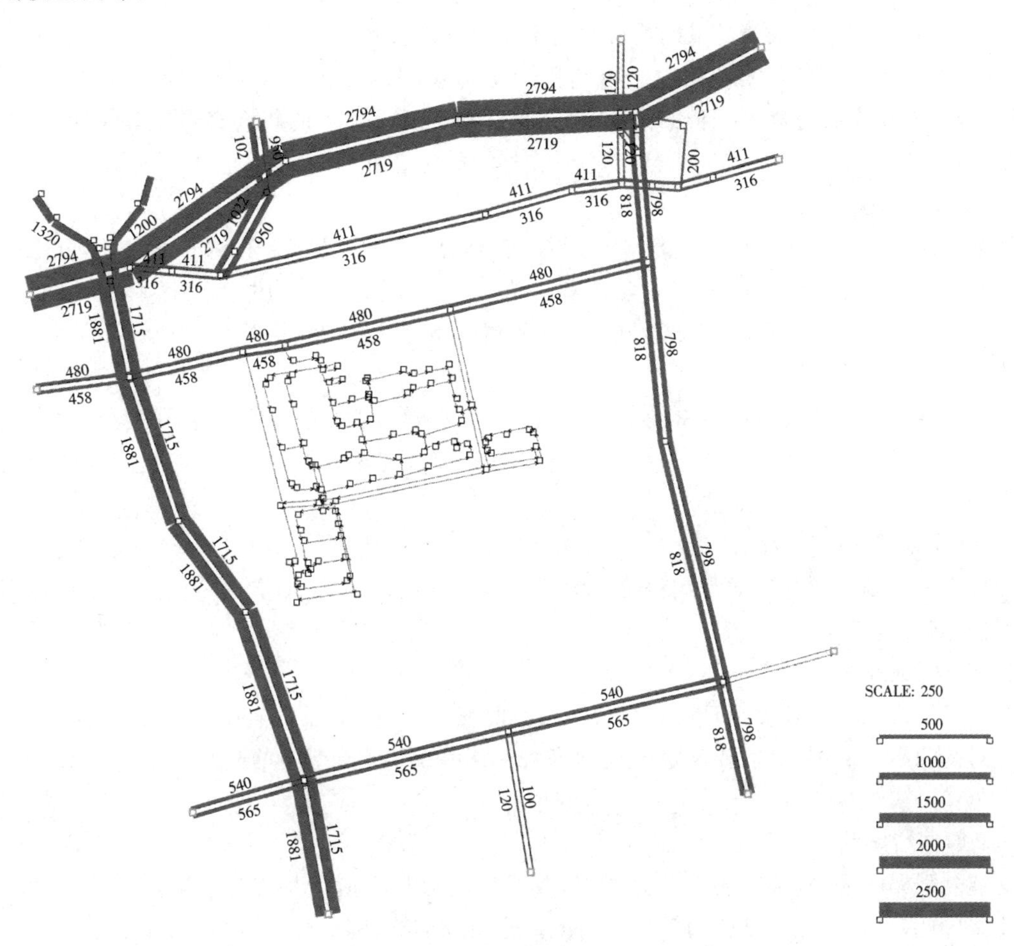

图 15-5　某住宅项目近期背景交通量预测图(pcu/h)

1. 增长率法

增长率法是预测背景交通量最为简便的方法，适用于以下两种情况：①未来几年内，研究范围内的背景交通量变化趋势较为稳定；②未来几年内，研究范围内的背景交通量年均增长率存在变化，但这种变化可以通过预测予以掌握。

根据 ITE 的研究，使用增长率法需要注意以下两点。

(1) 近期评价年限

对于近期评价年限与基年(交通影响评价的编制年份)相差不超过5年的情况,研究范围内背景交通量的现状增长率往往能够反映未来交通变化趋势,则增长率法较为适用。若超过5年,系统误差会影响预测结果的准确度,则不建议使用该方法。

(2) 历史数据的使用

如果背景交通量的历史数据基本呈线性增长,且未来几年(小于等于5年)内增长趋势经判断基本保持不变,则该增长率可以作为预测依据。如果历史数据呈不规则增长,应对最近5~6年的增长率加以平均或者进行回归,将其结果作为预测依据。历史数据取值年限过短(如2~3年)或过长(如8~10年),则背景交通量的增长率均不能准确地反映未来的发展趋势。

此外,增长率法不能及时地反映研究范围内土地使用的变化。如果在建设项目的开发周期内,研究范围内存在其他建设项目的开发,可以将这部分建设项目的新增交通量单独计算,再计入背景交通量。

2. 交通规划模型法

如果建设项目所在区域已经进行了交通规划,建立了交通规划流量预测模型,则可以使用该模型预测背景交通量。该方法尤其适合开发规模较大、对周边区域有相当交通影响的建设项目。使用前应当从以下四个方面校核交通规划流量预测模型,以确保其适用性。

(1) 路网系统的一致性

交通规划模型的研究范围通常较大,且主要针对区域内的快速路及干路系统。交通影响评价的研究范围通常较小,且需要研究包括支路在内的各等级道路。因此,需要将模型中缺少的道路补齐,以确保预测结果的准确性。

(2) 评价年限的一致性

如果交通规划年限与交通影响评价年限不一致,应当通过一定的方法将模型数据换算至交通影响评价年限。

(3) 分析时段的一致性

交通规划模型大多预测全日交通量或高峰小时交通量,而交通影响评价中背景交通量的预测主要针对高峰小时。因此,需要确定合理的高峰小时系数,将模型中的全日交通量换算为高峰小时交通量。

(4) 数据精度的一致性

交通规划属于宏观、中观层面的规划,其数据精度通常不能满足交通影响评价这类微观规划的需要。因此,必须首先验证模型数据的精度。若精度不够,则需要进行相应的修正。

15.3.3 新增交通量(site traffic)预测

新增交通量是指由于建设项目开发而产生的交通出行。新增交通量预测对于确定交通影响程度、提出交通改善措施等后续环节将起到至关重要的作用,将直接关系到最终结论的公正性和权威性。新增交通量的预测通常采用“四阶段”法,并在“四阶段”的各个阶段根据项目的具体情况,选择不同的方法。“四阶段”法详见本书交通预测篇章。以下重点介绍新增交通的出行生成和出行分布。

1. 出行生成

出行生成预测的目的是建立建设项目产生的交通量与土地使用、社会经济等变量之间的定量关系，推算各评价年份建设项目所产生的交通量。因为一次出行有两个端点，所以通常要分别预测交通吸引量和发生量。

美国ITE推荐的出行生成预测方法主要有吸引发生率（简称吸发率）法和回归分析法。吸发率法是指由建设项目所属开发类型的预测吸发率乘以项目的相关指标（建筑或用地面积等），得到出行生成量。回归分析法是指将建设项目的相关指标代入相应的回归公式得出出行生成量。两种方法中吸发率法的使用较为普遍。采用上述方法时，通常按照以下步骤操作。

①根据建设项目的开发类型，获取吸发率数据或回归方程，其主要来源包括：

a. ITE发布的研究手册，如 *Trip Generation*（《出行生成手册》）等；

b. 历年研究资料，来源有国家或地方的研究机构、各编制单位、开发商等；

c. 如果上述资料无法获得，应在时间和财力允许的情况下，调查与建设项目类似的已有项目，获得第一手资料。

②根据建设项目开发类型，确定出行生成预测对应的高峰时段。

③根据高峰时段，对吸发率数据或回归方程进行必要的修正。

④若建设项目存在顺便出行或内部出行，对这类出行按比例予以折减。

⑤若建设项目的公共交通使用率高，对机动车吸发率予以折减。

⑥必要时考虑出行生成的周变、月变、季变因素。

⑦根据最终确定的吸发率数据或回归方程，预测建设项目的出行生成量。

对照上述的操作流程不难发现，出行生成预测中，存在若干关键的技术环节。只有对这些技术环节予以正确把握，才能获得较为准确的预测结果。

(1) 选择合适的吸发率数据

不同类型的建设项目对应不同的吸发率。相同类型的建设项目处在不同的区位，其吸发率也不尽相同。国外经过多年的积累，在吸发率的研究上已经取得丰富的成果。美国ITE的 *Trip Generation* 已经推出至第十版，在几千个实例调查和分析的基础上，得出了所有类型建设项目的吸发率数据，保证了出行生成预测的准确性。同一开发类型的吸发率数据，通常有几组统计指标，可以为出行生成量的预测提供选择性，并能相互校核。

国内由于缺乏相应的系统研究，一般采用经验数据或类似建设项目的调查数据。在使用经验数据时，应当对比经验数据对应年份与建设项目评价年限之间的年份差，并据此按照一定比例对经验数据进行修正。在利用调查数据时，对调查样本的选择应遵循一定的原则，主要有：①样本至少为2个，以5个为宜；②样本的开发类型与建设项目一致；③样本的开发规模与建设项目相近；④样本所在区位及周边交通条件与建设项目相近。

表15-7是《标准》推荐的建设项目高峰小时吸发率。

(2) 确定合适的高峰时段

高峰时段是指项目自身或周边路网交通量最高的时段，通常为一个连续时段。在自身高峰时段中，建设项目的出行生成量对自身交通设施（出入口、内部道路、停车设施等）的影响最大。在周边路网高峰时段中，建设项目的出行生成量可能会对周边路网带来最为显著的影响。

表 15-7 建设项目高峰小时吸发率推荐值

大类		中类		吸发率	单位
代码	名称	代码	名称		
T1	住宅	T11	宿舍	4～10	人次/百平方米建筑面积
		T12	保障型住宅	0.8～2.5	人次/户
		T13	普通住宅	0.8～2.5	
		T14	高级公寓	0.5～2.0	
		T15	别墅	0.5～2.5	
T2	商业	T21	专营店	5～20	人次/百平方米建筑面积
		T22	综合型商业	5～25	
		T23	市场	3～25	
T3	服务	T31	娱乐	2.5～6.5	人次/百平方米建筑面积
		T32	餐饮	5～15	
		T33	旅馆	3～6	人次/百平方米建筑面积
				1～3	人次/套客房
		T34	服务网点	5～15	人次/百平方米建筑面积
T4	办公	T41	行政办公	1.0～2.5	人次/百平方米建筑面积
		T42	科研与企事业办公	1.5～3.5	
		T43	商业写字楼	2.0～5.5	
T5	场馆与园林	T51	影剧院	0.8～1.8	人次/座位
		T52	文化场馆	1.5～3.5	人次/百平方米建筑面积
		T53	会展场馆		
		T54	体育场馆	0.2～0.8	人次/座位
				2～5	人次/百平方米用地面积
		T55	园林与广场	10～100	人次/百平方米用地面积
T6	医疗	T61	社区医院	1.5～4.0	人次/百平方米建筑面积
		T62	综合医院	3～12	
		T63	专科医院	4～8	
		T64	疗养院	1～3	人次/床位
T7	学校	T71	高等院校	0.5～2.0	人次/百平方米建筑面积
		T72	中专及成教学校	2.5～5.0	
		T73	中学	6～12	
		T74	幼儿园、小学	12～25	

续表

大类		中类		吸发率	单位
代码	名称	代码	名称		
T8	交通	T81	客运场站	依据调查数据或相关专项指标	
		T82	货运场站		
		T83	加油站		
		T84	停车设施		
T9	工业	T91	工业		
T10	混合	T101	混合		
T11	其他	T111	市政		
		T112	其他		

对于住宅、办公等类型的建设项目，其自身高峰时段通常与周边路网的高峰时段一致。对于商业等类型的建设项目，其自身高峰时段往往与周边路网的高峰时段错开。为了确保周边道路交通设施能够适应基地开发要求，应当对项目自身和周边路网两个高峰时段分别进行评价。此外，除了考虑工作日的情况以外，也应当考虑周末和其他典型的平峰交通特征，以决定是否需要进行更加深入的评价。

2. 出行分布

出行分布预测的目的是根据现状 OD 分布量及各区因经济增长、土地开发而形成的交通量的增长，来推算各区之间将来的交通分布。在交通影响评价中，进行出行分布预测前必须先确定影响范围。

出行分布预测常用的方法，是以基地为原点建立斜 45°平面坐标系，确定东、西、南、北四个方向的 OD 分布范围。在此基础上，根据基地的开发功能、所处区位和服务腹地，结合评价年限的城市总体规划和城市交通规划，确定四个方向的 OD 分布比例。图 15-6 为某住宅项目交通影响评价

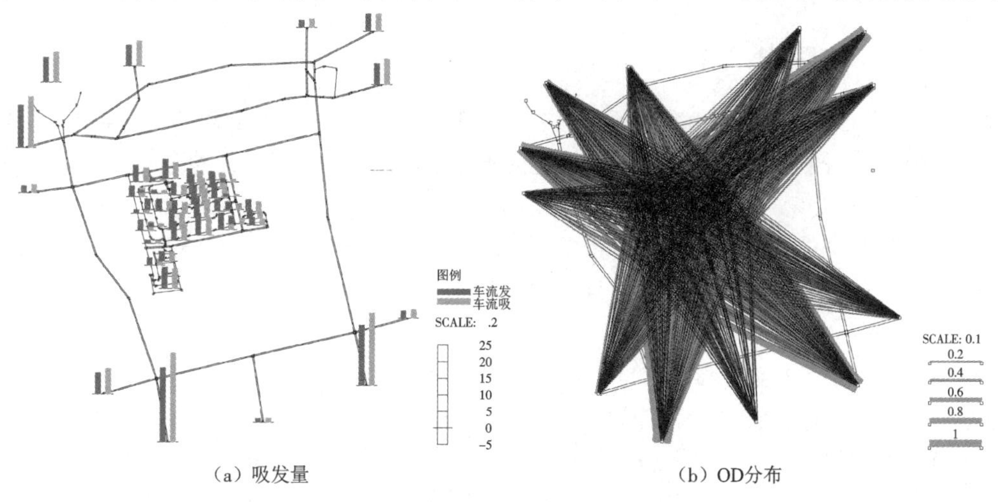

(a) 吸发量　　(b) OD分布

图 15-6　某住宅项目近期评价年新增交通的吸发量和 OD 分布预测图(pcu/h)

的近期评价年新增交通吸发量和OD分布预测图。图15-7为某住宅项目近期新增交通量预测图。

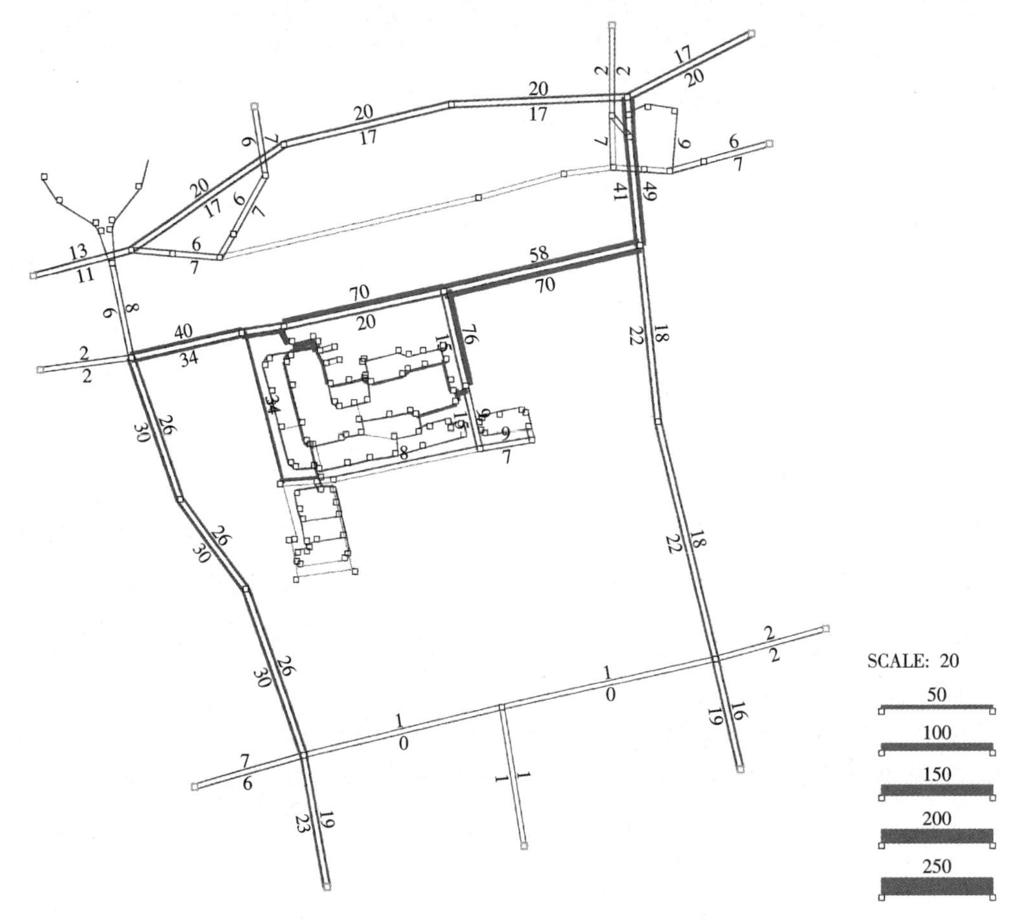

图15-7 某住宅项目近期新增交通量预测图(pcu/h)

15.3.4 交通影响程度评价

对建设项目的交通影响程度进行评价,应当在资料分析以及交通量预测的基础上,从供需平衡的角度分析以下两个方面:①有无项目建设的情况下,评价研究范围内各种交通设施和交通系统的运行情况;②建设项目新增交通需求对研究范围内交通系统运行带来的影响程度。评价的对象包括对道路路段、交叉口、外部交通组织、基地出入口、项目内部交通组织及总平面方案、静态交通、公共交通、交通安全等方面。评价的目的包括两个方面:一方面是明确建设项目对周边交通环境的影响程度,另一方面是从交通的角度出发找出项目内部和外部不合理、不协调的部分。

1. 道路路段、交叉口交通影响程度评价

道路路段、交叉口交通影响程度评价的重点是确定建设项目建成后,研究范围内道路路段、交叉口的受影响程度如何,是否产生新的交通瓶颈点,是否造成路段局部或交叉口某个流向交通状况的显著下降,是否能维持道路路段或交叉口服务水平在合理的范围内等。评价的主要依据是定量预测结果。根据《苏州市标准》,苏州市建设项目交通影响程度评价应当按照以下要求执行。

①新增交通需求对苏州市交通系统的影响程度可以分为“显著”和“不显著”。

②当苏州市控制性详细规划交通影响评价范围内的 3 个及以上道路路段叠加交通饱和度大于 0.9，即判定其交通影响程度为“显著”。

③当苏州市建设项目新增交通使评价范围内机动车交通量增加，导致项目出入口、道路路段、道路交叉口任一进口道服务水平发生变化，背景交通服务水平和项目新增交通叠加后的服务水平符合下列任一款的规定时，即判定其交通影响程度为“显著”。各类道路路段和交叉口机动车服务水平分级应符合如下规定。

a. 信号灯交叉口、信号灯控制环形交叉口和路段机动车交通显著影响判定标准应符合表 15-8 的规定。

表 15-8　苏州市信号灯交叉口、信号灯控制环形交叉口和路段机动车交通显著影响判定标准

背景交通服务水平	项目新增交通叠加后的服务水平
A	C、D
B	D、E
C	E、F
D	E、F
E	F
F	F(高峰时段交叉口关键流向新增交通达到背景交通的 5%以上)

b. 除无信号灯控制环形交叉口以外的无信号灯交叉口，其机动车交通显著影响判定标准应符合表 15-9 的规定。

表 15-9　苏州市无信号灯交叉口机动车交通显著影响判定标准

背景交通服务水平	项目新增交通叠加后的服务水平
一级	二级、三级
二级	三级

c. 背景交通服务水平为三级的无信号灯交叉口，应首先进行信号灯设计，并计算服务水平，按照信号灯交叉口的机动车交通显著影响判定标准重新判定。

④当苏州市建设项目出入口步行范围内的所有公共交通站点，在评价时段，停靠线路背景交通剩余载客容量为负值或建设项目新增公共交通出行量超过背景公共交通线路剩余载客容量时，应判定建设项目对评价范围内交通系统有“显著”影响。

⑤步行范围应根据实际情况在 200～500 m 之间取值，对于苏州市古城区等公共交通覆盖率较高的区域，宜取步行范围的下限；对于外围地区，宜取步行范围的上限。

⑥公共交通线路剩余载客容量 P_r 应按下式确定：

$$P_r = \sum_i [(S_i - O_i) \times 60/f_i \times C_i] \tag{15.3.1}$$

式中，S_i——线路 i 为可接受服务水平时的载客率(%)，宜取 90%；

f_i——线路 i 评价时段平均发车间隔(min)；

C_i——线路 i 单车额定载客数(人)；

O_i——线路 i 在项目最近公共交通站点的评价时段载客率(%)。

⑦当苏州市建设项目新增停车需求超过其配建停车设施能力时,应判定建设项目对评价范围内交通系统有"显著"影响。

⑧当苏州市建设项目新增交通需求导致评价范围内公共交通、自行车或步行等交通设施需要改、扩建或新建时,应判定建设项目对评价范围内交通系统有"显著"影响。

⑨当苏州市建设项目引起评价范围内路网与交叉口的交通组织、周边交叉口管理控制方式发生变化,以及不同交通流线存在严重冲突时,应判定建设项目对评价范围内交通系统有"显著"影响。

2. 外部交通组织评价

外部交通组织评价包括建设项目周边机动车、非机动车和人行系统的流线是否顺畅合理,各种交通方式间是否存在干扰,外部交通设施是否能够安全高效地集散基地交通,交通需求的分布是否均匀等。

3. 出入口评价

作为连接内、外部交通的节点,基地出入口的设置应当确保交通出入的安全、高效、便捷。因此,需要从以下几个角度评价建设项目的出入口设置。

①尺度合理:出入口宽度首先应满足高峰时段基地吸发交通的通行要求,但同时宽度不宜过大。出入口宽度过大,易造成车辆游荡,增加进出基地交通与城市交通的冲突与干扰,且易引发人为交通堵塞。

②数量合理:根据基地拟开发业态及吸发交通量的大小确定出入口数量。数量过多会对开口道路的主线交通带来不必要的干扰,过少则会增加各出入口的交通负荷。

③位置合理:出入口严禁设在快速路上,不应设在主干路上,宜设在支路及交通量较小的次干路上。出入口不应距离交叉口过近,交叉口车辆排队不能堵塞基地出入口,并且车辆进出基地不能影响交叉口交通。出入口宜尽量靠近诱增交通流的主要来向,避免不必要的外部绕行。

④功能合理:出入口分专用或合用、双行或单行、常用或备用等类型。若进出基地的预测交通量与所开设道路的过境交通量均较大,则宜设计为信号灯交叉口,并施划交通标志、标线,确保车流秩序。若进出基地的预测人流量较大,则宜根据需要,增设行人过街设施。

⑤交通组织合理:具有中央分隔带的出入口原则上按照右进右出组织交通;位于次要道路上的出入口,在保证道路主线畅通的前提下,可允许左进左出。

《浙江省工程建设项目交通影响评价技术导则(试行)》对出入口的位置关系、距离关系、数量关系、几何尺寸等制定了评价标准(表 15-10)。

4. 内部交通组织评价

内部交通组织是指通过基地内部通道联系各功能分区,应尽量贯彻"人车分行"的理念,以实现不同方式交通流的空间分离,提高交通设施可达性,提升内部交通设施运行效率,增加交通安全性。建设项目的内部车行流线和人行流线的设置应当满足相应规范要求,内部机动车道推荐宽度应当符合表 15-11 的规定。此外,应当对内部道路的服务水平进行定量预测,若无法满足基地开发需求,则必须适当提高内部道路的技术等级。

表 15-10　浙江省导则规定的建设工程基地出入口评价标准

	内　　容	评 价 标 准
位置关系	建设项目位于城市快速路或主干路旁	严禁开设在快速路上 严格控制开设在主干路上
	建设项目位于主干路与次干路、支路相交的位置旁	宜设在次干路和支路上
	建设项目位于次干路与支路相交的位置旁	宜设在支路上
距离关系	开设在主干路上的建设工程出入口	距离交叉口道路红线转弯圆弧的起端，应大于 120 m 或在基地最远端
	开设在次干路上的建设工程出入口	距离交叉口道路红线转弯圆弧的起端，应大于 100 m 或在基地最远端
	开设在支路上的建设工程出入口	距离交叉口道路红线转弯圆弧的起端，应大于 50 m 或在基地最远端
	与地铁出入口、人行横道线、人行过街设施的距离	不小于 50 m
	与公交车站的距离	不小于 20 m
	与隧道引道端点的距离	不小于 150 m
	与桥梁引道端点的距离	不小于 80 m，保证出入口车辆停车排队长度小于出入口和桥梁坡道的距离
	开设在城市主次干路上的机动车出入口之间净距	不小于 150 m
数量关系	机动车停车泊位数小于等于 50 辆	宜设 1 个
	机动车停车泊位数为 50～300 辆	不应超过 2 个
	机动车停车泊位数为 300～500 辆	不应超过 3 个
	机动车停车泊位数大于 500 辆	不应超过 4 个且宜布置在不同的城市道路上
	相邻的建设项目在用地分界线两侧分别设置出入口时	2 个出入口应合并为 1 个
几何条件	双向行驶的出入口车行道宽度	7～11 m
	单向行驶的出入口车行道宽度	5～7 m
	建设工程出入口与城市道路	相交角度为 75°～90°，并具有良好的通视条件，满足视距要求

表 15-11　内部机动车道推荐宽度

通行条件或所处位置	宽度
双向通行	6～7 m

续表

通行条件或所处位置	宽度
双向通行(考虑路边停车)	≥8 m
地下车库出入口段	加宽至 10 m (加宽段长度为 10～15 m,保障机动车 3 车道,其中一条车道为上下客专用车道)

消防交通组织是内部交通组织的重要环节,其目的是设计安全便捷的消防通道和流线。消防出入口和通道应确保 4 m 的净空和净宽,转弯半径不宜小于 12 m。若依靠内部日常道路组织消防交通,应在关键节点处提高技术标准以满足消防车通行需求。

5. 停车设施评价

停车设施应当规模适宜、种类齐全、布局合理、标准合适,并符合地区交通发展政策。基地应根据需要配建小客车、非机动车、救护车、卸货车或通勤车等各类停车位。一般根据基地吸发交通量的定量预测结果可以确定停车设施规模。

停车设施内部交通组织流线应当顺畅合理,停车泊位尺寸也应当满足车辆停放的要求。停车设施出入口的设计应当符合一定的标准,并宜尽量靠近基地出入口,以提高使用便利性,避免绕行和不同交通方式间的干扰。根据《车库建筑设计规范》(JGJ 100—2015),停车设施出入口设计应符合以下规定。

①车辆出入口的最小间距不应小于 15 m,并宜与基地内部道路连通,当直接通向城市道路时,应符合以下规定:

a. 基地出入口的数量和位置应符合现行国家标准《民用建筑设计统一标准》(GB 50352—2019)的规定及城市交通规划和管理的有关规定;

b. 基地出入口不应直接与城市快速路相连接,且不宜直接与城市主干路相连接;

c. 基地主要出入口的宽度不应小于 4 m,并应保证出入口与内部通道衔接的顺畅;

d. 当需在基地出入口办理车辆出入手续时,出入口处应设置候车道,且不应占用城市道路;机动车候车道宽度不应小于 4 m、长度不应小于 10 m,非机动车应留有等候空间;

e. 机动车库基地出入口应具有通视条件,与城市道路连接的出入口地面坡度不宜大于 5%;

f. 机动车库基地出入口处的机动车道路转弯半径不宜小于 6 m,且应满足基地通行车辆最小转弯半径的要求;

g. 相邻机动车库基地出入口之间的最小距离不应小于 15 m,且不应小于两出入口道路转弯半径之和。

②机动车库出入口应按现行国家标准《民用建筑设计统一标准》(GB50352—2019)的有关规定设缓冲段与基地道路连通。

③车辆出入口宽度,双向行驶时不应小于 7 m,单向行驶时不应小于 4 m。

④车辆出入口及坡道的最小净高应符合表 15-12 的规定。

表 15-12　车辆出入口及坡道的最小净高

车　　型	最小净高/m
微型汽车、小型汽车	2.20

续表

车　　型	最小净高/m
轻型汽车	2.95
中型、大型客车	3.70
中型、大型货车	4.20

⑤机动车库出入口和车道数量应符合表 15-13 的规定，且当车道数量大于等于 5 且停车当量大于 3000 辆时，机动车出入口数量应经过交通模拟计算确定。

表 15-13　机动车库出入口和车道数量

规模 / 停车当量 / 出入口和车道数量	特大型	大型		中型		小型	
	>1000	501～1000	301～500	101～300	51～100	25～50	<25
机动车出入口数量	≥3	≥2		≥2	≥1	≥1	
非居住建筑出入口车道数量	≥5	≥4	≥3	≥2		≥2	≥1
居住建筑	≥3	≥2	≥2	≥2		≥2	≥1

⑥对于停车当量小于 25 辆的小型车库，出入口可设一个单车道，并应采取进出车辆的避让措施。

⑦机动车库的人员出入口与车辆出入口应分开设置，机动车升降梯不得替代乘客电梯作为人员出入口，并应设置标识。

6. 公共交通设施评价

公共交通设施评价主要评价建设项目周边的公共交通设施容量是否满足项目出行需求，建设项目人行出入口和周边公共交通站点之间的联系是否便捷等。

7. 出租车设施评价

出租车设施评价主要评价建设项目内部或外部的出租车上下客点的数量是否满足项目出行需求、布局是否合理等。

8. 交通安全评价

对于交通安全的考虑通常包括以下方面。

①基地周边是否存在事故多发地点。

②通道是否满足线形、视距、转弯半径等保障车辆安全通行的要求。

③是否具有足够的避让空间，以减少不同交通流的冲突点。

④非机动车、行人以及弱势群体等的交通安全是否得到充分考虑。

9. 其他方面评价

其他方面评价主要为其他根据项目特点需要展开的评价。

15.3.5　交通改善措施

1. 针对研究范围内道路交通系统的交通改善措施

针对研究范围内道路交通系统的交通改善，主要从以下几个方面进行。

①完善道路网络,均匀分布交通需求。

②拓宽改造受交通影响较大的相关道路,增加道路的通行能力。

③对受交通影响较大的道路交叉口进行渠化和信号控制改造,提高交叉口的通行能力。

④对相邻交叉口进行信号协调控制。

⑤分离不同特征交通流。

⑥优化交通组织,减少交通冲突。

⑦优化和改善公共交通站点、枢纽与线路布局,实施交叉口公交信号优先,提高公共交通的通行能力,方便乘客。

⑧优化和改善非机动车、人行交通系统,提高设施通行能力与安全性。

⑨优化停车设施布局,降低停车对研究范围内交通的影响。

⑩改善特殊使用交通设施,提高特殊使用设施的安全性和可靠性。

⑪提出交通政策措施及建议,如提倡公交优先、错时上下班、提高停车收费标准等。

2. 针对建设项目的交通改善措施

针对建设项目的交通改善措施主要包括以下几个方面。

①优化建设项目内部道路与停车布局。

②根据出入口与外部交通衔接的状况,提出出入口数量、大小、位置、交通组织的改善建议。

③优化建设项目内部交通组织。

④提出交通标志标线设置的建议。

图 15-8、图 15-9 为某住宅项目交通影响评价的基地内部和外部机动车交通组织规划图。

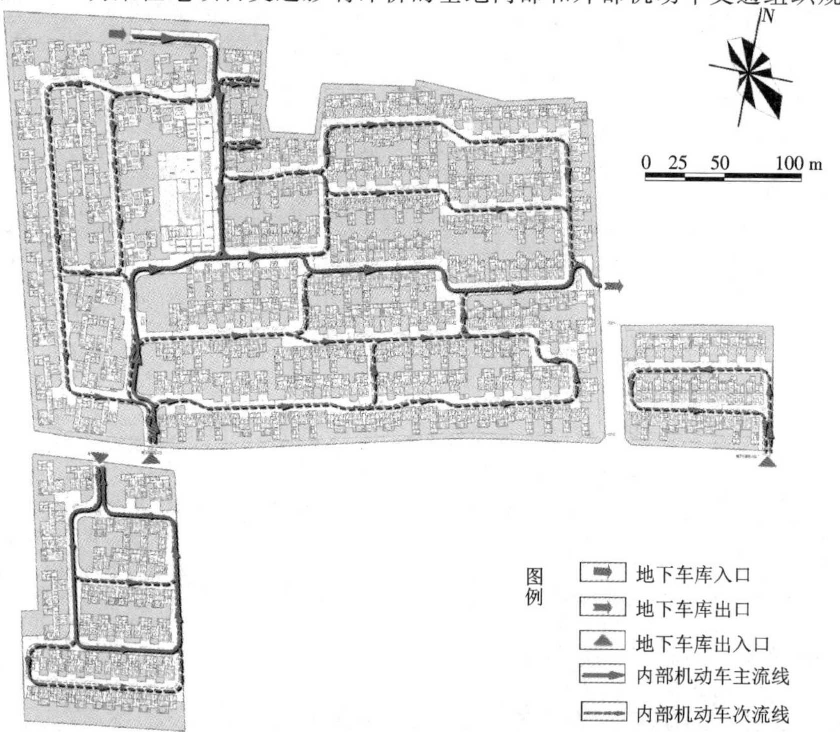

图 15-8 基地内部机动车交通组织规划图

图 15-9　基地外部机动车交通组织规划图

第 16 章　城市交通管理

城市交通是城市国民经济和社会发展的纽带和动脉，对经济发展和人民生活水平的提高起着极其重要的作用。但是，在世界范围内，城市交通拥堵已成为普遍性问题，解决城市交通问题的思路和手段也在发生转变。20 世纪 70 年代末，欧美发达国家城市交通发展的重点由大规模的城市交通基础设施建设转向了城市交通管理。在 20 世纪 80 年代初至 90 年代初，城市交通管理的重点由交通系统管理（traffic system management，简称 TSM）转向了交通需求管理（traffic demand management，简称 TDM）。在 20 世纪 90 年代中后期，代表了前沿科技的智能交通运输系统（intelligent transportation system，简称 ITS）开始不断被引入城市交通管理。

16.1　城市交通管理规划

2002 年 2 月，为了提高我国城市道路交通管理水平，改善城市交通出行环境，经国务院批准，公安部、建设部开始在全国实施“畅通工程”。“畅通工程”将城市交通管理规划的编制列为考核城市交通管理水平的重要内容，使城市交通管理规划的编制得以在全国范围内迅速开展。

城市交通管理规划基于交通工程技术和系统工程原理，从行政管理和技术管理的角度入手，紧密依托城市总体规划、城市综合交通规划，针对城市交通的基本问题，在现有资源有限的约束条件下，系统而优化地提出交通改善方案。城市交通管理规划是结合管理与交通工程学的综合性、政策性规划。其中，管理是出发点和归宿点，解决交通问题是核心内容，规划方案是最终形式。

城市交通管理规划是指导城市交通管理走向科学化和现代化的重要技术文件，反映城市交通管理的科学化程度及政府的重视程度，是有效利用现有交通设施的重要保证。城市交通管理规划使城市交通行政管理与技术管理有规可依、有章可循，并促进交通规划与交通基础设施建设更加趋于合理与科学。

为了达到城市交通管理规划的编制目的，城市交通管理规划的内容应当由以下八个部分组成。

1. 交通调查及交通信息数据库的建立

交通调查要达到三个目的：①了解所调查城市当前存在的主要交通问题，为交通管理方案的制定提供依据；②掌握城市交通系统中各种交通现象的发生及发展规律，为未来交通需求预测提供依据；③为建立交通信息数据库提供基础资料。

2. 城市交通运行评价及交通管理现状分析

（1）分析城市交通系统组织情况

城市交通系统组织分析的对象包括：①道路的标志、标线；②信号灯设置；③人行过街设施的设置；④交叉口的渠化组织；⑤行车管理等方面。

（2）分析城市交通管理软硬件现状

城市交通管理软硬件现状分析的对象包括：①交通管理队伍建设；②城市交通监控与管理中心的完善程度；③智能交通运输系统的发展；④交通管理科技的应用等方面。

3. 城市交通需求分析与发展预测

城市交通需求分析与发展预测是城市交通规划管理的核心内容之一，也是决定城市中交通网络规模、道路断面结构和枢纽规模等的重要依据。

4. 制定城市交通管理发展目标和策略

城市交通管理的核心目标是确保城市交通的安全、高效、便捷、通畅，充分发挥交通管理效能。近期以综合治理交通秩序、合理组织与渠化交通、缓解城市交通拥堵为重点。远期则以与城市社会、经济发展水平一致，建立一个安全、畅通、秩序良好、环境污染小的城市交通系统为目标。此外，还应包括量化的交通管理规划核心指标。

5. 制定城市交通管理规划方案

在城市交通管理发展目标和策略的指导下，提出具有前瞻性、系统性和科学性的城市交通管理规划方案，包括城市交通系统管理、城市交通需求管理、城市交通管理保障体系、智能交通运输系统等内容。

6. 城市交通管理规划方案评价

方案评价在城市交通管理规划中具有重要的地位，其意义在于“在事前对事后进行科学的预测”，以获取足够的信息来消除未来新的交通状态的不确定性，进而为规划方案的调整、优化以及取舍提供依据。定量化的评价体系是科学的城市交通管理规划的标志。

城市交通管理规划方案评价包括以下两部分。

①规划方案产生的影响预测，主要内容如下：

a. 分析交通管理措施如何影响城市交通结构及网络交通流；

b. 预测交通管理措施下的城市交通系统交通流运行指标；

c. 分析交通管理方案是否达到预定的管理目标。

②根据预测结果，拟订合理的指标体系，并采用一定的评价模型，对备选方案进行排序、优选。

7. 制定近期交通系统改善方案

（1）城市道路交通系统组织

对城市过境交通、内部货运交通、快速路系统、干路系统、公共交通线路（公交专用道、公交专用路）、慢行交通系统（非机动车道、非机动车专用道、人行设施、步行街）、单向交通系统等各类交通时空分离措施进行系统梳理和合理组织。

（2）道路交叉口交通优化设计

对城市道路交叉口，特别是重要交叉口进行空间划分与交通信号控制方案的优化设计，随着交通组织方案及交通流向、流量的改变，及时跟踪调整信号配时。

（3）道路交通标志、标线系统管理与设计

对城市道路交通标志、标线进行统一性、连续性、规范性分析，并进行整体设计。

（4）停车场规划与管理

对城市停车设施及停车状况进行普查，分析城市车辆停放特征，研究城市停车政策，对城市停车位设置和管理收费进行统一规划,加强对乱停车的管理。

8. 制定交通管理规划实施行动计划

建立一系列工作机制,实施一批交通管理措施,都必须通过具体的行动计划来落实。因此,交通管理规划还必须分门别类详细列出近期需要制定、实施的行政、技术和工程措施,并对其进行资金预算和排序,落实各项措施实施的期限与相关责任部门。

16.2 交通系统管理

城市交通系统管理是指将机动车、行人和非机动车等作为城市交通运输系统的多个组成部分,通过运营、管理和服务政策来协调这些组成部分,以提高交通设施容量和道路网络系统的运输效率。

交通系统管理从整个交通运输系统着眼,探求能使现有系统发挥其最优效益的综合治理方案,既可避免各个局部措施转移交通祸害地点的弊端,又可以得到使系统效益最优的方案。

我国城市交通系统管理中常用的措施包括道路横断面改造与管理、道路交叉口交通管理、道路交通标志与标线设计与管理、交通信号优化设计、停车设施管理、交通运行管理、公交优先通行管理、非机动车优先通行管理、步行交通管理等内容,本节未讲述内容详见其他章节。

16.2.1 道路交叉口交通管理

对现状道路网络中交通拥挤或根据交通预测未来可能出现严重交通拥挤的交叉口进行专门的交通管理,可以提高交叉口行车速度和通行能力,缓解城市交通紧张状况,提高交通安全性。交叉口交通管理是一项投资少、见效快、效果明显、便于实施的措施,主要包括交叉口控制方案选择、交叉口渠化设计等内容。

1. 交叉口交通管理原则

(1) 减少冲突点

交叉口交通安全的根本是减少冲突点,可采用单行线、在交通拥挤的交叉口禁止左右转弯、用多相位交通信号灯控制交叉口转向交通等方法。

(2) 控制相对速度

严格控制车辆进入交叉口的速度、对于右转弯或左转弯合流角以小于30°为佳、必要时可设置一些隔离设施用以减小合流角等方法。

(3) 重交通车流和公共交通优先

重交通车流是指较大流量或位于主要道路上的交通流。重交通车流通过交叉口应给予优先权,其方法是在轻交通流方向上设置减速让行或停车让行标志,或延长在重交通车流方向上的绿灯时间。对公共交通也可采取类似优先控制的方式。

(4) 分离冲突点和减小冲突区

运用分离冲突点和减小冲突区的原则能提高交叉口运行效率和安全性。如按各向车辆行驶轨迹设置交通岛,规范车辆在交叉口内的行驶路线。在交叉口内设置左、右转弯导向线等,施划非机动车左转弯标示线,防止非机动车因急拐弯而加大冲突区,或在路口某些部分施划禁止车辆进入的标示线，限定车辆通行区域等。

(5) 选取最佳周期，提高绿灯利用率

在用固定周期自动交通信号控制交通的交叉口处，根据流量大小计算最佳周期和绿信比，以提高绿灯利用率，减少车辆在交叉口的延误。

2. 交叉口控制方式的选择

交叉口控制方式的选择必须满足道路功能、交通量和交通安全三个方面的要求。上海《城市道路平面交叉口规划与设计规程》突出了在平面交叉口规划阶段，根据相交道路类别选择交叉口控制类型的规定(表 16-1)。

表 16-1　上海市平面交叉口控制类型

相关道路		主干路	次干路	支路	
				Ⅰ级	Ⅱ(Ⅲ)级
主干路		A	A	A、E	E
次干路		—	A	A	A、B、E
支路	Ⅰ级	—	—	A、B、D	B、C、D、F
	Ⅱ(Ⅲ)级	—	—	—	B、C、D、F

注：A 型——交叉口展宽及信号控制交叉口；B 型——设有让路标志或停车标志的优先控制交叉口；C 型——不设控制交叉口；D 型——环形交叉口；E 型——干路中央隔离带封闭、支路只准右转通行的交叉口；F 型——交叉口不展宽及信号灯交叉口；Ⅰ级支路为交通性支路；Ⅱ(Ⅲ)级为商业性和生活性支路。

根据交叉口各相交道路交通量、发生交通事故次数、行人稠密程度以及今后的发展趋势等资料，可以按表 16-2 选择交叉口控制方式。

表 16-2　按交通量和交通事故次数选择交叉口的控制方式

项目		控制方式				
		不设控制	让路	单向停车	双向停车	信号灯
交通量	主要道路(辆/时)	—	—	—	300	600
	次要道路(辆/时)	—	—	—	200	200
合计	(辆/时)	100	100～300	300	500	800
	(辆/天)	≤1000	<3000	≥3000	5000	8000
每年直角碰撞次数		<3	≥3	≥3	≥5	≥5
其他因素		—	—	—	—	行人①、间隙②、信号灯联动③等

注：①行人：行人流量特别大时，应考虑设置行人信号灯。

②间隙：当主要、次要道路交通量达到高峰时，由于车辆间隙特别小，应安装车辆感应式自动控制信号灯，自动调整主要、次要道路红绿灯间隙，确保次要道路上的来车通过或进入交叉口。

③信号灯联动：自动控制由点控制发展到线控制时，因信号联动距离不能超过 0.8 km，所以当两个交叉口相距太长时，应在中间加装信号装置。

3. 交叉口渠化设计

道路交通渠化是在道路上用交通标志标线、护栏、分隔带等设施，对不同类型、不同方向、不同速度及不同运动状态的交通流进行引导、隔离和管制,使其按照一定的方向和路线,互不干扰、安全有序地运行,以达到分离和控制交通流的目的。

交叉口渠化设计投资少、见效快,对于提高道路网运输效率有明显效果。城市交通管理规划应明确近期和远期城市道路交叉口渠化水平,并提出近期交叉口渠化的具体方案。

交叉口渠化设计一般应注意以下几点。

(1) 符合规范

渠化的一切措施均应严格按照国家有关规范或标准进行,不能随意变更或改动。

(2) 方便直接、有利安全

渠化时应尽可能使行人和车辆的线路方便、直接、自然、舒适,能以最短时间或最短路径通过。切忌迂回、逆向、急转或有可能引起碰撞的尖锐角度。

不同车种、不同流向、不同速度的交通流应尽可能采取划线、设置隔离墩(柱)或交通岛的方法,使其分道行驶,减少互相干扰或碰撞,提高行车安全性。

(3) 保证视距

平面交叉口渠化应充分保证各方向、各车道车辆和行人的视距,绿化、市政公用设施均应以不阻挡或妨碍视线为原则。

(4) 位置合理、便于认识

各种交通岛的位置应设在行车轨迹最少通过的位置处,一方面不妨碍行车,另一方面减少交叉口多余面积,从而限制或控制车辆活动范围,固定行车轨迹线,减少冲突区。

(5) 简单明了、切忌复杂

渠化交叉口的设计方案应简单明了,避免过于复杂的方案,以利于交通组织。

16.2.2 交通信号优化设计

对现状信号交叉口的配时效果进行检查,结合各交叉口渠化设计,对现状交通矛盾突出的信号交叉口提出信号控制形式和配时方案的近期改进方案。在此基础上,根据城市道路网建设规划成果,提出干路交通信号协调控制设想,并提出远期城市区域信号控制系统建设目标和分阶段实施计划。

城市道路交通信号控制系统按照其管理范围可以分为三种:单点交叉口交通信号控制、干路交通信号协调控制系统、区域交通信号控制系统。

1. 单点交叉口交通信号控制

单点交叉口交通信号控制简称为"点控制"。它以单个交叉口为控制对象,是交通信号控制的基本形式。点控制又可以分成两类:固定周期信号控制以及感应式信号控制。

(1) 固定周期信号控制

固定周期信号控制是最基本、最常见的交叉口信号控制方式。这种控制方式设备简单、投资少、维护方便。同时,这种信号控制机与临近的信号灯联机后,可升级为干路控制或区域控制。

固定周期信号控制的优点主要如下。

①信号启动时间可以取得一致,有利于同相邻交叉口的信号协同,特别是要联结几个邻近交通信号或一个信号网络系统。

②不需要通过检测器对车辆进行检测，因此不存在路边停车以及其他影响车辆检测的缺点。

③固定周期信号比感应式信号更适合于存在大量、均匀行人交通的交叉口。

④固定周期信号设施价格低，安装、维护方便。

(2) 感应式信号控制

感应式信号控制没有固定的周期长度，其工作原理是，在感应式信号控制的交叉口进口均设有车辆到达检测器。对一个相位起始绿灯，感应式信号控制器内设有一个“初始绿灯时间”；到初始绿灯时间结束时，如果在一个预先设置的时间间隔内没有后续车辆到达，则变换为红灯；如果有车辆到达，则绿灯延长一个预先设定的“单位绿灯延长时间”，只要不断有车辆到达，绿灯时间就可以继续延长，直到预设的“最长绿灯时间”时变换相位。

感应式信号控制的优点主要如下。

①在交通量变化大且不规律、难以用固定周期控制的交叉口，以及必须降低对主要干路交叉口干扰的交叉口上，感应式控制效益明显。

②不适宜处于联动定时系统中的交叉口，可以采用感应式控制。

③适用于只在一天的部分时间需要信号控制的地方。

④在轻交通量交叉口或交叉口轻交通量期间使用，可以避免主要道路上的交通产生不必要的延误。

2. 干路交通信号协调控制系统

干路交通信号协调控制系统简称为“线控制”，就是把主要干路上一批相邻的交通信号联动起来，进行协调控制。线控制是区域控制的一种简化方式。根据道路交叉口所采用信号灯控制方式的不同，线控制也可以划分成干路信号定时式协调控制和干路信号感应式控制两种，其中以定时式协调控制较为普遍。

3. 区域交通信号控制系统

区域交通信号控制系统简称为“面控制”，是把整个区域中所有的信号交叉口作为协调控制的对象。控制区域内各个受控制的信号交叉口都受中心控制室的集中控制。对范围较小的区域，可以整个区域集中控制。对范围较大的区域，可以采用分区分级控制。

区域交通信号控制系统按照控制策略可分为定时式脱机控制系统和适应式联机控制系统两类。

(1) 定时式脱机控制系统

定时式脱机控制系统对交通流历史及现状统计数据进行脱机优化处理，得出多时段的最优信号配时方案，存入控制器或控制计算机内，对整个交通区实施多时段定时控制。该系统控制简单、可靠、效益费用比高。缺点是不能适应交通流的随机变化，特别是当交通流量数据过时后，控制效果明显下降，重新制定配时方案则需要消耗大量的人力、物力做交通调查。

TRANSYT(traffic network study tool)是英国道路与交通研究所(TRRL)提出的定时式脱机控制系统的代表。TRANSYT 系统所需的计算量大，尤其网络较大的时候，问题更为突出，而且 TRANSYT 模型是一种离线优化方法，需要大量的网络几何尺寸和交通流信息，这些数据的采集需要花费大量的人力和时间。随着城市交通的发展和交通数据的变化，系统的使用效果会降低。

(2) 适应式联机控制系统

随着计算机自动控制技术的发展,逐步产生了能够随交通流变化而自动优化配时方案的交通信号控制系统,即适应式联机控制系统。

英国、美国、澳大利亚、日本等国家进行了大量的研究与实践,用不同的方式建立了各有特点的感应式联机区域交通控制系统,归纳起来有方案选择式和方案形成式两种。方案选择式以SCATS(sydney co-ordinated adaptive traffic system)为代表,方案形成式以SCOOT(split-cycle-offset optimization technique)为代表。

SCATS采用方案选择式配时方案与单点感应控制相结合的控制方式。检测器安装在停车线处,不需要建立交通模型,其控制不是基于模型的。SCATS以信号周期、绿信比及绿时差作为各自独立的参数进行优化,优化过程以“饱和度”和“综合流量”为主要参数。

SCATS系统未使用交通模型,本质上是实时方案选择系统,限制了配时方案的优化程度。由于检测器安装在停车线附近,难以检测车队的行进,相位差优选的可靠性不高。

SCOOT系统结构是集中控制结构,具有灵活的、比较准确的实时交通模型。SCOOT系统既可以制定信号配时方案,又可以提供各种信息,为交通管理和交通规划服务,并且在信号参数优化调整方面,采用频繁的小步长调整,避免了信号参数的突变给受控路网内的运行车辆带来延迟损失,也可以与交通条件的较大变化相匹配。但是,由于SCOOT系统本质上是基于TRANSYT模型,交通模型的建立需要大量的路网几何尺寸和交通流数据,花费大量的人力和时间。

16.2.3 停车设施管理

停车包括车辆到达目的地后的停放、上下乘客或装卸货物及其他原因所需的临时停车等。停车设施管理的目的是尽量减少静态交通对动态交通的干扰,通过静态交通管理反作用于动态交通,达到两者协调的目的。

1. 路边停车管理

路边停车是指在道路外侧车行道上的机动车停放,或人行道边的非机动车停放。路边停车管理的目的是使道路在“行车”及“停车”两方面能够得到最佳的使用效果。

(1) 禁止路边停车的管理

凡停车会影响交通安全与通畅的地点,均应禁止路边停车。《中华人民共和国道路交通安全法》规定:“机动车应当在规定地点停放。禁止在人行道上停放机动车;但是,依照本法第三十三条规定施划的停车泊位除外。在道路上临时停车的,不得妨碍其他车辆和行人通行。”

(2) 允许路边停车的管理

①允许路边停车地点的确定。

道路条件及行车与停车需求的相对重要性决定了能否允许路边停车。在交通性干路以及需要车行道都用于通车的道路上,应该禁止路边停车。在住宅区、商业区等需要大量停车的地区,尽可能提供路边停车空间。在行车和停车需求均较大的市中心区,除尽可能在路边划出允许停车的地点外,还必须在停车时间上加以严格限制,以提高这些停车地点的停车周转率。

②路边停车车位的划定。

路边停车宜采用平行式的停放方式。在有较多大型车辆停放的地方,最好将大、小型车辆的停放地点分开，以免车辆混停影响停车空间的有效利用。

路边非机动车停放点可划线定位或设置停车架定位。

③路边停车的限时管理。

在路边停车需求量超过可供停车车位的地区，为提高停车地点的停车周转率，可采取限时停车的管理措施。停车时间的限制一般在市中心为最短，可限时 1 h 甚至更短。在市中心外围可逐渐延长限制时间。

2. 路外停车管理

路外停车是指在道路用地范围之外的停车场或停车库内的停车。在路边停车车位不足的地区，特别是吸引大量车流的大型建筑设施或公共场所，应该修建路外停车设施，包括非机动车停车场或停车库。

《中华人民共和国道路交通安全法》规定："新建、改建、扩建的公共建筑、商业街区、居住区、大（中）型建筑等，应当配建、增建停车场；停车泊位不足的，应当及时改建或者扩建；投入使用的停车场不得擅自停止使用或者改作他用。在城市道路范围内，在不影响行人、车辆通行的情况下，政府有关部门可以施划停车泊位。"

路外停车场（库）对道路交通影响最大的是出入口，为降低出入口对道路交通的影响，审查停车场（库）出入口的布置时应注意以下几点。

①出入口必须远离道路交叉口。

②出入口不该面向交通性干路，应设在背向干路的支路或次要道路上。

③入口与出口宜分开设置。

④进出车辆宜"右进右出"，即不准左转进出停车场（库）。

3. 临时停车管理

在交通不安全的地方以及停车会明显严重影响交通的地方，不允许临时停车。《中华人民共和国道路交通安全法实施条例》规定："（一）在设有禁停标志、标线的路段，在机动车道与非机动车道、人行道之间设有隔离设施的路段以及人行横道、施工地段，不得停车；（二）交叉路口、铁路道口、急弯路、宽度不足 4 米的窄路、桥梁、陡坡、隧道以及距离上述地点 50 米以内的路段，不得停车；（三）公共汽车站、急救站、加油站、消防栓或者消防队（站）门前以及距离上述地点 30 米以内的路段，除使用上述设施的以外，不得停车；（四）车辆停稳前不得开车门和上下人员，开关车门不得妨碍其他车辆和行人通行；（五）路边停车应当紧靠道路右侧，机动车驾驶人不得离车，上下人员或者装卸物品后，立即驶离；（六）城市公共汽车不得在站点以外的路段停车上下乘客。"

4. 停车管理的实施

（1）停车地点的标志

标明路边车道是否允许用于停车的最简明的方法，一是在路边设置允许路边停车标志，二是在路缘石上加涂彩色油漆。白色表示只准短时停车；绿色表示允许限时停车；黄色表示只许上下乘客或装卸货物的停车；红色表示不准任何停车，在有公交车辆停靠牌的地方，只准公共汽车停靠；蓝色表示只准残疾人停车等。在限时停车地点可以设限时辅助标志或在路缘石上写明限时规定。

(2) 停车管理的执行

停车管理应由负责道路管理的公安机关交通管理部门执行,或委托社会公众团体执行。停车管理的执行一般可采用下述两种方法。

①对临时停车应采用巡逻检查或分片、分路负责检查管理。

②对路边停车可由管理人员定点管理或用欧美国家普遍采用的停车计时计费表配以巡逻检查。

16.2.4 交通运行管理

交通运行管理的主要内容是制定交通运行组织管理方案,合理组织交通流,均衡交通负荷,提高网络运输效率。

在交通运行组织规划过程中,应贯彻以下原则。

①分离原则:在时空上分离不同类型、方向、速度的车辆,以及行人与车辆。

②控制和调节原则:从时间、方向、区域等方面来控制和调节道路交通量。

③疏导原则:有区别地引导、限制不同交通性质的车辆。

交通运行管理的主要方案有单向交通、变向交通、禁行管理等。

1. 单向交通

单向交通又称单行线、单行道,是指道路上的车辆只能按一个方向行驶的交通。

单向交通主要分为四类:①固定式单向交通,即对道路上的车辆在全部时间内实施单向交通;②定时式单向交通,即对道路上的车辆在部分时间内实施单向交通;③可逆性单向交通,即道路上的车辆在一部分时间内按一个方向行驶,而在另一部分时间内按相反方向行驶的交通;④车种性单向交通,即仅对某一类型的车辆实施单向交通。

单向交通在路段上减少了与对向车流可能的冲突,在交叉口上大量减少冲突点,简化交叉口交通组合。实施单向交通,能够提高路段和交叉口的行车速度和通行能力,降低交通事故,有利于路边停车规划、公交专用道的规划和信号灯配置。但单向交通也存在缺点,如增加车辆绕道行驶和公交乘客步行的距离、增加附近道路的交通量、增加单向管制所需的道路公用设施、容易导致迷路等。

根据国内外的经验,实施单向交通一般需具备以下条件。

①具有相同起终点的两条平行道路,且间距在350～400 m以内。

②具有明显潮汐交通特征、宽度不足三条车道的街道可实施可逆性单向交通。

③复杂的多路交叉口,某些方向的交通另有出路时,可将相应的进口道改为单向交通。

当各条平行的横向街道间距不大,车行道狭窄又不能拓宽,而交通量很大造成严重交通阻塞时;当车行道的条数为奇数时;在复杂地形条件下或对向交通在陡坡上产生较大危险等情况下,实施单向交通可取得很好的效果。

2. 变向交通

变向交通是指在不同的时间内变换某些车道上的行车方向或行车种类的交通。变向交通主要分为两类:①方向性变向交通,即在不同时间内变换某些车道上行车方向的交通;②非方向性变向交通,即在不同的时间内变换某些车道上行车种类的交通,可分为车辆与行人、机动车与非机动车之间变换使用的变向车道。

变向交通的优点是合理使用道路,提高道路利用率和通行能力,对解决交通流方向和各种类型的交通在时间分布上的不均匀性的矛盾都有较好的效果。变向交通的缺点是增加了交通管制的工作量和相应设施,且要求驾驶员有较好的素质,注意力集中,特别是在过渡地段。

实施方向性变向交通的条件如下:

①道路上机动车道数应为双向 3 车道以上;

②交通量方向不均匀系数大于 2/3;

③重交通方向在使用变向车道后,通行能力应满足要求;轻交通方向在去掉变向车道后,剩余的通行能力应满足交通量的需要;

④在城市道路上使用时,应在信号控制交叉口的进口道上相应地增加进口道车道数。

实施非方向性变向交通的条件如下:

①非机动车借用机动车道仅适用于一块板、两块板的道路,借用后机动车剩余车道的通行能力应满足机动车交通量的要求;

②机动车借用非机动车道时,剩余的车道应能保证非机动车通行的安全;

③行人借用车行道适用于中心商业区,除定时步行街道外,要对机动车流进行分流疏导和控制。

对于方向性和非方向性变换车道中机动车道与非机动车道相互借用的情形,可采用变换车道标志和交通信号显示进行动态控制,使用锥形交通路标进行分隔。对于非方向性变换车道中行人借用车行道的情形,可采用报纸、电视、广播等宣传公告及轻质材料护栏等分隔设施。

3. 禁行管理

禁行管理是指根据道路条件和交通条件,对机动车和非机动车实行的某种限制管理。禁行管理大致有以下几种情形。

①时段禁行:根据机动车和非机动车的不同高峰时段,安排其不同的通过时间。

②错日禁行:某些主要街道规定某些车辆单日通过、某些车辆双日通过,或牌照为单数的规定单日通过、双数的双日通过。

③车种禁行:禁止某几种车(货车和各类拖拉机)进入城市街道和城市中心区。

④转弯禁行:在某些交通拥挤的交叉口,禁止机动车和非机动车左(右)转弯,有些专门禁止非机动车左转。

⑤重量(高度、超速等)禁行:规定机动车和非机动车按规定的吨位(高度、速度)通过。

16.2.5　公交优先通行管理

从城市交通系统管理的角度来看,公交优先是一项专门的技术管理措施。公交优先可以降低道路交通总量,并且提高公共交通服务质量等。

1. 公交专用道

公交专用道分为两种:①顺向式,即在专为公交车开辟的车道上,公交车运行的方向与其他车辆一致;②对向式,即允许公交车的运行方向与其他车辆相反。

2. 公交专用街

公交专用街是指一般仅允许公交车和行人通行的街道,有时也可以通行非机动车。公交专用街一般较短。市中心商业区只有两个车道的窄街道,如果附近有平行的街道,可将这种窄街道开辟为公交专用街。公交专用街的优点主要如下:①排除其他车辆,提高公交的速度;②腾出街道空间,确保停靠站面积;③行人过街较为安全;④设施简单,投资少,管理方便。

3. 公交专用道路

公交专用道路是指专门供公交车行驶的道路。在建设卫星城时,可考虑建设这种道路。它可以连接居住区、工厂或商业区。一般来说,公交专用道路是公交车的"高速道路",站距长、速度快。在这种道路上要求有比其他道路更完善的交通安全设施和严格的交通管理措施。

4. 公交专用进口道

公交专用进口道是指在交叉口的进口道中设置一条或若干条专门供公交车行驶的车道,以提高公交车在交叉口的通过率,减小在交叉口的延误。

5. 公交车、非机动车专用道路

公交车、非机动车专用道路是指专门供公交车和非机动车行驶的道路。它同"公交专用街"有类似的地方,考虑到我国城市交通中非机动车比例较高,采用此管理措施可以在不对非机动车交通采取任何限制的条件下提高公交车的运行速度。

6. 公交信号的优先控制

公交信号的优先控制主要有以下四种。

①调整信号周期:按公交车的交通量调整信号周期,减少公交车在交叉口的延误时间。

②使用公交车感应信号:通过感应信号,将红灯改为绿灯或继续延长绿灯时间,方便公交车通行。

③公交车放行专用信号灯:公交车到达时,专用信号灯即显示绿色;公交车进入交叉口后,一般信号灯才显示绿灯。

④公交车转弯优先:公交车不受禁止转弯的限制,或者设置公交车转弯专用道。

7. 快速公交(BRT)通行管理

快速公交(bus rapid transit,简称 BRT)是一种结合了轨道交通系统的服务品质和地面公共交通的灵活性,通过对公共交通车辆、行驶道路和车站、先进技术、运营组织等方面进行系统性整合,形成的一种建设成本低、服务快速、可靠、运量高的城市快速公共交通服务模式。BRT 应用要考虑中国国情,不能出现"水土不服"。

16.3 交通需求管理

交通需求管理侧重通过对交通需求的引导、调节与管理,来降低道路交通负荷,以缓解城市交通拥挤。显然,交通需求管理措施不仅仅局限于改变"需求",它还包括改变"供应"和"价格"(经济平衡模型的另外两个变量)。

交通需求管理的定义如下:为促进城市发展,充分发挥其功能,在城市交通扩容的同时,对城市交通需求发展实行最有效的引导和管理,对城市的客、货运出行采取最具体的管理措施,以构成最佳的交通方式,避免有限的城市交通空间资源的滥用,实现城市交通供需平衡,从而保证城市交通系统快速、安全、可靠、舒适、低污染地运行。

交通需求管理作为实现交通供求平衡的有力手段,其主要目的如下。

①协调城市规划与城市交通规划之间的互动关系，优化城市土地使用，通过控制交通发生源和吸引源来减少冗余出行，调控城市交通需求总量。

②优先发展公共交通，合理发展其他交通方式，形成科学的城市交通结构，促使个体交通向公共交通的转移。

③协调有限交通供应与不断增长的交通需求之间的矛盾，集约化利用城市交通设施资源，充分挖掘既有城市交通设施的潜力。

④实现交通流在时间和空间上的均衡合理分布，避免低效利用道路交通空间的情况。

16.3.1　五种基本方式

交通需求管理主要有如下五种基本方式(图 16-1)。

①变更行驶路径：通过智慧交通系统，适时提供道路交通信息，引导汽车使用者改变行车路径，以分散拥挤区域的交通量。

②变更交通手段：通过加强公共交通建设以及在特定区域实行公交优先等措施，变驾驶私家车为乘用公共交通，以减少汽车交通量。

③提高汽车利用效率：通过合乘汽车等方式减少汽车交通量。

④变更出行时间：通过错时上下班和弹性工作制等，缓解通勤高峰时段的交通量。

⑤调整交通发生源：优化城市土地使用布局，减少交通量。

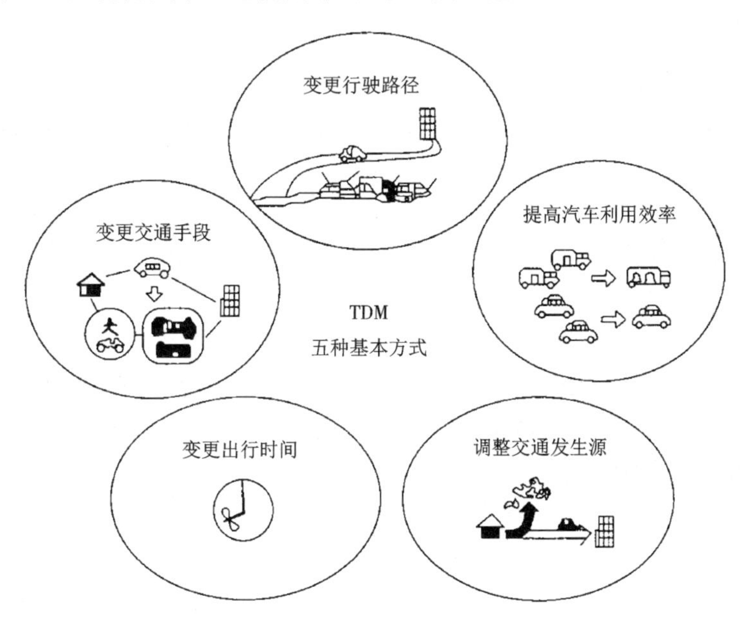

图 16-1　交通需求管理的五种基本方式

16.3.2　主要措施

交通需求管理措施的实施效益巨大，关键是如何使交通用户和决策者接受这些措施。以温州市为例，2002 年 3 月 4 日，该市在全国率先实施了错时上下班制度，对市区的机关和事业单位的上下班时间、学校上放学时间、商场上下班时间进行了错时。市、区机关事业单位上午上班时间为春冬季8时30分,夏秋季8时;下午下班时间为春秋季5时30分,夏季6时,冬季5时。学校上午上学时间为春冬季8时前,夏秋季7时30分前;下午放学时间为春秋季5时,夏季5时30分,冬季4时30分前。商场上午上班时间9时,下午下班时间自行确定。各企业根据错时上下班,本着减少高峰期车辆、行人流量的原则,结合企业生产实际情况,确定上下班时间。温州市实施错时上下班后,机动车早高峰流量的削峰填谷特征非常明显。7:30—8:00的车流量下降约10%,与此同时8:00—8:40的车流量增大,高峰持续时间拉长。非机动车7:30—8:00的车流量增大约20%,与此同时8:00—9:00的车流量下降。温州市实施错时上下班使车辆运行速度提高,行车延误减少,市民出行时间减少,居民时间节省效益为5710万元/年,机动车油耗效益为2750万元/年。

以下对交通需求管理的13条主要措施进行阐述。

1. 居住与就业就近平衡

缩小居民工作出行和上/放学出行的距离,充分发挥步行和自行车的作用。

2. 调整城市用地布局

规划建设多中心的城市用地布局,居民就近购物、上班,削减出行距离和数量。

3. 提供交通信息与路线导行

为出行者在出行前提供道路交通与路线导行信息,使出行者选择更好的出行时间、出行方式或出行路线,减少出行的盲目性。

4. 替代出行

替代出行也称电子通勤,即允许人们利用通信系统在家工作来减少上下班的交通出行。广义的电子通勤还包括召开电视、电话会议,网上购物等措施。电子通勤可能直接或间接地影响地区交通的运行状况。

5. 停车管理

交通需求管理中的停车管理可以通过停车收费管理和停车场建设规模的控制来实现。

(1) 停车收费管理

停车收费管理的核心是确定收费定价,可以考虑以下定价方法:①增加或提高单独驾车者或长期使用者在公共停车场停车的价格;②对合乘车辆采取优惠停车收费;③在市中心地区收取较高的停车费,在路边停车按等比级数计时收费,在城市边缘地区收取较低的停车费。

停车收费管理在改变出行方式方面有一定的效果:停车收费价格定得越高,单独驾车者转换到其他替代方式的动力越大;替代交通方式服务水平越高和停车的困难程度越大,停车收费价格对出行者选择交通方式的影响力就越大。

(2) 停车场建设规模的控制

控制停车场的建设规模可以通过以下方式实现:①制定停车泊位配建标准及管理办法;②对路边停车采取控制措施,如设置停车咪表、限时停车区、附近优惠停车等;③在中心区按道路网容量来控制停车规模。

可以通过制定有关法规,规定开发商在土地开发时必须提供一定数量的停车场(最低限额),以确保停车供应控制在一个合理的水平上。同时,也可以通过削减停车场容量来降低车辆出行量,并以支持公共交通、非机动车交通等方式来限制单独驾车方式的增长。

停车泊位是否充足是出行者选择交通方式时要考虑的重要因素。一般情况下，如果停车泊位不充足或者限制使用，出行者就可能不得不放弃单独驾车的出行方式。

6. 车辆拥有管理

车辆拥有管理是政府通过各种措施限制人们拥有车辆的一种管理方式。例如上海市采取的“机动车牌照拍卖”方式。但是在推行车辆拥有管理的同时，更应当引导人们树立“理性使用车辆”的现代交通理念。

7. 车辆使用管理

车辆使用管理，即通过对机动车使用者收费的方式，来降低道路上的机动车总量，其实际效果优于车辆拥有管理、停车管理等。收费项目包括燃油税、保险费或其他指令性收费项目。

8. 引导出行行为

引导出行行为通过经济补贴与其他手段相结合的方式，引导出行者放弃单独驾车出行，选择公交或合乘车的方式出行，减少高峰期间机动车出行量。国内外常用的经济补贴方式主要有公交客票补贴、小轿车合乘补贴、交通津贴等。

在各种引导措施中，引导出行者选择公共交通或机动车换乘公共交通是最关键的一项。因此，提高公共交通的竞争优势，优先发展公共交通具有特别重要的意义。

9. 自行车和步行系统

自行车与步行是当前最环保的出行方式，应该鼓励采用自行车或步行直接换乘公共交通。为了发挥自行车和步行系统的效率，需要改进现有的系统。

10. 小汽车停车换乘(park and riding)和自行车停车换乘(bicycle and riding)

停车换乘是指驾车或骑自行车的出行者在公共交通枢纽或站点附近停放自己的车辆后换乘公共交通工具再前往目的地的出行方式，主要有两种形式：小汽车同公共交通的换乘和自行车同公共交通的换乘。

为了方便换乘，通常在公共交通枢纽附近建设停车换乘设施，并在周边道路上设置“P＋R”和“B＋R”标志牌显示换乘停车场的位置、空泊位数以及公交车辆发车时刻等信息。小汽车或自行车在停车场停放以后换乘公共交通，可以减少城市道路上机动车和非机动车交通量。

11. 合乘车

合乘车有两种形式：小汽车合乘(carpooling)和客车合乘(vanpooling)。小汽车合乘是指个人所有的小汽车乘坐 2 人以上的合乘出行。客车合乘通常是 7～15 人的上班族在特定的路线共同乘坐客车出行。合乘车在减少道路上机动车流量方面能够产生积极的作用，应当予以鼓励和政策上的支持，如设置合乘小汽车专用车道(high occupancy vehicle lane，简称 HOV Lane)、在快速路出入口设置专门匝道供合乘车专门使用、优惠停车、合乘补贴等。

12. 拥挤收费

拥挤收费是根据道路拥堵的程度，对在道路上行驶的车辆在不同时间和地点，采取不同的收费标准。该策略能使原来在高峰期出行的车辆转向平峰期出行，或改由合乘或乘坐公交，或调整出行路线绕过拥堵路段，或提前出行避开交通高峰期。这些改变都能减少机动车出行量，使地区的交通状况得到很大的改善。

实施拥挤收费时，可以通过设置收费亭、电子收费装置或其他特许证制度等措施对进入交通拥堵区(区域收费)或拥堵道路(路段收费)的车辆收取费用。需要注意的是,如果过多的出行者为了躲避收费而调整出行时间和行驶路线,则有可能会造成周围地区在新的时间、新的地点出现交通拥堵。

13. 改变工作时间

改变工作时间包括错开工作时间、压缩周工作日和弹性工作时间三种措施,有助于缓解交通高峰期的交通压力,但从总体上对于减少交通出行次数的作用并不十分明显。

①错开工作时间:一般由企业设定一个上班时间段,让员工不是在同一时间而是在一个时间段内到达单位,有助于缓解交通高峰时间交通流的过分集中。这种方式适用于办公室工作和能独立完成制造过程的企业。

②压缩周工作日:减少每周的工作日,增加每日的工作时间,从而减少企业员工总的工作出行次数。这种方式既减少了出行次数,又缓解了交通高峰,对于需要连续作业或批量生产的企业比较适合。

③弹性工作时间:允许员工们在一个时间段内自己决定上下班的时间。例如,员工们可以在 2～3 h 的时间段内自己决定到单位的时间,然后工作满 8 h。这种方式有利于员工避开交通高峰期上下班,缩短了高峰期的持续时间,适用于办公室工作和从事管理、信息服务的工作人员。

16.4 交通管理保障体系

城市交通管理保障体系规划应当根据本地社会经济文化发展情况,以城市交通安全和交通管理队伍的现状为基础,以安全、秩序、效率、公正和便捷为目标,以城市管理目标为中心,从交通安全对策与保障、队伍建设和交通安全宣传等方面,制定相应的措施和发展规划,以最大限度地满足城市社会经济发展对交通管理的要求。城市交通管理保障体系主要包括三部分内容:城市交通管理的体制、机制、法制,交通管理队伍建设和交通安全管理。

16.4.1 城市交通管理的体制、机制、法制

加强城市公安交通管理部门与城乡规划与建设部门的密切配合,建立城乡交通综合协调机构,形成高效有力的城市交通管理体制和机制。

交通法规的建设应把握国家和上级政府的立法动态,根据工作的需要和形势发展的要求,分清轻重缓急,确保各项交通管理工作"公平、公正、公开"。交通法规建设规划主要包括以下法规的制定或完善:地方性道路交通管理条例、地方性占用道路挖掘管理办法、停车泊位配建标准及管理办法、交通影响评价编制办法和规范、地方性非机动车管理方法、城市道路交通设施建设和管理办法、地方性公共交通管理条例、摩托车发展政策、机动车和非机动车发展政策等。

16.4.2 交通管理队伍建设

交通管理队伍建设的主要内容包括如下各项:

①规划建立科学的干警培训机制,提高交通管理人员素质,使交通管理人员能够做到有理、有礼、有节管理交通。

②有计划、分步骤地开展人民警察职业道德规范教育，建立健全队伍的竞争机制、监督机制和长效管理机制。

③配备足够的交通执法警力，加强后备干部队伍建设，注重规划引进和培养交通管理技术人才。

④实现动态勤务管理，推广交通管理警务区管理模式，建立、调整交通管理勤务评估体系。

⑤坚持警务公开和社会监督，强化队伍建设的外部条件。

⑥配备先进的交通执法装备，包括机动车辆、安装 GPS 的卫星定位系统巡逻车、酒精检测仪、雷达测速枪、数码相机、掌上电脑、汽车行驶记录仪、交通事故预警器、疲劳检测仪等。

16.4.3 交通安全管理

交通安全管理主要包括以下五个组成部分。

1. 交通事故的统计分析

①开展交通事故统计资料收集整理工作，建立交通事故时空分布自动统计分析系统。

②制定科学合理的近、中、远期交通事故预防和控制的各类指标，包括交通事故起数、死亡人数、受伤人数和直接经济损失等绝对指标，万车事故率伤亡率、10 万人事故率伤亡率以及亿公里事故率伤亡率等相对指标。

2. 交通事故的快速反应机制

交通事故快速反应机制着眼于交通事故的接警、救援、勘察、疏导和交通恢复等一系列环节，旨在为交通事故制定较为详细的救援方案，其主要内容包括如下各项。

①建立政府领导、部门协调、责任落实、综合整治的防范交通事故综合工作机制。

②依托交通指挥中心，完善“122”接处警机制，实现各级交通管理部门的交通事故联动反应。

③提高交通事故信息传递、现场急救和急救转运等方面的综合能力，确保交通事故伤员及时、就近救治，建立和完善交通事故救援“绿色通道”。

④进一步推广应用交通事故简易处理程序，提高快速处置交通事故的能力。

⑤有条件的城市应建立交通事故物证鉴定中心。

3. 交通事故的预防

①根据报警事故的分布，统计交通事故的多发地点。

②对事故多发地点的道路条件、标志标线、信号控制及交通管理措施进行分析研究，提出改善措施，消除事故隐患。

③对可能会引发交通事故的险桥、险段进行定期检查，加固改造。

④积极开展交通信号、交通标志标线等交通设施与交通安全之间关系的研究，开发交通事故计算机辅助分析系统。

⑤研制针对恶劣自然条件的自动检测报警设备。

4. 交通安全的源头管理

驾驶人员和车辆是交通系统中最为重要的两个要素，是交通安全的源头，对交通安全起着决定性的作用。驾驶人员安全管理的主要内容如下。

①建立和完善机动车驾驶员管理数据库和驾驶员违章记分管理系统，推广应用便携式警务查

询系统。

②逐步实现驾驶员考试的自动化,严格执行客运车辆驾驶员的安全管理。

③探索新型的驾驶员安全教育方法,开展驾驶员心理训练。

车辆安全管理的主要内容如下。

①建立机动车辆自动检测系统。

②建立和完善连接车管所、旧机动车交易场所、机动车上牌点等地的计算机网络。

③严格执行机动车修理、报废、回收和汽车交易市场管理的有关规定,制定对非法改装客运车辆定期检查的工作制度。

④建立交通行车安全责任制。

5. 交通安全宣传教育

①将交通安全宣传教育作为城市精神文明建设的重要组成部分,明确交通安全宣传教育的工作日标,制定全面有效的工作方案。

②创办交通法规教育学校,推广城市交通安全进社区的宣传教育形式,以“交通安全社区”为载体,建立城市交通安全宣传教育网络。

③发挥各类媒体的宣传作用,将交通安全宣传教育融入交通执法之中,提高全民交通安全整体素质。

16.5 智能交通运输系统

智能交通运输系统有别于传统的交通治理、交通改善技术。它是国际上对运用当代高新科技(计算机、信息、通信、自动控制、电子、系统工程等)提高交通运输效率、增强交通安全性的一系列先进技术或技术集成系统的统称。

智能交通系统产生于20世纪60年代末、70年代初。系统采用各种有关的先进科学技术,将交通系统所涉及的人、车、路及环境综合在一起,使其发挥智能作用,从而使交通系统达到安全、通畅、低公害和耗能少的目标。

智能交通运输系统(ITS)研究内容十分广泛。美国的研究成果将ITS分为8大项、32小项主要内容,以下作简单介绍。

1. 出行和运输管理系统

(1) 出行前旅行信息

该系统为出行者提供出行实时信息,如公共交通线路、时间表、换乘和票价,实时的交通事故信息、线路变动和线路行车速度等,有助于出行者选择最佳路线、出行方式、出发时间或决定是否要出行等。

(2) 途中驾驶人信息

该系统包括驾驶人的途中引导系统和车内标志系统。途中引导系统为驾驶人提供实时的交通流状况、交通事故、公共交通时刻表、气候条件等信息,有助于驾驶人选择最佳的行驶路线或出行者在中途改变出行方式。车内标志系统提供与路上实际标志相同的车内标志,特别适合老年人和在旅游区、危险道路条件下行驶的驾驶人。

(3) 路线导行

该系统为出行者提供实时的交通信息和到达目的地的最佳行驶路线,使出行者遵循最佳行驶路线以最短出行时间到达目的地,适用于机动车、非机动车和行人。

(4) 合乘车和预定车

该系统提供合乘车和预定车辆信息,减少小客车的交通流量,缓解交通拥挤,减少交通事故,为工作出行和弱势群体的出行提供方便。

(5) 出行者服务信息

该系统为出行者提供快速服务,如出行者到达目的地的位置、工作时间、停车场的情况等,使出行者不论在家、办公室或其他场所均可得到相应信息。

(6) 交通控制

该系统为城市道路提供自适应的智能交通控制系统,为公交车辆提供优先通行权,为行人和非机动车提供交通安全保障,达到改善交通运行状况的目的。该系统还通过交通流量监控装置和分析技术,确定交通量的最佳分配方案和实时的交通信息。

(7) 交通异常(突发)事件管理

该系统帮助管理和急救机构迅速确认交通突发事件并作出响应,最大限度地减少突发事件对交通的影响。

(8) 交通需求管理

该系统通过制定运输需求管理措施和控制政策,提高整个运输系统的效率,减少个人单独开车出行的数量,为出行者提供更多的备选出行方式。

(9) 车辆排放物的测试和缓解

该系统采用先进的车辆排放物检测设备进行空气质量监控,并采用一系列措施控制污染。

(10) 道路—铁路交叉口管理

该系统用以控制道路—铁路交叉口车辆的速度,对进入道路—铁路交叉口的各种机动车、非机动车和行人进行管理。

2. 公共交通运输管理系统

(1) 公共交通管理

该系统应用计算机技术对车辆及设施的技术状况和服务水平进行实时分析,实现公交系统运营、规划及管理的自动化,提高公交服务水平。

(2) 途中换乘信息

该系统为使用公交的出行者提供实时准确的中转和换乘信息,帮助出行者在途中根据需要做出及时的换乘决定并调整出行计划。

(3) 个性化公交运输(灵活的公交车辆)

该系统可以为乘客提供个性化服务,满足个人非定线或准定线的公共交通运输需求。

(4) 公共交通运输安全

该系统为客运站、停车场、公交车站及途中行驶的公交车提供环境安全监控系统,保障驾驶人和乘客的安全。

3. 电子收费系统

该系统为用户支付通行费、车票费、停车费等提供一种通用的电子支付手段,实现收费和支付的自动化,从而推动多式联运的发展,为出行需求管理提供便利。

4. 商业车辆运行系统

(1) 商业车辆的电子通行

该系统要求货车和公共汽车装有无线电接收装置,确定主要行驶路线的车辆行驶速度和装载质量,以确保车辆的行驶安全。

(2) 路边自动安全检查

该系统为车辆和驾驶人提供一个实时的安全检查途径,确定哪台车辆应该停车受检,并通过传感器和诊断装置对车辆性能等进行检查。

(3) 车载安全监控系统

该系统能自动监控商业车辆、货物和驾驶人的安全状况。

(4) 商业车辆行政管理程序

该系统以电子手段办理注册手续,自动记录里程、燃料消耗报告,并检查账目。

(5) 危险品应急响应

该系统可以为执法人员提供及时、准确的危险品种类信息,使其能在紧急情况下做出适当处理,从而控制危险,避免事故的发生。

(6) 商业车队管理

该系统可为驾驶人、调度员和各种交通方式联运管理人员建立通信联系,利用实时信息确定车辆的位置,使车辆在非拥挤道路上列队行驶,确保车队运行更加高效、可靠。

5. 紧急情况管理系统

(1) 紧急情况通报和个人安全

该系统包括两个功能:一是保证驾驶人和其他人员的安全;二是自动通报系统在事故发生后,会使车辆自动制动并通知救援机构。

(2) 紧急情况车辆管理

该系统由公共安全管理机构同车辆管理部门共同管理。当事件发生后,车辆管理部门可以确定紧急车辆的当前位置,并且帮助调度人员尽快派出救援车辆。当道路交通信号设有紧急事故的优先处理系统时,路线引导系统也可以直接指示交通事故发生的确切位置。

6. 先进车辆安全系统

(1) 避免纵向碰撞

该系统主要目的是减少车辆间的首尾相撞、车辆与人和物相撞,随时提醒驾驶人避免碰撞发生。

(2) 避免侧向碰撞

该系统设置的监控器可以观察到驾驶人看不到的地点,防止车辆离开道路而产生车与车、车与物的碰撞,同时警告驾驶人避免即将发生的碰撞。

(3) 避免交叉口的碰撞

该系统可以警告驾驶人避免在逼近和穿过交叉口时发生碰撞,在交叉口通行权不清楚的情况下,提醒驾驶人小心驾驶。

(4) 扩展视野,防止碰撞

该系统可以扩展驾驶人的视野,帮助驾驶人看清交通标志和信号,避免潜在的碰撞。

(5) 碰撞前的预防措施

为了保证乘客的安全,在不可避免碰撞的情况下,该系统提供预先应采取的一些措施,防止人员伤亡。

(6) 安全预报系统

该系统能实现对驾驶人、车辆、道路状况的预报,例如装在车内的监测器,会在驾驶人瞌睡时,警告其注意行车安全。

(7) 自动化的公路系统

该系统能提供一个全面自动化的运行环境,不仅要求在路面上安装自动化设备,而且在车上也要安装先进的设备,以保证在某些情况下实现自动化操纵。

7. 信息管理系统

该系统主要提供资料的输出与修正、历史资料的自动存档与永久保存等一系列功能。

8. 养护和施工管理系统

该系统为道路养护和施工的管理提供支持,具有养护、施工作业车队的管理,养护、施工期间的道路交通管理,作业区的安全管理,养护、施工期间道路交通状况通告等功能。

参考文献

[1] 徐循初.城市道路与交通规划(上册)[M].北京:中国建筑工业出版社,2005.

[2] 徐循初.城市道路与交通规划(下册)[M].北京:中国建筑工业出版社,2007.

[3] 陆锡明.城市交通战略[M].北京:中国建筑工业出版社,2006.

[4] 陆锡明.综合交通规划[M].上海:同济大学出版社,2003.

[5] 陆锡明.大都市一体化交通[M].上海:上海科学技术出版社,2003.

[6] 文国玮.城市交通与道路系统规划[M].北京:清华大学出版社,2001.

[7] 周商吾.交通工程[M].上海:同济大学出版社,1987.

[8] 徐吉谦.交通工程总论[M].北京:人民交通出版社,2002.

[9] 任福田,刘小明,容建,等.交通工程学[M].北京:人民交通出版社,2003.

[10] 姚祖康,顾保南.交通运输工程导论[M].北京:人民交通出版社,2003.

[11] 张廷楷.道路路线设计[M].上海:同济大学出版社,1990.

[12] 徐家钰,程家驹.道路工程[M].2版.上海:同济大学出版社,2004.

[13] 张雨化.道路勘测设计[M].北京:人民交通出版社,2005.

[14] 杨晓光.城市道路交通设计指南[M].北京:人民交通出版社,2003.

[15] 王炜.城市交通管理规划指南[M].北京:人民交通出版社,2003.

[16] 王炜.交通规划[M].北京:人民交通出版社,2007.

[17] 王炜,杨新苗,陈学武.城市公共交通系统规划方法与管理技术[M].北京:科学出版社,2002.

[18] 李朝阳.现代城市道路交通规划[M].上海:上海交通大学出版社,2006.

[19] 王建军,严宝杰.交通调查与分析[M].2版.北京:人民交通出版社,2004.

[20] 陆化普.交通规划理论与方法[M].北京:清华大学出版社,2006.

[21] 上海市城市综合交通规划研究所.上海市城市交通白皮书[M].上海:上海人民出版社,2002.

[22] 欧阳全裕.地铁轻轨线路设计[M].北京:中国建筑工业出版社,2007.

[23] 中国公路学会《交通工程手册》编委会.交通工程手册[M].北京:人民交通出版社,1998.

[24] 建设部城市交通过程技术中心.城市规划资料集 第十分册 城市交通与城市道路[M].北京:中国建筑工业出版社,2007.

[25] 吴兵,李晔.交通管理与控制[M].3版.北京:人民交通出版社,2005.

[26] Institute of Transportation Engineers. Transportation Impact Analyses for Site Development[M]. Washington,DC:ITE,2006.

[27] Institute of Transportation Engineers. Guidelines for Urban Major Street Design[M]. Washington,DC:ITE,1990.

[28] 中国城市规划设计研究院.城市综合交通体系规划标准:GB/T 51328—2018[S].北京:中国建筑工业出版社,2019.
[29] 北京市市政工程设计研究总院有限公司.城市道路工程设计规范:CJJ 37—2012[S].北京:中国建筑工业出版社,2016.
[30] 交通运输部公路局,中交第一公路勘察设计研究院有限公司.公路工程技术标准:JTG B01—2014[S].北京:人民交通出版社股份有限公司,2014.
[31] 中交第一公路勘察设计研究院有限公司.公路路线设计规范:JTG D20—2017[S].北京:人民交通出版社股份有限公司,2017.
[32] 中国城市规划设计研究院.建设项目交通影响评价技术标准:CJJ/T 141—2010[S].北京:中国建筑工业出版社,2010.
[33] 北京建筑大学.车库建筑设计规范:JGJ100—2015[S].北京:中国建筑工业出版社,2015.
[34] 铁道第三勘察设计院集团有限公司,中铁第四勘察设计院集团有限公司.高速铁路设计规范:TB10621—2014[S].北京:中国铁道出版社,2014.
[35] 铁道第三勘察设计院集团有限公司,中铁第四勘察设计院集团有限公司.城际铁路设计规范:TB10623—2014[S].北京:中国铁道出版社,2015.
[36] 交通部公路科学研究院.道路交通标志和标线:GB 5768—2009[S].北京:中国标准出版社,2009.
[37] 上海市政工程设计研究总院(集团)有限公司,公安部交通管理研究所.城市道路交通标志和标线设置规范:GB 51038—2015[S].北京:中国计划出版社,2015.
[38] 北京市规划委员会.地铁设计规范:GB 50157—2013[S].北京:中国建筑工业出版社,2014.
[39] 苏州市自然资源和规划局.苏州市交通影响评价技术标准[EB/OL].(2015-07-01).http://zrzy.jiangsu.gov.cn/sz/gtzx/ztzl/jtyxpj/201507/t20150701_768070.htm.
[40] 苏州市自然资源和规划局.苏州市建筑物配建停车位指标[EB/OL].(2020-04-17).http://www.suzhou.gov.cn/szsrmzf/guifanxwjqf/202004/516947f3872b4a8fbc0559131668cedf.shtml.